Federntechnologie

Vladimir Kobelev

Federntechnologie

Physikalische und Mathematische Grundlagen

Springer Vieweg

Vladimir Kobelev
Naturwissenschaftlich-Technische Fakultät,
Department Maschinenbau, Universität Siegen
Siegen, Nordrhein-Westfalen, Deutschland

ISBN 978-3-658-48302-9 ISBN 978-3-658-48303-6 (eBook)
https://doi.org/10.1007/978-3-658-48303-6

Die Deutsche Nationalbibliothek verzeichnet diese Publikation in der Deutschen Nationalbibliografie; detaillierte bibliografische Daten sind im Internet über https://portal.dnb.de abrufbar.

Planung/Lektorat: Eric Blaschke
Springer Vieweg ist ein Imprint der eingetragenen Gesellschaft Springer Fachmedien Wiesbaden GmbH und ist ein Teil von Springer Nature.
Die Anschrift der Gesellschaft ist: Abraham-Lincoln-Str. 46, 65189 Wiesbaden, Germany

Geleitwort

Zur Bedeutung der Federnbranche für die deutsche Industrie

Seit Urzeiten verwenden Menschen Federn als Energiespeicher für vielfältige Anwendungen in ihrem täglichen Gebrauch, wodurch Federn mit die ältesten Maschinenelemente überhaupt sind. Dabei wird das elastische Verhalten von Werkstoffen ausgenutzt, um diese Energie zu speichern. Sämtliche, auch glasharte Werkstoffe besitzen ein mehr oder weniger ausgeprägtes elastisches Verhalten, zur Anwendung bei Federn kommen jedoch nur Werkstoffe zum Einsatz, die eine hohe Festigkeit mit Elastizität verbinden und als Federn werden nur die Bauteile bezeichnet, bei denen die Speicherung der Energie die vornehmliche Funktion darstellt.

In früheren Zeiten wurden vor allem hochharte Hölzer als Energiespeicher für Langbögen, Hebel oder Katapulte eingesetzt, heute finden sich Federn in vielfältigen Einsatzbereichen unseres täglichen Lebens wieder. Dabei kommen im Wesentlichen hochfeste Stähle zum Einsatz, die die notwenigen Eigenschaften Festigkeit und Elastizität nahezu perfekt kombinieren. Je nach Einsatzfall und umgebendes Medium werden Kohlenstoffstähle oder korrosionsbeständige Edelstähle verwendet, wird zusätzlich eine hohe elektrische Leitfähigkeit benötigt, kommt häufig Kupfer zum Einsatz.

Die Speicherung der Energie erfolgt ausschließlich mechanisch, wodurch Federn vollkommen unabhängig von elektrischen Antrieben oder elektronischen Steuerungen sind, weshalb sie besonders in der Sicherheitstechnik ein unverzichtbares Maschinenelement darstellen. Aber Federn befinden sich nicht nur in diesem Produktbereich, auch und vor allem in der Automobilindustrie, im Maschinenbau, in der Medizintechnik, in der Bau- und Elektro- und Möbelindustrie kommen Federn in unbegrenzter Vielfalt, Form und Funktion zum Einsatz, wobei die Nutzer häufig die Funktion der Feder unbewusst wahrnehmen, sie allerdings optisch nur selten in Erscheinung tritt.

Die Leistungsfähigkeit der Feder in Bezug auf die Speicherung von Energie ist unübertroffen. In der heutigen Zeit wird bei Energiespeichern häufig an Akkumulatoren gedacht, wie sie in Mobiltelefonen oder Elektroautos zum Einsatz kommen. Diese Akkumulatoren werden im Regelfall einmal pro Tag geladen und geben im Anschluss ihre Energie an ein verbrauchendes System ab. Dabei stellt die mit zunehmender Einsatzdauer nachlassende Speicherfähigkeit der Akkus ein Problem dar. Häufig lässt diese nach 2000 bis 3000 Ladezyklen spürbar nach, was einer Einsatzdauer von ca. 5–7 Jahren entspricht. Eine Feder kann im Gegensatz dazu beliebig oft ge- und entladen werden. Im Vergleich dazu wird die Ventilfeder eines Verbrennungsmotors im durchschnittlichen Einsatz 60.000 Mal pro Stunde ge- und entladen.

Im Gegensatz zu anderen Maschinenelementen, wie beispielsweise Schrauben, ist die Gestalt der Federn nicht genormt, jede Feder wird individuell für ihren Einsatzfall ausgelegt, konstruiert und gefertigt. Daher wird die Feder niemals zu einer Massenware werden, die in großen Losgrößen entsprechend einer Norm hergestellt wird, vielmehr ist gerade die Losgröße ein Merkmal der Federnindustrie, sie kann von der Losgröße 1, beispielsweise für den Sondermaschinenbau oder auch für die Raumfahrttechnik bis hin zu mehreren Milliarden reichen, beispielsweise für die Konsumgüterindustrie.

Aus diesem Grund können auch keine allgemeinen Abschätzungen über ihre Ausfallwahrscheinlichkeit in Form von der Anzahl fehlerhafter Teile pro einer Millionen hergestellter Teile getroffen werden. Die tatsächliche Ausfallquote hängt dabei ausschließlich von der Größe der einberechneten Sicherheit bei der Auslegung der Feder ab, wobei mit zunehmender Risikobereitschaft des Kunden aufgrund von Kostendruck die Ausfallwahrscheinlichkeit der Feder zunimmt.

Aufgrund ihrer Individualität wird die Feder niemals zu einem Massenprodukt werden, wie beispielsweise genormte Schrauben. Daher ist ein intensiver Austausch bei der Auslegung einer Feder zwischen dem Kunden und dem Lieferanten unbedingt erforderlich. Im Idealfall erfolgt dies auf der Basis einer langanhaltenden, vertrauensvollen Zusammenarbeit. Dies gilt auch in Bezug auf die Verpackungs- und Handhabungstechnik, hier ist es von besonderer Bedeutung, dass der Federnhersteller seine Produkte in der Art und Weise verpackt, dass diese in den Prozessen der Kunden automatisiert der Maschine zugeführt werden können. Zudem eignet sich ein weltweiter Transport von Federn mit abnehmender Losgröße zunehmend weniger.

Die Federnbranche ist ein wenig bekannter und nur selten wahrgenommener Bestandteil der deutschen Industrie, da die Feder selbst im Einsatz optisch nicht in Erscheinung tritt. Dennoch ist sie für dieses Land elementar wichtig, da kaum ein industriell hergestelltes Produkt ohne technische Federn auskommt. Sie unterstützt Innovationen in sämtlichen Bereichen der industriellen Fertigung, sowohl im Hinblick auf das Produkt, als auch im Hinblick auf die Anlagentechnik, die diese Produkte herstellt. Die Kunden der Federnbranche erwarten von ihren Lieferanten eine hohe Flexibilität und kurze Lieferzeiten, was nur möglich ist, wenn dieser Industriezweig in Deutschland weiterhin tief verwurzelt bleibt.

Bei den meisten Unternehmen in der deutschen Federnindustrie handelt es sich zudem um kleine und mittelständische Unternehmen (KMU), die auch in weniger stark industriell geprägten Regionen ansässig sind und auch dort Arbeitsplätze bieten.

Dr.-Ing. Michael Hagedorn
Verband der Deutschen Federindustrie e.V.,
Hagen

Vorwort Prof. Kletzin

Federn werden als Maschinenelemente in allen Bereichen der Technik zur Erfüllung unterschiedlichster Aufgaben eingesetzt. Hauptsächlich angewendet werden Metallfedern, die im Wesentlichen aus Halbzeugen, wie Draht-, Band- und Stabmaterial hergestellt werden. Ihre Formen sind ebenso vielfältig wie ihre Einsatzmöglichkeiten.

Eine wesentliche Eigenschaft von Federn ist ihr elastisches Formänderungsvermögen, also die Eigenschaft bei Belastungseinwirkung (Kraft oder Moment, statisch oder dynamisch) mit einer reversiblen Formänderung zu reagieren. Diese Eigenschaft wird durch spezielle Formgebung und die Verwendung geeigneter Werkstoffe erreicht. Federn eignen sich dadurch für den Einsatz als Speicherelemente, Messelemente, Schwingungselemente, Ruheelemente und Lagerelemente.

Konstrukteurinnen und Konstrukteure stehen heute insbesondere bei Neuentwicklungen von Produkten, in denen Federn eingesetzt werden sollen, vor der Aufgabe, die für die geforderte Funktion am besten geeignete Feder zu gestalten.

Eine problemangepasste Federentwicklung sowie die Erfüllung der technischen und wirtschaftlichen Anforderungen setzen deshalb die Berücksichtigung neuester Erkenntnisse zu Funktion, Berechnung, Prüfung und Gestaltung von Federn, zu Möglichkeiten und Grenzen einsetzbarer Werkstoffe und zu aktuellen Fertigungsmethoden voraus.

Immer härtere Forderungen z. B. hinsichtlich klassischer Themen wie Leichtbau, Bauraumausnutzung, Lebensdauer, aber auch neue Forderungen wie z. B. Nachhaltigkeit in Verbindung mit einem sehr komplexen Herstellprozess mit Umformen, Schneiden, Wärmebehandlungen, Trennen, gezieltem Einbringen von Eigenspannungen unter Verwendung anspruchsvoller, angepasster Ausgangsmaterialien sowie komplizierte Belastungs- und Beanspruchungsbedingungen machen die Feder zu einem hochkomplexen Konstruktionselement mit anhaltendem Forschungsbedarf.

Erstmals 2010 und seit 2013 zweijährlich bietet der „Ilmenauer Federntag“ die Plattform für die Präsentation und Veröffentlichung neuer Erkenntnisse auf dem Gebiet der Federntechnik aus Praxis und Forschung. Er wird durch Experten von Federherstellern, Zulieferern, Anwendern und Forschungsinstituten geprägt und leistet einen wichtigen Beitrag zum weiteren technischen Fortschritt auf diesem Gebiet. Der Ilmenauer Federntag wird von der Forschungsgruppe „Draht und Federn“ an der TU Ilmenau unter meiner Leitung gemeinsam mit dem Verband der Deutschen Federnindustrie (VDFI) und der Eisendraht- und Stahldrahtvereinigung (ESV) fachlich gestaltet und organisiert. Auf der einen Seite werden universitäre Forschungsergebnisse den Industriepartnern zur Nutzung vorgestellt, auf der anderen Seite zeigen die Forscher und Entwickler aus den Unternehmen der Branche ihre Leistungsfähigkeit und geben damit auch Anregungen zu zukünftigem Forschungsbedarf. Den wissenschaftlichen Anspruch garantiert dabei der Programmausschuss, dessen Mitglieder ebenfalls aus Wirtschaft und Wissenschaft rekrutiert werden und zu dem auch der Autor Professor Kobelev gehört, über einen Reviewprozess. Diese wissenschaftliche Tagung stellt damit ein wesentliches Instrument für den Forschungstransfer von der Wissenschaft in die Wirtschaft dar und bestimmt ebenso die aktuellen Forschungsthemen mit.

Professor Kobelev verbindet in bester Weise seine Expertise aus der industriellen Entwicklung und Forschung mit seinem wissenschaftlichen Background. Nach vielen Jahren in der strategischen Entwicklung in einem großen Unternehmen der Federnindustrie zeigt seine aktuelle Tätigkeit an der Universität Siegen, dass ihn seine Affinität zur Wissenschaft nie losgelassen hat.

Im vorliegenden Buch „Grundlagen der Federntechnologie" stellt der Autor in den verschiedenen abgeschlossenen Kapiteln zunächst einführend die Grundlagen der Mechanik, der Gestaltung und der Berechnung von Stahlfedern zusammen und erweitert diese dann um wichtige neue Erkenntnisse aus Praxis und Forschung auf dem Gebiet der Federntechnik, die er zum großen Teil (Kap. 4–9 und 12) bereits auf den oben zitierten Ilmenauer Federntagen vorgestellt hat. Seine wissenschaftlichen, insbesondere seine theoretisch-mechanischen Beiträge gehören zu den wissenschaftlichen Highlights der Ilmenauer Federntage und bestimmen den wissenschaftlichen Fortschritt in der Federnwelt maßgeblich mit bzw. initiieren neue, vertiefte Sichtweisen.

Ein Blick in das Programm der Ilmenauer Federntage zeigt die spannenden Themen in der Federnbranche in ihrem relativ breiten Querschnitt auf:

1. Weiterentwicklung des Ausgangsmaterials und Blick auf neue Materialien,
2. Berechnungs- und Simulationsmodelle für verschiedene Federn,
3. Neue Erkenntnisse im Bereich der Schwingfestigkeit,
4. Einsatz vielfältiger Untersuchungsmethoden am Bauteil Feder und bei deren Herstellung,
5. Spezifische Anforderungen bei Federanwendungen.

Im vorliegenden Buch zeigt der Autor mit den Einzelthemen mit Schwerpunkt auf analytischen Berechnungsansätzen für verschiedene Federtypen, theoretischen Betrachtungen zur Schwingfestigkeit, Aufgabenstellungen im Federeinsatz sowie Auswirkungen von einzelnen Fertigungsschritten, dass er in vielen Themenfeldern der Ilmenauer Federntage zu Hause ist.

Sein Buch „Grundlagen der Federntechnologie“ bietet damit neben einer einführenden Zusammenstellung von Grundlagen einen wertvollen Einblick in die aktuellen Forschungsgebiete in der Federntechnologie.

im Januar 2025

Univ.-Prof. Dr.-Ing Ulf Kletzin
Technische Universität Ilmenau

Vorwort des Autors

Zielsetzung und Methodik des Buchs

Das Werk bietet eine umfassende Übersicht über die fortgeschrittene mathematische Theorie der elastischen Elemente aus der Perspektive der klassischen Mechanik. Im Mittelpunkt der Betrachtungen stehen die wesentlichen Probleme, die für die Klärung der Herstellung und Leistung von Federelementen aus Stahl von Relevanz sind. Zu diesem Zweck werden die Elemente des Kriechens, der Plastizität und der Ermüdung als Bausteine des physikalischen Hintergrunds herangezogen. Die betrachteten Probleme werden überwiegend in geschlossener Form gelöst.

Die am häufigsten verwendete Federart ist die Schraubenfeder. Eine Schraubenfeder ist definiert als ein spiralgewickelter Stab, der sich in der Regel durch einen konstanten Windungsdurchmesser sowie eine gleichmäßige Steigung auszeichnet. Das Kaltwickeln von hochfestem Stahlstab zu Schraubenfedern für die Automobilbranche stellt eine fortschrittliche Technik dar, die derzeit von führenden Federherstellern eingesetzt wird. Die wesentlichen Fertigungsschritte im Kaltwalzprozess sind folgende. Im Rahmen des Kaltwickelns erfolgt eine Wärmebehandlung, welche aus Anlassen, Voreinstellen und Kugelstrahlen besteht. Die Eigenspannung nimmt eine wesentliche Rolle hinsichtlich des Betriebsverhaltens von Schraubenfedern ein. Die Auswirkungen auf die verschiedenen Eigenschaften eines Materials, darunter Ermüdung, Bruch, Korrosion, Reibung und Verschleiß, können erheblich sein. In der modernen Federnauslegung ist daher die Berücksichtigung der Eigenspannung von entscheidender Bedeutung. Die Fertigung von Schraubenfedern erfolgt durch das Umwinden von Stahldraht oder Stäben mit gleichmäßigem Querschnitt um einen Zylinder. Dabei wird ein fester Abstand zwischen den aufeinanderfolgenden Windungen einer Feder eingehalten, sodass die Achse des Drahtes eine Spirale bildet. Die Standardverfahren zur Auslegung von Schraubenfedern sind in den Dokumenten [1, 2, 3, 4] festgehalten.

Die Einsatzgebiete von Federn sind vielfältig. Elastische Federn sind vielseitigen Komponenten der mechanischen Systeme. Die Federn sind in verschiedenen Ausführungen und Materialsorten verfügbar und werden von erfahrenen Federherstellern für die unterschiedlichsten industriellen Anforderungen gefertigt [5 §4.2, K50]. Im Folgenden werden die verschiedenen industriellen Anwendungsbereiche von Federn in der Luft- und Raumfahrt, in der Landwirtschaft, in der Automobilbranche, in der Industrie, in der Wartung und Reparatur sowie ihre Rolle bei der Herstellung von Prototypen in kleinen Stückzahlen erörtert [6]. So finden sie sich beispielsweise in den Radaufhängungen, Scheiben- oder Trommelbremsen, Schlössern, Verriegelungs- bzw. Blockiersystemen, Gurtstraffern, Sicherheitsgurten, Kupplungen, Zweimassenschwungrad, Drehmomentwandler, Bogenfederkupplung, Riemenspanner, Entkoppler für Riemenscheiben sowie Lastausgleichssystemen.

Die am weitesten verbreitete Art des elastischen Elements ist die Feder aus Stahl, die in den Industrieanlagen sowie in den Automobilsystemen zum Einsatz kommt. Eine der essenziellen Anwendungen hochbelasteter Federn ist der Ventiltrieb von Verbrennungsmotoren. Die Funktion der Ventilfedern in Verbrennungsmotoren besteht in der Gewährleistung eines zwangsläufigen Kontakts aller beweglichen Komponenten des Ventiltriebs während des Ventilhubs bis zur maximalen Motordrehzahl. Bei einer angenommenen Jahresproduktion von 100 Mio. Automobilen, die jeweils etwa 20 Ventilfedern aufweisen, ergibt sich eine Gesamtsumme von 2 Milliarden produzierten Ventilfedern. Für die Herstellung von Ventilfedern wird in Europa und Nordamerika hauptsächlich hochfester Stahldraht verwendet, der mit den Elementen Chrom und Vanadium legiert ist. Die Oberfläche des Drahtes erreicht Schwingungsspannungen bis zu 2000 MPa. Die zulässige Ausfallrate darf im Rahmen des Motorbetriebstests einen Wert von 1,5 % nicht überschreiten. Dabei sind sie extremen Schwingungsbelastungen ausgesetzt und müssen bis zu 300 Mio. Zyklen ohne Ausfall überstehen [7]. Tellerfedern, mit oder ohne Schlitz, finden ihren Einsatzbereich in Kupplungen, Lagern sowie zur Lastvorspannung, während Blattfedern Anwendung in der Fahrwerksaufhängung finden. Schraubenfedern reduzieren die Aufprallereignisse in Personenkraftwagen, einigen schweren Lastkraftwagen sowie Eisenbahnwaggons. Darüber hinaus findet man sie in einer Vielzahl weiterer Anwendungen, darunter als Düsenhalter, in Getrieben, als Ventilfedern, Einspritzregulatoren oder als Schwingungsdämpfer in Kupplungen und Bremszylindern, als Dieselkraftstoffpumpen, Ventiltriebe, Bremsen, Sitze, Türen und Steuerelemente. Die Anwender, insbesondere die Automobilindustrie und der Maschinenbau, die Unternehmen der Mess-, Regel- und Automatisierungstechnik, der Elektrotechnik und Feinmechanik sowie die Hersteller von Büromaschinen, Möbeln und Sportgeräten, erwarten eine stetige Steigerung der Leistungsfähigkeit von technischen Federn.

Die effizienten Auslegungsverfahren für Federelemente basieren auf modernen Simulations- und Optimierungsmethoden. Die mittels dieser Methoden erzielte Reduzierung des Gewichts der Tragfedern resultiert in einer Verringerung der ungefederten Masse der Achse. Dies hat positive Auswirkungen auf den Komfort, die Traktion sowie die Lenkeigenschaften eines Fahrzeugs. Zudem verdeutlicht die Entwicklung moderner Personenkraftwagen den Trend zur Verringerung des zur Verfügung stehenden Bauraums für Aufhängungskomponenten. Dieser ist erforderlich, um den zur Verfügung stehenden Bauraum für Insassen und Lasten zu maximieren. Dies führt zu einer Reduzierung der Abmessungen der Federn sowie des Drahtquerschnitts. Darüber hinaus finden sie in hochpräzisen Prüfgeräten Anwendung, in denen sie die Funktion von Energiewandlern erfüllen.

Hochwertige Federn sind durch eine Reihe von gemeinsamen Merkmalen gekennzeichnet, die für eine korrekte Auslegung von entscheidender Bedeutung sind:

- Die hohe Homogenität der Spannungen auf der Oberfläche der Feder ist ein wesentlicher Aspekt, der zu berücksichtigen ist. Das Fehlen von Spannungskonzentratoren ist dabei von entscheidender Bedeutung;
- Die Lebensdauer der Federn kann durch eine geeignete Einbringung während des Herstellungsprozesses signifikant verlängert werden;
- Es konnte festgestellt werden, dass die Federn sensibel auf Unvollkommenheiten, Fehler, Einschlüsse und Korrosion reagieren;
- Es wurde festgestellt, dass die Federn eine signifikant hohe gespeicherte elastische Energie aufweisen, die in Relation zur Masse bzw. zum Volumen des Materials steht.

Die genannten Eigenschaften resultieren in einer signifikanten Verlängerung der Lebensdauer, sofern sie adäquat initiiert werden [8]. Des Weiteren neigen Federn dazu, auf Unvollkommenheiten, Fehler, Einschlüsse sowie Korrosion mit einer hohen Empfindlichkeit zu reagieren. Zudem ist eine hohe spezifische gespeicherte elastische Energie zu verzeichnen. Die Erfüllung der zuvor genannten Anforderungen wurde durch die Entwicklung spezifischer Werkstoffe sowie fortschrittlicher Herstellungsverfahren seitens der Federindustrie ermöglicht.

Die Mehrheit der Federn wird aus ölgehärtetem Stahldraht gefertigt [9, §3.3.3, D26]. Dazu wird der warmgewalzte Stahldraht zunächst durch ein Ziehwerkzeug gezogen, wodurch die gewünschte Form entsteht. Im Anschluss erfolgt das Ölvergüten des entstandenen Drahtes. Der Begriff „Ölvergüten" bezeichnet ein Verfahren, bei dem der Draht auf Austenitisierungstemperaturen erhitzt, in Öl abgeschreckt, durch Erhitzen angelassen und schließlich wieder aufgewickelt wird. Die Abfolge der Fertigungsschritte resultiert in einer Erhöhung der Bruchspannung des Materials. Gleichzeitig ist eine Abnahme der Duktilität des austenitisierten Materials zu verzeichnen. Bis zum Bruch zeigt der Werkstoff ein nahezu elastisches Verhalten. Die Auswirkungen beider Effekte, nämlich die Forderung nach einer Erhöhung der Bruchspannung und die Abnahme der Duktilität, sind gegenläufig hinsichtlich der Ermüdungslebensdauer des Werkstoffs.

Die ölvergüteten niedrig legierten Chrom-Silizium-Federstahldrähte erreichen Festigkeiten von mehr als 2600 MPa. Eine weitere Steigerung der Festigkeit ist durch den Einsatz von chrom-silizium-vanadiumlegierten Stählen für Ventilanwendungen möglich. Im Vorfeld des Ziehens erfolgt eine Schäl- oder Schleifbehandlung des Drahtes, gefolgt von einem Glühen und einer rissfreien Prüfung, welche ohne Eingriff in den Draht erfolgt. Gleichzeitig bedingt eine hohe Festigkeit eine hohe Reinheit und Oberflächenqualität des Halbzeugs, eine gute Umformbarkeit bei kaltverformbaren Stählen sowie eine gute Korrosionsbeständigkeit. Ein hoher Reinheitsgrad verbessert zudem die Duktilität bei gleicher statischer Festigkeit, was insbesondere für kaltverformte Federn von Bedeutung ist. Die jüngste Phase der werkstofftechnischen Entwicklung von Federstählen war daher maßgeblich von dem Bestreben geprägt, einerseits sehr gute Reinheitsgrade und Oberflächenqualitäten und andererseits hochfeste Stähle mit optimaler Duktilität zu erzeugen.

Eine auf hochfeste Federstahldrähte ausgerichtete Metallurgie gewährleistet einen exzellenten Reinheitsgrad [10, 11, 12]. In mehreren Veröffentlichungen wird die Verbesserung der Drahteigenschaften und der Oberflächenbeschaffenheit thematisiert, beispielsweise von O'Malley und Hayes [13] sowie von Postma [14]. Des Weiteren umfasst die Forschung die Bereiche der thermomechanischen Umformung, die Untersuchung der Zähigkeitseigenschaften bei gegebener Festigkeit sowie die Analyse geeigneter Wärmebehandlungsanlagen und spezieller Herstellungs- und Behandlungsverfahren für Federhalbzeuge aus nichtrostenden Werkstoffen [15, 16, 17, 18].

Das Setzen bewirkt eine Verringerung der Relaxation sowie eine Verbesserung des Kriechverhaltens von Federn bei Betriebstemperatur. Es ist in der wissenschaftlichen Literatur hinlänglich belegt, dass das Setzen einen Einfluss auf die statischen Eigenspannungen in der Feder sowie auf die zyklischen Ermüdungseigenschaften der Feder ausübt. In der modernen Federherstellung finden die Verfahren der Kalt- und Warmaushärtung Anwendung. Der Begriff „Thermofixieren" bezeichnet einen Fertigungsschritt, bei dem die zu behandelnde Feder einer zeitabhängigen Belastung bei erhöhter Temperatur ausgesetzt wird. Der entscheidende physikalische Prozess beim Federsetzen ist das Kriechen des Materials.

Das Kugelstrahlen stellt eine weitere mechanische Oberflächenbehandlung dar, welche zur Optimierung der Federleistung zum Einsatz kommt [19]. Im Rahmen dieses Verfahrens kommt es zu einer lokalen plastischen Verformung der Drahtoberfläche, wodurch eine Verstärkung der ordnungsgemäß bearbeiteten Oberfläche erzielt wird. Das Kugelstrahlen resultiert in einer signifikanten Erhöhung der Ermüdungslebensdauer von Federn.

In der Konsequenz lässt sich festhalten, dass Federn als hochentwickelte Elemente moderner Maschinen mit der höchsten Ermüdungslebensdauern für relativ intensive zyklische Beanspruchungen bezeichnet werden können. Um die geforderte Ermüdungslebensdauer zu erreichen, sind bei der Herstellung von Federn mehrere spezifische Verfahren erforderlich. Die Fertigung moderner Federn bedingt spezifische Verfahren, durch welche sie sich von konventionellen Maschinenelementen abgrenzen. Ein Ermüdungsversagen der Federn kann potenziell gravierende Auswirkungen auf die gesamte Maschinenkomponente haben. In solchen Fällen können die Kosten für die Instandsetzung oder sogar die gesamte Maschine den Preis einer hochwertigen Feder übersteigen.

Gliederung des Buchs

Das erste Kapitel bietet eine Übersicht über die herkömmlichen Federn. Darauf folgen die Erläuterung der Grundlagen der Belastungen in den Federn sowie die Erläuterung der geltenden Prüfvorschriften. Abschließend bietet dieses Kapitel eine Zusammenfassung derjenigen Werkstoffprüfungen, Funktionstests sowie Betriebsfestigkeitsversuche, die für Schraubendruckfedern, Formfedern und Tellerfedern sowie deren Vorbemessung erforderlich sind.

In Kap. 2 werden die Methoden zur Berechnung von Schraubenfedern dargelegt. Gemäß den Prinzipien der Kirchhoff-Clebsch-Theorie erfolgt die elastische Verformung der Schraubenfedern. Die Belastung der Feder erfolgt durch eine konstante axiale Kraft. Das applizierte Moment manifestiert sich entlang der Achse der Feder. Eine minimale Verdrehung der Federenden ist möglich, wodurch der Drahtquerschnitt bei Zug- oder Druckbeanspruchung auf Torsion beansprucht wird. Die Thomson-Tait-Gleichungen spielen demnach eine zentrale Rolle in der Theorie der Schraubenfedern aus linear-elastischen Materialien. Aus diesen Gleichungen ergeben sich aus der Biegung und Torsion des Drahtes die Axialkraft und das Axialmoment. Programmgesteuerte Federwindenautomaten finden in der Kaltproduktion von rechts- und linksgewundenen Druck-, Zug- und Schenkelfedern sowie verschiedenen Drahtformen und Doppeldrehfedern Anwendung. In einer Wickelmaschine wird der ursprünglich gerade Draht plastisch verformt. Der Einsatz gesteuerter Achsen ermöglicht eine höhere Produktivität sowie eine Vielzahl von Möglichkeiten zur Herstellung verschiedener Drahtformen. Moderne Wickelvorrichtungen zur Herstellung von Schraubenfedern ermöglichen eine Änderung der Steigung oder der Vorspannung durch eine Verstellung der Wickelwerkzeuge. Hierzu wird jedes Wickelwerkzeug durch Verstellen von zwei Stellelementen verschwenkt. Bei technologisch hochentwickelten Wickelmaschinen ist eine Kaltverformung des Drahtes möglich, sodass die Biegung und die Torsion des Drahtes während des Wickelvorgangs von einer Steuereinheit kontrolliert werden. Ein Steuerprogramm ermöglicht die Definition der Funktionen für Krümmung und Torsion des Drahtes im Moment der Kaltumformung. Die Krümmung der Spirale wird durch den Wickelstift erzeugt, während der Steigungsstift die Torsion (Windung) der Feder festlegt. Durch den Einsatz spezifischer mathematischer Formeln kann eine präzise Programmierung der Wickelautomaten zur Herstellung der Bogenfedern erreicht werden.

In Kap. 3 wird eine Übersicht über die Optimierung der Schraubenfedern gegeben. In einem initialen Schritt erfolgt die Untersuchung der Zug- und Druckfedern. Dabei wird die Voraussetzung der minimalen Masse der Schraubendruckfeder mit dem runden oder mit dem rechteckigen Drahtquerschnitt berücksichtigt. Das Optimierungsziel besteht in der Entwicklung einer Feder mit variablem Drahtdurchmesser und variabler Windungszahl, die möglichst leicht ist. Zu diesem Zweck werden die Grenzen zu den Massen von Federn aus Drähten mit dem variablen mittleren Durchmesser der Spirale ermittelt. Im zweiten Teil werden die schraubenförmigen Torsionsfedern untersucht.

Im vierten Kapitel erfolgt eine Simulation des Windungsprozesses sowie eine Analyse der Eigenspannungen von kalt geformten Schraubenfedern. In der vorliegenden Betrachtung wurde die Problematik der elastisch-plastischen Verformung am Beispiel des Fertigungsprozesses von Schraubenfedern erörtert. Im Rahmen der vorliegenden Untersuchung erfolgt eine Analyse der während der plastischen Verformung des Materials entstehenden Spannungen sowie der elastischen Rückfederung des Drahts nach dem Windungsvorgang. Die von Kirchhoff entwickelte Stabtheorie wird auf die irreversible plastische Verformung des Stabes erweitert. Die entsprechenden Materialparameter sollen in Experimenten ermittelt werden. Es wird eine analytische Lösung des Problems der elastisch-plastischen Verformung eines ursprünglich zylindrischen Drahtes unter kombinierter Biegung und Torsion vorgestellt. Diese Analyse wird auf das Problem der Bestimmung der Spannungen während der Herstellung von spiralförmigen Fahrwerksfedern angewendet. Die erweiterten Thomson-Tait-Gleichungen finden Anwendung für elastisch-nichtlineare und plastische Modelle des Materials. Diese Gleichungen spielen eine zentrale Rolle bei der Analyse der plastischen Belastung der Schraubenfedern. Unter Berücksichtigung der Biegung und Torsion des Drahtes im unverformten und im verformten Zustand ergeben sich aus den Gleichungen die Axialkraft und das Axialmoment, die die gegebene Verformung bewirken. Das analytische Modell erweist sich als tauglich zur Berechnung der Eigenspannungen von Schraubendruckfedern, die durch gewickelten Draht hergestellt wurden. Darüber hinaus eignet sich das Modell zur Simulation der Eigenspannungen, die beim Vorsetzen der Feder entstehen und zu einer plastischen Verformung des Drahtes führen. Durch ein gezieltes Vorsetzen kann ein späteres Setzen beim Betrieb der Feder antizipiert werden. Nach der Entlastung verbleiben an der Oberfläche Schubspannungen mit einem anderen Vorzeichen, als sie später im Betrieb auftreten.

In Kap. 5 wird die Methode zur Berechnung des Vorsetzens von Schraubendruckfedern dargelegt. Die Methode basiert auf der Deformationstheorie der Plastizität (nach Hencky) sowie auf gängigen kinematischen Hypothesen. Für den Fall einer Torsion des Stabes mit kreisförmigem Querschnitt findet die Hypothese von St. Venant Anwendung. Bei einer Biegung des Stabes mit rechteckigem Querschnitt findet die Hypothese von Bernoulli Anwendung. Die geschlossenen Lösungen basieren auf den hyperbolischen und den Ramberg-Osgood-Materialgesetzen. Der Vorteil der analytischen Lösungen besteht in ihrer Anwendbarkeit für die Berechnung von Verlusten der Federlängen und Eigenspannungen nach der Vorsetzung, wodurch aufwendige Finite-Elemente-Lösungen obsolet werden. Die Formeln dienen der praktischen Bewertung der notwendigen Parameter für die optimale Voreinstellung von Druck- und Torsionsschraubenfedern. Im Rahmen der vorliegenden Untersuchung erfolgt eine Gegenüberstellung der numerischen Simulationsergebnisse mit den bereits publizierten experimentellen Daten.

Im sechsten Kapitel erfolgt die Darstellung der universellen Modelle zur Beschreibung von Kriechen und Relaxation der Schraubenfedern sowie die Ableitung exakter analytischer Formeln mit diesen verallgemeinerten Stoffgesetzen. Die gefundenen Lösungen beschreiben die Relaxation und das Kriechen von Federelementen für allgemeine Modelle des Materialverhaltens. Ein praktisch bedeutendes Problem der Federindustrie stellt die Analyse von Prozessen der Degradation des Materials bei zeitabhängiger Belastung dar.

In Kap. 7 erfolgt die Untersuchung der zeitlichen Effekte, die durch das Vorsetzen der Schraubenfedern bedingt sind. Das Vorsetzen der Schraubendruckfedern bezeichnet einen Prozess, bei dem die Feder über ihre plastischen Grenzen hinaus beansprucht wird. Das Aufbringen eines großen Vorspannmoments beim Querschnitt bewirkt, dass das Material an der Oberfläche weich wird, während der Kern des Drahtes elastisch bleibt. Ein Teil des untersuchten Drahts gibt nach, kehrt jedoch in dem Moment, in dem das aufgenommene Vorspannmoment aufgehoben wird, in seine ursprüngliche Position zurück. Die Torsion bleibt folglich dauerhaft verformt. Nach Abschluss der momentanen plastischen Verformung tritt das Stadium des Kriechflusses ein. Wie weiter dargelegt wird, manifestiert sich beim statischen Torsionsversuch zum Kriechen eines „Super Clean"-Stahldrahtes bei einigen Temperaturen ein spezifisches Verhalten. Im Rahmen des Kriechversuchs wurde ein konstantes Drehmoment angelegt, während der Drehwinkel mit fortschreitender Zeit kontinuierlich anwuchs. Im Rahmen der vorliegenden Untersuchung wurden mehrere Experimente mi t unterschiedlichen, konstant gehaltenen Drehmomenten und konstanten Temperaturen durchgeführt. Die Mehrheit der Einzelversuche wies eine kontinuierliche Zunahme des Drehwinkels mit der Zeit auf. In diesen Fällen wurden nach dem elastischen Entladen durch plastische Verformung an der Oberfläche des Drahtes regelmäßige Texturen gebildet, die sich als schraubenförmige Spiralen mit mehreren stückweisen konstanten Neigungen über die Länge des Drahtes manifestieren. Für bestimmte Torsionsmomente und erhöhte Temperaturen konnte jedoch ein von den üblichen Fällen abweichendes, abnormales Verhalten beobachtet werden, das sich deutlich von dem Muster der Texturen unterscheidet.

In Kap. 8 wird eine Methode zur Untersuchung der Stabilität einer Feder vorgestellt, die auf den dynamischen Gleichungen basiert und in der Literatur weit verbreitet ist. Die Gleichungen für das Querschwingen der druckbeanspruchten Schraubenfedern (Transversalschwingungen) werden analytisch abgeleitet. Die fundamentale Eigenfrequenz der Querschwingungen des äquivalenten Stabes ist dabei eine Funktion der axialen Kraft sowie der veränderlichen Länge der Feder. Bei einer Nullsetzung der fundamentalen Eigenfrequenz der Querschwingungen erfolgt eine seitliche Ausknickung der Feder, wodurch das Phänomen des Knickverhaltens von Schraubendruckfedern verdeutlicht wird.

In Kap. 9 erfolgt eine Behandlung der Knickung der Schraubenfeder, welche lediglich durch die an ihren Enden angelegten Kräftepaare verdreht wird (Greenhill-Problem für Schraubenfeder). Es wird postuliert, dass die Enden des Stabes an den Stützen durch ideale kugelförmige Scharniere befestigt sind und sich frei in beliebige Richtungen drehen können. Die Knickung findet ohne Richtungsänderung der Torsionspaare statt. Das kritische Knickmoment wird mittels analytischer Methoden ermittelt. Im Rahmen dieser Untersuchung erfolgt eine Analyse des Knickens der Schraubenfeder, welches durch Paare und axiale Kräfte an ihren Enden verursacht wird, im verallgemeinerten Euler-Greenhill-Problem für Schraubenfedern. Eine bemerkenswert einfache und anschauliche Lösung dieses Problems kann mithilfe der Theorie des Ersatzstabes für die Schraubenfeder erzielt werden. Alternativ können Lösungen durch die aufwendige Anwendung der Finiten-Elemente-Methoden erreicht werden. Für die praktische Anwendung der vorgestellten Methode sind folgende Erweiterungen von Bedeutung: Grundsätzlich ist zu berücksichtigen, dass die kritische Knickbelastung der Federn von dem Aufbau der Lagerung abhängt. Die dargestellte Methode kann auf die anderen Arten der Lagerung übertragen werden. Des Weiteren kann die Anwendbarkeit des vorgestellten Kriteriums zur Beurteilung der Stabilität unter dem Einfluss nicht-konservativer Belastungen evaluiert werden.

Im Kap. 10 erfolgt eine Untersuchung der Effekte der mittleren Spannung sowie der Schadensakkumulation auf die Ermüdungslebensdauer von Federn. Im Rahmen der vorliegenden Studie erfolgt die Präsentation der Ermüdungslebensdauer eines gleichmäßig beanspruchten Materials, welches einer zyklischen Belastung ausgesetzt ist. Es kann festgestellt werden, dass die mittlere Spannung eines Belastungszyklus nicht identisch mit Null ist. In der Literatur finden sich zahlreiche Anwendungsbeispiele für Goodman- und Haigh-Diagramme bei der Schätzung der Ermüdungslebensdauer. Die konventionellen Hypothesen von Smith-Watson-Topper, Walker und Bergmann erweisen sich als geeignet zur Beschreibung der einachsigen zyklischen Belastung. Die mittlere Spannungsempfindlichkeit nach Smith-Watson-Topper ist für alle Werkstoffe und Spannungsniveaus identisch, was durch die Gleichung $\sqrt{2}$-1 ≅ 0,41 ausgedrückt werden kann. Demgegenüber weisen die mittleren Spannungsempfindlichkeiten, die nach der Walkerschen und der Bergmannschen Methode ermittelt werden, einen variablen Verlauf auf. Die mittleren Spannungsempfindlichkeiten sind von zwei zusätzlichen Korrekturparametern abhängig, nämlich dem Bergmann-Parameter und dem Walker-Exponenten.

In Kap. 11 wird ein Überblick über die Berechnung und Simulation von Federn für den Einsatz in der Automobilindustrie gegeben. Die vorliegende Betrachtung widmet sich der Analyse des Spannungsfelds von Schraubendruckfedern, welche in Fahrzeugen als Tragfedern zum Einsatz kommen. Das Ziel besteht in der Ermittlung der Beanspruchungen in der idealen Feder, welche die Grundlage für die Lebensdauerabschätzung darstellt. Die vorliegenden Vorschriften dienen der Sicherstellung einer genauen und wiederholbaren Spannungsberechnung. Darüber hinaus legen sie fest, wie das Modell zu konstruieren ist und wie die Resultate zu interpretieren sind.

Im Kap. 12 wird demonstriert, wie man Tellerfedern mit frei gleitenden Kanten und Kanten, die sich zwangsläufig bewegen, berechnet. Es werden Tellerfedern mit konstanter Materialdicke untersucht. Dabei geht es um Modelle dünner und mäßig dicker, isotroper elastischer Schalen. Die Variationsformeln zeigen, wie man Last-Verschiebungs-Formeln für Tellerfedern berechnet, die sich durch verschiedene Einschränkungen der Radialbewegung auf der inneren und äußeren Oberfläche auszeichnen. Das Modell kann sowohl Tellerfedern mit frei radialgleitenden Rändern als auch Ränder mit erzwungener Radialbewegung berechnen. Die hier vorgestellten Gleichungen basieren auf allgemeinen Annahmen und eignen sich für Tellerfedern aus isotropen Werkstoffen wie Federstahl und Leichtmetalllegierungen. Der Vorteil ist, dass Lösungen für mehrere gängige Einschränkungen der Radialbewegung der inneren und äußeren Kanten in geschlossener Form hergeleitet werden. Die entwickelten Formeln werden für industrielle Berechnungen von freien und eingeschränkten Tellerfedern empfohlen.

Zielgruppe des Buchs

Das Buch richtet sich primär an Ingenieurinnen und Ingenieure, die sich mit der Auslegung und Entwicklung von Federn befassen und ein Studium der Fahrzeugtechnik oder des Maschinenbaus an einer Fachhochschule oder einer anderen Hochschule absolviert haben. Darüber hinaus bietet es einen umfassenden Überblick über die Grundlagen der Federmethodik für alle, die sich mit elastischen Elementen und Energieerzeugungsanlagen beschäftigen.

Im Fokus der Publikation stehen leistungsfähige Methoden zur Analyse von elastischen Elementen aus Stahllegierungen, wobei der Schwerpunkt auf Metallfedern für Maschinenbau und Automobilindustrie liegt.

Das vorliegende Buch wurde ebenfalls als begleitendes Skript zu den Lehrveranstaltungen *„Angewandte Mechanik des Automobils"*, *„Fahrzeugtechnik, Fahrwerk, II, III"*, *„Strukturoptimierung im Automobilbau"* und *„Antriebsstrangmodellierung und -optimierung"* verfasst, welche der Autor seit dem Jahr 2001 an der Universität Siegen in Nordrhein-Westfalen, Deutschland, durchführt.

Die vorliegende Untersuchung befasst sich mit der Erforschung der Konstruktion von Federelementen und der kontinuierlichen Weiterentwicklung der Federwerkstoffe durch die Industrie. Der Fortschritt in der Entwicklung neuer Werkstoffe findet dabei in den Produktionsstätten der Werkstofflieferanten statt. Die Federhersteller sind folglich mit der Herausforderung konfrontiert, die vorhandenen und neu entwickelten Werkstofftypen optimal anzuwenden. Die technologisch fortschrittliche Methode basiert auf der zielgerichteten Auswertung der mechanischen Eigenschaften und der anschließenden Auslegung der Federn, welche die gemessenen Materialeigenschaften voll ausnutzt. Die umfassende Entfaltung der verbesserten Werkstoffe ist folglich nur möglich, wenn ihre wesentlichen Eigenschaften konsequent erfasst werden. Dies erfordert eine durchgängige Berücksichtigung der verfügbaren Möglichkeiten des Halbzeugs in der Konstruktion und Fertigung.

Die wissenschaftliche Literatur zu diesem und verwandten Themen ist umfangreich. Dies impliziert jedoch nicht, dass die Mechanik und die Festigkeit von Federn an Relevanz verloren haben. Um die vielfältigen Einsatzmöglichkeiten adäquat erfassen zu können, ist fundiertes Wissen über Mechanik und Metallkunde erforderlich. Aus diesem Grund nimmt die vorliegende Publikation einen breiten Raum ein, in dem die Mechanik und die Metallkunde von Federn behandelt werden.

Die Auslegung der verschiedenen Federtypen erfolgt gemäß den entsprechenden Normen, welche die präzisen Methoden dazu zusammenfassen. Im Rahmen der industriellen Forschung wurden verlässliche Methoden zur Prognose der Ermüdungslebensdauer sowie der Kriecheffekte entwickelt. Es ist nicht die Intention dieses Buchs, die etablierten Entwurfsmethoden und pragmatischen Methoden zur Bewertung der Lebensdauer von Federn zu ersetzen. Stattdessen zielt dieses Buch auf eine qualitative Erläuterung des mechanischen Verhaltens der Feder als einzigartiges elastisches Element mit einigen sehr spezifischen Eigenschaften ab. Zu diesem Zweck erfolgt eine Synopse der vielfältigen Forschungslandschaft zu Federn unter dem Gesichtspunkt der klassischen Mechanik. Ein weiterer Fokus liegt auf dem Vergleich unterschiedlicher Methoden zur Bewertung der Lebensdauer sowie der Darstellung der effektivsten und allgemeinsten Methoden. Eine Vielzahl experimenteller Werte ist derzeit noch Gegenstand von Spekulationen, jedoch ist zu erwarten, dass diese Werte in zukünftigen Studien ermittelt werden. Die meisten der vorgestellten Methoden sind anerkannt und können auch für andere hochbelastete Bauteile angewandt werden.

Im Folgenden werden einige Lösungsmethoden erörtert. Es existieren mehrere anerkannte, kommerzielle Finite-Elemente-Codes, beispielsweise ANSYS (2020) und

ABAQUS (2020). Für die Modellierung technischer Systeme erweisen sich analytische Lösungen jedoch vielfach als vorteilhaft. Ein wesentlicher Vorteil analytischer Lösungen liegt in der Transparenz der geschlossenen Formeln. Die Darstellung analytischer Lösungen als mathematische Ausdrücke ermöglicht einen anschaulichen Anblick auf die Beeinflussung des Ergebnisses durch Variablen und Beziehungen zwischen Variablen. Darüber hinaus zeichnen sich analytische Lösungen durch eine höhere Leistungsfähigkeit aus. In vielen Fällen führt die Verwendung analytischer Lösungen in Algorithmen und Modellen zu einer höheren Effektivität als die Anwendung numerischer Verfahren. In der Praxis erweist sich die Berechnung der Lösung einer gewöhnlichen Differentialgleichung für verschiedene Werte ihrer parametrischen Eingaben mittels analytischer Lösung häufig als schneller, genauer und besser geeignet als mittels numerischer Integration. Zudem kann die Anzahl der Lösungen, die von numerischen Lösungen generiert werden, eine beträchtliche Höhe erreichen. Dies ist entweder auf das Fehlen eines analytischen Ansatzes oder die zu geringe Geschwindigkeit der geschlossenen Lösung zurückzuführen. Infolgedessen ist es vorteilhafter, statt stundenlang zu rechnen und eine exakte numerische Lösung zu erhalten, lediglich wenige Sekunden zu rechnen und eine plausible Annäherung zu erhalten. Schließlich können numerische Lösungen nur in seltenen Fällen als Beweismittel für neue Ideen dienen. Aus diesem Grund werden die in diesem Buch untersuchten Aufgaben in Form von mathematischen Ausdrücken in geschlossener Form gelöst.

Der vorliegende Inhalt steht in logischem Zusammenhang mit dem Werk *"Design and Analysis of Composite Structures for Automotive Applications"* desselben Autors. Das zuletzt genannte Buch stellt eine Erweiterung des aktuellen Buchs dar und thematisiert das Gebiet der Verbundwerkstoffe. Im Rahmen des vorliegenden Manuskripts erfolgt eine Untersuchung der besonderen Eigenschaften von Verbundwerkstoffen, wobei insbesondere auf ihre Anisotropie, Inhomogenität, Abhängigkeit von der Belastungsrichtung, Spannungskopplung und Stapelfähigkeit eingegangen wird.

Literatur

1. SAE (1996) Design and Applications of Helical and Spiral Springs (HS-795), In: Spring Design Manual, AE-21, SAE, Warrendale, PA
2. DIN EN 13906:1 (2013) Zylindrische Schraubenfedern aus runden Drähten und Stäben – Berechnung und Konstruktion – Teil 1: Druckfedern; Deutsche Fassung EN 13906-1:2013, https://dx.doi.org/10.31030/2047517
3. DIN EN 13906-2:2013-09 (2013) Zylindrische Schraubenfedern aus runden Drähten und Stäben – Berechnung und Konstruktion – Teil 2: Zugfedern; Deutsche Fassung, https://dx.doi.org/10.31030/2036244
4. DIN EN 13906-3:2014-06 (2014) Zylindrische Schraubenfedern aus runden Drähten und Stäben – Berechnung und Konstruktion – Teil 3: Drehfedern; Deutsche Fassung EN 13906-3:2014 https://dx.doi.org/10.31030/2089497

5. Grote, KH., Engelmann, F., Beitz, W., Syrbe, M., Beyerer, J. (2012). K Entwicklung und Konstruktion. In: Czichos, H., Hennecke, M. (eds) HÜTTE – Das Ingenieurwissen. Springer, Berlin, Heidelberg. https://doi.org/10.1007/978-3-642-22850-6_11
6. Robert Bosch GmbH (2024). Maschinenelemente. In: Robert Bosch GmbH (eds) Kraftfahrtechnisches Taschenbuch. Springer Vieweg, Wiesbaden. https://doi.org/10.1007/978-3-658-44233-0_5 .
7. Muhr T.H. (1992) Zur Konstruktion von Ventilfedern in hochbeanspruchten Verbrennungsmotoren, Ph. D. Thesis, RWTH Aachen, Aachen
8. Kaiser. B (2006). Maßnahmen zur Schwingfestigkeitssteigerung von Federn – Grundlagen, Verfahren, Wirkungen und Beispiele, In: Federn – unverzichtbare Bauteile der Technik: 7./8. November 2006, Fulda, VDI-Berichte Nr. 1972, 2006, 267
9. Czichos, H., Skrotzki, B., Simon, FG. (2012). D Werkstoffe. In: Czichos, H., Hennecke, M. (eds) HÜTTE – Das Ingenieurwissen. Springer, Berlin, Heidelberg. https://doi.org/10.1007/978-3-642-22850-6_4
10. Hagiwara T., A. Kawami, A. Ueno, A. Kido (1991) Super-clean steel for valve spring quality. Wire Journal International, Apr. 1991, Vol. 24, Issue 4, S. 29-34.
11. Kawahara J., K. Tanabe, T. Banno und M. Yoshida (1992) Advance of valve spring steel. Wire Journal International, Nov. 1992, S. 55/61.
12. Wiemer H.-E. (1998) Übersicht über Verfahren und Anlagen der Sekundärmetallurgie. Stahl und Eisen 118 (1998) ISSN 0340-4803, ZDB-ID 2047706. Nr. 7, S. 27/32
13. O'Malley M., Hayes M.P. (1990) Der Einfluss der Oberflächenqualität auf das Ermüdungsvermögen von austenitischen Edelstahlfedern. In: Proc. Conf. European Spring Federation, Düsseldorf, 1990
14. Postma T. (1993) Hohe Anforderungen. Neue Entwicklungen bei Ventilfederstahl. Drahtwelt 6 (1993), S. 22/24.
15. Lehnert W.: (1997) Umformung – Gefüge – mechanische Eigenschaften hochgekohlter Stahldrähte für Federn. Draht 44. Nr. 4 S. 44/48
16. Illgner K.H. (1995) Die modernen Wärmebehandlungsanlagen für Federn. Draht 46, Nr. 11, S. 573/578.
17. Illgner, Karl Heinz (2019) Thermodynamik der Wärmebehandlung, VULKAN-VERLAG GMBH, ISBN/EAN: 9783802731204
18. Schmitz-Cohnen K. (1994) Präzisionshalbzeuge für die Federnindustrie aus nichtrosten- den Werkstoffen. Draht 45, Nr. 3, S. 228/237.
19. Müller E. (1994) Plastizieren, Kugel- und insbesondere Spannungsstrahlen zur Lebensdauersteigerung von Federelementen. In: Bauteil '94 – Die Feder. Tagungsband des DVM – Tages 1994, Deutscher Verband für Materialforschung und -prüfung e. V., Berlin (1994), S. 339/349

Interessenkonflikt Der/die Autor*in hat keine für den Inhalt dieses Manuskripts relevanten Interessenkonflikte.

Inhaltsverzeichnis

Einführung in Mechanik und Gestaltung von Federn 1

1.1 Begriffsbestimmung, Aufgabe und Einteilung

1.1.1 Aufgaben und Funktionen von elastischen Elementen

Federn aus Stahl stellen eine äußerst vielseitige technische Lösung dar, die in zahlreichen Branchen der Industrie zum Einsatz kommt [1, 2]. Ihre Funktionsweise basiert auf einem ausgefeilten mechanischen Konzept. Insbesondere die Automobilindustrie ist in hohem Maße auf Federn angewiesen, um die Leistung und Sicherheit von Fahrzeugen zu optimieren. Zu den häufigsten Anwendungen zählt die Verwendung von Federungssystemen, bei denen Schraubenfedern und Blattfedern zum Einsatz kommen. Die in den Achsen der Fahrzeuge integrierten Federn erfüllen eine Vielzahl von Funktionen. Sie dienen der Absorption von Stößen, sorgen für Stabilität und gewährleisten eine komfortable Fahrt. Infolge der Zunahme der Geschwindigkeit der Fahrzeuge erfolgt eine verstärkte Absorption des Aufpralls auf die Straßenoberfläche durch die Federn. Mit steigender Geschwindigkeit des Fahrzeugs ist eine straffere Federrate erforderlich, um sicherzustellen, dass die Achsen und Räder in Kontakt mit der Fahrbahnoberfläche bleiben. Grundsätzlich ist eine Übereinstimmung der Ein- und Ausfederungseigenschaften des Stoßdämpfers mit den Ein- und Ausfederungseigenschaften der Feder erforderlich. Die Funktion der Stoßdämpfer besteht in der Dämpfung der Ein- und Ausfederungszyklen der Federn, wodurch ein Kontrollverlust des Fahrzeugs auf einer unebenen Fahrbahn verhindert wird. Das Fahren auf einer normalen Fahrbahn, beispielsweise auf einer Autobahn, erfordert jedoch Federn mit höherer Härte, die in der Regel mit einer geringeren Dämpfung oder Federsteifheit auskommen. In modernen Personenkraftwagen werden Druckfedern über den Federbeinen angebracht, sodass bei einer Kraftwirkung eine Kompression der Schraubendruckfeder erfolgt. Dies gewährleistet eine effektive Federung des Fahrzeugs sowie die Absorption von Stößen während der Fahrt. Ein weiteres

V. Kobelev, *Federntechnologie,* https://doi.org/10.1007/978-3-658-48303-6_1

essenzielles Element eines Fahrzeugs, das auf Federn basiert, ist das Lenkrad. In einem Lenkrad, das für Drehbewegungen ausgelegt ist, werden Uhrfedern benötigt, um kreisförmige Drehbewegungen zu ermöglichen. Uhrfedern stellen eine Art Torsionsfeder dar, welche zwischen dem Lenkrad und der Lenksäule zum Einsatz kommt. In dieser Funktion übernehmen sie die Rolle eines elektrischen Leistungsträgers zwischen dem Lenkrad und den Geräten, welche eine Verbindung herstellen, wie etwa Airbags. Dies gewährleistet, dass das Lenkrad sich weiterdrehen kann, ohne dass die elektrische Verbindung zu den genannten Geräten unterbrochen wird.

Die Gewährleistung der Sicherheit im Straßenverkehr erfordert die Zusammenarbeit sämtlicher Fahrzeugkomponenten, wobei den Bremsen eine herausragende Bedeutung zukommt. Die Rückholfedern erfüllen die Funktion, die Räder des Fahrzeugs zu entkoppeln, sobald der Fuß von der Bremse genommen wird, sodass das Fahrzeug seine Fahrt fortsetzen kann. Die Rückholfedern erfüllen die Funktion, die Bremsbacken in ihre ursprüngliche Position zurückzuziehen, sodass das Fahrzeug seine Fahrt fortsetzen kann. Wie ersichtlich ist, finden Federn in Personenkraftwagen in einer Vielzahl von Bereichen Anwendung. Torsionsfedern sind in einer Vielzahl von Fahrzeugkomponenten zu finden, darunter in Türen und Kofferraumdeckeln. Stahlfedern haben die Fähigkeit, mechanische Arbeit zu speichern und wieder abzugeben und können harte Stöße absorbieren [3]. Sie sind wartungsfrei und kostengünstig in der Herstellung. Ihr Einsatzgebiet ist vielfältig:

- Federn bringen bewegliche Teile in ihre Ausgangslage zurück: z. B. als Ventilfedern, Stahlfedern als Rückstellfedern in Backenbremsen, Bremslüftern, Kupplungen und Messgeräten.
- Federn dämpfen Stöße und Schwingungen: z. B. als Achsfedern.
- Federn verteilen Kräfte und gleichen sie aus: z. B. in Spannwerkzeugen, in Polsterungen, zur Stabilisierung von Karosserien.
- Federn erleichtern das Öffnen, Offenhalten und Schließen von Motorhauben und Kofferraumdeckeln.
- Federn stellen exakt definierte Kräfte oder Momente ein: z. B. zur Erzeugung der notwendigen Anpresskräfte in Schwingungsdämpfern.
- Federn messen und regeln Kräfte und Momente: z. B. in Dynamometern, als Richtkraftfedern in elektrischen Messgeräten und in Drehmomentmessern.

In der Luft- und Raumfahrtindustrie sind Präzision und Zuverlässigkeit von essenzieller Bedeutung. Die Verwendung einer Feder gewährleistet den sicheren und effizienten Betrieb von Flugzeugen und Raumfahrzeugen. Federn werden in unterschiedlichen Ausführungen eingesetzt, um spezifische konstruktive Anforderungen zu erfüllen. Die Luft- und Raumfahrtindustrie stellt höchste Ansprüche an die Qualität von Federn, deren einwandfreie Funktion unter extremen Bedingungen gewährleistet sein muss. Die Erfüllung der strengen Anforderungen der Luft- und Raumfahrtindustrie bedingt den

Einsatz fortschrittlicher Werkstoffe bei Federn. In diesem Kontext sind insbesondere Druckfedern, Torsionsfedern und Schraubenfedern von Relevanz. Druckfedern finden in der Regel Verwendung, um Stöße und Vibrationen zu absorbieren und die strukturelle Integrität von Flugzeugen zu gewährleisten. Des Weiteren werden Schraubenfedern in Fahrwerkssystemen eingesetzt, wo sie für die Gewährleistung einer adäquaten Federung und Unterstützung sorgen. Die Torsionsfedern hingegen übernehmen die Steuerung der Bewegung von Steuerflächen, wie beispielsweise Querruder und Klappen.

Federn sind darüber hinaus in zahlreichen weiteren Bereichen des täglichen Lebens präsent, insbesondere jedoch in industriellen Umgebungen. Sie stellen wesentliche Bestandteile verschiedener Maschinen und mechanischer Geräte dar und sorgen für die notwendige Kraft- und Bewegungskontrolle. In Fördersystemen, Montagemaschinen und Industrierobotern werden Federn eingesetzt, um Materialien effizient zu handhaben und zu manipulieren.

Auch im medizinischen Bereich spielen Federn eine entscheidende Rolle, beispielsweise in medizinischen Geräten und Ausrüstungen. Sie tragen dazu bei, die Bewegung von Bauteilen in Diagnoseinstrumenten zu regulieren, um genaue Messwerte zu gewährleisten. Garagentorfedern stellen eine essentielle Komponente in der Funktionalität von Garagentoren dar, sowohl im privaten als auch im gewerblichen Bereich.

Die Vielfalt ihrer Aufgaben spiegelt sich in der großen Zahl von Federformen wider. Die wichtigsten Grundtypen werden nach der Art ihrer Beanspruchung eingeteilt. Federn sind in der Lage, durch elastische Formänderung mechanische Arbeit in potenzielle Energie umzuwandeln, zu speichern und wieder als mechanische Arbeit abzugeben. Diese charakteristische Eigenschaft der Feder wird durch eine spezielle Formgebung und die Verwendung hochelastischer Werkstoffe (z. B. Metall, Gummi oder auch Faserverbundwerkstoffe) ermöglicht. Ziel der Federauslegung ist es, die größtmögliche elastische Energie auf kleinstem Bauraum zu speichern. Die Lösung dieser Aufgabe führt zu einer Feder mit minimalem Volumen des Federmaterials oder alternativ mit minimalem Außenvolumen der Feder als Bauteil. Entscheidend ist, dass die Energieaufnahmefähigkeit durch die im Betrieb auftretende Beanspruchung begrenzt ist [4]. Die Methode der Federberechnung mit dem minimalen Volumen des Federmaterials besteht darin, die Verteilung der Schnittgrößen über den Federquerschnitt zu berechnen und schließlich die Auswirkungen dieser Beanspruchungen auf die gespeicherte elastische Energie vorherzusagen. Bei der Berechnung werden die Verformung und der Bauraum der Feder, dynamische Kenngrößen wie Eigenfrequenz oder Dämpfung und Abschätzung zum instabilen Verhalten berücksichtigt.

Die Besonderheit des Berechnungsverfahrens liegt zum einen in der großen Verformbarkeit des Federbauteils und zum anderen in der Problematik der Eigenspannungen, die bei der Herstellung des Bauteils entstehen [5, 6].

Wie später gezeigt wird, ist die für eine vorgegebene Energieaufnahme erforderliche Federmasse umso geringer, je höher die zulässigen Spannungen des Federwerkstoffes sind. Andererseits erhöhen zu hohe zyklische Betriebsspannungen die Ausfallwahrscheinlichkeit des Federbauteils.

In der Technik sind verschiedene Federtypen bekannt (Abb. 1.1, [7]). Metallfedern sind in allen Bereichen der modernen Technik weit verbreitet. In diesem Manuskript werden hauptsächlich Metallfedern untersucht und ihre spezifischen Eigenschaften mit mathematischen Mitteln beschrieben.

Bei der Herstellung von Federn treten unvermeidliche Eigenspannungen auf. Neben diesen Eigenspannungen ist auch das zur Herstellung der Feder verwendete Material von entscheidender Bedeutung. In der Berechnung schlägt sich Letzteres in Materialkennwerten wie dem Elastizitätsmodul sowie der statischen und zyklischen Festigkeit nieder. Diese Parameter werden aus der speziellen Werkstoffkunde der Federwerkstoffe entnommen. Durch die Kombination der statischen Berechnung mit den Ergebnissen der Schwingfestigkeit können schließlich Optimierungsfragen geklärt und der Leichtbau der Feder begründet werden.

Im Gegensatz zu allen anderen Maschinenbauteilen, deren Verformung in der Regel nur instrumentell messbar ist, verformen sich die meisten Federn unter Belastung deutlich sichtbar.

Eine weitere Besonderheit der Feder ist die zyklische Beanspruchung. Die Lastspielzahlen liegen häufig im mega- bis gigazyklischen Bereich. Diese Art der Beanspruchung stellt besondere Anforderungen an den Werkstoff der Feder. Das Ziel, die Festigkeit der Feder zu erhöhen, wird durch spezielle Herstellungsverfahren erreicht.

Da sich die wiederkehrende Belastung der Feder in vorgegebenen Bereichen von Richtung und Amplitude nicht ändert, kann die Schädigung des Werkstoffes durch gezielte Erzeugung von Eigenspannungen verringert werden. Die Berücksichtigung der Festigkeitslehre bei der Federherstellung ist daher ein wesentlicher Bestandteil der Federauslegung.

Stahlfedern werden in der Regel aus Rund-, Flach- oder Rohrhalbzeug hergestellt [8, 9]. Die Formgebung von Federn kann durch Kalt- oder Warmverformung erfolgen, wobei die Wärmezufuhr optional ist. Im Anschluss an das Kaltumformen wird in der Regel ein Verfahren zur Reduktion von Eigenspannungen durchgeführt, wie beispielsweise das Anlassen. Die Herstellung von kaltgeformten Stahlfedern mit rundem Drahtquerschnitt erfolgt in der Regel unter Verwendung von patentiertem Federdraht, ölgehärtetem Draht, hartgezogenen Kohlenstoffstählen oder hochlegierten Stählen [10]. Bei Bedarf werden auch warmfeste oder rostfreie Stähle verwendet.

Kaltgeformte Flachformfedern aus Bandstahl können aus bereits vergütetem Material hergestellt werden. In der Mehrzahl werden sie jedoch aus kaltgewalzten, weichgeglühten Bandstählen geformt und anschließend vergütet. Rohre, z. B. für Stabilisatoren, werden sowohl in geschweißter als auch in nahtlos gezogener Ausführung verwendet. Die Eigenschaften der Werkstoffe ergeben sich unter anderem aus dem Gehalt an Kohlenstoff (C) und den Anteilen an Legierungselementen wie Chrom (Cr), Silizium (Si) und Mangan (Mn).

1.1.2 Kennzahlen: Längen, Kräfte, Federraten, gespeicherte Energie

Federkraft und Federrate

Form und Abmessungen einer Feder werden durch die Betriebsanforderungen bestimmt. Federn müssen eine vorgegebene Kennlinie, eine begrenzte Kriech- oder Relaxationsneigung und eine vorgeschriebene Schwingfestigkeit erfüllen. Grundlage für die Berechnung der Betriebseigenschaften ist das Elastizitätsverhalten des Werkstoffes, das sogenannte Werkstoffgesetz. Für die Federauslegung ist nur der lineare Bereich der Kennlinie von Interesse.

Die mechanischen Eigenschaften von Federn werden im Wesentlichen durch zwei Kenngrößen beschrieben: Federrate und Federarbeit. Trägt man die Kenngrößen in ein Diagramm ein und verbindet sie durch eine Linie, so erhält man das Arbeitsdiagramm. Die freie Länge der Feder L. Die Länge der unter axiale Zugkraft F gezogenen Feder ist $\bar{L}$. Der Federweg ist definiert als die Differenz zwischen der Länge gezogenen Feder $\bar{L}$ und der Länge der freien Feder L :

$$S \stackrel{\text{def}}{=} \bar{L} - L.$$

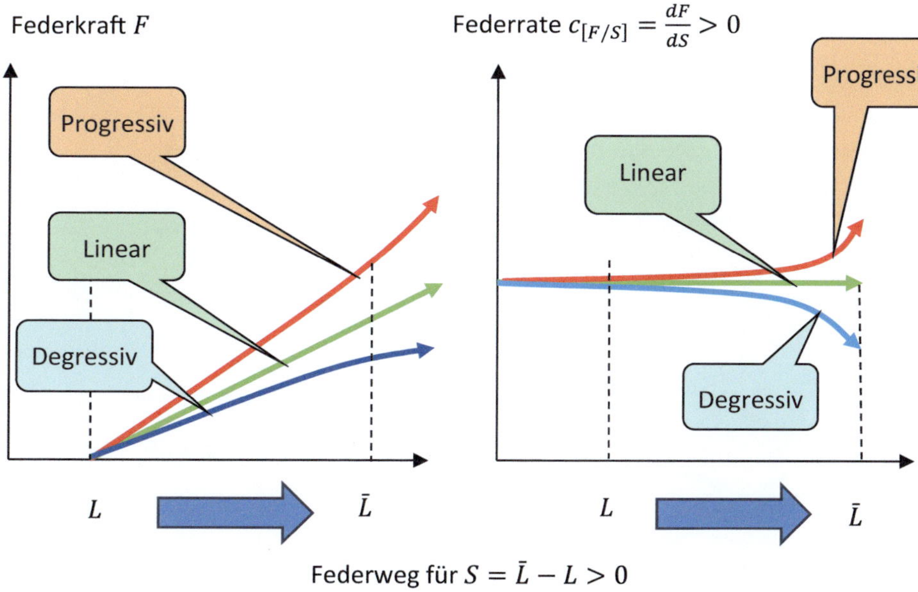

Abb. 1.1 Lineare, progressive und degressive Kennlinien der Zugfedern. Darstellung in Abhängigkeit von der Federlänge $\bar{L}$. Der Pfeil zeigt den positiven Federweg der Zugfeder

Bei den Zugfedern erfolgt $\bar{L} > L$ und $S > 0$. Die Abhängigkeit $F = F(S)$ wird als Federkennlinie einer kraftbelasteten Feder bezeichnet (Abb. 1.1). Aus dem Diagramm kann das Ableitung von äußerer Kraft F über der Auslenkung S, also die Federrate, abgelesen werden. Die Steigung der Federkennlinie wird als Federrate der Zugfedern bezeichnet:

$$c_{[F/S]} \overset{\text{def}}{=} \frac{\mathrm{d}F}{\mathrm{d}S}.$$

Für die nichtlinearen Federn sind die Federraten nicht konstant und hängen vom Federweg ab.

In Bezug auf die Federraten der Druckfedern besteht jedoch noch Klärungsbedarf. Durch Kompression der Druckfeder erfolgt eine Verkürzung der Feder: $\bar{L} < L$. In Konsequenz wird der zuvor definierten Federweg negativ: $S = \bar{L} - L < 0$ (Abb. 1.2). In der Praxis wird im Maschinenbau üblicherweise die Darstellung der Diagramme als Funktion der direkt messbaren Federlänge verwendet. Der positive Betrag der Längenänderung der Druckfeder $|S|$ wird als Auslenkung (Druckfederweg) bezeichnet:

$$S_D \overset{\text{def}}{=} |S| = \left|\bar{L} - L\right| > 0.$$

Bei der Komprimierung der Feder wird die axiale Zugkraft F selbstverständlich negativ. In der Federtechnik wird der positive Betrag der Zugkraft als Federkraft der Druckfeder bezeichnet:

$$F_D \overset{\text{def}}{=} |F| > 0.$$

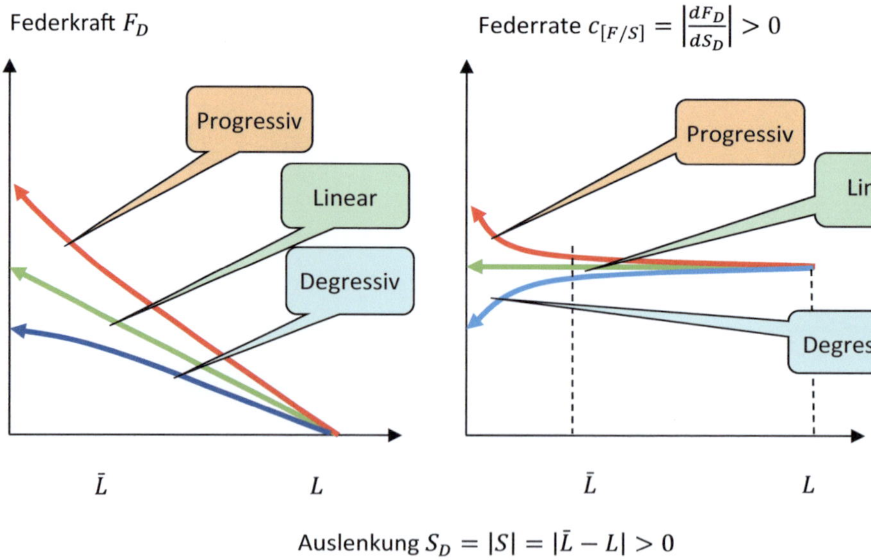

Abb. 1.2 Lineare, progressive und degressive Kennlinien der Druckfedern. Darstellung in Abhängigkeit von der Federlänge $\bar{L}$. Der Pfeil zeigt die positive Auslenkung der Druckfeder

Aus dem Diagramm kann die Ableitung von Druckkraft über dem Modul der Auslenkung $S_D = |S|$, also die Federrate, abgelesen werden. Die Zugfeder zeigt bei Längenänderung eine positive Kraft. In der Federtechnik wird davon ausgegangen, dass die Kraft bei der Komprimierung einer Druckfeder positiv ist. Die Federrate der Druckfeder wird ebenso als positiv bezeichnet. Unter dieser Prämisse verwenden wir den Buchstaben F für alle Federkräfte. Für beide Typen der Federung wird der Federweg mit demselben Buchstaben S bezeichnet. Aus dem Kontext wird deutlich, um welche Art von Federn es sich in den folgenden Textabschnitten handelt. Aus diesem Grund wird an den entsprechenden Stellen von einer Indizierung der Federkräfte und Federwege abgesehen. Im Kontext der Druckfedern werden die als Federraten bezeichneten positiven Module der Ableitung verstanden:

$$c_{[F/S]} \stackrel{\text{def}}{=} \left| \frac{\mathrm{d}F_D}{\mathrm{d}S_D} \right| > 0.$$

Kennlinienformen

Progressive Federkennlinien sind ein charakteristisches Merkmal von Formfedern und resultieren aus dem Effekt des Ausschaltens von Federn. Es existieren diverse Optionen zur Einstellung progressiver Kennlinien, wobei sich diese in vier Hauptkategorien unterteilen lassen (Tab. 1.1).

Arbeit und gespeicherte Energie

Unter der Voraussetzung konstanter Kraft lässt sich die Kraftarbeit W Produkt aus Kraftvektor und Weg angeben. Es kann festgestellt werden, dass die Kraft nahezu proportional zur Dehnung der Feder ist. In technischen Federn sind die Richtungen des Kraft- und des Wegvektors deckungsgleich. Das Arbeitsdiagramm ist in Abb. 1.3 dargestellt. Im Folgenden soll die Arbeit bestimmt werden, die erforderlich ist, um eine Feder um einen bestimmten Betrag zu verlängern. Die in der Feder gespeicherte elastische Energie ist proportional zur Fläche unter der Kennlinie:

Tab. 1.1 Möglichkeiten zur Einstellung progressiver Kennlinien

Art der Gestaltung	Merkmale der konstruktiven Lösungen
I. Parallele Anordnung von Federn	Durch Aneinanderreihung von linearen Federn unterschiedlicher Länge als Federsatz
II. Reihenschaltung von Federn,	Bei der zwei oder mehrere Federn hintereinander geschaltet sind
III. Unterschiedliche Windungsabstände konstruieren	Dadurch unterschiedliche Materialausnutzung infolge unterschiedlicher Spannungsverteilung
IV. Ein inkonstanter Drahtdurchmesser (variabler Drahtdurchmesser)	Ermöglicht eine optimale Spannungsverteilung, wodurch die Nachteile der Konstruktionsvarianten I bis III vermieden und ein geringeres Federgewicht realisiert werden kann

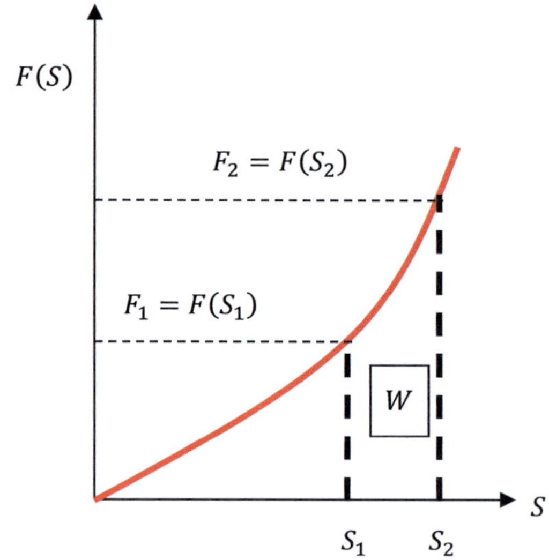

Abb. 1.3 Federarbeit W

$$W = \int_{s_1}^{s_2} F(s)\mathrm{d}s. \tag{1.1}$$

Für lineare Federn

$$W_i = \int_0^{S_i} F(s)\mathrm{d}s = \frac{1}{2}c_{[F/S]}s_i^2, \quad \text{für} \quad i = 1, 2. \tag{1.2}$$

Die elastische Energie im Arbeitsbereich $S_1 \leq S \leq S_2$ beträgt $W = W_2 - W_1$.

Formnutzzahl und Massennutzzahl von Federn

Die Formnutzzahl η (Volumennutzzahl) ein für die Feder repräsentativer Wert. Die Formnutzzahl gibt an, wie gleichförmig das Werkstoffvolumen der Feder durch interne Spannungen ausgelastet wird:

$$\eta = \frac{W}{\widetilde{W}}, \tag{1.3}$$

wobei $\widetilde{W}$ die in einer Referenzfeder gespeicherte elastische Energie bei der Einwirkung der gleichen Maximalkraft ist. Die Referenzfeder weist die identische Federrate und die identische Festigkeit wie die Vergleichsfeder auf. Unter den vorliegenden Bedingungen nimmt die Referenzfeder die maximale elastische Energie auf. Die Formnutzzahl stellt demnach einen Vergleich der Energieaufnahme einer Feder mit der maximal möglichen Energieaufnahme der Referenzfeder bei gleichem Volumen, gleicher Kraft und gleicher Spannung dar.

Eine Erhöhung der Formnutzzahl kann erzielt werden, wenn es gelingt, die Federn möglichst als „Körper gleicher Festigkeit“ auszubilden.Die Vergleichsfeder soll dabei an jeder Stelle des Körpers gleich beansprucht werden.Für die Referenzfeder eignet sich deshalb eine Zugfeder mit unveränderlichem Querschnitt, da sich diese Feder durch eine optimale Materialausnutzung auszeichnet. Ein Kennwert, der für den Vergleich von Federn aus unterschiedlichen Werkstoffen herangezogen werden kann, ist die Massennutzzahl:

$$\tilde{\eta}_A = \frac{\rho\, W}{\tilde{\rho}\, \tilde{W}}. \tag{1.4}$$

Der vorliegende Faktor gestattet den Vergleich von Federn, die aus unterschiedlichen Werkstoffen gefertigt sind, wie beispielsweise Stahlfedern und Federn aus Faserverbund- oder Gummiwerkstoffen. Die Dichte der zu vergleichenden Feder wird durch ρ und die Dichte der Referenzfeder durch $\tilde{\rho}$ repräsentiert.

Parallel- und Reihenschaltung

Kennlinien lassen sich durch Kombination von mehreren Federn gezielt beeinflussen (Abb. 1.4). Bei der Parallelschaltung von Federn werden beide Federn um den gleichen Weg verformt. Das entspricht der Addition der Federsteifigkeiten, die aufzubringende Kraft ist in jedem Fall höher als die, die für eine der Federn aufgewendet werden müsste. Bei parallel geschalteten Federn addieren sich die Federraten:

$$c_{ges} = \sum\nolimits_i c_i.$$

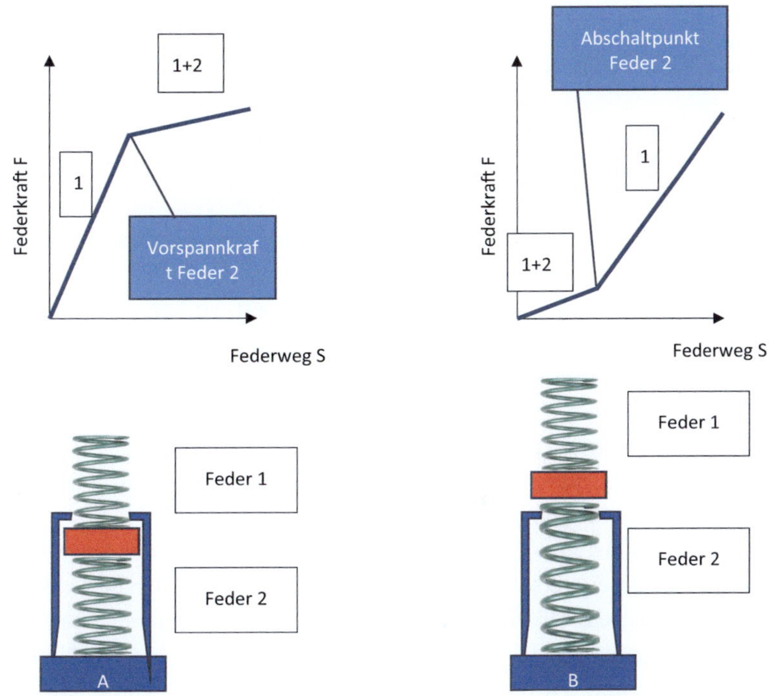

Abb. 1.4 Degressive Kennlinie (A) und Progressive Kennlinie (B). Zur Vereinfachung wird die Federkraft für beide Federtypen (Zug- und Druckfeder) als positiv angenommen. Ebenso wird der Federweg bei der Längenänderung der Federn positiv berechnet.

Bei alternativer Betrachtung zeigt sich, dass in einer Reihenschaltung auf beide Federn dieselbe Kraft einwirkt. Der Kehrwert der Gesamtfedersteifigkeit entspricht der Summe der Kehrwerte der einzelnen Federsteifigkeiten. Die partiellen reziproken Federraten der in Reihe geschalteten Federn werden entsprechend addiert:

$$\frac{1}{c_{ges}} = \sum_i \frac{1}{c_i}.$$

Hysterese

Bei den gemessenen Kennlinien ergibt sich hauptsächlich wegen vorhandener Reibung ein Unterschied zwischen Belastungskennlinie $F_B(S)$ und Entlastungskennlinie $F_E(S)$. Letzte zeigt geringere Kräfte

$$F_E(S) \leq F_B(S).$$

Das heißt, die Feder gibt nicht die vollständige zur Verformung verwendete Energie

$$W_B = \int_{S_1}^{S_2} F_B(s)\mathrm{d}s$$

wieder ab. Als mechanische Arbeit wird folgender Anteil abgegeben:

$$W_E = \int_{S_1}^{S_2} F_E(s)\mathrm{d}s.$$

Ein Teil geht in Verschleißarbeit und Wärme über:

$$\Delta W = \int_{S_1}^{S_2} [F_B(s) - F_E(s)]\mathrm{d}s. \tag{1.5}$$

Der Verlust ΔW wird als Hysterese bezeichnet. Das Wort Hysterese bedeutet „Zurückbleiben" und bezieht sich auf Effekte, die in Systemen auftreten, die mit Verlusten arbeiten. Wirkt eine zeitveränderliche

Wird eine Kraft auf ein System oder Objekt appliziert, so kann eine Folge von Zuständen induziert werden, die persistieren oder sequentiell fortdauern, obwohl die Kraftquelle bereits eingestellt wurde.Der gegenwärtige Zustand des Systems ist abhängig von seinen früheren Zuständen, was zu einer Art materielles Gedächtnis führt. Die Darstellung der Ursache (Eingangsgröße) über der Folge (Ausgangsgröße) in einem Diagramm lässt keinen eindeutigen Zusammenhang erwarten, da die Kurven keine geschlossenen Hystereseschleifen sind.

Die Hysterese ist ein Phänomen, das in Zusammenhang mit der Energiedissipation steht. Diese entsteht durch verschiedene physikalische Prozesse. Unter bestimmten Umständen kann die Energiedissipation zu einer signifikanten Erwärmung führen und somit die Lebensdauer reduzieren [11]. Bezieht man diesen Arbeitsverlust auf die Belastungsarbeit, so erhält man mit $\Delta W/W$ den spezifischen Arbeitsverlust bzw. die spezifische Dämpfung.

Die Hysterese tritt auch bei stark nichtlinearen elastischen Federn mit degressiver Kennlinie auf. Die untere Kurve ist die Belastungskennlinie der in Abb. 1.5 dargestellten degressiven Feder bei kraftgeregelter Belastung. Die blaue Kurve ist die Entlastungskennlinie.

Die Hysteresearbeit nichtlinearer Federn entspricht bei kraftgeregelter Belastung der Fläche E-A-B-D zwischen der grünen und der blauen Kurve. Bei zyklischer Belastung in Form eines Schlages oder Knalls wird die Arbeit hingegen freigesetzt. In diesem Fall findet eine Umwandlung mechanischer Energie statt, obwohl sich die Feder rein elastisch verhält. Bei einer wegabhängigen Belastung hingegen zeigt eine solche nichtlineare Feder keine Hysterese. In der vorliegenden Konstellation werden keine Energieumwandlung und keine Hysterese beobachtet.

Relaxation und Kriechen

Es wurde festgestellt, dass jede Druckfeder bei einer anhaltenden, konstanten Belastung eine gewisse Verkürzung erfährt. Mit der Zeit werden die Zugfedern unter Last entsprechend länger. Der Federweg wird ebenfalls positiv bei der Berechnung der Längenänderung der Federn berücksichtigt. Im Falle einer konstanten Einfederung und Kraftverlustes der Feder wird dies als „Entspannung“ oder „Relaxation“ bezeichnet. Es ist evident, dass jede Feder im Laufe der Zeit einen Verlust an Spannkraft erfährt, der sich je nach Belastungsart als Relaxation oder Kriechen äußern kann:

- Von **Relaxation** spricht man, wenn die Feder auf eine konstante Länge zusammengedrückt wird und im Laufe der Zeit ein Kraftverlust eintritt (Abb. 1.6).
- Von **Kriechen** spricht man, wenn die mit einer konstanten Kraft beanspruchte Feder im Laufe der Zeit einen zusätzlichen Längenverlust ΔI erleidet, sodass ihre Bauhöhe abnimmt (Abb. 1.7)

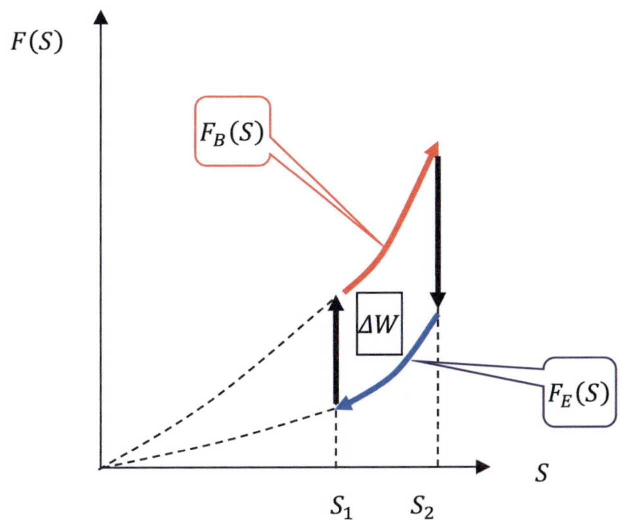

Abb. 1.5 Hysterese einer Feder

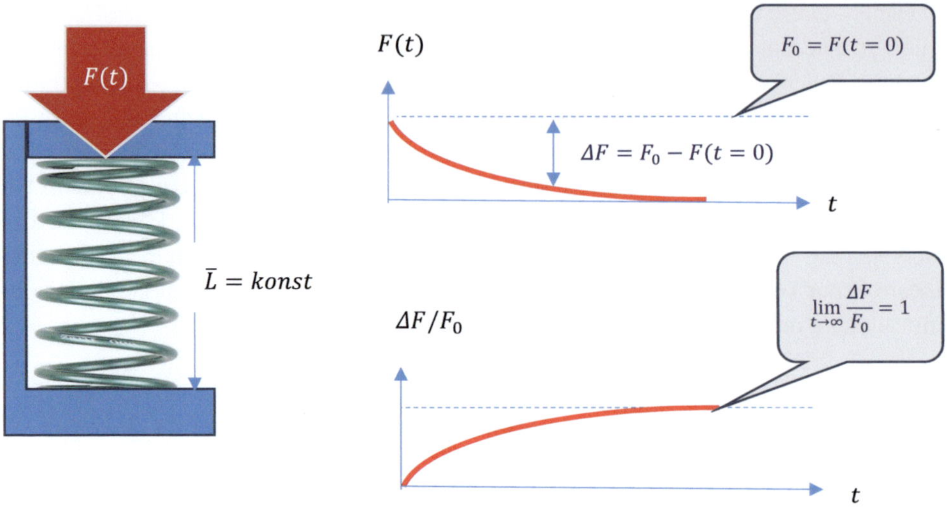

Abb. 1.6 Relaxation: Zeitlicher Kraftabfall bei konstanter Einfederung.

Der mathematische Begriff der Relaxation beschreibt demnach den zeitlichen Kraft- bzw. Momentabfall durch Spannungsabbau bei konstanter Einfederung, wie er bei Spannfedern aller Art beobachtet werden kann (Abb. 1.6).

Von Kriechen spricht man, wenn die mit einer konstanten Kraft oder einem konstanten Moment belastete Feder im Laufe der Zeit eine Längenänderung oder bei Drehfedern eine Winkeländerung aufweist (Abb. 1.7). Das Kriechen ist in erster Linie für statische Lastfälle von Bedeutung. Sowohl die Relaxation $\Delta F/F_0$ als auch das Kriechen $\Delta L/L_0$. sind von den Spannungen (Last- und Eigenspannungen), der Temperatur und der Zeit abhängig. Bei der zyklischen Einfederung führt das Kriechen zu internen Verlusten im Material. Aus dem Kriechen resultierten die Energiedissipation und entsprechend Hysterese.

1.2 Grundbelastung von Federn

1.2.1 Typen von Stahlfedern

Federstähle stellen den Ausgangswerkstoff für eine Vielzahl an federnden Bauteilen dar, zu denen unter anderem Achsfedern, Federbandschellen und Tellerfedern zählen [12, 13]. Federstähle sind nach [14] die Stähle, die wegen ihrer Federeigenschaften im vergüteten Zustand eingesetzt werden. Die Elastizität der Bauteile resultiert aus ihrer Fähigkeit zur elastischen Verformbarkeit, aufgrund derer sie bis zu einer bestimmten Grenze belastet werden können, ohne dass nach der Entlastung eine bleibende Formänderung

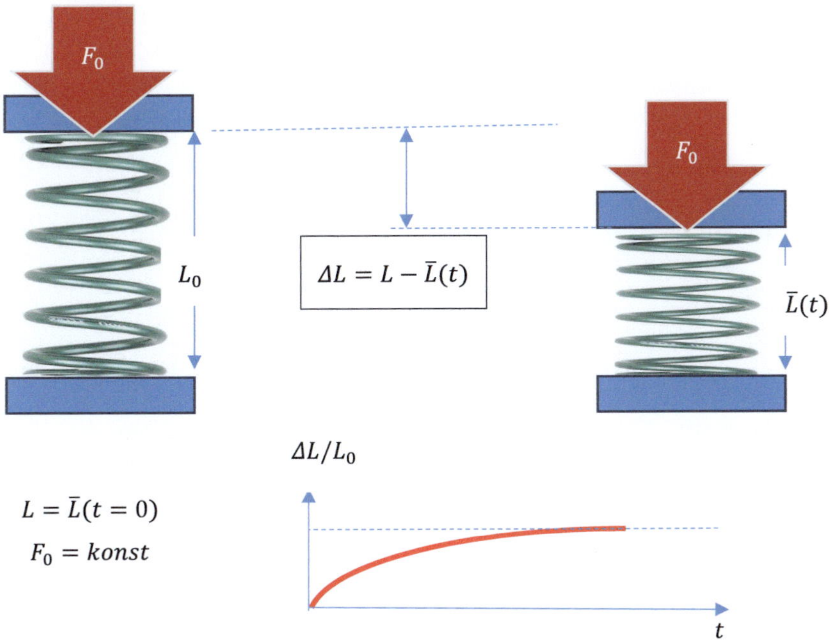

Abb. 1.7 Kriechen: Zeitlicher Längenverlust bei konstanter Last

eintritt.Die Herstellung der Feder erfolgt aus warmgewalztem, gezogenem, geschliffenem oder kaltgewalztem Federdraht durch Warm- oder Kaltumformung, je nach Bauart und Anforderungen an die Oberflächenbeschaffenheit. Stahlfedern agieren innerhalb des linear-elastischen Bereichs des Werkstoffgesetzes. Unter Belastung wird von ihnen mechanische Arbeit gespeichert, die bei Entlastung nahezu vollständig wieder abgegeben wird. In diesem Prozess können geringe Reibungsverluste auftreten.

Entsprechend dienen Stahlfedern als

- Arbeitsspeicher (Uhrwerke, PKW-Hauben- und Deckel, Ventilfedern etc.)
- Kraftmesser (Federwagen, Ringdynamometer, Drehmomenten Waage)
- Stoßdämpfer (Fahrzeugbau, Eisenbahnpuffer)

1.2.2 Federarten nach Art der Energiespeicherung

In den mechanischen Modellen von Metallfedern erfolgt eine schematische Darstellung der Federn als Stab oder Balken. Die Beanspruchung eines Balkenquerschnitts, resultierend aus Schnittkräften und Momenten, ist aus der statischen Berechnung bekannt.

Im Rahmen der vorliegenden Darstellung erfolgt eine differenzierte Betrachtung der nachfolgend aufgeführten Grundbelastungsfälle von Federelementen (Tab. 1.2). In realen Federelementen wirken die genannten Beanspruchungsarten in der Regel simultan.

Für die Federn werden die Volumennutzwerte *(Formnutzzahl)(S. § 1.1.2):*

$$\frac{W_i}{V} = \eta \cdot \frac{{\sigma_{zul}}^2}{E} \tag{1.6}$$

bzw.

$$\frac{W_i}{V} = \eta \cdot \frac{{\tau_{zul}}^2}{G} \tag{1.7}$$

angegeben.

Die vorliegenden Formeln geben Hinweise auf die Ausnutzung des Werkstoffvolumens. Es konnte festgestellt werden, dass mit zunehmender Formnutzzahl die Feder bei gleicher Federrate, zulässiger Materialbeanspruchung und gespeicherter elastischer

Tab. 1.2 Grundbelastungsfälle von Federelementen

Grundbelastung	Art der Spannung
Zug/Druckbeanspruchung	Die Kraft greift an dieser Stelle der Lastachse an und weist lediglich Komponenten in Richtung der Achse auf. In Abhängigkeit davon, ob der Kraftvektor in die Querschnittsfläche hinein- oder hinauszeigt, lassen sich Druck- und Zugbelastungsfälle unterscheiden. Mit Normalkraftbelastung werden Zug-/Druckfedern, Ringfedern und auch Tellerfedern beaufschlagt. Ein nicht geschlitzter Teller kann alternativ als eine konische Fläche, die von konzentrischen, rechteckigen Ringen umgeben ist, beschrieben werden.
Biegebeanspruchung	Bei der sogenannten reinen Biegung wird ein Momenten Paar an den Enden der Feder angebracht. Bei der sogenannten Querkraftbiegung erfolgt die Belastung (etwa am eingespannten Träger) durch eine Querkraft senkrecht zur Lastachse. Die Spannungen infolge Biegung gestalten die elastische Verformung von Flachfedern und Blattfedern
Schub- oder Scherbeanspruchung	Wird eine Feder durch eine in der Schnittfläche liegende Kraft belastet, so versucht die Feder dieser Kraft zu folgen und schert aus. Praktisch tritt Abscheren, also Scherkräfte, bei schubbeanspruchten Federn (wie etwa bei zylindrischen Hylsenfedern aus Gummi oder Kautschuk) auf.
Verdrehbeanspruchung	Wenn ein Stab mit einer Last beansprucht wird, deren Wirkungslinie nicht durch den Schubmittelpunkt des Querschnittes geht, so tritt ein Torsionsmoment auf. Hierbei wird ein Drehmoment in Richtung der Achse auf die Feder aufgebracht. Drehstabfedern, Schraubendruckfedern und Stabilisatoren werden durch Verdrehung belastet.

Energie leichter wird. Die Kunst der Federauslegung besteht demnach in der bestmöglichen Ausnutzung des Werkstoffes und der gerade noch zulässigen Belastungsobergrenze.

Je nach der Art ihrer mechanischen Beanspruchung lassen sich Stahlfedern entsprechend der nachfolgenden Tab. 1.3, 1.4 und 1.5 einteilen [15]. Eine vollständige Übersicht über die Normen, die möglicherweise nicht mehr aktuell sind, ist verfügbar unter [Tab. 1.1 „Gestaltung und Berechnung von Stahlfedern nach Normen“,16, § 2.2.1, S. G 53].

Tab. 1.3 Belastungsarten der Federelementen: Normalspannungen (Zug- und Druckspannungen)

Federtyp	Belastungsart	η
Zugstabfeder	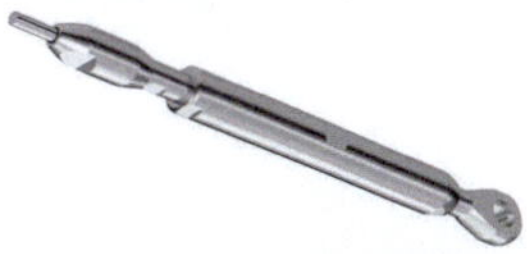	1
Biegeblattfeder (Biegebeanspruchung) Normen [17, 18]		1/3
Spiralfeder, Rollfeder Normen [19]		
Ebene Formfeder	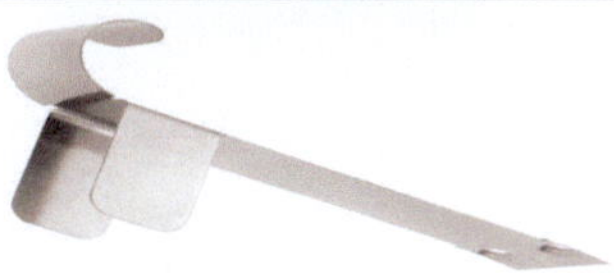	<1/3 1/9
Schenkelfeder Normen [20]		1/4
Tellerfeder Normen [21, 22]		1/5,1/20
Membranfeder Ringfeder	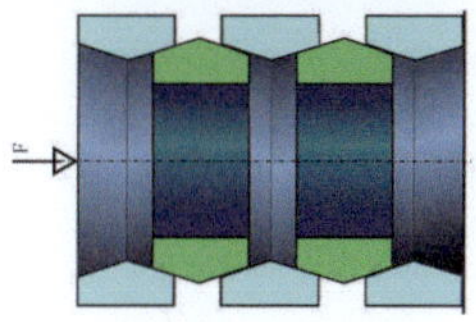	~ 1

Tab. 1.4 Belastungsarten der Federelementen: Tangentialspannungen (Scherspannungen)

Torsionsfeder Torsionsblattfeder Normen [23, 24]	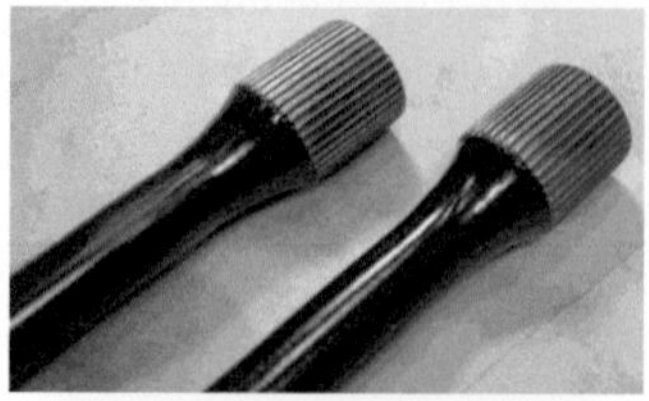	1/2
Schraubenfeder Normen [25, 26]	 (Druck) 	<1/2
	 (Zug)	

1.3 Energiespeicherung in Federn bei Zug/Druckbelastung des Werkstoffs

1.3.1 Gerade Zugfeder

In diesem Fall werden die Federn auf Zug und Druck (Normalbelastung) beansprucht [§ 11,2, S. 86, 31]. Die einfachste Zug-Druckfeder ist ein prismatischer Stab mit konstantem Querschnitt. Der Vorteil dieser Federn liegt darin, dass das Material über den Querschnitt und über die Länge homogen und gleich beansprucht wird. Diese Federn ermöglichen eine vollständige Materialausnutzung und werden als Referenzfedern betrachtet.

Betrachten wir einen prismatischen Stab, der an seinen Enden einer Zugkraft (Druckkraft) ausgesetzt ist. In einem von der Krafteinleitung entfernten Querschnitt ergibt sich eine über den Querschnitt konstante Zugspannung (Druckspannung). Vergleicht man die Querschnitte entlang der Spannungsachse, so ergibt sich keine Änderung der nach obiger Gleichung berechneten Spannung, da sich weder die Kraft entlang der Schwerachse noch

Tab. 1.5 Belastungsarten der Federelementen: Mehrachsiger Zustand

Schraubenfeder mit großer Steigung	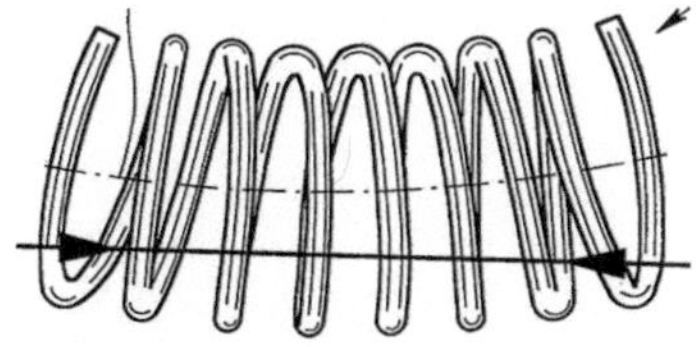 Aufhängungssystem mit einer Feder [27]	<1/2
Räumliche Formfeder Stabilisatoren für Straßenfahrzeuge	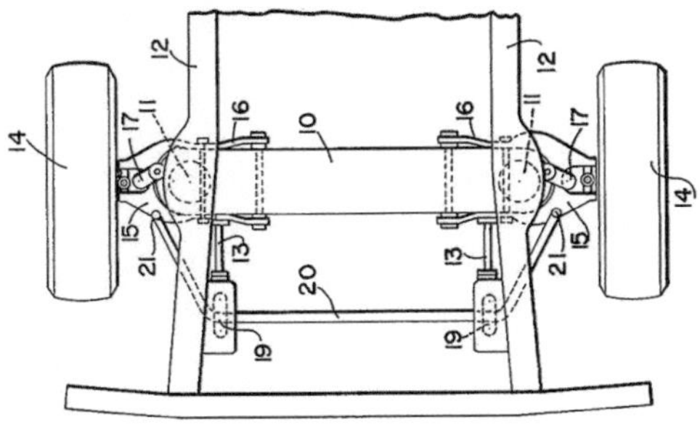 Fahrzeugstabilisator [28]	<1/2
Elastische Spannklemme Schienenbefestigung Normen [29]	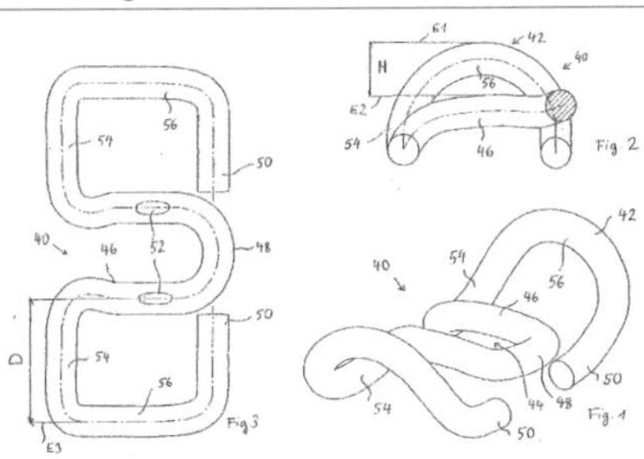 Elastische Spannklemme [30]	

der Querschnitt des prismatischen Stabes ändern. Der Spannungsfluss ist in allen Querschnitten entlang der Achse gleich.

Die Raumausnutzung bei stabförmigen Federn ist ungünstig, da Federn mit geringer Federrate zu lang sind. Stabfedern aus Metall werden daher nur selten eingesetzt.

1.3.2 Ringfedern

Um die Funktion der Ringfeder zu verstehen, betrachten wir einen Außenring mit dem Außendurchmesser D_a und Innendurchmesser D_i. Die Innenfläche der Feder ist konisch mit dem Kegelwinkel β (Abb. 1.8) Die Feder sei reibungslos auf einem absolut nicht verformbaren Kegel mit dem gleichen Kegelwinkel aufgestellt.

Abb. 1.8 Kenngrößen von Ringfedern

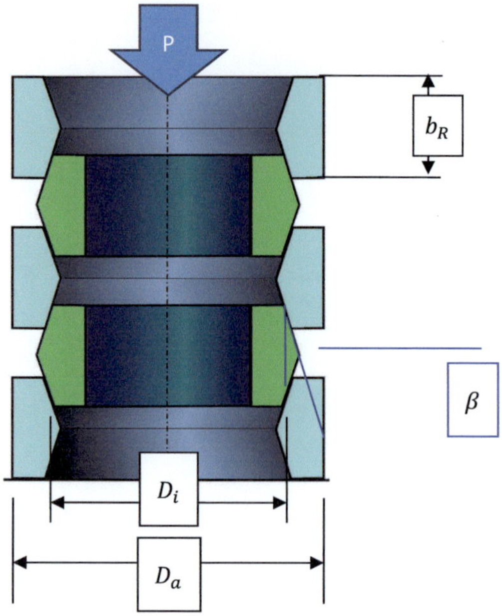

Da die Ringe beinahe homogen beansprucht sind, beträgt die Formnutzzahl der Ringfeder $\eta = 1$.

Die einfachste Doppelringfeder besteht aus einem Außen- und einem Innenring. Unter Einwirkung der Axialkraft dehnen sich die Außenringe aus und die Innenringe stauchen sich zusammen. In den Außenringen herrschen Zugspannungen, in den Innenringen überwiegen Druckspannungen. Infolge der Durchmesseränderungen verschieben sich die einzelnen Ringe gegeneinander und die Länge der Ringfeder verringert sich. Ist die Materialdicke eines Ringes wesentlich kleiner als der mittlere Ringdurchmesser, so werden beide Ringe annähernd gleich beansprucht. Die Federrate der beiden Ringe ist dann annähernd gleich. Die Federrate eines Doppelringes, der aus einem Außenring und einem Innenring besteht, beträgt genau die Hälfte der Federrate eines Einzelringes, da die Ringe in Reihe geschaltet sind.

Herkömmliche Ringfedern bestehen in der Regel aus mehreren hintereinander geschalteten Innen- und Außenringen, die doppelkegelig ausgebildet sind und sich an den Kegelflächen berühren. Die Ringe bewegen sich nur aufgrund der Reibung, die mit der Federkraft zunimmt. Die Reibung wirkt immer gegen die Bewegungsrichtung. Die Differenz zwischen Be- und Entlastungsarbeit ergibt die Hysteresearbeit (Abb. 1.9). Diese Arbeit wird bei der zyklischen Belastung der Feder in Wärme umgewandelt und geht als elastische Arbeit irreversibel verloren.

1.4 Energiespeicherung in biegebeanspruchten Federn

1.4.1 Blattfedern

Einfache Blattfedern mit konstantem Querschnitt

Eine Biegefeder wird verformt, indem an ihren Enden ein Biegemoment oder eine Biegekraft aufgebracht wird. Die Biegefeder ist im Prinzip ein elastischer Balken mit hoher Biegsamkeit. Die elementare Theorie der Balkenbiegung ist in [Szabó, § 12] ausführlich beschrieben. Einfache Blattfedern sind auf Biegung beanspruchte Kragträger mit parabolischer Durchbiegung entlang der Federachse.

Die Blattfeder mit konstantem Querschnitt zeichnet sich also durch die schlechte Materialausnutzung aus. Die Formnutzzahl der Blattfeder mit konstantem Querschnitt bei gleicher Federrate und gleichen zulässigen Spannungen ist:

$$\eta = 1/9.$$

Blattfedern mit konstanter Dicke und veränderlicher Breite (Dreieckfedern)

Die Dreiecksblattfeder ist ein Träger gleicher Festigkeit, dessen Breite dreiecksförmig gestaltet ist, sodass in jedem Querschnitt die gleiche Biegebeanspruchung auftritt. Die Materialdicke bleibt über die Länge der Feder konstant. Die dreieckige Blattfeder biegt sich im Idealfall kreisbogenförmig. Die Federarbeit bei gleicher Beanspruchung und damit die Materialausnutzung ist daher dreimal so groß wie bei der Blattfeder mit konstantem Querschnitt bei gleichem Volumen und gleicher Spannung. Die Formnutzzahl der Dreieck-Blattfedern mit konstanter Dicke und veränderlicher Breite ist:

$$\eta = 1/3.$$

Abb. 1.9 Hysterese der Federkräfte von Ringfedern

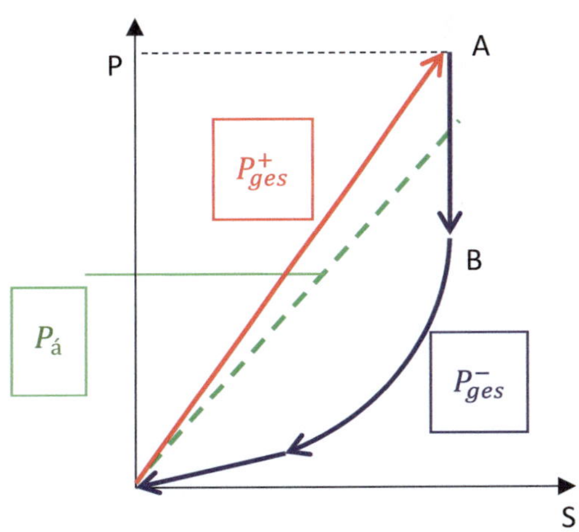

Die Anwendung wird durch die ungünstige, praktisch kaum verwendbare dreieckige Form der Feder eingeschränkt. Vorteilhaft ist jedoch die konstante Dicke des Materials.

Blattfedern mit konstanter Breite und veränderlicher Dicke (Parabelfedern)

Es konnte festgestellt werden, dass die gleiche Werkstoffausnutzung wie bei Dreieckfedern erreicht wird, wenn Federn eine konstante Breite und eine parabolisch verteilte Materialdicke aufweisen. Die Formnutzzahl der Parabelfedern mit konstanter Breite ist:

$$\eta = 1/3.$$

Blattfedern mit veränderlicher Breite und veränderlicher Dicke

Einschichtige Federn mit veränderlicher Breite und veränderlicher Dicke besitzen grundsätzlich die gleiche Formnutzzahl von $1/3$, wenn das Verhältnis des Biegemomentes zum Widerstandsmoment konstant entlang der Feder bleibt (Abb. 1.10).

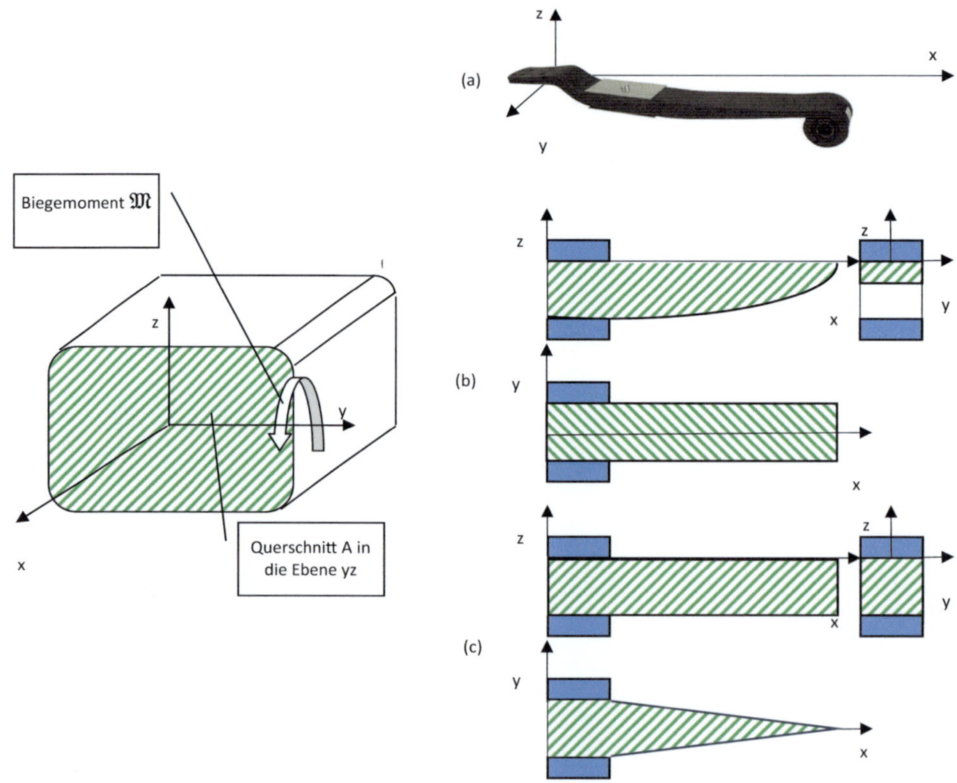

Abb. 1.10 Blattfedern: Parabelfeder (a,b) und Dreieckfeder (c)

Geschichtete Blattfedern

Die ungünstige Form der Dreiecksfeder und die komplizierte Herstellung der Parabelfeder zwingen den Konstrukteur, eine trapezförmige Biegefeder zu entwerfen. Die Trapezform stellt jedoch einen Kompromiss dar, da die Materialausnutzung dieser Feder zwischen 1/9 einer fast rechteckigen und 1/3 einer fast dreieckigen Trapezform liegt. Das Ziel, die Materialausnutzung der Feder mit konstanter Breite und konstanter Materialdicke in den Bereich von ~ 1/3 zu bringen, führt zu geschichteten Blattfedern. Eine geschichtete Blattfeder entsteht also aus einer dreieckigen oder trapezförmigen Feder durch das Übereinanderlegen von einzelnen Lamellen gleicher Breite (Abb. 1.11)

Das obere Hauptblatt wird zur Lagerung verwendet und ist an den Enden in der Regel eingerollt. Die gebündelten Federn werden in der Mitte durch Spannbügel zusammengehalten.

Zwischen den Federblättern entsteht Reibung, die zur Hysterese der Federkraft führt. Blattfedern haben daher eine Reibungsdämpfung, die von der Schwingung und der Oberflächenbeschaffenheit abhängt. Relativbewegungen zwischen den Blattfedern können zu Schwingungsverschleiß (Reibkorrosion) führen, der die Dauerfestigkeit herabsetzt.

1.4.2 Wellfedern

Axial-Wellfedern sind mehrfach oszillierend gewölbte Scheiben, die aus einem flachen, ringförmigen Federmaterial hergestellt werden. Derartige Wellfedern werden als „axiale Wellfedern" zur elastischen Aufnahme von Axialkräften bezeichnet. Die Wellenlinie mit N Wellen (Abb. 1.12) schwingt über den Umfang relativ zu einer Radialebene, die senkrecht zur Ringachse steht. Das Federband ist in der Regel ringförmig geschlossen.

Radialwellfedern sind dünnwandige Schalen in Form eines geraden Zylinders mit mehrfach sinusförmig oszillierender Leitkurve. Konische Wellfedern sind dünnwandige Schalen in Form eines geraden Kegels mit mehrfach sinusförmig oszillierender Leitkurve. Grundsätzlich kann die durch die Bezugsfläche bestimmte Grundform der erfindungsgemäßen Wellfedern im Wesentlichen radial, konisch oder zylindrisch sein. Der erste und der letzte Fall kann als konische Form mit einem Konuswinkel von 180° bzw. 0° betrachtet werden. Die Mantellinien der Feder verlaufen parallel zur jeweiligen Bezugsfläche.

Konventionelle Wellfedern haben eine lineare Kennlinie. Die Materialausnutzung entspricht daher etwa der einer einfachen Blattfeder mit konstantem Querschnitt. Die Formänderungszahl beträgt näherungsweise:

$$\eta = 1/9.$$

Ähnlich werden auch radiale und konische Wellfedern berechnet.

(a)

(b)

(c)

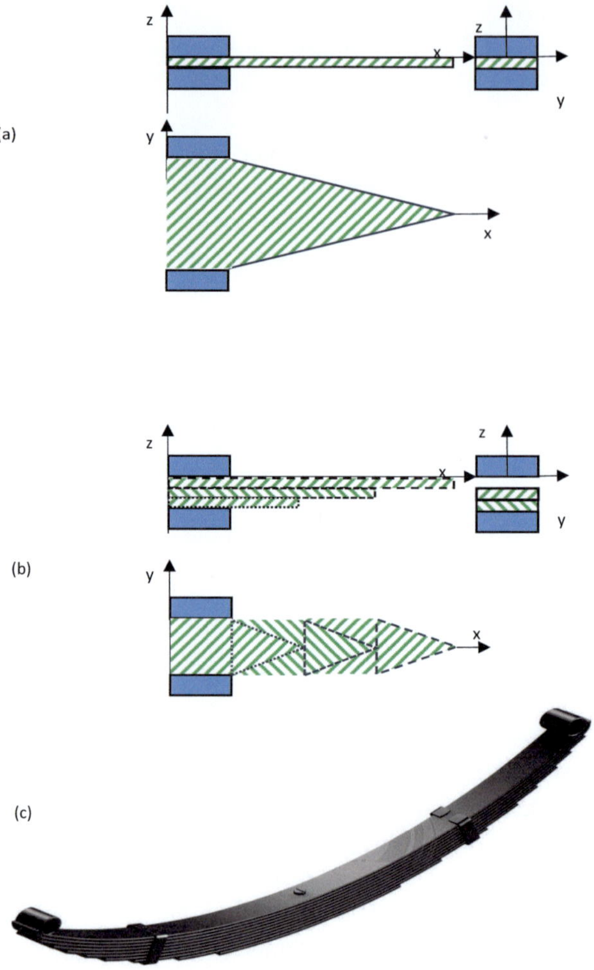

Abb. 1.11 Blattfedern: Parabelfeder (a,b) und Dreieckfeder (c)

1.4.3 Flachspiralfedern

Die Biegefedern können in Form einer archimedischen Spirale gewickelt werden. Dadurch entsteht eine flache Spiralfeder. Eine reine Biegung durch ein Moment stellt für die Flachspiralfeder eine ideale Belastung dar. Alle Querschnitte der mit einem konstanten Moment belasteten Flachspiralfeder werden über die Länge des Blattes gleich beansprucht (Abb. 1.13). Die Flachspiralfeder mit einem Kreisquerschnitt besitzt die Formnutzzahl:

$$\eta = 1/4.$$

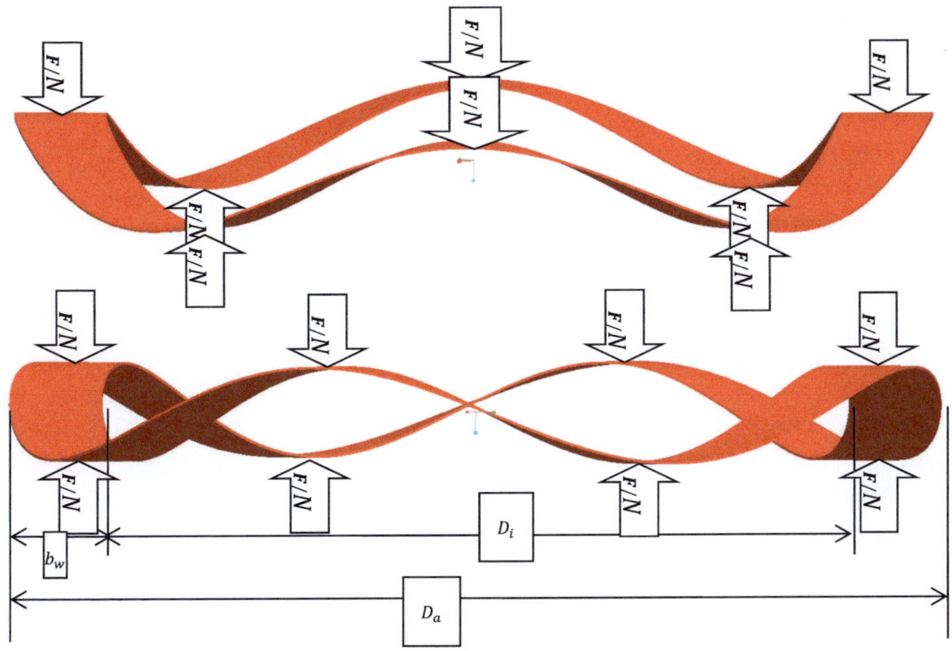

Abb. 1.12 Krafteinleitung an Wellfedern

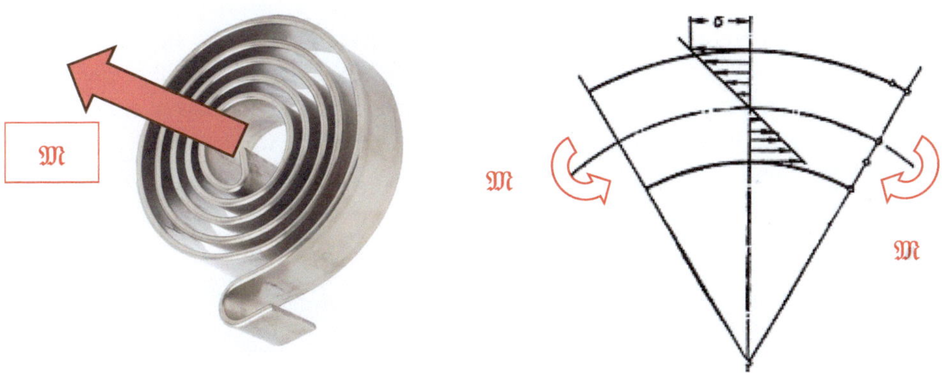

Abb. 1.13 Flachspiralfeder, Momente und Spannungen

Die Flachspiralfeder mit einem Rechteckquerschnitt besitzt bei der Momentbeanspruchung die maximal mögliche Formnutzzahl für eine auf Biegung beanspruchte Feder:

$$\eta = 1/3.$$

Flachspiralfedern werden aus federhartem oder weichgeglühtem Bandstahl in ebener Spiralform gewickelt. Ihre Windungen haben im unbelasteten Zustand im Allgemeinen einen konstanten Windungsabstand. Flachspiralfedern werden als Arbeitsspeicher überall dort eingesetzt, wo die gespeicherte Arbeit über einen größeren Winkelbereich ein nur wenig abfallendes Drehmoment liefern soll.

Flachspiralfeder haben eine Dämpfung, Hysterese und Verluste der gespeicherten elastischen Energie durch Reibung.

1.4.4 Dreh- oder Schenkelfedern

Schenkelfedern sind Schraubenfedern mit mehr oder weniger langen Schenkeln an den Federenden, über die die Last eingeleitet wird (Abb. 1.14). Sie dienen zur Übertragung eines Drehmomentes oder zur Aufnahme einer Dreharbeit. Ihre Berechnung und Auslegung sind genormt. Die Einleitung des Moments $\mathfrak{M}$ erfolgt über die Schenkel am Anfang und am Ende der Schenkelfedern. Das Material der Schenkelfedern wird hauptsächlich auf Biegung beansprucht. Aus diesem Grund werden diese Drehfedern in Form von räumlich gewundenen Spiralen den Biegefedern zugeordnet. Zylindrische Schraubenfedern, die aus Drähten mit konstanten Abmessungen hergestellt werden, haben in der Regel eine lineare Drehmomentkennlinie.

Schenkelfedern sind Schraubenfedern mit mehr oder weniger langen Schenkeln an den Federenden, über die die Last eingeleitet wird (Abb. 1.14). Sie dienen zur Übertragung eines Drehmomentes oder zur Aufnahme einer Dreharbeit. Ihre Berechnung und Auslegung sind genormt. Die Einleitung des Moments $\mathfrak{M}$ erfolgt über die Schenkel am Anfang und am Ende der Schenkelfedern. Das Material der Schenkelfedern wird hauptsächlich auf Biegung beansprucht. Aus diesem Grund werden diese Drehfedern in Form von räumlich gewundenen Spiralen den Biegefedern zugeordnet. Zylindrische

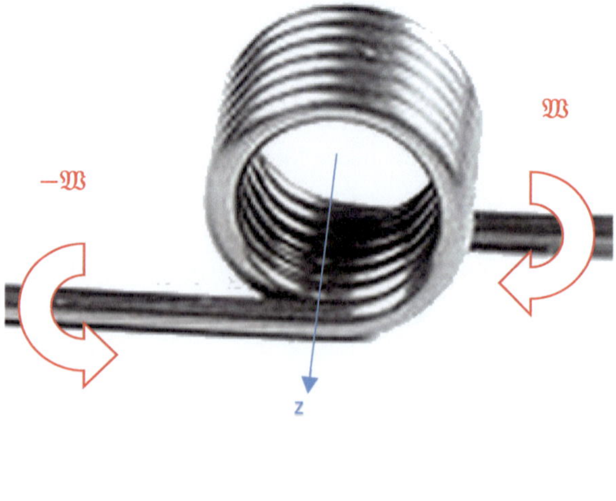

Abb. 1.14 Schraubenförmige Drehfeder (Schenkelfeder) und deren Momentbelastung $\mathfrak{M}$

Schraubenfedern, die aus Drähten mit konstanten Abmessungen hergestellt werden, haben in der Regel eine lineare Drehmomentkennlinie.

Ähnlich wie eine Flachspiralfeder, besitzt die schraubenförmige Drehfeder mit einem Kreisquerschnitt lediglich die Formnutzzahl $\eta = 1/4$. Für die schraubenförmige Drehfeder mit einem rechteckigen Querschnitt ist die Formnutzzahl $\eta = 1/3$.

1.4.5 Tellerfedern

Tellerfedern werden in der Regel dort eingesetzt, wo relativ große Kräfte bei kleinen Hüben erforderlich sind. Tellerfedern sind elastische Ringe, deren geometrische Form durch Drehung eines ebenen Meridianabschnittes um die Achse entsteht [32] (Abb. 1.15). Die Drehung des Flächenstücks führt zur Bildung einer konischen Ringschale. Die kegelförmige Ringschale wird räumlich umstülpt, wobei der innere Parallelkreis nach außen und der äußere Parallelkreis nach innen gebracht werden soll. In diesem Vorgang wird ein elastischer Widerstand des Ringes erzeugt. Dieser Widerstand ist auf die Veränderung der ursprünglichen Länge der Umfangsfasern des Rings zurückzuführen. Die äußeren Fasern verkürzen sich, während die inneren Fasern eine Verlängerung erfahren. Bei dieser Belastung treten hauptsächlich Tangentialspannungen in Umfangsrichtung auf, wie sie auch in der Ringfeder zu beobachten sind. Die Tangentialspannungen sind dabei nichtlinear vom Federweg abhängig.

Gleichzeitig und abhängig von den Tangentialspannungen treten Biegespannungen um den Federquerschnitt auf. Diese Spannungen entstehen durch die Verringerung der Krümmung der kegelförmigen Mittelfläche. Die untere Seite (II–III) der Feder dehnt sich aus, die obere Seite (I–IV) staucht sich (Abb. 1.16). Die Krümmungsänderung ist am Innendurchmesser (I–II) am größten, am Außendurchmesser (III–V) relativ gering. Die Biegespannungen hängen annähernd linear vom Federweg ab.

Die Überlagerung der Tangentialspannungen und der Biegespannungen ergibt ein komplexes Bild des Spannungszustandes der Feder nach der Verformung. Einen Überblick über die Berechnungsverfahren gibt die Veröffentlichung [33].

Bei der Berechnung von Tellerfedern wird üblicherweise davon ausgegangen, dass sich der Federquerschnitt bei der Einfederung überhaupt nicht verformt, sondern sich lediglich um einen bestimmten („neutralen“) Punkt O dreht. In der betrachteten Meridianebene wird der Neutralpunkt O mit dem Achsabstand c als Ursprung eines in der Querschnittsebene fixierten kartesischen Koordinatensystems x, y gewählt. Da die Zugspannungen linear von den Ortskoordinaten abhängen, treten die maximalen Spannungen an den vier Ecken des rechteckigen Querschnitts auf. Im Gegensatz zur reinen Biegefeder weist die Tellerfeder keine neutrale Faser, sondern lediglich eine neutrale Linie auf, die durch den neutralen Punkt verläuft. Die größte Spannung manifestiert sich in der inneren oberen Ecke des Querschnitts (Punkt I). Das Vorzeichen der Spannung ist negativ, was auf eine Druckspannung hindeutet. An diesem Punkt ist die Spannungsamplitude bei wechselnder Belastung am größten. Die höchste Zugspannung ist in der

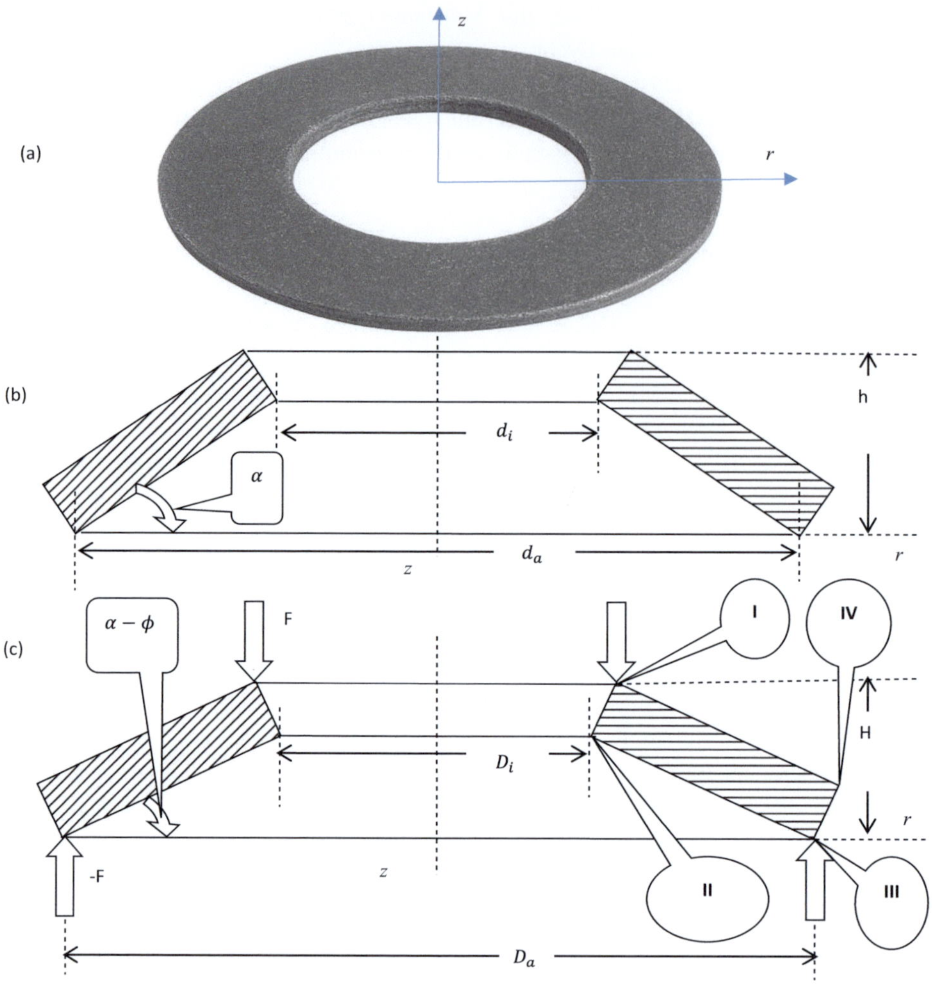

Abb. 1.15 Tellerfeder (a); Meridionaler Schnitt einer Tellerfeder vor (b) und nach der Verformung (c)

unteren äußeren Ecke zu verzeichnen (Punkt III). Gleichsinnige Lagen resultieren in einer Erhöhung der Federkraft, während wechselseitige Lagen den verfügbaren Federweg vergrößern.

Eine geschlitzte Tellerfeder setzt sich aus zwei Segmenten zusammen, nämlich einem Tellersegment und einer Anzahl von Hebelarmsegmenten. Die Berechnung geschlitzter Tellerfedern basiert gegenwärtig auf der SAE-Formel [34].

Tellerfedern werden in verschiedenen Systemen und Bauteilen von Kraftfahrzeugen eingesetzt. Tellerfedern zeichnen sich dadurch aus, dass sie bei sehr kleinen

Einfederungen sehr große Kräfte aufnehmen können. In dieser Hinsicht sind sie allen anderen Federarten überlegen. Sie nutzen die Eigenschaften des Werkstoffs sehr gut aus und ihre Kennlinie lässt sich weitgehend an die Anforderungen anpassen, wie sie zum Beispiel in Kupplungen und Automatikgetrieben auftreten. Darüber hinaus haben Tellerfedern den Vorteil, dass sie querkraft- und torsionsfrei federn. Dies gilt auch für Kombinationen von hintereinander geschalteten Tellerfedern. Ein Beispiel für eine solche Tellerfeder ist eine Membranfeder, die in einer Kupplungsdeckelbaugruppe einer Kupplungseinrichtung für den Einsatz in Kraftfahrzeugen verwendet wird.

Die Membranfeder ist ein scheibenförmiges Element, das in der Kupplungsdeckelbaugruppe verwendet wird und aus einem ringförmigen elastischen Bereich und einer Vielzahl von Hebeln besteht, die sich in radialer Richtung vom elastischen Bereich nach innen erstrecken. Entweder der innere oder der äußere Umfang des ringförmigen elastischen Bereichs wird durch den Kupplungsdeckel abgestützt, wobei der nicht abgestützte Umfang eine Druckplatte vorspannt. Ein Ausrückmechanismus, der ein Lager und dergleichen enthält, greift in die Spitzen der mehreren Hebel ein. Die Membranfeder wirkt sich auch auf das Betriebsgefühl und die Drehmomentkapazität der Kupplung der Kupplungseinrichtung aus. Schraubenfedern. Geschlitzte Tellerfedern sind entlang der Außenkante sehr hohen Zugspannungen ausgesetzt. Da Zugspannungen die Ursache für Ermüdungsbrüche sind, werden Schlitze wegen der ungünstigen Kerbspannungen besser am weniger beanspruchten Innenrand angeordnet. Bei der Auslegung von geschlitzten Tellerfedern kommt der Formoptimierung des Zungengrundes in jedem Fall eine besondere Bedeutung zu. Im Gegensatz zu den geschlitzten Tellerfedern haben die nicht geschlitzten Tellerfedern in der Automobilindustrie eine relativ untergeordnete Bedeutung. Dennoch ist die Kenntnis ihres Federungsverhaltens Voraussetzung für das Verständnis der Eigenschaften einer geschlitzten Tellerfeder.

In dem Beitrag [35] wird eine neue Art von Energiespeicher vorgestellt, der als nichtlinear mit zusammengesetzten Steifigkeitseigenschaften beschrieben werden kann. Dieser Federtyp wird durch die Verbindung mehrerer vorgespannter Tellerfederelemente in einer Reihen- und Parallelkonfiguration hergestellt, mit nichtlinearer negativer Steifigkeit auf beiden Seiten der angekoppelten Masse. Durch die sorgfältige Auslegung mehrerer bistabiler Elemente zeigt die Kraft-Weg-Kurve gezackte, fahnenförmige Hystereseschleifen, die eine effiziente Energiedissipation ermöglichen.

In den letzten Jahren wurde eine Reihe von Textilverbundstoffen mit hoher Energieabsorptionsfähigkeit entwickelt [36]. Experimente an gitterförmigen Textilverbundstoffproben zeigten, wie sich eine konische Zelle mit flacher Spitze verformt, wenn sie entlang ihrer Achse zusammengedrückt wird. Es wurden Modelle der elastischen und plastischen Verformung vorgeschlagen, um zu beschreiben, wie sich die Zelle verformt, und um vorherzusagen, wie viel Kraft sie aufnehmen kann und wie viel Energie verloren geht. Die theoretischen Modelle konnten die Last-Verschiebungskurven recht gut vorhersagen, was mit den experimentellen Ergebnissen gut übereinstimmte.

Die umfassende Theorie der Tellerfedern wird in Kap. 12 präsentiert. Das entwickelte Verfahren findet Anwendung bei Tellerfedern, die sowohl radial festmontierte als auch frei bewegliche Kanten aufweisen. Die vertikalen Auslenkungen einer Tellerfeder resultieren aus einer gleichmäßig verteilten Axiallast, welche auf den inneren und äußeren Rand einwirkt. Die erarbeiteten Formeln gewährleisten eine hinreichende Präzision und Anwenderfreundlichkeit für industrielle Anwendungen von Tellerfedern aus isotropen Werkstoffen, wie beispielsweise Federstahl und anderen herkömmlichen Legierungen. Darüber hinaus kann die Methode direkt auf die Berechnung von geschlitzten Tellerfedern angewendet werden.

1.5 Energiespeicherung in schubbeanspruchten Federn

1.5.1 Drehstabfedern

Die einfachste Form einer auf Torsion beanspruchten Feder ist die Drehstabfeder. Eine Drehstabfeder ist ein Stab, der an beiden Enden fest eingespannt ist, wobei die eingespannten Teile gegeneinander eine Schwenkbewegung um die Drehachse ausführen können (Abb. 1.16). Drehstabfedern sind Formfedern aus Federstahldraht mit kreisrundem Querschnitt. Sie zeichnen sich durch einen langen, geraden Schenkel mit in der

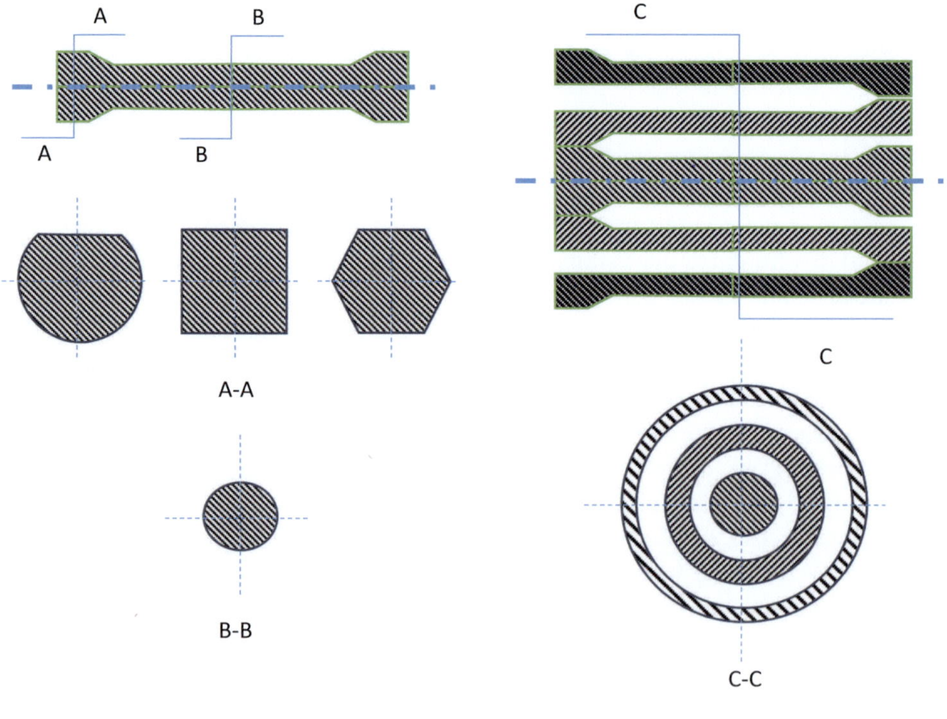

Abb. 1.16 Drehstabfedern. Links Torsionsstabfeder, rechts koaxiale Torsionsstabfeder

Regel abgewinkelten Enden aus. Drehstabfedern werden immer dann eingesetzt, wenn Schenkelfedern oder Flachspiralfedern im zur Verfügung stehenden Bauraum nicht untergebracht werden können, obwohl in der Länge Platz vorhanden ist.

Drehstabfedern werden hauptsächlich im Fahrwerk von Kraftfahrzeugen als Stabilisatoren oder als federnde Elemente der Radaufhängung eingesetzt. Die Torsionsstabaufhängung stellt eine Fahrzeugaufhängung dar, bei der Drehstabfedern, d. h. elastische, in Torsion arbeitende Stahlstäbe, als Dämpfungselemente zum Einsatz kommen. Im Vergleich zu einer Feder- oder Blattfederaufhängung weist die Torsionsaufhängung die Besonderheit auf, dass die Drehstabfedern stets von der ungefederten Masse des Fahrzeugs ausgenommen sind. Die Ausführung der Aufhängungstorsionen erfolgt in der Regel in Form einer Voll- oder Hohlkreiswelle. Andere Querschnitte für Drehstabfedern finden in der Praxis keine Anwendung. Um die Drehstabfeder mit anderen Teilen zu verbinden, werden an ihren Enden Köpfe angebracht, die in der Regel dreieckig, trapezförmig und seltener rechteckig verzahnt sind.

Um eine hinlängliche Festigkeit zu gewährleisten, werden Torsionsköpfe mit einem Durchmesser gefertigt, der größer ist als der Durchmesser der Hauptstange (Abb. 1.16, links). Der Einbau wird durch die Variation der Durchmesser der Köpfe (der innere ist kleiner als der äußere) sowie durch eine Gewindebohrung für einen Abzieher am äußeren Ende der Torsion erleichtert. Die Widerstandsmomente gegen Torsion der einzelnen ineinander geschachtelten Elemente müssen gleich groß sein (Abb. 1.16, rechts).

Drehstabfedern finden bei der Aufhängung von Kraftfahrzeugen sowohl als elastische Elemente als auch als Hilfsmittel, konkret als Querstabilisator, Verwendung. Dadurch wird ein Wanken des Fahrzeugs beim Abbiegen verhindert. Der Querstabilisator ist an der Nabe des linken Rades befestigt und verläuft sodann in Fahrtrichtung zur Scharniereinheit der Befestigung an der Karosserie, wobei in der Praxis zumeist ein Gummi-Metall-Gelenk zum Einsatz kommt. Anschließend erstreckt er sich in Querrichtung zur gegenüberliegenden Seite des Fahrzeugs, wo er spiegelbildlich zur ersten Seite befestigt ist. Die in Fahrtrichtung verlaufenden Torsionsprofile fungieren als Hebel, wenn die Aufhängung in vertikaler Richtung arbeitet.

Drehstabfedern werden z. B. in Motorhauben und Kofferraumdeckeln von Personenkraftwagen eingesetzt.

1.5.2 Schraubenzug- oder Schraubendruckfedern

Schraubendruckfedern sind in den Bereichen „Ventiltrieb“ und „Fahrwerk“ im Automobilbau der zahlenmäßig am häufigsten eingesetzte Federtyp. Ventilfedern sind aufgrund ihrer herausragenden Bedeutung hinsichtlich Funktion und Beanspruchung von besonderer Relevanz. Schraubendruckfedern des Ventiltriebs werden überwiegend aus rundem Federstahldraht hergestellt, für spezielle Anwendungen auch aus Draht mit quadratischem, rechteckigem oder speziell profiliertem Querschnitt. Die Federenden sind in der Regel bearbeitet und geschliffen.

Schraubenfedern werden aus Federdraht in zylindrischer, konischer oder tonnenförmiger Form als Miniblockfeder gewickelt (Abb. 1.17). Je nach äußerer Belastung wird zwischen Zug- und Druckfedern unterschieden. Die Hauptbeanspruchung von Zug- oder Druckschraubenfedern erfolgt in Richtung der Federachse. Dabei können sich die Federenden geringfügig gegeneinander verdrehen, sodass der Drahtquerschnitt bei Druckbelastung auf Torsion beansprucht wird. Berechnungsgrundlage für zylindrische Druckfedern mit Kreisquerschnitt ist die Europäische Normen [37, 38, 39], die den Status einer Deutschen Norm hat. Diese Normen gilt für die Berechnung von zylindrischen Druckfedern mit linearer Kennlinie und konstantem, kreisförmigem Drahtquerschnitt. Die in den Normenangegebenen Beziehungen vernachlässigen zur Vereinfachung den Steigungswinkel, die Aufweitung des Durchmessers beim Zusammendrücken der Feder und berücksichtigen nur den Torsionsanteil der Einfederung.

Die Drahtenden können Ösen oder Haken sein. Federn dieses Typs finden sich z. B. in Motorhauben und Kofferraumdeckeln von Personenkraftwagen. Kaltgeformte Schraubenzugfedern sind durch den Wickelvorgang vorgespannt und die Windungen der unbelasteten Feder liegen eng aneinander. Erst bei Belastung lösen sich die Windungen und die Einfederung beginnt. Durch die Vorspannung verschiebt sich die Federkennlinie zu höheren Kräften hin. Dadurch wird der Nachteil der längeren Bauform gegenüber Schraubendruckfedern teilweise ausgeglichen. Warmgeformte Schraubenzugfedern weisen keine Vorspannung auf.

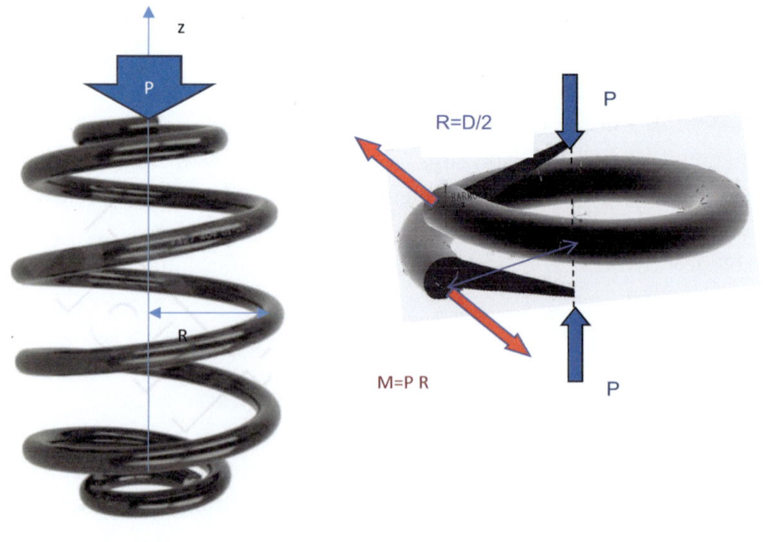

Abb. 1.17 Bei kleiner Steigung der Drahtachse wird den Draht beinahe lediglich auf Torsion durch das Moment M = F R beansprucht

Bei gewickelten Federn treten durch die Windungsabrundung zusätzliche Spannungen auf. Aus diesem Grund wird die Spannung in der Berechnung durch einen Korrekturfaktor korrigiert. Die einfachste, aber ungenaue Methode zur Erklärung der Spannungskorrektur beruht auf der Bestimmung der zusätzlichen Querbeanspruchung in Federn.

Ventilfedern sind in ihrer Funktion auf ein Umfeld mit hohen mechanischen Belastungen ausgerichtet. Ihre Funktion umfasst nicht nur die Erbringung von Leistung, sondern auch die Gewährleistung der Funktionsfähigkeit über längere Zeiträume hinweg. Die Profile der Nockenwellen werden zunehmend aggressiver, da die stetige Suche nach einer Steigerung der Leistung voranschreitet. Infolgedessen hat auch die Ventilfeder in den vergangenen Jahren signifikante Weiterentwicklungen erfahren. Die Verwendung verbesserter Materialien und optimierter Verarbeitungstechniken hat zu einer signifikanten Erweiterung der verfügbaren Federdesigns und -optionen geführt. Der aktuelle Trend, das gesamte Ventiltriebsystem als integralen Bestandteil zu betrachten, einschließlich der Ventilfedern in ihrem dynamischen Zustand, hat sich als maßgeblich für die Weiterentwicklung der Ventilfedern erwiesen. Ventilfedern gehören zur Gruppe der Schraubendruckfedern. Sie bestehen aus vergütetem Rund- oder Profildraht und haben angedrehte und geschliffene Federenden. Aufgrund der extremen dynamischen Beanspruchung und der restriktiven geometrischen Anforderungen sind sie der am stärksten beanspruchter Typ der Feder im Fahrzeugantrieb. Ventilfedern haben die Aufgabe, den Ladungswechsel von Verbrennungsmotoren zu steuern. Dazu müssen sie unter allen möglichen Randbedingungen, also bei geschlossenem oder geöffnetem Ventil, bei Leerlauf- oder Nenndrehzahl, den Kraftschluss zwischen allen Teilen des Ventiltriebs gewährleisten. Die Problematik, die sich aus der Aufgabe der Ventilfedern ergibt, besteht unter anderem darin, in jedem möglichen Drehzahlbereich größere Druckkräfte zur Verfügung zu stellen, als die Trägheitskräfte der beschleunigten Massen des Ventiltriebs erfordern. Diese Kräfte dürfen jedoch nicht so groß sein, dass sie sich negativ auf den Verschleiß der Komponenten des Ventiltriebs auswirken.

Ventilfedern sind als Bauteile des Ventiltriebs mit relativ niedrigen Eigenfrequenzen der Gefahr von Resonanzschwingungen ausgesetzt. In der überwiegenden Anzahl von Motoren weisen Ventilfedern bis zu einer Drehzahl von ca. 3000 1/min ein nahezu statisches Verhalten auf. Dies bedeutet, dass die einzelnen Federwindungen geometrisch proportionale Auslenkungen ohne Schwingungen ausführen. Bei höheren Drehzahlen überlagern sich jedoch zusätzliche Longitudinalschwingungen, die zu periodischen Spannungs- und Kontaktkraftänderungen führen. Dies führt bei geöffnetem Ventil zu einer Erhöhung der Oberspannung und bei geschlossenem Ventil zu einer Verringerung der Unterspannung. Bei extremen Resonanzen könnten die Ventilfedern den Kraftschluss aller Komponenten des Ventiltriebs nicht mehr gewährleisten. Die Folge wäre ein Springen oder Überspringen der Ventile, was zu erhöhtem Verschleiß der Komponenten des Ventiltriebs und Leistungsverlust führen würde.

1.6 Elastisch-plastische Verformung der Federstähle

1.6.1 Idealisierte Modelle des Materialverhaltens

Federstähle, die aus dem Werkstoff Stahl gefertigt sind, unterliegen in einer Vielzahl von Bereichen hohen Anforderungen, da sie häufig hohen Belastungen ausgesetzt sind und die Betriebssicherheit gewährleistet sein muss. Dies ist beispielsweise in der Luftfahrtindustrie oder der Energietechnik der Fall. Um dem Werkstoff bereits im Produktionsprozess die geforderten mechanischen und chemischen Eigenschaften zu verleihen, ist eine präzise Kenntnis der thermophysikalischen Daten von der Schmelze bis zum fertigen Werkstoff essenziell [40]. Die Messdatensammlung „Die physikalischen Eigenschaften der Stähle („Das 100-Stähle-Programm", Teil 1: Tafeln und Bilder" sowie der dazugehörigen Datenblättersammlung „Die physikalischen Eigenschaften der Stähle „Das 100-Stähle-Programm", Teil 2: Datenblätter") von Friedhelm Richter gesammelt [41].

Eine Feder gilt als dauerhaft, wenn sie ihre Kraft nicht verliert oder wenn sie bei einem bestimmten Federweg unter einer gegebenen Kraft nicht verkürzt wird oder bricht, sodass ihre Funktion beeinträchtigt oder aufgehoben wird. Wenn eine Feder dauerhaft sein soll, darf die Spannung im Werkstoff nicht größer sein, als es die Festigkeit des Werkstoffs zulässt. Wird ein Metallstück belastet, so verformt es sich zunächst elastisch, bei ausreichender Belastung auch plastisch. Eine elastische Verformung liegt vor, wenn das Material nach der Entlastung seine ursprüngliche Form/Geometrie wieder annimmt. Die Spannung/Durchbiegung im elastischen Bereich wird durch das Hookesche Gesetz beschrieben, dass das Elastizitätsmodul E_0 für Normalspannung und G_0 für Schubspannung beschreibt. Modul E und Modul G sind die Werte, die das elastische Verhalten von Metallen beschreiben. Bei plastischer Verformung nimmt das Metall eine bleibende Verformung an und kehrt nicht zu seiner ursprünglichen Form/Geometrie zurück. Ein Metall mit hoher Festigkeit kann normalerweise bis zu einer höheren Spannung belastet werden, ohne dass die Grenze überschritten wird, bei der die Verformung plastisch wird.

Die Zugfestigkeit bezeichnet die maximale Spannung, die ein Material bei Dehnung oder Zug aushalten kann, bevor es bricht. Bei spröden Materialien liegt die Zugfestigkeit in der Nähe der Streckgrenze, während die Zugfestigkeit bei duktilen Materialien höher sein kann. Die endgültige Zugfestigkeit wird in der Regel durch einen Zugversuch und die Aufzeichnung der technischen Spannung im Verhältnis zur Dehnung ermittelt. Der höchste Punkt der Spannungs-Dehnungs-Kurve stellt die Zugfestigkeit dar, welche in der Einheit der Spannung angegeben wird. Der äquivalente Punkt für den Fall der Kompression anstelle von Zug wird als Druckfestigkeit bezeichnet. Der Spannungswert, bei dem sich das Metall plastisch zu verformen beginnt, entspricht der Streckgrenze des Werkstoffs (Abb. 1.18).

Die Aufnahme von Kennlinien erfolgt sowohl an unbehandelten als auch an wärmebehandelten und vorgesetzten Drähten. Aus den Kennlinien werden der E- und G-Modul sowie weitere Kennwerte des Materialverhaltens entsprechend der Anforderungen

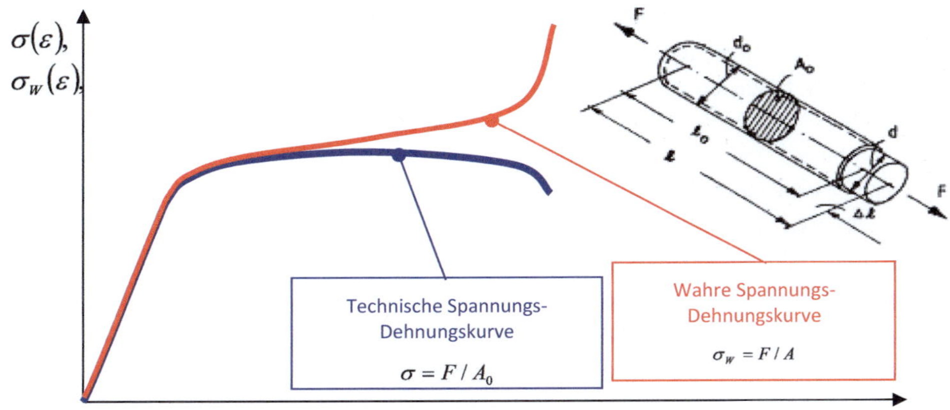

Abb. 1.18 Technische (Nominelle) Spannungs-Dehnungskurve und „wahre Spannungs-Dehnungskurve"

der Nutzer dieser Daten berechnet. Dazu zählen die Bruch- und Fließfestigkeit sowie die Dehngrenzen bei Zug-, Torsions- und Biegebeanspruchung und die Rückfederung. Die Kennwerte werden in einer Datenbank bereitgestellt.

Die Torsionsversuche an den Probedrähten aus verschiedenen Materialien (OTEVA 70, SH, 1.4310) mit den drei verschiedenen Drahtdurchmessern wurden sowohl im nicht angelassenen als auch im angelassenen Zustand durchgeführt (Vgl. Abb. 1.19, 1.20). Das aufgenommene Materialverhalten von Federwerkstoffen kann somit für die Berechnungsverfahren zur Verfügung gestellt werden.

Für die praktische Anwendung der Materialdiagramme zur Auslegung der Federn ist von entscheidender Bedeutung, dass bei der zyklischen Belastung keine Schädigung bis zur bestimmten Obergrenze der Spannung σ_{zul} auftritt und dass bei der bestimmten statischen Belastung keine plastische Verformung und kein Setzverlust der Feder erfolgt. Wie bereits dargelegt, führt eine Überschreitung der Streckgrenze zu plastischem Fließen. Eine Belastungsänderung führt in der Regel zu einer unmittelbaren Deformationsänderung. Plastisches Fließen hat unter anderem zur Folge, dass nach einer Entlastung bleibende Deformationen auftreten. Die plastische Verformung (Duktilität) beschreibt die Fähigkeit fester Stoffe, sich unter einer Krafteinwirkung irreversibel zu deformieren und diese Form nach der Einwirkung beizubehalten [42]. Ein linear-elastisches Material würde seine ursprüngliche Form wieder einnehmen. Nichtlinear-elastische Materialien, wie etwa Kautschuk, weisen auch keine bleibenden Deformationen nach der Entlastung auf.

Für die Modellierung der Verformung wird das experimentell ermittelte Werkstoffgesetz vereinfacht und durch das mit mathematischen Formeln niedergeschriebene, idealisierte Fließgesetz ersetzt.

Für isotrope, plastisch inkompressible Medien wird das Fließgesetz verwendet, um die Relation zwischen der Vorgeschichte der Intensität der Formänderungen Γ und der resultierenden Intensität der Schubspannungen T zu definieren (S. *Anhang A. Modelle der plastischen Verformung*). Dies bedeutet, dass die Intensität der Schubspannungen T als Funktion der Intensität der Formänderungen Γ durch die Geschichte der Belastung angesehen werden kann.

Das idealisierte Fließgesetz verknüpft die plastischen Verzerrungsinkremente mit den augenblicklichen Spannungen sowie den Spannungsinkrementen infolge des Fließens. Das oft verwendete Fließgesetz ist nach von Mises benannt. Das Gesetz nach von Mises besagt, dass der Vektor vom Spannungsinkrement normal auf der Fließortfläche steht. Das Verfestigungsgesetz definiert die Modifikation der Fließbedingung während des Fließens. Idealisiert kann von zwei unterschiedlichen Verfestigungsverhalten ausgegangen werden, der isotropen und kinematischen Verfestigung [43].

Bei Federmaterialien tritt oft auch der Bauschinger-Effekt auf. Der Bauschinger-Effekt bezeichnet die richtungsbestimmte Veränderung der Elastizitätsgrenze des Metalls nach einer anfänglichen plastischen Verformung. Das Material wird zunächst in eine Richtung deformiert, sodass das plastische Fließen beginnt. Anschließend wird das Material in die entgegengesetzte Richtung verformt, wobei die Elastizitätsgrenze in diese Richtung niedriger ist [44].

Die mathematische Beschreibung des nichtelastischen Materialverhaltens basiert auf der klassischen Plastizitätstheorie [45]. In der klassischen, phänomenologischen Beschreibung des Materialverhaltens metallischer Werkstoffe in der Mechanik wird angenommen, dass sich die totale Dehnungsrate aus zwei Anteilen zusammensetzt. Bei der inkrementellen Plastizitätstheorie startet man von der Annahme, dass die linearen Dehnraten sich additiv in elastische und plastische Anteile aufteilen lassen. Das plastische Fließen erfolgt, wenn die Fließfunktion die Fließspannung erreicht. Der Zusammenhang zwischen den Spannungen und plastischen Dehnraten wird durch die Fließregel definiert. Das Hookesche Gesetz wird in inkrementeller Form notiert. Darüber hinaus wird eine sogenannte assoziierte Fließregel postuliert. Die numerische Analyse von Strukturen, die ein elastisch-plastisches Materialverhalten aufweisen, wird durch diese Methode ermöglicht.

Das Setzen einer Feder ist in der Regel unerwünscht, da sich die Federn während des Betriebs im elastischen Bereich verformen. Für alle Berechnungen der Betriebsbelastung der Federn kommt aus diesem Grund nur der lineare Bereich (der Hookesche Bereich) in Betracht, für die beim Vorsetzen eintretende Plastifizierung auch der nichtlineare Bereich. Bei der Herstellung der Metallfeder verformt sich das Material jedoch plastisch. Aus diesem Grund ist die korrekte Modellierung der plastischen Verformung von entscheidender Bedeutung für die Analyse der Herstellungsprozesse (Abb. 1.19, 1.20). Eine umfassende Beschreibung der mechanischen Eigenschaften von Federmaterialien findet sich im Werk [46]. Die plastische Verformung des Federmaterials findet in richtig ausgelegten und hergestellten Federn lediglich während der Herstellung statt. Die plastische Verformung und anschließende elastische Rückfederung hinterlassen bleibende,

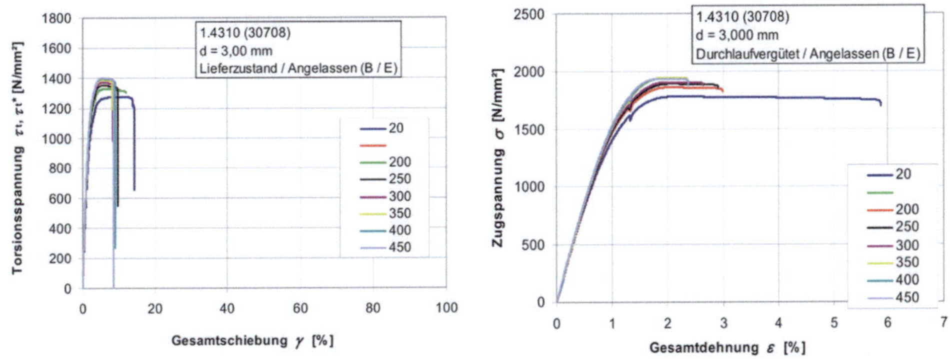

Abb. 1.19 Torsionsspannungs-Schiebungs-Kennlinie und Zugspannungs-Dehnungs-Kennlinie in Abhängigkeit von der Anlasstemperatur für einen ölschlussvergüteten Federstahldraht 1.4310 (30708). (Quelle: AIF 14306 BR)

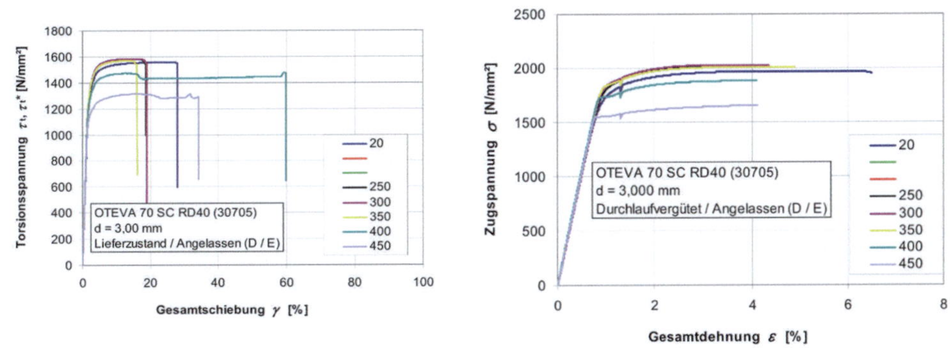

Abb. 1.20 Torsionsspannungs-Schiebungs-Kennlinie und Zugspannungs-Dehnungs-Kennlinie in Abhängigkeit von der Anlasstemperatur für einen ölschlussvergüteten Federstahldraht OTEVA 70 SC RD40 (30705). (Quelle: AIF 14306 BR)

sogenannte Eigenspannungen. Eine erhebliche plastische Verformung erfolgt im Zeitpunkt des Wickelns der kaltverformten Federn. Die durch das Wickeln entstandenen Eigenspannungen müssen kontrolliert abgebaut werden. Während der Fertigung werden die kaltverformten Federn zusätzlich plastisch verformt durch das Setzen. Auch andere Federtypen, wie beispielsweise warmverformte Federn, werden im Rahmen des Setzprozesses plastisch verformt. Falls die Eigenspannungen im Setzprozess richtig erzeugt werden, verbessern diese die Belastbarkeit und Lebensdauer erheblich.

Man spricht von elastisch-plastischem Materialverhalten, wenn sich der Werkstoff bis zu einer gewissen Spannung elastisch verhält und sich ab dieser Fließgrenze plastisch verformt.

Im Abb. 1.21 ist der Spannungs-Dehnungs-Verlauf für ein Material dargestellt, welches sich bis zur Fließgrenze linear elastisch verhält. Folgende Abbildungen (Abb. 1.22) illustrieren die Spannungs-Dehnungs-Verläufe der nichtlinearen Materialien.

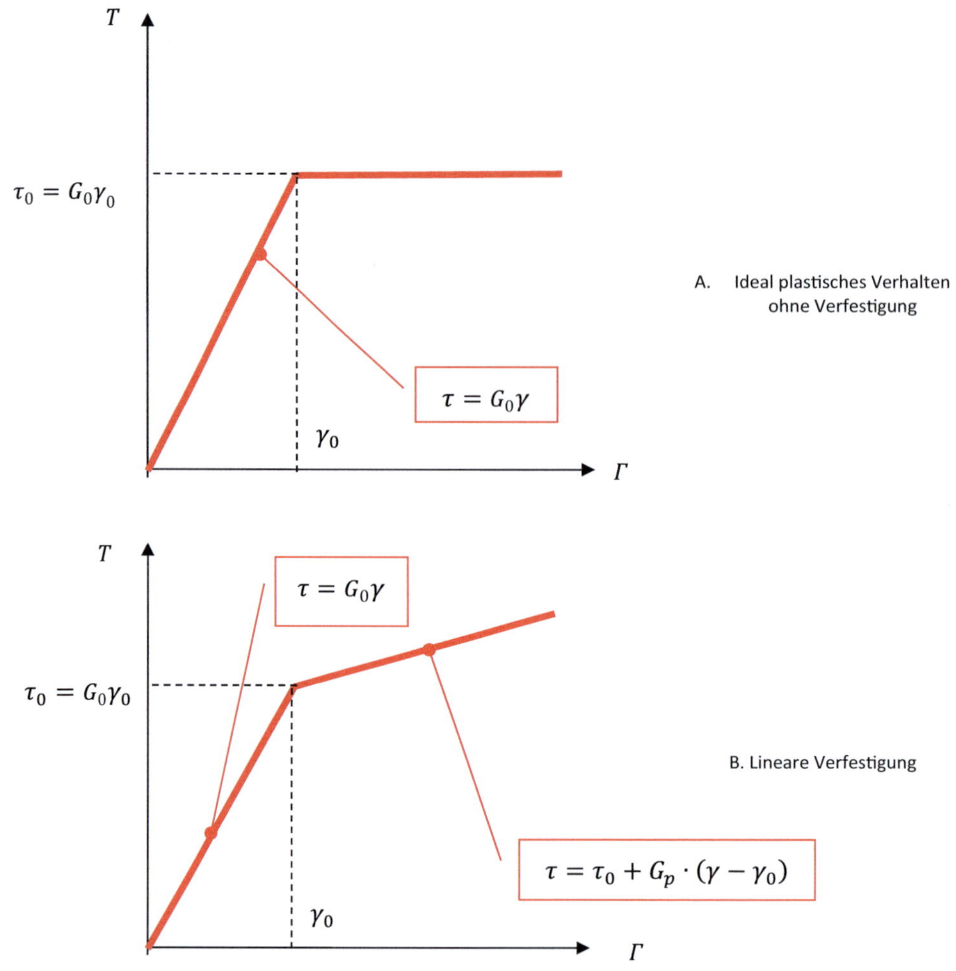

Abb. 1.21 Stetig-lineare Fließkurven plastischen Materialverhaltens bei Scherbelastung

In der Werkstoffkunde versteht man unter dem Begriff Verfestigung eine sich aufgrund plastischer Verformung einstellende Erhöhung der mechanischen Festigkeit. In Zugexperimenten zeigt sich Verfestigung im Spannungs-Dehnungs-Diagramm, wenn nach dem Erreichen der Fließgrenze die Spannung weiter linear oder nichtlinear ansteigt. Isotrope Verfestigung ist gekennzeichnet durch eine gleichmäßige Aufweitung der ursprünglichen Fließfläche, ohne dass es zu einer Formveränderung oder Translation kommt. Die kinematische Verfestigung ist gekennzeichnet durch eine reine Translation der ursprünglichen Fließfläche, ohne dass eine Veränderung ihrer Form eintritt. Die Fließkurven zum plastischen Materialverhalten bei wiederholter Belastung werden in schematischer Form in Abb. 1.23 demonstriert.

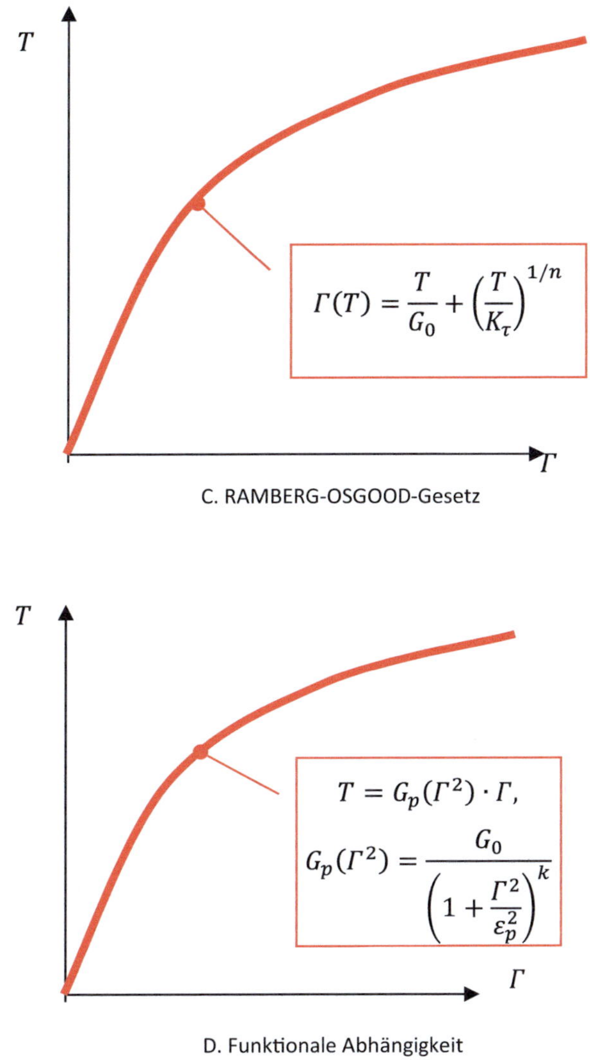

Abb. 1.22 Nichtlineare Fließkurven plastischen Materialverhaltens bei Scherbelastung

1.6.2 Modelle zur Scherbanspuchung

Bei der einachsigen, aktiven plastischen Scherbeanspruchung innerhalb vom elastischen Bereich $\gamma_0 \leq \gamma \leq \gamma_p$ hängt die Scherspannung linear von der Scherung ab (Abb. 1.24):

$$\tau(\gamma) = \begin{cases} \tau_p & \text{für} \quad \gamma_p < \gamma, \\ G_0\gamma & \text{für} \ \gamma_p \leq \gamma \leq \gamma_p, \\ -\tau_p & \text{für} \quad \gamma < -\gamma_p. \end{cases} \tag{1.8}$$

Die äquivalente Darstellung des von Mises-Gesetzes lautet wie folgt:

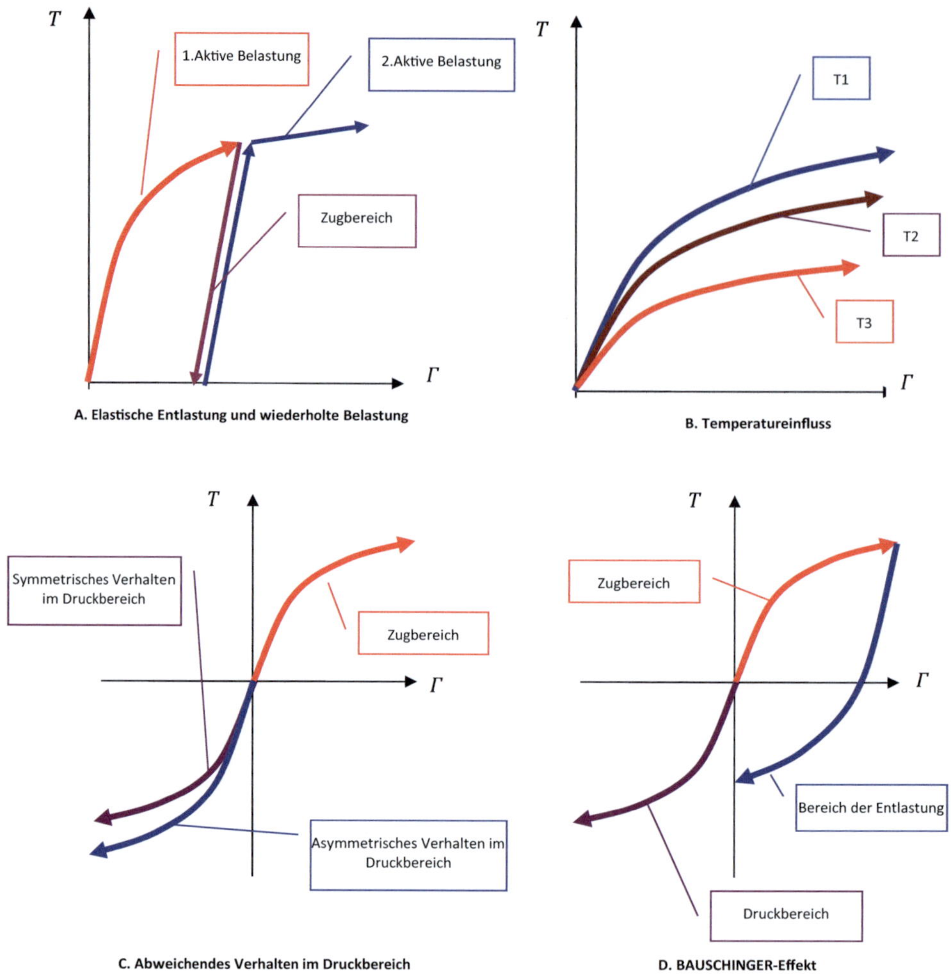

Abb. 1.23 Fließkurven zur wiederholten plastischen Materialverhalten

$$\tau(\gamma) = \frac{1}{2} G_0 \cdot \left(|\gamma + \gamma_p| - |\gamma - \gamma_p| \right). \tag{1.9}$$

Das ungehinderte plastische Fließen des Materials beginnt bei konstanter Scherspannung τ_p, sobald folgende Dehnung erreicht wird:

$$\gamma_p = \frac{\tau_p}{G_0}.$$

Das Fließen endet erst, wenn eine bestimmte maximale plastische Scherung γ_P erreicht wird.

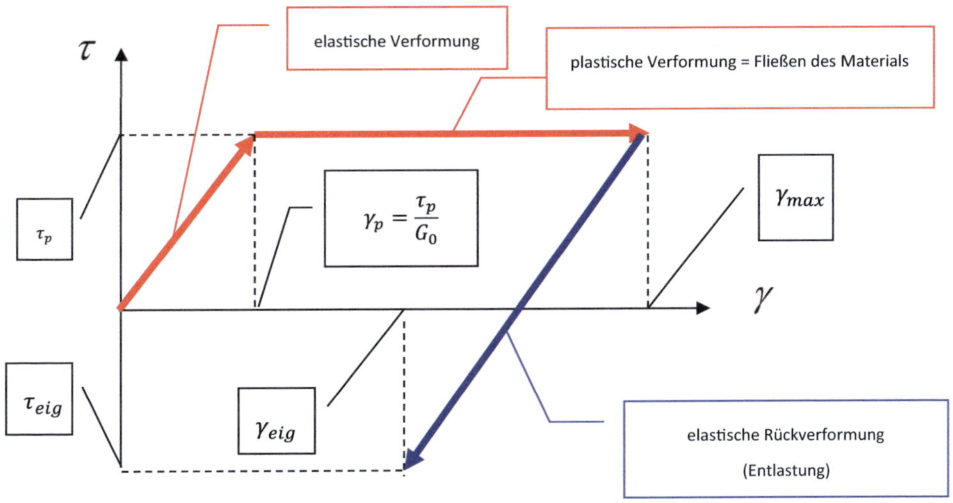

Abb. 1.24 Fließkurve bei elastisch, ideal-plastischem Materialverhalten bei Scherbelastung

Die elastische Entlastung in diesem Modell erfolgt ideal elastisch mit dem ursprünglichen Elastizitätsmodul und folgt dem Gesetz:

$$\tau(\gamma) = \begin{cases} \tau_p - G_0 \cdot (\gamma_{max} - \gamma) & \text{für} \quad \gamma_{max} - 2\gamma_p < \gamma < \gamma_{max}, \\ -\tau_p & \text{für} \quad \gamma \leq \gamma_{max} - 2\gamma_p. \end{cases}$$

Solange die Bedingung

$$\gamma_{max} - \gamma_{eig} < 2\gamma_p$$

erfüllt ist, das Material wird elastisch zurückfedern. Die Entlastung im eindimensionalen Spannungs-Dehnungs-Diagramm erfolgt entlang eines Pfades, der dem Belastungspfad im primären elastischen Bereich parallel ist.
Am Ende der Entlastung verbleiben im Material Eigenspannungen:

$$\tau_{eig} = \tau_p - G_0 \cdot \left(\gamma_{max} - \gamma_{eig}\right) \quad \text{mit} \quad \gamma_{max} - 2\gamma_p < \gamma_{eig} < \gamma_{max}.$$

1.6.3 Modelle zur einachsigen Beanspruchung

Bei der einachsigen aktiven plastischen Normalbelastung hängen die Normalspannungen innerhalb vom elastischen Bereich

$$\varepsilon_p \leq \varepsilon \leq \varepsilon_p$$

linear von der Dehnung ab:

$$\sigma(\varepsilon) = \begin{cases} \sigma_p & \text{für} \quad \varepsilon_p < \varepsilon, \\ E_0\varepsilon & \text{für } \varepsilon_p \leq \varepsilon \leq \varepsilon_p \,, \\ -\sigma_p & \text{für} \quad \varepsilon < -\varepsilon_p. \end{cases} \tag{1.10}$$

bzw.

$$\sigma(\varepsilon) = \frac{1}{2} E_0 \left(\left| \varepsilon + \varepsilon_p \right| - \left| \varepsilon - \varepsilon_p \right| \right). \tag{1.11}$$

Die kritische Dehnung wird wie folgt definiert:

$$\varepsilon_p = \frac{\sigma_p}{E_0}.$$

Erreicht die Dehnung den kritischen Wert, so beginnt das ungehinderte, plastische Fließen des Materials bei konstanter Zugspannung σ_p (Abb. 1.25).

Das Fließen endet erst, wenn die maximale plastische Dehnung ε_{max} erreicht wird. Die elastische Entlastung erfolgt linear-elastisch mit dem ursprünglichen Elastizitätsmodul E_0 und folgt dem Gesetz:

$$\sigma(\varepsilon) = \begin{cases} \sigma_p - E_0 \cdot (\varepsilon_{max} - \varepsilon) & \text{für} \quad \varepsilon_{max} - 2\varepsilon_p < \varepsilon < \varepsilon_{max}, \\ -\sigma_p & \text{für} \quad \varepsilon \leq \varepsilon_{max} - 2\varepsilon_p. \end{cases}$$

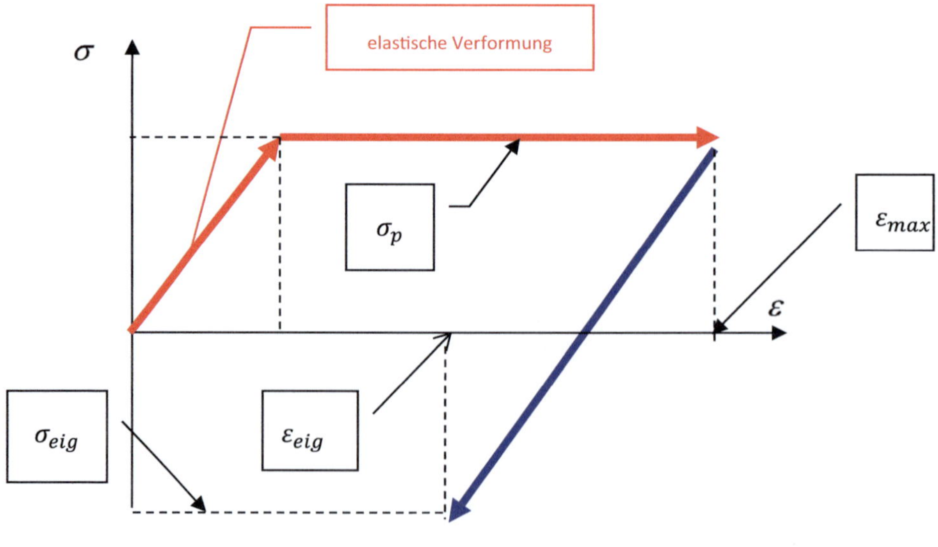

Abb. 1.25 Fließkurve bei elastisch, ideal-plastischen Materialverhalten bei einachsiger Normalbeanspruchung

Solange die Bedingung

$$\varepsilon_{max} - \varepsilon_{eig} < 2\varepsilon_p$$

erfüllt ist, wird das Material elastisch zurückfedern. Am Ende der Entlastung verbleiben im Material Eigenspannungen:

$$\sigma_{eig} = \sigma_p - E_0 \cdot \left(\varepsilon_{max} - \varepsilon_{eig}\right) \quad \text{mit} \quad \varepsilon_{max} - 2\varepsilon_p < \varepsilon_{eig} < \varepsilon_{max}.$$

1.6.4 Plastisches Werkstoffverhalten mit Verfestigung

Bei der Verfestigung nimmt die mechanische Festigkeit eines Werkstoffs durch plastische Verformung zu. Dabei erhöht sich die werkstoffeigene Streckgrenze. Die Verfestigung tritt auf, wenn der Werkstoff über die Elastizitätsgrenze hinaus plastisch verformt wird. Im Zugversuch oder im Drillversuch macht sich das dadurch bemerkbar, dass die wahre Spannungs-Dehnungs-Kurve nach Überschreiten der Elastizitätsgrenze nicht horizontal, sondern ansteigend mit dem Schubmodul G_p verläuft. Das Materialgesetz lautet bei der linearen Verfestigung (Abb. 1.26):

$$\tau(\gamma) = \begin{cases} \tau_p + G_p \cdot \left(\gamma - \gamma_p\right) & \text{für} \quad \gamma_p < \gamma, \\ G_0 \gamma & \text{für} \ \gamma_p \le \gamma \le \gamma_p, \\ -\tau_p - G_p \cdot \left(\gamma - \gamma_p\right) & \text{für} \quad \gamma < -\gamma_p. \end{cases} \tag{1.12}$$

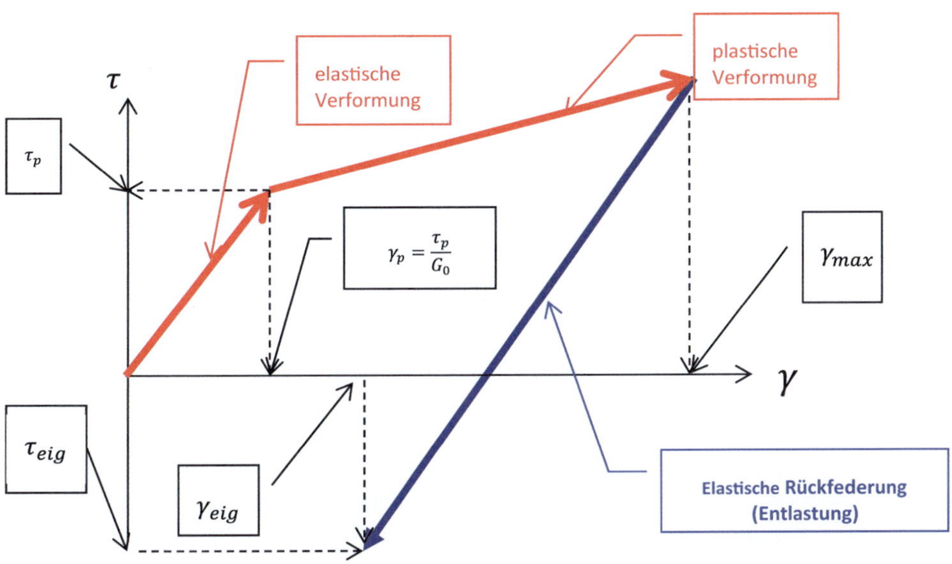

Abb. 1.26 Fließkurve bei plastischem Materialverhalten mit linearer Verfestigung bei der Scherbelastung

Ein äquivalenter Ausdruck für das Gesetz der linearen Verfestigung lautet:

$$\tau(\gamma) = G_0 \cdot \gamma + \frac{1}{2}(G_p - G_0) \cdot \left(|\gamma + \gamma_p| - |\gamma - \gamma_p|\right). \tag{1.13}$$

Die maximale Schubspannung entspricht beim Erreichten der Scherung γ_{max}:

$$\tau_{max} = \tau_p + G_p \cdot (\gamma_{max} - \gamma_p).$$

Die Entlastung erfolgt annähernd linear-elastisch:

$$\tau(\gamma) = \tau_{max} - G_0 \cdot (\gamma_{max} - \gamma).$$

Bei der Zugbelastung mit linearer Verfestigung lautet das äquivalente Materialgesetz mit dem Sekantenmodul E_p:

$$\sigma(\varepsilon) = E_0 \cdot \varepsilon + \frac{1}{2}(E_p - E_0) \cdot \left(|\varepsilon + \varepsilon_p| - |\varepsilon - \varepsilon_p|\right). \tag{1.14}$$

Eine alternative Form der Verfestigung manifestiert sich bei wiederholter plastischer Belastung. Wird ein bereits plastisch deformierter Körper einer erneuten Belastung ausgesetzt, so tritt das Einsetzen der plastischen Deformation oft bei einer höheren Spannung ein als bei der vorangegangenen plastischen Deformation.

1.6.5 Deformationstheorie der plastischen Verformung

Die inkrementelle Plastizitätstheorie bedingt die Modellierung mittels numerischer Methoden oder die Lösung mithilfe von Finite-Elemente-Programmen. Für die Lösung werden wesentlich einfachere Gleichungen der Deformationstheorie angewendet. Ein elastisch-plastische Medien wird durch das nichtlineare Elastizitätsgesetz beschrieben (Hencky-Ilyushin-Gesetz) [47, § 1.3.3.3]. Die inkrementelle Theorie erweist sich in Bezug auf die Lösung unserer Aufgaben als nicht essenziell.

In der Deformationstheorie wird folglich angenommen, dass bei der aktiven Belastung zwischen den plastischen Verzerrungen und den deviatorischen Spannungen eine funktionale Abhängigkeit besteht:

$$\boldsymbol{s} = 2G_p(\Gamma^2)\boldsymbol{e}, \quad \sigma = 3K\varepsilon. \tag{1.15}$$

Mithilfe dieser Gleichungen erkennt man den funktionalen Zusammenhang zwischen Deviatoren von Spannungen und Verzerrungen. Die Gleichungen dieser Variante der Plastizitätstheorie werden als funktionale Beziehungen zwischen den Intensitäten der Formänderungen und der Schubspannungen eingeführt. Die Intensität von Schubspannungen T ist eine Funktion von der Intensität der Formänderungen Γ:

$$T = G_p(\Gamma^2) \cdot \Gamma. \tag{1.16}$$

Für linear elastische Medien gilt insbesondere die folgende Beziehung:

$$T = G_0 \cdot \Gamma.$$

Die Konstante G_0 ist der aus Elastizitätstheorie bekannte Schubmodul im linearen Bereich. Die zugrunde liegende Hypothese ist, dass dem elastisch-plastischen Medium ein Schubmodul zugewiesen werden kann, dessen Größe sich aus der Intensität der Formänderungen ergibt. Die Abhängigkeit zwischen den plastischen Verzerrungen und den deviatorischen Spannungen (2.30) kann für bestimmte funktionale Abhängigkeiten invertiert werden:

$$\Gamma = F_p\left(T^2\right) \cdot T.$$

Die Intensität der Formänderungen Γ ist folglich eine Funktion von der Intensität der Schubspannungen T.

Ein bekanntes Beispiel von impliziten statischen Spannungs-Dehnungskurven in Deformationstheorie liefert das *implizite* Ramberg-Osgood-Gesetz:

$$\Gamma(T) = \frac{T}{G_0} + \left(\frac{T}{K_\tau}\right)^{1/n}, \qquad \gamma(\tau) = \frac{\tau}{G_0} + \left(\frac{\tau}{K_\tau}\right)^{1/n}, \qquad \varepsilon(\sigma) = \frac{\sigma}{E_0} + \left(\frac{\sigma}{K_\sigma}\right)^{1/n}, \tag{1.17}$$

E_0, G_0 sind die Elastizitätsmodule im linearen Bereich.

Andere statische Werkstoffparameter in (1.17) sind:
$K_\tau,\ K_\sigma$ Koeffizienten der Verfestigung und
n der Verfestigungsexponent.

Die Volumenkompression erfolgt elastisch und zwar sowohl bei der aktiven Belastung wie auch bei der Entlastung.

Die Deformationstheorie beschreibt ein plastisches Materialverhalten bei der aktiven Belastung wie ein nichtlinear elastisches Verhalten (Abb. 1.27).

Die Deformationstheorie beschreibt das plastische Verhalten bei einer monoton zunehmenden Proportionalitätsbelastung. Im Gegensatz zur inkrementellen Darstellung ist diese Theorie nur durch absolute Dehnungs- und Spannungsgrößen formuliert. Zudem besitzt die Gl. (2.30) formal gesehen auch eine analoge Form in Bezug zum Konstitutivgesetz hyperelastischen Materialverhaltens. Aus diesem Grund ist die deformationstheoretische Darstellung plastischen Materialverhaltens konsequent nur für monoton wachsende Belastungszustände gültig. Sie ist folglich nicht in der Lage, vollständig nicht proportionale Belastung, wie mehrstufige Entlastungsvorgänge adäquat zu modellieren. Ihre Anwendung ist physikalisch sinnvoll lediglich im Bereich monoton wachsender Belastung möglich. Sie ist dann geeignet, wenn alle äußeren Kräfte proportional einen Parameter anwachsen, also eine Proportionalbelastung vorliegt. Die mathematische Abhandlung der Deformationstheorie ist viel einfacher als die der inkrementellen Plastizitätstheorie und kann in praktisch relevanten Fällen zu analytischen Formeln führen. Die Lösung des Problems der elastisch-plastischen Verformung wird in Kap. 2 auf den Prozess der Fertigung von Schraubendruckfedern angewendet. Dabei werden die Entstehung

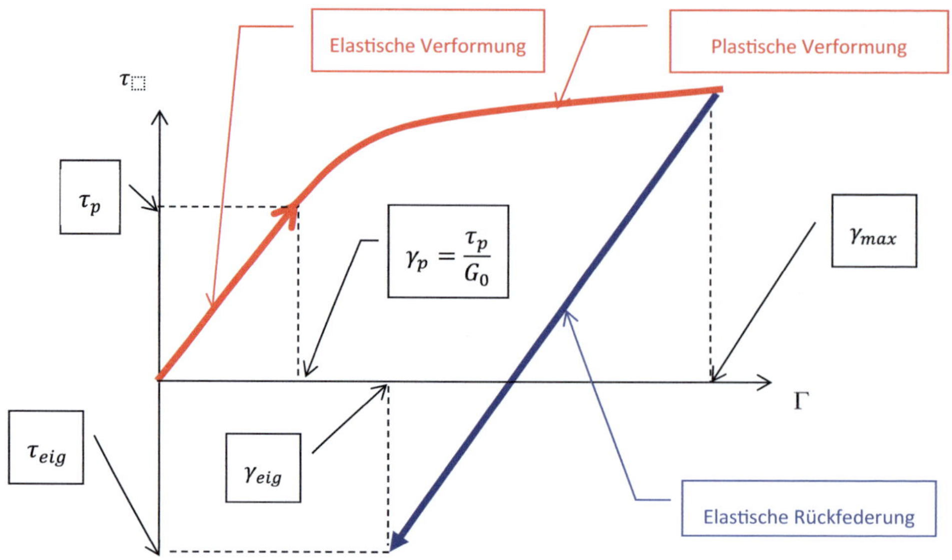

Abb. 1.27 Plastische Verformung des Materials in der Deformationstheorie

der Spannungen während der plastischen Verformung des Materials sowie die elastische Rückfederung des Drahts nach dem Windungsvorgang untersucht. Die Theorie des Vorsetzens wird in Kap. 4 ausführlich beschrieben.

1.6.6 Materialmodell des Werkstoffs ohne ausgeprägte Fließgrenze

Für ein kompressibles, isotropes, kaltverfestigendes Material ohne ausgeprägte Fließgrenze, wie sie im Verformungsverhalten beobachtet wird, werden die *expliziten* Spannungs-Dehnungs-Ausdrücke verwendet:

$$s_{ij} = 2G_p\left(\Gamma^2\right) \cdot e_{ij}, \quad \sigma = 3K\varepsilon. \tag{1.18}$$

Der Sekantenmodul $G_p = G_p\left(\Gamma^2\right)$ ist eine *explizite* Funktion der Intensität der Formänderungen.

Die Komponenten des deviatorischen Spannungstensors s_{ij} bzw. des deviatorischen Dehnungstensors e_{ij} in (1.18) sind:

$$s_{ij} = \sigma_{ij} - \frac{1}{3}\sigma, \quad \sigma = \mathrm{Sp}\,\sigma_{ij},$$

$$e_{ij} = \varepsilon_{ij} - \frac{1}{3}\varepsilon, \quad \varepsilon = \mathrm{Sp}\,\varepsilon_{ij}.$$

Der Wert K_0 ist der Volumenmodul und G_0 ist der Schermodul im linear-elastischen Bereich. Die Poissonzahl ν wird über den Verformungsverlauf als konstant angenommen.

In diesem Manuskript wird die folgende Abhängigkeit des Sekantenmoduls des deviatorischen Anteils des Dehnungstensors angenommen:

$$G_p(\Gamma^2) = G_\infty + \left[1 + \frac{\Gamma^2}{\varepsilon_p^2}\right]^{-k} \cdot (G_0 - G_\infty) \tag{1.19}$$

mit der plastischen Fließdehnung ε_p, der plastischen Fließspannung $\sigma_p = E\varepsilon_p$, dem Verfestigungsexponenten k und dem Elastizitätsmodul $E_0 = 2(1+\nu)G_0$. Für den betrachteten Spannungszustand der kombinierten Biegung und Torsion des Stabes gilt:

$$\omega^2 = \frac{3}{(1+\nu)^2}.$$

Der Poissonkoeffizient wird, wie üblich, als konstant während des Verformungsverlaufs angenommen. Für das Material mit einer Poissonzahl $\nu = 0$ ist $\omega = \frac{\sqrt{6}}{2}$. Für das inkompressible Material mit $\nu = \frac{1}{2}$ gilt es $\omega = \frac{\sqrt{6}}{3}$.

Die explizite Spannungs-Dehnungs-Beziehung (1.19) weist bemerkenswerte Eigenschaften auf. Die experimentellen Daten zur Torsion können durch (1.19) für eine Vielzahl von Strukturmaterialien angenähert werden. Es gibt zwei verschiedene Bereiche für den Sekantenmodul, nämlich den Bereich kleiner Dehnungen und den Bereich großer Dehnungen. Der anfängliche Sekantenmodul entspricht dem Schermodul der linearen Elastizität:

$$G_p \underset{\Gamma \to 0}{\sim} G_0. \tag{1.20}$$

Das asymptotische Verhalten des Sekantenmoduls ist für große Dehnungen wie folgt definiert:

$$G_p \underset{\Gamma \to 0}{\sim} G_0. \tag{1.21}$$

$$G_p \underset{\Gamma \to \infty}{\sim} G_\infty.$$

Das Spannungs-Dehnungs-Gesetz wurde experimentell für Stahl 54CrSi6 (DIN 10089, Werkstoffnummer 1.7102) ermittelt. Die Standardproben mit dem Durchmesser $d = 2r = 3{,}8\ [mm]$ wurden bis zum Maximalwert der Verdrehungsrate pro Längeneinheit von $\theta = 0{,}35$ tordiert. Der Vektor der Torsionsmomenten $\mathfrak{T}_i, i = 1..n_p$ wurde für verschiedene vorgeschriebene Werte der Verdrehungsrate $\theta_i, i = 1..n_p$ gemessen.

Zur Bestimmung der Spannungs-Dehnungskurve benötigen wir die Schubspannung $\tau_i, i = 1..n_p$ für jeden Wert der Verdrehungsrate $\theta_i, i = 1..n_p$. Dazu müssen wir den Schubspannungsvektor aus dem Vektor der Torsionsmomente rückwärts berechnen. Mit anderen

Worten, es muss das inverse Problem gelöst werden. Zu diesem Zweck wurde die Methode der stückweisen linearen Approximation eingesetzt. Bei dieser stückweisen linearen Approximation wurde die Spannungs-Dehnungs-Kurve in der Form angenommen

$$\tau(\gamma) = \tau_{i-1} + (\tau_i - \tau_{i-1}) \cdot \frac{\gamma - \gamma_{i-1}}{\gamma_i - \gamma_{i-1}} \qquad \text{für } \gamma_{i-1} < \gamma \leq \gamma_i. \tag{1.22}$$

Die Werte der Vektorkomponenten für die Scherung $\gamma_i = r\theta_i, i = 1..n_p$ werden unmittelbar aus den Verdrehungsraten θ_i bestimmt. Die Werte der Vektorkomponenten für die Schubspannung $\tau_i, i = 1..n_p$ sind zunächst unbekannte Größen und müssen aus den erfassten Torsionsmomentdaten bestimmt werden. Das Drehmoment ist die Funktion der Verdrehungsrate pro Längeneinheit θ:

$$\mathfrak{T}(\theta) = 2\pi \int_0^r \tau(\rho\theta)\rho^2 \mathrm{d}\rho. \tag{1.23}$$

Die Substitution der stückweisen linearen Näherung (1.23) für $\tau(\gamma)$ in das obige Integral liefert die Werte der Vektorkomponenten für das Moment $\mathfrak{T}_i, i = 1..n_p$ für jeden Wert der Verdrehungsrate $\gamma_j, j = 1..i$ in folgender Form:

$$\mathfrak{T}_i = \frac{2\pi r^3}{\gamma_i} \sum_{j=1}^{i} \frac{1}{3} \cdot \left(\tau_{j-1} - \frac{\tau_j - \tau_{j-1}}{\gamma_j - \gamma_{j-1}} \gamma_{i-1}\right) \cdot (\gamma_j^3 - \gamma_{j-1}^3) + \frac{2\pi r^3}{\gamma_i} \sum_{j=1}^{i} \frac{1}{4} \cdot \left(\frac{\tau_j - \tau_{j-1}}{\gamma_j - \gamma_{j-1}}\right) \cdot (\gamma_j^4 - \gamma_{j-1}^4) \tag{1.24}$$

für $1 < i < n_p$.

Die Drehmomente $\mathfrak{T}_i, i = 1..n_p$ wurden für vorgegebene Erfassungspunkte γ_j, $j = 1..n_p$ erfasst. Zur Bestimmung von unbekannten $\tau_j, j = 1..n_p$ wurde das System von m linearen algebraischen Gl. (1.24) gelöst. Die Matrix des linearen algebraischen Systems (1.24) besitzt die obere Dreiecksform. Diese Lösung liefert die Werte von $\tau_j, j = 1..n_p$ für die stückweise lineare Approximation (1.23) des Spannungs-Dehnungsgesetzes.

Das Ziel besteht in der Erarbeitung einer wesentlich einfacheren Näherung der Form (1.19), die sich für Simulationen besser eignet als die stückweise lineare Näherung (1.23). Die plastische Analyse der kombinierten Biegung und Torsion erfolgt unter Zuhilfenahme des Spannungs-Dehnungs-Gesetzes [10], welches für einen beliebigen Poisson-Koeffizienten ν Gültigkeit besitzt:

$$\begin{cases} \sigma_{rz} = \sigma_{rz}(0, \gamma_{rz}) \equiv G_\infty \gamma_{rz} + (G_0 - G_\infty) \cdot \left[1 + \omega^2 \left(\frac{\gamma_{rz}}{\varepsilon_p}\right)^2\right]^{-k} \cdot \gamma_{rz}, \\ \sigma_{zz} = \sigma_{zz}(\varepsilon_{zz}, 0) \equiv E_\infty \varepsilon_{zz} + (E_0 - E_\infty) \cdot \left[1 + \left(\frac{\varepsilon_{zz}}{\varepsilon_p}\right)^2\right]^{-k} \cdot \varepsilon_{zz}. \end{cases} \tag{1.25}$$

Die Größe der Scherung in dieser Gleichung ist: $\sigma_{rz} = \sqrt{\sigma_{xz}^2 + \sigma_{yz}^2}$.

Die Abb. 1.28, 1.29 illustrieren die Spannungs-Dehnungs-Kurven des Gesetzes (1.25) für diverse Parameter.

Die ermittelte stückweise lineare Näherung des Spannungs-Dehnungsgesetzes (1.23) wird durch das explizite funktionale Gesetz approximiert. Die kleinste quadratische Approximation mit dem Gesetz (1.25) liefert folgende Werte:

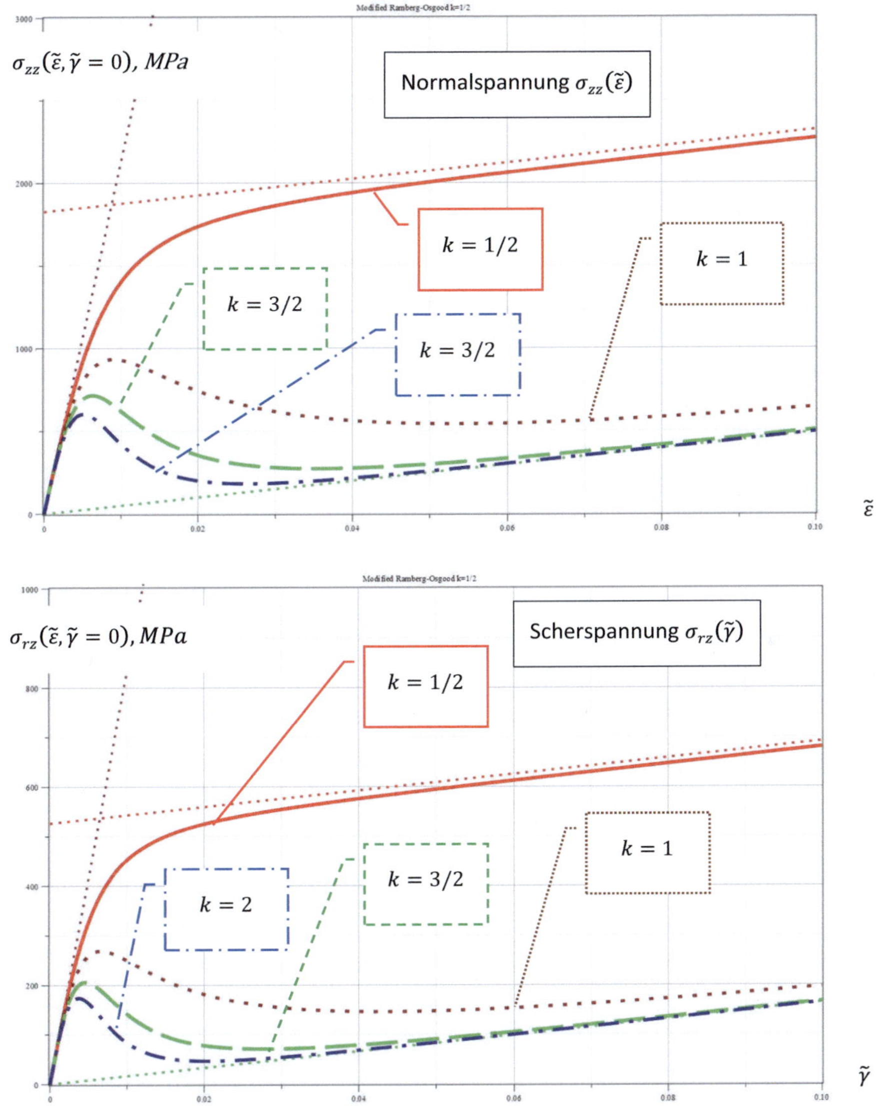

Abb. 1.28 Spannungsverläufe für das Material (1.25) mit Verfestigung bei großer Dehnung $E_\infty > 0, G_\infty > 0$

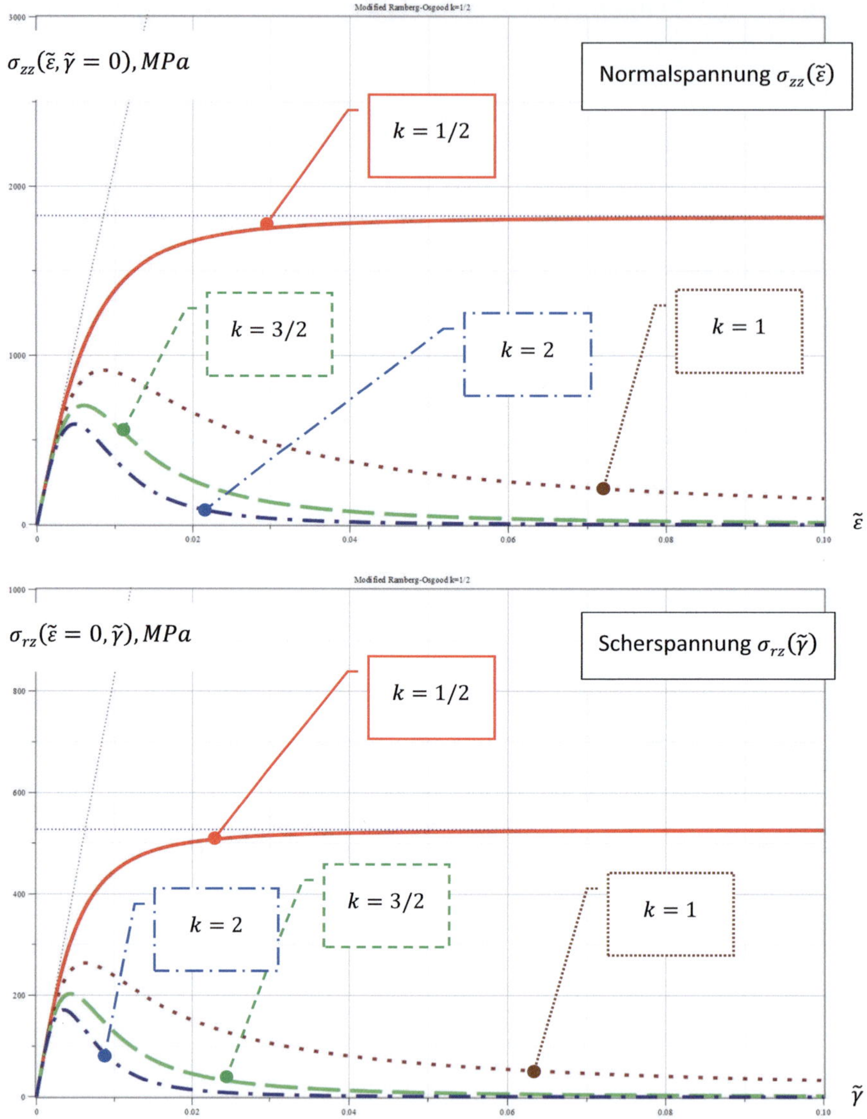

Abb. 1.29 Spannungskurve für das Material (1.25) onhe Verfestigung bei großer Scherung $E_\infty = 0, G_\infty = 0$

$$G_0 = 81,52[GPa],\ E_0 = 204,45\,[GPa],\ \sigma_p = 3205\,[MPa],\ \nu = 0,254,\ E_\infty = 0, G_\infty = 0,\ k = \frac{1}{2}. \tag{1.26}$$

Unter Berücksichtigung der genannten Werte lässt sich ein explizites Spannungs-Dehnungs-Gesetz ableiten, das wie folgt beschrieben werden kann:

$$\sigma_{rz}(0, \tilde{\gamma}) = \frac{99947\,\tilde{\gamma}}{\sqrt{1 + 7426\tilde{\gamma}^2}}. \tag{1.27}$$

Die Abb. 1.30 und 1.31 dienen dem Vergleich des expliziten Spannungs-Dehnungs-Gesetzes mit den Ramberg-Osgood-Ansätzen, welche mit zwei unterschiedlichen Verfestigungsexponenten ($n = 8$ sowie $n = 12$) arbeiten. Im Rahmen der vorliegenden Untersuchung wird das Modell mit Verfestigung bei größen Dehnung ausgewählt. Die Anpassung der Parameter des Ramberg-Osgood-Gesetzes erfolgt mittels des Regressionsmodells der Kurvenanpassungsmethoden. Die entsprechenden Parameter des Ramberg-Osgood-Gesetzes für das Material (1.26) sind der Tab. 1.6 zu entnehmen.

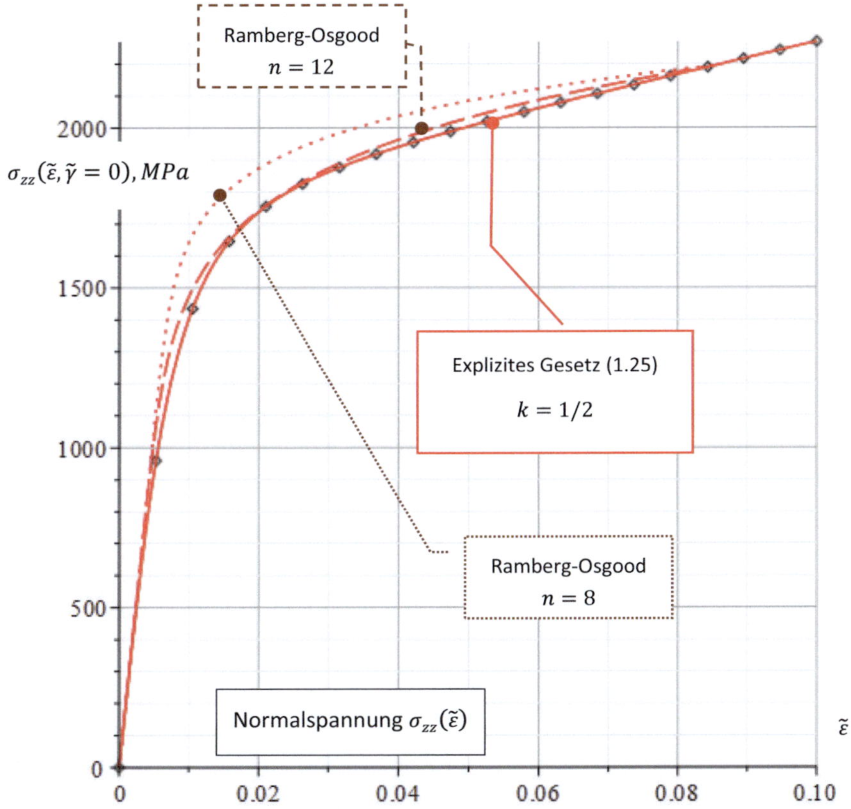

Abb. 1.30 Vergleich Spannungsverläufe für das Material mit Verfestigung bei großer Dehnung (Normalspannung, Explizites Gesetz und Ramberg–Osgood-Ansätze)

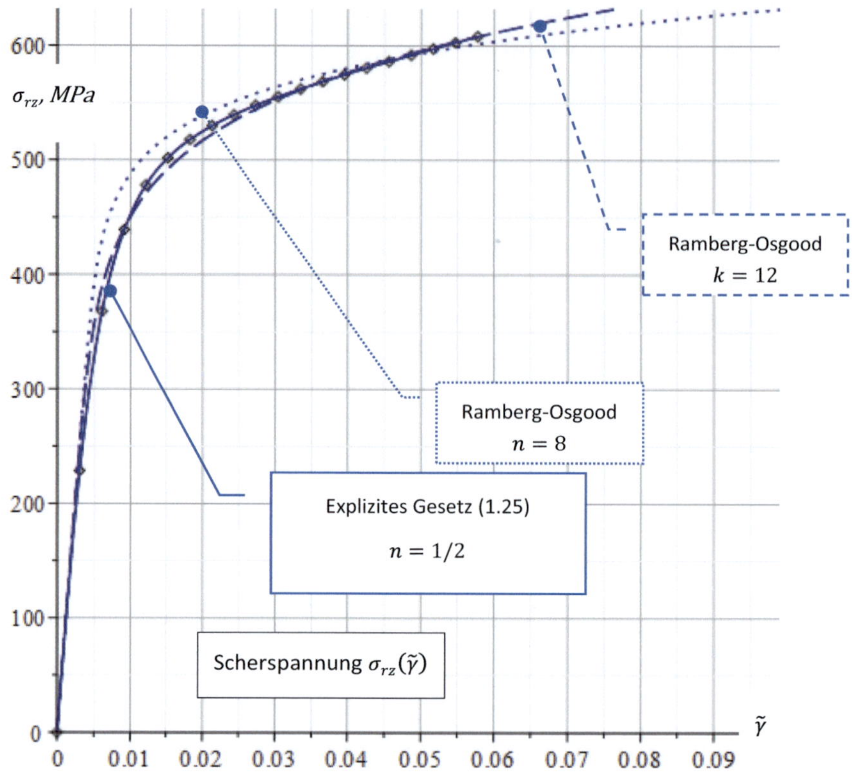

Abb. 1.31 Vergleich Spannungsverläufe für das Material mit Verfestigung bei großer Dehnung (Scherspannung, Explizites Gesetz und Ramberg–Osgood-Ansatz)

Tab. 1.6 Parameter des Ramberg–Osgood-Gesetzes

Verfestigungsexponent,n	*Elastizitätsmoduln, [GPa]*		*KoeffizientenderVerfestigung, [GPa}*	
	G_0	E_0	K_τ	K_σ
8	*83,2*	*213,2*	*883*	*3032,2*
12	*83,2*	*213,2*	*771,5*	*2723,7*

1.6.7 Implizites zyklisches Spannungs-Dehnungs-Gesetz

Die implizite Potenzformulierung nach Ramberg und Osgood eignet sich zur Beschreibung der einachsigen statischen Spannungs-Dehnungs-Kurve. Eine ähnliche Rolle spielt das implizite Gesetz nach Ramberg und Osgood bei zyklischer Belastung. Im Rahmen der zyklischen Belastung manifestieren sich die folgenden Formeln für die entsprechenden Amplituden von Spannungen und Dehnungen:

$$\gamma(\tau) = \frac{\tau}{G_0} + \left(\frac{\tau}{K'_\tau}\right)^{n'}, \quad \varepsilon(\sigma) = \frac{\sigma}{E_0} + \left(\frac{\sigma}{K'_\sigma}\right)^{n'}. \tag{1.28}$$

Hier sind:

K'_τ, K'_σ, zyklische Verfestigungskoeffizienten,
n' zyklischer Verfestigungsexponent,
σ, τ, Spannungsamplituden,
ε, γ Dehnungsamplituden,
E_0, G_0 Elastizitätsmodule im linearen Bereich

Die Formeln (1.31) beschreiben die Abhängigkeit der Dehnungsamplitude von der Spannungsamplitude. Für die Anwendung der Deformationstheorie wird die reziproke Abhängigkeit der Spannungsamplitude von der Dehnungsamplitude benötigt. Unmittelbare Auflösung ist leider unmöglich. Aus diesem Grund werden ähnliche Näherungsformeln verwendet.

1.6.8 Explizites zyklisches Spannungs-Dehnungs-Gesetz

Eine besonders einfache Abhängigkeit des Schubmoduls von der Intensität der Formänderungen Γ ergibt sich aus (1.31) mit dem expliziten zyklischen Spannungs-Dehnungs-Gesetz. Die Abhängigkeit des Schubmoduls von der Intensität der Formänderungen lautet in diesem Fall:

$$G_p(\Gamma^2) = \frac{G_0}{\sqrt{1 + \frac{\Gamma^2}{\gamma_p^2}}}, \quad F_p(T^2) = \frac{1}{G_p(\Gamma^2)} = \frac{1}{G_0\sqrt{1 - \frac{T^2}{\tau_p^2}}}, \tag{1.29}$$

$$\gamma_p = \frac{K'_\tau}{G_0}, \quad \tau_p = G_0\gamma_0.$$

Mit den genannten Formeln lassen sich quasi statische (monotone) und zyklische Belastungen darstellen.

Die Materialparameter für alle abgebildeten Fließkurven sind gleich und können aus der Tab. 1.7 entnommen werden. Für den Vergleich wurden drei verschiedene Darstellungen der statischen Fließkurven für ein Material abgebildet (Abb. 1.32). Das Bild zeigt die Fließkurven nach dem impliziten zyklischen Ramberg-Osgood-Gesetz (1.28) (schwarze und rote Linien) und nach dem expliziten zyklischen Spannungs-Dehnungs-Gesetz (1.29) (blaue Linie).

Die zyklische Spannungs-Dehnungs-Kurve kann mit dem „Incremental-Step-Test" durch Biegeversuche und Torsionsversuch schneller und weniger aufwendig bestimmt werden als die punktweise Bestimmung. Bei dem „Incremental-Step-Test" wird die

Tab. 1.7 Zyklische Werkstoffparameter eines Federmaterials [48]

Zyklische Werkstoffparameter	Schub	Dehnung
Zyklische Verfestigungskoeffizienten	$K'_\tau = 1363\,\text{MPa}$	$K'_\sigma = 2019\,\text{MPa}$
Elastizitätsmodule	$G_0 = 83\,\text{GPa}$	$E_0 = 209\,\text{GPa}$
Zyklischer Verfestigungsexponent	$n' = 23$	

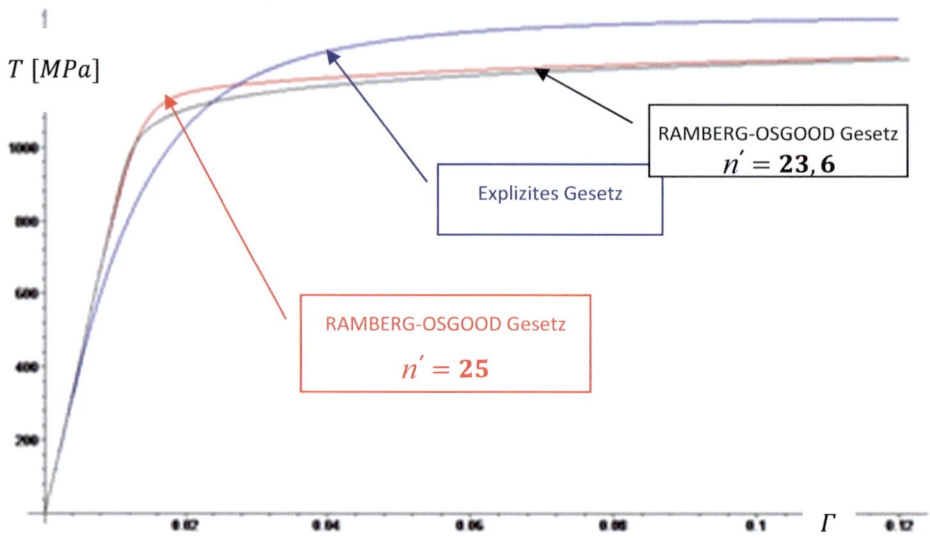

Abb. 1.32 Plastische Verformung des Materials nach dem Ramberg-Osgood-Gesetz

Dehnungsamplitude stufenweise bis zu einem festzulegenden Wert gesteigert und stufenweise wieder vermindert. Durch die Projektion der stabilisierten Hysterese-Schleifen für unterschiedliche Beanspruchungen in ein gemeinsames Spannungs-Dehnungs-Diagramm stellt man fest, dass die Umkehrpunkte näherungsweise durch eine gemeinsame einhüllende Kurve beschrieben werden können, Abb. 1.33. Dieser Zusammenhang zwischen Dehnungs- und Spannungsamplitude wird auch als *zyklische Fließkurve* bezeichnet.

1.6.9 Hysterese und Masing-Modell

Bei der Entlastung werden geeignete Modelle angewendet. Das einfachste Modell der Entlastung postuliert eine lineare elastische Verformung des Materials. Die lineare elastische Verformung erfolgt dabei mit dem ursprünglichen Schubmodul G_0 und dem

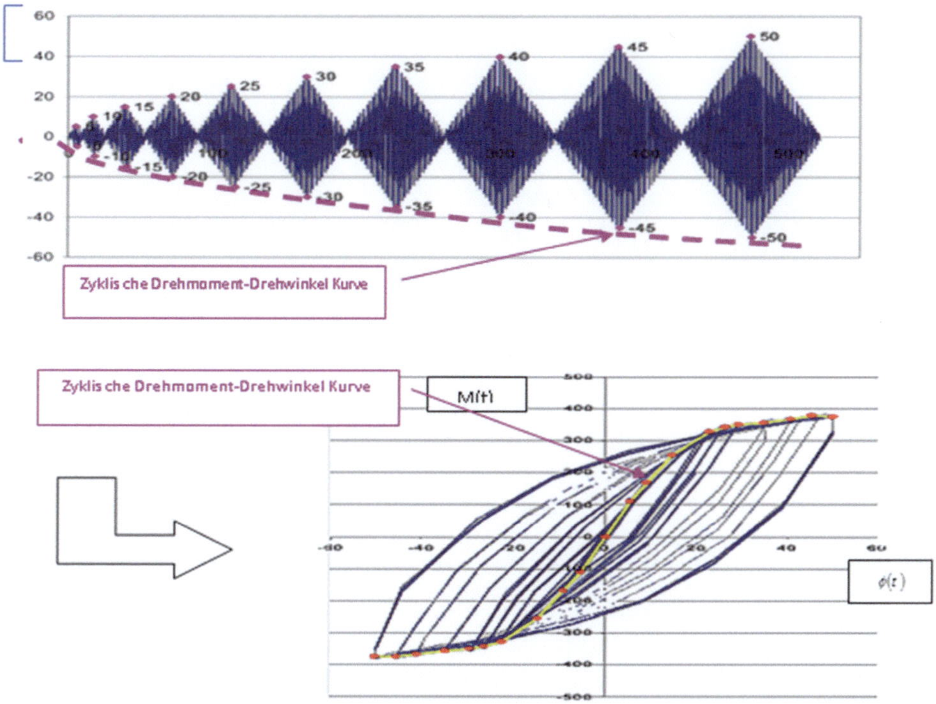

Abb. 1.33 Drehmoment-Drehwinkel-Schaudiagramm. beim zyklischen Torsionsversuch und Entstehung der zyklischen Drehwinkel-Drehmoment-Kurve. (Quelle: Ma, Diplomarbeit)

Elastizitätsmodul E_0. Dieses Modell wird für die Berechnung der Eigenspannungen in Schraubenfedern verwendet [49].

Adäquate Beschreibung der Entlastungsvorgänge wird häufig mit dem Modell von Masing erzielt [50]. Für die Beschreibung der zyklischen plastischen Belastung und dadurch der auftretenden Hysterese eignet das Masing-Modell. Das Masing-Modell ist ein phänomenologisches Modell für statische Hysterese-Kurven. Das Masing-Modell ist eine Parallelschaltung von Jenkin-Elementen (auch Prandtl-Elemente genannt). Ein Jenkin-Element ist eine Reihenschaltung einer linear-elastischen Feder mit der Federsteifigkeit und eines Coulomb- Reibung Elementes mit der maximalen Haftkraft. In jedem Jenkin-Element ist die Reibkraft konstant und ihr Betrag ist gleich dem Grenzwert der Haftkraft

Die Abb. 1.34 zeigt den Spannungs-Dehnungs-Verlauf während eines Belastungszyklus, wie er bei hohen Spannungsamplituden im Zeitfestigkeitsgebiet auftritt. Dieser Verlauf wird auch als Schleife der Hysterese bezeichnet. Deren Inhalt (Hysterese-Fläche) entspricht der in der Probe umgesetzten irreversiblen Formänderungsarbeit. Im Falle einer auf die volle Entlastung folgenden Wiederbelastung folgt der Belastungspfad im

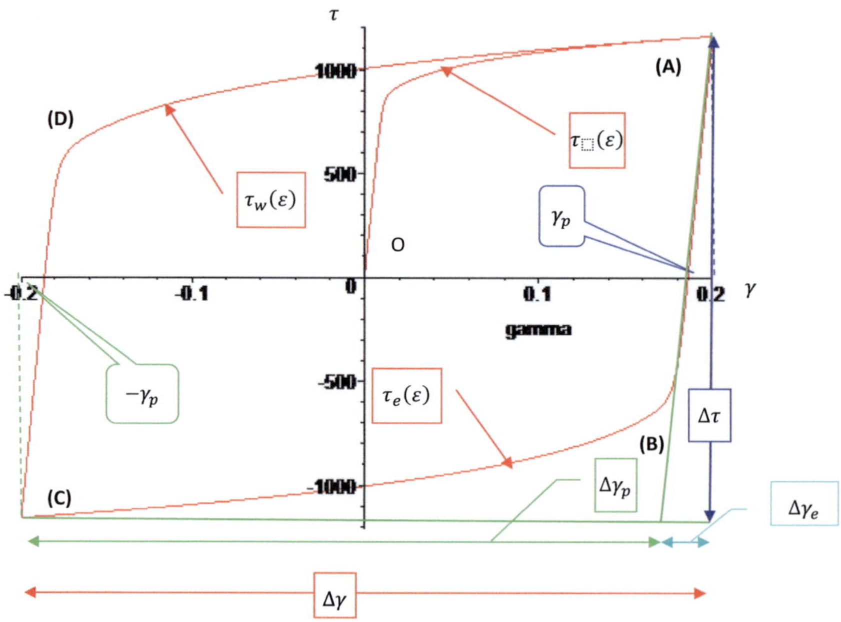

Abb. 1.34 Schleife der Hysterese bei wiederholter, einachsigner, plasticher Schiebung

Spannungs-Dehnungs-Diagramm zunächst dem Entlastungspfad, bevor nach Erreichen der ursprünglichen Last zu einer erneuten plastischen Deformation kommt.

Auf dem Abb. 1.35 ist die analog e Schleife nach Masing bei der einachsigen Dehnungshysterese dargestellt. Die plastische Verformung des Materials nach Masing beginnt im Punkt O. Die Schleifenelemente der Hysterese sind deutlich erkennbar. Hierbei ist $\Delta\varepsilon$ die Gesamtscherung (zweifache Amplitude), $\Delta\varepsilon_p$ der plastische Anteil (zweifache Amplitude) von Scherung, $\Delta\varepsilon_e$ der elastische Anteil.

Wenn das Material sich verfestigt oder entfestigt, die Kurve verändert geringfügig sich mit jedem Lastzyklus. Bei der aktiven plastischen Belastung folgt die Scherspannung die Spannungsdehnungskurve (Kurve O-A)

$$\tau_a(\gamma) = \tau(\gamma). \tag{1.30}$$

Bei der Entlastung vom erfolgt die erste Umkehrung der Originalkurve (1.34). Die Entlastungskurve verläuft über die Punkte A-B-C, sodass die Kurve nach unten konvex ist:

$$\tau_e(\gamma, \gamma_p) = -\tau(\gamma_p) + 2\,\tau\left(\frac{\gamma_p + \gamma}{2}\right). \tag{1.31}$$

Bei der ersten wiederholten Belastung entspricht die Kurve der punktsymmetrischen Transformation der Entlastungskurve (1.34). Die zweite Belastungskurve verläuft durch die Punkten C-D-A, sodass diese Kurve nun nach oben konvex ist:

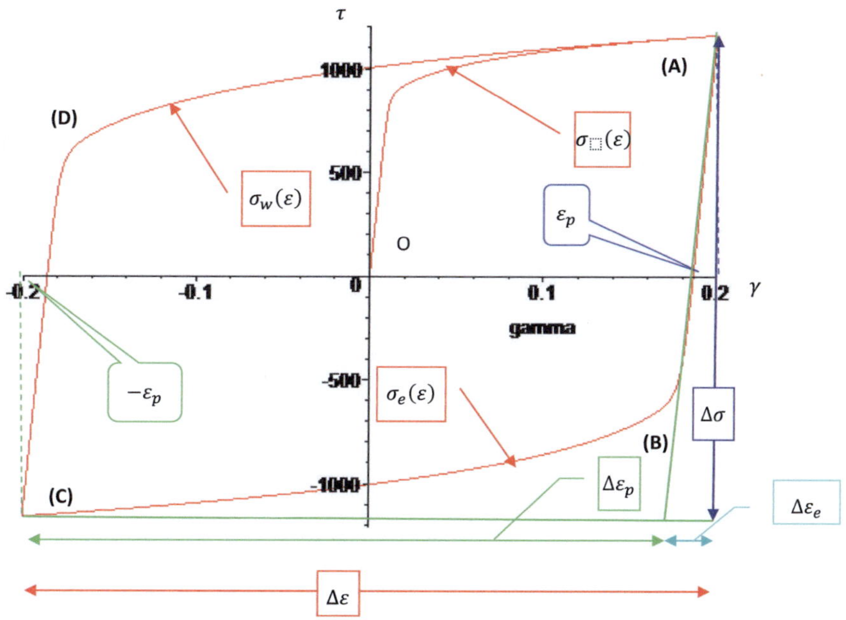

Abb. 1.35 Schleife der Hysterese bei wiederholter, einachsigner, plasticher Dehnung

$$\tau_w(\gamma, \gamma_p) = \tau(\gamma_p) - 2\,\tau\left(\frac{\gamma_p - \gamma}{2}\right). \tag{1.32}$$

Wenn das Material sich nicht verfestigt oder entfestigt, wiederholt sich der Vorgang zyklisch durch die Punkte A-B-C-D-A….

Abb. 1.36 zeigt eine aufgenommene Scherungs-Schiebungskurve (Messung TU Ilmenau, AiF16999, 2012). Für die Messung wurde wärmebehandelte Draht OTEVA 70 RD SC 40 mit einem Drahtdurchmesser von 3,7[mm] benutzt. Die Kennwerte des wärmebehandelten Materials sind folgende:

$$\tau_{t.max} = 1526\,[MPa],\ \tau_{t.0,04} = 1088[MPa], \tau_{t.0,4} = 1296\,[MPa],\ \gamma_{max} = 0,196.$$

Die Scherungs-Schiebungs-Kurve des entsprechenden Ramberg-Osgood-Gesetzes ist mit roter Farbe aufgetragen.

1.7 Kriechen und Relaxation der Federstähle

1.7.1 Charakteristische Bereiche des Kriechens

Ein physikalisches Phänomen bei Metalllegierungen ist die sehr langsame plastische Verformung bei Spannungen unterhalb der Streckgrenze des Werkstoffs. In der Industrie

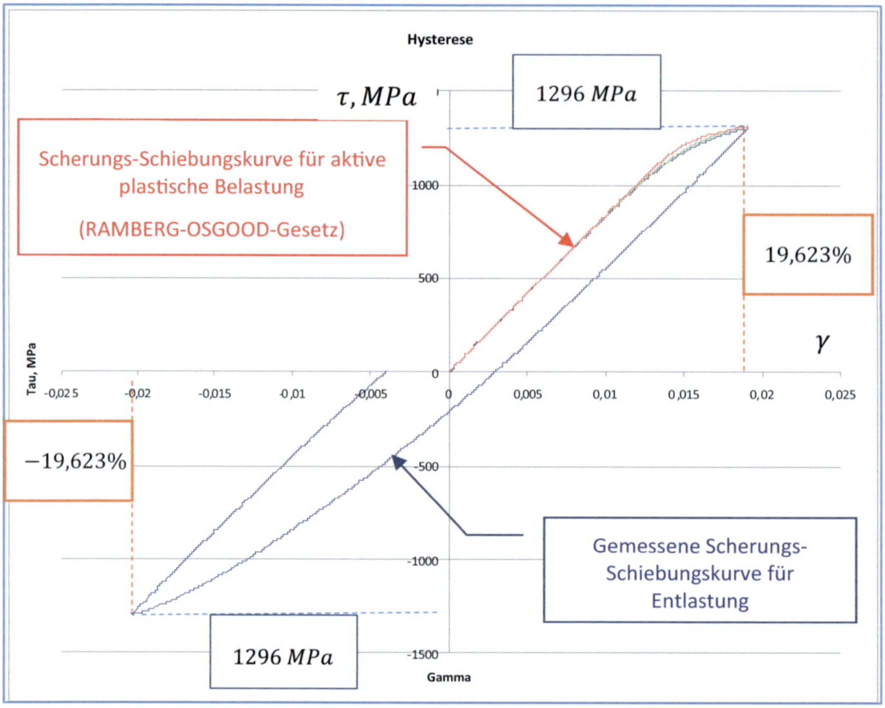

Abb. 1.36 Eine Schleife der Hysterese bei wiederholter plastischer Verformung des Materials

wird dieses Phänomen als „Kriechen" bezeichnet. Relaxation und Kriechen sind physikalische Phänomene, die bei der Beurteilung des Langzeitverhaltens von Federn von Bedeutung sind. Von Relaxation spricht man, wenn bei einer Feder mit konstanter Einfederung im Laufe der Zeit eine Abnahme der Kraft oder des Moments auftritt. Die Relaxation begrenzt die zulässige Betriebsbeanspruchung bei statischer oder quasistatischer Beanspruchung (Abb. 1.37).

Kriechen ist ein thermomechanisch aktivierter Prozess. Die Charakterisierung der Kriecheigenschaften erfolgt in der Regel über die minimale oder sekundäre Kriechrate in Abhängigkeit von der Prüftemperatur und der aufgebrachten Kriechspannung.

Primäres Kriechen

Zu Beginn der Belastung reagiert der Stoff mit einer zeitunabhängigen Dehnung. Die Dehnung setzt sich aus einem elastischen und einem plastischen Anteil zusammen. Die Kriechgeschwindigkeit nimmt sich bis zum Erreichen des sekundären Kriechbereichs durch auftretende Verfestigungsprozesse ständig ab. Die mikrostrukturelle Ursache hierfür ist in der Regel folgende. Die Versetzungsdichte steigt aufgrund einer verstärkten

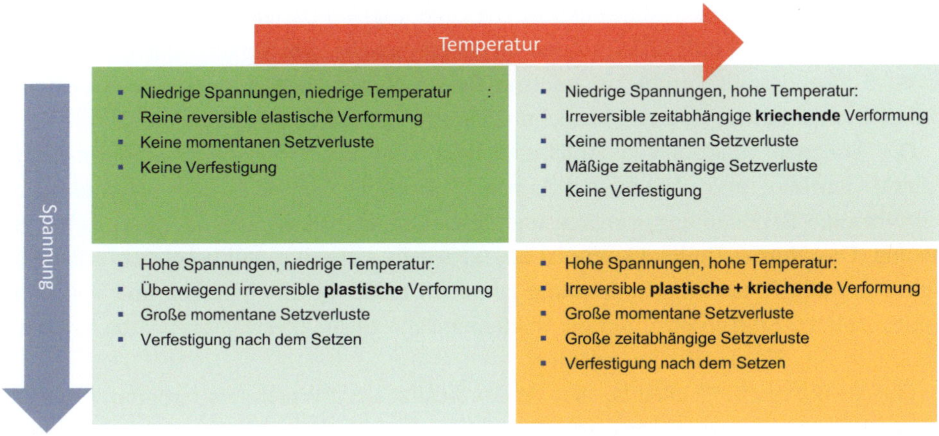

Abb. 1.37 Überlagerung der plastischen und kriechenden Verformung

Versetzungswechselwirkung. Als Folge ereignet sich eine Verfestigung des Werkstoffes. Diesen Bereich der Kriechkurve bezeichnet man entsprechend als Übergangskriechen oder primäres Kriechen (Bereich I).

Sekundäres oder stationäres Kriechen

Daran schließt sich der Bereich des stationären oder sekundären Kriechens an (Bereich II). In diesem Bereich stabilisiert sich näherungsweise die Dehngeschwindigkeit. Im Bereich des sekundären Kriechens erfolgt die Verformung mit konstanter Deformationsgeschwindigkeit. In einfachen metallischen Systemen herrscht hier ein dynamisches Gleichgewicht zwischen Verfestigung und Erholung. Während neue Versetzungen gebildet werden läuft gleichzeitig eine dynamische Erholung ab, welche bestehende Versetzungen wieder auslöscht. In diesem Bereich wird die minimale Kriechgeschwindigkeit üblicherweise beobachtet.

Tertiäres Kriechen

Nachdem ein Großteil der Lebensdauer vergangen ist, erfolgt das tertiäre Kriechen. Die Kriechrate nimmt im Bereich der tertiären Kriechen stark zu. Der Grund dafür sind die irreversiblen Schädigungsprozesse, wie Teilchenvergröberung und Kriechporenbildung. In der Folge kommt zum Bruch des Bauteils. In diesem tertiären Kriechbereich (Bereich III) tritt massive innere Schädigung auf. Gleichzeitig wird der tragende Querschnitt des Bauteils vermindert.

Die wesentliche analytische Aufgabe ist der Bestimmung der funktionalen Abhängigkeiten und der entsprechenden Parameter für Kriechen bei der Torsion und Biegung für isotrope Materialien. Historisch gesehen sind etliche Gesetze vorgeschlagen worden, um

Kriechen zu beschreiben. Man unterscheidet rheologisch basierte implizite Gesetze auf Basis von Differenzialgleichungen und direkt empirische, auf Versuchsdaten basierende, Ansätze. Grundsätzlich einfacher zu ermitteln sind direkte explizite Ansätze, welche aus Versuchsdaten mittels Regressionsrechnung einfache Funktionsverläufe ableiten.

Die üblichen funktionalen Abhängigkeiten sind die Gesetze von Norton-Bailey, Prandtl-Garofalo und Naumenko-Altenbach-Gorash. Diese Grundstoffgesetze beschreiben die Bereiche des primären und des sekundären Kriechens unter statischer Belastung. Das Norton-Bailey Gesetz ist am weitesten verbreitet und beschriebt sekundäre Kriechen mithilfe der Potenzbeziehung zwischen Kriechgeschwindigkeit und Spannung. Herkömmliche Stoffgesetze und die mathematische Lösungsverfahren für die Probleme werden in [51, 52] ausführlich erläutert.

Für die praktische Auslegung der Federn besitzt der Bereich des tertiären Kriechens aufgrund kurzer Dauer nur geringe Bedeutung. Für die Kriechverformungsrate $\dot{\varepsilon}$ eines Werkstoffes im primären und sekundären Bereich gilt demnach

$$\dot{e}_{ij} = \frac{3s_{ij}}{2\sigma_{\mathrm{V}}} \cdot \tilde{F}\left(\sigma_{\mathrm{V}}, t, T\left[{}^{\circ}K\right]\right). \tag{1.33}$$

Im Folgenden, wird der Sonderfall des nichtkompressiblen Materials angewandt:

$$\dot{\varepsilon}_{kk} = 0.$$

In der Gl. (1.28) werden die folgenden Notationen verwendet:

$\dot{e}_{ij} = \dot{\varepsilon}_{ij} - \frac{1}{3}\dot{\varepsilon}_{kk}\delta_{ij}$ deviatorische Komponente der Kriechgeschwindigkeit,

$s_{ij} = \sigma_{ij} - \frac{1}{3}\sigma_{kk}\delta_{ij}$ deviatorische Komponente der Spannung,

$\sigma_V = \sqrt{3\,\mathrm{II}\,(s)}$ Vergleichsspannung nach von Mises,

$T[{}^{\circ}K] = T[{}^{\circ}C] + 273[{}^{\circ}C]$ Temperatur in Grad Kelvin und Grad Celsius.

Die Intensität der Formänderungen Γ sowie die Intensität der Schubspannungen T werden durch die irreduziblen Invarianten der deviatorischen Verzerrungs- bzw. Spannungstensoren bestimmt (Anhang A).

Die Temperaturabhängigkeit wird häufig durch die Gleichung:

$$\tilde{F}\,(\sigma_V, t, T[{}^{\circ}K]) = F(\sigma_V, t) \cdot \exp\left(-\frac{Q_c}{R_c T[{}^{\circ}K]}\right)$$

beschrieben. Die Funktion $F(\sigma_V, t)$ vereint die Einflüsse unterschiedlicher Strukturgrößen, wie beispielsweise Phasenanteile, Korngrößen und Versetzungsdichte. In der obigen Formel bezeichnet Q_c die thermisch-mechanische Aktivierungsenergie des Kriechens, während R_c die allgemeine Gaskonstante repräsentiert.

Die Kriechrate ist also in starker, nichtlinearer Weise von der Temperatur $T[{}^{\circ}K]$ und der Vergleichsspannung nach von Mises σ_V abhängig. Schon kleine Spannungs- oder Temperaturerhöhungen haben einen starken Anstieg der primären und sekundären Kriechrate zur Folge.

1.7.2 Modelle des Kriechens der Legierungen

Als erstes wird das Modell von Norton-Bailey betrachtet, welches für die Beschreibung der Spannungs- und Zeitabhängigkeit des Kriechens häufig angewandt wird:

$$F(\sigma_V,t)=\begin{cases}\left[\varepsilon_I\cdot\left(\frac{t}{\bar{t}}\right)^{k-1}+\varepsilon_{II}\right]\cdot\left(\frac{\sigma_V}{\bar{\sigma}}\right)^{m+1}, & k<1,\\ \left[\varepsilon_I\cdot\exp\left[-\left(\frac{t}{\bar{t}}\right)^{k-1}\right]+\varepsilon_{II}\right]\cdot\left(\frac{\sigma_V}{\bar{\sigma}}\right)^{m+1}, & k>1.\end{cases}\tag{1.34}$$

Die Konstanten ε_I, ε_{II}, $\bar{\sigma}$, $\bar{t}$, m und k werden experimentell ermittelt.

Physikalische Bedeutungen der Konstanten sind folgende:

- die Konstante ε_I charakterisiert die primäre und die Konstante ε_{II} die sekundäre Kriechrate;
- die Exponenten k und m beschreiben die Zeit- und Spannungsabhängigkeit der Kriechrate;
- die Konstante $\bar{t}$ stellt die charakteristische Dauer bis zum Ende des primären Bereiches dar.

Das herkömmliche konstitutive Modell von Norton-Bailey basiert auf Approximationen für die sekundäre Phase des Kriechens ($k = 1$). Bei der Kriechgleichung (1.29) handelt es sich um eine Ergänzung des üblichen Norton- Bailey-Kriechgesetzes, bei dem durch den Term

$$\varepsilon_I\cdot\left(\frac{t}{\bar{t}}\right)^{k-1}$$

oder

$$\varepsilon_I\cdot\exp\left[-\left(\frac{t}{\bar{t}}\right)^{k-1}\right],$$

auch das primäre Kriechen berücksichtigt wird.

Der Norton-Koeffizient m ist direkt abhängig vom Kriechmechanismus. Für Versetzungskriechen gilt $m = 3...6$, für Korngrenzengleiten ist $m = 0...1$ und für Diffusionskriechen wird m etwa 0.

Modell von Prandtl-Garofalo

Analog wurde zur Beschreibung der Spannungsabhängigkeit der Kriechrate das bekannte Prandl-Garofalo-Modell hergeleitet:

$$F(\sigma_V, t) = \begin{cases} \left[\varepsilon_I \left(\frac{t}{\bar{t}}\right)^{k-1} + \varepsilon_{II}\right] \cdot \sinh\left(\frac{\sigma_V}{\bar{\sigma}}\right), & k > 1, \\ \left\{\varepsilon_I \cdot \exp\left[-\left(\frac{t}{\bar{t}}\right)^{k-1}\right] + \varepsilon_{II}\right\} \cdot \sinh\left(\frac{\sigma_V}{\bar{\sigma}}\right), & k < 1. \end{cases} \tag{1.35}$$

Ähnlich der Gl. (1.29), beschreibt die Konstante ε_I die Kriechrate im primären Bereich. Die Konstante ε_{II} stellt die Kriechrate im sekundären Bereich dar. Wir betrachten zur Einfachheit wieder nur den Bereich des primären Kriechens und vernachlässigen die sekundäre Kriechrate $\varepsilon_{II} = 0$.

Modell von Naumenko-Altenbach-Gorash

Das Modell von Naumenko-Altenbach-Gorash beschreibt eine Spannungsabhängigkeit für den Bereich diffusionsgesteuerten Kriechens und im Power-Law-Bereich. Die Kriechrate für einachsige Beanspruchung wird durch

$$F(\sigma_V, t) = \varepsilon_I \cdot \left[\frac{\sigma_V}{\bar{\sigma}} + \left(\frac{\sigma_V}{\bar{\sigma}}\right)^{m+1}\right].$$

oder

$$\dot{\varepsilon} \equiv \dot{\varepsilon}_{11} = \varepsilon_I \cdot \left[\frac{\sigma}{\bar{\sigma}} + \left(\frac{\sigma}{\bar{\sigma}}\right)^{m+1}\right] = -2\dot{\varepsilon}_{22} = -2\dot{\varepsilon}_{33}.$$

beschrieben. Hieraus ergibt sich für die Betrachtung der Kriechrate bei reiner Torsionsspannung

$$\dot{\gamma} \equiv 2\dot{\varepsilon}_{12} = \gamma_I \cdot \left[\frac{\tau}{\bar{\tau}} + \left(\frac{\tau}{\bar{\tau}}\right)^{m+1}\right].$$

1.7.3 Temperaturabhängigkeit des Kriechens

Die irreversiblen plastischen Verformungen sind zeitabhängig und werden durch eine Vielzahl von Faktoren beeinflusst, wobei neben der Spannung auch die Temperatur, der Aggregatzustand sowie die chemische Zusammensetzung der Legierung eine entscheidende Rolle spielen. Bei einer Belastung des Bauteils bei erhöhter Temperatur nimmt die Dehnung des Bauteils bei konstanter Spannung mit der Zeit t immer schneller zu. Die nachfolgenden Abbildungen zeigen die typische Abhängigkeit der Streckgrenze sowie die Abhängigkeit des E-Moduls/G-Moduls von der Temperatur °C für Federstähle. Bezüglich des Norton'schen Kriechgesetzes und seiner experimentellen Daten ergeben sich verschiedene Abhängigkeiten. Die charakteristischen Merkmale, darunter die bezogenen Streckgrenzen, Elastizitätsmodule sowie Kriechkonstanten, sind folglich von einer Vielzahl unterschiedlicher Faktoren abhängig. Dazu zählen die Temperatur, die Spannung im Metall, die Streckgrenze des Metalls sowie der Zeitverlauf. Mit steigender Temperatur, Spannung und Zeit nimmt die Kriech-/Entspannungsrate zu. Die Fak-

Tab. 1.8 Experimentelle Bestimmung der bezogenen Streckgrenze, Elastizitätsmoduln sowie Kriechkonstante des Norton'schen Kriechgesetzes vom Federstahl in Abhängigkeit von der Temperatur $T[°C]$

$\frac{\tau_{pl}(T)}{\tau_{pl}(T_R)} = \mathrm{c11} + \mathrm{c12} \cdot T + \mathrm{c13} \cdot T^3 + \mathrm{c14} \cdot T^4,$ $T_R = 20[°C]$	c11 = 0,9848, c12 = -0,1247214 · 10^{-2}, c13 = 0,10398 · 10^{-7}, c14=-0,16172 · 10^{-10}.
$\frac{G(T)}{G(T_R)} \cong \frac{E(T)}{E(T_R)} = c21 + c22 \cdot T + c23 \cdot T^3 + c24 \cdot T^4$	c21 = 1,00122, c22 = -0,3069210^{-3}, c23=0,1216810^{-8}, c24=-0,387929 · 10^{-11}.
$\frac{c_\tau(T)}{c_\tau(T_R)} = \exp(c31 \cdot T + c32)$	c31 = 0, 017355, c32=-0,347112

toren Temperatur und Spannung haben einen maßgeblichen Einfluss (siehe Tab. 1.8). Die folgende Abbildung veranschaulicht die sogenannte „bezogene Streckgrenze" von Federstahl in Abhängigkeit von der Temperatur. Die Abhängigkeit der Streckgrenze von der Temperatur eines typischen Federmaterials ist in Abb. 1.38 abgebildet. Die Temperaturabhängigkeit des Elastizitätsmoduls ist in Abb. 1.39 exemplarisch dargestellt. In Abb. 1.40 wird die qualitative Abhängigkeit der Kriechkonstante des Nortonschen Kriechgesetzes von der Temperatur in °C dargestellt.

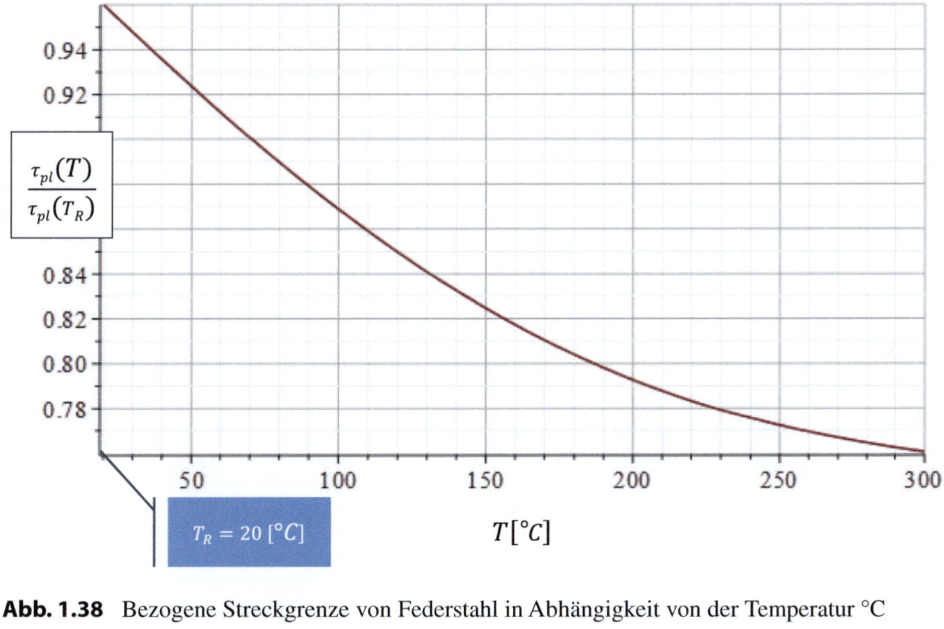

Abb. 1.38 Bezogene Streckgrenze von Federstahl in Abhängigkeit von der Temperatur °C

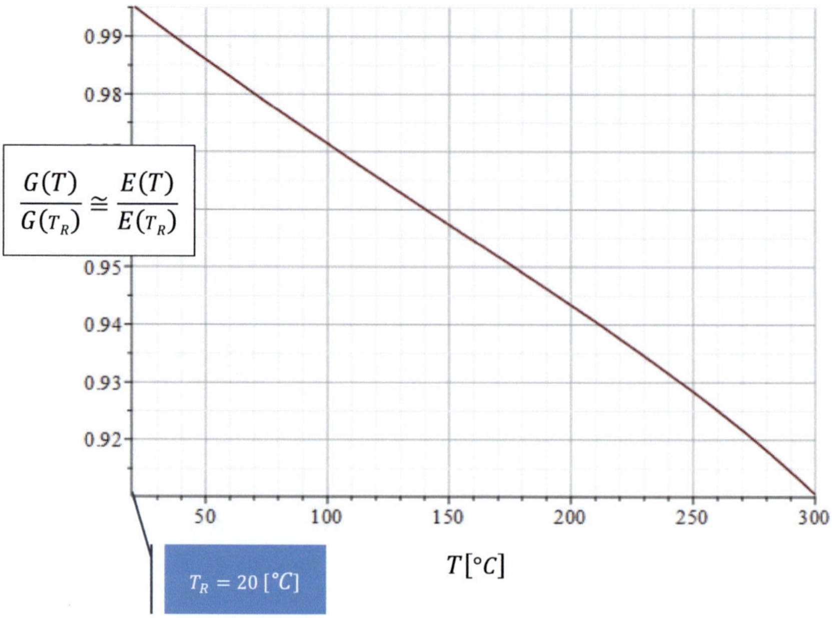

Abb. 1.39 Bezogener Elastizitätsmodul von Federstahl in Abhängigkeit von der Temperatur $T[°C]$

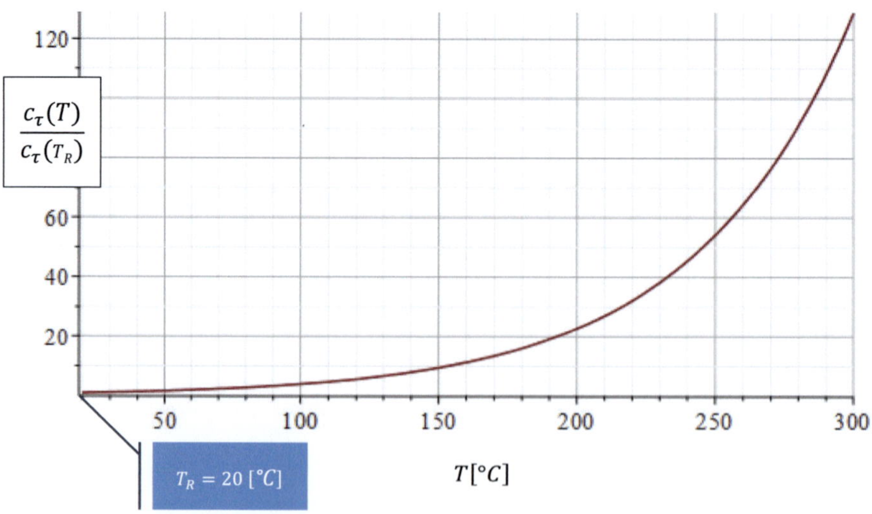

Abb. 1.40 Bezogene Kriechkonstante vom Federstahl in Abhängigkeit von der Temperatur °C

1.8 Zusammenfassung

In diesem Kapitel wurde eine Übersicht über die gängigen Federtypen gegeben und die Grundlagen der Beanspruchung von Federn sowie die Prüfvorschriften erörtert. In vorliegendem Kapitel wurden die erforderlichen Werkstoffprüfungen, Funktionsprüfungen und Betriebsfestigkeitsprüfungen für Schraubendruckfedern, Formfedern und Tellerfedern sowie deren Vordimensionierung schematisch dargestellt.

1.9 Symbolverzeichnis

Bezeichnung	*Physikalische Größe*
F	äußere Kraft der Feder
S	Auslenkung (Hub)
M	äußeres Moment der Feder
Θ	Drehwinkel der Feder
$c_{[F/S]}$	Federrate für die axiale Federkraft
$c_{[M/\Theta]}$	Federrate für das axiale Moment (Torsionsfederrate)
W	gespeicherte elastische Energie
η	Volumennutzzahl (Formnutzzahl)
$\tilde{\eta}_A$	Massennutzzahl
σ_V	Vergleichsspannung
R_τ	Spannungsverhältnis der Schubspannungen
R_σ	Spannungsverhältnis der Normalspannungen
σ_a	Spannungsamplitude
σ_m	Mittelspannung
σ_u	Unterspannung
σ_o	Oberspannung
G_0	Schubmodul im linearen Bereich
E_0	Elastizitätsmodul im linearen Bereich
σ_p	Fließspannung
E_p,G_p	Sekantenmoduli
Γ	Intensität der Formänderungen
T	Intensität der Schubspannungen
K_τ,K_σ	Koeffizienten der Verfestigung nach RAMBERG–OSGOOD
n	Verfestigungsexponent nach Ramberg–Osgood
L	Länge der freien Feder
$\bar{L}$	Länge der Feder unter Last
$T_R = 20[°C]$	Raumtemperatur in Grad Celsius

Literatur

1. Mertens, H., Liebich, R., Gust, P. (2020). Federnde Verbindungen (Federn). In: Bender, B., Göhlich, D. (eds) Dubbel Taschenbuch für den Maschinenbau 2: Anwendungen. Springer Vieweg, Berlin, Heidelberg. https://doi.org/10.1007/978–3-662–59713-2_9
2. Spura, C., Fleischer, B., Wittel, H., Jannasch, D. (2023). Elastische Federn. In: Roloff/Matek Maschinenelemente. Springer Vieweg, Wiesbaden. https://doi.org/10.1007/978–3-658–40914-2_10
3. Gross, S. (1960) *Berechnung und Gestaltung von Metallfedern*. Konstruktionsbücher, vol 3. Springer, Berlin, Heidelberg. https://doi.org/10.1007/978–3-642–48955-6
4. Muhr, T. (1992) Zur Konstruktion von Ventilfedern in hochbeanspruchten Verbrennungsmotoren, Diss. RWTH Aachen
5. Kloos, K.H. (1979) Eigenspannungen, Definition und Entstehungsursachen. Z. Werkstofftechnik, 10, 293–302
6. Macherauch, E., Wohlfahrt, H., Wolfstieg, U. (1973): Zur zweckmäßigen Definition von Eigenspannungen. HTM 28, 3, S. 201–211
7. Bosse H., L. Bobach L. (2012) Konstruktionselemente II, Otto-von-Guericke-Universität Magdeburg, Kap. IV, Federn
8. DIN EN 10270-1 (2017) Stahldraht für Federn – Teil 1: Patentiert gezogener unlegierter Federstahldraht; Deutsche Fassung EN 10.270–1:2011+A1:2017, Deutsches Institut für Normung
9. DIN EN 10270-2 (2011) Stahldraht für Federn – Teil 2: Ölschlussvergüteter Federstahldraht; Deutsche Fassung EN 10.270–2:2011, Deutsches Institut für Normung
10. Schlegel J. (2023) Stahl – der Werkstoff, Springer Vieweg ISBN 978-3-658-40254-9
11. Mayergoyz, I. D. (1991) Mathematical Models of Hysteresis. Berlin- Heidelberg – New York: Springer
12. Meissner, M., Schorcht, H.J., Kletzin, U., Wanke, K. (2015). Metallfedern. VDI-Buch. Springer Vieweg, Berlin, Heidelberg. https://doi.org/10.1007/978–3-642–39123-1
13. SAE (1997) Manual on Design and Application of Helical and Spiral Springs, SAE HS-795, SAE International, Warrendale, PA
14. DIN EN 10089:2003-4 (2003) Warmgewalzte Stähle für vergütbare Federn – Technische Lieferbedingungen; Deutsche Fassung EN 10089:2003-04,, Deutsches Institut für Normung
15. DIN ISO 2162-1:1994-08 (1994) Technische Produktdokumentation – Federn – Teil 1: Vereinfachte Darstellung; Identisch mit ISO 2162-1:1993, https://dx.doi.org/10.31030/2716029
16. DUBBEL *Taschenbuch für den Maschinenbau* (1997), Wolfgang Beitz (Herausgeber), U. Jarecki (Herausgeber) ISBN 978-3.540.624.677, Springer
17. DIN 2094:2006-09 (2006) Blattfedern für Straßenfahrzeuge – Anforderungen, Prüfung, https://dx.doi.org/10.31030/9657303
18. DIN 5543:1980-05 (1980) Blattfedern; Federsattelplatten, Federzwischenplatten für Federaufhängung. https://dx.doi.org/10.31030/1117531
19. DIN 43801-1:1976-08 (1976) Elektrische Meßgeräte; Spiralfedern, Maße. https://dx.doi.org/10.31030/1226446
20. DIN 2194:2002-08 82002) Zylindrische Schraubenfedern aus runden Drähten und Stäben – Kaltgeformte Drehfedern (Schenkelfedern) – Gütenorm. https://dx.doi.org/10.31030/9263888
21. DIN EN 16983:2017-09 (2016) Tellerfedern – Qualitätsanforderungen – Maße; Deutsche Fassung EN 16.983:2016 https://dx.doi.org/10.31030/2702350
22. DIN EN 16984:2017-09 (2017) Tellerfedern – Berechnung; Deutsche Fassung EN 16.984:2016. https://dx.doi.org/10.31030/2702370

23. DIN 2091:1981-06 (1981) Drehstabfedern mit rundem Querschnitt; Berechnung und Konstruktion. https://dx.doi.org/10.31030/1090928
24. DIN 5481:2019-04 (2019) Passverzahnungen mit Kerbflanken. https://dx.doi.org/10.31030/3030745
25. DIN 2097:1973-05 (1973) Zylindrische Schraubenfedern aus runden Drähten; Gütevorschriften für kaltgeformte Zugfedern. https://dx.doi.org/10.31030/1091050
26. DIN 2090:1971-01 (1971) Zylindrische Schraubendruckfedern aus Flachstahl; Berechnung. https://dx.doi.org/10.31030/1090900
27. EP1260390A2 (2002) Aufhängungssystem mit einer Feder, https://worldwide.espacenet.com/patent/search/family/007686102/publication/EP1260390A2?q=pn%3DEP1260390A2
28. DE1141546B (1962) Kraftfahrzeug, Espacenet: https://worldwide.espacenet.com/patent/search/family/007039637/publication/DE1141546B?q=pn%3DDE1141546B
29. DIN EN 13481-7:2022-11 (2022) Railway applications – Track – Performance requirements for fastening systems – Part 7: Fastening systems for switches and crossings, check rails, insulated rail joints and rail expansion devices, German version EN 13481-7:2022, https://dx.doi.org/10.31030/3305766
30. EP2370634B1 (2009) Elastische spannklemme sowie schienenbefestigung hierfür, European Patent Office https://worldwide.espacenet.com/patent/search/family/040651418/publication/EP2370634B1?q=EP2370634B1
31. Szabó I. (2002) Einführung in die Technische Mechanik, Springer-Verlag, Berlin, 8. Auflage
32. DIN EN 16984:2017-0 (2017) Tellerfedern – Berechnung; Deutsche Fassung EN 16984:2016, https://dx.doi.org/10.31030/2702350
33. Niepage P. (1983) Vergleich verschiedener Verfahren zur Berechnung von Tellerfedern. *Draht*, 34, S. 105–108, S. 251–256
34. SAE (1996) *Spring Design Manual*. Part 5, SAE, HS-158 SAE International, Warrendale, PA
35. Hu. J.; Qin, J.; Zhang, Z.; Xu Z.-D. (2025) Multistable nonlinear energy sink with variable stiffness of seismic vibration control, *Engineering Structures*, Volume 326, 119.552, https://doi.org/10.1016/j.engstruct.2024.119552
36. Xue, P.; Yu, T.X.; Tao, X, (2001) Flat-topped conical shell under axial compression, *International Journal of Mechanical Sciences,* 43(9):2125–2145, https://dx.doi.org/10.1016/S0020–7403(01)00032–7
37. DIN EN 13906-1 (2013) Zylindrische Schraubenfedern aus runden Drähten und Stäben – Berechnung und Konstruktion – Teil 1: Druckfedern; Deutsche Fassung EN 13906-1:2013 https://dx.doi.org/10.31030/2047517
38. DIN EN 13906-2 (2013) Zylindrische Schraubenfedern aus runden Drähten und Stäben – Berechnung und Konstruktion – Teil 2: Zugfedern; Deutsche Fassung EN 13906-2:2013, https://dx.doi.org/10.31030/2036244
39. DIN EN 13906-3 (2014) Zylindrische Schraubenfedern aus runden Drähten und Stäben – Berechnung und Konstruktion – Teil 3: Drehfedern; Deutsche Fassung EN 13906-3:2014, https://dx.doi.org/10.31030/2089497
40. J. Schlegel, Die Welt des Stahls, https://doi.org/10.1007/978–3-658–33916-6_1
41. Richter F.: (1983) Die physikalischen Eigenschaften der Stähle. „Das 100-Stähle-Programm", Mülheim a.d. Ruhr
42. Ihlenburg, F. (2023) Nichtlineare Elastizität. In: Kontinuumsmechanik fester Körper. Springer Vieweg, Berlin, Heidelberg. https://doi.org/10.1007/978–3-662–67790-2_7
43. Rösler J., Harders H., Bäker M. (2019) Mechanisches Verhalten der Werkstoffe, Springer Vieweg Wiesbaden, https://doi.org/10.1007/978–3-658–26802-2
44. Christ, H.-J. (1991) *Wechselverformung von Metallen*, Springer-Verlag Berlin Heidelberg
45. Hill, R. (1956) *The mathematical theory of plasticity*. Oxford University Press

46. Yamada Y. (2007) *Materials for Springs*, Springer-Verlag Berlin Heidelberg
47. Gross, D., Seelig T. (2011) *Bruchmechanik: Mit einer Einführung in die Mikromechanik*. Springer
48. AiF16999 Projekt (2012) *Betriebsfete Auslegung von Schraubendruckfedern unter Verwendung dynamischer Materialkennwerte aus Umlaufbiegeprüfung*, Tischvorlage zum Projekttreffen am 25.04.2012, lmenau
49. Kobelev, V. (2024). *Fundamentals of Springs Mechanics*. Springer, Cham. https://doi.org/10.1007/978–3-031–58584-5
50. Masing, G. (1923) *Zur Heynschen Theorie der Verfestigung der Metalle durch verborgen elastische Spannungen*. Wiss. Veröffentl. aus dem Siemens-Konzern 3, Bd. 1923/24, 1, 231/239.
51. Kassner, M. (2008) *Fundamentals of Creep in Metals and Alloys*, 2nd Edition, Elsevier
52. Betten, J. (2008) *Creep Mechanics*, 3d Edition, Springer

Berechnungsgrundlagen von Schraubenfedern

2

2.1 Geometrische Beschreibung von zylindrischen Schraubenfedern

Technische Federn finden in einer Vielzahl technischer Produkte Anwendung. Dies umfasst unter anderem die Verwendung als Energiespeicher-, Mess-, Schwingungs-, Dämpfungs-, Lager- und Ruheelemente sowie zur Sicherung von Kraftpaarungsstellen bzw. zum Ausgleich von Toleranzen. Im Jahr 2018 wurde in Deutschland ein Umsatzvolumen von kaltgeformten Federn in Höhe von über 2 Mrd. € generiert. Ihr volkswirtschaftlicher Stellenwert wird jedoch wesentlich dadurch erhöht, dass die durch ihre zuverlässige Funktion beeinflussten Produkte um ein Vielfaches teurer sind. Schraubendruckfedern nehmen dabei aufgrund ihres hohen Artnutzwerts und der großen Verformbarkeit als meistverwendeter Federntyp eine Sonderstellung ein [1, § 9.2.6]. Zudem ergeben sich neue Anforderungen durch die zunehmende Elektromobilität (Mobilitätswende) und höhere Fahrzeuggewichte.

Bei der Fertigung von Schraubendruckfedern findet in erster Linie die Verwendung von Drähten gemäß DIN EN 10270-1 bis DIN EN 10270-3 statt [2, 3, 4]. Es handelt sich dabei um ölschlussvergütete, patentiert gezogene und nichtrostende Drähte. Federstahldrähte weisen eine außerordentlich hohe Zugfestigkeit (R_m teilweise mehr als 2000 MPa) sowie eine bemerkenswert hohe Elastizitätsgrenze (teilweise über 90–95 % von R_m) auf. Die für die Funktion der Feder positiven Eigenschaften führen bei der plastischen Kaltumformung (für Drahtdurchmesser $d \leq 16$ mm) während des Federwindens zu einer signifikanten elastischen Rückfederung. Infolgedessen verbleiben in der Feder schädliche und betragsmäßig sehr hohe Eigenspannungen (ES), die sich mit den Lastspannungen überlagern. Der resultierende Gesamtspannungszustand führt dazu, dass die Fließgrenze bereits bei deutlich geringeren Lastspannungen erreicht wird. Aus diesem Grund ist eine nachgelagerte Wärmebehandlung erforderlich, um die Umformeigenspannungen zu reduzieren. Weitere plastische Umformungen (Vorsetzen, Kugelstrahlen) erzeugen positive Eigenspannungen. Im amerikanischen Raum existieren mehrere Standardwerke für Standardfedern [5, 6].

V. Kobelev, *Federntechnologie,* https://doi.org/10.1007/978-3-658-48303-6_2

Der Mittelpunkt jedes Querschnitts des Drahts liegt auf einer Schraubenlinie (Helix). Die Mittellinie, die durch die Mittelpunkte der Querschnitte verläuft, ist die Skelettlinie. Herkömmliche Hypothesen gehen davon aus, dass die Skelettlinie nicht verlängerbar ist. Eine Schraubenfeder ist somit eine Sonderform des räumlich gekrümmten Stabes [7, 8]. In diesem Paragraphen erfolgt die Beschreibung der Geometrie der zylindrischen Schraubenfedern mit der konstanten Steigung und Durchmesser des Drahts.

Im Folgenden werden zwei Zustände der Verformung der Feder beschrieben. Der erste Zustand entspricht der Feder ohne Last. Im Querschnitt mit dem mittleren Durchmesser D, der Hebelarm (der Radius der Skelettlinie) ist gleich $R = D/2$. Der Bogenwinkel wird in Radianten angegeben, sodass eine volle Windung den Bogenwinkel von 2π aufweist. Für eine freie Feder mit N aktiven Windungen beträgt der Bogenwinkel den Wert $2\pi N$ und die freie Länge der Feder L. Für eine zylindrische Feder mit dem konstanten Radius die Länge des Drahtes ist gleich:

$$\mathfrak{L}=\sqrt{(2\pi NR)^2 + L^2}. \tag{2.1}$$

Die Steigung pro Windung, auch als Windungssteigung bezeichnet, beschreibt die vertikale Distanz zwischen den einzelnen vollständigen Windungen einer Spiralfeder:

$$l \stackrel{\text{def}}{=} \frac{L}{N}.$$

Die Messung der Steigung erfolgt entlang der Mittelachse der Spirale, wobei der Messwert von der Mitte einer Windung bis zur Mitte der folgenden Windung ermittelt wird.

Der zweite Zustand beschreibt die Feder unter zentrischer axialer Kraft und axialem Torsionsmoment. Die belastete Feder weist eine andere spiralförmige Skelettlinie des Drahts auf. Die Darstellungen der konstruktiven Größen im Zustand unter Last erfolgen mittels des Symbols „Balke“. Im Zustand unter Last ist der mittlere Durchmesser $\overline{D}$. Der Hebelarm lautet entsprechend:

$$\overline{R} = \frac{\overline{D}}{2}.$$

Eine belastete Feder umfasst $\overline{N}$ aktiven Windungen. Der Bogenwinkel der Skelettlinie der belasteten Feder beträgt den Wert $2\pi\overline{N}$. Die Länge der Skelettlinie der Feder unter Last ist gleich:

$$\overline{\mathfrak{L}}=\sqrt{\left(2\pi\overline{N}\,\overline{R}\right)^2 + \overline{L}^2}. \tag{2.2}$$

In beiden Zuständenbleibt die Länge des Drahtes unverändert (S. Gl. (2.1) und (2.2)):

$$\overline{\mathfrak{L}} = \mathfrak{L}.$$

Die Windungssteigung der Feder unter Last bleibt entlang der Skelettlinie ebenfalls konstant. Der Messwert der Steigung wird gemäß der vorliegenden Methodik von der

Mitte einer Windung bis zur Mitte der folgenden Windung der verformten Skelettlinie ermittelt. Die Windungssteigung bezeichnet den Abstand zwischen ihren einzelnen Windungen unter Last:

$$\bar{l} \overset{\text{def}}{=} \frac{\overline{L}}{\overline{N}}.$$

Die Skelettkurve wird unter Zuhilfenahme eines natürlichen Parameters parametrisiert. Der natürliche Parameter der Skelettkurve wird in beiden Zuständen als „s" gekennzeichnet:

$$s \overset{\text{def}}{=} \frac{\psi}{2\pi N}\mathfrak{L} = \frac{\overline{\psi}}{2\pi \overline{N}}\mathfrak{L} \quad \text{für} \quad 0 \leq s \leq \mathfrak{L}, \quad 0 \leq \psi \leq 2\pi N, \quad 0 \leq \overline{\psi} \leq 2\pi \overline{N}. \tag{2.3}$$

Der natürliche Parameter der Skelettkurve (2.3) bleibt in beiden Zuständen konstant, da sich die Länge der Skelettkurve nicht verändert.

Im Folgenden werden die Gleichungen der Skelettkurven in beiden Zuständen beschrieben. Die Rechtsschraube von der Skelettlinie der freien Feder definiert folgende Gleichung:

$$\vec{r} = R\cos\left(\frac{R\,s}{\sqrt{R^2 + \mathrm{P}^2}}\right) \cdot \vec{e}_x + R\sin\left(\frac{R\,s}{\sqrt{R^2 + \mathrm{P}^2}}\right) \cdot \vec{e}_y + \frac{\mathrm{P}\,s}{\sqrt{R^2 + \mathrm{P}^2}} \cdot \vec{e}_z. \tag{2.4}$$

Der charakteristische Parameter der Steigung der Skelettlinie in Gl. (2.4) werden wie folgt definiert:

$$\mathrm{P} \overset{\text{def}}{=} \frac{L}{2\pi N}.$$

Der Steigungswinkel der Feder mit konstanter Steigung ist definiert als (Abb. 2.1):

$$\alpha = \arctan\left(\frac{L}{2\pi NR}\right) = \arctan\left(\frac{\mathrm{P}}{R}\right) = \arctan\left(\frac{\tau}{\kappa}\right). \tag{2.5}$$

Der Steigungswinkel der freien Feder ist Abb. 2.2A ersichtlich. Ein Dreibein, welches entlang der Raumkurve eines Punktes p_s der Skelettkurve mitbewegt wird, stellt eine rechtshändige Orthonormalbasis dar (Abb. 2.2B) [9]. Die Basisvektoren dieser Basis sind der Tangentenvektor $\boldsymbol{T}$ (Tangenteneinheitsvektor), der Richtungsvektor der Hauptnormale $\boldsymbol{H}$ (Hauptnormaleneinheitsvektor) und der Richtungsvektor der Binormale $\boldsymbol{B}$ (Binormaleneinheitsvektor) der Skelettkurve. Die drei Einheitsvektoren bilden zusammen ein Rechtssystem. Die Normalebene (*Nor*) enthält alle Normalen der Kurve im Punkt p_s. Die Schmiegebene (oder Krümmungsebene, *Sch*) ist definiert als die Ebene, die dem Verlauf der Kurve am nächsten liegt. Die rektifizierende Ebene (oder Streckebene, *Rek*) liegt orthogonal zum Hauptnormaleneinheitsvektor $\boldsymbol{H}$.

Der Tangentenvektor $\boldsymbol{T}$ stellt einen Einheitsvektor in Richtung der Tangente an die Bahn dar. Der Tangentenvektor der unbelasteten Feder ist:

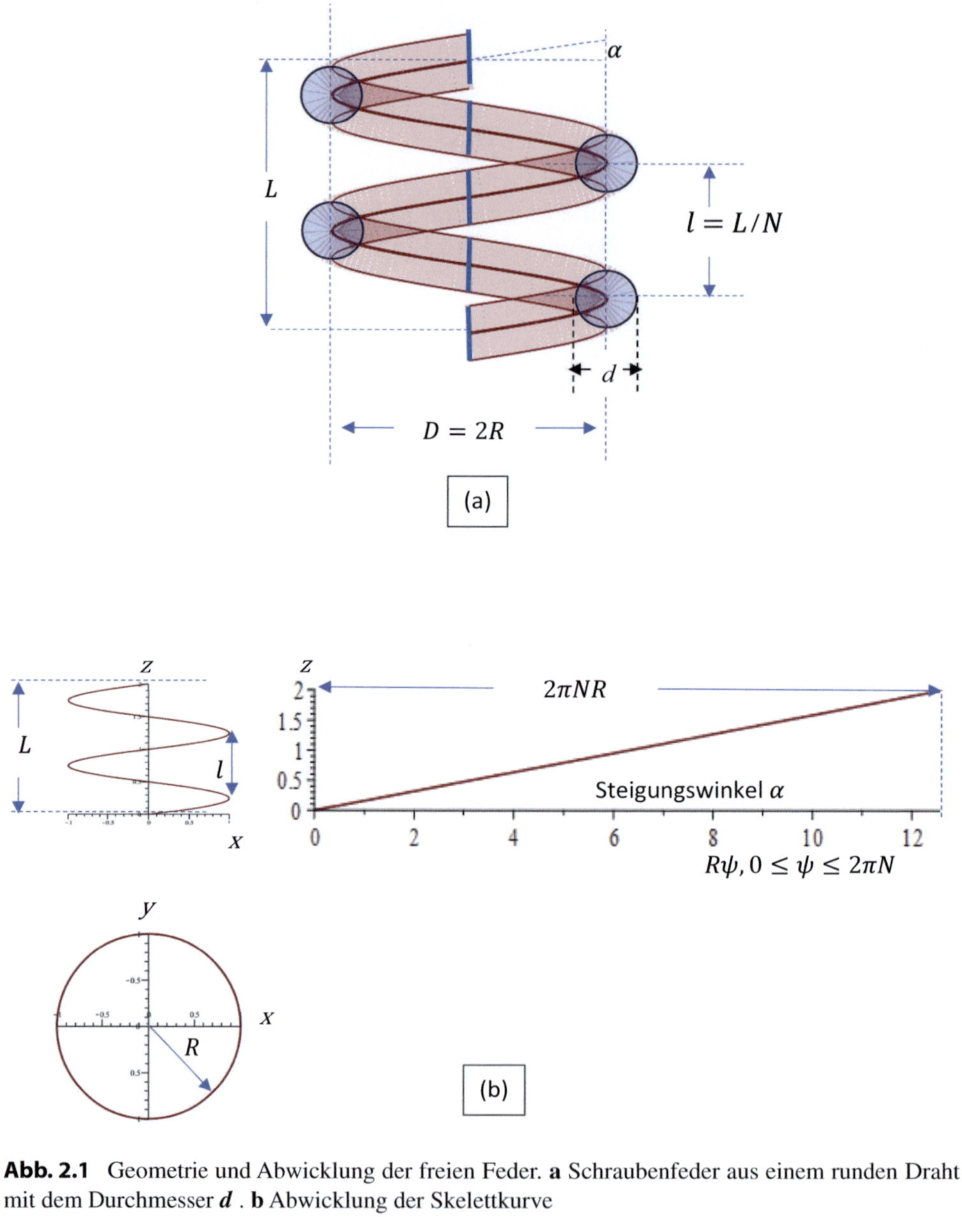

Abb. 2.1 Geometrie und Abwicklung der freien Feder. **a** Schraubenfeder aus einem runden Draht mit dem Durchmesser $\boldsymbol{d}$. **b** Abwicklung der Skelettkurve

$$\boldsymbol{T}(\psi) = \begin{bmatrix} -\frac{R}{\sqrt{R^2+\mathrm{P}^2}} \sin\left(\frac{R\,s}{\sqrt{R^2+\mathrm{P}^2}}\right) \\ \frac{R}{\sqrt{R^2+\mathrm{P}^2}} \cos\left(\frac{R\,s}{\sqrt{R^2+\mathrm{P}^2}}\right) \\ \frac{\mathrm{P}}{\sqrt{R^2+\mathrm{P}^2}} \end{bmatrix} \tag{2.6}$$

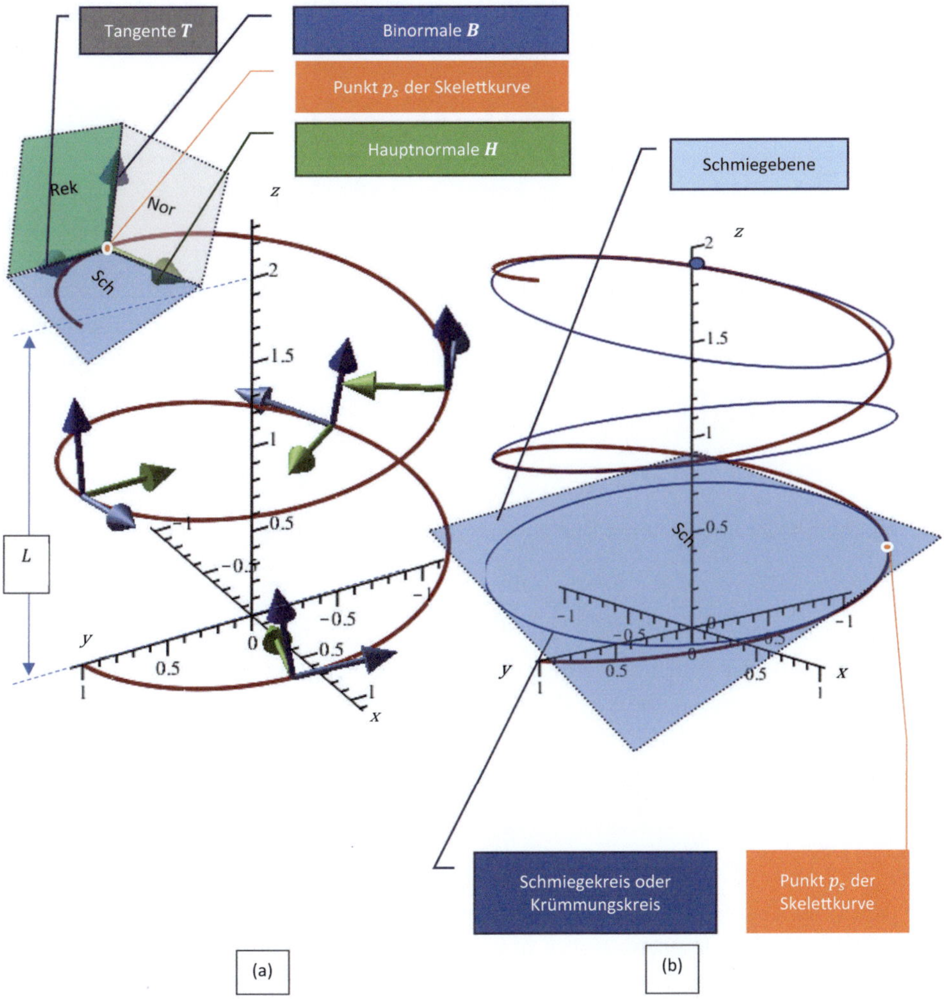

Abb. 2.2 Geometrie der zylindrischen Feder. **a** Links: Das begleitende Dreibein $(\boldsymbol{T}, \boldsymbol{H}, \boldsymbol{B})$ sowie Normalebene (Nor), Schmiegebene (Sch), rektifizierende Ebene (Rek). **b** Rechts: Momentaner Krümmungskreis an der Schmiegebene

Der Vektor der Hauptnormale $\boldsymbol{H}$ liegt auch in der momentanen Bahnebene, jedoch senkrecht zum Tangentialvektor $\boldsymbol{T}$. Der Vektor der Hauptnormale der unbelasteten Feder lautet:

$$\boldsymbol{H}(\psi) = \begin{bmatrix} -\cos\left(\frac{R\,s}{\sqrt{R^2+\mathrm{P}^2}}\right) \\ -\sin\left(\frac{R\,s}{\sqrt{R^2+\mathrm{P}^2}}\right) \\ 0 \end{bmatrix} \tag{2.7}$$

Gegebenenfalls senkrecht auf der momentanen Bahnebene steht der Richtungsvektor der Binormale:

$$\boldsymbol{B}(\psi) = \begin{bmatrix} \frac{\mathrm{P}}{\sqrt{R^2+\mathrm{P}^2}} \sin\left(\frac{R\,s}{\sqrt{R^2+\mathrm{P}^2}}\right) \\ -\frac{\mathrm{P}}{\sqrt{R^2+\mathrm{P}^2}} \cos\left(\frac{R\,s}{\sqrt{R^2+\mathrm{P}^2}}\right) \\ \frac{R}{\sqrt{R^2+\mathrm{P}^2}} \end{bmatrix} \tag{2.8}$$

Die Krümmung sowie die Torsion (Verwindung) der räumlichen Spirale werden entsprechend als κ und τ bezeichnet. Die Idee der Krümmung ist die Änderungsrate der Tangentialrichtung. Für die betrachtende schraubenförmige Spirale sind κ und τ konstant. Die Krümmung κ der unbelasteten Skelettlinie heißt:

$$\kappa = \frac{R}{R^2 + \mathrm{P}^2} = \frac{\cos^2\alpha}{R}, \quad \text{wobei } R = \frac{\kappa}{\kappa^2 + \tau^2}. \tag{2.9}$$

Die Windung τ der unbelasteten Rechtsschraube ist entsprechend:

$$\tau = \frac{\mathrm{P}}{R^2 + \mathrm{P}^2} = \frac{\sin\alpha}{2R}, \quad \text{wobei } \mathrm{P} = \frac{\tau}{\kappa^2 + \tau^2}. \tag{2.10}$$

Aus der Gl. (2.4) der freien Skelettline folgt die Gleichung der Skelettline im belasteten Zustand. Die Rechtsschraube von der Skelettlinie der deformierten Feder definiert folgende Gleichung:

$$\vec{\boldsymbol{r}} = \frac{\kappa}{\kappa^2 + \tau^2} \cos\left(\sqrt{\kappa^2 + \tau^2}\, s\right) \cdot \vec{\boldsymbol{e}}_x + \frac{\kappa}{\kappa^2 + \tau^2} \sin\left(\sqrt{\kappa^2 + \tau^2}\, s\right) \cdot \vec{\boldsymbol{e}}_y + \frac{\tau\, s}{\sqrt{\kappa^2 + \tau^2}} \cdot \vec{\boldsymbol{e}}_z. \tag{2.11}$$

Der Krümmungskreis, auch als Schmiegekreis bezeichnet, stellt denjenigen Kreis dar, der die betreffende ebene Kurve in einem bestimmten Punkt p_s am exaktesten approximiert (Abb. 2.2C). Der Mittelpunkt des Krümmungskreises wird als Krümmungsmittelpunkt bezeichnet. Der Krümmungsradius R_K entspricht dem Kehrwert der Krümmung κ der Skelettlinie:

$$\kappa = \frac{1}{R_K}. \tag{2.12}$$

Folgende Gleichung charakterisiert eine Rechtsschraube von der Skelettlinie der Feder unter Belastung:

$$\vec{\boldsymbol{r}} = \overline{R} \cos\left(\frac{\overline{R}\, s}{\sqrt{\overline{R}^2 + \overline{\mathrm{P}}^2}}\right) \cdot \vec{\boldsymbol{e}}_x + \overline{R} \sin\left(\frac{\overline{R}\, s}{\sqrt{\overline{R}^2 + \overline{\mathrm{P}}^2}}\right) \cdot \vec{\boldsymbol{e}}_y + \frac{\overline{\mathrm{P}}\, s}{\sqrt{\overline{R}^2 + \overline{\mathrm{P}}^2}} \cdot \vec{\boldsymbol{e}}_z. \tag{2.13}$$

Die Steigung der Skelettlinie unter Last wird in (2.23) durch das Symbol $\overline{P}$ ausgefüllt:

$$\overline{\mathrm{P}} \stackrel{\mathrm{def}}{=} \frac{\overline{L}}{2\pi \overline{N}}.$$

Der Steigungswinkel der Spirale unter Last lautet entsprechend:

$$\overline{\alpha} = \arctan\left(\frac{\overline{L}}{2\pi \overline{N}\overline{R}}\right) = \arctan\left(\frac{\overline{\mathrm{P}}}{\overline{R}}\right) = \arctan\left(\frac{\overline{\tau}}{\overline{\kappa}}\right). \tag{2.14}$$

Die Krümmung der belasteten Skelettlinie ist:

$$\overline{k} = \frac{\overline{\mathrm{P}}}{\overline{R}^2 + \overline{\mathrm{P}}^2}, \quad \text{wobei } \overline{\mathrm{P}} = \frac{\overline{\tau}}{\overline{\kappa}^2 + \overline{\tau}^2}. \tag{2.15}$$

Die Torsion (geometrische Windung) der Rechtsschraube unter Last heißt:

$$\overline{\tau} = \frac{\overline{\mathrm{P}}}{\overline{R}^2 + \overline{\mathrm{P}}^2}, \quad \text{wobei } \overline{\mathrm{P}} = \frac{\overline{\tau}}{\overline{\kappa}^2 + \overline{\tau}^2}. \tag{2.16}$$

Es gilt eine alternative Formel für die Skelettlinie der Feder unter Belastung:

$$\vec{\boldsymbol{r}} = \frac{\overline{\kappa}}{\overline{\kappa}^2 + \overline{\tau}^2} \cos\left(\sqrt{\overline{\kappa}^2 + \overline{\tau}^2}\, s\right) \cdot \vec{\boldsymbol{e}}_x + \frac{\overline{\kappa}}{\overline{\kappa}^2 + \overline{\tau}^2} \sin\left(\sqrt{\overline{\kappa}^2 + \overline{\tau}^2}\, s\right) \cdot \vec{\boldsymbol{e}}_y + \frac{\overline{\tau}\, s}{\sqrt{\overline{\kappa}^2 + \overline{\tau}^2}} \cdot \vec{\boldsymbol{e}}_z. \tag{2.17}$$

2.2 Zentrische axiale Belastung der Schraubenfeder

2.2.1 Statische Gleichgewichtsbedingungen

Die Hauptbeanspruchung von Schraubenfedern, seien es Zug- oder Druckfedern, erfolgt entlang der Federachse. Die Belastung der Feder erfolgt durch eine bestimmte axiale Kraft F, welche mit der Einheit Newton [N] gemessen wird. Als positive Kraft wird die Kraft bezeichnet, die eine Verlängerung der Feder bewirkt. Die Kraft, die die Komprimierung der Druckfeder bewirkt, wird in der Technik als positiv angenommen. Das applizierte Moment entlang der Achse der Feder M wird in der Einheit Newtonmeter [Nm] angegeben. Das Moment, das zu einer Erhöhung der Anzahl der Windungen der Feder führt, wird als positives Moment bezeichnet. Dabei können sich die Federenden geringfügig gegeneinander verdrehen, sodass der Drahtquerschnitt bei Zug- oder Druckbeanspruchung auf Torsion beansprucht wird (Abb. 2.3).

Die axiale Kraft F und das axiale Moment M führen zum Biegemoment $\mathfrak{W}$ und zum Torsionsmoment $\mathfrak{T}$ im Draht im Punkt p_s:

$$\begin{cases} \overline{R}\, F \cos\alpha + M \ \sin\alpha = \mathfrak{T}, \\ \overline{R}\, F \sin\alpha + M \ \cos\alpha = \mathfrak{W}. \end{cases} \tag{2.18}$$

Die Auflösung der Gl. (2.18) ermöglicht die Bestimmung von den äußeren Belastungen der Feder durch die Momente $\mathfrak{T}, \mathfrak{W}$ des Drahtes im dem begleitenden Dreibein:

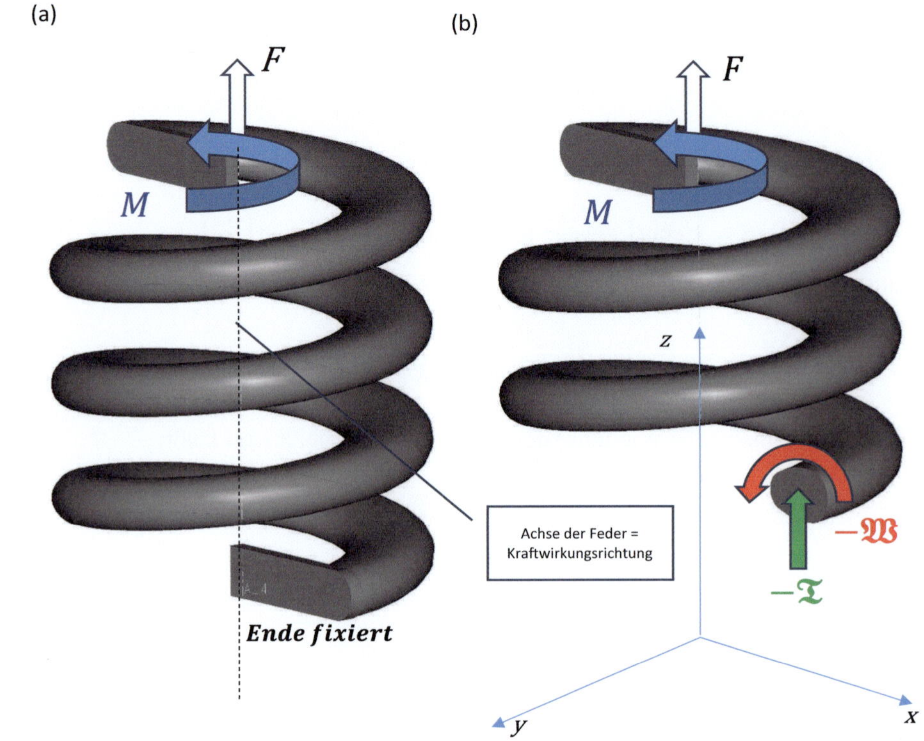

Abb. 2.3 Beanspruchung des Drahts im Querschnitt

$$\begin{cases} \mathfrak{T}\cos\alpha + \mathfrak{W}\sin\alpha = \overline{R}\,F, \\ \mathfrak{T}\sin\alpha - \mathfrak{W}\cos\alpha = M. \end{cases} \tag{2.19}$$

Verschwindet das axiale Moment der Feder ($M = 0$), ergibt das Verhältnis der Momente im Drahtquerschnitt als:

$$\frac{\mathfrak{W}}{\mathfrak{T}} = \frac{\sin\alpha}{\cos\alpha} = \tan\alpha = \frac{\tau}{\kappa}.$$

Analog, die Anwesenheit der axialen Kraft ($F = 0$) führt zu dem folgenden Verhältnis der Momente des Drahts:

$$\frac{\mathfrak{W}}{\mathfrak{T}} = -\frac{\cos\alpha}{\sin\alpha} = -\operatorname{cotan}\alpha = -\frac{\kappa}{\tau}.$$

2.2.2 Federweg und Verdrehung um die Achse

Der Federweg wird definiert als die Differenz zwischen der axialen Länge der unter Last gezogenen Feder und der Länge der freien Feder:

$$S \stackrel{\text{def}}{=} \overline{L} - L = \frac{\overline{\mathrm{P}}\mathfrak{L}}{\sqrt{\overline{R}^2 + \overline{\mathrm{P}}^2}} - \frac{\mathrm{P}\mathfrak{L}}{\sqrt{R^2 + \mathrm{P}^2}} \equiv \mathfrak{L} \cdot \left(\frac{\overline{\tau}}{\sqrt{\overline{\kappa}^2 + \overline{\tau}^2}} - \frac{\tau}{\sqrt{\kappa^2 + \tau^2}} \right). \tag{2.20}$$

Die relative Verdrehung der Federenden um die Achse der Schraubenlinie entspricht der Differenz zwischen der Windungszahl der belasteten Feder und der Windungszahl der unbelasteten Feder:

$$\Theta \stackrel{\text{def}}{=} 2\pi\overline{N} - 2\pi N = \frac{\mathfrak{L}}{\sqrt{\overline{R}^2 + \overline{\mathrm{P}}^2}} - \frac{\mathfrak{L}}{\sqrt{R^2 + \mathrm{P}^2}} \equiv \mathfrak{L} \cdot \left(\sqrt{\overline{\kappa}^2 + \overline{\tau}^2} - \sqrt{\kappa^2 + \tau^2} \right). \tag{2.21}$$

Um die Achse des Drahtes entsteht das Torsionsmoment $\mathfrak{T}$ (Abb. 2.4). Ein Drehmoment $\mathfrak{T}$ im Punkt p_s gilt als positiv, wenn es das Koordinatensystem $(\boldsymbol{T}, \boldsymbol{H}, \boldsymbol{B})$ um die Achse $\boldsymbol{T}$ dreht, sodass die Achse $\boldsymbol{H}$ bei einer Drehung um 90 Grad zu einer Achse $\boldsymbol{B}$ wird. Ein Biegemoment im Querschnitt des Drahtes $\mathfrak{M}$ gilt als positiv, wenn es das Koordinaten-

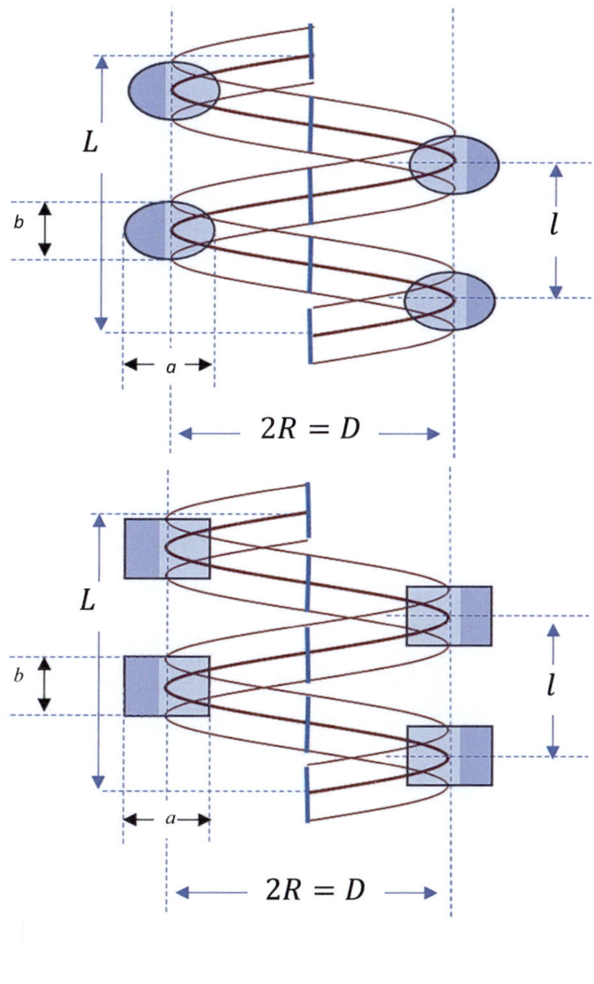

Abb. 2.4 Bemaßungen der Federn mit nicht-runden Drähten

system $(\boldsymbol{T},\boldsymbol{H},\boldsymbol{B})$ um die Achse $\boldsymbol{B}$ dreht, sodass die Achse $\vec{t}$ bei einer Drehung um 90 Grad zu einer Achse $\boldsymbol{H}$ wird.

2.2.3 Momente im Draht bei Verformung der Skelettlinie

In der folgenden Diskussion wird die Theorie eines elastischen Stabes erörtert, dessen Mittellinie als nicht dehnbar angenommen wird und dessen Querschnitt als eben und senkrecht zur Mittellinie betrachtet wird. Diese Theorie ist als Kirchhoffsche Stabtheorie bekannt [10, 11]. Die für diese weit verbreitete Theorie relevanten Gleichungen ergeben einen Satz von Gleichungen zur Bestimmung eines Rotationstensors und eines Positionsvektors. Im Jahr 1859 erweiterte Kirchhoff [12] frühere Arbeiten von Euler [13, 14], indem er eine semilineare Theorie für die räumliche Verformung von ursprünglich geraden elastischen Stäben entwickelte. Diese Theorie geht auf Kirchhoffs Entdeckung zurück, dass die Gleichungen für die statische Verformung eines Stabes analog zu denen für die Drehbewegung eines starren Körpers sind. Diese Arbeit wurde von Clebsch [15] präzisiert.

Die Theorie von Kirchhoff basiert auf den folgenden konstitutiven Annahmen:

- Das Spannungspaar hängt linear von der Krümmung und der Verdrehung ab.
- Die Stabachse ist nicht dehnbar.
- Es darf keine Scherung des Querschnitts bezüglich der Achse auftreten.
- Es darf keine Verformung innerhalb des Querschnitts geben.

In der nachfolgenden Analyse wird die Schraubenfeder unter dem Gesichtspunkt einer sich über die Achse verteilenden Belastung untersucht. Dabei zeigt sich, dass die Krümmung und Verdrehung der Schraubenfeder über ihre Länge konstant sind. Das Biegemoment und das Torsionsmoment sind proportional zur Änderung der Krümmung und der Torsion der Skelettlinie zwischen dem unbelasteten und dem belasteten Zustand. Unter der Voraussetzung, dass ein physikalisch lineares Problem betrachtet wird, erfolgt die Berechnung der Momente in den Querschnitten des Drahts im Punkt p_s nach Kirchhoff und Clebsch:

$$\begin{cases} \mathfrak{W} = \mathcal{B} \cdot (\overline{\kappa} - \kappa), \\ \mathfrak{T} = \mathcal{C} \cdot (\overline{\tau} - \tau). \end{cases} \tag{2.22}$$

Die Biegesteifheit des Drahtes wird als $\mathcal{B}$ bezeichnet; die Torsionssteifheit des Drahtes als $\mathcal{C}$; sowie die Querschnittsfläche als $\mathcal{A}$. Die in Tab. 2.1 aufgeführten statischen Momente von Drähten umfassen die Parameter Steifheit, Widerstand und Querschnittsfläche von den häufigsten Querschnitten der Drähte. Die Querschnittsfläche des Drahtes sowie die Biege- bzw. Torsionssteifheit eines kreisrunden Drahts mit dem Durchmesser d sind gegeben durch:

$$\mathcal{A} = \frac{\pi}{4} d^2, \quad \mathcal{B} = E\,J, \quad \mathcal{C} = G\,J_T. \tag{2.23}$$

Tab. 2.1 Statische Momente von Drähten (Steifheit, Widerstand, Querschnittsfläche)

Biegesteife	Widerstand Biegung	Torsions-steife	Widerstand Torsion	Querschnitts-fläche	
$\mathcal{B} = E\,J$	w_B	$\mathcal{C} = G\,J_T$	w_T	$\mathcal{A}$	
$E \cdot \frac{\pi d^4}{64}$	$\frac{\pi}{32} d^3$	$G \cdot \frac{\pi d^4}{32}$	$\frac{\pi}{16} d^3$	$\frac{\pi}{4} d^2$	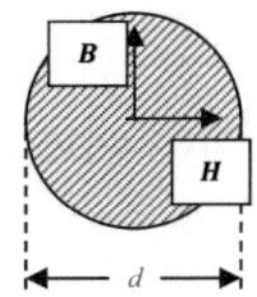
$E \cdot \frac{\pi a^3 b}{64}$	$\frac{\pi}{32} a^2 b$	$G \cdot \frac{\pi b^3 a^3}{16(b^2+a^2)}$	$\frac{\pi a b^2}{16}$	$\frac{\pi}{4} ba$	b<a 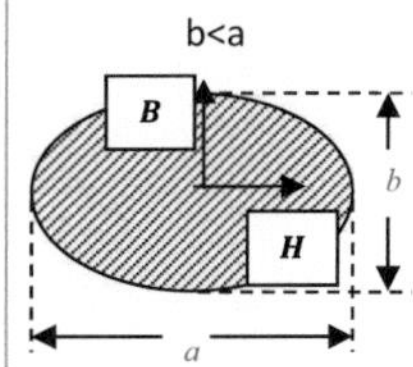
$E \frac{\pi a^3 b}{64}$	$\frac{\pi}{32} a^2 b$	$G \cdot \frac{\pi b^3 a^3}{16(b^2+a^2)}$	$\frac{\pi a^2 b}{16}$	$\frac{\pi}{4} ba$	b>a 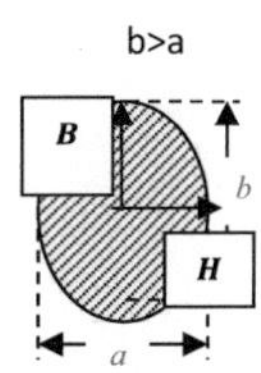
$E \cdot \frac{a^3 b}{12}$	$\frac{1}{6} a^2 b$	$G \cdot f_1\left(\frac{a}{b}\right) b^3 a$	$f_2\left(\frac{a}{b}\right) b^2 a$	ba	$b<a$ 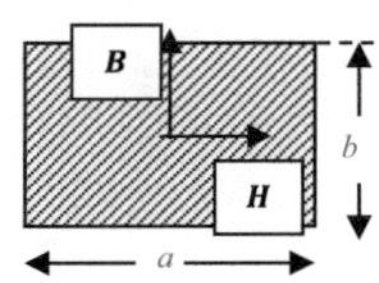 $b<a$
$E \cdot \frac{a^3 b}{12}$	$\frac{1}{6} a^2 b$	$G \cdot f_1\left(\frac{b}{a}\right) a^3 b$	$f_2\left(\frac{b}{a}\right) a^2 b$	ba	$b>a$ 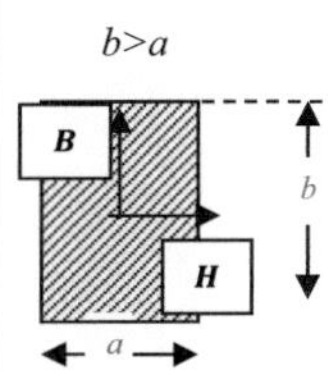
$[Nm]$	$[m^3]$	$[Nm]$	$[m^3]$	$[m^2]$	

Für den kreisrunden Draht gilt:

das axiale Flächenträgheitsmoment: $J = \frac{\pi d^4}{64}$,

das Torsionsträgheitsmoment: $J_T = J_p = \frac{\pi d^4}{32}$.

2.2.4 Variationsgleichungen der Spiralfeder

Die potenzielle elastische Energie der Schraubenfeder lässt sich unter Berücksichtigung von Biegemoment und Torsionsmoment im Draht wie folgt berechnen:

$$W_s = \frac{1}{2}\int_0^{\mathfrak{L}} \left(\frac{\mathfrak{M}^2}{\mathcal{B}} + \frac{\mathfrak{T}^2}{\mathcal{C}}\right) \mathrm{d}\mathfrak{L}. \tag{2.24}$$

Für eine Schraubenfeder mit konstanter Steigung und Radius das Biegemoment und Torsionsmoment sind bei der zentrischen Krafteileitung überall konstant. Die potenzielle elastische Energie ergibt sich in diesem Fall als:

$$W_s = \frac{\mathcal{B} \cdot (\overline{\kappa} - \kappa)^2 + \mathcal{C} \cdot (\overline{\tau} - \tau)^2}{2} \cdot \mathfrak{L}. \tag{2.25}$$

Die Arbeit, die in der Folge von äußeren Kräften erfolgt, lässt sich wie folgt beschreiben:

$$U = F \cdot S + M \cdot \Theta = F \cdot \mathfrak{L} \cdot \left(\frac{\overline{\mathrm{P}}}{\sqrt{\overline{R}^2 + \overline{\mathrm{P}}^2}} - \frac{\mathrm{P}}{\sqrt{R^2 + \mathrm{P}^2}}\right) + M \cdot \mathfrak{L} \cdot \left(\frac{1}{\sqrt{\overline{R}^2 + \overline{\mathrm{P}}^2}} - \frac{1}{\sqrt{R^2 + \mathrm{P}^2}}\right). \tag{2.26}$$

Die Gl. (2.25) lässt sich in Bezug auf die Krümmung und Torsion (geometrische Windung) der räumlichen Kurve wie folgt umschreiben:

$$U = F \cdot \mathfrak{L} \cdot \left(\frac{\overline{\tau}}{\sqrt{\overline{\kappa}^2 + \overline{\tau}^2}} - \frac{\tau}{\sqrt{\kappa^2 + \tau^2}}\right) + M \cdot \mathfrak{L} \cdot \left(\sqrt{\overline{\kappa}^2 + \overline{\tau}^2} - \sqrt{\kappa^2 + \tau^2}\right). \tag{2.27}$$

Die Ableitung der Hauptgleichungen erfolgt unter Anwendung des Prinzips der virtuellen Arbeit [16]:

$$\begin{cases} \frac{1}{\mathfrak{L}} \frac{\mathrm{d}(W_s - U)}{\mathrm{d}\overline{\kappa}} = F \cdot \frac{\overline{\tau} \cdot \overline{\kappa}}{(\overline{\kappa}^2 + \overline{\tau}^2)^{\frac{3}{2}}} - M \cdot \frac{\overline{\kappa}}{\sqrt{\overline{\kappa}^2 + \overline{\tau}^2}} + \mathcal{B} \cdot (\overline{\kappa} - \kappa) = 0, \\ \frac{1}{\mathfrak{L}} \frac{\mathrm{d}(W_s - U)}{\mathrm{d}\overline{\tau}} = -F \cdot \frac{\kappa^2}{(\overline{\kappa}^2 + \overline{\tau}^2)^{\frac{3}{2}}} - M \cdot \frac{\overline{\tau}}{\sqrt{\overline{\kappa}^2 + \overline{\tau}^2}} + \mathcal{C} \cdot (\overline{\tau} - \tau) = 0. \end{cases} \tag{2.28}$$

Die Gleichungen lassen sich nach F und M auflösen [17, 18, 19]:

$$F = -\frac{\sqrt{\overline{\kappa}^2 + \overline{\tau}^2}}{\overline{\kappa}} \left[(\mathcal{B} - \mathcal{C}) \cdot \overline{\tau} \cdot \overline{\kappa} + \mathcal{C} \cdot \tau \cdot \overline{\kappa} - \mathcal{B} \cdot \kappa \cdot \overline{\tau}\right], \tag{2.29}$$

$$M = -\frac{1}{\sqrt{\overline{\kappa}^2 + \overline{\tau}^2}} [\mathcal{B} \cdot \overline{\kappa} \cdot (\overline{\kappa} - \kappa) + \mathcal{C} \cdot \overline{\tau} \cdot (\overline{\tau} - \tau)]. \tag{2.30}$$

Gemäß der Theorie von Schraubenfedern, die aus linear-elastischem Material gefertigt sind, spielen die Thomson-Tait-Gl. (2.29) und (2.30) eine zentrale Rolle. Aus den Gleichungen, welche die Axialkraft und das Axialmoment definieren, ergeben sich die Biegung und Torsion des Drahtes im unverformten und im verformten Zustand. Die Axialkraft und das Axialmoment bewirken demnach die Verformung der Schraubenfeder. Der entsprechende axiale Federweg S und die relative Verdrehung der Enden ϑ ergeben sich aus den Gl. (2.18) und (2.19). Es ist zu bemerken, dass für die Zug- und Druckfederung identische Formeln gelten, sofern eine bestimmte Voraussetzung erfüllt ist. Gemäß den geltenden Bestimmungen ist die folgende Voraussetzung zu erfüllen: Die unbelastete Feder ist kraft- und momentfrei. Das Modul der Reaktionskraft wird als Federkraft interpretiert. Der Betrag der Längenänderung ist als Federweg definiert. Die Ableitung der Federkraft über dem Federweg wird als axiale Federrate bezeichnet. Für die Berechnung der Torsionsbelastung gelten die entsprechenden Definitionen. Statt der Reaktionskraft wird hier das Reaktionsmoment verstanden. Die Änderung des Federwegs wird als Änderung des Federwinkels aufgefasst. Aus dem Kontext geht eindeutig hervor, um welche Art von Federn es in den weiteren Textabschnitten geht. An den entsprechenden Stellen wird auf eine Indizierung der Federkräfte verzichtet. Aus diesem Grund werden in den folgenden Textstellen die Federkraft und das Federmoment mit den entsprechenden Buchstaben "F" und "M" bezeichnet, unabhängig von der Lastrichtung.

2.2.5 Kennzahlen von Federn mit beliebigem Drahtquerschnitt

Es lassen sich allgemeine Berechnungsformeln ableiten, die für zylindrische Federn mit kreisrundem Querschnitt des Drahts sowie für solche mit einem Drahtquerschnitt, der von der Kreisform abweicht, Gültigkeit besitzen (Tab. 2.1 und 2.2). Die charakteristischen Werte wie Widerstands- und Flächenträgheitsmoment sowie die Querschnittsfläche sind in Tab. 2.1 aufgeführt. Die Bemaßungen der Federn mit den nicht-runden Drähten werden an Abb. 2.5 skizziert.

Torsionssteife und Widerstand zur Torsion für einen elliptischen Draht sind Funktionen der Hauptachsen einer Ellipse b, a. Die Exzentrizität der Ellipse beträgt:

$$\varepsilon_n = \sqrt{1 \pm \left(\frac{b}{a}\right)^2}. \tag{2.31}$$

Für einen rechteckigen Draht mit den Seitenlängen b, a hängt der Widerstand zur Torsion und Torsionssteifheit vom Seitenverhältnis a/b ab (s. Tab. 2.1, 2.2).

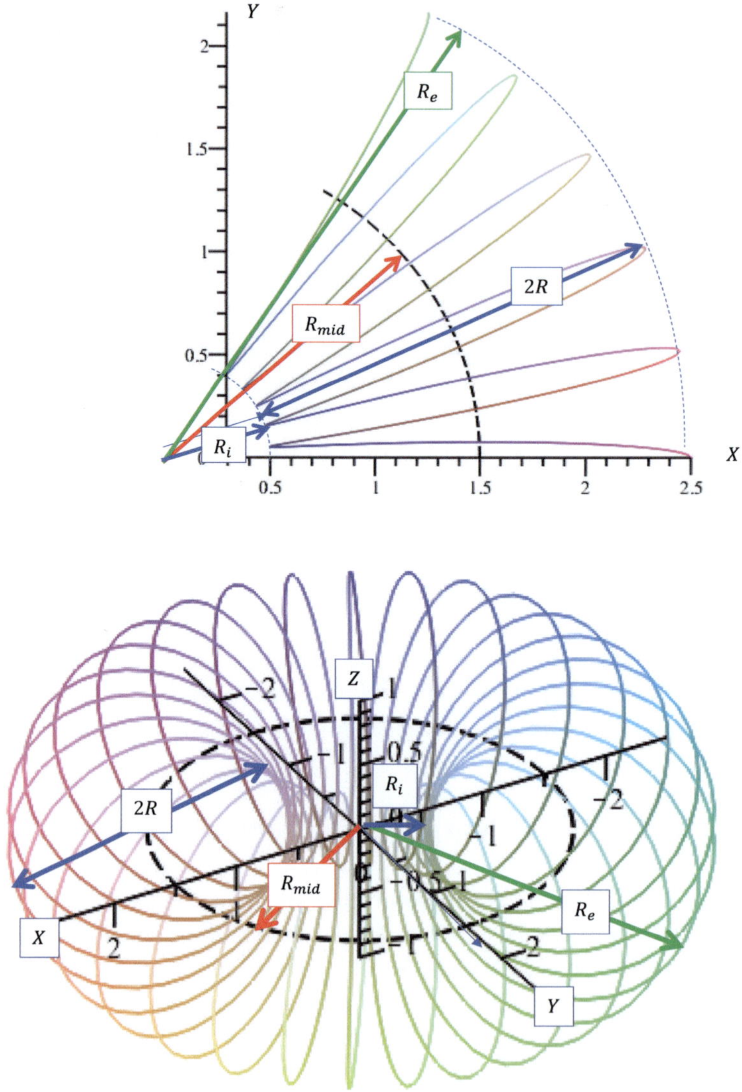

Abb. 2.5 Bemaßungen der toroidalen Schraubenlinie auf der Oberfläche eines gewöhnlichen Torus

Tab. 2.2 Koeffizienten für rechteckige Profile

ξ	1	2	3	4	6	10
$f_1(\xi)$	0,141	0,229	0,263	0,281	0,299	0,312
$f_2(\xi)$	0,208	0,246	0,267	0,282	0,299	0,312

2.3 Federn mit variabler Krümmung und Steigung

2.3.1 Statische Gleichungen für kleine Verformungen

Die Formeln (2.18), (2.19), (2.29) und (2.30) sind für willkürlich große Verschiebungen gültig. Für die praktische Berechnung werden in der Regel lediglich kleine Verschiebungen und Federraten von Interesse sein. Dafür werden die Krümmung und Torsion in dem verformten Zustand in die o. g. Gleichungen eingesetzt:

$$\overline{\kappa} = \kappa + \delta\kappa, \ \overline{\tau} = \tau + \delta\tau. \tag{2.32}$$

Die Taylor-Reihenentwicklung erster Ordnung nach Potenzen von $\delta\kappa, \delta\tau$ von den Kräften, Momenten und Verformungen an den Enden sind:

$$\begin{cases} S = \frac{\mathfrak{L}\kappa}{\sqrt{(\kappa^2+\tau^2)^3}} \cdot (-\tau\,\delta\kappa + \kappa\,\delta\tau), \\ \Theta = \frac{\mathfrak{L}}{\sqrt{\kappa^2+\tau^2}} \cdot (\kappa\,\delta\kappa + \tau\,\delta\tau), \\ F = -\frac{\tau\sqrt{\kappa^2+\tau^2}}{\kappa}\,\mathcal{B}\,\delta\kappa + \sqrt{\kappa^2+\tau^2}\,\mathcal{C}\,\delta\tau, \\ M = \frac{\mathcal{B}\kappa\,\delta\kappa + \mathcal{C}\tau\,\delta\tau}{\sqrt{\kappa^2+\tau^2}}. \end{cases} \tag{2.33}$$

Der Federweg S beschreibt die axiale Kompression oder Ausdehnung. Der Parameter Θ fungiert als Indikator für die relative Verdrehung der Enden der Feder um deren Achse. Durch Auflösung den ersten zwei Gl. (2.33) nach $\delta\kappa, \delta\tau$ und Einsetzen der resultierten Lösungen in die dritte und vierte Gleichung ergibt sich die axiale Kraft und das axiale Moment als Funktionen von S und Θ:

$$\begin{cases} F = \frac{(\kappa^2+\tau^2)(\mathcal{C}\kappa^2+\mathcal{B}\tau^2)}{\kappa^2\,\mathfrak{L}} S - \frac{\mathcal{B}-\mathcal{C}}{\mathfrak{L}}\,\mathcal{C}\,\tau\,\Theta, \\ M = -\frac{\mathcal{B}-\mathcal{C}}{\mathfrak{L}}\,\mathcal{C}\,\tau\,S + \frac{(\mathcal{B}\kappa^2+\mathcal{C}\tau^2)}{(\kappa^2+\tau^2)\,\mathfrak{L}}\,\Theta. \end{cases} \tag{2.34}$$

Umgekehrt, durch die Auflösung den letzten beiden Gl. (2.33) nach $\delta\kappa, \delta\tau$ und Einsetzen der resultierten Lösungen in die erste und zweite Gleichung ergeben sich Verformungen an den Enden als Funktionen der axialen Kraft und des axialen Moments:

$$\begin{cases} S = \frac{(\mathcal{B}\kappa^2+\mathcal{C}\tau^2)\kappa^2\,\mathfrak{L}}{(\kappa^2+\tau^2)^3\,\mathcal{B}\mathcal{C}} F + \frac{(\mathcal{B}-\mathcal{C})\kappa^2\tau\,\mathfrak{L}}{(\kappa^2+\tau^2)^2\,\mathcal{B}\mathcal{C}} M, \\ \Theta = \frac{(\mathcal{B}-\mathcal{C})\kappa^2\tau\,\mathfrak{L}}{(\kappa^2+\tau^2)^2\,\mathcal{B}\mathcal{C}} F + \frac{(\mathcal{B}\tau^2+\mathcal{C}\kappa^2)\,\mathfrak{L}}{(\kappa^2+\tau^2)\,\mathcal{B}\mathcal{C}} M. \end{cases} \tag{2.35}$$

Die Koeffizienten der kleinen Verformungsgrößen S und Θ in Gl. (2.32) sind die entsprechenden linearen Steifigkeiten. Analog, die Koeffizienten der kleinen Kräfte F und Momente M in Gl. (2.35) sind die entsprechende lineare reziproke Steifigkeiten. Die Steifigkeiten beschreiben die mechanischen Eigenschaften für eine Feder mit der ursprünglichen Skelettline (2.11).

2.3.2 Kennzahlen der Federn mit großer Steigung

Die zuvor präsentierten Formeln finden Anwendung bei einer zylindrischen Feder, deren mittlerer Durchmesser als konstant angenommen wird. Bei nicht-zylindrischen Federn ist der mittlere Durchmesser als variabel zu betrachten, da der mittlere Durchmesser der Feder variiert und nicht als konstant angenommen wird. Die Beschreibung der Skelettlinie des Drahtes erfolgt mittels einer Funktion, welche den mittleren Durchmesser der Feder in Abhängigkeit vom Bogenwinkel ψ darstellt:

$$D(\psi) = 2\,R(\psi).$$

Im Allgemeinen sind die Biegesteifheit sowie die Torsionsteifheit bestimmte Funktionen des Bogenwinkels:

$$\mathcal{B} = \mathcal{B}(\psi), \quad \mathcal{C} = \mathcal{C}(\psi) \quad \text{für } 0 \le \psi \le 2\pi N.$$

Die Krümmung und Torsion der Skelettlinie werden ebenfalls durch den Bogenwinkel determiniert:

$$\tau = \tau(\psi), \; \kappa = \kappa(\psi) \quad \text{für } 0 \le \psi \le 2\pi N.$$

Die Länge des Drahtes einer Feder mit einem inkonstanten Durchmesser lässt sich wie folgt berechnen:

$$\mathfrak{L} = \int_0^{2\pi N} R(\psi) \mathrm{d}\psi. \tag{2.36}$$

Aufgrund der Abwesenheit externer Belastungen an der Skelettlinie der mittleren Windungen bleiben sowohl die axiale Kraft als auch das axiale Moment entlang der Achse der Feder konstant. Es konnte festgestellt werden, dass Verformungen an den Enden Funktionen der axialen Kraft und des axialen Moments sind:

$$\begin{cases} S = F \cdot \int_0^{2\pi N} \frac{(\mathcal{B}\kappa^2 + \mathcal{C}\tau^2)\kappa^2}{(\kappa^2+\tau^2)^3 \mathcal{B}\mathcal{C}} R(\psi)\,\mathrm{d}\psi + M \cdot \int_0^{2\pi N} \frac{(\mathcal{B}-\mathcal{C})\kappa^2\tau}{(\kappa^2+\tau^2)^2 \mathcal{B}\mathcal{C}} R(\psi)\,\mathrm{d}\psi, \\ \Theta = F \cdot \int_0^{2\pi N} \frac{(\mathcal{B}-\mathcal{C})\kappa^2\tau}{(\kappa^2+\tau^2)^2 \mathcal{B}\mathcal{C}} R(\psi)\,\mathrm{d}\psi + M \cdot \int_0^{2\pi N} \frac{(\mathcal{B}\tau^2 + \mathcal{C}\kappa^2)}{(\kappa^2+\tau^2) \mathcal{B}\mathcal{C}} R(\psi)\,\mathrm{d}\psi. \end{cases} \tag{2.37}$$

Die Federrate ergibt für eine beliebige Schraubenfeder mit über der Drahtlänge veränderlichem Federdurchmesser $D = D(\psi)$ und Torsionssteife $\mathcal{C} = \mathcal{C}(\psi)$.Die reziproken axiale Federraten ergeben sich aus Gl. (2.37) zu:

$$\begin{cases} {}_{[S/F]} \overset{\text{def}}{=} \frac{\mathrm{d}S}{\mathrm{d}F} = \int_0^{2\pi N} \frac{(\mathcal{B}\kappa^2 + \mathcal{C}\tau^2)\kappa^2}{(\kappa^2+\tau^2)^3 \mathcal{B}\mathcal{C}} R(\psi)\,\mathrm{d}\psi, \text{ mit Einheit} \left[\frac{m}{N}\right], \\ c_{[S/M]} \overset{\text{def}}{=} \frac{\mathrm{d}S}{\mathrm{d}M} = \int_0^{2\pi N} \frac{(\mathcal{B}-\mathcal{C})\kappa^2\tau}{(\kappa^2+\tau^2)^2 \mathcal{B}\mathcal{C}} R(\psi)\mathrm{d}\psi, \text{ mit Einheit } \left[\frac{m}{Nm}\right] \end{cases} \tag{2.38}$$

Die reziproken Torsionsfederraten ergeben sich aus Gl. (2.38) zu:

$$\begin{cases} c_{[\Theta/F]} \overset{\text{def}}{=} \frac{\mathrm{d}\Theta}{\mathrm{d}F} = \int\limits_0^{2\pi N} \frac{(\mathcal{B}-\mathcal{C})\kappa^2\tau}{(\kappa^2+\tau^2)^2 \, \mathcal{B}\mathcal{C}} R(\psi)\,\mathrm{d}\psi, \text{ mit Einheit } \left[\frac{rad}{N}\right], \\ c_{[\Theta/M]} \overset{\text{def}}{=} \frac{\mathrm{d}\Theta}{\mathrm{d}M} = \int\limits_0^{2\pi N} \frac{(\mathcal{B}\,\tau^2 + \mathcal{C}\kappa^2)}{(\kappa^2+\tau^2)\, \mathcal{B}\mathcal{C}} R(\psi)\,\mathrm{d}\psi, \text{ mit Einheit } \left[\frac{rad}{Nm}\right]. \end{cases} \tag{2.39}$$

Mit den Gl. (2.38), (2.39) werden die Gl. (2.37) umgestellt. Verformungen an den Enden sind Funktionen der axialen Kraft und des axialen Moments:

$$\begin{cases} S = c_{[S/F]} \cdot F + c_{[S/M]} \cdot M, \\ \Theta = c_{[\Theta/F]} \cdot F + c_{[\Theta/\mathrm{M}]} \cdot M. \end{cases} \tag{2.40}$$

Die axialen Kräfte und Momente ergeben sich aus Gl. (2.40) als:

$$\begin{cases} F = c_{[F/S]} \cdot S + c_{[F/\Theta]} \cdot \Theta, \\ \mathrm{M} = c_{[M/S]} \cdot \mathrm{S} + c_{[M/\Theta]} \cdot \Theta. \end{cases} \tag{2.41}$$

Die axiale Federraten und Torsionsfederraten in den Gl. (2.41) folgen aus der Umkehrung der Gl. (2.40):

$$\begin{cases} c_{[F/S]} = \frac{1}{\Delta} \cdot c_{[\Theta/\mathrm{M}]}, \\ c_{[F/\Theta]} = -\frac{1}{\Delta} \cdot c_{[S/M]}, \\ c_{[M/S]} = -\frac{1}{\Delta} \cdot c_{[\Theta/F]}, \\ c_{[M/\Theta]} = \frac{1}{\Delta} \cdot c_{[S/F]}, \end{cases} \tag{2.42}$$

$$\Delta = c_{[\Theta/\mathrm{M}]} \cdot c_{[S/F]} - c_{[S/M]} \cdot c_{[\Theta/F]}. \tag{2.43}$$

In diesem Abschnitt werden Formeln präsentiert, die für die Analyse von Federn mit beliebiger Krümmung κ und geometrischer Torsion τ der Skelettlinie von Relevanz sind. Es sei darauf hingewiesen, dass bei der Berechnung mittels der obigen Formeln die Steigung der Skelettlinie berücksichtigt wird. Solche Federn finden breite Anwendung in den modernen Achsen von Personenkraftwagen (S. Kap. 10).

2.3.3 Kennzahlen von Federn mit kleiner Steigung

Zylindrische Schraubenfedern, deren Konstruktion aus runden Drähten und Stäben besteht, sind Gegenstand der DIN-Normung. In den DIN-Normen wird die Steigung der Skelettlinie jedoch vernachlässigt. In den Formeln der Normen [20, 21] werden die Windungen entsprechend als flach angenommen, d. h. $\alpha \approx 0$. Die Europäische Norm EN 13 906-1:2013-11 dient als Berechnungsgrundlage für zylindrische Schraubenfedern mit Kreisquerschnitt. Diese Norm gilt für die Berechnung von zylindrischen Druckfedern mit linearer Kennlinie und konstantem kreisförmigen Drahtquerschnitt. Die Beziehungen gemäß DIN EN 13 906-1:2013-11 vernachlässigen zur Vereinfachung den Steigungswinkel und die Aufweitung des Durchmessers beim Zusammendrücken der Feder:

$$\tau = 0, \ \kappa = 1/R\,.$$

Es sei darauf hingewiesen, dass bei der Berechnung gemäß DIN-Norm die Steigung der Skelettlinie vernachlässigt wird. Demzufolge sind Verformungen an den Enden Funktionen der axialen Kraft sowie des axialen Moments:

$$\begin{cases} S = F \cdot \int_0^{2\pi N} \frac{R^3(\psi)}{\mathcal{C}}\,\mathrm{d}\psi, \\ \Theta = M \cdot \int_0^{2\pi N} \frac{R(\psi)}{\mathcal{B}}\,\mathrm{d}\psi. \end{cases} \tag{2.44}$$

Die Federrate ergibt für eine beliebige Schraubenfeder mit über der Drahtlänge veränderlichem Federdurchmesser $D = D(\psi)$ und Torsionssteife $\mathcal{C} = \mathcal{C}(\psi)$. Die reziproken axiale Federraten ergeben sich aus Gl. (2.44) zu:

$$\begin{cases} c_{[S/F]} \overset{\text{def}}{=} \frac{\mathrm{d}S}{\mathrm{d}F} = \int_0^{2\pi N} \frac{R^3(\psi)}{\mathcal{C}}\,\mathrm{d}\psi, \text{ mit Einheit } \left[\frac{m}{N}\right], \\ c_{[S/M]} \overset{\text{def}}{=} \frac{\mathrm{d}S}{\mathrm{d}M} = 0, \text{ mit Einheit } \left[\frac{m}{Nm}\right]. \end{cases} \tag{2.45}$$

Die reziproken Torsionsfederraten ergeben zu:

$$\begin{cases} c_{[\Theta/F]} \overset{\text{def}}{=} \frac{\mathrm{d}\Theta}{\mathrm{d}F} = 0, \quad \text{mit Einheit } \left[\frac{rad}{N}\right], \\ c_{[\Theta/M]} \overset{\text{def}}{=} \frac{\mathrm{d}\Theta}{\mathrm{d}M} = \int_0^{2\pi N} \frac{R(\psi)}{\mathcal{B}}\,\mathrm{d}\psi, \quad \text{mit Einheit } [rad]. \end{cases} \tag{2.46}$$

Verformungen an den Enden sind Funktionen der axialen Kraft und des axialen Moments:

$$S = c_{[S/F]} \cdot F, \quad F = c_{[F/S]} \cdot S, \quad [F/S] = \frac{1}{c_{[S/F]}}, \tag{2.47}$$

$$\Theta = c_{[\Theta/\mathrm{M}]} \cdot M, \quad M = c_{[M/\Theta]} \cdot \Theta, \quad c_{[M/\Theta]} = \frac{1}{c_{[\Theta/\mathrm{M}]}}. \tag{2.48}$$

Die in diesem Paragraphen aufgeführten Formeln sind für Federn mit einer vernachlässigbaren Torsion der Skelettlinie geeignet.

Für nicht zylindrische Federn und solche mit einem Drahtquerschnitt, der von der Kreisform abweicht, können allgemeine Berechnungsformeln abgeleitet werden. Die vorliegenden Daten betreffen die Federraten sowie die Massen der Federn in Kombination mit den variablen Draht- und Federdurchmessern. Die entsprechenden Tabellen sind diesem Dokument beigefügt (Tab. 2.3, 2.4, 2.5):

Tab. 2.3 Federraten und Massen der Federn mit den variablen Draht- und Federdurchmessern

	Federraten	Masse
$\left.\begin{matrix} A = konst \\ D = konst \end{matrix}\right\}$	$c_{[F/S]} = \frac{4\mathcal{C}}{\pi N D^3}$, $c_{[M/\Theta]} = \frac{\mathcal{B}}{\pi N D}$	$m = \pi N \mathcal{A} \rho D$
$\left.\begin{matrix} A = konst \\ D = D_m(\psi) \end{matrix}\right\}$	$c_{[F/S]} = \frac{8\mathcal{C}}{\int_0^{2\pi N} D^3\,\mathrm{d}\psi}$, $c_{[M/\Theta]} = \frac{2\mathcal{B}}{\int_0^{2\pi N} D\,\mathrm{d}\psi}$	$m = \frac{1}{2}\mathcal{A}\rho \int_0^{2\pi N} D\,\mathrm{d}\psi$
$\left.\begin{matrix} A = konst \\ D = D_m(\psi) \end{matrix}\right\}$	$c_{[F/S]} = \frac{8}{D^3 \int_0^{2\pi N} \mathcal{C}^{-1}\,\mathrm{d}\psi}$, $c_{[M/\Theta]} = \frac{2}{D \int_0^{2\pi N} \mathcal{B}^{-1}\,\mathrm{d}\psi}$	$m = \frac{1}{2}\rho D \int_0^{2\pi N} \mathcal{A}\,\mathrm{d}\psi$
$\left.\begin{matrix} A = A(\psi) \\ D = D(\psi) \end{matrix}\right\}$	$c_{[F/S]} = \frac{8}{\int_0^{2\pi N} \mathcal{C}^{-1} D^3\,\mathrm{d}\psi}$, $c_{[M/\Theta]} = \frac{2}{\int_0^{2\pi N} \mathcal{B}^{-1} D\,\mathrm{d}\psi}$	$m = \frac{1}{2}\rho \int_0^{2\pi N} \mathcal{A} D\mathrm{d}\psi$

Tab. 2.4 Prinzipielle Schraubenfedergestalten

Lineare zylindrische Schraubendruckfeder	Miniblockfeder	Progressive zylindrische Schraubendruckfeder
$d = konst$ $D = konst$	$d = d(\psi)$ $D = D(\psi)$	$d = d(\psi)$ $D = konst$
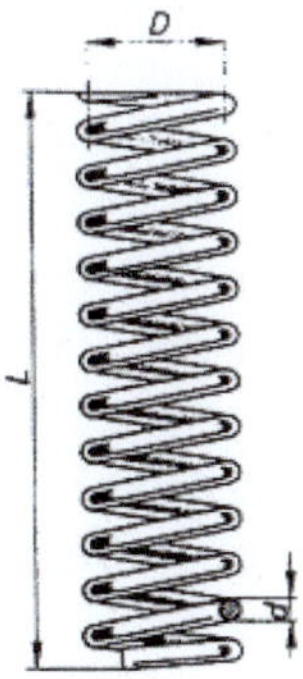	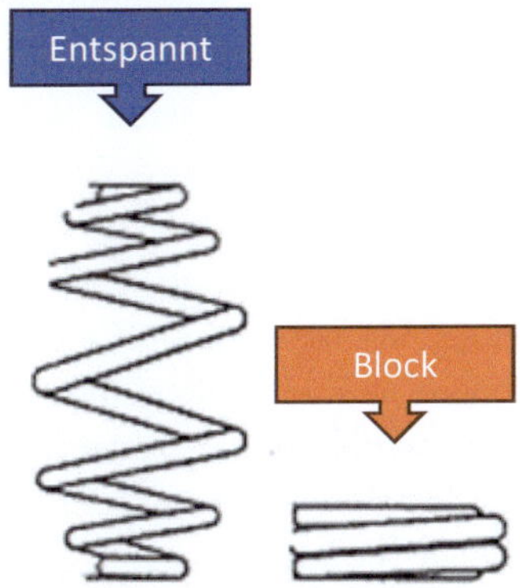	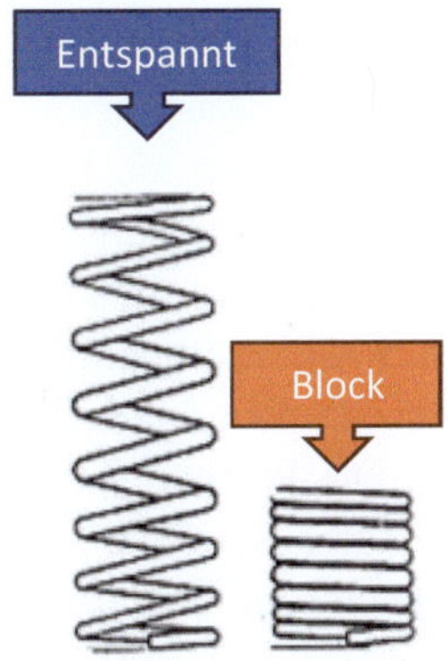
Draht- und Federdurchmessern konstant	***Draht- und Federdurchmessern variabel***	***Drahtdurchmesser variabel, Federdurchmesser konstant***

Tab. 2.5 Prinzipielle Schraubenfedergestalten

	Federraten	Masse
$\left.\begin{matrix} d = konst \\ D = konst \end{matrix}\right\}$	$c_{[F/S]} = \frac{Gd^4}{8ND^3}, \quad c_{[M/\Theta]} = \frac{Ed^4}{16\pi ND}$	$m = \frac{1}{4}\pi^2 N d^2 \rho D$
$\left.\begin{matrix} d = konst \\ D = D(\psi) \end{matrix}\right\}$	$c_{[F/S]} = \frac{\pi G d^4}{4\int_0^{2\pi N} D^3\,\mathrm{d}\psi}, \quad c_{[M/\Theta]} = \frac{\pi E d^4}{8\int_0^{2\pi N} D\,\mathrm{d}\psi}$	$m = \frac{1}{8}\pi d^2 \rho \int_0^{2\pi N} D\,\mathrm{d}\psi$
$\left.\begin{matrix} d = d(\psi) \\ D = konst \end{matrix}\right\}$	$c_{[F/S]} = \frac{\pi G}{4D^3\int_0^{2\pi N} d^{-4}\,\mathrm{d}\psi}, \quad c_{[M/\Theta]} = \frac{\pi E}{8D\int_0^{2\pi N} d^{-4}\,\mathrm{d}\psi}$	$m = \frac{1}{8}\pi \rho D \int_0^{2\pi N} d^2\,\mathrm{d}\psi$
$\left.\begin{matrix} d = d(\psi) \\ D = D(\psi) \end{matrix}\right\}$	$c_{[F/S]} = \frac{\pi G}{4\int_0^{2\pi N} D^3 d^{-4}\,\mathrm{d}\psi}, \quad c_{[M/\Theta]} = \frac{\pi E}{8\int_0^{2\pi N} D d^{-4}\,\mathrm{d}\psi}$	$m = \frac{1}{8}\pi \rho \int_0^{2\pi N} d^2 D\,\mathrm{d}\psi$

2.4 Bogenfedern

2.4.1 Geometrische Charakterisierung

Die Bogenfeder stellt eine Sonderform der Schraubenfeder dar, deren Ursprung in der Verwendung im Zweimassenschwungrad im verbrennungsmotorischen Antriebsstrang zu finden ist. Der Begriff „Bogenfeder" bezeichnet dabei eine vorgekrümmte bzw. bogenförmige Ausprägung der Schraubenfeder, deren Schraubenachse kreisbogenförmig ausgebildet ist. Die Bogenfeder eignet sich sowohl für dynamische als auch für statische und quasistatische Anwendungen. Diesbezüglich seien exemplarisch folgende Anwendungen in dynamischen Systemen erwähnt: Zweimassenschwungrad, Drehmomentwandler, Bogenfederkupplung, Riemenspanner, Entkoppler für Riemenscheiben. Die Bogenfedern werden insbesondere in Radaufhängungen der Straßenfahrzeuge eingesetzt. Die Patenten [22, 23, 24] beschreiben die Radaufhängungen mit den Bogenfedern. Die Radaufhängung ist mit der Karosserie und dem Rad verbunden und weist eine Schraubendruckfeder sowie einen Stoßdämpfer auf. Das Federbein ist mit einem Querlenker verbunden. Im unbelasteten Zustand weist die Schraubendruckfeder eine gekrümmte Federmittellinie auf. Der Krümmungsradius der Federmittellinie kann dabei nicht konstant bleiben.

Des Weiteren findet die Bogenfeder Anwendung in der Mittellagenrückstellung in Robotergelenken, als elastisches Element in Exoskeletten sowie zur Rückstellung von Heckklappen oder Lehnen.

Bei herkömmlichen Schraubenfedern liegt der Draht an der zylindrischen Fläche, wie oben beschrieben. Im Gegensatz zu herkömmlichen Schraubenfedern weisen Bogenfedern eine wesentliche Besonderheit auf: Der Draht der Bogenfeder liegt an der toroidalen Fläche. Dadurch entsteht eine toroidale Schraubenlinie, gebildet durch die Skelettlinie des Drahts.

Die toroidale Fläche entspricht der Oberfläche eines gewöhnlichen Torus. Ein gewöhnlicher Torus ist eine Fläche der Gattung eins und besitzt daher ein einziges „Loch". Der Radius vom Mittelpunkt des Torus bis zum Mittelpunkt der Oberfläche des Torus sei R_{mid}; der Radius der Oberfläche des Rohrs sei R, wobei

$$\rho = \frac{R_{mid}}{R} > 1.$$

In der durch zwei Parameter ψ, ϑ räumlich beschriebenen toroidalen Fläche liegt die toroidale Schraubenlinie. Die parametrischen Gleichungen der toroidalen Fläche sind:

$$\begin{cases} X(\psi, \vartheta) = (R_{mid} + R\cos\psi)\ \cos\vartheta, \\ Y(\psi, \vartheta) = (R_{mid} + R\cos\psi)\ \sin\vartheta, \\ Z(\psi, \vartheta) = R\sin\psi. \end{cases} \tag{2.49}$$

Der innere und der äußere Radius der toroidalen Fläche sind wie folgt:

$$R_e = R_{mid} + R, \quad R_i = R_{mid} - R. \tag{2.50}$$

Die Skelettlinie wird als Funktion des Torusparameters t angegeben. Eine Spirale auf die toroidale Oberfläche wickelt die toroidale Schraubenlinie:

$$\psi = 2\pi t, \ \vartheta = \tfrac{2\pi t}{N} \quad \text{für } 0 \le t \le N.$$

Die Anzahl der Windungen auf der toroidalen Fläche wird als N bezeichnet.

Die Gleichung der toroidalen Schraubenlinie definiert eine rechtwinklige Schraube aus der Skelettlinie der freien Feder (Abb. 2.5):

$$\vec{r} = X\left(2\pi t, \frac{2\pi t}{N}\right)\cdot \vec{e}_x + Y\left(2\pi t, \frac{2\pi t}{N}\right)\cdot \vec{e}_y + Z\left(2\pi t, \frac{2\pi t}{N}\right)\cdot \vec{e}_z \quad \text{für } t = 0 \ldots N. \tag{2.51}$$

Eine volle Windung entspricht dem Intervall: $t = 0 \ldots N$ Innerhalb des Intervalls $k - 1 < t \le k$ beschreibt der Torusparameter eine vollständige Wende der toroidale Schraubenlinie mit der Nummer $k = 1 \ldots N$.

Der Draht während des Windeprozesses durchläuft einen Kaltverformungsprozess, welcher ihn zu einem toroidalen Federkörper umformt. Die Krümmung und Torsion der zylindrischen Schraubenfeder sind entlang der Skelettlinie konstant. Im Gegensatz zur zylindrischen Schraubenfeder unterliegen die Krümmung und Windung jedoch keiner konstanten Verlaufsform, sondern einer gewissen Variation in jeder Windung. Bei der Einstellung des Windeprozesses der toroidalen Schraubenlinie erfolgt zunächst die Bestimmung der Krümmung $\kappa(t)$ sowie der geometrischen Windung $\tau(t)$ als Funktion vom Torusparameter t. Im Anschluss des Windeprozesses erfolgt in der Regel eine elastische Rückfederung. Die Rückfederung wird in der vorliegenden Betrachtung vernachlässigt, um den Sachverhalt zu vereinfachen.

Die Einstellung der Krümmung der Skelettline (2.51) erfolgt mittels des Krümmungsstifts. Der Krümmungsstift soll folgende Krümmung einstellen:

$$\kappa(t) = \frac{1}{R} \cdot \frac{\sqrt{\sum_{n=0}^{4} k_n \cos^n(2\pi t).}}{\left[\cos^2(2\pi t) + 2\rho\cos(2\pi t) + \rho^2 + N^2\right]^{\frac{3}{2}}} \quad \text{für } 0 \le t \le N. \tag{2.52}$$

Die Koeffizienten der Funktion (2.52) sind Tab. 2.6 zu entnehmen.

Tab. 2.6 Koeffizienten der Krümmung der toroidalen Schraubenlinie, Gl. (2.52)

Koeffizienten der Krümmung der toroidalen Schraubenlinie
$k_4 = \left(1 - N^2\right)$
$k_3 = 4\rho$
$k_2 = -N^4 + \left(3\rho^2 + 4\right)N^2 + 6\rho^2$
$k_1 = 4\left(2 + N^2\right)\cdot\left(N^2 + \frac{1}{2}\rho^2\right)\rho$
$k_0 = N^6 + \left(\rho^2 + 4\right)N^4 + 4N^2\rho^2 + \rho^4$

Die Krümmung am Anfang und in der Mitte einer Schleife lässt sich wie folgt darstellen:

$$\kappa(t=0) = \frac{1}{R} \cdot \frac{N^2+\rho+1}{N^2+(\rho+1)^2}, \tag{2.53}$$

$$\kappa\left(t=\frac{1}{2}\right) = \frac{1}{R} \cdot \frac{\left|N^2-\rho+1\right|}{N^2+(\rho-1)^2}. \tag{2.54}$$

Der Steigungsstift soll die Torsion (Windung) der Skelettline bestimmen:

$$\tau(t) = \frac{1}{R} \cdot \frac{\sum_{n=0}^{3} t_n \cos^n(2\pi t)}{\sum_{n=0}^{4} k_n \cos^n(2\pi t)} \quad \text{für } 0 \le t \le N. \tag{2.55}$$

Tab. 2.7 zeigt die Koeffizienten der Funktion (55).

Bezüglich der Krümmung am Anfang und in der Mitte einer Schleife lässt sich Folgendes festhalten:

$$\tau(s=0) = \frac{1}{R} \cdot \frac{N\left[(2-\rho)N^2+1+\rho\right]}{\left[N^2+1+\rho\right]\left[N^2+(1+\rho)^2\right]}, \tag{2.56}$$

$$\tau\left(s=\frac{1}{2}\right) = -\frac{1}{R} \cdot \frac{N\left[(2+\rho)N^2+1-\rho\right]}{\left[N^2+1-\rho\right]\left[N^2+(1-\rho)^2\right]}. \tag{2.57}$$

Abb. 2.6 und 2.7 demonstrieren die Funktionen $\kappa(t)$ und $\tau(t)$ innerhalb jeder vollständigen Windung $k-1 < t \le k$ mit der Nummer $k = 1..N$. Es handelt sich um eine freie Feder, die keinen äußeren Zwängen unterliegt. Für die Berechnungen werden die folgenden Werte benützt $R_{mid} = \frac{3}{2}, R = 1, N = 2$.

2.4.2 Programmierung des Wickelns

Die in diesem Kapitel entwickelten Formeln dienen der Einstellung der Federwindenautomaten. Programmgesteuerte Federwindenautomaten finden in der Kaltproduktion von rechts- und linksgewundenen Druck-, Zug- und Schenkelfedern sowie verschiedenen

Tab. 2.7 Koeffizienten der Torsion der toroidalen Schraubenlinie, Gl. (2.52)

Koeffizienten der Torsion der toroidalen Schraubenlinie
$t_3 = \left(N^2-1\right)N$
$t_2 = -4\left(N^2+\frac{1}{2}\right)N\rho$
$t_1 = -2N^5+\left(\rho^2-4\right)N^3-N\rho^2$
$t_0 = \left(2+N^2\right)N^3\rho$

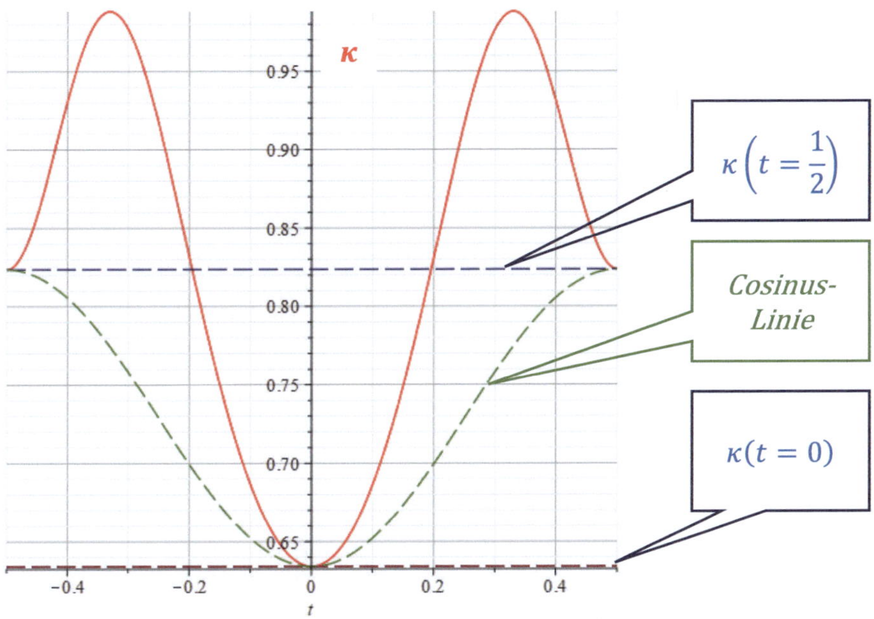

Abb. 2.6 Krümmung einer Windung der toroidalen Schraubenlinie der freien Feder als Funktion des Torusparameters $t = 0..1$ für $R_{mid} = \frac{3}{2}, R = 1, N = 2$

Drahtformen und Doppeldrehfedern Anwendung. In einer Wickelmaschine wird der ursprünglich gerade Draht plastisch verformt. Der Einsatz gesteuerter Achsen ermöglicht eine höhere Produktivität sowie eine Vielzahl von Möglichkeiten zur Herstellung verschiedener Drahtformen. Bei den modernen Wickelvorrichtungen zur Herstellung von Schraubenfedern wird eine Verstellung der Wickelwerkzeuge zur Änderung der Steigung oder der Vorspannung dadurch erreicht, dass jedes Wickelwerkzeug durch Verstellen von zwei Stellelementen verschwenkt wird. Bei technologisch hochentwickelten Wickelmaschinen ist eine Kaltverformung des Drahtes möglich, sodass die Biegung und Torsion des Drahtes während des Wickelvorganges von einer Steuereinheit kontrolliert wird. Ein Steuerprogramm ermöglicht die definierten Funktionen für Krümmung und Torsion des Drahtes im Moment der Kaltumformung.

Die Krümmung der Spirale wird durch den Wickelstift erzeugt, während der Steigungsstift die Torsion (Windung) der Feder festlegt. Die Steuerung justiert die Position der Steigungs- und Wickelstifte in Abhängigkeit von einem natürlichen Parameter s, der die Bogenlänge des Drahts repräsentiert. Die zuvor präsentierten Formeln für die Krümmung (2.52) und Torsion (2.55) beinhalten den Torusparameter t als unabhängige Größe.

Die Programmierung der Wickelvorrichtungen erfolgt durch die Messung der Position des Drahts. Die Position des laufenden Drahts wird durch die Vorschubrollen gemessen.

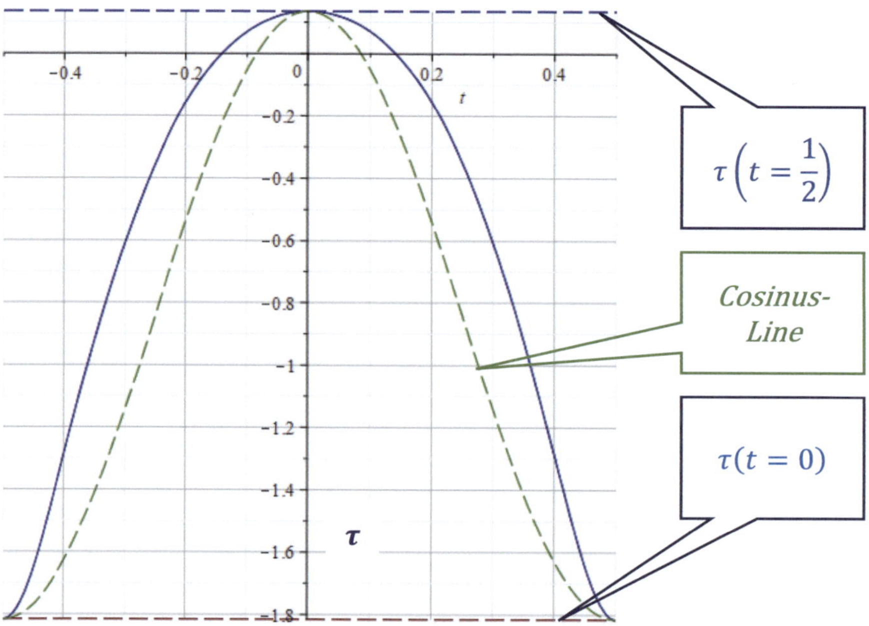

Abb. 2.7 Torsion einer Windung der toroidalen Schraubenlinie der freien Feder als Funktion des Torusparameters $t = 0..1$ für $R_{mid} = \frac{3}{2}, R = 1, N = 2$

Dies bedeutet, dass die Steuerung der Krümmung und der Wickelstiften nicht über den Torusparameter erfolgt, sondern über den natürlichen Parameter der räumlichen Kurve. Um die Formeln für die Steuerung von Wickelautomaten zu nutzen, muss der natürliche Parameter s durch den Torusparameter t ausgedrückt werden. Im Folgenden wird die Umrechnung des Torusparameters auf natürliche Parameter vorgenommen.

Die Länge der Skelettlinie einer toroidalen Helix im Intervall der Torusparameters von 0 bis t ist**:**

$$s = \int_0^t \frac{2\pi R}{N} \cdot \sqrt{N^2 + (\rho + \cos(2\pi\phi))^2}\, d\phi. \tag{2.58}$$

Die Länge der Skelettlinie (58) ist eine gerade Funktion des Torusparameters t. Für die Berechnung des Integrals (58) werden zwei Methoden verwendet. Zunächst wird der Integrand (58) in die Taylorreihe überführt:

$$\frac{2\pi R}{N} \cdot \sqrt{N^2 + (\rho + \cos(2\pi t))^2} = \sum_{k=0}^{\infty} d_k t^{2k}. \tag{2.59}$$

Die Koeffizienten der geraden Potenzen ϕ verschwinden. Die ersten Koeffizienten der Taylorreihe (59) sind in Tab. 2.8 dargestellt.

Die Integration der Gl. (2.59) ergibt:

$$s = \Sigma_1(t), \tag{2.60}$$

$$\Sigma_1(t) \stackrel{\text{def}}{=} \sum_{k=0}^{\infty} \frac{d_k}{2k+1} t^{2k+1}. \tag{2.61}$$

Für eine präzise Steuerung besteht die Möglichkeit, den natürlichen Parameter der Kurve in einer geschlossenen analytischen Form darzustellen. Mithilfe der elliptischen Integrale ist auch eine exakte analytische Integration (58) möglich:

$$s = \Sigma_2(t) \quad \text{für } 0 \le t \le N. \tag{2.62}$$

$$\Sigma_2(t) \stackrel{\text{def}}{=} \mathrm{C}_E \cdot \mathbf{E}(z, \mathrm{k}) + \mathrm{C}_F \cdot \mathbf{F}(z, \mathrm{k}) + \mathrm{C}_\Pi \cdot \mathbf{\Pi}(z, \nu, \mathrm{k}). \tag{2.63}$$

In Gl. (2.63) werden folgende Argumente eingesetzt:

$$\begin{cases} z = \frac{\sin(2\pi t)}{1+\cos(2\pi\phi)} \cdot \sqrt{\frac{1-\rho-iN}{1+\rho+iN}}, \\ \mathrm{k} = \sqrt{\frac{(-\rho+iN+1)(\rho+iN+1)}{(-\rho+iN-1)(\rho+iN-1)}}, \\ \nu = \frac{\rho+iN+1}{\rho+iN-1}. \end{cases} \tag{2.64}$$

Die Koeffizienten in (2.63) haben die Einheit [m] und sind durch folgende Formeln gegeben:

$$\boxed{\begin{cases} \mathrm{C}_E = \frac{R}{N} \cdot \sqrt{1 - N^2 - 2iN - \rho^2}, \\ \mathrm{C}_F = \frac{R}{N} \cdot \frac{2\sqrt{\rho^2 - N^4 - \left(1+2\rho^2\right)N^2 - 2iN\rho - \rho^4}}{\sqrt{N^2 + (1+\rho)^2}}, \\ \mathrm{C}_\Pi = \frac{R}{N} \cdot \frac{4\rho\sqrt{1 - N^2 + 2iN - \rho^2}}{\sqrt{N^2+(1+\rho)^2}\sqrt{N^2+(1-\rho)^2}}. \end{cases}} \tag{2.65}$$

Tab. 2.8 Koeffizienten der Taylorreihe vom Integranden toroidalen Schraubenlinie

Koeffizienten der Taylorreihe vom Integranden
$d_0 = \frac{2\pi R}{N} \cdot \sqrt{N^2 + (\rho+1)^2}$
$d_1 = -\frac{2\pi R}{N} \cdot \frac{2\pi^2(\rho+1)}{\sqrt{N^2+(\rho+1)^2}}$
$d_2 = \frac{2\pi R}{N} \cdot \frac{2\pi^4}{3} \cdot \frac{N^2(\rho+4) + (\rho+1)^3}{\sqrt{\left[N^2+(\rho+1)^2\right]^3}}$
$d_3 = -\frac{2\pi R}{N} \cdot \frac{4\pi^6}{45} \cdot \frac{N^4(\rho+16) + N^2(\rho+1)\left(2\rho^2+19\rho-28\right) + (\rho+1)^5}{\sqrt{\left[N^2+(\rho+1)^2\right]^5}}$

Die elliptische Integrale in Jacobi-Form sind [25, 26]:

$\mathbf{F}(\mathrm{z}, \mathrm{k}) = \int_0^{\mathrm{z}} \frac{1}{\sqrt{1-t^2}\sqrt{1-\mathrm{k}^2 t^2}} \mathrm{d}t$ Unvollständiges elliptisches Integral 1. Gattung;

$\mathbf{E}(\mathrm{z}, \mathrm{k}) = \int_0^{\mathrm{z}} \frac{\sqrt{1-\mathrm{k}^2 t^2}}{\sqrt{1-t^2}} \mathrm{d}t$ Unvollständiges elliptisches Integral 2. Gattung;

$\mathbf{\Pi}(\mathrm{z}, \nu, \mathrm{k}) = \int_0^{\mathrm{z}} \frac{1}{(1-\nu t^2)\sqrt{1-t^2}\sqrt{1-\mathrm{k}^2 t^2}} \mathrm{d}t$ Unvollständiges elliptisches Integral 3. Gattung.

Die Funktion $\Sigma_2(t)$ bleibt reell für $N > 0, \rho > 1$. Der Vergleich der beiden Ausdrücke (60) und (62) zeigt einen unbedeutenden Unterschied zwischen den beiden Formeln schon bei wenigen ersten Gliedern der Taylorreihe. Abb. 2.8 zeigt die Berechnung nach beiden Formeln mit den ersten vier Gliedern:

$$\Sigma_1(t) \cong \sum_{k=0}^{k=3} \frac{d_k}{2k+1} t^{2k+1}.$$

Abhängigkeit des natürlichen Parameters s vom Torusparameter t wird in Abb. 2.8 abgebildet. Für die Berechnungen werden folgenden Werte benützt $R_{mid} = \frac{3}{2}, R = 1, N = 2$. Abb. 2.9 und 2.10 demonstrieren die entsprechenden Funktionen $\kappa(s)$ und $\tau(s)$ innerhalb jeder vollständigen Windung mit der Nummer $k = 1..N$. Es handelt sich um die Feder im Moment ihrer höchsten plastischen Verformung während des Wickelprozesses. Das Wi-

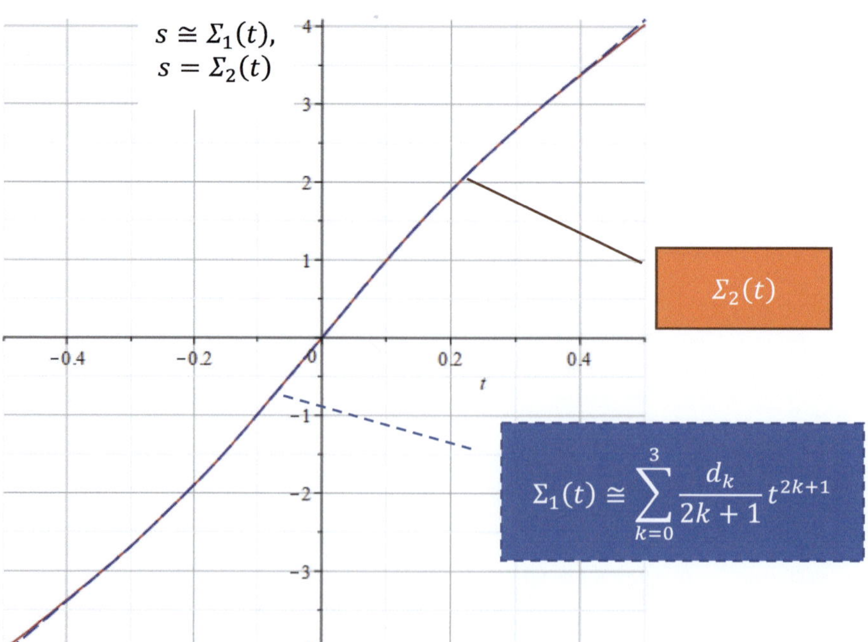

Abb. 2.8 Abhängigkeit des natürlichen Parameters s vom Torusparameter t für $R_{mid} = \frac{3}{2}, R = 1, N = 2$

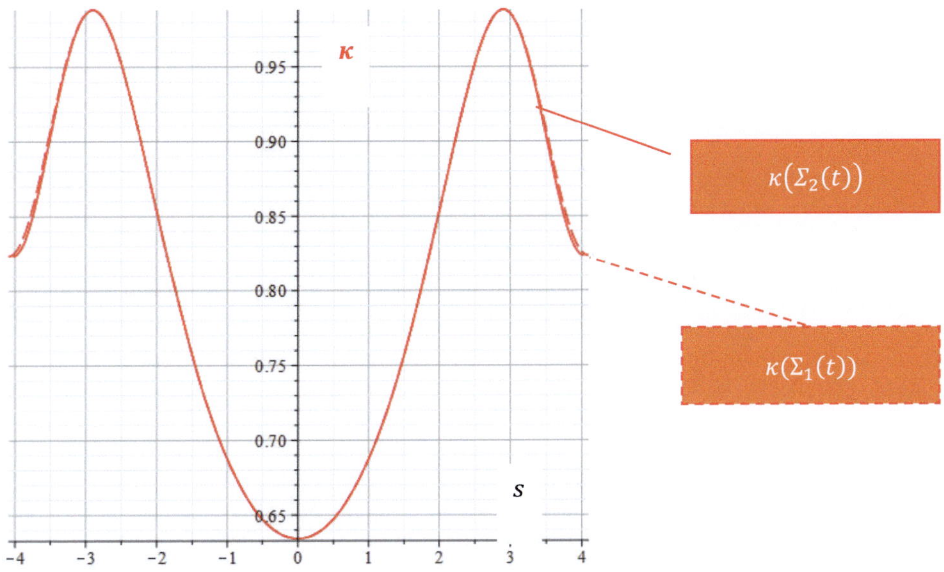

Abb. 2.9 Krümmung κ einer Windung der toroidalen Schraubenlinie als Funktion des natürlichen Parameters s für $R_{mid} = \frac{3}{2}, R = 1, N = 2$

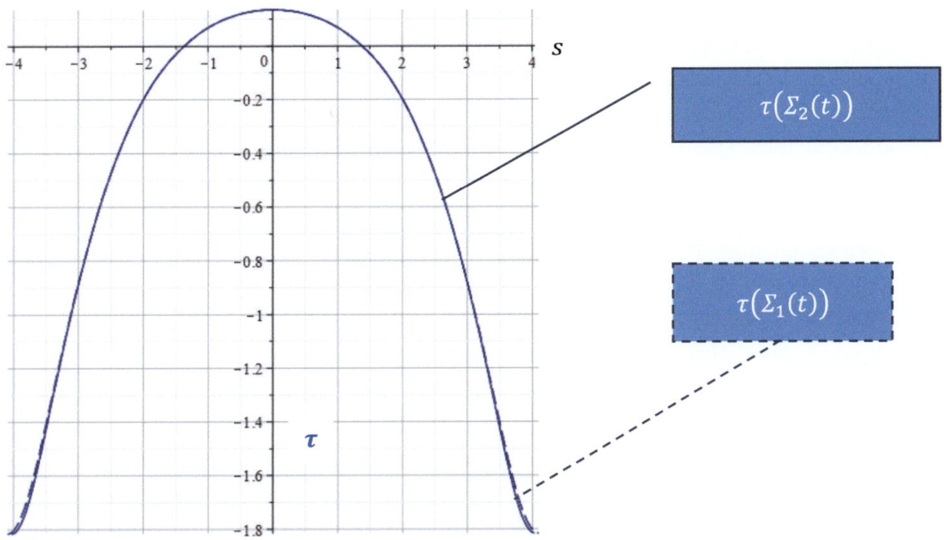

Abb. 2.10 Torsion τ einer Windung der toroidalen Schraubenlinie im Moment der höchsten plastischen Verformung im Moment der höchsten plastischen Verformung als Funktion des natürlichen Parameters s für $R_{mid} = \frac{3}{2}, R = 1, N = 2$

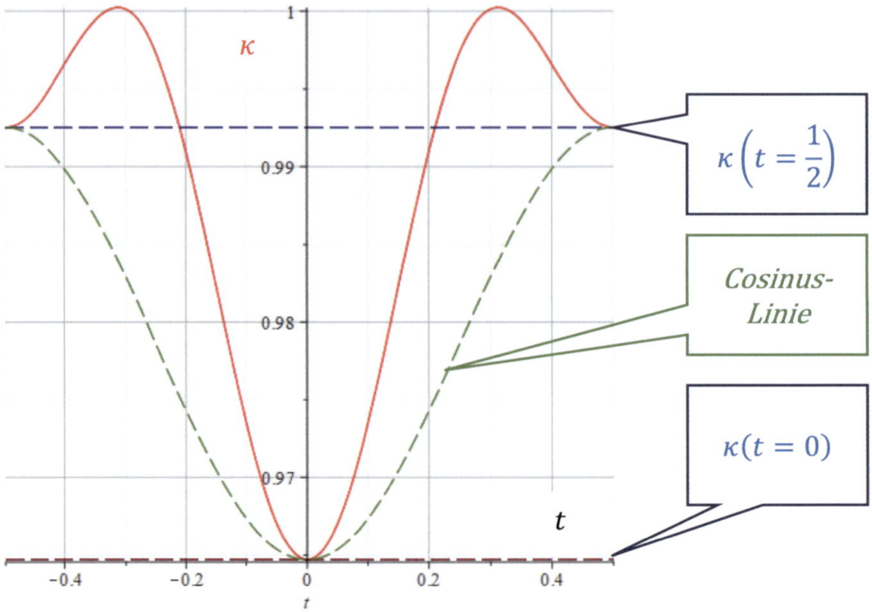

Abb. 2.11 Krümmung einer Windung der toroidalen Schraubenlinie im Moment der höchsten plastischen Verformung als Funktion des Torusparameters $t = 0..1$ für $R_{mid} = \frac{3}{2}, R = 1, N = 10$

ckeln in der Wickelmaschine erfolgt kontinuierlich von einem Punkt der Skelettlinie zu einem anderen. Zur Vereinfachung zeigen die Figuren jedoch die Skelettlinie im Moment der konstanten plastischen Verformung entlang der ganzen Linie.

Bitte beachten Sie, dass die Parametrierung mithilfe des natürlichen Parameters oder des Torusparameters erfolgt. Die Abb. 2.9 und 2.10 verwenden den natürlichen Parameter der Kurvenlänge. Die Abb. 2.11 und 2.12 benutzen für die Parametrisierung den Torusparameter. Für die folgenden Berechnungen werden die Werte benutzt $R_{mid} = \frac{3}{2}, R = 1, N = 10$. Abb. 2.11 und 2.12 demonstrieren die Funktionen $\kappa(t)$ und $\tau(t)$ innerhalb jeder vollständigen Windung $k - 1 < t \leq k$ mit der Nummer $k = 1..N$. Abhängigkeit des natürlichen Parameters s vom Torusparameter t wird in Abb. 2.13 abgebildet. Wie Abb. 2.13 zeigt, ist die Abhängigkeit des Torusparameters vom natürlichen Parameter der räumlichen Kurve für die aktuellen Einstellungen nahezu linear. Abb. 2.14 und 2.15 demonstrieren die entsprechenden Funktionen $\kappa(s)$ und $\tau(s)$ innerhalb jeder vollständigen Windung mit der Nummer $k = 1..N$. Für die Berechnungen der Abb. 2.14 und 2.15 wurden die exakten Formeln der Gl. (2.60) bis (2.63) sowie die entsprechenden Taylorreihen verwendet. Die Linien beider Ansätze sind nahezu deckungsgleich. Für die praktische Einstellung der Wickelmaschinen können die vereinfachten, auf Taylorreihen basierenden Formeln verwendet werden.

Wenn die Anzahl der Windungen pro vollständigem Torus etwa 10 oder mehr beträgt, wird die Abhängigkeit des natürlichen Parameters s vom Torusparameter t praktisch linear. Für die Umrechnung genügt dann ein Glied der Taylorreihe:

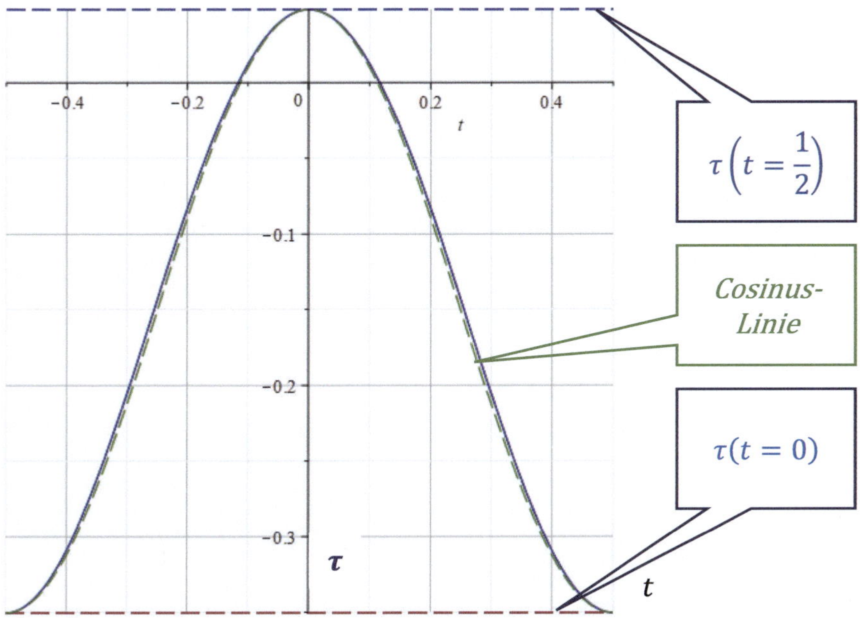

Abb. 2.12 Torsion τ einer Windung der toroidalen Schraubenlinie im Moment der höchsten plastischen Verformung als Funktion des Torusparameters $t = 0..1$ für $R_{mid} = \frac{3}{2}, R = 1, N = 10$

$$s \cong d_0 t = \frac{2\pi R}{N} \cdot \sqrt{N^2 + (\rho + 1)^2} \cdot t. \tag{2.66}$$

Abb. 2.16 zeigt die toroidalen Schraubenlinien für beide Parametersätze. Die vorliegende Figur illustriert die Bogenfeder in den räumlichen Darstellungen durch zwei Projektionen. Die Illustration in der oberen Hälfte des Bildes verwendet die Parameter: $R_{mid} = \frac{3}{2}, R = 1, N = 2$. Die untere Hälfte des Bildes zeigt die Kurve für den Satz: $R_{mid} = \frac{3}{2}, R = 1, N = 10$.

Die in diesem Kapitel entwickelten Formeln ermöglichen eine exakte Programmierung der Wickelautomaten, welche für die Herstellung der Bogenfedern von entscheidender Bedeutung ist.

2.5 Zusammenfassung

Im vorliegenden Kapitel wurden die Berechnung und die Simulation von Federn für den Einsatz in der Automobilindustrie vorgenommen. Im Rahmen der vorliegenden Untersuchung wurde das Spannungsfeld von Schraubendruckfedern betrachtet, welche in Fahrzeugen als Tragfedern zum Einsatz kommen. Ziel ist die Ermittlung der

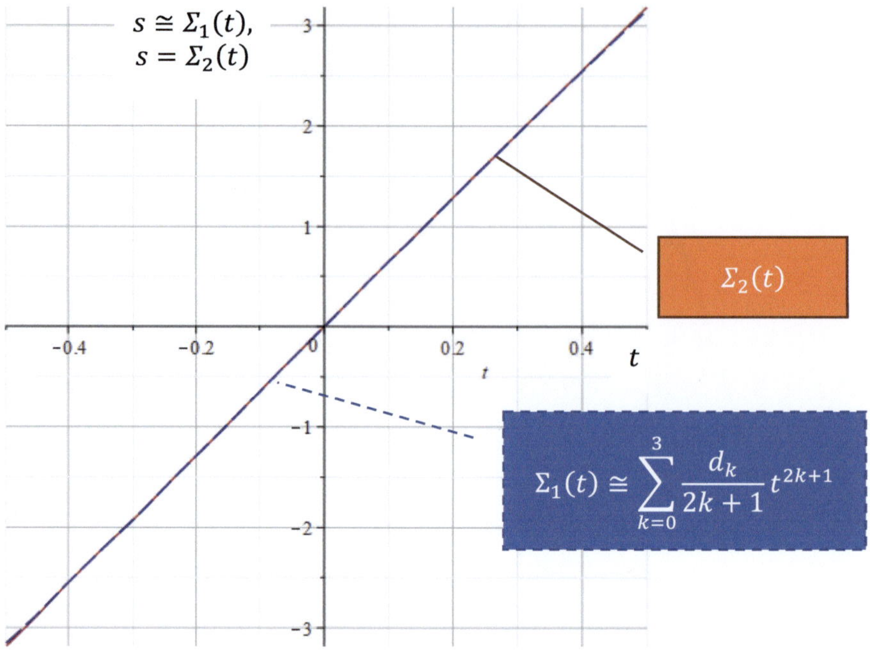

Abb. 2.13 Abhängigkeit des natürlichen Parameters s vom Torusparameter t für $R_{mid} = \frac{3}{2}, R = 1, N = 10$

Beanspruchungen in der idealen Feder, welche die Grundlage für die Lebensdauerabschätzung darstellt. Die vorliegenden Vorschriften dienen der Sicherstellung einer genauen und nachweislichen Spannungsberechnung.

Am Beispiel einer Bogenfeder wird die Einstellung von Wickelautomaten für die exakte Herstellung von Federn mit komplexen räumlichen Skelettlinien erläutert.

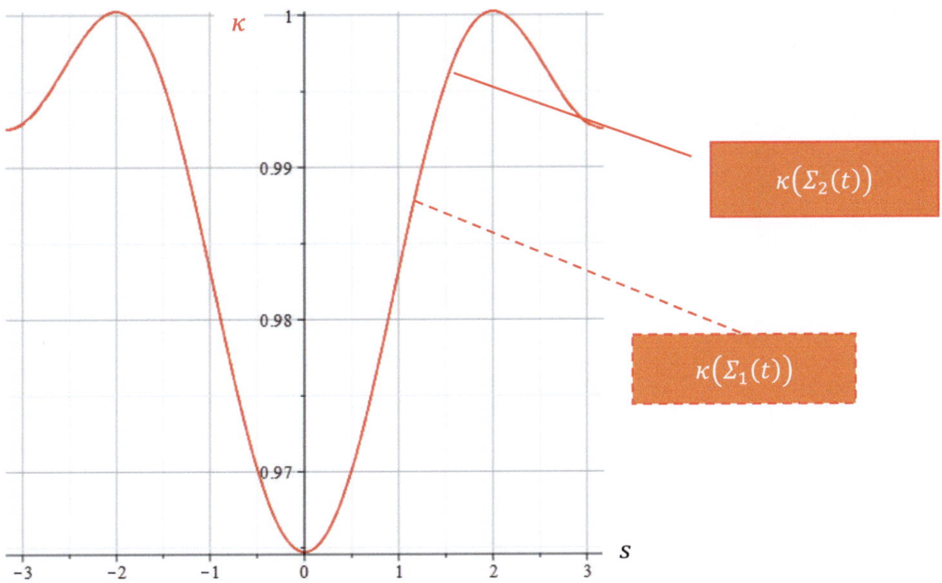

Abb. 2.14 Berechnungen der Krümmung mithilfe der exakten Formeln der exakten Gleichungen sowie der Taylorreihen. Krümmung κ einer Windung der toroidalen Schraubenlinie im Moment der höchsten plastischen Verformung als Funktion des natürlichen Parameters s für $R_{mid} = \frac{3}{2}, R = 1, N = 10$

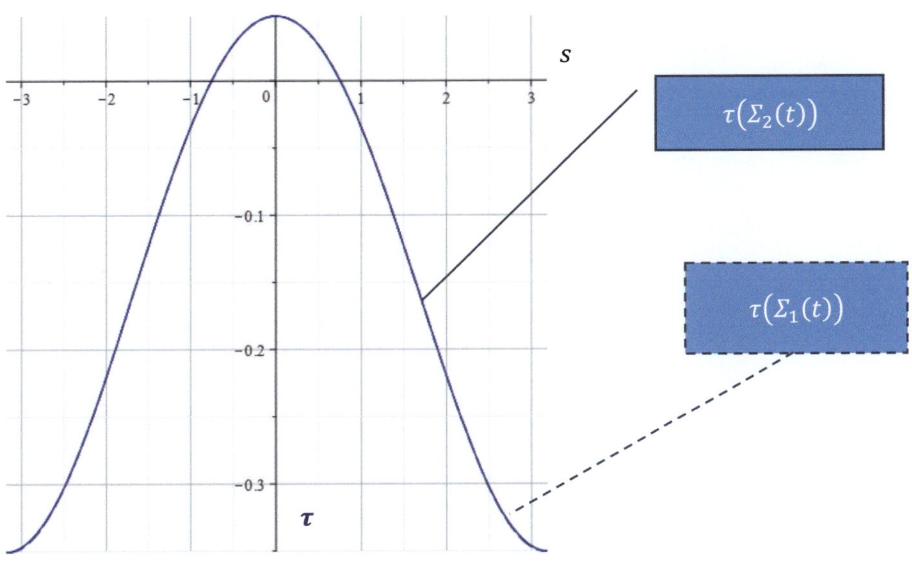

Abb. 2.15 Berechnungen der Torsion mithilfe der exakten Formeln der exakten Gleichungen sowie der Taylorreihen. Torsion τ einer Windung der toroidalen Schraubenlinie im Moment der höchsten plastischen Verformung als Funktion des natürlichen Parameters s für $R_{mid} = \frac{3}{2}, R = 1, N = 10$

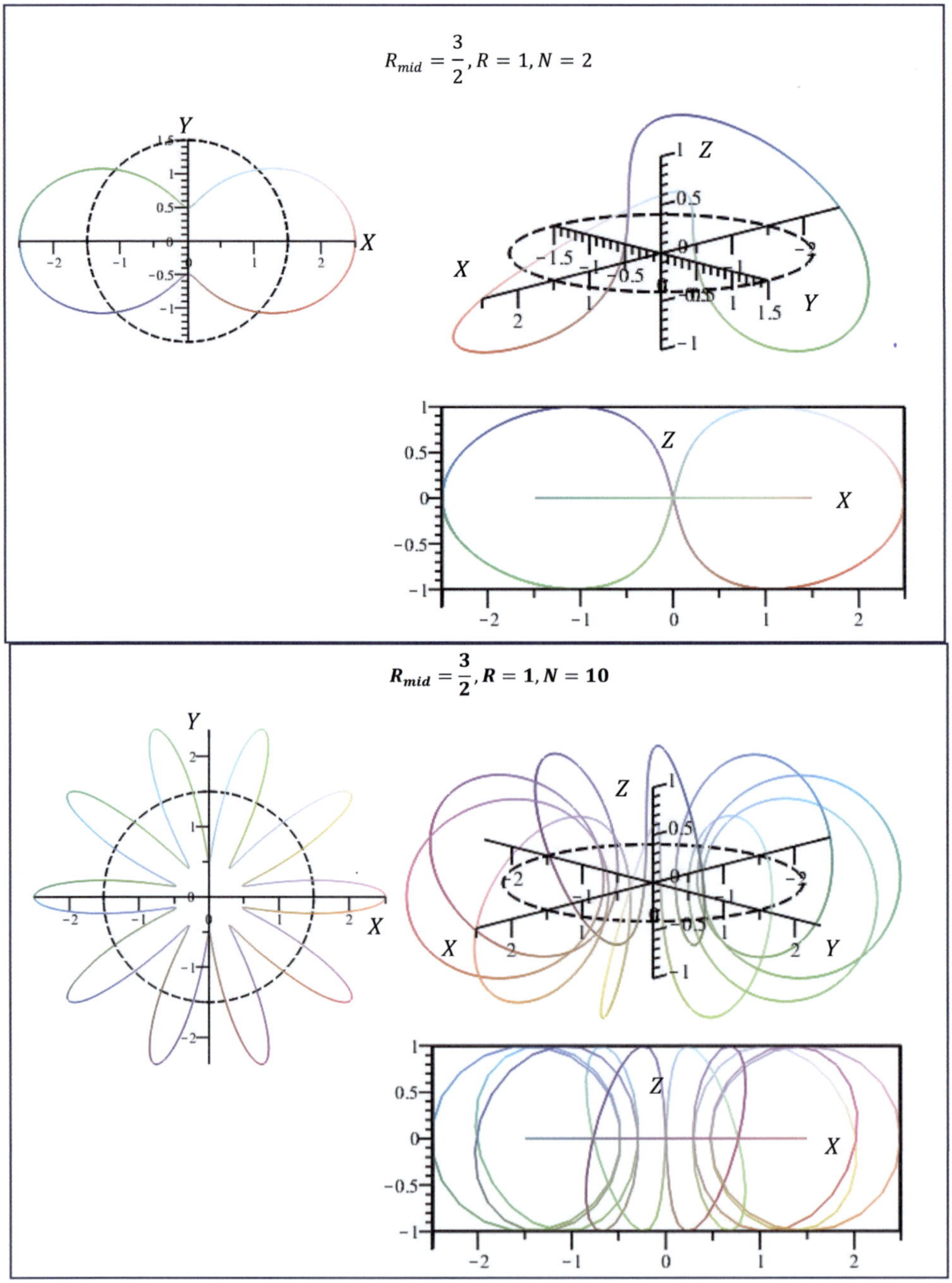

Abb. 2.16 Toroidale Schraubenlinien für beide Parametersätze

2.6 Symbolverzeichnis

Bezeichnung	*Physikalische Größe*
$\boldsymbol{T},\boldsymbol{H},\boldsymbol{B}$	Vektoren eines begleitenden Dreibeins
$\boldsymbol{B}$	Binormaleneinheitsvektor
$\boldsymbol{H}$	Hauptnormaleneinheitsvektor
$\boldsymbol{T}$	Tangenteneinheitsvektor
Nor	Normalebene
Sch	Schmiegebene (Krümmungsebene)
Rek	rektifizierende Ebene (Streckebene)
$\vec{e}_x, \vec{e}_y, \vec{e}_z$	Räumliche Einheitsvektoren
$\overline{\alpha}$	Steigungswinkel Feder unter Last
C_Σ	lokales zylindrisches Koordinatensystem im Draht
$\overline{D}$	mittlerer Durchmesser der belasteten Feder
J_T	Torsionsträgheitsmoment
$\overline{L}$	Länge der Feder unter Last
$\overline{N}$	Zahl der aktiven Windungen belasteter Feder
$\overline{\mathrm{P}}$	Steigungsparameter der belasteten Feder, $\overline{\mathrm{P}} \overset{\mathrm{def}}{=} \overline{L}/2\pi\overline{N} = \overline{l}/2\pi$
$\overline{R}$	Radius der Skelettlinie der freien Feder, $\overline{R} = \overline{D}/2$
R_e	Außenradius der Oberfläche des Torus, $R_e = R_{mid} + R$
R_i	Innenradius der Oberfläche des Torus, $R_i = R_{mid} - R$
R_{mid}	Der Radius vom Mittelpunkt des Torus bis zum Mittelpunkt der Oberfläche des Torus
W_s	potenzielle elastische Energie
$c_{[\Theta/\mathrm{M}]}$	Reziproke Federrate für das axiale Moment infolge axialer Drehung
$c_{[\Theta/F]}$	Reziproke Federrate für die axiale Federkraft infolge axialer Drehung
$c_{[F/\Theta]}$	Federrate für die axiale Federkraft infolge axialer Drehung
$c_{[F/S]}$	Federrate für die axiale Federkraft infolge axialer Kompression
$c_{[M/\Theta]}$	Federrate für das axiale Moment infolge axialer Drehung
$c_{[M/S]}$	Federrate für das axiale Moment infolge axialer Kompression
$c_{[S/F]}$	Reziproke Federrate für die axiale Federkraft axialer Kompression
$c_{[S/M]}$	Reziproke Federrate für das axiale Moment axialer Kompression
$\overline{l}$	Steigung pro eine Windung der belasteten Feder, $\overline{l} \overset{\mathrm{def}}{=} \overline{L}/\overline{N}$
ε_n	Exzentrizität des elliptischen Drahts
α	Steigungswinkel der freien Feder
Θ	Relative Verdrehung der Federenden
$\mathcal{A}$	Querschnittsfläche

Bezeichnung	*Physikalische Größe*
$\mathcal{B}$	Biegesteifheit des Drahtes
$\mathcal{C}$	Torsionssteifheit des Drahtes
D	mittlerer Durchmesser freier Feder
J	Flächenträgheitsmoment
L	Länge der freien Feder
N	Windungszahl der freien Feder
P	Steigungsparameter der freien Feder $\mathrm{P} \stackrel{\text{def}}{=} L/2\pi N$
$R = D/2$	Radius der Skelettlinie der freien Feder
S	Axiale Federweg (Kompression oder Ausdehnung)
U	Arbeit der äußeren Kräfte
$l \stackrel{\text{def}}{=} L/N$	Steigung pro eine Windung freier Feder
s	natürlicher Parameter der Skelettkurve
t	Torusparameter (entspricht der Anzahl der Windungen)
$\mathfrak{L}$	Länge des Drahtes
$\mathfrak{T}$	Torsionsmoment im Draht
$\mathfrak{M}$	Biegemoment im Draht
κ	Krümmung der unbelasteten Skelettlinie
$\rho = \frac{R_{mid}}{R}$	Dimensionsloser Parameter
τ	Torsion (Verwindung) der unbelasteten Skelettlinie

Literatur

1. Mertens, H., Liebich, R., Gust, P. (2020). Federnde Verbindungen (Federn). In: Bender, B., Göhlich, D. (eds) *Dubbel Taschenbuch für den Maschinenbau* 2: Anwendungen. Springer Vieweg, Berlin, Heidelberg. https://doi.org/10.1007/978–3-662–59713-2_9
2. DIN EN 10270-1 (2011*) Stahldraht für Federn*. Teil 1: Patentiert-gezogener unlegierter Federstahldraht. Deutsche Fassung EN 10270-1, 2011
3. DIN EN 10270-2 (2012) *Stahldraht für Federn*. Teil 2: Ölschlussvergüteter Federstahldraht. Deutsche Fassung EN 10270-2, 2012
4. DIN EN 10270-3 (2012) *Stahldraht für Federn*. Teil 3: Nicht rostender Federstrahldraht. Deutsche Fassung EN 10270-3, 2012
5. Aerospace Standard AS 24585 C (2016) *Spring, Helical, Compression: for loads below 20 lbf*; SAE International 2001, reaffirmed 2007, revised 2016
6. ASTM A125-96 (2013) e1, Standard Specification for Steel Springs, Helical, Heat-Treated, ASTM International, West Conshohocken, PA, 2013
7. Dill E.H. (1992) Kirchhoff's theory of rods. Archive for History of Exact Sciences, https://doi.org/10.1007/BF00379680, Volume 44, Number 1, 1–23

8. Whitman A. B., Cohen H. (1978) Constitutive equations for curved and twisted, initially stressed elastic rods. *Acta Mechanica*, Volume 30, Numbers 3–4 237–257, https://doi.org/10.1007/BF01175905
9. *Meyers kleine Enzyklopädie Mathematik: Für Schule, Studium u. Praxis* (1995) 14. Vollständ. überarb. Edition, Eds. Gottwald, S., Kästner, H., Rudolph, H. Meyers Lexikonverlag, Mannheim
10. Love, A. E.H. (1927) *A Treatise on the Mathematical Theory of Elasticity*. Second Edition, Cambridge Univ. Press, 1906. Fourth Edition 1927, reprinted by Dover Publication
11. O'Reilly, O.M. (2017) Kirchhoff's Rod Theory, Ch. 5. in: „Modeling Nonlinear Problems in the Mechanics of Strings and Rods", *Interaction of Mechanics and Mathematics*, https://doi.org/10.1007/978–3-319–50598-5_5
12. Kirchhoff G., (1859) Über das Gleichgewicht und die Bewegung eines unendlich dünnen elastischen Stabes, *J. reine angew. Math.* (Crelle) 56, 285–313
13. Euler L., (1744) *Methodus inveniendi lineas curvas maximi minimive proprietate gaudentis, sive solutio problematis isoperimetrici latissimo sensu accepti*, A method for finding curved lines enjoying properties of maximum or minimum, or solution of isoperimetric problems in the broadest accepted sense, Lausanne & Geneva: Marcum-Michaelem Bousquet, Volume 1744, pp. 1–322
14. Freguglia, P., Giaquinta, M. (2016) Euler's Methodus Inveniendi. In: The Early Period of the Calculus of Variations. Birkhäuser, Cham. https://doi.org/10.1007/978–3-319–38945-5_6
15. Clebsch A, (1862) Theorie der Elastizität fester Körper, Leipzig, Teubner, https://www.deutsche-digitale-bibliothek.de/item/ZBKGOZPZJQ2FLGK7LJLIJ2IVH2G3GTGL
16. Szabó, I. (1966) Arbeitsprinzipien der Mechanik. In: Einführung in die Technische Mechanik. Springer, Berlin, Heidelberg. DOI: https://doi.org/10.1007/978–3-662–00091-5_6
17. Thomson W. T., Tait P. G. (1867) Treatise on Natural Philosophy, Cambridge University Press, Cambridge, England
18. Đuričković B., Goriely A., Maddocks J. H. (2013) Twist and Stretch of Helices Explained via the Kirchhoff–Love Rod Model of Elastic Filaments, Phys. Rev. Lett. Vol. 111, 10, 108.103, https://doi.org/10.1103/PhysRevLett.111.108103
19. Babenko A. Y., Soltannia B., Mobarakeh P. S. (2018) Solving Geometrically Nonlinear Problem on Deformation of a Helical Spring through Variational Methods International Journal of Mechanics and Applications, 8(1): 21–24 https://doi.org/10.5923/j.mechanics.20180801.03
20. DIN EN 13906-1. *Zylindrische Schraubenfedern aus runden Drähten und Stäben*. Berechnung und Konstruktion, Teil 1: Druckfedern Ausschuss Federn im DIN Deutsches Institut für Normung e.v.
21. DIN EN 13906-2. *Zylindrische Schraubenfedern aus runden Drähten und Stäben*. Berechnung und Konstruktion, Teil 2: Zugfedern Ausschuss Federn im DIN Deutsches Institut für Normung e.v.
22. *Vorrichtung zur Geradführung von unabhängig aufgehängten Rädern von Kraftfahrzeugen* (1966) Deutsche Patenanmeldung DE1505616A1, DPA
23. *Aufhängungssystem mit einer Feder* (2001) Europäische Patentschrift EP1260390A2, Europäisches Patentamt
24. *Radaufhängung* (1988) Europäische Patentschrift EP0319651B1. Europäisches Patentamt
25. NIST *Digital Library of Mathematical Functions* (2024) https://dlmf.nist.gov/, Release 1.2.2 of 2024–09–15. F. W. J. Olver, A. B. Olde Daalhuis, D. W. Lozier, B. I. Schneider, R. F. Boisvert, C. W. Clark, B. R. Miller, B. V. Saunders, H. S. Cohl, and M. A. McClain, eds.
26. Gröbner W., Hofreiter N. (1966) *Integraltafel*, Zweiter Teil, Bestimmte Integrale. 4te Auflage, Springer-Verlag Wien GmbH

Optimales Design von Schraubenfedern 3

3.1 Optimale Zug- und Druckfedern

3.1.1 Zug/Druckfedern aus kreisrundem Draht

Zylindrische Schraubendruckfedern und Schraubenzugfedern sind in [1, § 9.2.6] beschrieben. Zunächst wird die minimale Masse der schraubenförmigen Druck- oder Zugfeder mit rundem Drahtquerschnitt gesucht (Kap. 1, § 1.5.2 und Kap. 2). Das Wickelverhältnis $\mathrm{w} \stackrel{\mathrm{def}}{=} D/d$ wird definiert als das Verhältnis von mittlerem Durchmesser D zum Drahtdurchmesser d [2]. Die Schubspannungsverteilung im Drahtquerschnitt einer Feder ist inhomogen, wobei die höchste Spannung am Federinnendurchmesser auftritt. Mittels des Spannungskorrekturfaktors, welcher eine Funktion der Feder ist, kann die höchste Spannung approximativ ermittelt werden. Während die ideale Schubspannung für die Auslegung statisch oder quasistatisch beanspruchter Federn herangezogen wird, findet die korrigierte Schubspannung bei dynamisch beanspruchten Federn Anwendung [3].

Ziel der Optimierung ist es, eine Feder mit variablem Drahtdurchmesser und variabler Windungszahl zu entwickeln, die möglichst leicht ist:

$$\text{Optimale Masse der Feder} \Rightarrow m \rightarrow \text{minimum.}$$

Zwei Restriktionen werden für die vorliegende Optimierungsaufgabe aufgestellt. Die erste Restriktion beschränkt die zulässigen Spannungen an der Oberfläche der Feder. Die ideale Spannung bei der maximalen Belastung F_{max} soll die zulässige Spannung nicht überschreiten:

$$\text{Spannung} \leq \text{zulässige Spannung} \Rightarrow \tau_{id.max} \leq \tau_{zul}.$$

V. Kobelev, *Federntechnologie*, https://doi.org/10.1007/978-3-658-48303-6_3

Der Querschnitt des Drahtes wird durch das Widerstandmoment w_T und Torsionsmoment $\mathfrak{W}_T$ charakterisiert:

$$w_T = \tfrac{\pi d^3}{16},\ \mathfrak{W}_T = \tfrac{F_{max} D}{2}\ .$$

Nach Einsetzen dieser Größen in die Formel für die Schubspannung ergibt sich folgende Ungleichung:

$$\tau_{id.max} \leq \tau_{zul} \rightarrow \tau_{id.max} = \frac{\mathfrak{W}_T}{w_T} = \frac{F_{max} D/2}{\pi d^3/16} \leq \tau_{zul}. \tag{3.1}$$

Die Auflösung der Ungleichung (3.1) nach dem minimalen Durchmesser des Drahts ergibt:

$$d \geq \sqrt[3]{\frac{8F_{max} D}{\pi \tau_{zul}}}. \tag{3.2}$$

Die zweite Einschränkung ist die Festlegung der Obergrenze für die Federrate der Feder. Die Bedingung für die Sollfederrate der Feder lautet:

$$\text{Federrate} \leq \text{Sollfederrate} \Rightarrow c_{[F/S]} \leq c_{soll}{}^{(\mathrm{F})}.$$

Mithilfe von Formel für Federraten und Massen der Federn mit dem Kreisquerschnitt des Drahts aus Kap. 2, Tab. 2.5 ergibt sich folgende Ungleichung:

$$c_{[F/S]} \leq c_{soll}{}^{(\mathrm{F})} \Rightarrow c_{[F/S]} \equiv \frac{\pi G}{4\int_0^{2\pi N} D^3 d^{-4} \mathrm{d}\psi} \leq c_{soll}{}^{(\mathrm{F})}. \tag{3.3}$$

Wir setzen den Durchmesser des Drahts aus (3.1) in die Gleichung für die Federrate (3.3) ein und erhalten:

$$c_{soll}{}^{(\mathrm{F})} \geq 4\pi G \frac{\left(\sqrt[3]{\frac{F_{max}}{\pi \tau_{zul}}}\right)^4}{\int_0^{2\pi N} D^{5/3} \mathrm{d}\psi}. \tag{3.4}$$

Die Masse der Feder liest man aus der Kap. 2, Tab. 2.5:

$$m = \frac{1}{8}\pi\rho \int_0^{2\pi N} D\, d^2\, \mathrm{d}\psi. \tag{3.5}$$

Wenn wir den Durchmesser des Drahtes (3.2) in die Masse der Feder (3.5) einsetzen, erhalten wir:

$$m \geq m_{opt} = \frac{1}{2}\pi\rho \cdot \left(\sqrt[3]{\frac{F_{max}}{\pi \tau_{zul}}}\right)^2 \cdot \int_0^{2\pi N} D^{5/3} \mathrm{d}\psi. \tag{3.6}$$

Sowohl die Formel (3.4) als auch (3.6) sind nicht direkt vom Durchmesser des Drahtes $d(\psi)$ abhängig. Die Multiplikation beider Seiten der Ungleichungen (3.4) mit (3.6) liefert schließlich die gesuchte Grenze für die Federmasse:

$$m\, c_{soll}{}^{(F)} \geq m_{opt} c_{soll}{}^{(F)} = 2\, \rho\, G\, \frac{F_{max}^2}{\tau_{zul}^2} \text{ oder } m \geq m_{opt} = 2\, \rho\, G\, \frac{F_{max}^2}{\tau_{zul}^2 c_{soll}{}^{(F)}}. \quad (3.7)$$

Die Ungleichung (3.7) beweist, dass die Masse beliebiger Schraubendruckfedern mit bestimmter Sollfederrate unter der Bedingung der zulässigen idealen Spannung größer ist als die minimale Federmasse, unabhängig von der Federform. Die minimale Federmasse m_{opt} entspricht der Masse einer Feder, die konstant auf die Gesamtoberfläche des Drahtes beansprucht wird. Die Ungleichung (3.7) wird umgeformt. Links werden die Designparameter $m_{opt}, c_{soll}{}^{(F)}, F_{max}$. aufgestellt und rechts die Materialparameter ρ, G, τ_{zul}. Dadurch entstehen zwei neue Materialkonstanten, welche die Eignung der Werkstoffe zur Energiespeicherung der Feder mit einem kreisrunden Draht kennzeichnen:

$$\frac{m_{opt} c_{soll}{}^{(F)}}{F_{max}^2} = \frac{2 \rho G}{\tau_{zul}^2} \stackrel{\text{def}}{=} P_{mat} \rightarrow \text{minimum}. \quad (3.8)$$

In Tab. 3.1 wird ein Legierungsvergleich zum Leichtbau von Schraubenfedern mit einem kreisrunden Draht dargestellt.

3.1.2 Zug/Druckfedern aus quadratischem Draht

Es wird nach der minimalen Masse einer Schraubenfeder mit quadratischem Drahtquerschnitt gesucht. Das Optimierungsziel besteht darin, eine Zug- oder Druckfeder mit den längs der Skelettline variablen Drahtseiten $a = b$ und variabler Windungszahl zu entwickeln, die möglichst leicht ist:

$$\text{Optimale Masse der Feder} \Rightarrow m \rightarrow \text{minimum}.$$

Tab. 3.1 Legierungsvergleich zum Leichtbau von Schraubenfedern mit einem kreisrunden Draht

Legierung	Dichte	Zulässige zyklische Spannung	Schermodul	Bezogene Masse
	ρ	τ_{zul}	G	P_{mat}
	$[tonnen/m^3]$	$[MPa]$	$[GPa]$	$[s^2/m^2]$
Titan	4,5	700	36	661
Federstahl	7,8	1000	70	1092
Nickel	8,6	700	66	2316
Kupfer	8,5	400	23	2443
Aluminium	2,7	200	22	2970

Die erste Restriktion beschränkt die zulässigen Spannungen an der Oberfläche der Feder. Die ideale Spannung bei der maximalen Kraft F_{max} soll die zulässige Spannung nicht überschreiten:

$$\text{Spannung} \leq \text{zulässige Spannung} \Rightarrow \tau_{id.max} \leq \tau_{zul}.$$

Im quadratischen Draht sind das Widerstandmoment w_T und Torsionsmoment $\mathfrak{W}_T$:

$$w_T = 0{,}2082\, a^3,\ \mathfrak{W}_T = \tfrac{1}{2} F_{max} D_m\,.$$

Die folgende Ungleichung ergibt sich nach Einsetzen dieser Werte in die Schubspannungsformel:

$$\tau_{id.max} \leq \tau_{zul} \rightarrow \tau_{id.max} = \frac{\mathfrak{W}_T}{w_T} = \frac{F_{max} D/2}{0{,}2082\, a^3} \leq \tau_{zul}. \tag{3.9}$$

Die Auflösung der Ungleichung (3.9) nach der minimalen Seitenlänge des Drahts ergibt:

$$a \geq 1{,}3391 \cdot \sqrt[3]{\frac{F_{max} D}{\pi\, \tau_{zul}}}. \tag{3.10}$$

Die zweite Restriktion definiert die Federrate der Feder. Die Bedingung für die Sollfederrate der Feder lautet:

$$\text{Federrate} \equiv \text{Sollfederrate} \Rightarrow c_{[F/S]} \leq c_{soll}{}^{(\mathrm{F})}.$$

Wir setzen die Seitenlänge des Drahts aus (3.10) in die Gleichung für die Federrate ein und erhalten:

$$c_{soll}{}^{(\mathrm{F})} \geq \frac{3{,}6173 \cdot G \cdot \left(\frac{F_{max}{}^4}{\tau_{zul}{}^4}\right)^{1/3}}{\int_0^{2\pi N} D^{5/3} \mathrm{d}\psi}. \tag{3.11}$$

Die Masse der Feder liest man aus der Kap. 2, Tab. 2.5:

$$m \geq m_{opt} = 0{,}8966..\rho \left(\frac{F_{max}{}^2}{\tau_{zul}{}^2}\right)^{1/3} \cdot \int_0^{2\pi N} D^{5/3} \mathrm{d}\psi. \tag{3.12}$$

Sowohl die Formel (3.11) als auch (3.12) sind nicht direkt von der Seitenlänge des Drahtes $d(\psi)$ abhängig. Die Multiplikation beider Seiten der Ungleichungen (3.11) mit (3.12) liefert schließlich die gesuchte Grenze für die Federmasse:

$$m\, c_{soll}{}^{(\mathrm{F})} \geq m_{opt} c_{soll}{}^{(\mathrm{F})} = 3{,}24357 \cdot \frac{\rho\, G\, F_{max}^2}{\tau_{zul}^2}. \tag{3.13}$$

3.2 Optimale Torsionsfedern

3.2.1 Torsionsfedern aus kreisrundem Draht

Eine Schraubentorsionsfeder wird als Flachspiralfeder (flach gewickelte, biegebeanspruchte Feder) oder als Schenkelfeder (biegebeanspruchte Schraubenfeder) ausgeführt, S. Kap. 1, § 1.4.3 und § 1.4.4.) Ausgehend von Abschn. 3.1 wird die minimale Masse der Schraubentorsionsfeder mit rundem Drahtquerschnitt ermittelt. Ziel der Optimierung ist es, eine Feder mit variablem Drahtdurchmesser und variabler Windungszahl zu entwickeln, die möglichst leicht ist:

$$\text{Optimale Masse der Feder} \Rightarrow m \rightarrow \text{minimum}.$$

Die erste Restriktion beschränkt die zulässigen Spannungen an der Oberfläche der Schraubenfeder. Die Spannung bei dem vorgegebenen maximalen Torsionsmoment M_{max} soll die zulässige Spannung im Material nicht überschreiten:

$$\text{Spannung} \leq \text{zulässige Spannung} \Rightarrow \sigma_{id.max} \leq \sigma_{zul}.$$

Die Windungen können als flach angesehen werden, und die Steigung der Skelettlinie kann vernachlässigt werden. Unter diesen Bedingungen ist das Biegemoment im Draht $\mathfrak{W}_B$ ungefähr gleich dem maximalen Torsionsmoment M_{max} der Schraubenfeder. Das Widerstandmoment des Querschnitts $w_B = \frac{\pi}{32}d^3$ und Biegemoments im Draht $\mathfrak{W}_B$ sind bekannt. Setzt man diese Werte in die Normalspannungsformel ein, gilt folgende Ungleichung:

$$\sigma_{max} \leq \sigma_{zul} \rightarrow \sigma_{max} = \frac{\mathfrak{W}_B}{w_B} = \frac{M_{max}}{\pi d^3/32} \leq \sigma_{zul}. \tag{3.14}$$

Die Auflösung der Ungleichung (3.14) nach dem minimalen Durchmesser des Drahts ergibt:

$$d \geq \sqrt[3]{\frac{32 M_{max}}{\pi \sigma_{zul}}}. \tag{3.15}$$

Die zweite Restriktion definiert die Federrate der Feder. Die Bedingung für die Sollfederrate der Feder lautet:

$$\text{Federrate} \equiv \text{Sollfederrate} \Rightarrow c_{[M/\Theta]} \leq c_{soll}{}^{(\mathrm{M})}.$$

Mithilfe der Formel aus Kap. 2, Tab. 2.5 ergibt sich folgende Ungleichung:

$$c_{[M/\Theta]} = \frac{\pi E}{8\int_0^{2\pi N} \frac{D}{d^4}\,\mathrm{d}\psi} \leq c_{soll}{}^{(\mathrm{M})}. \tag{3.16}$$

Wir setzen den Durchmesser des Drahts aus (3.15) in die Gleichung für die Federrate (3.16) ein und erhalten:

$$c_{soll}{}^{(M)} \geq \frac{2^{5/3}E}{8\sqrt[3]{\pi}\cdot\int_0^{2\pi N} D d\psi}\left(\sqrt[3]{\frac{M_{max}}{\sigma_{zul}}}\right)^4. \tag{3.17}$$

Bei der Substitution des Durchmessers des Drahtes (3.17) in die Masse der Feder ergibt sich folgende Berechnung:

$$m \geq m_{opt} = \rho\sqrt[3]{2\pi}\left(\sqrt[3]{\frac{M_{max}}{\sigma_{zul}}}\right)^2 \int_0^{2\pi N} D\, \mathrm{d}\psi. \tag{3.18}$$

Sowohl die Formel (3.16) als auch (3.18) sind nicht direkt vom Durchmesser des Drahtes $d(\psi)$ abhängig. Die Multiplikation beider Seiten der Ungleichungen (3.16) mit (3.18) führt schließlich zur gesuchten Grenze für die Federmasse:

$$m\, c_{soll}{}^{(M)} \geq m_{opt} c_{soll}{}^{(M)} = 4\rho E\left(\frac{M_{max}}{\sigma_{zul}}\right)^2 \quad \text{oder} \quad m \geq m_{opt} = \frac{4\rho E}{c_{soll}{}^{(M)}}\left(\frac{M_{max}}{\sigma_{zul}}\right)^2. \tag{3.19}$$

Die Ungleichung (3.19) demonstriert, dass die Masse beliebiger Schraubendruckfedern mit spezifischer Sollfederrate unter der Prämisse der zulässigen idealen Spannung einen höheren Wert aufweist als die minimale Federmasse, unabhängig von der Federform. Die minimale Federmasse m_{opt} entspricht der Masse einer Feder, die konstant auf die Gesamtoberfläche des Drahtes beansprucht wird. Infolgedessen entstehen zwei neue Materialkonstanten, welche die Eignung der Werkstoffe zur Energiespeicherung kennzeichnen:

$$\frac{m_{opt} c_{soll}{}^{(M)}}{M_{max}^2} = \frac{4\rho E}{\sigma_{zul}^2} \stackrel{\text{def}}{=} Q_{mat} \rightarrow \text{minimum}, \tag{3.20}$$

Der Parameter Q_{mat} in (3.20) ist proportional der Masse der optimalen Feder mit einem kreisrunden Draht aus einem bestimmten Werkstoff.

3.2.2 Torsionsfedern aus quadratischem Draht

In diesem Abschnitt wird die minimale Masse der Schraubendruckfeder mit rundem Drahtquerschnitt gesucht. Ziel der Optimierung ist es, eine Feder mit variablem Drahtdurchmesser und variabler Windungszahl zu entwickeln, die möglichst leicht ist:

$$\text{Optimale Masse der Feder} \Rightarrow m \rightarrow \text{minimum}.$$

Die erste Restriktion beschränkt die zulässigen Spannungen an der Oberfläche der Feder. Die Spannung bei der maximalen Belastung $\mathfrak{W}_{max}$ soll die zulässige Spannung nicht überschreiten:

$$\text{Spannung} \leq \text{zulässige Spannung} \Rightarrow \sigma_{id.max} \leq \sigma_{zul}.$$

Nach dem Einsetzen des Widerstandmoments $w_B = \frac{\pi}{6} a^4$ und Biegemoments im Draht M_{max} in die Formel für Schubspannung folgt folgende Ungleichung:

$$\sigma_{max} \leq \sigma_{zul} \rightarrow \sigma_{max} = \frac{\mathfrak{W}_B}{w_B} = \frac{M_{max}}{\pi a^3/6} \leq \sigma_{zul}. \tag{3.21}$$

Die Auflösung der Ungleichung (3.21) nach dem minimalen Durchmesser des Drahts ergibt:

$$a \geq \sqrt{\frac{6M_{max}}{\sigma_{zul}}}. \tag{3.22}$$

Die zweite Restriktion definiert die Federrate der Feder. Die Bedingung für die Sollfederrate der Feder lautet:

$$\text{Federrate} \equiv \text{Sollfederrate} \Rightarrow c_{[M/\Theta]} \leq c_{soll}{}^{(M)}.$$

Wir setzen den Durchmesser des Drahts aus (3.10) in die Gleichung für die Federrate (44) ein und erhalten:

$$c_{soll}{}^{(M)} \geq \frac{E}{\int_0^{2\pi N} D^{5/3} \mathrm{d}\psi} \left(\frac{6M_{max}^4}{\sigma_{zul}{}^4} \right)^{1/3}. \tag{3.23}$$

Die Masse der Feder liest man aus Kap. 2, Tab. 2.5 ab

$$m = \frac{\rho}{2} \left(\frac{6M_{max}}{\sigma_{zul}} \right)^{2/3} \cdot \int_0^{2\pi N} D \, \mathrm{d}\psi. \tag{3.24}$$

Sowohl die Formel (3.12) als auch (3.14) sind nicht direkt vom Durchmesser des Drahtes $d(\psi)$ abhängig. Die Multiplikation beider Seiten der Ungleichungen (3.12) mit (3.14) liefert schließlich die gesuchte Grenze für die Federmasse:

$$m c_{soll}{}^{(M)} \geq m_{opt} c_{soll}{}^{(M)} = 3\rho E \left(\frac{M_{max}}{\sigma_{zul}} \right)^2 \text{oder}\, m \geq m_{opt} = \frac{3\rho E}{c_{soll}{}^{(M)}} \left(\frac{M_{max}}{\sigma_{zul}} \right)^2. \tag{3.25}$$

Die Ungleichung (3.15) verdeutlicht, dass die Masse beliebiger Torsionsfedern mit bestimmter Sollfederrate unter der Bedingung der zulässigen idealen Spannung größer ist als die minimale Federmasse, unabhängig von der Federform. Die minimale Federmasse m_{opt} entspricht der Masse einer Feder, die konstant auf die Gesamtoberfläche des Drahtes beansprucht wird. In diesem Zusammenhang entstehen zwei neue Materialkonstanten, welche die Eignung der Werkstoffe zur Energiespeicherung kennzeichnen:

$$\frac{m_{opt} {c_{soll}}^{(M)}}{M_{max}^2} = \frac{3\rho E}{\sigma_{zul}^2} \stackrel{\text{def}}{=} Q_{mat} \rightarrow \text{minimum}, \tag{3.26}$$

Der Parameter Q_{mat} in (3.16) ist proportional der Masse der optimalen Feder mit einem quadratischen Draht aus einem bestimmten Werkstoff. Die Resultate der Optimierung der Druck- und Torsionsfedern sind in Tab. 3.2 zusammengefasst.

Der Parameter Q_{mat} in (3.8) ist proportional der Masse der optimalen Feder aus einem bestimmten Werkstoff (Tab. 3.3). Der Werkstoff mit dem minimalen Parameter Q_{mat} wird entsprechend zur kleinsten Masse der Feder aus einem bestimmten Material führen.

Die Volumenenergiedichte ausgewählter Werkstoffe für Metallfedern ist in Tab. 3.3 dargestellt, während die Massenenergiedichte der gängigen Federwerkstoffe in Abb. 3.1 veranschaulicht wird. In Tab. 3.4 werden die mechanischen Eigenschaften von Metall- und Kunststofffedern miteinander verglichen. Ziel dieses Vergleichs ist eine Gegenüberstellung der mechanischen Eigenschaften der Federn aus unterschiedlichen Werkstoffen. Die letzte Spalte der Tabelle präsentiert die Masse der Feder, welche aus einem bestimmten Werkstoff gefertigt wurde, im Vergleich zur Masse der Feder, welche aus hochfestem Federstahl hergestellt wurde.

Tab. 3.2 Zusammenfassung der Optimierungskennzahlen von Druck- und Torsionsfedern

	Axiale Kraft F	Axiales Moment M
Querschnittstyp	$P_{mat} = \frac{m_{opt} {c_{soll}}^{(F)}}{F_{max}^2}$	$Q_{mat} = \frac{m_{opt} {c_{soll}}^{(M)}}{M_{max}^2}$
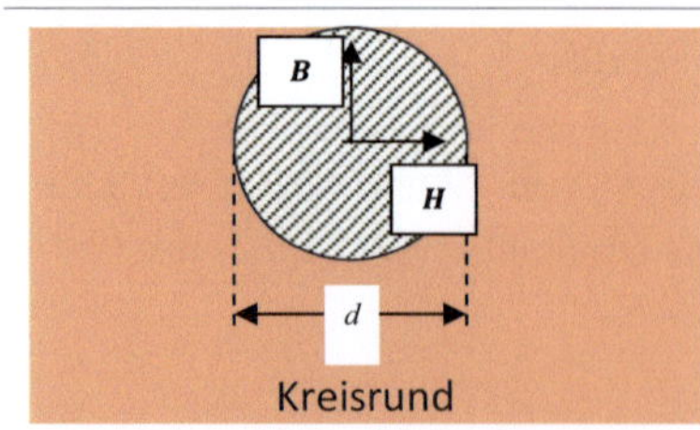	$\frac{2\rho G}{\tau_{zul}^2}$	$\frac{4\rho E}{\sigma_{zul}^2}$
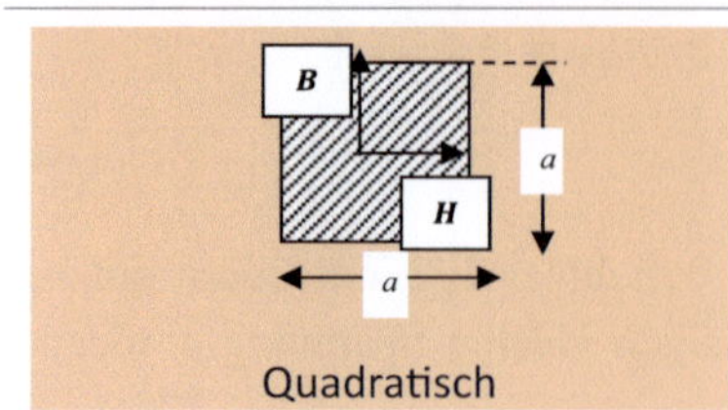	$3.24357\ldots \frac{\rho G F_{max}^2}{\tau_{zul}^2}$	$\frac{3\rho E}{\sigma_{zul}^2}$

Tab. 3.3 Ausgewählte Werkstoffe für Metallfedern

	Bezeichnung	EN	Eigenschaften des Materials	Dichte	Temperatur	Festigkeit	Moduln		Energiedichte	
									Pro masse	Pro volumen
				ρ_m		σ_{zul}	G	E	$\frac{\sigma_w^2}{2\rho E}$	$\frac{\sigma_w^2}{2E}$
				kg/dm^3	°C	MPa	GPa	GPa	J/kg	J/dm^3
[4]	**1.4301/X5CrNi1810, Spring steel V2A**	10088-3	Korrosionsbeständigkeit	7,9	250	500..700	68	180	126	1000
[5]	**1.4310/X10CrNi18-8, Spring steel V2A**	10270-3	Hohe Korrosionsbeständigkeit	7,9	200	500..750	70	185	155	1230
[6]	**1.4401/ X5CrNiMo171-12, Spring steel V4A**	10270-3	Korrosionsbeständig, gute Entspannung, nicht magnetisch	8,0	300	500..700	68	180	125	1000
[7]	**1.4436/ X5CrNiMo17133, Spring steel V4A**	10088-3	Gute Korrosionsbeständigkeit, leicht magnetisch	7,98	300	670	68	180	156	1250
[8]	**1.4539/X1NiCrMoCuN25-20, Spring steel V4A**	10088	Korrosionswiderstand, nicht magnetisch	8	300	530..730	68	180	137	1100
[9]	**1.4568/X7CrNiAI17-7, Spring steel V4A**	10270-3	Geringe Relaxation, hohe Dauerfestigkeit	7,81	350	900..1100	73	195	328	2560

(Fortsetzung)

Tab. 3.3 (Fortsetzung)

	Bezeichnung	EN	Eigenschaften des Materials	Dichte	Temperatur	Festigkeit	Moduln		Energiedichte	
									Pro masse	Pro volumen
				ρ_m		σ_{zul}	G	E	$\frac{\sigma_w^2}{2\rho E}$	$\frac{\sigma_w^2}{2E}$
				kg/dm³	°C	MPa	GPa	GPa	J/kg	J/dm³
[10]	**1.4571/X6CrNi-MoTi17, Spring steel V4A**	10270-3	Korrosionsbeständig, höhere Festigkeit	7,95	300	500..700	68	185	124	973
[11]	**2.4610/NiMo16Cr16Ti, Hastelloy C4**	–	Einsetzbar in sehr korrosiver Atmosphäre, nicht magnetisch	8,64	450	700..900	76	210	176	1520
[12]	**2.4632/NiCr20CO18Ti, Nimonic 90**	–	Korrosionsbeständig gegen die meisten Gase	8,2	500	1200	83	213	412	3380
[13]	**2.4669/NiCr15F-e7TiAI, Inconel X750**	–	Geeignet für hohe Temperaturen, nicht magnetisch	8,2	600	980	76	213	274	2250
[14]	**CW101C/CuBe2, Copper beryllium alloy**	12166	Korrosionsbeständig, antimagnetisch, funkenfrei	8,3	–200..80	1150	47	120	663	5510

(Fortsetzung)

Tab. 3.3 (Fortsetzung)

	Bezeichnung	EN	Eigenschaften des Materials	Dichte	Temperatur	Festigkeit	Moduln		Energiedichte	
									Pro masse	Pro volumen
				ρ_m		σ_{zul}	G	E	$\frac{\sigma_w^2}{2\rho E}$	$\frac{\sigma_w^2}{2E}$
				kg/dm³	°C	MPa	GPa	GPa	J/kg	J/dm³
[15]	**CW452K/CuSn6, Spring bronze**	12166	Nichtmagnetisch, lötbar, schweißbar, korrosionsbeständig	8,8	–200..60	340..500	42	115	87	767
[16]	**CW507L/CuZn36, Brass wire**	12166	Nichtmagnetisch	8,45	–200..60	300..560	39	110	198	840
[17]	**CoNiCrFe, Duratherm**	–	Geeignet für hohe Temperaturen	8,45	600	1100..1880	85..95	205..225	619	5230
[18]	**EN 10270-1, Type DH**	10270-1	Federstahldraht für alle gängigen Federn, hohe statische und mittlere dynamische Beanspruchung	7,95	80	2400..3500	81.5	206	2747	21800
[19]	**EN 10270-1, Type SH**	10270-1	Allgemeine Federn aus Federstahldraht, hohe statische und mittlere dynamische Beanspruchung	7,95	80	1900–2940	81.5	206	1908	15200

(Fortsetzung)

Tab. 3.3 (Fortsetzung)

	Bezeichnung	EN	Eigenschaften des Materials	Dichte	Temperatur	Festigkeit	Moduln		Energiedichte	
									Pro masse	Pro volumen
				ρ_m		σ_{zul}	G	E	$\frac{\sigma_w^2}{2\rho E}$	$\frac{\sigma_w^2}{2E}$
				kg/dm³	°C	MPa	GPa	GPa	J/kg	J/dm³
[20]	**EN 10270-2/VDC Valve spring wire**	10270-2	Geeignet für hohe Dauerschwingungsbelastungen	7,95	80	1250..2100	79.5	206	989	7860
[21]	**EN 10270-2/VDSiCr Valve spring wire**	10270-2	Hohe dynamische Belastung über 100 °C, gute Relaxationseigenschaften	7,95	120	1670..2100	79.5	206	1221	9710
[22]	**TiAl6V4, Titanium alloy**	–	Unempfindlichkeit gegen Kälte, Hitze und Korrosion	4,43	–200…300	1286	39	111	1794	7950

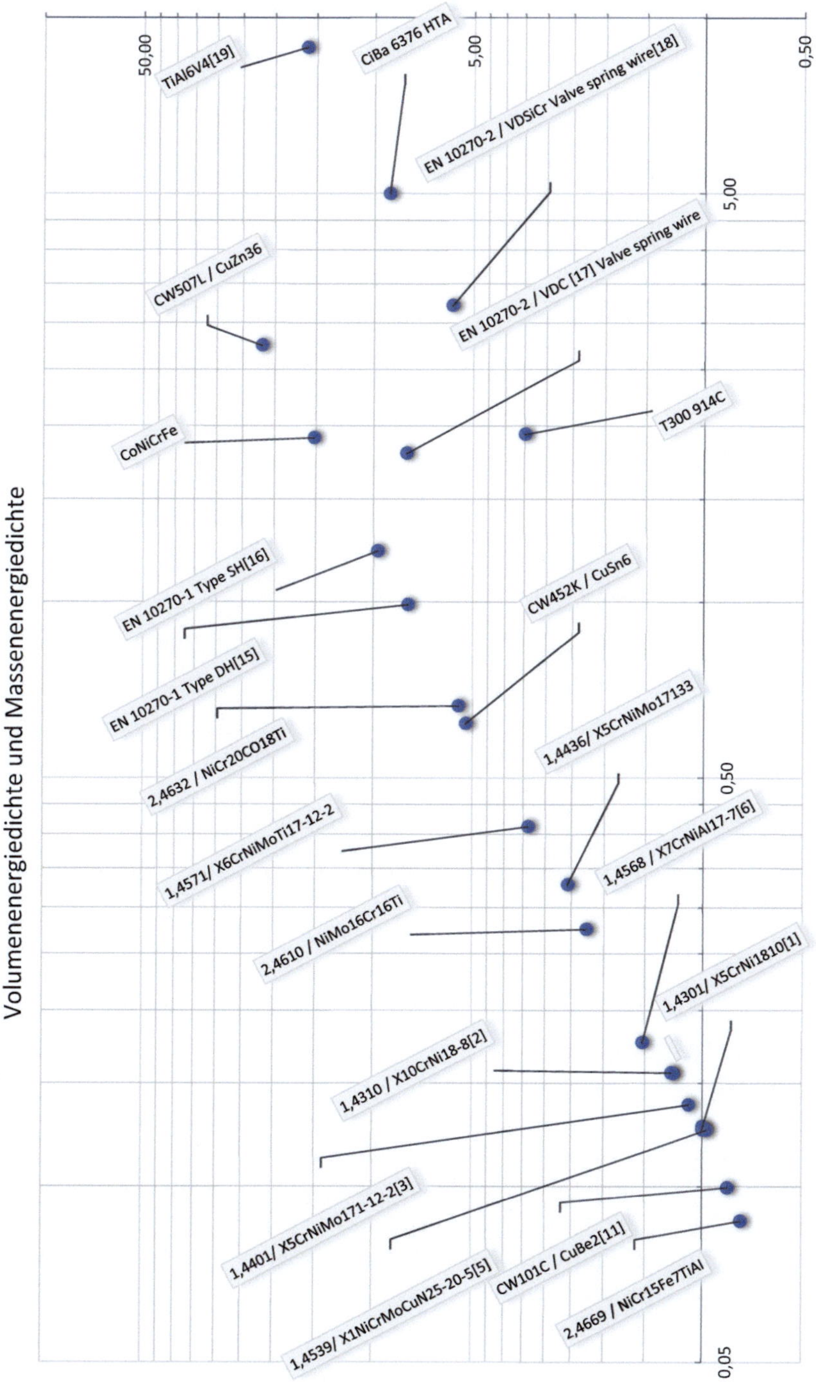

Abb. 3.1 Volumenenergiedichte und Massenenergiedichte der gängigen Federwerkstoffe aus Tab. 3.3

Tab. 3.4 Vergleich der Mechanischen Eigenschaften für Metall- und Kunststofffedern. Für Faserverbundwerkstoffe sind die Werte für Zug- und Druckfestigkeit angegeben.

Material	Zulässige Spannung MPa	Elastizitätsmodul GPa	Dichte kg/m^3	Masse der Feder relativ zur Masse der Feder aus hochfestem Federstahl
Unlegierter Stahl St 37-2	$\sigma_{zul} = 233\,[MPa]$	$E = 200\,[GPa]$	7980	6600 %
Federstahl 50CrV4	$\sigma_{zul} = 809\,[MPa]$			551 %
Hochfester Federstahl	$\sigma_{zul} = 1900\,[MPa]$			100 %
Aluminium-Legierung AlMgSi1	$\sigma_{zul} = 304\,[MPa]$	$E = 70\,[GPa]$	3500	606 %
Titan-Legierung Timetal LCB	$\sigma_{zul} \approx 1300\,[MPa]$	$E = 110\,[GPa]$	4800	71 %
Unidirektionale Glasfaser E	$\sigma_{\|\|zul} = +560/-500\,[MPa]$ $\sigma_{\perp zul} = +50/-210\,[MPa]$	$E_{\|\|} = 45\,[GPa]$ $E_{\perp} = 6\,[GPa]$	1800	74 %
Unidirektionale Glasfaser S	$\sigma_{\|\|zul} = +900/-800\,[MPa]$ $\sigma_{\perp zul} = +50/-210\,[MPa]$			28 %
T300 914 C Kohlefaser-Prepregsystem	$\sigma_{\|\|zul} = +1250/-1260\,[MPa]$ $\sigma_{\perp zul} = +50/-210\,[MPa]$	$E_{\|\|} = 135\,[GPa]$ $E_{\perp} = 9\,[GPa]$	1800	35 %
Ciba 6376 HTA Kohlefaser-Prepregsystem	$\sigma_{\|\|zul} = +2000/-1530\,[MPa]$ $\sigma_{\perp zul} = +50/-210\,[MPa]$	$E_{\|\|} = 125\,[GPa]$ $E_{\perp} = 7.5\,[GPa]$	1800	23 %

3.3 Zusammenfassung

In diesem Kapitel wurde die analytische Optimierung von Federn durchgeführt. Aus den entwickelten Ungleichungen geht hervor, dass die Masse einer beliebigen Druck- oder Torsionsfeder mit einer bestimmten Nennfederrate unter der Bedingung der zulässigen idealen Spannung größer ist als die minimale Federmasse, unabhängig von der Federform. Die Mindestfedermassen entsprechen der Masse der Federn, die über die gesamte Drahtfläche konstant beansprucht werden.

3.4 Symbolverzeichnis

Bezeichnung	*Physikalische Größe*
$c_{[M/\Theta]}$	Federrate für das axiale Moment infolge axialer Drehung
$c_{[M/S]}$	Federrate für das axiale Moment infolge axialer Kompression
$c_{[F/\Theta]}$	Federrate für die axiale Federkraft infolge axialer Drehung
$c_{[F/S]}$	Federrate für die axiale Federkraft infolge axialer Kompression
$\sigma_{id.max}$	ideale Normalspannung
$\tau_{id.max}$	Ideale Spannung
F_{max}	Maximale Kraft
M_{max}	Maximales Torsionsmoment
m_{opt}	Optimale (minimale) Masse der Feder
$c_{[\Theta/\mathrm{M}]}$	Reziproke Federrate für das axiale Moment infolge axialer Drehung
$c_{[S/M]}$	Reziproke Federrate für das axiale Moment axialer Kompression
$c_{[\Theta/F]}$	Reziproke Federrate für die axiale Federkraft infolge axialer Drehung
$c_{[S/F]}$	Reziproke Federrate für die axiale Federkraft axialer Kompression
$c_{soll}{}^{(\mathrm{M})}$	Sollfederrate für das axiale Moment
$c_{soll}{}^{(\mathrm{F})}$	Sollfederrate für die axiale Federkraft
P_{mat}	Werkstoffparameter für Kraftbelastung
Q_{mat}	Werkstoffparameter für Momentbelastung
σ_{zul}	Zulässige Normalspannung
τ_{zul}	Zulässige Schubspannung

Literatur

1. Mertens, H., Liebich, R., Gust, P. (2020). *Federnde Verbindungen* (Federn). In: Bender, B., Göhlich, D. (eds) Dubbel Taschenbuch für den Maschinenbau 2: Anwendungen. Springer Vieweg, Berlin, Heidelberg. https://doi.org/10.1007/978-3-662-59713-2_9
2. Meissner, M., Schorcht, H.J., Kletzin, U., Wanke, K. (2015). *Metallfedern*. VDI-Buch. Springer Vieweg, Berlin, Heidelberg. https://doi.org/10.1007/978-3-642-39123-1
3. DIN 2097:1973-05 (1973) Zylindrische Schraubenfedern aus runden Drähten; Gütevorschriften für kaltgeformte Zugfedern. https://doi.org/10.31030/1091050
4. Werkstoff-Datenblatt 1.4301/X5CrNi1810, HSM Stahl- und Metallhandel GmbH, www.hsm-stahl.de
5. Werkstoff-Datenblatt 1.4310/X10CrNi18-8, HSM Stahl- und Metallhandel GmbH, www.hsm-stahl.de
6. Werkstoff-Datenblatt 1.4401/X5CrNiMo171-12-2, HSM Stahl- und Metallhandel GmbH, www.hsm-stahl.de
7. Werkstoff-Datenblatt 1.4436, DEUTSCHE EDELSTAHLWERKE GMBH
8. Werkstoff-Datenblatt 1.4539 AISI 904 L, Metalcor GmbH, www.metalcor.de
9. Werkstoff-Datenblatt 1.4568 17-7 PH®, Metalcor GmbH, www.metalcor.de

10. Werkstoff-Datenblatt Acidur 4571, DEUTSCHE EDELSTAHLWERKE GMBH
11. Werkstoff-Datenblatt HASTELLOY® C-4, Zapp Materials Engineering GmbH, specialtymaterials@zapp.com
12. Werkstoff-Datenblatt 2.4969 ALLOY 90, Metalcor GmbH, www.metalcor.de
13. Werkstoff-Datenblatt 2.4669 ALLOY X-750, Metalcor GmbH, www.metalcor.de
14. Werkstoff-Datenblatt 2.1247 CuBe2, Metalcor GmbH, www.metalcor.de
15. Werkstoff-Datenblatt CW452K, Seeberger GmbH & Co. KG, www.seeberger.net
16. Werkstoff-Datenblatt CuZn36, Deutsches Kupferinstitut
17. Werkstoff-Datenblatt VACUUMSCHMELZE GmbH & Co. KG, http://www.vacuumschmelze.com
18. Werkstoff-Datenblatt DH, Hartgezogener Federstahldraht, https://metalprice.metalleschmidt.de/de
19. Werkstoff-Datenblatt SH, Hartgezogener Federstahldraht, https://metalprice.metalleschmidt.de/de
20. Werkstoff-Datenblatt VDC, Ölschlussvergüteter Federstahldraht, https://metalprice.metalleschmidt.de/de
21. Werkstoff-Datenblatt VDSiC, Ölschlussvergüteter Federstahldraht, https://metalprice.metalleschmidt.de/de
22. Werkstoff-Datenblatt TiAl6V4, https://www.huh.de/fileadmin/dateien/pdfs/Materialdatenblaetter/huh_Materialdatenblatt_Titan.pdf

4 Prozesse des Windens und der Kaltumformung von Metallfedern

4.1 Verformung des runden Stabes aus plastischem Material

4.1.1 Elastisch-plastische Kirchhoffsche Theorie

Eine semilineare Theorie für die räumliche Verformung ursprünglich gerader elastischer Stäbe entwickelte Kirchhoff (S. Kap. 2). die Theorie beschreibt die Verformung eines linear elastischen Stabes, dessen Skelettlinie (Mittellinie des Stabes) nicht verlängerbar ist und dessen Querschnitte eben und senkrecht zur Mittellinie bleiben. Die Hypothesen gehen auf Kirchhoffs Entdeckung zurück, dass die Gleichungen für statische Verformungen des elastischen Stabes analog zu denen für die Rotationsbewegung eines starren Körpers sind. Die ursprünglichen Gleichungen wurden von Clebsch verfeinert. Die resultierenden Formeln ergeben einen Satz von Gleichungen zur Bestimmung des Rotationstensors und des Positionsvektors der Skelettlinie.

Die Theorie von Kirchhoff basiert auf einer Reihe der Annahmen. Die Spannung in einem gekrümmten und verdrehten linear-elastischen Stab hängt linear von der Krümmung und Verdrehung ab (Hypothese I). Die Skelettlinie des Stabes ist nicht dehnbar (Hypothese II). Es darf keine Scherung des Querschnitts bezüglich der Achse geben (Hypothese III). Außerdem darf sich der Querschnitt nicht verformen (Hypothese IV). Die obigen Bedienungen werden als Kirchhoffsche Hypothesen bezeichnet. Für diese Theorie hat Kirchhoff gezeigt, dass ein ursprünglich gerader prismatischer Stab mit einem Querschnitt, der gleiche Hauptträgheitsmomente aufweist, nur unter der Einwirkung von Endlasten schraubenförmige Lösungen zulässt.

Vortrag am „Ilmenauer Federntag", „Simulation des Windungsprozesses und der Eigenspannungen von kalt geformten schraubendruckförmigen Federn", TU Ilmenau, 2010.

V. Kobelev, *Federntechnologie,* https://doi.org/10.1007/978-3-658-48303-6_4

Auf der Grundlage eines postulierten Prinzips der virtuellen Arbeit wurde in [1] eine nichtlineare Theorie der elastischen gerichteten Kurven entwickelt. Im Rahmen der erwähnten Untersuchung wurde eine Dehnungsenergie-Funktion angenommen, sodass neben der klassischen Spannung eine zusätzliche Spannung mit und ohne Momentenwirkung existiert. Die grundlegenden Gleichgewichtsgleichungen, Randbedingungen und konstitutiven Beziehungen werden deduziert. Im Rahmen der Erweiterung der klassischen Gleichungen des Kraft- und Momentengleichgewichts werden sechs Gleichungen abgeleitet, welche die Doppelspannung ohne Moment bestimmen. Innerhalb einer speziellen Klasse von Verformungen, bei denen eine Deformation der Leiter nicht stattfindet, reduzieren sich die Gleichungssysteme auf den klassischen Satz von Kirchhoff-Clebsch. Anhand eines einfachen Beispiels wurde die Möglichkeit veranschaulicht, dass die Theorie zu dauerhaften Verformungen führt.

In zahlreichen nichtlinearen Theorien über Stäbe besteht die Möglichkeit, die zugrunde liegenden Differentialgleichungen durch algebraische Beziehungen zu ersetzen, sofern bestimmte inverse Annahmen getroffen werden. Der Artikel [2] demonstriert, wie dies für eine relativ allgemeine, abstrakte Stabtheorie erreicht werden kann.

In dem Artikel [3] wurde eine allgemeine Theorie der nichtlinear elastischen Stäbe mit ausreichender geometrischer Struktur formuliert, um nicht nur Biegung und Torsion wie in der Kirchhoff-Theorie, sondern auch axiale Dehnung und Scherung des Querschnitts in Bezug auf die Achse zu ermöglichen. Damit wurden die Bedingungen (II) und (III) aufgehoben. Außerdem wurde die Hypothese (IV) durch eine viel größere Klasse von Nebenbedingungen ersetzt, ohne die mathematische Struktur der resultierenden Gleichungen zu beeinträchtigen. Es wurde lediglich angenommen, dass die Querschnittsverformung eindeutig vom Zustand der Biegung, Torsion, axialen Dehnung und Scherung des Querschnitts in Bezug auf die Achse des Drahts abhängt.

Im vorliegenden Kapitel erfolgt eine Erweiterung der von Kirchhoff entwickelten Stabtheorie auf die irreversible plastische Verformung des Stabes. Plastizitätstheorien setzen voraus, dass sich die Gesamtdehnungen in einen elastischen und einen plastischen Anteil aufspalten lassen. Allgemein bekannt ist, dass die Spannungen nicht allein von den aktuellen Dehnungen, sondern auch von der Geschichte (dem Prozess) der Verformung abhängen. In der herkömmlichen Fließtheorie wird ein assoziiertes Fließgesetz vorausgesetzt. Als Fließbedingung wird eine Form vom Typ „elliptischer Zylinder" gewählt, die im Fall des ideal elastisch-plastischen Materials der Fließbedingung nach Huber und von Mises entspricht. Die Grundgleichungen in dem den Fließ- und Verfestigungsbereich verwenden den Deformationsgesetz nach Prandtl und Reuss. Aufgrund ihrer größeren Allgemeingültigkeit wird der Fließtheorie der Vorzug bei der numerischen Modellierung des elastisch-plastischen Materialverhaltens gegeben.

Zur Vereinfachung wird ein Zusammenhang zwischen Dehnungsraten (plastische Fließtheorie) oder Spannungen und Dehnungen (Deformationstheorie) postuliert. Solche alternative Deformationstheorie der Plastizität war ein früher Versuch (Nadai [4], Hencky [5], Il'yushin [6]), die mit plastischen Verformungen verbundene Nichtlinearität durch Spannungs-Dehnungs-Beziehungen darzustellen. Dies führt im Wesentlichen zu nichtlinearen elastischen Beziehungen, mit der zusätzlichen Einschränkung, dass der unelastische Teil inkompressibel ist. Die plastische Verformung ist wegabhängig, was natürlich im Allgemeinen nicht durch Gesamttheorien erfasst werden kann. Daher werden Verformungstheorien nicht für elastisch-plastische Probleme verwendet. Eine Ausnahme gilt für Probleme mit Belastungen, die zu proportionalen (oder nahezu proportionalen, Budiansky [7] Spannungspfaden führen. Für solche Spannungspfade integrieren sich die J2-Inkrementalbeziehungen zu den entsprechenden J2-Verformungstheorien. Die Einfachheit der Gesamtausdrücke ermöglicht eine algebraische Manipulation und die Ableitung von Lösungen in geschlossener Form für mehrere praktische Probleme. Im Vergleich zur Theorie des plastischen Flusses weist die Verformungstheorie der Plastizität einen begrenzteren Anwendungsbereich auf, da sie mit einer größeren Bandbreite an Einschränkungen verbunden ist.

Für die analytische Analyse der plastischen Verformung des Kirchhoff-Clebsch-Stabs wird die Verformungstheorie der Plastizität verwendet. Anstelle des linear-elastischen Materialmodells des Stabes werden die Gleichungen der Verformungstheorie verwendet. Mit diesen Gleichungen wird das Prozess der Windung beschrieben. In diesem Prozess finden gleichzeitig die Biegung des Drahtes und die Erzeugung der Steigung durch Torsion statt. Die von Kirchhoff aufgestellten Hypothesen behalten ihre Gültigkeit. Im Folgenden werden die klassischen Kirchhoffschen Hypothesen um die speziellen Annahmen für die plastische Verformung erweitert.

Es wird angenommen, dass die Torsion des Drahtes, die mit der Erzeugung der Steigung einhergeht, simultan mit der Verbiegung des Drahtes erfolgt. In der vorliegenden Untersuchung wurde die Prämisse aufgestellt, dass zwischen diesen beiden Prozessen keine Entlastung stattfindet. Darüber hinaus wurde eine fixe Beziehung zwischen der momentanen Verbiegung und Torsion vorausgesetzt. Die Krümmung der Skelettlinie des Drahts erfolgt nämlich in proportionalem Verhältnis zur Torsion, sodass die Krümmung und Torsion lineare Funktionen eines dimensionslosen Parameters sind ϑ:

$$\kappa = \kappa_0 + (\kappa_1 - \kappa_0)\vartheta, \quad \tau = \tau_0 + (\tau_1 - \tau_0)\vartheta, \quad 0 \leq \vartheta \leq 1.$$

Hierbei sind κ_0, κ_1 die anfängliche und finale Krümmung, τ_0, τ_1 sind die anfängliche und finale Torsion. Die Anwendbarkeit der Verformungstheorie setzt demnach eine proportionale Belastung voraus.

Eine weitere Voraussetzung betrifft die zeitlichen Dehnungsraten bei der plastischen Verformung. Die Dehnungsraten sind so gering, dass sowohl dynamische als auch thermische Effekte vernachlässigbar sind. Gleichzeitig ist die Geschwindigkeit der Verformung so hoch, dass kein signifikantes Kriechen auftritt.

Für die mathematische Beschreibung wird auf die Gl. (1.18) aus Kap. 1 zurückgegriffen. Das elastisch-plastische Medium bei aktiver Belastung wird durch das für die Dehnungstheorie typische nichtlineare Elastizitätsgesetz beschrieben:

$$\boldsymbol{s} = 2G_p\left(\Gamma^2\right)\boldsymbol{e}, \quad \sigma = 3K\varepsilon, \tag{4.1}$$

$$\boldsymbol{s} = \begin{bmatrix} s_{xx} & \sigma_{xy} & \sigma_{xz} \\ \sigma_{xy} & s_{yy} & \sigma_{yz} \\ \sigma_{xz} & \sigma_{yz} & s_{zz} \end{bmatrix}, \quad \boldsymbol{e} = \begin{bmatrix} e_{xx} & \varepsilon_{xy} & \varepsilon_{xz} \\ \varepsilon_{xy} & e_{yy} & \varepsilon_{yz} \\ \varepsilon_{xz} & \varepsilon_{yz} & e_{zz} \end{bmatrix} = \begin{bmatrix} e_{xx} & \frac{1}{2}\gamma_{xy} & \frac{1}{2}\gamma_{xz} \\ \frac{1}{2}\gamma_{xy} & e_{yy} & \frac{1}{2}\gamma_{yz} \\ \frac{1}{2}\gamma_{xz} & \frac{1}{2}\gamma_{yz} & e_{zz} \end{bmatrix}, \tag{4.2}$$

$$\begin{aligned} \varepsilon &= \varepsilon_{xx} + \varepsilon_{yy} + \varepsilon_{zz} = \operatorname{Sp} \boldsymbol{\varepsilon}, \\ \sigma &= \sigma_{xx} + \sigma_{yy} + \sigma_{zz} = \operatorname{Sp} \boldsymbol{\sigma}. \end{aligned} \tag{4.3}$$

In Gl. (4.1)..(4.3) werden anstelle der Tensoren $\boldsymbol{\sigma}$ und $\boldsymbol{\varepsilon}$ die Deviatoren der Spannungen $\boldsymbol{s}$ und Dehnungen $\boldsymbol{e}$ verwendet:

$$s_{xx} = \sigma_{xx} - \frac{1}{3}\sigma, \quad s_{yy} = \sigma_{yy} - \frac{1}{3}\sigma, \quad s_{zz} = \sigma_{zz} - \frac{1}{3}\sigma,$$

$$e_{xx} = \varepsilon_{xx} - \frac{1}{3}\varepsilon, \quad e_{yy} = \varepsilon_{yy} - \frac{1}{3}\varepsilon, \quad e_{zz} = \varepsilon_{zz} - \frac{1}{3}\varepsilon.$$

Der Wert K ist der Volumenmodul und G_0 ist der Schermodul im linear elastischen Bereich. Die Konstante G_0 wird als anfänglichen Schermodul bezeichnet. Die Poissonzahl ν wird über den gesamten Verformungsverlauf als konstant angenommen.

Man führt neben der Intensität der Formänderungen Γ noch die Bezeichnung T für die Intensität der Schubspannungen ein. Die Intensität der Formänderungen Γ sowie die Intensität der Schubspannungen T werden durch die irreduziblen Invarianten der deviatorischen Verzerrungs- bzw. Spannungstensoren bestimmt (s. Anhang A):

$$\begin{aligned} \Gamma^2 &\stackrel{\text{def}}{=} \tfrac{2}{3}\Big[\big(\varepsilon_x - \varepsilon_y\big)^2 + \big(\varepsilon_y - \varepsilon_z\big)^2 + (\varepsilon_z - \varepsilon_x)^2 + 6\big(\varepsilon_{xy}^2 + \varepsilon_{yz}^2 + \varepsilon_{xz}^2\big)\Big] \equiv 4\,\mathbf{II}(\boldsymbol{e}), \\ T^2 &\stackrel{\text{def}}{=} \tfrac{2}{3}\Big[\big(\sigma_x - \sigma_y\big)^2 + \big(\sigma_y - \sigma_z\big)^2 + (\sigma_z - \sigma_x)^2 + 6\big(\sigma_{xy}^2 + \sigma_{yz}^2 + \sigma_{xz}^2\big)\Big] \equiv 4\,\mathbf{II}(\boldsymbol{s}). \end{aligned} \tag{4.4}$$

Die Vergleichsdehnung ε_V und Vergleichsspannung σ_V nach von Mises lassen sich wie folgt ermitteln:

$$\begin{aligned} \varepsilon_V &\stackrel{\text{def}}{=} \sqrt{3\,\mathbf{II}(\boldsymbol{e})} \equiv \sqrt{\tfrac{3}{2} e_{ij} e_{ij}} \equiv \sqrt{\tfrac{3}{4}}\,\Gamma, \\ \sigma_V &\stackrel{\text{def}}{=} \sqrt{3\,\mathbf{II}(\boldsymbol{s})} \equiv \sqrt{\tfrac{3}{2} s_{ij} s_{ij}} \equiv \sqrt{\tfrac{3}{4}}\,T. \end{aligned} \tag{4.5}$$

In der Deformationstheorie der Plastizität [8] wird postuliert, dass das momentane Schermodul von der Intensität der Formänderungen Γ abhängig ist. In der Folge wird dem elastisch-plastischen Medium ein Schermodul G_p zugewiesen. Der Sekantenmodul G_p ist die Funktion der zweiten Invarianten $\mathbf{II}(\boldsymbol{e})$ der deviatorischen Dehnung:

$$G_p = G_p\big(\Gamma^2\big), \quad \Gamma^2 = 4\,\mathbf{II}(\boldsymbol{e}).$$

Mit Hilfe von (4.1) erkennt man den expliziten Zusammenhang zwischen der Intensität der Schubspannungen T und der Intensität der Formänderungen Γ:

$$T = G_p\left(\Gamma^2\right)\Gamma. \tag{4.6}$$

Für linear-elastische Medien gilt insbesondere die folgende Beziehung mit dem konstanten Schermodul G_0:

$$T = G_0\Gamma.$$

Die Umkehrbarkeit der in (4.6) beschriebenen Relation lässt sich wie folgt darstellen:

$$\begin{cases} \Gamma = F_p\left(T^2\right) \cdot T, \\ T = G_p\left(\Gamma^2\right) \cdot \Gamma, \\ F_p\left(T^2\right) = \frac{1}{G_p\left(\Gamma^2\right)}, \end{cases}$$

wobei $G_p\left(\Gamma^2\right)$ bezeichnet das sekkanten Schermodul und $F_p\left(T^2\right)$ das reziproke Schermodul.

Die steigende proportionale Belastung ist durch die folgende Abhängigkeit charakterisiert:

mit dem Verfestigungsexponenten k,

$$\begin{cases} G_p\left(\Gamma^2\right) = \frac{G_0}{\left(1+\frac{\Gamma^2}{\varepsilon_p^2}\right)^k}, \\ F_p\left(T^2\right) = \frac{1}{G_p\left(\Gamma^2\right)} = \frac{1}{G_0\cdot\left(1-\frac{T^2}{\sigma_p^2}\right)^k}, \end{cases} \tag{4.7}$$

dem Elastizitätsmodul $E_0 = 2(1+\nu)G_0$,
wobei $\sigma_p = G_0\varepsilon_p$.

Die Berechnung der Entlastung erfolgt unter Zugrundelegung der linearen elastischen Verformung des Materials sowie der Konstanten G_0 für den anfänglichen Schermodul und für den Kompressionsmodul K.

Im vorliegenden Kontext finden folgenden Abhängigkeiten mit $k = 1/2$ und $k = 1$ die Anwendung:

$$\begin{cases} G_p\left(\Gamma^2\right) = \frac{G_0}{\sqrt{1+\frac{\Gamma^2}{\varepsilon_p^2}}}, \\ F_p\left(T^2\right) = \frac{1}{G_p\left(\Gamma^2\right)} = \frac{1}{G_0\cdot\sqrt{1-\frac{T^2}{\sigma_p^2}}}, \end{cases} \quad \text{falls } k = \tfrac{1}{2}; \tag{4.8}$$

$$\begin{cases} G_p\left(\Gamma^2\right) = \frac{G_0}{1+\frac{\Gamma^2}{\varepsilon_p^2}}, \\ F_p\left(T^2\right) = \frac{1}{G_p\left(\Gamma^2\right)} = \frac{1}{G_0\cdot\left(1-\frac{T^2}{\sigma_p^2}\right)}, \end{cases} \quad \text{falls } k = 1. \tag{4.9}$$

Im Rahmen der plastischen Analyse eines Materials, welches sich durch eine Verfestigung auszeichnet, findet das *explizite* Spannungs-Dehnungs-Gesetz Anwendung:

$$G_p\left(\Gamma^2\right) = G_\infty + \frac{G_0 - G_\infty}{\left(1 + \frac{\Gamma^2}{\varepsilon_p^2}\right)^k}. \tag{4.10}$$

Die Größen E_∞ und G_∞ manifestieren die lineare Verfestigung für große Dehnungen.

4.1.2 Hypothesen der plastischen Verformung

Die Anwendungen der plastischen Kirchhoffschen Stabtheorie werden in den folgenden Paragraphen präsentiert. Die Beispiele umfassen einen endbelasteten Stab, der plastisch gebogen und verdreht wird, sowie einen ursprünglich geraden Stab, der zu einer Helix plastisch umgeformt wird. Ein Beispiel ist ein gekrümmter Stab, der axial plastisch verformt und elastisch entlastet wird.

Die Theorie der elastischen Schraubenfeder basiert auf der Theorie räumlich gekrümmter Stäbe. In der Literatur finden sich unterschiedliche Modelle der kombinierten Belastung gerader Stäbe, beispielsweise in Love [9]. In den elastischen Modellen werden Eigenspannungen der Feder jedoch in der Regel nicht berücksichtigt. Die Ermittlung der Spannungen und Formänderungen bei der Umformung gerader Stäbe zur Schraubendruckfeder ist Gegenstand einer Reihe von Veröffentlichungen [10, 11].

Die Biegetheorie betrachtet den Balken als eindimensionalen Körper, der einer Biegebelastung ausgesetzt ist. Unter Verwendung von Bernoulli-Hypothese bleiben die Querschnitte eben. Die axiale Dehnung $\tilde{\varepsilon}$ in Abhängigkeit von der Position x in der Schmiedebene bestimmen. Die zweite Gleichung zeigt, dass eine Zunahme des Radius ρ auch zu einer linearen Zunahme des Gleitwinkels $\tilde{\gamma}$ führt. Daher sind die Schubspannungslinien konzentrische Kreise. Die Krümmung, sowie die Torsion (Windung) der räumlichen Spirale Φ werden entsprechend als κ und τ bezeichnet.

Es wird postuliert, dass der Durchmesser des Drahtes deutlich geringer ist als der Radius der Skelettlinie im Moment der maximalen Verbiegung. Die axiale Dehnung $\tilde{\varepsilon}$ während der Biegung des ursprünglich geraden Drahtes zum schraubenförmigen Volumen ist:

$$\tilde{\varepsilon} = \varepsilon_{zz} = \kappa\, z. \tag{4.11}$$

Die Krümmung der Skelettlinie des Drahts κ entsteht im Moment der plastischen Biegung. In diesem Moment wird die maximale Plastifizierung des Materials erreicht.

Während der Verdrehung des Drahts bei der Erzeugung der Steigung entstehen Scherungen. Der Gleitwinkel $\tilde{\gamma}$ in zylindrischen Koordinaten C_Σ ist

$$\tilde{\gamma} = 2\, \varepsilon_{z\phi} = \tau\, \rho. \tag{4.12}$$

In der vorliegenden Betrachtung werden die Effekte einer Krümmungsänderung zunächst vernachlässigt, sofern der Radius ρ kleiner ist als der Radius $R = D/2$ der betrachteten Spirale. Zudem wird die Voraussetzung über die geringen Verformungen getroffen. Die resultierenden Verschiebungen resultieren aus der tatsächlichen Geometrie der Feder und werden im Allgemeinen als nicht infinitesimal klein betrachtet.

Die axiale Dehnung $\tilde{\varepsilon}$ und Gleitwinkel $\tilde{\gamma}$ in den polaren Koordinaten des runden Querschnitts $(0 < \rho \leq r)$ ergeben sich als:

$$\begin{cases} \tilde{\varepsilon}\,(\rho\,,\phi\,) = \kappa\, x \equiv \kappa\, \rho \sin\phi, \\ \tilde{\gamma}\,(\rho, \phi) = \tau\, \rho. \end{cases} \tag{4.13}$$

Die maximale Dehnung ε_{max} entsteht im Punkt $\phi = \pi/2$ an der Oberfläche des Drahtes:

$$\varepsilon_{max} = \tilde{\varepsilon}\left(r, \frac{\pi}{2}\right) = \kappa\, r. \tag{4.14}$$

Aufgrund der Symmetrie der räumlichen Spirale sind alle Dehnungskomponenten für alle Querschnittsflächen konstant. Die Variable z ist also eine zyklische Variable. Die Dehnungen sind die Funktionen von ρ, ϕ (oder von x, y). Die Oberfläche des Drahtes ist spannungsfrei und die Querspannungen im normalen Querschnitt verschwinden.

Die Spannungs- und Dehnungstensoren sind in dem zylindrischen Koordinatensystem C_Σ bei der Verformung des Drahtes gegeben durch

$$\boldsymbol{\sigma} = \begin{bmatrix} 0 & 0 & 0 \\ 0 & 0 & \sigma_{z\phi} \\ 0 & \sigma_{z\phi} & \sigma_{zz} \end{bmatrix}, \; T^2 = 4\, \sigma_{z\phi}{}^2 + \tfrac{2}{3}\, \sigma_{zz}{}^2. \tag{4.15}$$

Die Spannungskomponenten $\sigma_{z\varphi}, \sigma_{zz}$ sind a priori unbekannt und hängen explizit von den entsprechenden nachweisbaren Dehnungen ab. Die Auflösung der Gleichungen liefert die Dehnungen in Längs- und Querrichtung als Funktion der Normalspannung:

$$\varepsilon_{rr} = \varepsilon_{\psi\psi} = -\frac{K - 2G_p}{6KG_p}\, \sigma_{zz}, \qquad \tilde{\varepsilon} \equiv \varepsilon_{zz} = \frac{K + G_p}{3KG_p}\, \sigma_{zz}.$$

Mit der momentanen Querkontraktionszahl

$$\nu = \frac{3K - 2G_p}{2\left(3K + G_p\right)}$$

ergibt sich folgende Beziehung zwischen axialer Dehnung und der Querdehnung:

$$\varepsilon_{\phi\phi} = \varepsilon_{rr} = -\nu\varepsilon_{zz} \equiv -\nu\, \tilde{\varepsilon}\,.$$

Durch das Einsetzen der momentanen Krümmung und Torsion der Spirale ist der Dehnungszustand eindeutig definiert:

$$\boldsymbol{\varepsilon} = \begin{bmatrix} -\nu\,\tilde{\varepsilon} & 0 & 0 \\ 0 & -\nu\,\tilde{\varepsilon} & \frac{\tilde{\gamma}}{2} \\ 0 & \frac{\tilde{\gamma}}{2} & \tilde{\varepsilon} \end{bmatrix} = \begin{bmatrix} -\nu\varepsilon_{zz} & 0 & 0 \\ 0 & -\nu\varepsilon_{zz} & \varepsilon_{z\phi} \\ 0 & \varepsilon_{z\phi} & \varepsilon_{zz} \end{bmatrix}, \tag{4.16}$$
$$\Gamma^2 = \tilde{\gamma}^2 + \tfrac{2}{3}(1+\nu)^2\tilde{\varepsilon}^2 \equiv \tilde{\gamma}^2 + \tfrac{\tilde{\varepsilon}^2}{\omega^2}.$$

Für den betrachteten Spannungszustand der kombinierten Biege- und Torsionsbeanspruchung des Stabes aus Gleichung (4.17) gilt:

$$\omega^2 = \frac{3}{2(1+\nu)^2}. \tag{4.17}$$

Der Poisson-Koeffizient wird, wie üblich, als konstant während des Verformungsverlaufs angenommen.

Unter Anwendung des Ausdrucks für die hydrostatische Spannung (2.1) reduziert sich der Spannungstensor auf:

$$\boldsymbol{\sigma} = \begin{bmatrix} 0 & 0 & 0 \\ 0 & 0 & G_p\,\tilde{\gamma} \\ 0 & G_p\,\tilde{\gamma} & E_p\,\tilde{\varepsilon} \end{bmatrix}. \tag{4.18}$$

Die Funktionen spielen die Rolle des momentanen Elastizitätsmoduls und Kompressionsmoduls:

$$E_p = \frac{3\,G_p}{1+\frac{G_p}{K}}, \qquad K = \frac{2}{3}\,\frac{1+\nu}{1-3\nu}\,G_p,$$

In der Plastizitätstheorie wird normalerweise die Inkompressibilität des Materials bei der plastischen Verformung angenommen, $\nu = \frac{1}{2}$. In diesem Fall $\omega = \frac{\sqrt{6}}{3}$.

Ein Material mit einer Poissonzahl von Null ist per Definition nicht in der Lage, eine Querdehnung unter axial wirkende Dehnung oder Kompression aufzuweisen [12]. Für das Material mit einer Poissonzahl $\nu = 0$ ist $\omega = \frac{\sqrt{6}}{2}$.

Für die Beschreibung des Materials mit Verfestigung findet folgendes Spannungs-Dehnungs-Gesetz Anwendung (s. Abb. 4.3 und 4.4):

$$\begin{cases} \sigma_{zz}\left(\tilde{\varepsilon},\tilde{\gamma}\right) = E_\infty\,\tilde{\varepsilon} + \dfrac{E_0-E_\infty}{\left(1+\frac{\tilde{\varepsilon}^2+\omega^2\tilde{\gamma}^2}{\varepsilon_p^2}\right)^k}\,\tilde{\varepsilon}, \\ \sigma_{rz}\left(\tilde{\varepsilon},\tilde{\gamma}\right) = G_\infty\,\tilde{\gamma} + \dfrac{G_0-G_\infty}{\left(1+\frac{\tilde{\varepsilon}^2+\omega^2\tilde{\gamma}^2}{\varepsilon_p^2}\right)^k}\,\tilde{\gamma}. \end{cases} \tag{4.19}$$

Für positive Werte von k nimmt der Sekantenmodul ab, wie es bei gängigen Metallen und Legierungen üblich ist. Der Grenzwert der Spannung für $\Gamma \to \infty$ und für $k = 1/2$ ist

$\sigma_p = E\varepsilon_p$. Bei diesem Grenzwert für $k = 1$ verschwindet die Spannung. Der Sekantenmodul nimmt für negative Werte von k zu. Dies ist typisch für Gummi oder einige Kunststoffe.

Die Anhängigkeit der Normalspannung $\sigma_{zz}\left(\widetilde{\varepsilon}, \widetilde{\gamma} = 0\right)$ von Dehnung $\widetilde{\varepsilon}$ zeigt die Abb. 4.3. Abb. 4.4 zeigt die Funktion der Scherspannung $\sigma_{rz}\left(\widetilde{\varepsilon} = 0, \widetilde{\gamma}\right)$ der Scherung $\widetilde{\gamma}$. Für die Berechnungen werden die Werte verwendet:

$$E_\infty = 0, \quad G_\infty = 0, \quad E_0 = 3, \quad G_0 = 1, \quad \omega = \frac{\sqrt{6}}{3}, \quad \nu = \frac{1}{2}, \quad \varepsilon_p = \frac{1}{10}. \tag{4.20}$$

Exakte analytische Ableitungen sind mit den geraden, positiven Werten der Konstante k möglich. Die andere Reihe der exakten analytischen Formeln ergibt sich mit den geraden, positiven Großen minus ½. Repräsentativ sind die Werte $k = 1/2$ und $k = 1$.

Die Spannungs-Dehnungs-Beziehung (4.20) weist bemerkenswerte Eigenschaften auf. Die experimentellen Daten aus der Torsion konnten für eine Vielzahl von Strukturmaterialien durch Gleichungen (4.20) angenähert werden. Es gibt zwei verschiedene Bereiche für den Sekantenmodul, nämlich den Bereich kleiner Dehnungen und den Bereich großer Dehnungen. Der anfängliche Sekantenmodul G_0 entspricht dem Schermodul der linearen Elastizität.

4.2 Biege- und Torsionsmoment im zylindrischen Stab

Im Folgenden soll das Biegemoment sowie das Torsionsmoment für einen zylindrischen, geraden Stab mit kreisförmigem Querschnitt berechnet werden (Abb. 4.1). Ein zylindrischer, gerader Stab mit kreisförmigem Querschnitt wird bei der Federwindung aus dem spannungsfreien Zustand durch Biegeendmoment $\mathfrak{W}$ und Torsionsendmoment $\mathfrak{T}$ belastet (Abb. 4.2). Die plastischen Spannungen während der Herstellung und die Eigenspannungen in Schraubenfedern werden mit den oben genannten analytischen Formeln berechnet. Das Biegemoment und das Torsionsmoment ergeben sich mit diesen Formeln als bestimmte Funktionen der Krümmung κ und Torsion τ der Spirale. Im Moment der maximalen plastischen Verformung des Drahtes ist die Krümmung κ, sowie die Windung τ der Spirale bekannt (Abb. 2.2, Kap. 2). Das Biegemoment in der Schmiedeebene $\mathfrak{W}(\kappa, \tau)$ und das Torsionsmoment in der Normalebene $\mathfrak{T}(\kappa, \tau)$ während der plastischen Verformung ergeben sich aus den Formeln [13]:

$$\begin{cases} \mathfrak{W} = \int_0^{2\pi} \left[\int_0^r \sigma_{zz} \rho^2 \, sin\,\phi \, \mathrm{d}\rho\right] \mathrm{d}\phi, \\ \mathfrak{T} = \int_0^{2\pi} \left[\int_0^r \sigma_{rz} \, \rho^2 \mathrm{d}\rho\right] \mathrm{d}\phi. \end{cases} \tag{4.21}$$

Es kann gezeigt werden, dass die Integrale des Biegemoments und des Torsionsmoments in analytischer Form für die Spannungsabhängigkeiten (4.20) ausgedrückt werden können. Für metallische Legierungen spielen die Module E_∞, G_∞ bei sehr großen Dehnungen

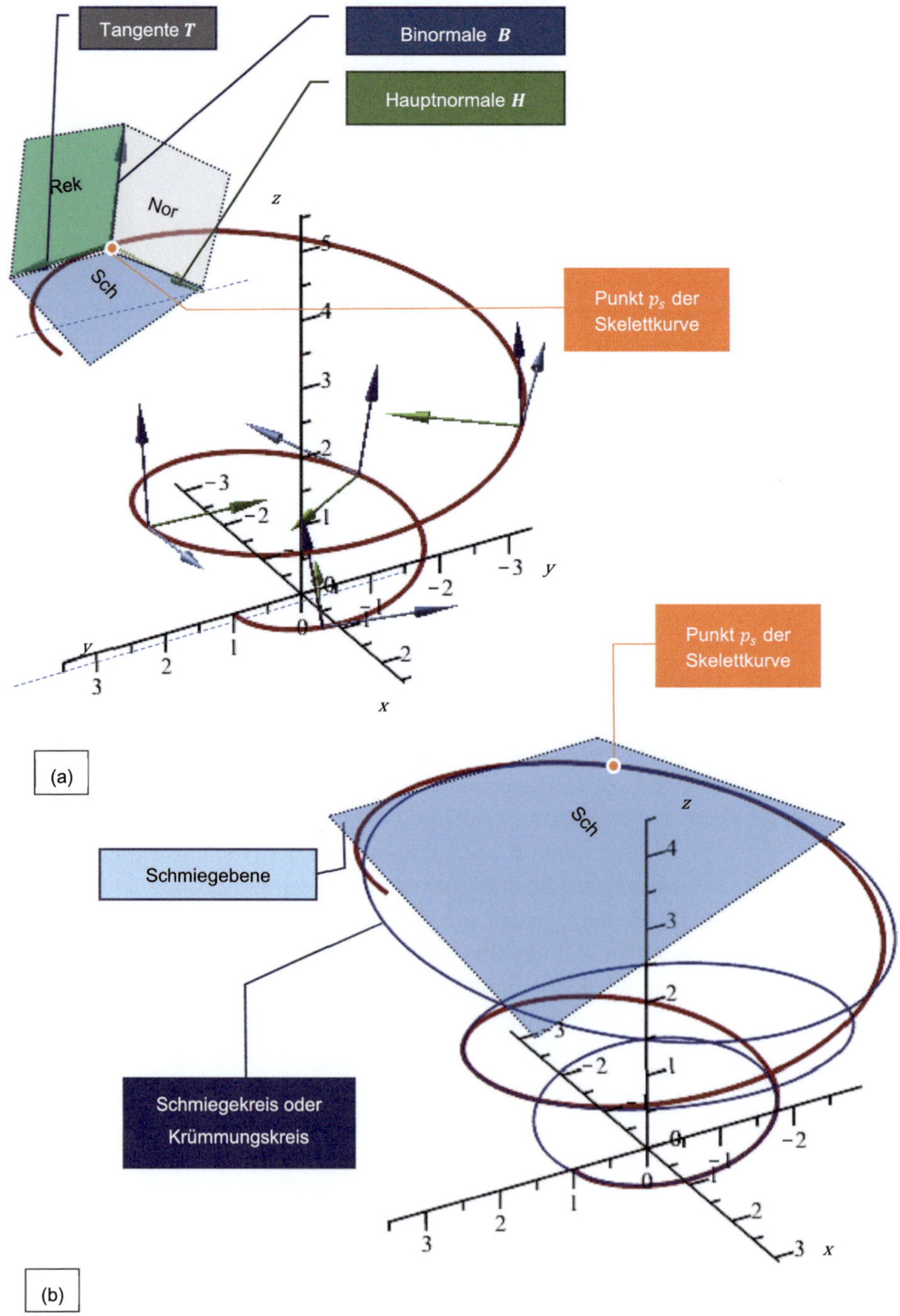

Abb. 4.1 Geometrie einer Skelettlinie des Drahts: (a) Das begleitende Dreibein $(\boldsymbol{T}, \boldsymbol{B}, \boldsymbol{H})$ sowie Normalebene (Nor), Schmiegebene (Sch), Streckebene oder rektifizierende Ebene (Rek); (b) Momentaner Krümmungskreis an der Schmiegebene

Abb. 4.2 Torsionsmoment und Biegemoment in einer Windung im Zustand (B)

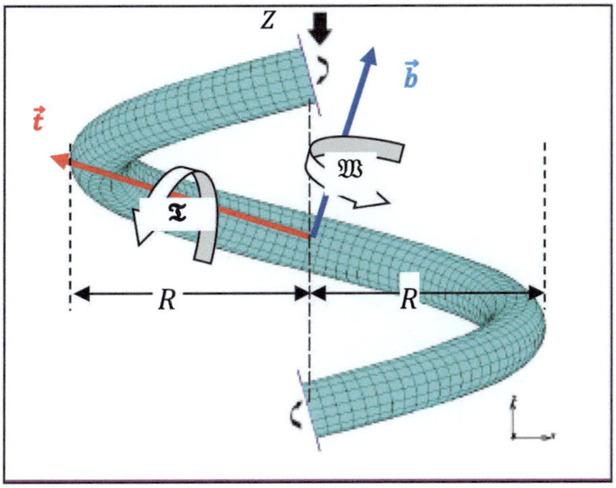

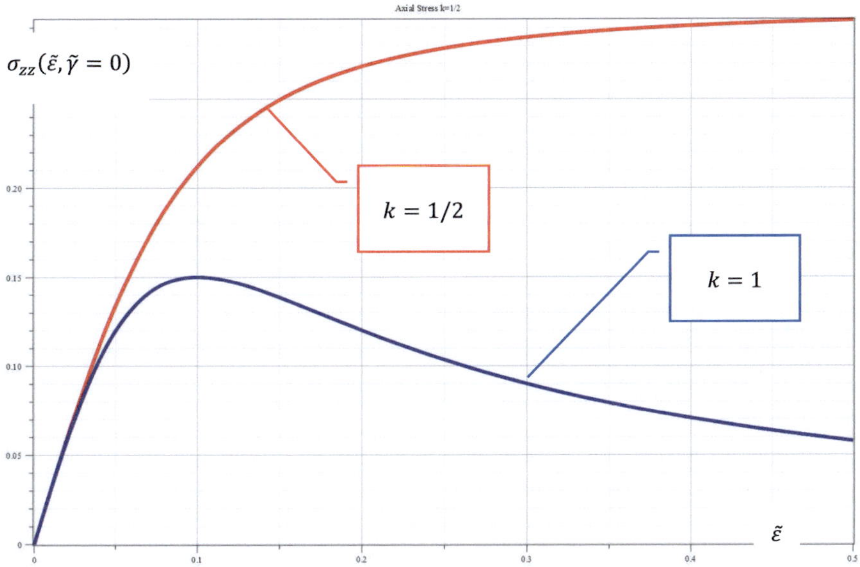

Abb. 4.3 Verlauf der Normalspannung für das Material ohne Verfestigung $E_\infty = 0, G_\infty = 0$

in der Regel keine wesentliche Rolle. Die Formeln (4.21) vereinfachen sich für den Fall $E_\infty = 0, G_\infty = 0$ zu:

$$\mathfrak{W}(\kappa, \tau) = \mathfrak{W}_0 \cdot P^{(k)}(\lambda, \mu) \quad \text{mit} \quad \mathfrak{W}_0 = E_0\, J\, \kappa \equiv \frac{\pi}{4} E_0\, \kappa\, r^4, \tag{4.22}$$

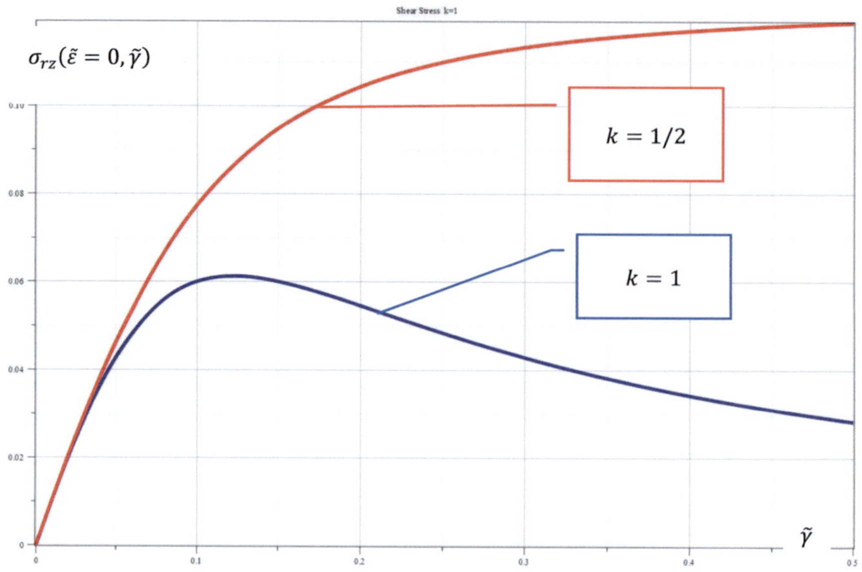

Abb. 4.4 Verlauf der Scherspannung für das Material ohne Verfestigung $E_\infty = 0, G_\infty = 0$

$$\mathfrak{T}(\kappa, \tau) = \mathfrak{T}_0 \cdot Q^{(k)}(\lambda, \mu) \quad \text{mit} \quad \mathfrak{T}_0 = G_0 \, J_p \, \tau \equiv \frac{\pi}{2} G_0 \, \tau \, r^4. \tag{4.23}$$

$\mathfrak{W}_0$ ist gleich dem Biegemoment des linear elastischen Werkstoffs mit dem Elastizitätsmodul E_0 und der Krümmung des Stabes κ;

$\mathfrak{T}_0$ ist gleich dem Torsionsmoment des linear elastischen Werkstoffs mit dem Elastizitätsmodul G_0 und der Torsion τ. Die Trägheitsmomente des Runddrahts sind gegeben durch: $J_p = 2J = \frac{\pi}{2} r^4$.

Im Zustand der maximalen Plastifizierung werden die Momente im Draht bezeichnet als:

$$\mathfrak{m} \stackrel{\text{def}}{=} \mathfrak{W}(\kappa, \tau), \quad \mathfrak{t} \stackrel{\text{def}}{=} \mathfrak{T}(\kappa, \tau).$$

Die Integrale $P^{(k)}(\lambda, \mu)$, $Q^{(k)}(\lambda, \mu)$ sind die dimensionslosen Funktionen der folgenden dimensionslosen Parameter λ, μ:

$$\mu = \frac{\kappa}{\sqrt{\tau^2 \omega^2 + \kappa^2}}, \quad \lambda = \frac{\kappa}{\sqrt{\tau^2 \omega^2 + \kappa^2 + \left(\frac{\varepsilon_p}{r}\right)^2}}. \tag{4.24}$$

In einigen Fällen lassen sich die Integrale zu den hohen transzendenten Funktionen zurückführen ($k = \frac{1}{2}, 1, \frac{3}{2}, 2, \ldots$). Im Folgenden werden die kompakten Ausdrücke von den Funktionen $P^{(k)}(\lambda, \mu), Q^{(k)}(\lambda, \mu)$ für $k = 1/2, \;k = 1$ präsentiert.

Für die infinitesimal kleine Torsion und die infinitesimal kleine Krümmung haben die Skalierungsfunktionen $P^{(k)}, Q^{(k)}$ für $k > 0$ den folgenden Grenzverlauf:

$$\lim_{\lambda\to 0,\mu\to 0} \frac{\mathfrak{W}(\kappa,\tau)}{\mathfrak{W}_0} \equiv \lim_{\lambda\to 0,\mu\to 0} P^{(k)}(\lambda,\mu) = 1, \tag{4.25}$$

$$\lim_{\lambda\to 0,\mu\to 0} \frac{\mathfrak{T}(\kappa,\tau)}{\mathfrak{T}_0} \equiv \lim_{\lambda\to 0,\mu\to 0} Q^{(k)}(\lambda,\mu) = 1. \tag{4.26}$$

In der linearen Näherung $\lambda \to 0, \mu \to 0$ lassen sich die Gleichungen (4.22) und (4.23) vereinfachend wie folgt darstellen:

$$\mathfrak{W} = \mathfrak{W}(\kappa,\tau) \underset{\lambda\to 0,\mu\to 0}{\longrightarrow} \mathfrak{W}_0, \tag{4.27}$$

$$\mathfrak{T} = \mathfrak{T}(\kappa,\tau) \underset{\lambda\to 0,\mu\to 0}{\longrightarrow} \mathfrak{T}_0. \tag{4.28}$$

Die Integrale (4.25), (4.26) ergeben sich nach dem Einsatz der Formeln (4.19) zu den bestimmten Funktionen [4]. Die analytische Erweiterung der Integrale des Biegemoments und des Torsionsmoments erfolgt unter Berücksichtigung der Spannungsabhängigkeiten und der linearen Verfestigung (4.20).

4.2.1 Verfestigungsexponent k = 1/2

Die dimensionslosen Funktionen $P^{(k)}(\lambda,\mu)$, $Q^{(k)}(\lambda,\mu)$ sind nachstehend aufgeführt für $k = 1/2$ und $k = 1$. Die Funktion $P^{(1/2)}(\lambda,\mu)$ für den Verfestigungsexponent $k = 1/2$ lautet:

$$P^{(1/2)}(\lambda,\mu) = \frac{16}{3\pi} \cdot \left[p_K^{(\frac{1}{2})}\mathbf{K}(\lambda) + p_E^{(\frac{1}{2})}\mathbf{E}(\lambda) + p_\Pi^{(\frac{1}{2})}\mathbf{\Pi}\left(\mu^2,\lambda\right)\right] + \frac{8}{3}\cdot p_0^{(\frac{1}{2})}, \tag{4.29}$$

$$p_K^{(1/2)} = \frac{\sqrt{\mu^2-\lambda^2}\cdot\left(\lambda^4-\mu^2\right)}{\mu\lambda^4}, \tag{4.30}$$

$$p_E^{(1/2)} = \frac{\mu\cdot\sqrt{\mu^2-\lambda^2}}{\lambda^4}, \tag{4.31}$$

$$p_\Pi^{(1/2)} = -\frac{\left(\mu^2-\lambda^2\right)^{\frac{5}{2}}}{\mu\lambda^4}, \tag{4.32}$$

$$p_0^{(1/2)} = \frac{\left(\lambda^2-\mu^2\right)^2}{\lambda^4\sqrt{1-\mu^2}}. \tag{4.33}$$

Die Gleichungen (4.29) bis (4.31) verwenden vollständige elliptische Integrale in der Jacobi-Form [14, 15]:

$$\mathbf{K}(\lambda) = \int_0^1 \frac{1}{\sqrt{(1-\lambda^2 t^2)(1-t^2)}}\,\mathrm{dt} \tag{4.34}$$

ist das vollständige elliptische Integral der 1. Gattung;

$$\mathbf{E}(\lambda) = \int_0^1 \sqrt{\frac{1-\lambda^2 t^2}{1-t^2}}\,\mathrm{dt} \tag{4.35}$$

ist das vollständige elliptische Integral der 2. Gattung;

$$\mathbf{\Pi}\left(\mu^2, \lambda\right) = \int_0^1 \frac{1}{(1-\mu^2 t^2)\sqrt{(1-\lambda^2 t^2)(1-t^2)}}\,\mathrm{dt} \tag{4.36}$$

ist das vollständige elliptische Integral der 3. Gattung.

Die dimensionslose Funktion $Q^{(1/2)}(\lambda, \mu)$ besitzt den folgenden Ausdruck:

$$Q^{(1/2)}(\lambda, \mu) = \frac{8}{3\pi} \cdot \left[q_K^{\left(\frac{1}{2}\right)} \mathbf{K}(\lambda) + q_E^{\left(\frac{1}{2}\right)} \mathbf{E}(\lambda) + q_\Pi^{\left(\frac{1}{2}\right)} \mathbf{\Pi}\left(\mu^2, \lambda\right)\right] + \frac{4}{3} \cdot q_0^{\left(\frac{1}{2}\right)}, \tag{4.37}$$

$$q_K^{(1/2)} = -\frac{\sqrt{\mu^2 - \lambda^2}}{\lambda^4(\mu^2 - 1)\mu} \cdot \left[\lambda^4(2-\mu^2) - 2\lambda^2\mu^2 + \mu^4\right], \tag{4.38}$$

$$q_E^{(1/2)} = \frac{\left(\mu^2 - \lambda^2\right)^{3/2}}{(\mu^2 - 1)\lambda^4}, \tag{4.39}$$

$$q_\Pi^{(1/2)} = \frac{\left(\mu^2 - \lambda^2\right)^{5/2}}{(\mu^2 - 1)\mu\lambda^4} \cdot (2 - \mu^2), \tag{4.40}$$

$$q_0^{(1/2)} = \frac{\left(\mu^2 - \lambda^2\right)^2}{\left(1 - \mu^2\right)^{3/2}\lambda^4} \cdot (2 - \mu^2). \tag{4.41}$$

Die Formeln vereinfachen sich für reine Verbiegung $\kappa \neq 0, \tau = 0$ sowie für reine Torsion des ursprünglich geraden Stabes $\kappa = 0, \tau \neq 0$.

Für reine Biegung das Torsionsmoment verschwindet $\mathfrak{T}(\kappa, \tau = 0) = 0$ und aus (4.21) ergeben sich folgende Ausdrücke für die Biegemomente:

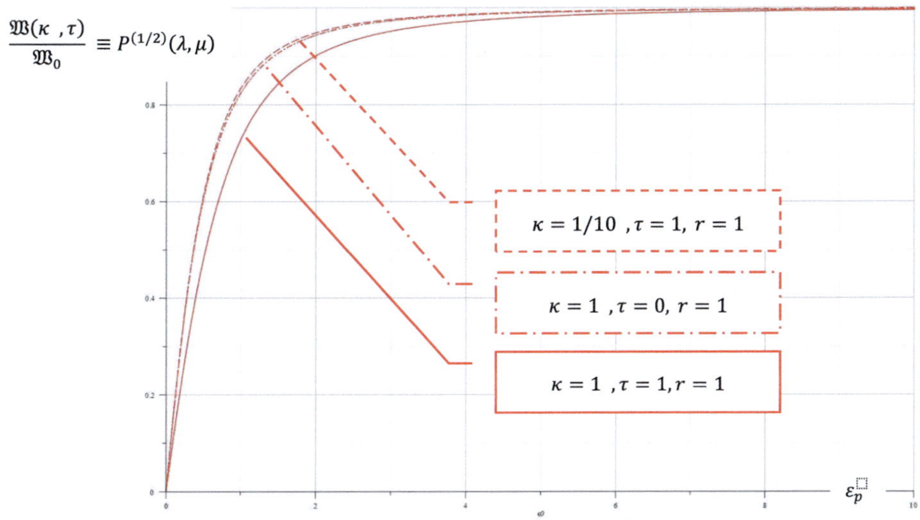

Abb. 4.5 Graph der dimensionslosen Funktion $P^{(k)}(\lambda, \mu)$ vom plastischen Dehnungskoeffizient ε_p für den Verfestigungsexponent $k = 1/2$

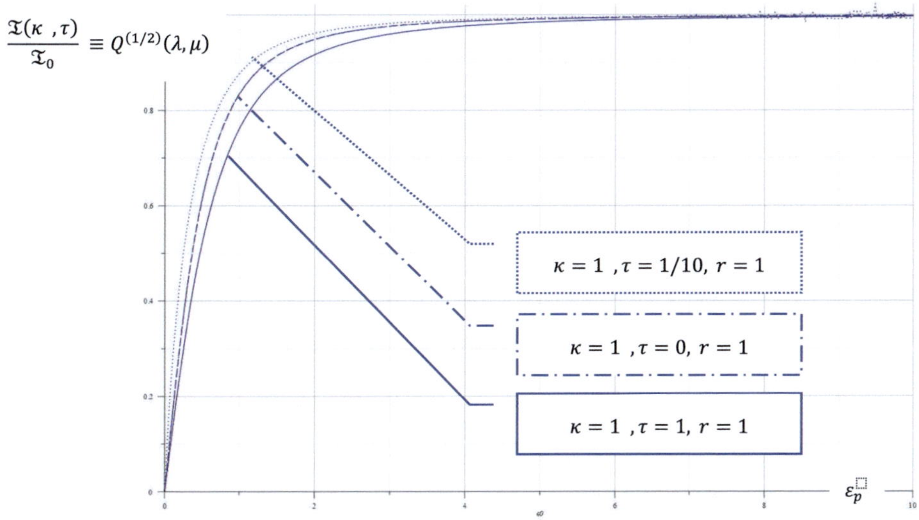

Abb. 4.6 Graph der dimensionslosen Funktion $Q^{(k)}(\lambda, \mu)$ vom plastischen Dehnungskoeffizient ε_p für den Verfestigungsexponent $k = 1/2$

$$\frac{\mathfrak{W}(\kappa, \tau = 0)}{\mathfrak{W}_0} = \frac{16\varepsilon_p\sqrt{\kappa^2 r^2 + \varepsilon_p^2}}{3\pi\kappa^4 r^4}\left[\left(\kappa^2 r^2 + 2\,\varepsilon_p^2\right)\mathbf{E}\left(\frac{\kappa\, r}{\sqrt{\kappa^2 r^2 + \varepsilon_p^2}}\right) - 2\,\varepsilon_p^2\,\mathbf{K}\left(\frac{\kappa\, r}{\sqrt{\kappa^2 r^2 + \varepsilon_p^2}}\right)\right], \tag{4.42}$$

$$\frac{\mathfrak{W}(\kappa, \tau = 0)}{\mathfrak{W}_0} = 1 - \frac{1}{4}\left(\frac{\kappa r}{\varepsilon_p}\right)^2 + \frac{15}{128}\left(\frac{\kappa\, r}{\varepsilon_p}\right)^4 - \frac{35}{512}\left(\frac{\kappa\, r}{\varepsilon_p}\right)^6 + \ldots. \tag{4.43}$$

Im Falle einer reinen Torsion kann das Biegemoment als verschwindend angenommen werden $\mathfrak{W}(\kappa = 0, \tau) = 0$, sodass sich aus Gleichung (4.21) die folgenden Ausdrücke für die Torsionsmomente ergeben:

$$\frac{\mathfrak{T}(\kappa = 0, \tau)}{\mathfrak{T}_0} = \frac{4\,\varepsilon_p}{3\,\tau^4\, r^4\,\omega^4}\cdot\left[\left(\tau^2 r^2\omega^2 - 2\,\varepsilon_p^2\right)\sqrt{\tau^2 r^2\omega^2 + \varepsilon_p^2} + 2\,\varepsilon_p^3\right], \tag{4.44}$$

$$\frac{\mathfrak{T}(\kappa = 0, \tau)}{\mathfrak{T}_0} = 1 - \frac{1}{3}\left(\frac{\tau\, r\,\omega}{\varepsilon_p}\right)^2 + \frac{3}{16}\left(\frac{\tau\, r\,\omega}{\varepsilon_p}\right)^4 - \frac{1}{8}\left(\frac{\tau\, r\,\omega}{\varepsilon_p}\right)^6 + \ldots. \tag{4.45}$$

4.2.2 Verfestigungsexponent k = 1

Die Formel für $P^{(1)}(\lambda, \mu)$ reduziert sich für den Verfestigungsexponent $k = 1$ zu:

$$P^{(1)}(\lambda, \mu) = p_1^{(1)}\cdot\left[\Phi(\lambda, \mu) - \Phi(0, \mu)\right] + p_0^{(1)}, \tag{4.46}$$

$$\Phi(\lambda, \mu) = \arctan\left(\frac{\mu^2 + \lambda^2 - 2}{2\sqrt{1-\mu^2}\sqrt{1-\lambda^2}}\right), \quad \Phi(0, \mu) = \arctan\left(\frac{\mu^2 - 2}{2\sqrt{1-\mu^2}}\right), \tag{4.47}$$

$$p_1^{(1)} = \frac{2\left(\mu^2 - \lambda^2\right)^2}{\lambda^4\sqrt{1-\mu^2}}, \tag{4.48}$$

$$p_0^{(1)} = \frac{4}{\lambda^4}\left(1 - \sqrt{1-\lambda^2}\right)\left(\mu^2 - \lambda^2\right). \tag{4.49}$$

Die dimensionslose Funktion $Q^{(1)}(\lambda, \mu)$ lautet:

$$Q^{(1)}(\lambda, \mu) = q_1^{(1)}\cdot\left[\Phi(\lambda, \mu) - \Phi(0, \mu)\right] + q_0^{(1)}, \tag{4.50}$$

$$q_1^{(1)} = \frac{\left(2-\mu^2\right)\left(\mu^2 - \lambda^2\right)^2}{\lambda^4\left(1-\mu^2\right)^{3/2}}, \tag{4.51}$$

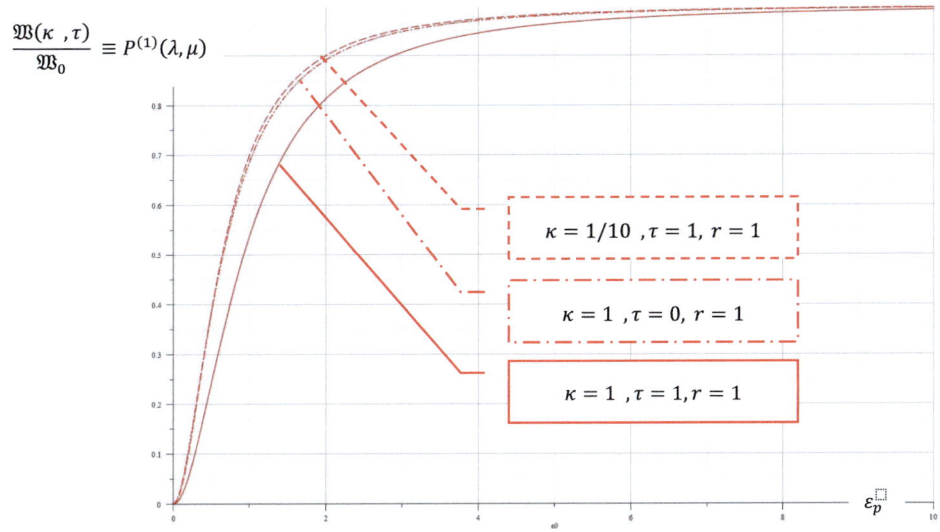

Abb. 4.7 Graph der dimensionslosen Funktion $P^{(k)}(\lambda, \mu)$ vom plastischen Dehnungskoeffizient ε_p für den Verfestigungsexponent $k = 1$

$$q_0^{(1)} = \frac{2\left(\mu^2\sqrt{1-\lambda^2} - \mu^2 + \lambda^2\right)\left(\mu^2 - \lambda^2\right)}{\lambda^4\left(1-\mu^2\right)}. \tag{4.52}$$

Für den Fall der reinen Verbiegung ($\kappa \neq 0, \tau = 0$) sowie der reinen Torsion des ursprünglich geraden Stabes ($\kappa = 0, \tau \neq 0$) lassen sich die Formeln vereinfachen.

Bei reiner Biegung verschwindet das Torsionsmoment $\mathfrak{T}(\kappa, \tau = 0) = 0$ und aus (4.21) ergeben sich die folgenden Ausdrücke für die Biegemomente:

$$\frac{\mathfrak{W}(\kappa, \tau = 0)}{\mathfrak{W}_0} = \frac{4\,\varepsilon_p^2}{\kappa^4\, r^4} \cdot \left(\kappa^2 r^2 + 2\,\varepsilon_p^2 - 2\,\varepsilon_p\sqrt{\kappa^2 r^2 + 2\,\varepsilon_p^2}\right), \tag{4.53}$$

$$\frac{\mathfrak{W}(\kappa, \tau = 0)}{\mathfrak{W}_0} = 1 - \frac{1}{2}\left(\frac{\kappa\, r}{\varepsilon_p}\right)^2 + \frac{5}{16}\left(\frac{\kappa\, r}{\varepsilon_p}\right)^4 - \frac{7}{32}\left(\frac{\kappa\, r}{\varepsilon_p}\right)^6 + \ldots. \tag{4.54}$$

Für reine Torsion verschwindet das Biegemoment $\mathfrak{W}(\kappa = 0, \tau) = 0$, sodass sich aus (4.21) folgende Ausdrücke für die Torsionsmomente ergeben:

$$\frac{\mathfrak{T}(\kappa = 0, \tau)}{\mathfrak{T}_0} = -\frac{2\varepsilon_p^2}{\tau^4 r^4 \omega^4} \cdot \left[-\tau^2 r^2 \omega^2 + \varepsilon_p^2 \ln\left(\tau^2 r^2 \omega^2 + \varepsilon_p^2\right) - \varepsilon_p^2 \ln \varepsilon_p^2\right], \tag{4.55}$$

$$\frac{\mathfrak{T}(\kappa=0,\tau)}{\mathfrak{T}_0}=1-\frac{2}{3}\left(\frac{\tau\, r\, \omega}{\varepsilon_p}\right)^2+\frac{5}{16}\left(\frac{\tau\, r\, \omega}{\varepsilon_p}\right)^4-\frac{7}{32}\left(\frac{\tau\, r\, \omega}{\varepsilon_p}\right)^6+\dots \tag{4.56}$$

Die analytische Lösung ermöglicht die Untersuchung des Spannungszustandes während der aktiven elastisch-plastischen Belastung des Drahtes unter den Bedingungen der kombinierten Größen Biegung und Torsion.

4.3 Kaltumformung des Drahts und Wickeln von Federn

4.3.1 Kaltumformung in Wickelmaschinen

Im ersten Anwendungsfall wurde die entwickelte Theorie zur Analyse des Wickelns von Federn verwendet. Das ursprünglich gerade Draht wird in einer Wickelmaschine plastisch verformt. Servogesteuerte hydraulische Federwindeautomaten werden für die Kaltproduktion von rechts- und linksgewundenen Druck-, Zug- und Schenkelfedern, verschiedenen Drahtformen und Doppeldrehfedern eingesetzt [16, 17]. Durch den Einsatz von gesteuerten Achsen werden eine höhere Produktivität und eine Vielzahl von Möglichkeiten zur Herstellung verschiedener Drahtformen erreicht. Bei den bekannten Wickelvorrichtungen zur Herstellung von Schraubenfedern wird eine Verstellung der Wickelwerkzeuge zur Änderung der Steigung oder der Vorspannung dadurch erreicht, dass jedes Wickelwerkzeug durch Verstellen von zwei Stellelementen verschwenkt wird [18, 19, 20]. Moderne Wickelmaschinen ermöglichen die Kaltumformung des Drahtes, sodass die Biegung und Torsion des Drahtes während des Wickelvorganges von einer Steuereinheit kontrolliert wird. Ein Steuerprogramm ermöglicht die definierten Funktionen für Krümmung und Torsion des Drahtes $\kappa(s), \tau(s)$ im Moment der Kaltumformung. Dabei ist s die Bogenlänge der räumlichen Skelettlinie der Feder (natürlicher Parameter der Kurve).

Nachdem die plastische Verformung stattgefunden hat, bewirken die nicht plastisch verformten Schichten eine Rückfederung. Die Feder entlastet sich elastisch aus dem Zustand (B) in den Zustand (C) (Tab. 4.1). Mit dem Lastmoment wird bei der Rückfederung ein Rückstellmoment überlagert, sodass der Zustand frei von Biege- und Torsionsmomenten wird:

$$\begin{cases} \mathfrak{W}(\kappa,\tau)-E_0 J(\kappa-\bar{\kappa})=0, \\ \mathfrak{T}(\kappa,\tau)-G_0 J_d(\tau-\bar{\tau})=0. \end{cases} \tag{4.57}$$

Daraus ergeben sich die Krümmung $\bar{\kappa}$ und die Torsion $\bar{\tau}$ der Skelettlinie der Feder im entlasteten Zustand als:

$$\begin{cases} \bar{\kappa}=\kappa-\frac{\mathfrak{W}(\kappa,\tau)}{\mathfrak{W}_0}\kappa\equiv\kappa\cdot\left(1-P^{(k)}(\lambda,\mu)\right), \\ \bar{\tau}=\tau-\frac{\mathfrak{T}(\kappa,\tau)}{\mathfrak{T}_0}\tau\equiv\tau\cdot\left(1-Q^{(k)}(\lambda,\mu)\right). \end{cases} \tag{4.58}$$

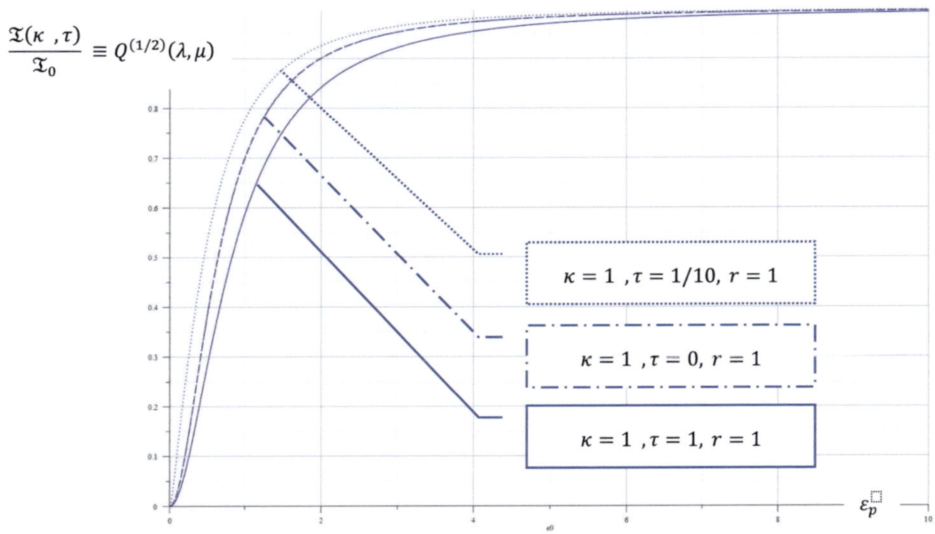

Abb. 4.8 Graph der dimensionslosen Funktion $Q^{(k)}(\lambda, \mu)$ vom plastischen Dehnungskoeffizient ε_p für den Verfestigungsexponent $k = 1$

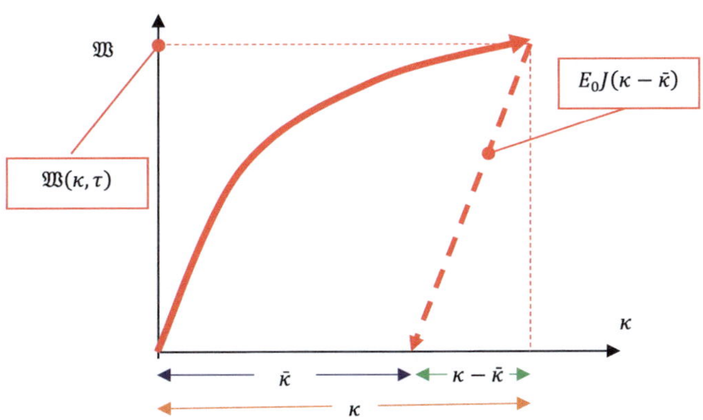

Abb. 4.9 Plastische aktive Belastung und elastische Entlastung beim Vorsetzen. Krümmung κ ist die maximale Krümmung der Skelettlinie der Feder im beim Vorsetzen; $\kappa - \bar{\kappa}$ ist der Krümmungsabfall bei der elastischen Entlastung; Krümmung $\bar{\kappa}$ im entlasteten Zustand

Die entsprechenden Grafiken sind auf Abb. 4.9 und 4.10 zu sehen. Die dimensionslosen Parameter λ, μ hängen von der Krümmung κ und Torsion τ ab, s. Gl. (4.24). Anstelle den von der Wickelmaschine eingestellten Funktionen $\kappa(s), \tau(s)$ ergeben sich aus (4.58) die neuen Funktionen für die Krümmung $\bar{\kappa}(s)$ und die Torsion $\bar{\tau}(s)$. Diese Funktionen

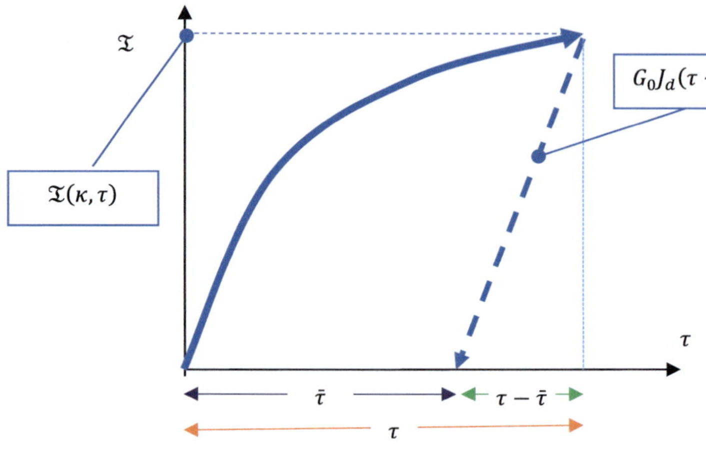

Abb. 4.10 Plastische aktive Belastung und elastische Entlastung beim Vorsetzen. Torsion τ ist die maximale Torsion der Skelettlinie der Feder im beim Vorsetzen; $\tau - \bar{\tau}$ ist Torsionsreduktion bei der elastischen Entlastung; Torsion $\bar{\tau}$ im entlasteten Zustand

definieren die entlastete Skelettlinie des Drahts, die nach der Freistellung der Feder erzeugt wirdIn ähnlicher Weise werden auch andere Bauteile aus Volldraht oder Rohren hergestellt. In der Automobiltechnik werden die Bremsleitungen, die Kraftstoffleitungen und die Stabilisatoren in der Radaufhängung in analoger Ausführung produziert.

4.3.2 Skelettlinie nach der Kaltumformung

Aus den oben berechneten Funktionen für die Krümmung $\bar{\kappa}(s)$ und die Torsion $\bar{\tau}(s)$ nach elastischer Rückfederung ergeben sich die räumlichen Gleichungen der Skelettlinie der Feder. Die Gleichungen der resultierenden räumlichen Kurve folgen aus den Frenet–Serret Formeln. Die verwendeten Formeln basieren auf einer Orthonormalbasis, welche aus drei Vektoren besteht. Hierbei handelt es sich um den Tangentenvektor $\overline{\boldsymbol{T}}$, den Hauptnormalenvektor $\overline{\boldsymbol{H}}$ sowie den Binormalenvektor $\overline{\boldsymbol{B}}$. Mithilfe dieser Vektoren lässt sich das lokale Verhalten der Kurve beschreiben. Die Ableitungen dieser Vektoren nach der Bogenlänge werden als Linearkombinationen der genannten drei Vektoren ausgedrückt. In diesem Kontext werden die für die Kurve charakteristischen skalaren Größen Krümmung $\bar{\kappa}$ und Torsion $\bar{\tau}$ evident:

$$\left\{\begin{aligned} \frac{\mathrm{d}\overline{\boldsymbol{T}}}{\mathrm{d}s} &= \bar{\kappa}\,\overline{\boldsymbol{H}}, \\ \frac{\mathrm{d}\overline{\boldsymbol{H}}}{\mathrm{d}s} &= -\bar{\kappa}\,\overline{\boldsymbol{T}} + \bar{\tau}\,\overline{\boldsymbol{B}}, \\ \frac{\mathrm{d}\overline{\boldsymbol{B}}}{\mathrm{d}s} &= -\bar{\tau}\,\overline{\boldsymbol{H}}. \end{aligned}\right. \tag{4.59}$$

Tab. 4.1 Zustand und Form des Drahts in den unterschiedlichen Zuständen der Verformung

Zustand des Drahts	Form des Drahts
(A) **Gerader, spannungsfreier Draht vor der Verformung:** Krümmung; $\kappa = 0,$ Torsion (Windung): $\tau = 0$	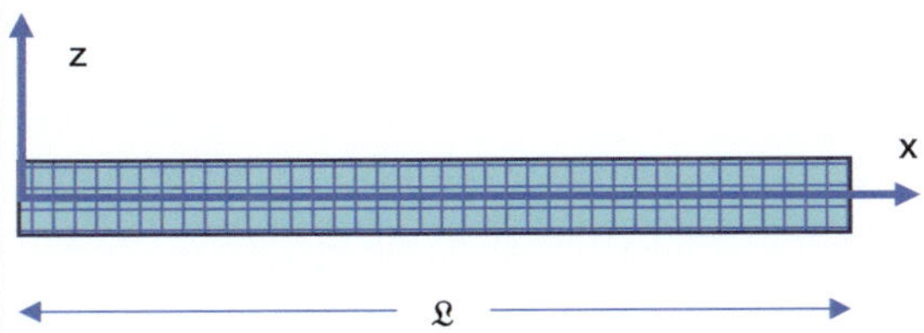
(B) **Draht im Moment der maximalen plastischen Verformung:** Krümmung: $\kappa = \frac{R}{R^2+P^2},$ Torsion: $\tau = \frac{P}{R^2+P^2},$ Krümmungsradius: $R = \frac{\kappa}{\kappa^2+\tau^2},$ Steigung: $\mathrm{P} = \frac{\tau}{\kappa^2+\tau^2}$	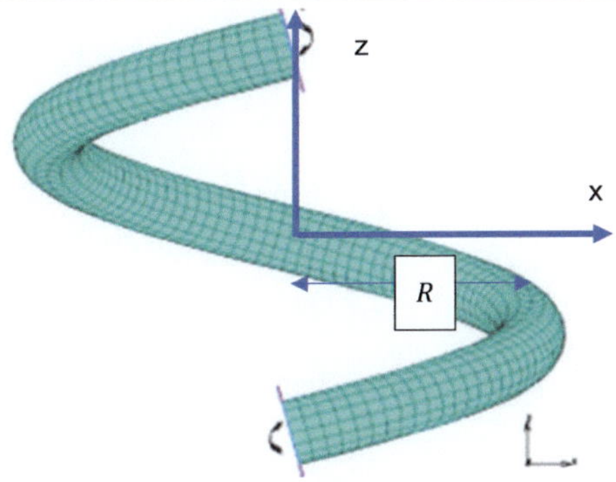
(C) **Feder nach der Entlastung im lastfreien Zustand:** Krümmung: $\overline{\kappa} = \frac{\overline{R}}{\overline{R}^2+\overline{P}^2}$ Torsion: $\overline{\tau} = \frac{\overline{P}}{\overline{R}^2+\overline{P}^2},$ Krümmungsradius: $\overline{R} = \frac{\overline{\kappa}}{\overline{\kappa}^2+\overline{\tau}^2},$ Steigung: $\overline{\mathrm{P}} = \frac{\overline{\tau}}{\overline{\kappa}^2+\overline{\tau}^2}$	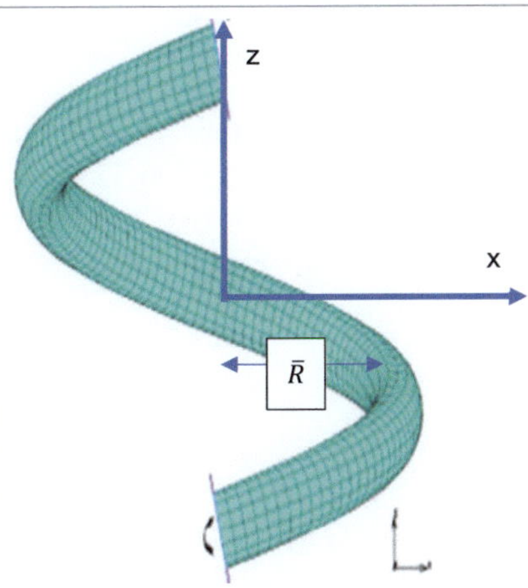

Unter der Voraussetzung der Kenntnis der Krümmung und Torsion lässt sich aus der Frenet-Serret-Gleichung (4.59) die Vektoren des begleitenden Dreibeins $\left\{\overline{\boldsymbol{T}}(s), \overline{\boldsymbol{H}}(s), \overline{\boldsymbol{B}}(s)\right\}$ ableiten, welche die resultierende räumliche Kurve beschreiben. Die Integration der Vektoren $\left\{\overline{\boldsymbol{T}}(s), \overline{\boldsymbol{H}}(s), \overline{\boldsymbol{B}}(s)\right\}$ liefert die räumlichen Koordinaten der resultierenden Kurve nach der Entlastung. Die Feststellung der räumlichen Gleichungen von der entlasteten Skelettlinie aus den Vektoren des begleitenden Dreibeins erfolgt nach der zweiten Integration. In Konsequenz erfolgt die Berechnung des Endprodukts unter Zuhilfenahme der räumlichen Gleichungen der erzeugenden Federn, welche aus der resultierenden Krümmung $\bar{\kappa}(s)$ sowie der Torsion $\bar{\tau}(s)$ gewonnen werden.

In der vorliegenden Abhandlung wird die direkte analytische Auflösung der Frenet-Serret-Formeln präsentiert. Die Lösung der vorliegenden Aufgabe besteht in der Bestimmung einer Differentialgleichung zur Ermittlung der räumlichen Skelettlinie in vektorieller Darstellung. Diese wird aus der Krümmung $\bar{\kappa}(s)$ und der Torsion $\bar{\tau}(s)$ abgeleitet. Die nachfolgende Formel stellt die räumliche Skelettlinie in vektorieller Darstellung dar:

$$\vec{\boldsymbol{r}} = \bar{X}(s)\cdot \vec{\boldsymbol{e}}_x + \bar{Y}(s)\cdot \vec{\boldsymbol{e}}_y + \bar{Z}(s)\cdot \vec{\boldsymbol{e}}_z. \tag{4.60}$$

Die Koordinaten der räumlichen Kurve (4.60) werden mit zwei Hilfsfunktionen $\Phi(t), \Psi(t)$ gesucht:

$$\begin{cases} \bar{X}(s) = \int_0^s \cos(\Phi(t))\,\mathrm{d}t, \\ \bar{Y}(s) = \int_0^s \sin(\Phi(t))\sin(\Psi(t))\,\mathrm{d}t, \\ \bar{Z}(s) = \int_0^s \sin(\Phi(t))\cos(\Psi(t))\,\mathrm{d}t. \end{cases} \tag{4.61}$$

Die Darstellung (4.61) stellt sicher, dass der Parameter s für die Länge des Bogens steht:

$$\left|\frac{\mathrm{d}\vec{\boldsymbol{r}}}{\mathrm{d}s}\right| \equiv \sqrt{\bar{X}'^2 + \bar{Y}'^2 + \bar{Z}'^2} = 1. \tag{4.62}$$

In diesem Fall können Krümmung und Torsion durch die Ableitungen der Koordinaten ausgedrückt werden (Gl. (3.391) und (3.396, [21]:

$$\bar{k} = \left|\frac{\mathrm{d}^2\vec{r}}{\mathrm{d}s^2}\right| \equiv \sqrt{\bar{X}''^2 + \bar{Y}''^2 + \bar{Z}''^2} \tag{4.63}$$

$$\bar{\tau} = \frac{1}{\bar{\kappa}^2}\left(\frac{\mathrm{d}\vec{\boldsymbol{r}}}{\mathrm{d}s}, \frac{\mathrm{d}^2\vec{\boldsymbol{r}}}{\mathrm{d}s^2}, \frac{\mathrm{d}^3\vec{\boldsymbol{r}}}{\mathrm{d}s^3}\right) \equiv \frac{\begin{vmatrix} \bar{X}' & \bar{Y}' & \bar{Z}' \\ \bar{X}'' & \bar{Y}'' & \bar{Z}'' \\ \bar{X}''' & \bar{Y}''' & \bar{Z}''' \end{vmatrix}}{\bar{X}''^2 + \bar{Y}''^2 + \bar{Z}''^2}. \tag{4.64}$$

Die Formeln für Krümmung und Torsion lassen sich gemäß Ansatz (4.61) wie folgt berechnen:

$$\bar{\kappa} = \sqrt{\Psi'^2\sin^2(\Phi) + \Phi'^2}, \tag{4.65}$$

$$\bar{\tau} = \frac{[\Phi'\Psi'' - \Phi''\Psi']\sin(\Phi) + \left[\Psi'^2\sin^2(\Phi) + 2\Phi'^2\right]\Psi'\cos(\Phi)}{\Psi'^2\sin^2(\Phi) + \Phi'^2}. \tag{4.66}$$

Die gewöhnlichen Differentialgleichungen (4.60) und (4.61) enthalten zwei unbekannte Funktionen $\Phi(s)$, $\Psi(s)$.Gesucht sind die Funktionen mit folgenden Anfangsbedingungen:

$$\Phi(0) = \frac{\pi}{2}, \quad \Psi(0) = \Phi'(0) = 0.$$

Die Lösung Gl. (4.65) lautet:

$$\Psi' = \frac{\sqrt{\bar{\kappa}^2 - \Phi'^2}}{\sin(\Phi)}, \quad \Psi = \int_0^s \frac{\sqrt{\bar{\kappa}^2 - \Phi'^2}}{\sin(\Phi)} \mathrm{d}t. \tag{4.67}$$

Durch Einsetzen von (4.67) in Gleichung (4.66) erhält man die eine gewöhnliche Differentialgleichung 2. Ordnung für eine unbekannte Funktion $\Phi(s)$:

$$-\bar{\kappa}^3\cos(\Phi) + \left[\Phi'^2\cos(\Phi) - \bar{\tau}\sin(\Phi)\sqrt{\bar{\kappa}^2 - \Phi'^2} + \sin(\Phi)\Phi''\right] \cdot \bar{\kappa} - \bar{\kappa}'\Phi'\sin(\Phi) = 0. \tag{4.68}$$

Die nichtlineare Differentialgleichung (4.68) enthält die Funktionen $\bar{\kappa}(s)$ sowie $\bar{\tau}(s)$ als Koeffizienten. Nach Lösung der Gleichung (4.68) ergibt sich die Funktion Ψ als Lösung der Differentialgleichung (4.67) nach Einsetzen der zuvor ermittelten Funktion Φ.

Die Lösung wird am Beispiel der Gleichung mit konstanten Koeffizienten $\bar{\kappa}(s) = \mathrm{k}_0$ sowie $\bar{\tau}(s) = \mathrm{t}_0$ demonstriert. Die Glechung (4.68) transformiert sich zu:

$$-\mathrm{k}_0{}^3\cos(\Phi) + \left[\Phi'^2\cos(\Phi) - \mathrm{t}_0\sin(\Phi)\sqrt{\mathrm{k}_0{}^2 - \Phi'^2} + \sin(\Phi)\Phi''\right] \cdot \mathrm{k}_0 = 0. \tag{4.69}$$

Die Lösung der Gleichungen (4.67) und (4.69) mit den obigen Anfangsbedingungen lautet:

$$\Phi = \arccos\left[\frac{\mathrm{k}_0\sin\left(\sqrt{\mathrm{k}_0{}^2 + \mathrm{t}_0{}^2}s\right)}{\sqrt{\mathrm{k}_0{}^2 + \mathrm{t}_0{}^2}}\right], \quad \Psi = -\arctan\left[\frac{\mathrm{k}_0\cos\left(\sqrt{\mathrm{k}_0{}^2 + \mathrm{t}_0{}^2}s\right)}{\mathrm{t}_0}\right]. \tag{4.70}$$

Mit der Lösung (4.70) können die Integrale (4.61) berechnet werden:

$$\begin{cases} \bar{X}(s) = -\frac{\mathrm{k}_0}{\mathrm{k}_0{}^2+\mathrm{t}_0{}^2}\cos\left(\sqrt{\mathrm{k}_0{}^2 + \mathrm{t}_0{}^2}s\right), \\ \bar{Y}(s) = -\frac{\mathrm{k}_0}{\mathrm{k}_0{}^2+\mathrm{t}_0{}^2}\sin\left(\sqrt{\mathrm{k}_0{}^2 + \mathrm{t}_0{}^2}s\right), \\ \bar{Z}(s) = \frac{\mathrm{t}_0}{\sqrt{\mathrm{k}_0{}^2+\mathrm{t}_0{}^2}}s. \end{cases} \tag{4.71}$$

Daraus ergibt sich die Schraubenlinie mit konstanter Krümmung k_0 und Torsion t_0. In der Regel sind die Differentialgleichungen (4.67) und (4.68) unter Berücksichtigung einer inkonstanten Krümmung und Torsion mit numerischen Methoden zu lösen.

Die verbleibenden Eigenspannungen nach der Rückfederung im Querschnitt des Drahtes sind:

$$\begin{cases} \bar{\sigma}_{zz} = \sigma_{zz} - (\kappa - \bar{\kappa}) \cdot E_0 x, \\ \bar{\sigma}_{zr} = \sigma_{zr} - (\tau - \bar{\tau}) \cdot G_0 \rho. \end{cases} \tag{4.72}$$

Die Symbole σ_{zz} und σ_{zr} bezeichnen die axialen Biege- und Schubspannungen im Draht zum Zeitpunkt der plastischen Kaltverformung des Drahtes durch die Windungs- und Steigungsstifte.

4.4 Kaltumformung von Federn

4.4.1 Gleichungen plastischer Belastung

Die prinzipielle Beanspruchung von Schraubenfedern, seien es Zug- oder Druckfedern, erfolgt entlang der Federachse. Die Biege- und Drehmomentmomente konnten mit (4.22) und (4.23) als Funktionen der Änderungen der Krümmung $\overline{\kappa} - \kappa$ und der Torsion $\overline{\tau} - \tau$ der Feder während der plastischen Verformung abgeleitet werden:

$$\begin{cases} \mathrm{m} = \mathfrak{W}(\overline{\kappa} - \kappa, \overline{\tau} - \tau), \\ \mathrm{t} = \mathfrak{T}(\overline{\kappa} - \kappa, \overline{\tau} - \tau). \end{cases} \tag{4.73}$$

Die primäre Krümmung κ bezeichnet die Krümmung der lastfreien Feder vor der plastischen Verformung. Die primäre Torsion τ bezeichnet die Torsion (geometrische Windung der Skelettkurve) vor der plastischen Verformung.

Die aktuelle Krümmung $\overline{\kappa}$ bezeichnet die Krümmung der Feder im Zustand der plastischen Verformung unter den axialen Lasten F, M. Die Belastung der Feder erfolgt durch eine konstante axiale Kraft F, welche mit der Einheit Newton (N) gemessen wird. Das applizierte Moment entlang der Achse der Feder M wird in der Einheit Newtonmeter (Nm) angegebenDie aktuelle Torsion (geometrische Windung) $\overline{\tau}$ bezeichnet die Torsion der Feder im Zustand der plastischen Verformung.

Für den ursprünglich geraden Stab sind $\kappa = 0$ und $\tau = 0$. Wird die Feder aus dem vorgekrümmten und ursprünglich gewundenen Draht gewickelt, entsprechen die Werte κ und τ der Krümmung und Torsion des Drahtes im Ring oder Spule.

Wie im Kap. 2 erfolgt die Ableitung der Hauptgleichungen der plastischen Belastung von Schraubenfedern unter Anwendung des Prinzips der virtuellen Arbeit:

$$\begin{cases} F \cdot \frac{\overline{\tau} \cdot \overline{\kappa}}{(\overline{\kappa}^2 + \overline{\tau}^2)^{\frac{3}{2}}} - M \cdot \frac{\overline{\kappa}}{\sqrt{\overline{\kappa}^2 + \overline{\tau}^2}} + \mathfrak{W}(\overline{\kappa} - \kappa, \overline{\tau} - \tau) = 0, \\ -F \cdot \frac{\kappa^2}{(\overline{\kappa}^2 + \overline{\tau}^2)^{\frac{3}{2}}} - M \cdot \frac{\overline{\tau}}{\sqrt{\overline{\kappa}^2 + \overline{\tau}^2}} + \mathfrak{T}(\overline{\kappa} - \kappa, \overline{\tau} - \tau) = 0, \end{cases} \tag{4.74}$$

oder mit Gl. (4.73):

$$\begin{cases} F \cdot \frac{\overline{\tau} \cdot \overline{\kappa}}{(\overline{\kappa}^2+\overline{\tau}^2)^{\frac{3}{2}}} - M \cdot \frac{\overline{\kappa}}{\sqrt{\overline{\kappa}^2+\overline{\tau}^2}} + \mathfrak{m} = 0, \\ -F \cdot \frac{\kappa^2}{(\overline{\kappa}^2+\overline{\tau}^2)^{\frac{3}{2}}} - M \cdot \frac{\overline{\tau}}{\sqrt{\overline{\kappa}^2+\overline{\tau}^2}} + \mathfrak{t} = 0. \end{cases} \tag{4.75}$$

Die Gleichungen (4.74) und (4.75) lassen sich nach F und M auflösen:

$$\begin{cases} F = -\frac{\sqrt{\overline{\kappa}^2+\overline{\tau}^2}}{\overline{\kappa}}[-\mathfrak{T}(\overline{\kappa}-\kappa,\overline{\tau}-\tau)\cdot\overline{\kappa} + \mathfrak{W}(\overline{\kappa}-\kappa,\overline{\tau}-\tau)\cdot\overline{\tau}], \\ M = -\frac{\mathfrak{T}(\overline{\kappa}-\kappa,\overline{\tau}-\tau)\cdot\overline{\tau}+\mathfrak{W}(\overline{\kappa}-\kappa,\overline{\tau}-\tau)\cdot\overline{\kappa}}{\sqrt{\overline{\kappa}^2+\overline{\tau}^2}}, \end{cases} \tag{4.76}$$

oder equivalent:

$$\begin{cases} F = -\frac{\sqrt{\overline{\kappa}^2+\overline{\tau}^2}}{\overline{\kappa}}[-\mathfrak{t}\cdot\overline{\kappa} + \mathfrak{m}\cdot\overline{\tau}], \\ M = -\frac{\mathfrak{t}\cdot\overline{\tau}+\mathfrak{m}\cdot\overline{\kappa}}{\sqrt{\overline{\kappa}^2+\overline{\tau}^2}}. \end{cases} \tag{4.77}$$

Die Gleichungen (4.76) und (4.77) verallgemeinern die linear-elastischen Thomson-Tait-Gleichungen (4.28)..(4.30) aus Kap. 2. Die erweiterten Thomson-Tait-Gleichungen (4.74)..(4.77) gelten für elastisch-nichtlineare und plastische Modelle des Materials. Die erweiterten Gleichungen spielen eine zentrale Rolle bei der Analyse der plastischen Belastung der Schraubenfedern. Unter Berücksichtigung der Biegung und Torsion des Drahtes im unverformten und im verformten Zustand ergeben sich aus den Gleichungen die Axialkraft und das Axialmoment, die die gegebene Verformung bewirken. Der entsprechende axiale Federweg S und die relative Verdrehung der Enden Θ ergeben sich aus den Gleichungen (4.18) und (4.19) aus Kap. 2.

Im vorliegenden Kapitel erfolgt eine Einführung in die mathematische Theorie der Eigenspannungen in Schraubenfedern. Die Theorie der Eigenspannungen in Schraubendruckfedern beinhaltet die Berechnung der Spannungen auf sämtlichen Stufen des Herstellungsprozesses, insbesondere beim Wickeln und Vorsetzen [22].

4.4.2 Dehnungen und Spannungen im Draht bei plastischer Belastung

Im vorliegenden Abschnitt erfolgt eine Untersuchung des Problems der plastischen Verformung des ursprünglich geraden Drahtes in eine schraubenförmige Spirale. Die Formung der Spirale erfolgt durch eine gleichzeitige Biegung und Torsion. Die Eigenspannungen in Schraubenfedern resultieren aus der elastischen Entlastung der Federn. Die Eigenspannungsanalyse stellt einen wesentlichen Aspekt bei der Bewertung der Lebensdauer von Federn dar [23]. Die Wirkung der Eigenspannungen auf die verschiedenen Eigenschaften eines Materials kann beträchtlich sein, beispielsweise auf die Ermüdung, den Bruch, die Korrosion, die Reibung, den Verschleiß und weitere. Im elastischen Bereich erfolgt eine Addition der Eigenspannungen zu den Betriebsspannungen.

Aus diesem Grund ermöglichen die Druckeigenspannungen eine Reduktion der maximalen auftretenden Spannungen. Dies resultiert in einer signifikanten Reduktion der Ermüdungserscheinungen. Unter zyklischer Belastung erfolgt die mikroplastische Verformung bei einem niedrigeren Spannungsniveau, welches unterhalb der Streckgrenze liegt. Dies resultiert in einer Relaxation der Eigenspannungen. Druckeigenspannungen haben in der Regel eine positive Wirkung auf die Lebensdauer und die Spannungskorrosion, da die Rissbildung im statischen Kompressionsfeld verzögert wird. Demgegenüber führt eine reduzierte Zugbelastung zu einer Verringerung der Belastbarkeit der Bauelemente.

Die aktuelle Betrachtung basiert auf Veröffentlichung [24]. Das analytische Modell erweist sich als tauglich zur Berechnung der Eigenspannungen von Schraubendruckfedern, die durch gewickelten Draht hergestellt wurden. Des Weiteren eignet sich das Modell zur Simulation der Eigenspannungen beim Vorsehen der Feder, was zu einer plastischen Verformung des Drahtes führt. Eine plastische Verformung erfolgt, sofern die Elastizitätsgrenze des Werkstoffs überschritten wird. Nach der Entlastung wird die ursprüngliche axiale Länge der Feder nicht mehr erreicht. Durch ein gezieltes Vorsetzen kann ein späteres Setzen beim Betrieb der Feder vorweggenommen werden. Nach der Entlastung bleiben an der Oberfläche die Schubspannungen mit anderem Vorzeichen bestehen, wie die im Betrieb auftretende Spannung.

Im Folgenden wird ein Abschnitt des ursprünglich geraden Drahtes mit kreisrundem Querschnitt betrachtet (Tab. 4.1, Zeile (A)). Die Windungen der Spirale nach der Verformung sind überwiegend flach. Das zylindrische Volumen des Drahtes ist durch die Endflächen $Z = 0$ und $Z = \mathfrak{L}$ begrenzt. Die Fläche des runden Drahtquerschnitts mit dem Radius $r = d/2$ wird mit Σ bezeichnet. Der zentrale Punkt einer kreisrunden Querschnittsfläche, bezeichnet als Σ, ist O_Σ.

Das ursprünglich gerade Volumen des Drahtes mit dem Durchmesser $d = 2r$ transformiert sich nach dem Prozess der Formgebung in den Abschnitt einer Spiralfeder. Der Draht befindet sich bei der Kaltverformung im plastischen Zustand (Tab. 4.1, Zeile (B)). Es lässt sich zeigen, dass alle zentralen Punkte O_Σ aller Querschnittsflächen entlang des Drahtes auf einer räumlichen Spirale Φ liegen. Die Gleichung der räumlichen Spirale Φ, welche der Feder bei Kaltverformung im Moment der plastischen Verformung entspricht, lautet in kartesischen Koordinaten:

$$\begin{cases} X = R\cos s, \\ Y = R\sin s\ , \\ Z = \mathrm{P}s. \end{cases} \tag{4.78}$$

Hier ist $R = D/2$ der mittlere Radius der Feder und P die Steigung der Spirale pro Bogenmaß pro 1 Radiant im Moment der plastischen Verformung. Die Steigung pro Windung beträgt dabei:

$$l \stackrel{\text{def}}{=} 2\pi\,\mathrm{P}. \tag{4.79}$$

Das spiralförmige Volumen des Drahtes einer fertigen, lastfreien Spiralfeder ist mit den Endflächen $s = 0$ und $s = \mathfrak{L}$ begrenzt. Für eine volle Windung entspricht der Länge des Drahtes von:

$$\mathfrak{L} = 2\pi \sqrt{R^2 + \mathrm{P}^2}.$$

In jedem Querschnitt Σ fügen wir ein lokales zylindrisches Koordinatensystem C_Σ hinzu. Der Ursprung des zylindrischen Koordinatensystems C_Σ stimmt mit dem zentralen Punkt O_Σ überein. Die Achsen des zylindrischen Koordinatensystems C_Σ sind an die Einheitsvektoren eines begleitenden Dreibeins $\left(\vec{t}, \vec{n}, \vec{b}\right)$ gebunden (Abb. 2.2, Kap. 2) Die z-Achse des zylindrischen Koordinatensystems C_Σ stimmt mit dem Tangenteneinheitsvektor $\boldsymbol{T}$ der räumlichen Spirale Φ überein. Die r-Achse des zylindrischen Koordinatensystems C_Σ liegt entlang des Hauptnormalvektors $\boldsymbol{H}$ des begleitenden Dreibeins.

An der Endfläche des Drahtes $s = 0$ wirken die Momente:

$$\vec{\mathfrak{W}} = \mathfrak{W}\boldsymbol{B}, \quad \vec{\mathfrak{T}} = \mathfrak{T}\boldsymbol{T}. \tag{4.80}$$

Der Vektor des Biegemoments $\vec{\mathfrak{W}}$ im Draht erstreckt sich in Richtung des binormalen Einheitsvektors $\boldsymbol{B}$. Der Vektor des Torsionsmoments des Drahts $\vec{\mathfrak{T}}$ ist parallel zum Tangenteneinheitsvektor $\boldsymbol{T}$. Die an der zweiten Endfläche des Drahtes $s = \mathfrak{L}$ wirkenden Momente befinden sich im Gleichgewicht mit den Momenten $\vec{\mathfrak{W}}$ und $\vec{\mathfrak{T}}$. Die Momente in allen Querschnitten der axial belasteten Schraubenlinie mit einem konstanten Radius und konstanter Steigung unter axiale Belastung konstant sind. Der Spannungszustand des Drahtes ist in allen Querschnitten Σ entsprechend überall identisch.

Für die betrachtende schraubenförmige Spirale sind κ und τ konstant. Die Krümmung κ und Windung τ im Moment der maximalen plastischen Verformung hängen vom Radius der Spirale R und deren Höhe $l = 2\pi\mathrm{P}$ pro eine volle Windung ab:

$$\kappa = \frac{R}{R^2 + \mathrm{P}^2}, \quad \tau = \frac{\mathrm{P}}{R^2 + \mathrm{P}^2}, \quad R = \frac{\kappa}{\kappa^2 + \tau^2}, \quad \mathrm{P} = \frac{\tau}{\kappa^2 + \tau^2}. \tag{4.81}$$

Die Anordnung der folgenden Figuren erfolgt gemäß der Parameter, welche die plastischen Eigenschaften der Materialien spezifizieren. Die Figuren Abb. 4.11 bis Abb. 4.14 entsprechen den folgenden Werten der Parameter: $k=1/2, \kappa=1, \tau=1$. Die in den Abbildungen 4.15 bis 4.16 dargestellten Figuren stellen die vorgegebenen Werte dar: $k=1/2, \kappa=1, \tau=2$. Die Parameterwerte $k=1/2, \kappa=2, \tau=1$ werden in den Abb. 4.17 bis Abb. 4.18 dargestellt. Die Figuren Abb. 4.19 bis Abb. 4.20 repräsentieren die nachstehenden Parameterwerte: $k=1/2, \kappa=2, \tau=2$. Die Abb. 4.21 bis Abb. 4.24 entsprechen den folgenden Werten der Parameter: $k=1, \kappa=1, \tau=1$. Die dargestellten Figuren in Abb. 4.25 bis Abb. 4.26 entsprechen den vorgegebenen Werten: $k=1, \kappa=1, \tau=2$. Die Abb. 4.27 bis Abb. 4.28 zeigen die Werte der Parameter : $k=1, \kappa=2, \tau=1$. Die in den Abbildungen 4.29 bis 4.30 dargestellten Figuren stehen für die nachstehenden Parameterwerte: $k=1/2, \kappa=2, \tau=2$. Zusammenfassend lässt sich konstatieren, dass die Abb. 4.11 bis Abb. 4.20 dem Wert des Parameters $k = 1/2$ korrespondieren. In der vorliegenden

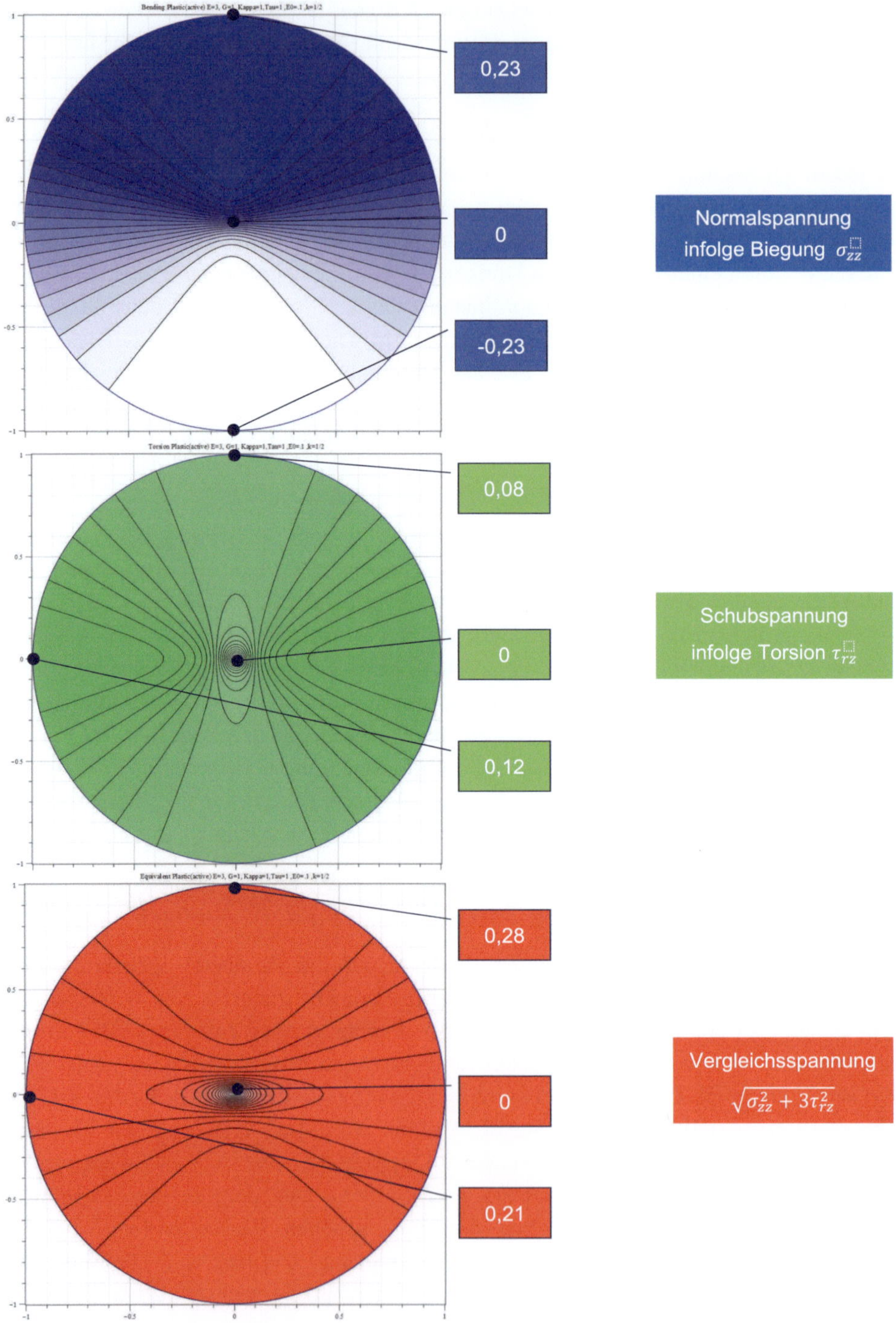

Abb. 4.11 Biege-, Torsions- und Vergleichsspannungen des Drahtes im Moment der maximalen plastischen Verformung $k = \frac{1}{2}, \kappa = 1, \tau = 1$

Tab. 4.2 sind die entsprechenden Materialparameter aufgeführt sowie die Nummern der Abbildungen zu den Biege-, Torsions- und Vergleichsspannungen im Moment der maximalen plastischen Verformung während des Wickelns. Die in Tab. 4.3 aufgeführten Materialparameter und die Nummern der Abbildungen zu den Biege-, Torsions- und Eigenspannungen nach der Entlastung finden in der vorliegenden Arbeit Anwendung. In Analogie dazu entsprechen die Figuren Abb. 4.21 bis Abb. 4.30 dem Parameter $k = 1$. In der als Tab. 4.4 bezeichneten Übersicht werden die Materialparameter sowie die Nummern der Abbildungen zur Darstellung der Biege-, Torsions- und Vergleichsspannungen im Moment der maximalen plastischen Verformung aufgeführt. Die Materialparameter und die Nummern der Abbildungen zur Darstellung der Biege-, Torsions- und Eigenspannungen nach der Entlastung werden demnach in Tab. 4.5 dargestellt. Bei der

Tab. 4.2 Biege-, Torsions- und Vergleichsspannungen des Drahtes im Moment der maximalen plastischen Verformung $k = \frac{1}{2}$

Figure	Biege-, Torsions- und Vergleichsspannungen des Drahtes im Moment der maximalen plastischen Verformung
4.11	$\kappa = 1, \tau = 1$
4.12	
4.15	$\kappa = 1, \tau = 2$
4.17	$\kappa = 2, \tau = 1$
4.19	$\kappa = 2, \tau = 2$

Tab. 4.3 Biege-, Torsions- und Vergleichs-Eigenspannungen des Drahtes $k = \frac{1}{2}$

Figure	Biege-, Torsions- und Vergleichs-Eigenspannungen des Drahtes nach dem Wickeln
4.13	$\kappa = 1, \tau = 1$
4.14	
4.16	$\kappa = 1, \tau = 2$
4.18	$\kappa = 2, \tau = 1$
4.20	$\kappa = 2, \tau = 2$

Tab. 4.4 Biege-, Torsions- und Vergleichsspannungen des Drahtes im Moment der maximalen plastischen Verformung $k = 1$

Figure	Biege-, Torsions- und Vergleichsspannungen des Drahtes im Moment der maximalen plastischen Verformung
4.21	$\kappa = 1, \tau = 1$
4.22	
4.25	$\kappa = 1, \tau = 2$
4.27	$\kappa = 2, \tau = 1$
4.29	$\kappa = 2, \tau = 2$

Tab. 4.5 Biege-, Torsions- und Vergleichsspannungen Eigenspannungen des Drahtes $k = 1$

Figure	Biege-, Torsions- und Vergleichs-Eigenspannungen des Drahtes nach dem Wickeln
4.23	$\kappa = 1, \tau = 1$
4.24	
4.26	$\kappa = 1, \tau = 2$
4.28	$\kappa = 2, \tau = 1$
4.30	$\kappa = 2, \tau = 2$

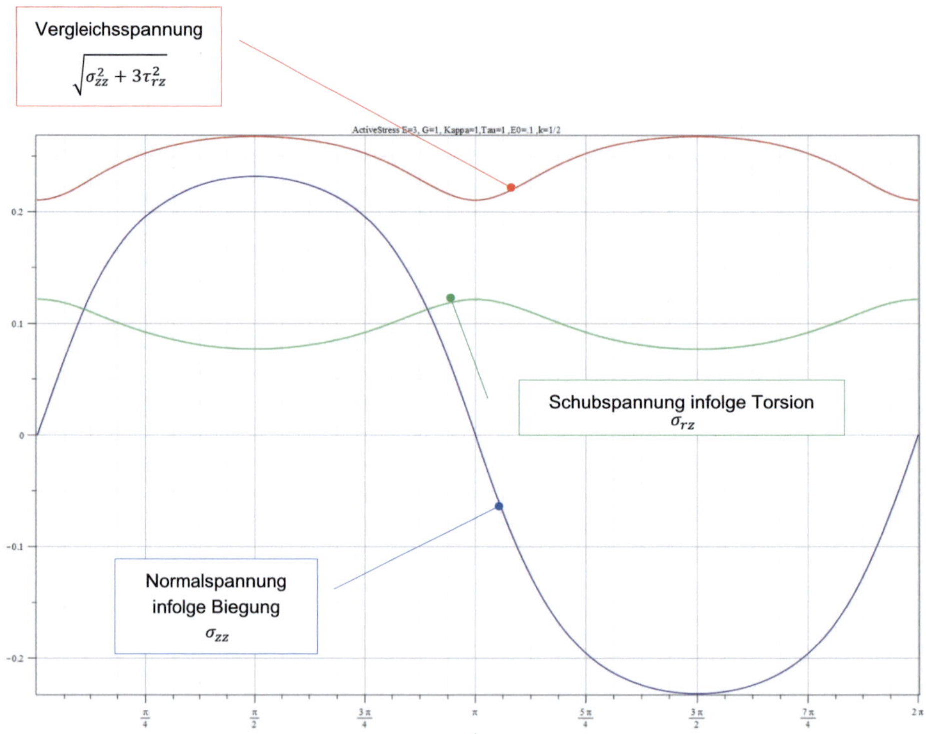

Abb. 4.12 Biege-, Torsions- und Vergleichsspannungen an der Oberfläche des Drahtes im Moment der maximalen plastischen Verformung $k = \frac{1}{2}, \kappa = 1, \tau = 1$

Verformung von einem geraden zylindrischen Volumen zu einem spiralförmigen Volumen entstehen Dehnungen im Material des Drahts (Tab. 4.1). Diese Dehnungen verursachen entsprechende Spannungen. Einige Komponenten des Spannungstensors und einige Komponenten des Dehnungstensors sind aus der vorgegebenen Verformung bekannt, andere werden daraus unmittelbar errechnet.

Betrachten wir einen Punkt an der Fläche Σ mit entsprechenden zylindrischen Koordinaten im lokalen zylindrischen Koordinatensystem C_Σ:

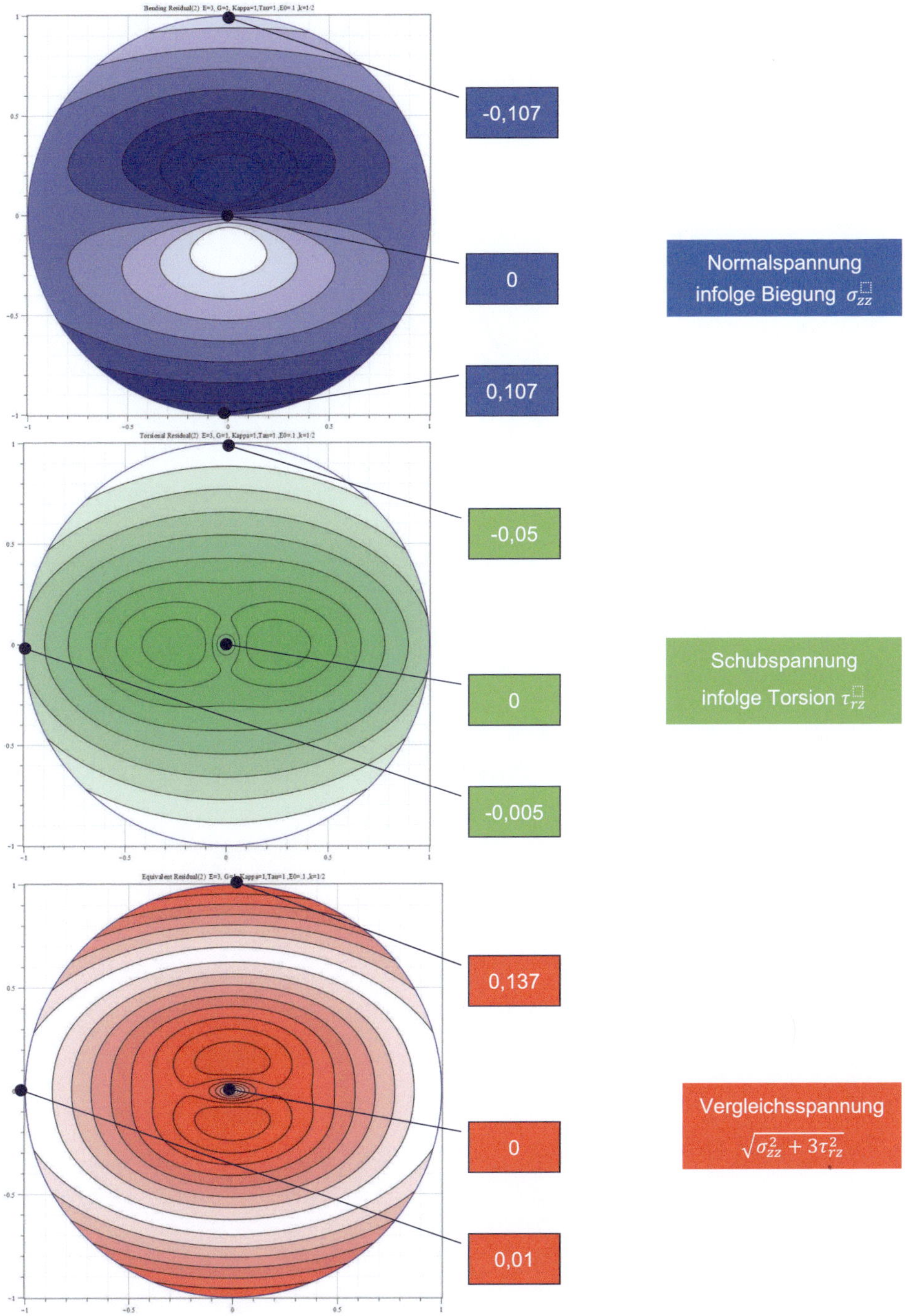

Abb. 4.13 Biege-, Torsions- und Vergleichs-Eigenspannungen des Drahtes $k = \frac{1}{2}, \kappa = 1, \tau = 1$

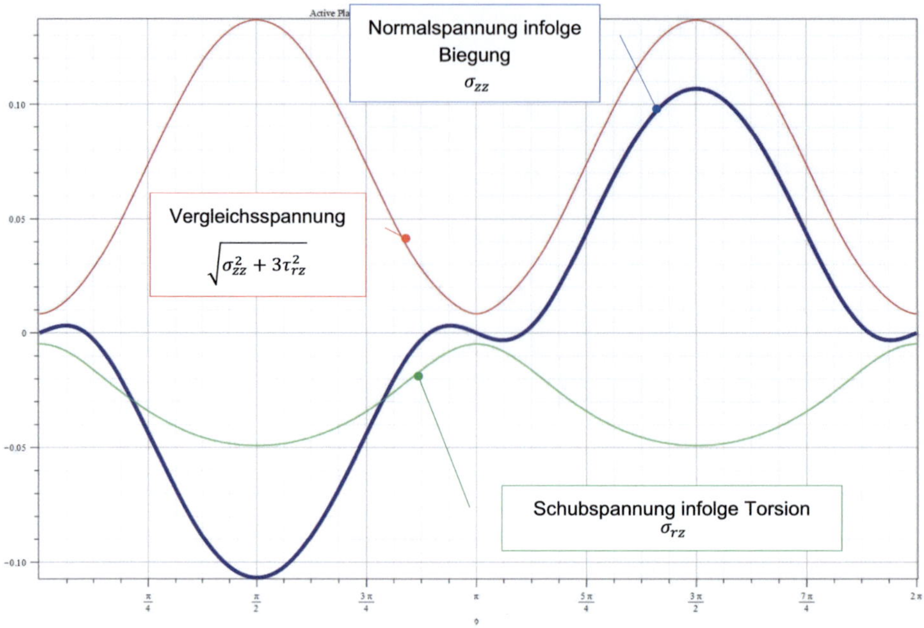

Abb. 4.14 Spannungen an der Oberfläche des Drahtes nach der Entlastung $k = \frac{1}{2}, \kappa = 1, \tau = 1$

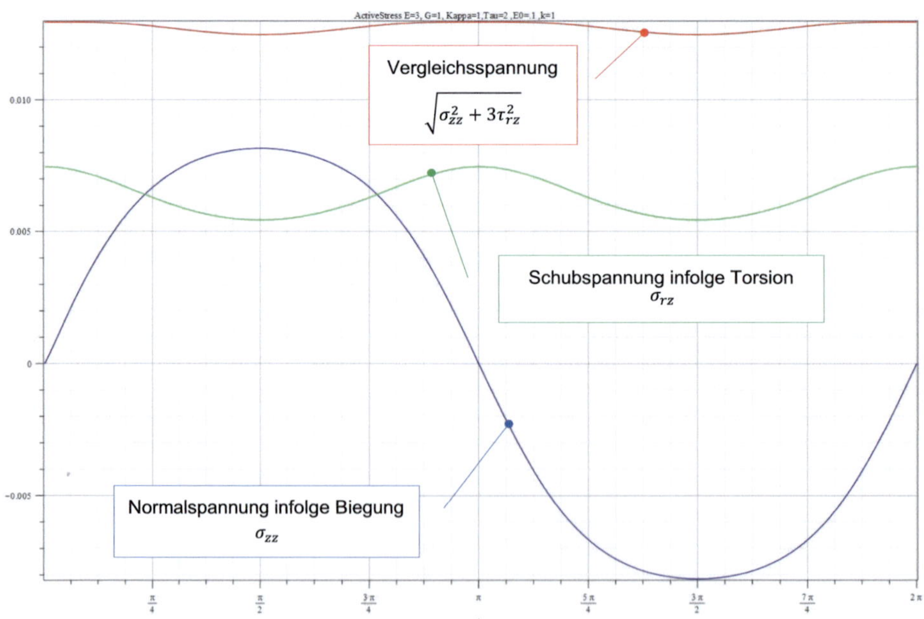

Abb. 4.15 Biege-, Torsions- und Vergleichsspannungen an der Oberfläche des Drahtes im Moment der maximalen plastischen Verformung $k = \frac{1}{2}, \kappa = 1, \tau = 2$

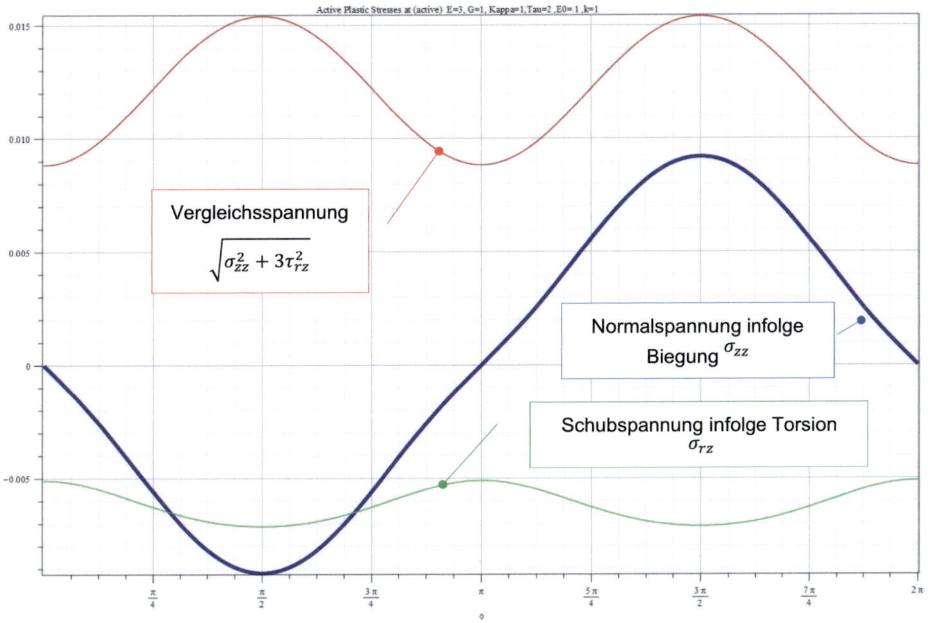

Abb. 4.16 Spannungen an der Oberfläche des Drahtes nach der Entlastung $k = \frac{1}{2}, \kappa = 1, \tau = 2$

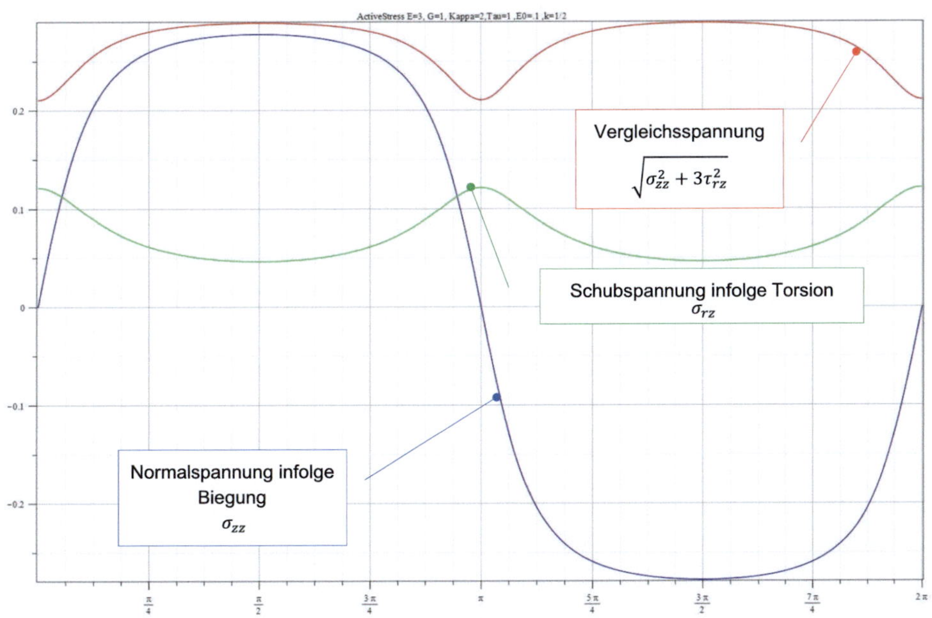

Abb. 4.17 Biege-, Torsions- und Vergleichsspannungen an der Oberfläche des Drahtes im Moment der maximalen plastischen Verformung $k = \frac{1}{2}, \kappa = 2, \tau = 1$

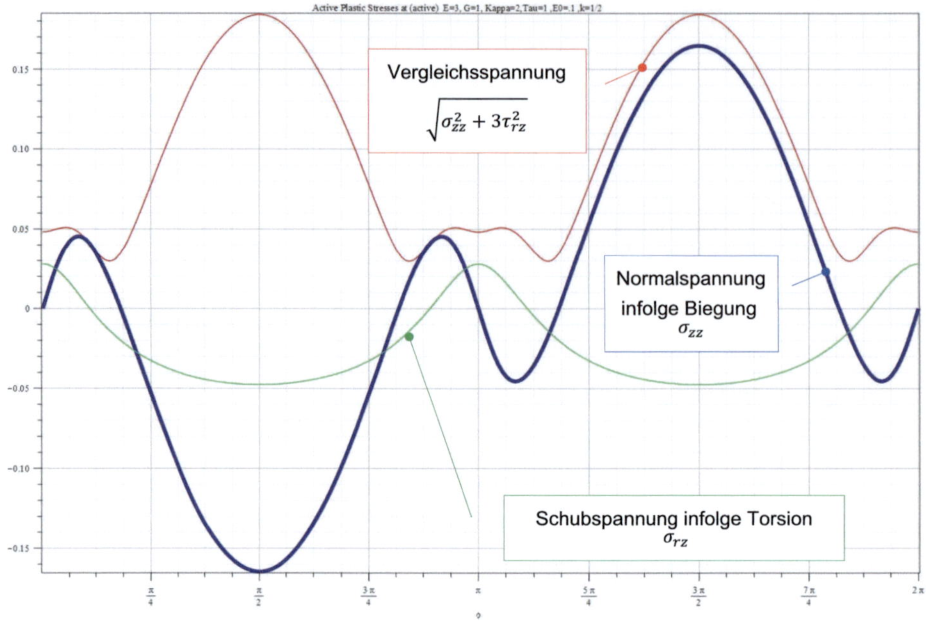

Abb. 4.18 Spannungen an der Oberfläche des Drahtes nach der Entlastung $k = \frac{1}{2}, \kappa = 2, \tau = 1$

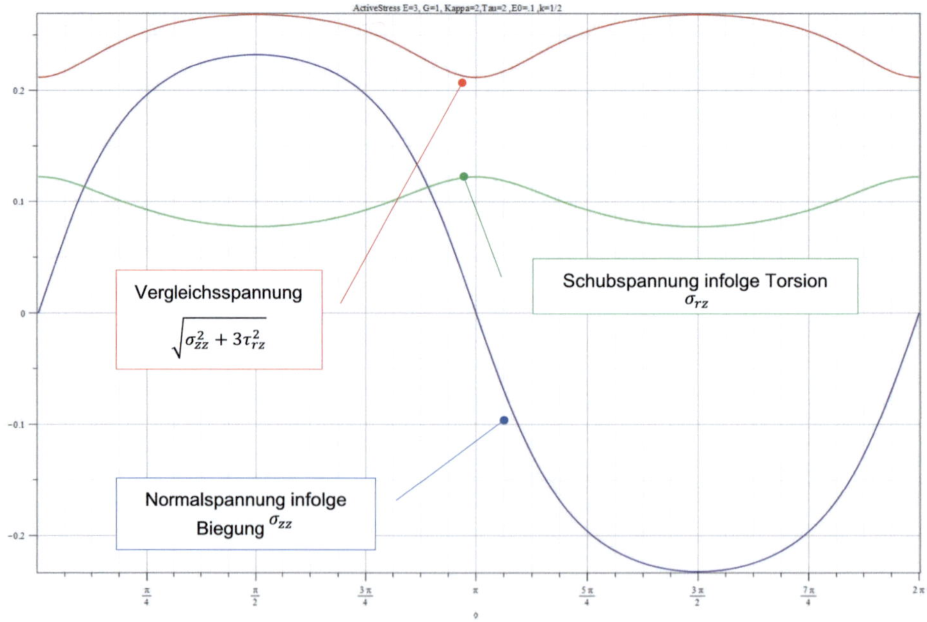

Abb. 4.19 Biege-, Torsions- und Vergleichsspannungen an der Oberfläche des Drahtes im Moment der maximalen plastischen Verformung $k = \frac{1}{2}, \kappa = 2, \tau = 2$

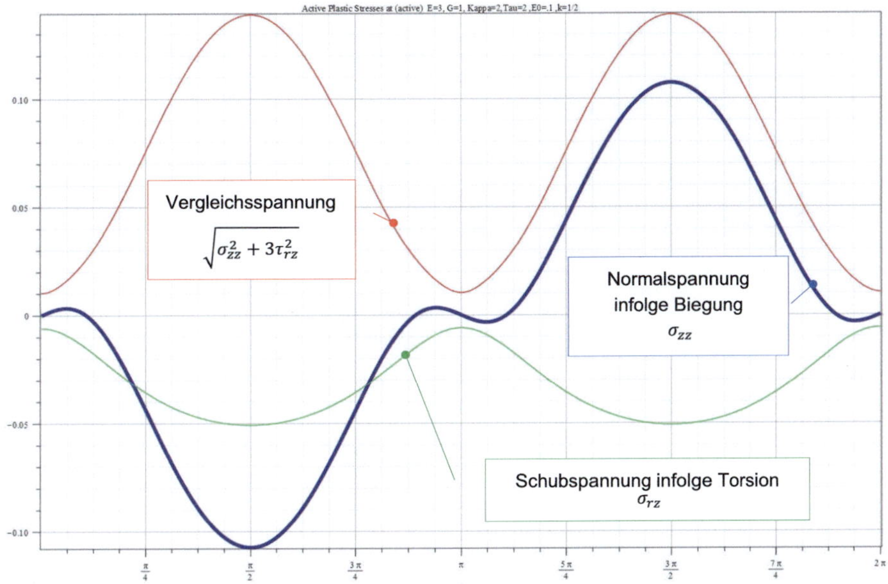

Abb. 4.20 Spannungen an der Oberfläche des Drahtes nach der Entlastung $k = \frac{1}{2}, \kappa = 2, \tau = 2$

$$\begin{cases} x = \rho \sin \phi, \\ y = \rho \cos \phi, \\ z = 0. \end{cases} \tag{4.82}$$

4.4.3 Rückfederung und Eigenspannungen bei elastischer Entlastung

Im Zustand der maximalen Verformung weisen zylindrische Schraubenlinien eine konstante Krümmung und Torsion auf. Diese Voraussetzungen führen zu einer Konstanz der resultierenden Krümmung und Torsion. Die Gleichungen lassen sich zu algebraischen Beziehungen vereinfachen. Der Radius $\bar{R}$ und Steigung der Schraubenlinie $\bar{P}$ pro Radiant nach der Entlastung sind:

$$\begin{cases} \bar{R} = \frac{\bar{\kappa}}{\bar{\kappa}^2 + \bar{\tau}^2}, \\ \bar{\mathrm{P}} = \frac{\bar{\tau}}{\bar{\kappa}^2 + \bar{\tau}^2}. \end{cases} \tag{4.83}$$

Nach der Entlastung entsteht also eine räumliche Spirale mit der Gleichung der Schraubenlinie in kartesischen Koordinaten:

$$\begin{cases} \bar{X} = \bar{R} \cos s, \\ \bar{Y} = \bar{R} \sin s, \\ \bar{Z} = \bar{\mathrm{P}} s. \end{cases} \tag{4.84}$$

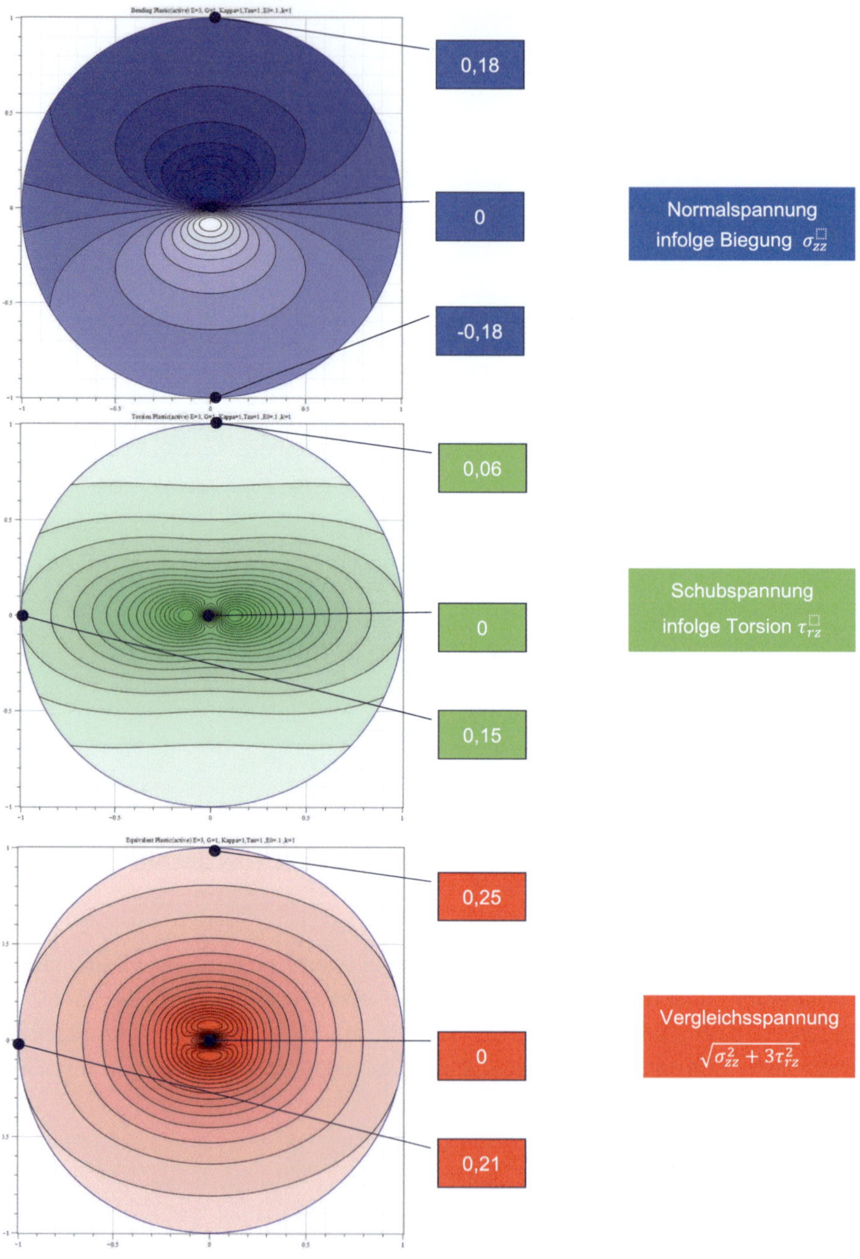

Abb. 4.21 Biege-, Torsions- und Vergleichsspannungen des Drahtes im Moment der maximalen plastischen Verformung $k = 1, \kappa = 1, \tau = 1$

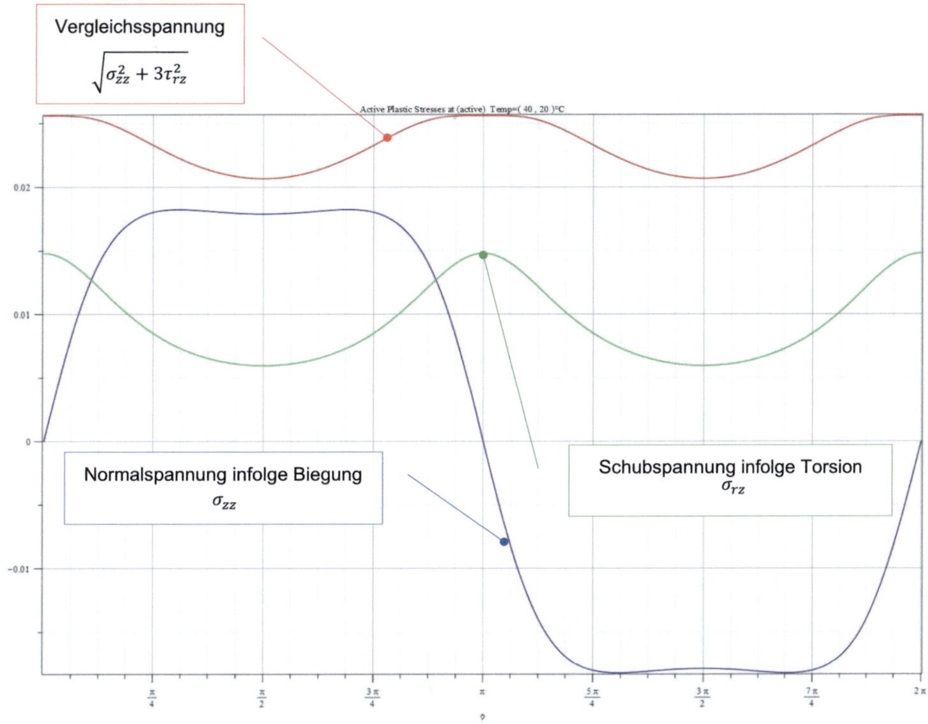

Abb. 4.22 Biege-, Torsions- und Vergleichsspannungen an der Oberfläche des Drahtes im Moment der maximalen plastischen Verformung $k = 1, \kappa = 1, \tau = 1$

Eine volle Windung der Spirale nach der Entlastung entspricht der Bogenlänge von.

$$\overline{\mathfrak{L}} = 2\,\pi\,\sqrt{\bar{R}^2 + \bar{\mathrm{P}}^2}. \tag{4.85}$$

Die Länge des Drahtes verändert sich nach dem Entladen nicht, $\overline{\mathfrak{L}} = \mathfrak{L}$. Allerdings ändert sich die Anzahl der Windungen bei der Entlastung. Es wird zum Beispiel angenommen, dass im plastischen Zustand genau eine Windung $N = 1$ gewickelt wird. Aus einer Windung im plastischen Zustand nach der Entlastung werden $\bar{N}$ Windungen:

$$\bar{\mathfrak{L}} = 2\pi\sqrt{\bar{R}^2 + \bar{\mathrm{P}}^2}. \tag{4.86}$$

Die Höhe einer Windung nach der Entlastung wird entsprechend:

$$\bar{l} = 2\,\pi\,\overline{\mathrm{P}}.$$

Im Rahmen der vorliegenden Untersuchung werden Berechnungen mit den Materialparametern durchgeführt, welche der Gleichung (4.20) entnommen sind. Die Tab. 4.2 und 4.4 zeigen die Vergleichsspannungen im Querschnitt und an der Oberfläche des Drahtes

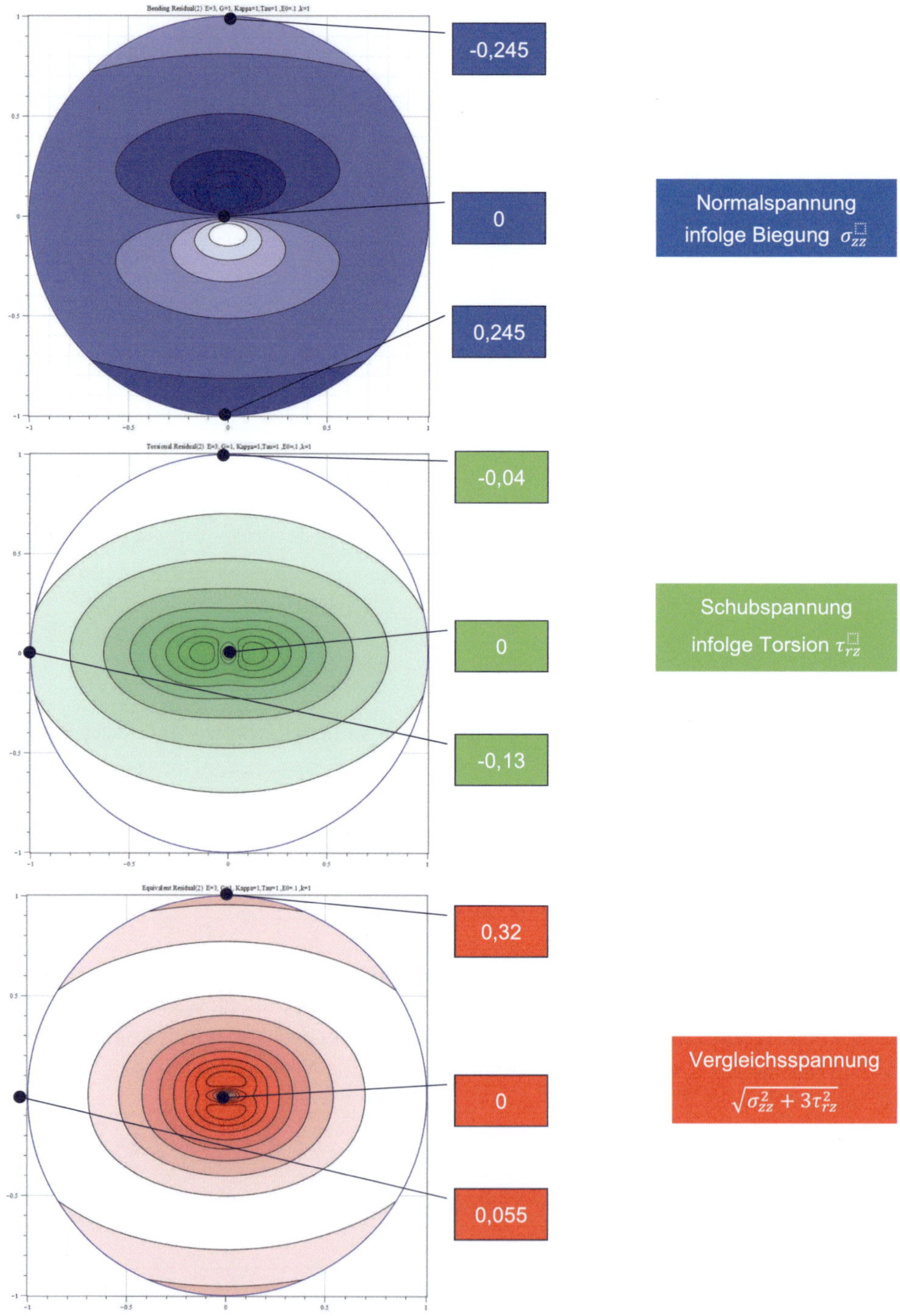

Abb. 4.23 Biege-, Torsions- und Vergleichs-Eigenspannungen des Drahtes $k = 1, \kappa = 1, \tau = 1$

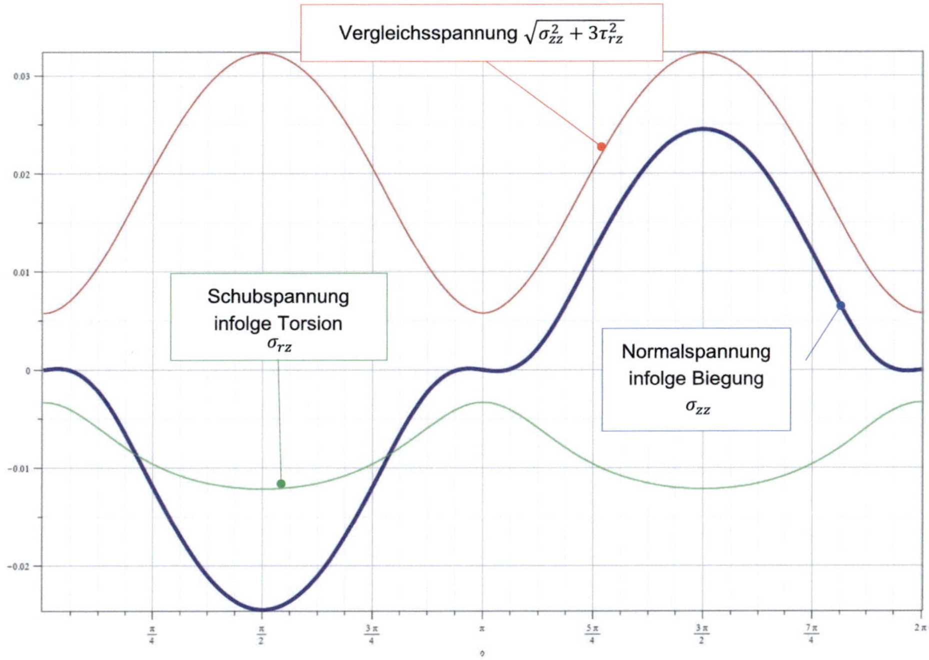

Abb. 4.24 Spannungen an der Oberfläche des Drahtes nach der Entlastung $k = 1, \kappa = 1, \tau = 1$

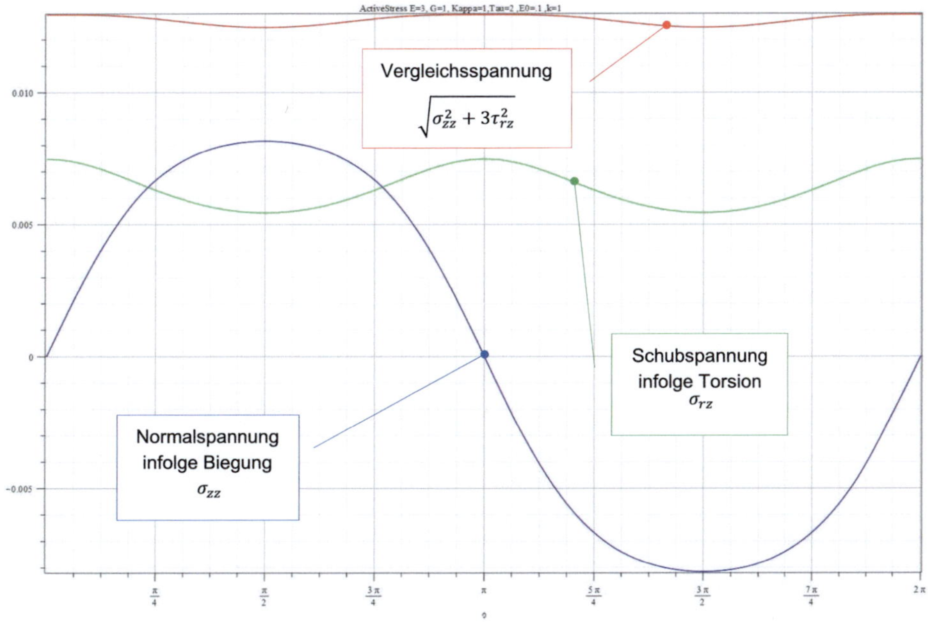

Abb. 4.25 Biege-, Torsions- und Vergleichsspannungen an der Oberfläche des Drahtes im Moment der maximalen plastischen Verformung $k = 1, \kappa = 1, \tau = 2$

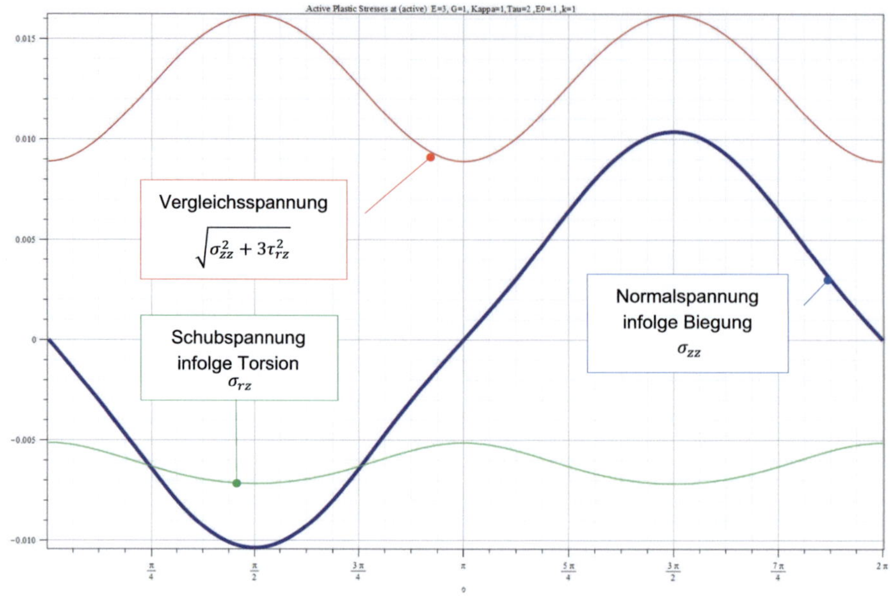

Abb. 4.26 Spannungen an der Oberfläche des Drahtes nach der Entlastung $k = 1, \kappa = 1, \tau = 2$

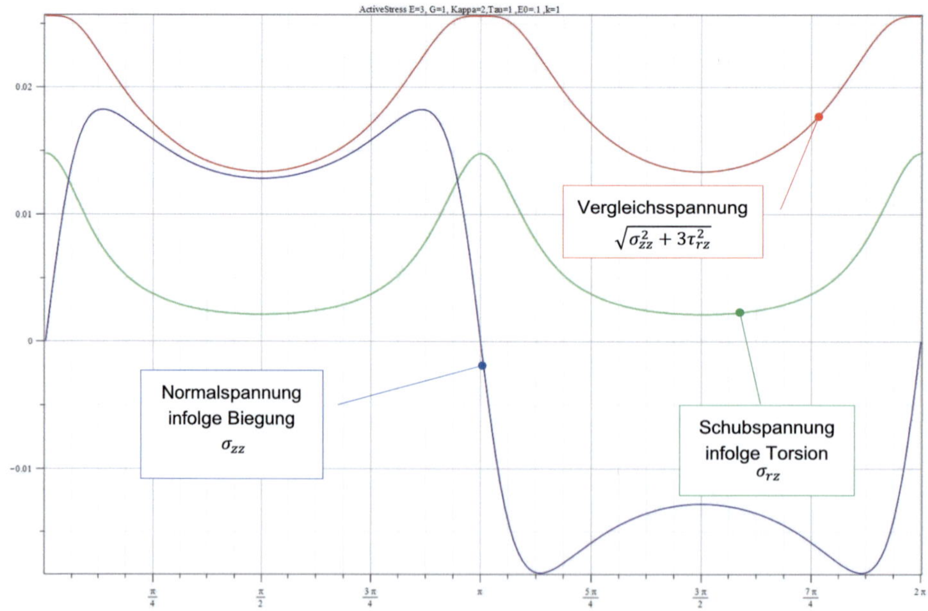

Abb. 4.27 Biege-, Torsions- und Vergleichsspannungen an der Oberfläche des Drahtes im Moment der maximalen plastischen Verformung $k = 1, \kappa = 2, \tau = 1$

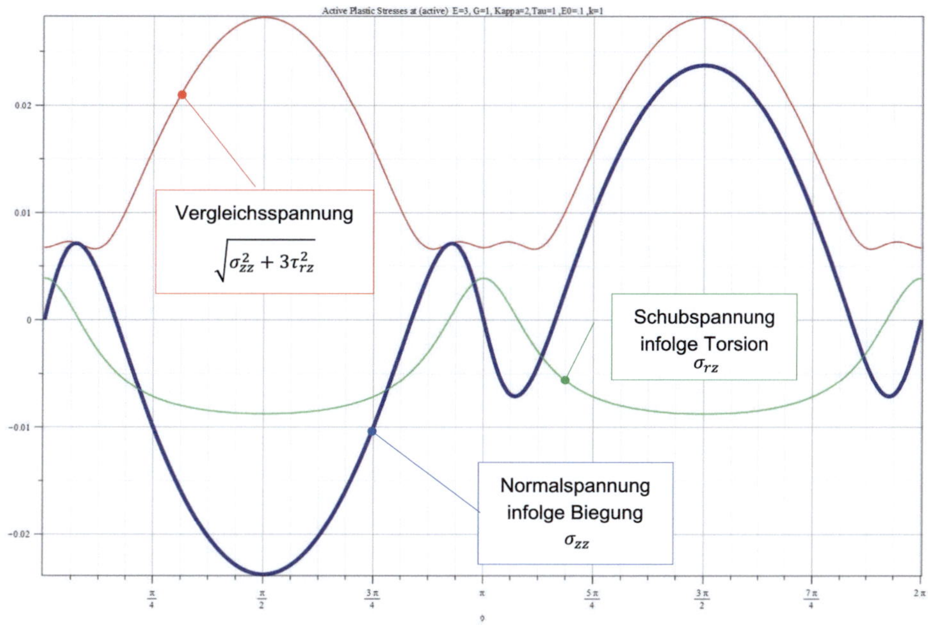

Abb. 4.28 Spannungen an der Oberfläche des Drahtes nach der Entlastung $k = 1, \kappa = 2, \tau = 1$

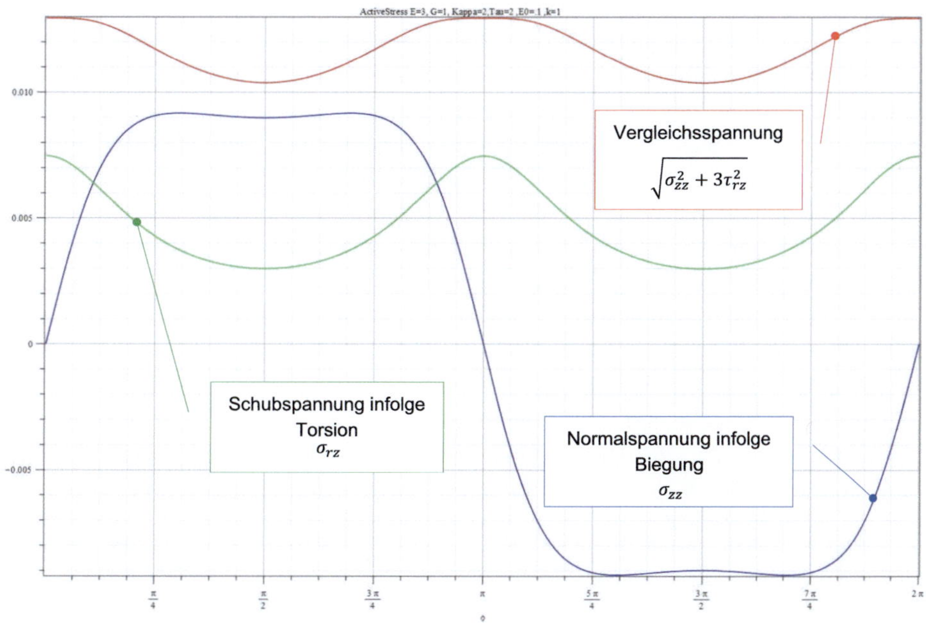

Abb. 4.29 Biege-, Torsions- und Vergleichsspannungen an der Oberfläche des Drahtes im Moment der maximalen plastischen Verformung $k = 1, \kappa = 2, \tau = 2$

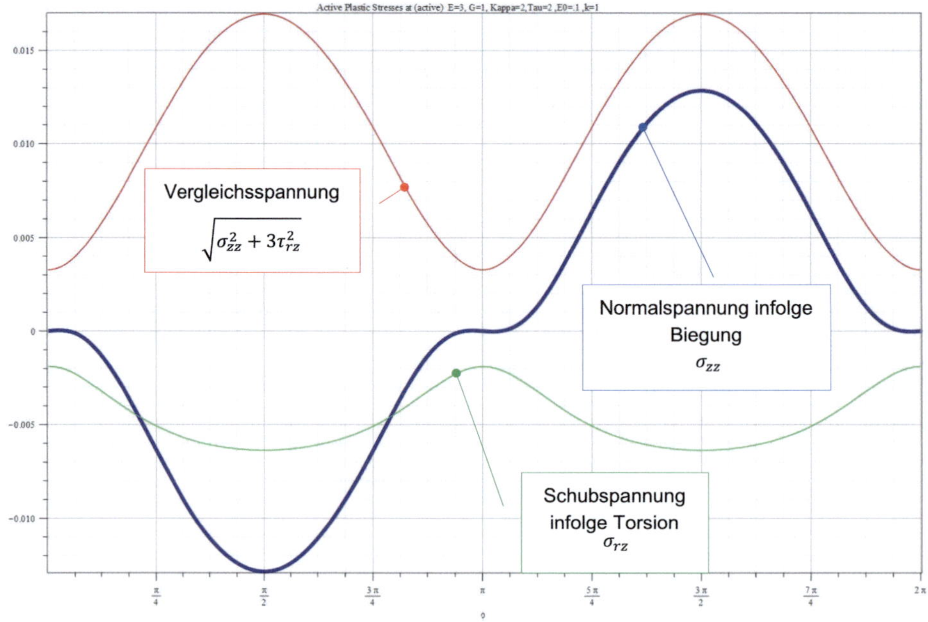

Abb. 4.30 Spannungen an der Oberfläche des Drahtes nach der Entlastung $k = 1, \kappa = 2, \tau = 2$

im Moment des maximalen plastischen Fließens des Materials. Die Tab. 4.3 und 4.5 veranschaulichen die Eigenspannungen im Querschnitt und an der Oberfläche des Drahtes nach der Entlastung. Die in den oben genannten Grafiken präsentierten Daten dienen der prinzipiellen Abschätzung der Effekte und Spannungsverteilung.

Die Abb. 4.31 zeigen die Krümmung $\bar{\kappa}$ und Torsion $\bar{\tau}$ von den ungespannten Federn nach der Vorsetzung. Die Koordinate x bezeichnet den Proportionalitätsfaktor der Versetzung. Die Versetzung erfolgt so, dass das Verhältnis der maximalen Krümmung $\boldsymbol{\kappa_{max}}$ zur maximalen Torsion τ_{max} im Zustand der maximalen plastischen Verformung bleibt konstant. Für die aktuelle Grafiken wird gewählt $\kappa_{max} = 1, \tau_{max} = 1$. Die Kurven links nutzen $k = 1/2$. Die rechten Kurven beziehen sich auf $k = 1$. Deutlich zu sehen, dass die resultierende Krümmung $\bar{\kappa}$ und Torsion $\bar{\tau}$ nach der Versetzung beim Verfestigungsexponenten $k = 1$ kleiner sind als bei dem Verfestigungsexponenten $k = 1/2$.

Realistische Berechnungen werden für die Federstahl mit den Materialdaten aus Kap. 1 ausgeführt [25, 26]. Das Spannungs-Dehnungs-Gesetz wurde experimentell für Stahl 54CrSi6 (DIN 10089, Werkstoffnummer 1.7102) ermittelt (Kap. 1, Gl. (1.26)):

$$G_0 = 81{,}52\ [GPa], \quad E_0 = 204{,}45\ [GPa], \quad \sigma_p = 3205\,[MPa], \quad \nu = 0{,}254, \quad E_\infty = 0,$$
$$G_\infty = 0, \quad k = \frac{1}{2}. \tag{4.87}$$

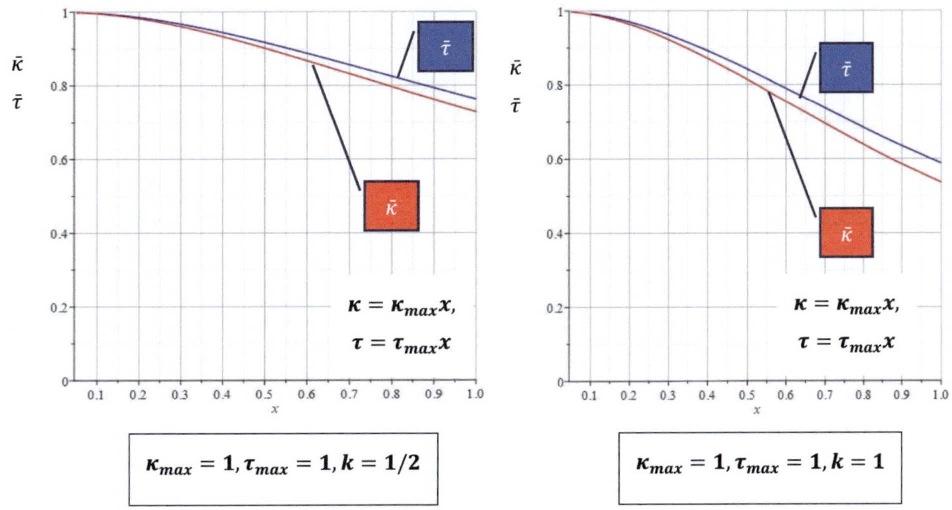

Abb. 4.31 Krümmung und Torsion der entspannten Feder nach der Vorsetzung

Das folgende Spannungs-Dehnungs-Verhalten ergibt sich näherungsweise (Kap. 1, Gl. (1.27)):

$$\sigma_{rz}(0, \widetilde{\gamma}) = \frac{99947\,\widetilde{\gamma}}{\sqrt{1 + 7426\widetilde{\gamma}^2}}.$$

Die Eigenspannungen wurden unter Zuhilfenahme eines neutronographischen Verfahrens ermittelt und zeigen eine hohe Übereinstimmung mit den analytisch ermittelten Werten [27]. Die Formeln für die Eigenspannungen nach der elastischen Rückfederung des Drahtes werden in geschlossener analytischer Form abgeleitet.

4.5 Simulation der Vorsetzung

4.5.1 Ungespannte Schraubendruckfeder (Zustand A)

Schraubendruckfedern werden in erster Linie auf Torsion beansprucht. Das bedeutet, dass auf den Draht Zugspannungen in einem Winkel von 45° zur Drahtachse und Druckspannungen in einem Winkel von 90° zu den Zugspannungen einwirken. Die aufgebrachte Zugspannung hat Komponenten sowohl in Längs- als auch in Querrichtung. Daher wird eine Schraubendruckfeder sowohl durch Längs- als auch durch Bandeigenspannungen aus dem Drahtzug, durch Bandeigenspannungen aus der Ölabschreckung und durch Biegespannungen am Innendurchmesser aus der Wicklung beeinträchtigt.

Die entstehenden Eigenspannungen können durch das Vorsetzen und Entspannen nach der Kaltverformung erheblich reduziert werden. Das Voreinstellen von Schraubendruckfedern besteht darin, die Feder bis zu einem Punkt zusammenzudrücken, an dem eine plastische Verformung auftritt. Sofern die Spannungen ausreichend hoch sind, um eine plastische Verformung zu bewirken, werden die Federn in der Regel auf oder nahe der vollen Höhe zusammengedrückt. Als Minimum sollten die Federn unterhalb der minimalen Betriebshöhe zusammengedrückt werden. Durch diese Kompression wird der Draht in eine Torsion versetzt, die ausreicht, um eine plastische Verformung in den äußeren Fasern zu bewirken. Der Eigenspannungszustand ist nicht gleichmäßig um den Drahtquerschnitt herum, da die Krümmung des Drahtes den Spannungszustand während der Kompression von einer reinen Torsion verändert.

Bei der Modellierung des Vorspannprozesses wird die zyklische plastische Belastung berücksichtigt. Die klassische Plastizitätstheorie basiert auf dem Konzept der Fließfläche. Die Bewegung der Fließfläche unter zyklischer Belastung wird durch die kinematische Verfestigungsregel und die Dimensionsänderung der Fließfläche durch die isotrope Verfestigungsregel beschrieben.

Die Eigenspannungen im Zustand der vollständigen elastischen Entlastung nach aktiver Vorverfestigung konnten unmittelbar durch Subtraktion der elastischen Spannungen von den Spannungskomponenten im Zustand der maximalen Vorverfestigung ermittelt werden. Da die Eigenspannung hauptsächlich auf Torsion beruht, gibt es eine Zugkomponente und eine Druckkomponente, die jeweils 45° zur Drahtachse stehen. Wie beim einfachen Biegebalken ist die Ausrichtung der Eigenspannung entgegengesetzt zur Ausrichtung der aufgebrachten Spannung. Wenn also die Lasten im Betrieb in Richtung der Vorspannkraft wirken, führen die Eigenspannungen aus dem Vorspannprozess zu einer Nettoverringerung der Gesamtspannung unter der Betriebslast.

Im Rahmen der vorliegenden Untersuchung wird der Vorspannvorgang einer Schraubendruckfeder simuliert, wobei die Feder unbelastet ist und eine zentrale Linie aufweist, die einer Kurve mit konstanter Krümmung und Torsion entspricht. Der Index A dient der Kennzeichnung der Geometrie im unbelasteten Zustand. Dabei wird vorausgesetzt, dass die Eigenspannungen während des Glühprozesses verschwinden. Die Mittellinie stellt die auf einem rechten Kreiszylinder gezeichnete Helix dar. Somit lassen sich die Krümmung κ_A und die Torsion (Windung der Skelettlinie des Drahts) τ_A der ungespannten Feder berechnen. Darüber hinaus ermöglicht die Anwendung der Methode die Ableitung der Spannungen auch nach dem Vorsetzen der Feder.

4.5.2 Maximale Plastifizierung während der Voreinstellung (Zustand B)

Der Index B wird verwendet, um die Geometrie im Vollhubzustand bei der Voreinstellung zu kennzeichnen. Während der Belastung vom Anfangszustand A bis zum Endzustand B wird die Verformung der Schraubenfeder durch das plastische Fließen des

Materials begleitet. Die Krümmung und die Torsion der Skelettline der gespannten Feder im Zustand der maximalen Plastifizierung B sind entsprechend κ_B, τ_B. Die maximale Krümmung κ_B und das Maß der Torsion τ_B sind im Kaltverformungsprozess vordefiniert. Ebenso sind die ursprünglichen Krümmungen und Torsion κ_A, τ_A bekannt. Somit lassen sich die Momente $\mathfrak{m}$ und $\mathfrak{t}$ im Zustand der maximalen Plastifizierung wie folgt ermitteln:

$$\begin{cases} \mathfrak{M}(\kappa_B - \kappa_A, \tau_B - \tau_A) = \mathfrak{m}, \\ \mathfrak{T}(\kappa_B - \kappa_A, \tau_B - \tau_A) = \mathfrak{t}. \end{cases} \tag{4.88}$$

Das Biegemoment $\mathfrak{W}(\kappa_B - \kappa_A, \tau_B - \tau_A)$ und das Drehmoment $\mathfrak{T}(\kappa_B - \kappa_A, \tau_B - \tau_A)$ im Querschnitt des Drahts sind folglich die Funktionen der Krümmungsdifferenz des natürlich gekrümmten Stabes während der Biegung $\kappa_B - \kappa_A$ und der Differenz des Torsionsmaß $\tau_B - \tau_A$.. Das Biegemoment und das Drehmoment beziehen sich auf das lokale Koordinatensystem des Querschnitts des Drahtes. Die Wirkungslinie der Druckkraft F_{plast} und des Torsionsmoments der Schraubenfeder M_{plast} verlaufen parallel zur Spiralachse. Die axiale Federkraft F_{plast} und das axiale Drehmoment M_{plast} sind durch die Gleichungen gegeben:

$$\begin{cases} \mathfrak{t} \cos\alpha_B - \mathfrak{m} \sin\alpha_B = R_B F_{plast}, \\ \mathfrak{t} \sin\alpha_B + \mathfrak{m} \cos\alpha_B = M_{plast}. \end{cases} \tag{4.89}$$

Die Achse der neuen Spirale stimmt mir der Achse der Spirale im Zustand der plastischen Verformung überein.

Die elastische Rückfederung der Schraubenfeder erfolgt nach dem Vorsetzen (Zustand C). Die Momente während der elastischen Entlastung vom Zustand B zum Zwischenzustand mit der aktuellen Krümmung $0 < \kappa < \kappa_B$ und dem Maß der Torsion $0 < \tau < \tau_B$ sind:

$$\begin{cases} \mathfrak{W}_e(\kappa_B - \kappa, \tau_B - \tau) = \mathfrak{m} - E_0 J(\kappa_B - \kappa), \\ \mathfrak{T}_e(\kappa_B - \kappa, \tau_B - \tau) = \mathfrak{t} - G_0 J_p(\tau_B - \tau). \end{cases} \tag{4.90}$$

Wir verwenden den Index C zur Kennzeichnung der Geometrie im unbelasteten Zustand. Für einen Stab, der in konstantem Verhältnis verdreht und gebogen wurde, werden die Eigenspannungen nach der Entlastung wie folgt bewertet. Im Zustand der vollständigen elastischen Entlastung κ_C ist die Krümmung und τ_C die Torsion (geometrische Windung) der Skelettlinie des Stabes.

Im Zustand der vollständigen elastischen Entlastung C ist die Schraubenfeder frei und somit entfallen die Momente. Die Bedingungen, dass Biegemoment und Drehmoment verschwinden, lauten:

$$\begin{cases} \mathfrak{m} - (\kappa_B - \kappa_C) E_0 J = 0, \\ \mathfrak{t} - (\tau_B - \tau_C) G_0 J_p = 0. \end{cases} \tag{4.91}$$

Aus diesen Gleichungen erhält man die resultierende Krümmung und Torsion der Schraubenfeder nach der Voreinstellung:

$$\begin{cases} \kappa_C = \kappa_B - \frac{\mathrm{m}}{E_0 J}, \\ \tau_C = \tau_B - \frac{\mathrm{t}}{G_0 J_p}. \end{cases} \tag{4.92}$$

4.5.3 Eigenspannungen nach Vorsetzung

In diesem Abschnitt untersuchen wir die Vorsetzung durch axiale Kompression der Feder. Die Spannungskomponenten σ_{zz}^B, σ_{rz}^B werden in jedem Punkt des Querschnitts zum Zeitpunkt der maximalen Plastifizierung berechnet.

Die Restspannungen im Zustand der vollständigen elastischen Entlastung nach der Voreinstellung können unmittelbar durch Subtraktion der elastischen Spannungen von den Spannungskomponenten σ_z^C, σ_{rz}^C im plastischen Zustand ermittelt werden

$$\begin{cases} \sigma_{zz}^C = \sigma_{zz}^B - (\kappa_B - \kappa_C)\, E_0\, \rho \sin\phi, \\ \sigma_{rz}^C = \sigma_{rz}^B - (\tau_B - \tau_C)\, G_0\, \rho. \end{cases} \tag{4.93}$$

Für die unbelastete Krümmung und die unbelastete Verdrehung pro Längeneinheit erhält man schließlich die Gleichungen für die Eigenspannungen:

$$\begin{cases} \sigma_{zz}^C = \sigma_{zz}^B - \frac{\rho \sin\phi}{J}\,\mathrm{m}, \\ \sigma_{rz}^C = \sigma_{rz}^B - \frac{\rho}{J_P}\,\mathrm{t}. \end{cases} \tag{4.94}$$

Die Schereigenspannung σ_{rz}^C infolge Torsion hängt hauptsächlich vom Radius ρ ab und zeigt eine schwache Abhängigkeit vom Polarwinkel ϕ.

Die Biegespannung σ_{zz}^C ist auf der Querschnittsgrenze (an der Oberfläche der Feder) $\rho = r$ bei $\phi = 0$ positiv. Die Spannung σ_{zz}^C ist auf der Querschnittsgrenze $\rho = r$ im Punkt $\phi = \pi$ negativ.

Die äquivalente Eigenspannung nach von Mises lautet:

$$\sigma_{VG}^C = \sqrt{\sigma_{zz}^{C2} + 3\,\sigma_{rz}^{C2}} \tag{4.95}$$

Der Verlauf der äquivalenten Eigenspannung ist ähnlich wie die Schubspannung.

Die äquivalente Eigenspannung hängt hauptsächlich vom Radius ρ ab und weist eine Abhängigkeit vom Polarwinkel ϕ auf. Die Gesamtschubspannung σ_{rz}^E ist die Summe aus der Schubspannung im Betrieb $4M/\pi r^3$ und der Eigenspannung σ_{rz}^C, wobei gilt

$$\sigma_{rz}^E = \frac{4M}{\pi r^3} + \sigma_{rz}^C. \tag{4.96}$$

An der Außenfläche des Drahtes ist die technologisch zulässige Eigenspannung annähernd konstant. Die Schubeigenspannungen stehen im Zeichen der Beanspruchung im Betrieb entgegen und verbessern damit deutlich die Ermüdungseigenschaften.

4.6 Zusammenfassung

In der vorliegenden Abhandlung wird eine analytische Simulation zweier wesentlicher Schritte der Fertigung einer Schraubenfeder vorgenommen, nämlich des Wickelns und des Vorsetzens der Schraubenfeder. Der besondere Fokus der Methode liegt in der Erweiterung der von Kirchhoff entwickelten Stabtheorie für die irreversible plastische Verformung räumlich gekrümmter Stäbe.

Im ersten Schritt erfolgt die Verformung des zunächst geraden Stabes zur Spirale, der sogenannte Wickelvorgang. Während dieses Verformungsvorgangs zeigt das Material plastisches Fließen. Im Anschluss an den Wickelvorgang erfolgt die Rückfederung. Die im ersten Schritt entstehenden Eigenspannungen manifestieren sich folglich im Moment der elastischen Rückfederung, welche der plastischen Windung der Feder folgt. Im Anschluss werden die geformten Windungen in einem Ofen entspannt, wodurch der Rückfederungsprozess initiiert wird und die zuvor entstandenen Eigenspannungen verschwinden.

Das Vorsetzen einer Feder induziert ein Fließverhalten, welches durch ein plastisches Fließen des Materials gekennzeichnet ist. Nach dem Loslassen erfolgt die Rückfederung des Drahtes, wobei die Oberfläche Schubeigenspannungen aufweist, die der negativen Belastung im Betrieb entsprechen. Dadurch werden die Ermüdungseigenschaften deutlich verbessert.

4.7 Symbolverzeichnis

Bezeichnung	*Physikalische Größe*
$(\boldsymbol{T}, \boldsymbol{H}, \boldsymbol{B})$	Vektoren eines begleitenden Dreibeins der freien Feder
$(\overline{\boldsymbol{T}}, \overline{\boldsymbol{H}}, \overline{\boldsymbol{B}})$	Vektoren eines begleitenden Dreibeins der belasteten Feder
$\boldsymbol{B}$	Binormaleneinheitsvektor
$\boldsymbol{H}$	Hauptnormaleneinheitsvektor
$\boldsymbol{T}$	Tangenteneinheitsvektor
Nor	Normalebene
Sch	Schmiegebene (Krümmungsebene)
Rek	Rektifizierende Ebene (Streckebene)
C_Σ	Lokales zylindrisches Koordinatensystem im Draht
$F_p(T^2)$	Reziproker Schermodul

Bezeichnung	*Physikalische Größe*
$G_p(\Gamma^2)$	Schermodul
I_2^e	Irreduzible Invariante des deviatorischen Verzerrungstensors
I_2^s	Irreduzible Invariante der deviatorischen Spannungstensors
K_τ, K_σ	Verfestigungskoeffizienten
$\mathfrak{L}$	Länge des Drahtes für eine volle Windung der lastfreien Feder
c_f,c_θ	Federkonstanten für Axial- und Torsionsbelastung
w_T,w_B	Widerstandsmomente für Torsion- und Biegebeanspruchung des Drahtes
$\vec{\mathfrak{T}}$	Vektor des Torsionsmoments im Draht
$\vec{\mathfrak{M}}$	Vektor des Biegemoments im Draht
$\mathfrak{m}$	Biegemoment des Drahts im Zustand der maximalen Plastifizierung
$\mathfrak{t}$	Torsionsmoment des Drahts im Zustand der maximalen Plastifizierung
$\tilde{\gamma}$	Gleitwinkel des Drahtes
$E \equiv E_0$	Elastizitätsmodul
$G \equiv G_0$	Schermodul
$\bar{l}$	Höhe pro eine volle Windung der belasteten Feder
l	Höhe pro eine volle Windung der freien Feder
K	Kompressionsmodul: $K = \frac{EG}{9G-3E}$
P	Steigung der schraubenförmigen Skelettlinie ($H = 2\pi$P)
$R = D/2$	Radius der schraubenförmigen Skelettlinie
n, m	Verfestigungsexponenten
$\mathfrak{M}$	Biegemoment im Drahtquerschnitt
$\mathfrak{T}$	Torsionsmoment im Drahtquerschnitt
Γ	Intensität der Formänderungen
Σ	Drahtquerschnitt mit dem Radius: $r = d/2$
T	Intensität der Schubspannungen
κ	Krümmung der Skelettlinie des Drahts
λ	Dimensionsloser Parameter: $\lambda = \frac{\kappa}{\sqrt{\tau^2\omega^2+\kappa^2+\left(\frac{\varepsilon_p}{r}\right)^2}}$
μ	Dimensionsloser Parameter: $\mu = \frac{\kappa}{\sqrt{\tau^2\omega^2+\kappa^2}}$
τ	Torsion der Skelettlinie des Drahts
φ	Dimensionslose Variable im Drehmomentproblem: $\varphi = \tau_p/K_\tau$
ψ	Dimensionslose Variable im Biegeproblem: $\psi = \sigma_p/K_\sigma$

Literatur

1. Cohen H., (1960) A non-linear theory of elastic directed curves, Int. J. Eng. Sci. 4, 511-524
2. Ericksen J. L., (1970) Simpler static problems in nonlinear theories of rods, Int. J. Solids Structures 6, 371-377
3. Antman, S.S. (1974) Kirchhoff's problem for nonlinearly elastic rods. Quarterly of Applied Mathematics 32, 221-240
4. Nadai, A. (1923). Der Beginn des Fließvorganges in einem tordierten Stab. Zeitschrift für Angewandte Mathematik und Mechanik 3, 442–454.
5. Hencky, H. (1924). Zur Theorie plastischer Deformationen und der hierdurch im Material hervorgerufenen Nachspannungen. Zeitschrift für Angewandte Mathematik und Mechanik 4, 323–334.
6. Il'yushin, A.A. (1945). Relations between the theory of St. Venant–Levy–Mises and the theory of small elastic–plastic deformations. Prikladnaia Matematika i Mekhanika 9, 207–218.
7. Budiansky, B. (1959). A reassessment of deformation theories of plasticity. ASME J. Appl. Mech. 26, 259–264.
8. Jones R. (2009) Deformation theory of plasticity, Bull Ridge Publishing, Blackburg, VI
9. Love, A.E.H. (1927) A Treatise on The Mathematical Theory of Elasticity, Dover Publications
10. Kletzin, U. (2000) Finite-Elemente-basiertes Entwurfssystem für Federn und Federanordnungen. Dissertation. TU Ilmenau;
11. Geinitz, V. (2005) Genauigkeits- und auslastungsoptimierte Schraubendruckfedern. Dissertation TU Ilmenau
12. Greaves, G., Greer, A., Lakes, R. et al. (2011) Poisson's ratio and modern materials. Nature Mater. 10, 823–837. https://doi.org/10.1038/nmat3134
13. Kobelev, V. (2024). Coiling of Helical Springs. In: Fundamentals of Springs Mechanics. Springer, Cham. https://doi.org/10.1007/978-3-031-58584-5_8
14. Jahnke E., Emde F., Lösch F. (1960) Tafeln Höherer Funktionen. 6. Aufl. XII + 318 S. m. 189 Abb. Stuttgart 1960. B. G. Teubner Verlagsgesellschaft
15. NIST Digital Library of Mathematical Functions (2024) https://dlmf.nist.gov/ , Release 1.2.2 of 2024–09–15. F. W. J. Olver, A. B. Olde Daalhuis, D. W. Lozier, B. I. Schneider, R. F. Boisvert, C. W. Clark, B. R. Miller, B. V. Saunders, H. S. Cohl, and M. A. McClain, eds.
16. CNC-Wickel-, Winde- und Biegemaschinen zur Herstellung von Federn aller Art (2021) 2639–2643 dt. – C03/21, Dokument: „L_FMU40_-FMU80__Folder_V1–1_DE.pdf", Fa. Wafios , www.wafios.com
17. C4 – CNC Federwickelmaschinen (2024) Fa. Leppert Federtechnik, Dokument: „Prospekt_C4-LFW_DE_Federwickelmaschinen.pdf", www.leppert-federtechnik.de
18. Patent DE604746C (1930) Aus zwei Windwerkzeugen bestehende Einrichtung zur Herstellung von Schraubenfedern
19. Patentanmeldung DE3701088A1 (1988) Windeeinrichtung für Federwindemaschinen mit auswechselbaren, voreinstellbaren Elementen
20. Patent EP2561936B1 (2017) Vorrichtung zur Herstellung konischer Federn umfassend ein System zur Einstellung der Belastungseigenschaften einer konischen Feder
21. Bronstein L.N., Semendjaev K.A., Musiol G., Mühlig H. (1993) Taschenbuch der Mathematik, Verlag Harri Deutsch, Thun, Frankfurt am Main
22. Zani, N., Solazzi L. (2024) "Analysis and Prediction of Spring-Back in Cylindrical Helical Springs Using Analytical and Numerical Models" Eng 5, no. 3: 1696-1707. https://doi.org/10.3390/eng5030089
23. Meissner, M., Schorcht, HJ., Kletzin, U., Wanke, K. (2015). Metallfedern. VDI-Buch. Springer Vieweg, Berlin, Heidelberg. https://doi.org/10.1007/978-3-642-39123-1);

24. Kobelev, V. (2010) Elastic-plastic work-hardening deformation under combined bending and torsion and residual stresses in helical springs, Int. J. Mater. Form, **3**, Suppl. 1, 869-881, https://doi.org/10.1007/s12289-010-0908-8
25. Kobelev V. (2011) Elastoplastic Stress Analysis and Residual Stresses in Cylindrical Bar Under Combined Bending and Torsion, J. Manuf. Sci. Eng. Aug 2011, 133(4): 044502, https://doi.org/10.1115/1.4004496
26. Kobelev, V. (2024). Presetting and Residual Stresses in Springs. In: Fundamentals of Springs Mechanics. Springer, Cham. https://doi.org/10.1007/978-3-031-58584-5_9
27. Matejicek J., P.C. Brand, A.R. Drews, A. Krause, C. Lowe-Ma, (2004) Residual stresses in cold-coiled helical compression springs for automotive suspensions measured by neutron diffraction, Materials Science and Engineering: A, Volume 367, Issues 1–2, Pages 306-311, https://doi.org/10.1016/j.msea.2003.10.322 .

Vorsetzen von Schraubendruckfedern

5

5.1 Elastisch-plastische Verformung des Federdrahtes

Im Verlauf des Fertigungsprozesses manifestieren sich Eigenspannungen unterschiedlicher Genese in jeder einzelnen Phase. Die Eigenspannungen sind überwiegend entlang der Umfangsrichtung des Drahtes ausgerichtet. Gleichzeitig konnten jedoch deutlich geringere radiale und axiale Spannungen beobachtet werden. Etablierte Simulationen und experimentellen Untersuchungen zweidimensionaler Spannungskarten des Stabquerschnitts wurden durchgeführt, um die grundlegenden Merkmale im Kontext der wesentlichen Prozessschritte des Kaltwickelns zu beleuchten. Moderne Herstellungsprozesse der Schraubenfedern ermöglichen nicht nur eine Reduktion der Spannungskonzentrationen, sondern auch Ausrichtung vorteilhafter Eigenspannungen an die Oberfläche der Feder. Letztere bewirken eine Erhöhung der Ermüdungslebensdauer sowie der Kriech- und Relaxationsfestigkeit der hergestellten Schraubenfeder [1, 2, 3].

Die einzige verfügbare, gut etablierte Methode zur direkten experimentellen Erfassung der inneren Eigenspannungen ist die Neutronenbeugung. Diese Neutronenbeugung erlaubt die zerstörungsfreie Messung von residualen Spannungsfeldern in metallischen, keramischen und verbundtechnischen Komponenten. Die zugrunde liegende Technologie fußt auf der Messung der Sondierungskraft des Neutrons im Stahlmaterial sowie dessen Kombination mit der Empfindlichkeit der Beugung. Die Messung basiert auf der räumlichen Trennung von Gitterebenen innerhalb von Körnern polykristallinen Stahls im Zuge der externen Formänderung. Dadurch wird ein interner Dehnungsmessstreifen generiert.

Die experimentellen Messungen der Eigenspannungen in kaltgewickelten Schraubenfedern wurden in [4, 5] durchgeführt. Im vorliegenden Artikel wird ein Modell zur Simulation der Eigenspannungen durch Voreinstellung der Schraubenfeder entwickelt.

Vortrag am „Ilmenauer Federntag“, TU Ilmenau, 2019.

V. Kobelev, *Federntechnologie,* https://doi.org/10.1007/978-3-658-48303-6_5

Die analytischen Formeln erlauben eine Beurteilung der Eigenspannungen und Formänderungen der Schraubenfeder während des Fertigungsprozesses. Die entwickelten Verfahren finden Anwendung in technischen Kontexten, insbesondere bei der Gestaltung der Benutzeroberfläche von Fertigungseinrichtungen sowie der Konstruktion von Werkzeugen zum Vorsetzen. Im Rahmen der Untersuchung [6] wurden die Eigenspannungen bewertet, die durch die plastische Vorwölbung an der Oberfläche eines Vollstabes entstehen. Es werden die Eigenspannungen an der Oberfläche des untersuchten Objekts experimentell untersucht, welche durch die vorausgesetzten Bedingungen induziert werden. Die Eigenspannungen an der Oberfläche der Probe wurden mittels Röntgenbeugung für verschiedene Winkel der nachfolgenden plastischen Voreinstellung erfasst. Des Weiteren wurden die Eigenspannungen durch analytische und numerische Modellierung unter Zuhilfenahme der Finite-Elemente-Methode evaluiert. Die angewandte, approximative analytische Methode basierte auf der Torsionscharakteristik der Resultate der Material- und Zugprüfung. Der im Zitat angeführte Artikel demonstriert, dass die Richtung des Kaltwalzens auf der Oberfläche einen maßgeblichen Einfluss auf die Eigenspannungen ausübt. Die Analyse der Eigenspannungen erfolgt in der Regel durch Röntgenmessungen der Oberflächenspannung. Eine direkte Bewertung der Eigenspannungen war nicht möglich, da die Eindringtiefe der Röntgenstrahlen in das Metall relativ gering ist. Eine experimentelle Bewertung der inneren Eigenspannungen tief im Drahtkern erfordert den Wegfall der äußeren Schichten der Probe. Die Entfernung der äußeren gespannten Schichten führt zu einer Verzerrung des Spannungsfeldes in der Tiefe der Probe, wodurch das Spannungsmuster in den tiefen Bereichen allmählich an Zuverlässigkeit verliert. Im vorliegenden Artikel werden die Eigenspannungen an der Oberfläche von Materialien, die einer Röntgenbeugung bei verschiedenen Winkeln einer nachfolgenden plastischen Voreinstellung unterzogen werden, thematisiert.

Die Analyse der plastischen Belastung erfolgt unter Zuhilfenahme der Deformationstheorie der Plastizität, welche ein nichtlineares Spannungs-Dehnungsgesetz beinhaltet. Das Gesetz beschreibt die aktive plastische Verformung bei der proportionalen Zunahme der externen Belastung. Der Drehwinkel des Drahts nimmt während der plastischen Belastung zu. Das Verhältnis von Krümmung zu Verdrehung bleibt konstant. Eine der grundlegenden Annahmen der konventionellen Plastizitätstheorie für ratenunabhängige Metalle ist die Existenz einer klar definierten Streckgrenze im Spannungsraum. Eine Veränderung der Materialtemperatur kann eine weitere plastische Verformung zur Folge haben, sofern die einwirkenden Spannungen außerhalb der Streckgrenze liegen. Bei einem Spannungszustand, der innerhalb oder auf der Streckgrenze liegt, erfolgt lediglich bei der aktiven Belastung eine elastische Verformung. Reduktion der äußeren Last führt zur elastischen Rückfederung. Die Eigenspannungen entstehen im Moment der elastischen Rückfederung.

Im Artikel [7] wird die mathematische Theorie der Eigenspannungen und Dehnungen in Schraubenfedern für ein spezielles plastisches Materialgesetz vorgestellt. Die Theorie der Eigenspannungen in Schraubenfedern erlaubt die Berechnung der Spannungen auf sämtlichen Stufen des Herstellungsprozesses, insbesondere beim Wickeln und

Voreinstellen. In dem obigen Kap. 2 wurde eine analytische Lösung für das Problem der elastisch-plastischen Verformung von zylindrischen Stangen unter kombinierten Biege- und Torsionsbewegungen entwickelt, wobei ein spezielles nichtlineares Spannungs-Dehnungsgesetz zugrunde gelegt wurde. Im Rahmen der vorliegenden Untersuchung wurden die aktiven Spannungen zusätzlich analysiert, die während des kombinierten Biegens und Drehens auftreten.

Die vollständige Theorie des Vorsetzens von spiralförmigen Druck- und Torsionsfedern wurde in [8] publiziert.

5.2 Deformationstheorie der Plastizität

Die Verformungslehre der Plastizität mit den gängigen nichtlinearen Strömungsfunktionen findet Anwendung in der analytischen Berechnung des elastisch-plastischen Problems. Im Gegensatz zu den inkrementellen Formänderungsgesetzen („Theory of Plastic Flow") hat Hencky [9] ein finites Formänderungsgesetz für nichtlineares Materialverhalten aufgestellt, das als die Deformationstheorie der Plastizität bekannt ist. Unter der Voraussetzung, dass das inkrementelle Prandtl-Reuss-Gesetz als gegeben betrachtet wird, kann das finite Hencky-Gesetz durch Integration aus diesem hergeleitet werden. Die Deformationstheorie beschreibt ein hyperelastisches Material, wobei sie in einigen Fällen den Vorteil bietet, wertvolle geschlossene Lösungen von Randwertproblemen zu ermöglichen [10]. Die ausgeprägte Fließgrenze, die bei kompressiblen, isotropen, kaltverfestigenden Federwerkstoffen im Zuge der plastischen Verformung zu beobachten ist, lässt sich nicht eindeutig identifizieren. Für ein solches Verhalten des Materials kann der folgende nichtlineare Spannungs-Dehnungs-Ausdruck verwendet werden. Für die mathematische Darstellung werden die Gl. (1.18) aus Kap. 1 und Gl. (4.1)-(4.3) aus Kap. 4 herangezogen:

$$\boldsymbol{e} = 2\,G_p\left(T^2\right)\boldsymbol{s}, \;\; \bar{\varepsilon} = \frac{\bar{\sigma}}{K}. \tag{5.1}$$

Es gilt die Voraussetzung über die Isotropie des Werkstoffs. Es wird später auch die Inkompressibilität des Werkstoffs nachgewiesen $K \to \infty$. In den obigen Gleichungen stehen die hydrostatische Dehnung und die hydrostatische Spannung:

$$\begin{cases} \bar{\varepsilon} = \varepsilon_{xx} + \varepsilon_{yy} + \varepsilon_{zz} = \operatorname{Sp}\boldsymbol{\varepsilon}, \\ \bar{\sigma} = \sigma_{xx} + \sigma_{yy} + \sigma_{zz} = \operatorname{Sp}\boldsymbol{\sigma}. \end{cases} \tag{5.2}$$

Die Intensität der Scherbeanspruchung ergibt sich wie folgt:

$$T^2 = \frac{2}{3} \cdot \left[\left(\sigma_{xx} - \sigma_{yy}\right)^2 + \left(\sigma_{yy} - \sigma_{zz}\right)^2 + \left(\sigma_{zz} - \sigma_{xx}\right)^2 + 6\left(\tau_{xy}^2 + \tau_{yz}^2 + \tau_{xz}^2\right)\right]. \tag{5.3}$$

Die Deviatoren von den Spannungs- und Dehnungs-Tensoren sind:

$$\boldsymbol{s} = \begin{bmatrix} s_{xx} & \tau_{xy} & \tau_{xz} \\ \tau_{xy} & s_{yy} & \tau_{yz} \\ \tau_{xz} & \tau_{yz} & s_{zz} \end{bmatrix}, \qquad \boldsymbol{e} = \begin{bmatrix} e_{xx} & \varepsilon_{xy} & \varepsilon_{xz} \\ \varepsilon_{xy} & e_{yy} & \varepsilon_{yz} \\ \varepsilon_{xz} & \varepsilon_{yz} & e_{zz} \end{bmatrix}, \tag{5.4}$$

$$s_{xx} = \sigma_{xx} - \frac{1}{3}\bar{\sigma}, \quad s_{yy} = \sigma_{yy} - \frac{1}{3}\bar{\sigma}, \quad s_{zz} = \sigma_{zz} - \frac{1}{3}\bar{\sigma}, \tag{5.5}$$

$$e_{xx} = \varepsilon_{xx} - \frac{1}{3}\bar{\varepsilon}, \quad e_{yy} = \varepsilon_{yy} - \frac{1}{3}\bar{\varepsilon}, \quad e_{zz} = \varepsilon_{zz} - \frac{1}{3}\bar{\varepsilon}.$$

Die Intensität der Scherdehnung lautet:

$$\Gamma^2 \stackrel{\text{def}}{=} \frac{2}{3}\left[\left(\varepsilon_{xx} - \varepsilon_{yy}\right)^2 + \left(\varepsilon_{yy} - \varepsilon_{zz}\right)^2 + \left(\varepsilon_{zz} - \varepsilon_{xx}\right)^2 + \frac{3}{2} \cdot \left(\gamma_{xy}^2 + \gamma_{yz}^2 + \gamma_{xz}^2\right)\right]. \tag{5.6}$$

Aus Gl. (5.1) folgt dem Zusammenhang zwischen Schubspannung und Scherdehnungsintensitäten:

$$\Gamma = G_p\left(T^2\right) \cdot T \equiv f_\tau(T/2). \tag{5.7}$$

Die Spannungsverlaufskurven wurden experimentell für den Stahl 54CrSi6 (DIN 10089, Werkstoffnummer 1.7102) in [11] bestimmt. Die Bestimmung basierte auf der Rückwärtsrechnung des Schubspannungsvektors aus dem Vektor der Torsionsmomente. Für die Bestimmung der Spannungs-Dehnungskurve muss das inverse Problem gelöst werden. Zu diesem Zweck wurde das Verfahren der stückweisen linearen Approximation implementiert. Das implementierte Verfahren eignet sich für die Finite-Elemente-Simulation der plastischen Verformung von Stahldraht, ist aber für die praktische Anwendung für Fertigungsspezialisten zu komplex.

Für den uniaxialen Zustand ist gültig:

$$\varepsilon = \frac{1}{\sqrt{3}} \cdot f_\tau\left(\frac{\sigma}{\sqrt{3}}\right) \stackrel{\text{def}}{=} f_\sigma(\sigma). \tag{5.8}$$

Für eine erste, grobe Schätzung kann die Annahme (5.8) herangezogen werden. Die rechnerische Bearbeitung von Festigkeitsproblemen erfordert die Erfassung des experimentell beobachteten Spannungs-Dehnungs-Verhaltens durch mathematische Funktionen. Aufgrund der Ausdehnung des nicht-elastischen Materialbereichs ist eine Annäherung des Gesamtbereichs der Messwerte vom Belastungsbeginn bis zum Bruch durch einen einzigen, möglichst einfachen mathematischen Ausdruck in den meisten Fällen nur sehr grob möglich. Die Approximationsfunktionen sollen nicht nur den Verlauf der gemessenen Kurven oder Werte, sondern auch mehrere charakteristische Kennwerte und Eigenschaften widerspiegeln.

Die Ableitung der geschlossenen Formel basiert auf den üblichen Gesetzen der plastischen Verformung [12]. Der erste Satz von Ausdrücken für das materielle Recht wird als „hyperbolisches Gesetz“ bezeichnet:

$$\gamma = \frac{\tau}{G\sqrt{1-(\tau/K_\tau)^n}}, \qquad \varepsilon = \frac{\sigma}{E\sqrt{1-(\tau/K_\sigma)^m}}. \tag{5.9}$$

Hier sind:

G, E die Elastizitätsmodule,
K_τ, K_σ die Verfestigungskoeffizienten und
n, m die Verfestigungsexponenten.

Der zweite Satz ist die Potenz-Approximation nach Ramberg-Osgood [13] und lautet:

$$\gamma = \frac{\tau}{G} + \left(\frac{\tau}{K_\tau}\right)^n, \qquad \varepsilon = \frac{\sigma}{E} + \left(\frac{\sigma}{K_\sigma}\right)^m. \tag{5.10}$$

Das Potenzgesetz (5.10) ist eine von Anfang an nichtlineare Funktion. In diesem Modell treten „plastische“ Verzerrungsanteile schon bei beliebig kleinen Belastungen auf, und es gibt keinen definierten Übergang von elastischem zu plastischem Materialverhalten, also auch keine punktuelle Fließbedingung.

Die Materialkonstanten in (5.9) und (5.10) werden in der Regel als nicht aufeinander bezogen angenommen. Die Unabhängigkeit der plastischen Verformung Gl. (5.1) von der hydrostatischen Spannung führt zu bestimmten Beziehungen zu den Materialkonstanten. Aus Gl. (5.8) folgen die folgenden Beziehungen zwischen den Konstanten der beiden Gesetze (5.9) und (5.10):

$$\begin{cases} E = 3\,G, \\ K_\sigma = \sqrt{3}\,K_\tau, \\ m = n. \end{cases}$$

Somit manifestiert die Hypothese (5.8) die Materialinkompressibilität im Verlauf des plastischen Flusses, $K \to \infty$.

Die Abbildungen (Abb. 5.1 , 5.2 und 5.3) beziehen sich auf das „hyperbolische Gesetz“ für den Scherzustand $\gamma = f_\tau(\tau)$ sowie für den einachsigen Zustand $\varepsilon = f_\sigma(\sigma)$. Die Berechnungen erfolgen nach Gl. (5.9).

Die Darstellungen (Abb. 5.4, 5.5 und 5.6) verwenden die Ramberg-Osgood-Gesetze $\gamma = f_\tau(\tau)$ und $\varepsilon = f_\sigma(\sigma)$. Die Berechnungen erfolgen mit Gl. (5.10). Wir verwenden die gleichen Symbole für die Konstanten in den materiellen Gesetzen (5.9) und (5.10), wobei wir uns daran erinnern, dass die Zahlenwerte dieser Konstanten entsprechend unterschiedlich sein müssen.

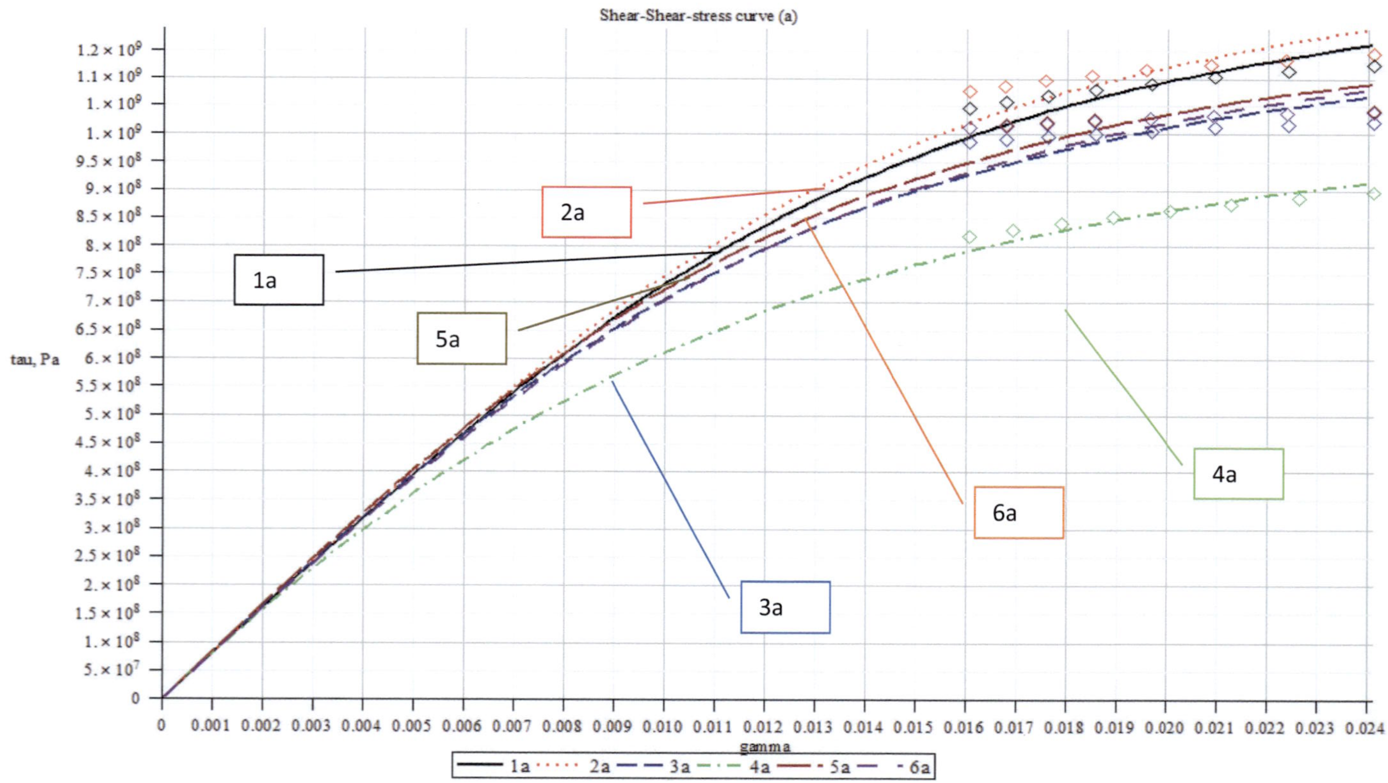

Abb. 5.1 Spannungs- vs. Scherungskurve des ölgehärteten und angelassenen Federstahldrahtes (1a,2a,3a) und des patentierten kaltgezogenen Federstahldrahtes (4a,5a,6a) nach dem Materialgesetz Gl. (5.9)

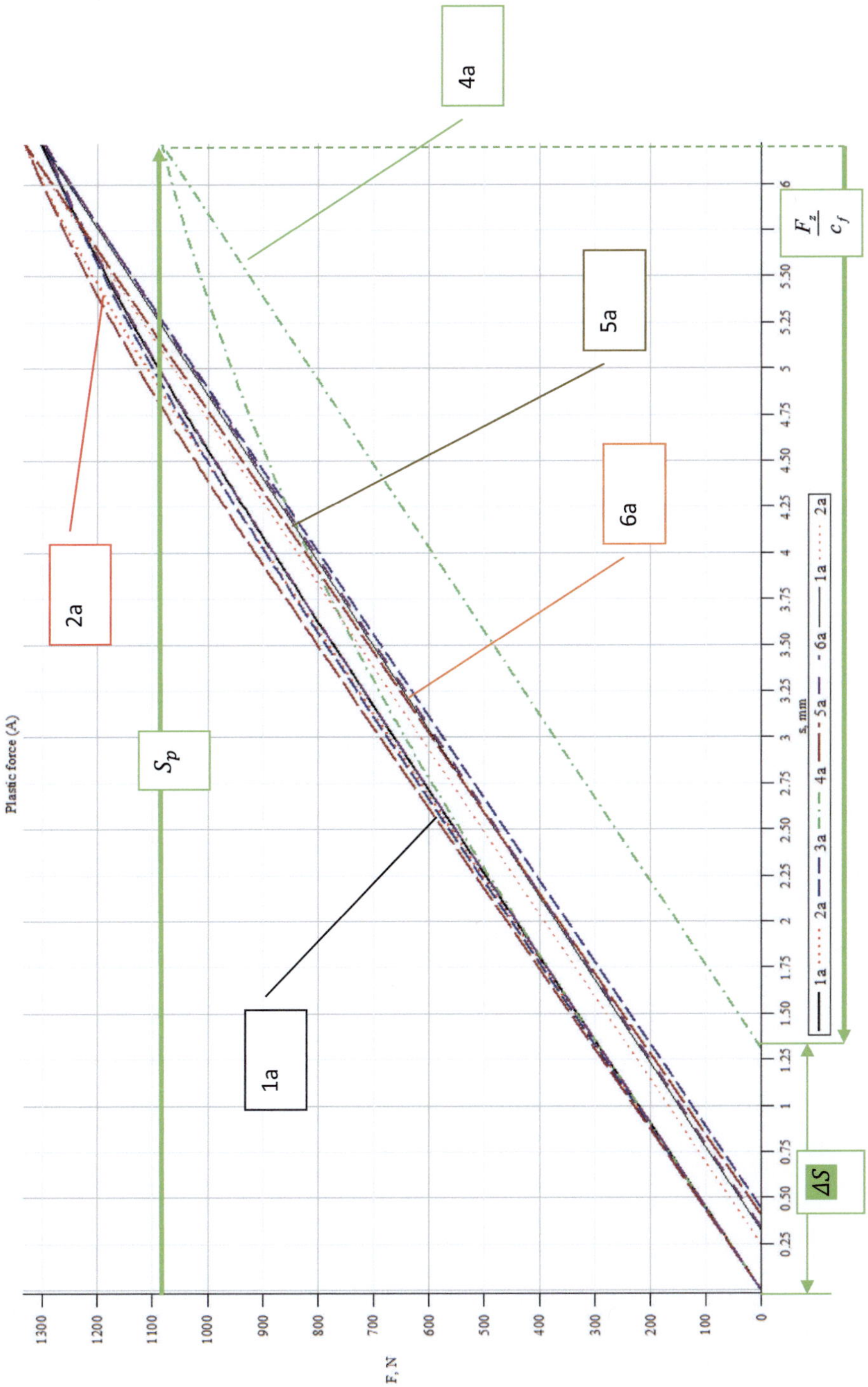

Abb. 5.2 Kraft-Weg-Diagramm ölgehärtet und vergütet (1a,2a,3a) und aus patentiertem kaltgezogenem Federstahldraht (4a,5a,6a) nach dem Materialgesetz Gl. (5.9)

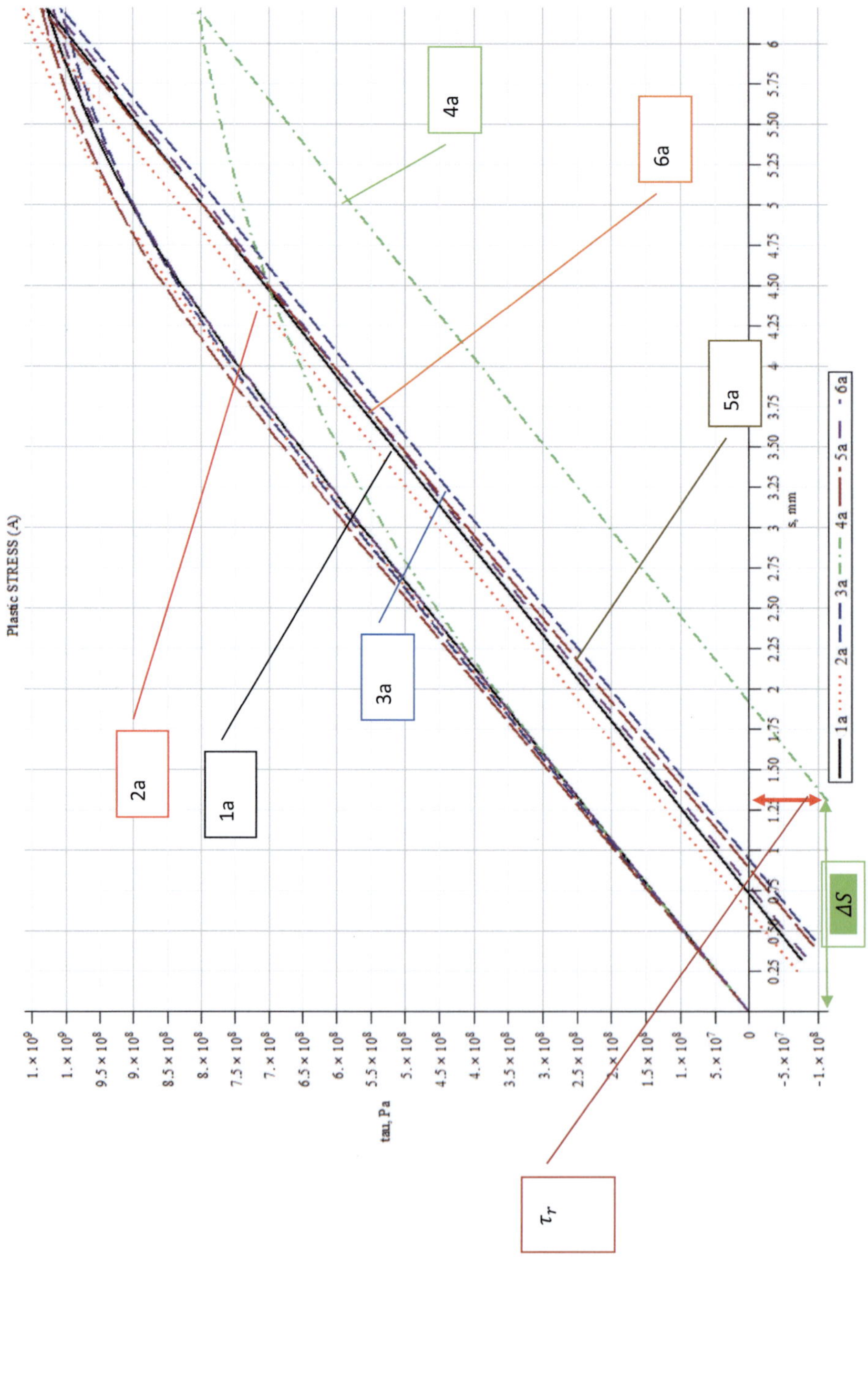

Abb. 5.3 Oberflächen-Scherspannung vs. voreingestellter Verlust von ölgehärtetem und vergütetem (1a,2a,3a) und von patentiertem kaltgezogenem Federstahldraht (4a,5a,6a) nach dem Materialgesetz Gl. (5.9)

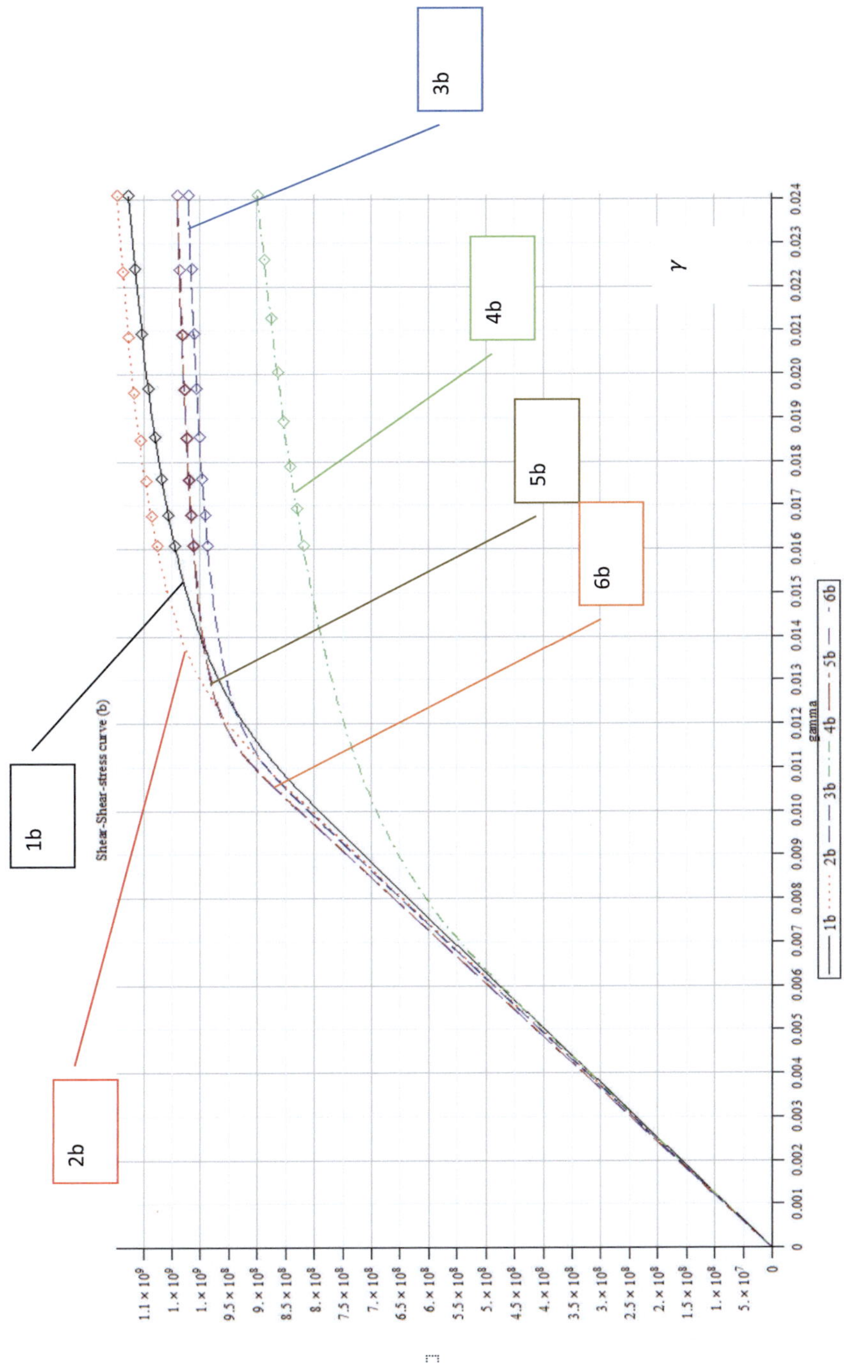

Abb. 5.4 Spannungs- vs. Scherungskurve des ölgehärteten und vergüteten Federstahldrahtes (1b,2b,3b) und patentierter kaltgezogener Federstahldraht (4b,5b,6b) nach dem Materialgesetz Gl. (5.10)

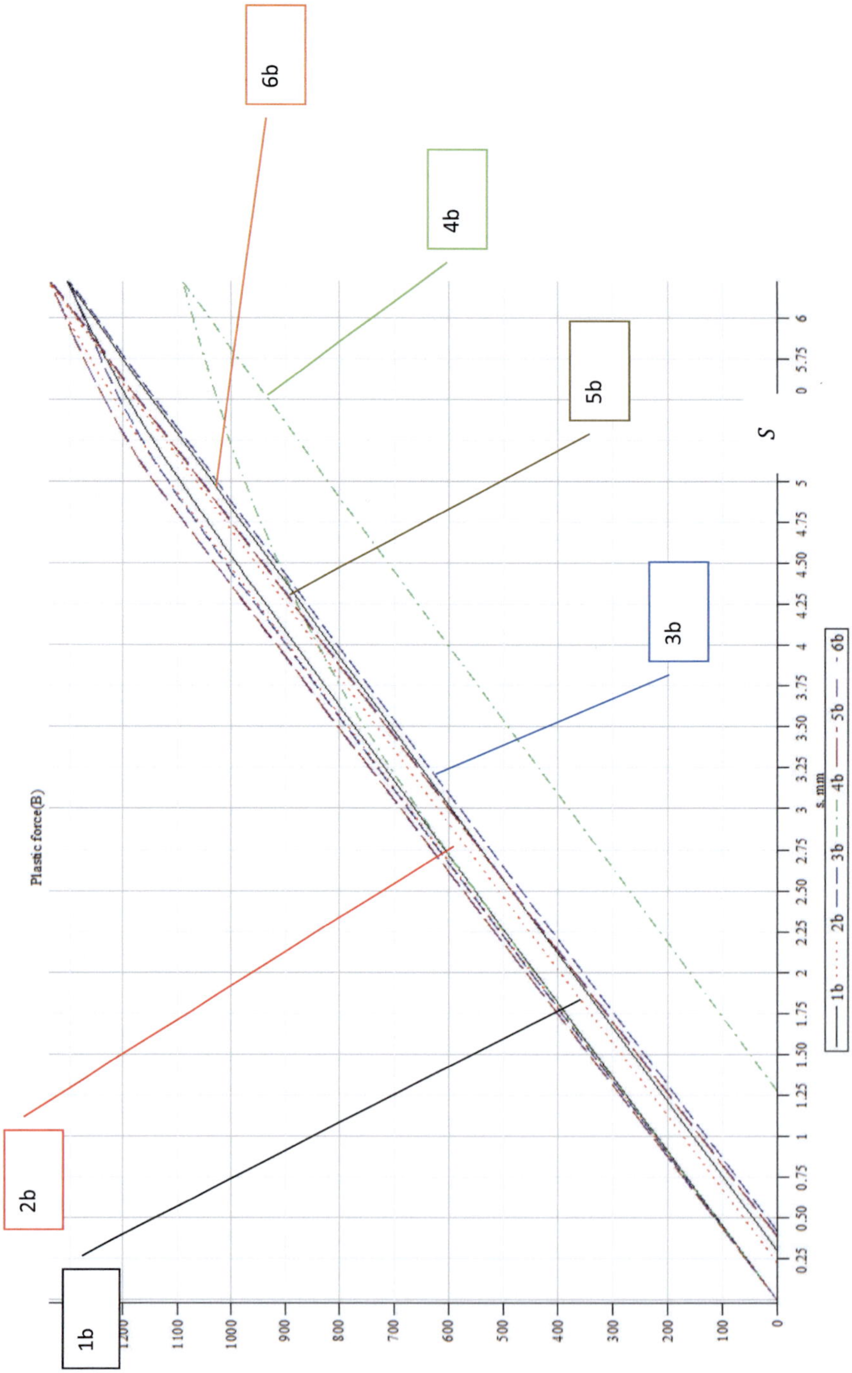

Abb. 5.5 Kraft-Weg-Diagramm ölgehärtet und angelassen (1b,2b,3b) und aus patentiertem kaltgezogenem Federstahldraht (4b,5b,6b) für das Materialgesetz Gl. (5.10)

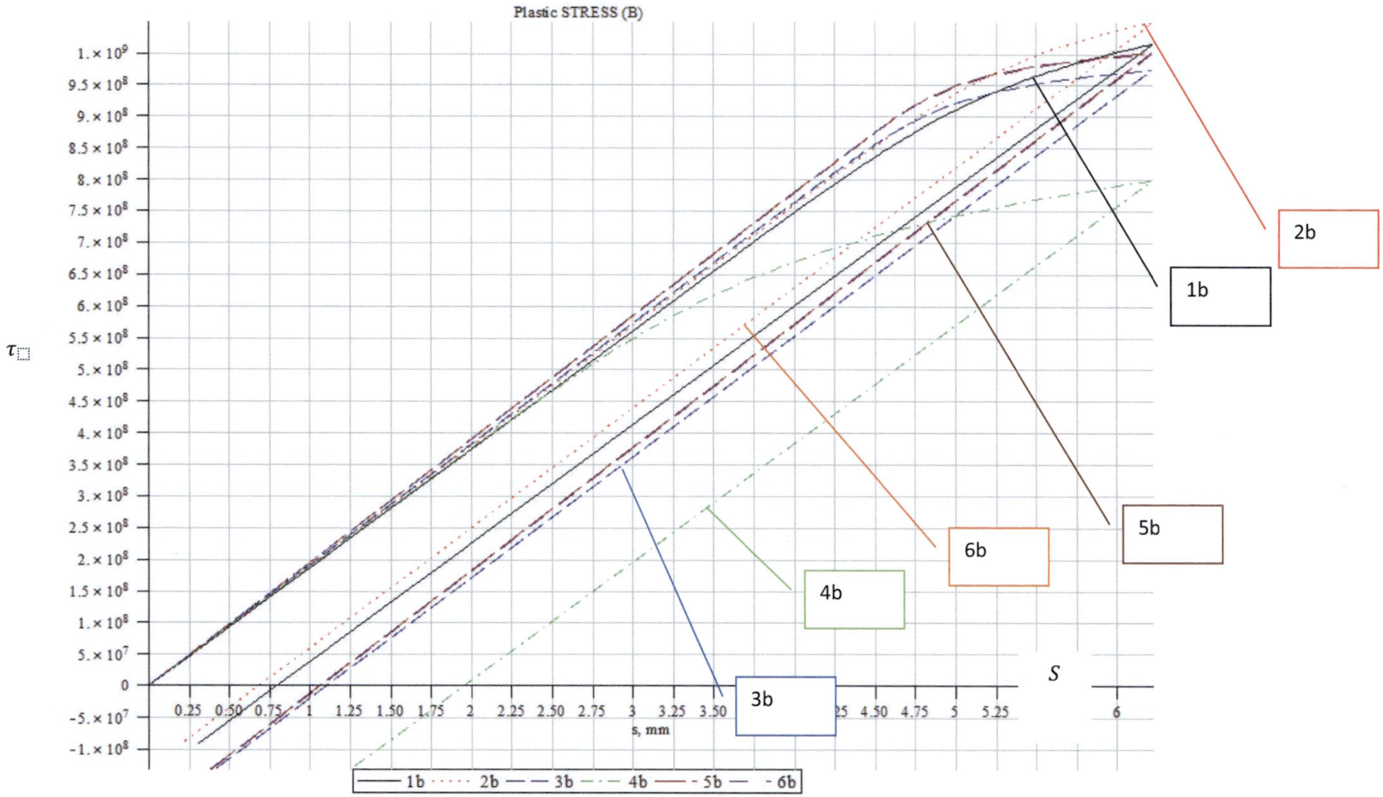

Abb. 5.6 –6 Oberflächen-Scherspannung vs. voreingestellter Verlust von ölgehärtetem und vergütetem (1b,2b,3b) und von patentiertem kaltgezogenem Federstahldraht (4b,5b,6b) nach dem Materialgesetz Gl. (5.10)

Die gängigen Verfahren zur Ermittlung des Drehmoments während der plastischen Verdrehung von Draht mit kreisförmigem Querschnitt, wie sie beispielsweise in [14] dargelegt werden, basieren auf der Auflösung der Schubspannung als Funktion der Scherdehnung. Die üblichen Materialgesetze, wie (5.9) und (5.10), können jedoch nicht für beliebige Konstanten aufgelöst werden. Die vorgestellte Methode ermöglicht die Anwendung analytischer Methoden auf die Materialgesetze, die für die Schubspannung als Funktion der Schubdehnung nicht explizit aufgelöst werden können. Für die Analyse wurden die Materialeigenschaften des ölgehärteten und angelassenen und beschichteten kaltgezogenen Federstahldrahtes mit einem Durchmesser verwendet. Die Drähte wurden je nach Materialspezifikation wärmebehandelt. Die tatsächliche Scherspannungsscherencharakteristik wurde nach dem in [17] beschriebenen Verfahren ermittelt. Die Konstanten für das Ramberg-Osgood-Gesetz (5.10) sind in Tab. 5.1 dargestellt. Die Verfahren der Kurvenanpassung liefern die in Tab. 5.2 aufgeführten Materialkonstanten für das hyperbolische Gesetz. Die Diagramme in Abb. 5.1 zeigen die Scherspannungs-Dehnungskurven der eingesetzten Materialien des hyperbolischen Gesetzes (5.9). Die Abb. 5.4 darlegt die Scherspannungs-Dehnungskurven der eingesetzten Materialien für das Ramberg-

Tab. 5.1 Materialeigenschaften für ölgehärteten und angelassenen und patentierten kaltgezogenen Federstahl nach dem Ramberg-Osgood-Gesetz, Gl. (5.10)

Material	N	Wärmebehandlung	$\gamma = f_\tau(\tau)$, [17]			
			G	$1/n$	n	K_τ
			$[GPa]$			$[MPa]$
Federstahl Draht, Ölgehärtet und temperiert	1	Nicht wärmebehandelt	79,396	0,0615	16,26	1496
	2	350 °C/30’	80,405	0,0489	20,44	1437
	3	420 °C/30’	80,823	0,0310	32,25	1172
Patentierter Kaltgezogener Federstahldraht	4	Nicht wärmebehandelt	79,422	0,1162	8,605	1490
	5	200 °C/30’	82,414	0,0251	39,84	1164
	6	250 °C/30’	82,434	0,0257	38,91	1166

Tab. 5.2 Materialeigenschaften für ölgehärteten und angelassenen und patentierten kaltgezogenen Federstahl nach hyperbolischem Gesetz, Gl. (5.9)

Material	N	Wärmebehandlung	$\gamma = f_\tau(\tau)$		
			G	n	K_τ
			$[GPa]$		$[MPa]$
Federstahl Draht, Ölgehärtet und temperiert	1	Nicht wärmebehandelt	79,396	8,650	1219
	2	350 °C/30’	80,405	9,639	1259
	3	420 °C/30’	80,823	8,3672	1169
Patentierter Kaltgezogener Federstahldraht	4	Nicht wärmebehandelt	79,422	3,7419	957
	5	200 °C/30’	82,414	8,8377	1201
	6	250 °C/30’	82,434	8,7685	1199

Osgood-Gesetz (5.10), das zur Ableitung von Konstanten für das hyperbolische Gesetz verwendet wurde. Für den anschließenden Vergleich der Ergebnisse werden die Werte in Tab. 5.2 durch die Kurveninterpolation der Werte des Ramberg-Osgood-Gesetzes abgeleitet. Wie bereits dargelegt, erweist sich die unabhängige Auswertung von Scher- und uniaxialen Spannungs-Dehnungskurven sowie deren Interpolationen für die praktischen Anwendungen als signifikant vorteilhaft.

5.3 Aktive plastische Torsion und Rückfederung des Runddrahts

5.3.1 Verformung des Drahtes bei plastischer Torsion

Eigenspannungen können durch die plastische Torsionsbelastung eines massiven Rundstabes induziert werden. Eine gerade zylindrische Vollstange mit kreisförmigem Querschnitt und Lange $\mathfrak{L}$ wird aus einem spannungsfreien Zustand durch das Drehmoment $\mathfrak{T}$ belastet. Der Koordinatenursprung wird im Schwerpunkt der Fläche eines Querschnitts gewählt. Die Endabschnitte sind $z = 0$ und $z = \mathfrak{L}$.

Die Scherung in reiner Torsion des zylindrischen Stabes mit dem kreisförmigen Querschnitt des Radius $r = \frac{d}{2}$ lautet

$$\begin{cases} \gamma_{xz} = -\theta\, y, \\ \gamma_{yz} = \theta\, x. \end{cases}$$

wobei der Drehwinkel pro Längeneinheit der Stange ist θ. Wir verwenden die Polarkoordinate im Querschnitt für den kreisförmigen Stab:

$$\begin{cases} x = \rho \sin\phi, \quad 0 < \rho < r, \\ y = \rho \cos\phi, \ \rho = \sqrt{x^2 + y^2}. \end{cases}$$

Nach der Hypothese von StVenant's ist die Scherverformung die lineare Funktion des Radius [15]:

$$\gamma_{z\varphi}(\rho, \phi) = 2\, \varepsilon_{z\varphi} = \theta\, \rho. \tag{5.11}$$

Die Scherung an der Kontur des Querschnitts γ_p ist die lineare Funktion des Drehwinkels pro Längeneinheit der Stange θ. Die plastische Scherung für die Dauer der Voreinstellung erreicht ihr Maximum an der Kontur des kreisförmigen Querschnitts:

$$\gamma_p = \gamma_{z\varphi}(r, \phi) \equiv \theta\, r. \tag{5.12}$$

Gemäß den Gl. (5.11) und (5.12) ist die Scherdehnung die lineare Funktion des Radius ρ:

$$\gamma(\rho) = \frac{\rho(\tau)}{r} \cdot \gamma_p \quad \text{fÃ¼r} \quad 0 < \rho < r = \frac{d}{2}.$$

5.3.2 Drehmoment im Drahtquerschnitt nach „hyperbolischem Gesetz“

Die vorliegende Analyse befasst sich mit der einzigen nicht schwindenden Spannungskomponente für eine verwindungssteife massive Rundstange, welche durch die Scherspannung τ charakterisiert wird. An der Oberfläche des runden Drahtes die Scherspannung ist τ_p. Die Drehmomente, die auf die Endabschnitte des kreisrunden Drahtes während der plastischen Verformung wirken, sind $\mathfrak{T}(\varphi)$:

$$\mathfrak{T} = 2\pi \int_0^r \tau(\rho)\rho^2 \mathrm{d}\rho = 2\pi \int_0^{\tau_p} \tau\rho^2(\tau)\frac{\mathrm{d}\rho}{\mathrm{d}\tau}\mathrm{d}\tau = 2\pi \int_0^{\tau_p} \tau\rho^2(\tau)\left(\frac{\mathrm{d}\tau}{\mathrm{d}\rho}\right)^{-1} \mathrm{d}\tau \quad (5.13)$$

Für das „hyperbolische Gesetz“ (5.9) lautet die Funktion $\rho(\tau)$ in der obigen Gleichung:

$$\rho(\tau) = r \cdot \frac{\gamma}{\gamma_p} \equiv r \cdot \frac{f_p(\tau)}{f_p(\tau_p)} \equiv r \cdot \frac{\tau}{\tau_p} \cdot \left[\frac{1 - \left(\frac{\tau_p}{K_\tau}\right)^n}{1 - \left(\frac{\tau}{K_\tau}\right)^n}\right]^l, \quad (5.14)$$

wobei $\varphi = \tau_p/K_\tau$. Insbesondere für $n = 2$ und $n = 4$ drückt sich das Moment (5.13) in Form der elementaren Funktionen aus:

$$\mathfrak{T} = \begin{cases} \frac{2\pi r^3 \tau_p}{3\varphi^4} \cdot \left(3\varphi^2 - 2 + 2\sqrt{1-\varphi^2} - 2\varphi^2\sqrt{1-\varphi^2}\right), & \text{für}\, n = 2; \\ \frac{\pi r^3 \tau_p}{3\varphi^4} \cdot \left(3\varphi^4 - 1 + \sqrt{1-\varphi^2} - \varphi^4\sqrt{1-\varphi^2}\right), & \text{für}\, n = 4. \end{cases} \quad (5.15)$$

5.3.3 Drehmoment im Drahtquerschnitt nach Ramberg-Osgood-Gesetz

Beim Ramberg-Osgood-Gesetz lautet die Funktion (5.14):

$$\rho(\tau) = r \cdot \frac{\gamma}{\gamma_p} \equiv r \cdot \frac{\frac{\tau}{G} + \left(\frac{\tau}{K_\tau}\right)^n}{\frac{\tau_p}{G} + \left(\frac{\tau_p}{K_\tau}\right)^n}. \quad (5.16)$$

Das Drehmoment (5.15) wird als explizite Funktion der vorgegebenen Spannung abgeleitet. Diesbezüglich ist festzuhalten, dass sich das Moment für $n = 2$ und $n = 4$ in Form der elementaren Funktionen ausdrückt:

$$\mathfrak{T} = \begin{cases} \pi\varphi^3 {K_\tau}^3 r^3 \cdot \frac{120\,\varphi^3 G^3 + 359\,K_\tau G^2 \varphi^2 + 336\,{K_\tau}^2 G\varphi + 105\,{K_\tau}^3}{210\,\left(G\varphi^2 + K_\tau\right)^3} & \text{für}\, n = 2; \\ \pi\varphi^3 {K_\tau}^3 r^3 \cdot \frac{560\,\varphi^9 G^3 + 1638\,K_\tau G^2 \varphi^6 + 1560\,{K_\tau}^2 G\varphi^3 + 455\,{K_\tau}^3}{910\,\left(G\varphi^{213} + K_\tau\right)^3} & \text{für}\, n = 4. \end{cases} \quad (5.17)$$

Der große Vorteil der analytischen Lösungen besteht darin, dass die endgültigen Formeln für industrielle Anwendungen und die Programmierung von Fertigungsmaschinen verwendet werden können. Diese Ausdrücke spielen die grundlegende Rolle für die anschließende Analyse. Mit dieser Methode drücken wir analytisch das Drehmoment $\mathfrak{T}$ als Funktion des Federwegs aus.

5.3.4 Eigenspannungen und Setzverlust nach Rückfederung

Die einfachste Definition von Eigenspannungen lautet wie folgt: Spannungen, die innerhalb eines Teils verbleiben, nachdem es verformt und alle äußeren Kräfte abgebaut wurden. Insbesondere muss die Verformung über den Materialquerschnitt ungleichmäßig sein, um Eigenspannungen zu erzeugen. Die Verformung kann sich nicht nur aus Umformvorgängen, sondern auch aus thermischen Prozessen ergeben. Es ist bekannt, dass Phasenumwandlungen während der Wärmebehandlung eine ausreichende Spannung induzieren, um eine plastische Verformung zu bewirken, die zu Eigenspannungen führt. In diesem Beitrag wird die Eigenspannung, die in der zylindrischen Stange nach plastischer Torsion und in der Schraubenfeder nach der Voreinstellung auftritt, analytisch bestimmt.

Druck- und Zugfedern bestehen aus einem elastischen kreisrunden Draht, das in Form einer räumlichen Spirale geformt ist, die beim Entlasten wieder in ihre ursprüngliche Länge zurückkehrt. Die größten Spannungen, die bei Schraubenfedern auftreten, sind Scherspannungen durch Verdrehen des Federdrahtes. Die plastische Komprimierung der Druckfedern erfolgt durch die gezielte Anwendung einer hohen Druckkraft. Die Zugfedern sollten mit einer angemessenen Zugkraft gezogen werden, um eine optimale Belastbarkeit zu gewährleisten. In der vorliegenden Darstellung wird die Hypothese aufgestellt, dass die Kraft bei der Komprimierung der Druckfeder positiv ist. In Konsequenz dessen ist auch die Federrate der Druckfeder bei deren Komprimierung positiv. Entsprechend gilt, dass die Kraft der Zugfeder bei der Verlängerung der Zugfeder positiv ist. Die Federrate der Zugfeder bei deren Expansion ist ebenfalls positiv. Unter dieser Prämisse werden wir eine Buchstabe F für die Kräfte beider Federtypen verwenden. Ebenso wird für beide Typen der Federweg mit identischen Buchstaben S bezeichnet.

Betrachtet wird die Schraubenfeder mit mittlerem Windungsdurchmesser D, Drahtdurchmesser d und Anzahl der federnden Windungen N. Bezogen auf das Drehmoment des Federdrahtes lässt sich die Federkraft wie folgt berechnen:

$$F_{plast} = \frac{2\,\mathfrak{T}}{D}. \tag{5.18}$$

Die Gl. (5.18) erlaubt die Bestimmung der Vorspannkraft der Feder F_{plast} während des Vorsetzens unter Berücksichtigung der dabei stattfindenden plastischen Verformung.

Der Federweg vom nicht verformten Zustand in den plastisch verformten Zustand ist gleich einem bestimmten konstanten Wert S_p. Im Zuge der plastischen Vorsetzung von Schraubenfedern erreicht die Federkraft den Wert F_{plast}. Wenn die Kraft verschwindet, erfolgt die Rückfederung. Die einfachste Hypothese für die Rückfederung ist die lineare elastische Verformung, die zur Erhöhung der Federlänge führt:

$$S_u = \frac{F_{plast}}{c_{[F/S]}}, \; c_{[F/S]} = \frac{Gd^4}{8D^3N}. \tag{5.19}$$

Folglich lautet die gesamte Reduktion der ursprünglichen Federlänge nach der plastischen Vorsetzung und der elastischen Rückfederung:

$$\Delta S = S_p - S_u \equiv S_p - \frac{2\mathfrak{T}}{c_{[F/S]}D}. \tag{5.20}$$

Die Bewertung der Rückfederung konnte analog für ein realistischeres Modell vorgenommen werden (Vgl. 16], jedoch sind die Gl. (5.19) und (5.20) ausreichend für eine praktische Anwendung.

Die Berechnungen wurden für die Feder DF219 [17] durchgeführt, wobei der mittlere Wendeldurchmesser $D = 9\,[mm]$, Drahtdurchmesser $d = 3\,[mm]$ und die Anzahl der Arbeitswindungen $N = 5$. Im Folgenden sollen die Abhängigkeiten der aktiven plastischen und elastischen Rückfederkräfte für die hyperbolischen und Ramberg-Osgood-Gesetze entsprechend dargestellt werden (Vgl. Abb. 5.2 und 5.4). Die Endpunkte auf den Kraftdiagrammen, die durch die Nullkraft dargestellt werden, repräsentieren die Reduzierung der Federlänge aufgrund vom Vorsetzen, die als Rückfederungslänge bezeichnet wird. Für das hyperbolische Gesetz (5.9) ist der voreingestellte Längenverlust für sechs untersuchte Materialien in Abb. 5.3 dargestellt. Die Abbildung verdeutlicht zudem die Schubspannung auf der Drahtoberfläche während der plastischen Verformung sowie die elastische Rückfederung. Die Abb. 5.6 zeigt die entsprechenden Ergebnisse für das Ramberg-Osgood-Gesetz (5.10) für die gleichen Materialien.

Die Eigenspannungen im Zustand der vollständigen elastischen Entladung τ_r sind gleich den Spannungen im Zustand der maximalen Plastifizierung τ_p abzüglich der Spannungen durch die elastische Rückfederung τ_u:

$$\begin{cases} \tau_r = \tau_p - \tau_u, \\ \tau_u = \frac{\mathfrak{T}}{w_T}, \\ w_T = \pi d^3/16. \end{cases} \tag{5.21}$$

Die Eigenspannungen im Zustand der vollständigen elastischen Rückfederung auf der Außenfläche des Drahtes für das hyperbolische Gesetz (5.9) sind für alle sechs untersuchten Materialien und den voreingestellten Hub von 6,22 mm in Abb. 5.3 dargestellt. Analog dazu zeigt Abb. 5.6 die Eigenspannungen im Zustand der vollständigen elastischen Rückfederung auf der Außenfläche für das Ramberg-Osgood-Gesetz (5.10) für die entsprechenden Materialspezifikationen und einen identischen Hub von 6,22 mm. Die Werte für den voreingestellten Verlust und die Eigenspannung auf der Drahtoberfläche sind in Tab. 5.3 dargestellt. Die entsprechenden Ergebnisse für den Hub von 8,22 mm sind in Tab. 5.4 dargestellt. Die Abb. 5.7A demonstriert die Auswirkung des voreingestellten Hubs auf den Längenverlust der Feder sowie auf die induzierte Eigenspannung auf der Drahtoberfläche nach dem voreingestellten Schritt. Es wurde ein minimaler voreingestellter Hub identifiziert, der eine Reduzierung der Federlänge nach dem Preset bewirkt. Mit steigenden voreingestellten Verfahrwegen nimmt die Längenverkürzung zu, während die negativen Eigenschubspannungen auf der Drahtoberfläche ansteigen. Die negative Eigenspannung impliziert, dass die Richtung der Hauptspannungen derjenigen der Schubspannung bei der plastischen Verformung des Drahtes entgegengesetzt ist.

Tab. 5.3 Längenverlust und Eigenspannung auf der Oberfläche bei ölgehärtetem und angelassenem und patentiertem kaltgezogenem Federstahl nach hyperbolischem und nach Ramberg-Osgood-Gesetz (5.10) für den voreingestellten Hub 6,22 mm

Material	N	Hyperbolisch (5.9)		Ramberg-Osgood (5.10)	
		Längenverlust „a", ΔS [*mm*]	Eigenspannung „a", τ_r [*MPa*]	Längenverlust „b", ΔS [*mm*]	Eigenspannung „b", τ_r [*MPa*]
Federstahldraht, Ölgehärtet und temperiert	1	0,3218	−78	0,3021	−91
	2	0,2506	−71	0,2280	−86
	3	0,4462	−95	0,4267	−129
Patentierter kaltgezogener Federstahldraht	4	1,312	−114	1,280	−127
	5	0,4079	−94	0,3882	−131
	6	0,3441	−81	0,3955	−132

Tab. 5.4 Längenverlust und Eigenspannung auf der Oberfläche bei ölgehärtetem und angelassenem und patentiertem kaltgezogenem Federstahl nach hyperbolischem und nach Ramberg-Osgood-Gesetz (5.10) für den voreingestellten Hub 8.22 mm

Material	N	Hyperbolisch (5.9)		Ramberg-Osgood (5.10)	
		Längenverlust, „a", ΔS [*mm*]	Eigenspannung „a",τ_r [*MPa*]	Längenverlust, „b", ΔS [*mm*]	Eigenspannung „b", τ_r [*MPa*]
Federstahldraht, Ölgehärtet und temperiert	1	1,4216	−154	1,3737	−192
	2	1,3167	−1564	1,2797	−201
	3	1,8240	−166	1,7719	−224
Patentierter kaltgezogener Federstahldraht	4	2,7954	−145	2,7208	−172
	5	1,7777	−171	1,7363	−235
	6	1,6567	−160	1,7458	−232

Der Längenverlust ist demnach progressiv vom voreingestellten Hub abhängig, wie in Abb. 5.7b dargestellt. Die Abhängigkeit der Eigenspannungen vom voreingestellten Hub ist demgegenüber degressiv, wie in Abb. 5.7a dargestellt.

5.4 Zusammenfassung

Die vorliegende Analyse befasst sich mit der Fertigungspraxis der Vorsetzung von Schraubenfedern. Die Analyse wurde unter Zuhilfenahme der Deformationstheorie der Plastizität sowie eines nichtlinearen Spannungs-Dehnungs-Gesetzes durchgeführt, welches die aktive plastische Verformung beschreibt. Im Zuge der plastischen Belastung sowie der darauffolgenden elastischen Entladung ist eine Reduktion der Verdrehung und Krümmung des Drahtes zu verzeichnen. Im Rahmen der vorliegenden Untersuchung

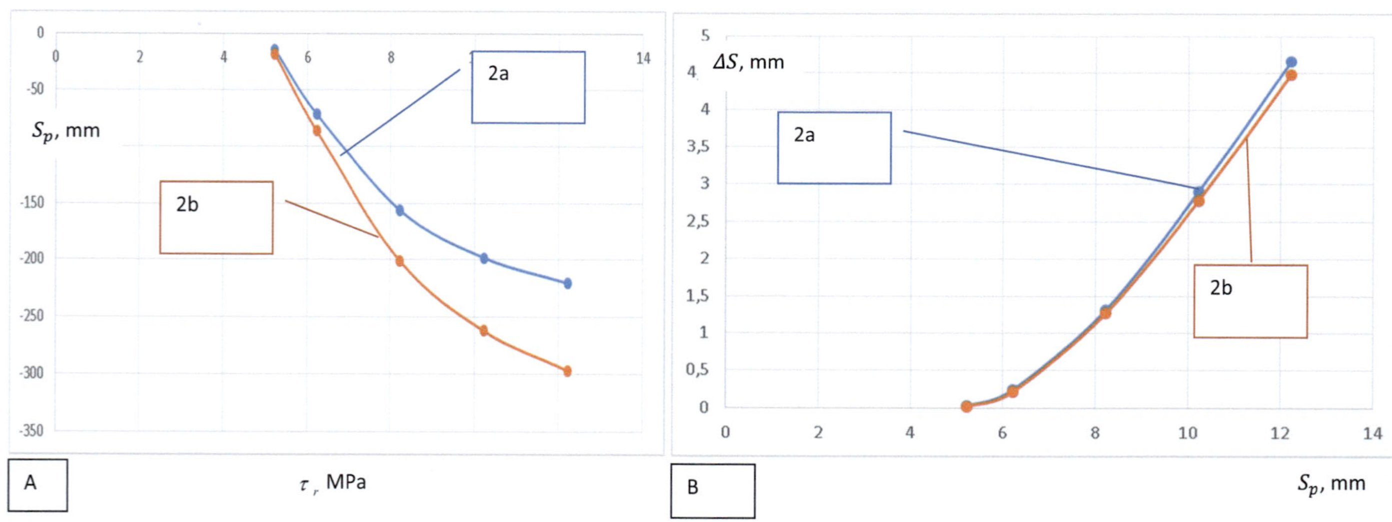

Abb. 5.7 Auswirkung des voreingestellten Hubs bei ölgehärtetem und vergütetem (2a,2b) nach den Materialgesetzen Gl. (5.9) und (5.10). (A) Oberflächenschubspannung in Abhängigkeit vom eingestellten Hub (B) Vorgabe Verlust in Abhängigkeit vom vorgegebenen Hub

werden der Prozess der Plastifizierung sowie das Auftreten von Eigenspannungen analysiert. Die Resultate der Analyse korrelieren mit den experimentell ermittelten Werten. Die vorgeschlagene Methode erfordert keine numerische Simulation. Die ermittelten Ergebnisse gestatten eine Prognose hinsichtlich auftretender Spannungen und Geometrieänderungen während des Herstellungsprozesses von Schraubenfedern. Die ermittelten Formeln können für industrielle Anwendungen, die Programmierung von Fertigungsmaschinen sowie für die Auslegung und Verschleißberechnung von Werkzeugen herangezogen werden.

5.5 Symbolverzeichnis

Bezeichnung	*Physikalische Größe*
$c_{[F/\Theta]}$	Federrate für die axiale Federkraft. Die Federrate bei der Verlängerung der Zugfedern ist größer als Null. Die Federrate weist bei der Komprimierung der Zugfedern einen größeren Wert auf als Null.
S_p	Der Federweg vom nicht verformten Zustand in den plastisch verformten Zustand
S_u	Rückfederung
F_{plast}	Kraft der plastischen Vorsetzung. Die Zugkraft der Zugfedern wird als positiv bewertet. Die Druckkraft der Druckfedern wird als positiv bewertet.
ΔS	Reduktion der ursprünglichen Federlänge (Setzbetrag)
$\mathfrak{L}$	Drahtlänge
G, E	Elastizitätsmodule
K_τ, K_σ	Verfestigungskoeffizienten
n, m	Verfestigungsexponenten
θ	Drehwinkel pro Längeneinheit der Stange
γ_p	Scherung im Moment der plastischen Vorsetzung
τ_p	Schubspannung im Moment der plastischen Vorsetzung
$\mathfrak{T}$	Drehmoment des Drahts im Moment der plastischen Vorsetzung
$\varphi = \tau_p/K_\tau$	Hilfskonstante
τ_r	Eigenspannung im Zustand der vollständigen elastischen Rückfederung
τ_u	Elastische Rückfederung

Literatur

Muhr, K. H. (1970) Einfluss von Eigenspannungen auf das Dauerschwingverhalten von Federn aus Stahl. *Stahl und Eisen*, 90, 631–636

Sollich A. (1994) *Verbesserung des Dauerschwingverhaltens hochfester Stähle durch gezielte Eigenspannungserzeugung*, Verein Deutscher Ingenieure: Fortschrittberichte VDI/Reihe 5/ Grund- und Werkstoffe, Kunststoffe; Nr. 376, https://d-nb.info/943093694

Radaj D., Vormwald M. (2007). Einflüsse auf die Schwingfestigkeit. In: *Ermüdungsfestigkeit*. Springer, Berlin, Heidelberg. https://doi.org/10.1007/978-3-540-71459-0_3

Venter A.M., Luzin V., Hattingh D.G. (2014) Residual Stresses Associated with the Production of Coiled Automotive Springs, *Materials Science Forum*, 777, 78–83, https://doi.org/10.4028/www.scientific.net/MSF.777.78

Matejicek J., Brand P.C., Drews A.R., Krause A., Lowe-Ma C. (2004) Residual stresses in cold-coiled helical compression springs for automotive suspensions measured by neutron diffraction. *Materials Science and Engineering*, A 367, 306–311, https://doi.org/10.1016/j.msea.2003.10.322

Močilnik V., Gubeljak N., Predan J. (2015) Surface residual stresses induced by Torsional Plastic Pre-setting of Solid Spring Bar, *International Journal of Mechanical Sciences,* 92, January 2015, https://doi.org/10.1016/j.ijmecsci.2015.01.004

Kobelev V. (2010) Elastic-Plastic Work-Hardening Deformation under Combined Bending and Torsion and Residual Stresses in Helical Springs, *Int J Mater Form*. Vol. 3, Suppl 1:869–881, https://doi.org/10.1007/s12289-010-0908-8

Kobelev, V. (2020), „Elastic–plastic deformation and residual stresses in helical springs“, *Multidiscipline Modeling in Materials and Structures*, Vol. 16 No. 3, pp. 448–475. https://doi.org/10.1108/MMMS-04-2019-0085 .

Hencky, H. (1924): Zur Theorie plastischer Deformationen und der hierdurch im Material hervorgerufenen Eigenspannungen. *ZAMM*, 4, S. 323 – 334, https://doi.org/10.1002/zamm.19240040405

Jones, R. M. (2009) *Deformation Theory of Plasticity*, Bull Ridge Publishing, Blacksburg, VA

Kobelev, V. (2024). *Fundamentals of Springs Mechanics*. Springer, Cham. https://doi.org/10.1007/978-3-031-58584-5

Kausel E. (2017) *Advanced Structural Dynamics*, Cambridge University Press, Cambridge

Ramberg W, Osgood W.R, (1943) *Description of Stress-Strain Curves by three Parameters*. NACA-TN902

Kachanov L. M. (I971) *Foundations of the Theory of Plasticity*, North-Holland Publishing Company – Amsterdam, London

Rubinstein, R. J. (1977) On the elastic-plastic torsion problem, *Eng. Math*., Vol. 11, Issue. 4, 319–323,. https://doi.org/10.1007/BF01537091

Masing G. (1926) Eigenspannungen und Verfestigung beim Messing. In: *Proc. 2nd Int. Congress of Applied Mechanics*, Zürich, pp. 332–325

Reich R. (2017) Prediction of Presetting Value for Helical Compression Springs, *9th International Congress of Spring Industry*, September 29th–October 1th, Taormina/Italy

Kriechen und Relaxation von Federn 6

6.1 Zeitabhängige Verformung von Federn

Die Konstruktion der Schraubenfedern basiert auf der Wicklung eines Drahts in Form einer Spirale, wodurch die Schraubenfedern sich in erster Linie für die Aufnahme von Zug- oder Druckbelastungen eignen. Bei der Verwendung von Stahlfedern liegt der Fokus gewöhnlich auf den Legierungen und Prozessen, die eine hohe zyklische Festigkeit gewährleisten. Die hergestellten Stahlfedern sollen gleichzeitig die Ansprüche nach guter Korrosionsbeständigkeit, einer hohen spezifischen statischen Festigkeit, einer robusten Verformbarkeit bei der Herstellung, einer allgemeinen Verfügbarkeit sowie einem günstigen Preis erfüllen.

Schraubendruckfedern sind dazu ausgelegt, konstante oder variable Druckkräfte über einen bestimmten Zeitraum ohne Längenverlust zu übertragen. In der Regel wird der Querschnitt des Drahtes kreisförmig ausgeführt. Die zuvor dargelegte Definition des Kriechens wird auf die Federn mit einigen terminologischen Abweichungen übertragen. Der Begriff „Relaxation von Federn" bezeichnet den zeitlichen Kraft- bzw. Momentabfall durch Spannungsabbau bei konstanter Einfederung. Unter Kriechen der Federn wird die Verformungszunahme im Laufe der Zeit unter einer konstanten (oder variablen) Spannung verstanden. Ein besonders starkes Kriechen ist bei der Vorsetzung und Warmvorsetzung von Federn zu beobachten [1, 2, 3, 4, 5].

Im Falle einer zyklischen Einfederung führt das Kriechen zu internen Verlusten im Material. Darüber hinaus resultierten aus dem Kriechen eine geringfügige Energiedissipation sowie Hysterese. Um Federelemente im Hochtemperaturbereich sicher auslegen und überwachen zu können, ist ein detailliertes Wissen ihres Dauerzeitverhaltens erforderlich. Die gängigen Legierungen bei der besonders hohen zyklischen Belastung

---

Vortrag am „Ilmenauer Federntag", TU Ilmenau, 2015

V. Kobelev, *Federntechnologie,* https://doi.org/10.1007/978-3-658-48303-6_6

verlieren zunehmend bei Einsatztemperaturen oberhalb 150 °C ihre Kriechbeständigkeit. Wachsende Bedeutung erhalten deswegen die Legierungen, die bei erhöhten Temperaturen und immer steigenden Spannungen einsetzbar sind, wie dies zum Beispiel im Ventiltrieb für Verbrennungsmotoren erforderlich ist. Es wurden in den letzten Jahrzehnten Legierungen und Herstellungsprozesse entwickelt, welche bei den erhöhten Temperaturen bis 170 °C kriechbeständigen Federn darstellen.

Der überwiegende Teil der Publikationen, die sich mit den Materialeigenschaften von Stahllegierungen für Federn befassen, hat Festigkeitseigenschaften unter der statischen und zyklischen Belastung für die Beurteilung der Werkstoffeigenschaften zugrunde gelegt. Ausgewählte Veröffentlichungen untersuchten die Kriecheigenschaften der Federstähle [6, 7, 8]. Das Hauptziel des AiF-Projekts [9] bestand darin, statistisch abgesicherte Ergebnisse zum Dauerschwingverhalten und Relaxationsverhalten von Schraubendruckfedern aus Federstahldrähten der Sorten VDSiCr, TDSiCr, DH, DM, 1.4568 und 1.4310 mit unterschiedlicher Zusammensetzung und mit verschiedenen Prozessen zur Festigkeitseinstellung experimentell zu gewinnen und für die Federberechnung anzuwenden. Die Schmelzpunkte T_S° von Kohlenstoffstahl liegen im Bereich von 1425–1540 °C. Mit 1400–1450 °C liegen die Schmelzpunkte T_S°" der nichtrostenden Stähle etwas niedriger [10, 11]. Es wurde experimentell festgestellt werden, dass sich das Kriechen von Stahle ab einer bestimmten Temperatur ca. 0,4 · T_S° signifikant verstärkt.

Die Speicherung der elastischen Energie erfolgt durch Biegung oder Torsion, wobei die jeweilige Ausrichtung der Federn zu berücksichtigen ist. Innerhalb der jeweiligen Materialgruppe findet sich entweder uniaxiale Dehnungs- oder reine Schubspannung. Die nichtlineare Abhängigkeit zwischen Dehnungsrate und Spannung führt zu einer hohen Komplexität bei der Bestimmung der Kriech- und Relaxationsschaubilder in einer auf Biegung oder Torsion beanspruchten Feder. Der stationäre Bereich des Kriechens macht in vielen Federelementen einen Großteil der Lebensdauer aus, weshalb diesem Bereich die größte technische Bedeutung zukommt. Bei der Entwicklung eines kriechbeständigen Werkstoffes ist man bestrebt, zum einen den sekundären Bereich so weit wie möglich auszudehnen und zum anderen die Kriechgeschwindigkeit so klein wie möglich zu halten. Der Vorteil der verwendeten Gesetze des Kriechens liegt in einer einheitlichen Beschreibung der primären und sekundären Bereiche mit einem mathematischen Ausdruck, wodurch die mathematische Behandlung nichtlinearer Gleichungen deutlich vereinfacht wird.

6.2 Berechnung der Relaxation und des Kriechens

6.2.1 Modelle des Kriechens von Federlegierungen

Im Folgenden wird die Berechnung der Relaxation und des Kriechens erläutert. Die wesentliche analytische Aufgabe besteht in der Ableitung der Formeln für das Kriechen bei der Torsion und Biegung für isotrope Materialien, welche mit den allgemein anerkannten Norton-Bailey-, Prandtl-Garofalo- und Naumenko-Altenbach-Gorash-Gesetzen beschreibbar sind. Die Grundstoffgesetze basieren auf den Zeit- und Verfestigungsmaterialgleichungen für zeitlich veränderliche Belastung. Die Modelle beschreiben die Bereiche des primären und des sekundären Kriechens unter statischer Belastung. Das Norton-Bailey-Gesetz ist das am weitesten verbreitetes Modell und beschreibt sekundäres Kriechen mithilfe einer Potenzbeziehung zwischen Kriechgeschwindigkeit und Spannung. Eine ausführliche Erläuterung der Stoffgesetze und der Lösungsverfahren für Kriechprobleme findet sich in Kassner [12, 13]. Ein auf Mechanismen basierender Ansatz der Viskoplastizität für Metalle und Legierungen wurde in Zubelewicz und Oliferuk [14] vorgeschlagen.

Die Einteilung der Kriechkurven in drei charakteristische Bereiche mit unterschiedlichem Kriechverhalten ist eine gängige Vorgehensweise. Diese Bereiche werden als primäres, sekundäres und tertiäres Kriechen bezeichnet.

Zu Beginn der Belastung zeigt der Stoff eine zeitunabhängige Dehnung, die sich ihrerseits aus einem elastischen und plastischen Anteil zusammensetzt. Die anfänglich hohe Kriechrate nimmt bis zum Erreichen des sekundären Kriechbereichs durch stattfindende Verfestigungsprozesse kontinuierlich ab. Die mikrostrukturelle Ursache hierfür liegt in der Regel in einer steigenden Versetzungsdichte, welche aufgrund einer verstärkten Versetzungswechselwirkung eine Verfestigung des Werkstoffes zur Folge hat.

In einfachen metallischen Systemen manifestiert sich ein dynamisches Gleichgewicht zwischen Verfestigung und Erholung. Während der Bildung neuer Versetzungen findet gleichzeitig eine dynamische Erholung statt, welche bestehende Versetzungen wieder auslöscht. Im Bereich der stationären Kriechbewegung lässt sich eine etwa konstante minimale Kriechgeschwindigkeit beobachten, was auf die genannten Einflussfaktoren zurückzuführen ist.

Nach Ablauf eines Großteils der Lebensdauer tritt das tertiäre Kriechen auf. Dabei nimmt die Kriechrate im Bereich des tertiären Kriechens stark zu, was letztlich zum Bruch des Bauteils führt. Dies ist auf irreversible Schädigungsprozesse wie Teilchenvergröberung und Kriechporenbildung zurückzuführen. Für die praktische Auslegung von Federn besitzt der Bereich des tertiären Kriechens aufgrund seiner kurzen Dauer jedoch nur eine untergeordnete Bedeutung.

Das Kriechen von Materialien bezeichnet das zeitabhängige Verformungsverhalten fester Stoffe unter langsam ändernden oder konstanten Lasten sowie unter erhöhten Temperaturen (Kap. 1, § 1.7). Das Kriechen stellt einen thermomechanisch aktivierten Prozess dar, der maßgeblich von der Schmelztemperatur T_S° eines Werkstoffs beeinflusst wird. Die irreversiblen plastischen Verformungen sind zeitabhängig und werden durch mehrere Faktoren beeinflusst, darunter die Spannung σ_{ij}, die Temperatur T° sowie der Aggregatzustand und die chemische Zusammensetzung der Legierung. Die Charakterisierung der Kriecheigenschaften erfolgt in der Regel über die minimale oder sekundäre Kriechrate, welche von der Versuchstemperatur und der angelegten Kriechspannung abhängt.

Für die Kriechverformungsrate $\dot{\varepsilon}$ eines Werkstoffes im primären und sekundären Bereich gilt demnach (§ 1.7, Kap. 1):

$$\dot{e}_{ij} = \frac{3s_{ij}}{2\sigma_V} \cdot \tilde{F}\big(\sigma_V, t, T\left[^\circ K\right]\big). \tag{6.1}$$

Im Folgenden wird der Sonderfall des nichtkompressiblen Verhaltens des Materials angewandt ($\dot{\varepsilon}_{kk} = 0$). In der Gl. (6.1) werden die folgenden Notationen verwendet:

$\dot{e}_{ij} = \dot{\varepsilon}_{ij} - \frac{1}{3}\,\dot{\varepsilon}_{kk}\,\delta_{ij}$ deviatorische Komponenten der Kriechgeschwindigkeit,
$s_{ij} = \sigma_{ij} - \frac{1}{3}\,\sigma_{kk}\,\delta_{ij}$ deviatorische Komponenten der Spannung,
σ_V Vergleichsspannung nach von Mises.

Die Temperaturabhängigkeit wird häufig durch eine Gleichung beschrieben werden:

$$\tilde{F}\big(\sigma_V, t, T\left[^\circ K\right]\big) = F(\sigma_V, t) \cdot \exp\left(-\frac{Q_c}{R_c T[^\circ K]}\right) \tag{6.2}$$

In der Funktion $F(\sigma_V, t)$ werden die Einflüsse unterschiedlicher Strukturgrößen, wie beispielsweise Phasenanteile, Korngrößen und Versetzungsdichte, integriert. Q_c bezeichnet die scheinbare thermomechanische Aktivierungsenergie des Kriechens; R_c die allgemeine Gaskonstante. Die Kriechrate ist also in starker, nichtlinearer Weise von der Temperatur $T[^\circ K]$ oder $T[^\circ C]$ und der Vergleichsspannung σ_{vg} abhängig. Es konnte festgestellt werden, dass bereits geringfügige Erhöhungen der Spannung oder Temperatur zu einem signifikanten Anstieg der primären und sekundären Kriechraten führen können.

6.2.2 Norton-Bailey-Modell des Kriechens

Zunächst wird das empirische allgemeine Norton-Bailey-Modell des Kriechens betrachtet, welches für die Beschreibung der Werkstoff-, Spannungs- und Zeitabhängigkeit des Kriechens angewandt wird:

$$F(\sigma_\mathrm{V}, t) = \left[\varepsilon_I \cdot \left(\frac{t}{\bar{t}}\right)^{\mathrm{k}-1} + \varepsilon_{II}\right] \cdot \left(\frac{\sigma_\mathrm{V}}{\bar{\sigma}}\right)^{\mathrm{m}+1}. \tag{6.3}$$

Die Konstanten ε_I, $\varepsilon_{II}, \bar{\sigma}$, $\bar{t}$, m und k werden experimentell ermittelt. Die Konstante ε_I charakterisiert die primäre und die Konstante ε_{II} die sekundäre Kriechrate. Die Exponenten k und m beschreiben die Zeit- und Spannungsabhängigkeit der Kriechrate. Ein Sonderfall wird weiter in Details untersucht $\varepsilon_{II} = 0$. Das herkömmliche konstitutive Modell von Norton-Bailey basiert auf Approximationen für die sekundäre Phase des Kriechens ($k = 1$). Bei der Kriechgleichung (6.3) handelt es sich um eine Ergänzung des Norton-Bailey Kriechgesetzes, bei dem durch den Term t^{k-1} auch das primäre Kriechen berücksichtigt wird. Der Norton-Koeffizient m direkt abhängig vom Kriechmechanismus. Für Versetzungskriechen gilt $m = 3...6$, für Korngrenzengleiten ist $m = 0...1$ und für Diffusionskriechen wird m zu 0. Es werden spezifische für Torsion und Biegung Spannungszustände untersucht. Die genauen analytischen Ausdrücke geben das

Drehmoment und Biegemoment als Funktion von der Zeit. Die charakteristischen mathematischen Eigenschaften des Norton-Bailey Kriechgesetzes erlauben die Entwicklung von analytischen Methoden.

Zur Darstellung der Gesetzmäßigkeiten und um die Kompaktheit der Gleichung zu bewahren, wurde eine Materialkonstante eingeführt:

$$c_\sigma = \frac{\varepsilon_{\mathrm{I}}}{\bar{t}^{k-1}\bar{\sigma}^{m+1}}. \tag{6.4}$$

Die Gleichung der Kriechrate ergibt sich bei der einachsigen Belastung in folgender Form:

$$\dot{\varepsilon} = \mathrm{c}_\sigma t^{\mathrm{k+1}} \sigma^{\mathrm{m+1}}. \tag{6.5}$$

Für reine Schubspannung ($\sigma_{12} = \sigma_{21} = \tau$) gilt folgende Gleichung der Kriechrate:

$$\dot{\varepsilon}_{12} = \dot{\varepsilon}_{21} \equiv \frac{1}{2}\frac{\mathrm{d}\gamma}{\mathrm{d}t} = \frac{1}{2}\gamma_{\mathrm{I}} \cdot \left(\frac{t}{\bar{\tau}}\right)^{\mathrm{k-1}} \cdot \left(\frac{\tau}{\bar{\tau}}\right)^{\mathrm{m+1}}, \tag{6.6}$$

wobei $\gamma_{\mathrm{I}} = \sqrt{3}\varepsilon_{\mathrm{I}}$ ist.

Mit den Materialkonstanten für Schubspannung

$$c_\tau = \frac{\gamma_I}{\bar{t}^{k-1}\bar{\tau}^{m+1}}, \tag{6.7}$$

und der äquivalenten Schubspannung

$$\bar{\tau} = \frac{\bar{\sigma}}{\sqrt{3}} \tag{6.8}$$

reduziert sich das Norton-Bailey-Modell des Kriechens für reine Schubverformung zu

$$\dot{\gamma} = c_\tau t^{k-1} \tau^{m+1} \quad \text{mit} \quad c_\tau = 3^{m/2+l} c_\tau. \tag{6.9}$$

6.2.3 Prandtl-Garofalo Modell des Kriechens

Zur Beschreibung der Spannungsabhängigkeit der Kriechrate wurde das als Prandtl-Garofalo-Modell bezeichnete Modell herangezogen:

$$F(\sigma_V, t) = \left[\varepsilon_I \cdot \left(\frac{t}{\bar{t}}\right)^{k-1} + \varepsilon_{II}\right] \cdot \sinh\left(\frac{\sigma_V}{\bar{\sigma}}\right). \tag{6.10}$$

Ähnlich der Gl. (6.3) beschreibt die Konstante ε_I die Kriechrate im primären Bereich. Die Konstante ε_{II} stellt die Kriechrate im sekundären Bereich dar. Wir betrachten zur Einfachheit wieder nur den Bereich des primären Kriechens und vernachlässigen die sekundäre Kriechrate $\varepsilon_{II} = 0$.

Das empirische Prandtl-Garofalo-Modell des Kriechens ergibt sich aus der Gesetzmäßigkeit der Kriechrate für einachsige Beanspruchung im primären Bereich:

$$\dot{\varepsilon} = \varepsilon_I \cdot \left(\frac{t}{\bar{\bar{t}}}\right)^{k-1} \cdot \sinh\left(\frac{\sigma}{\bar{\bar{\sigma}}}\right), \quad \dot{\varepsilon} \equiv \dot{\varepsilon}_{II} = c_\sigma \cdot t^{(k-1)} \cdot \sinh\left(\frac{\sigma}{\bar{\bar{\sigma}}}\right). \tag{6.11}$$

Die Materialkonstante in (6.11) lautet:

$$c_\sigma = \frac{\varepsilon_I}{\bar{\bar{t}}^{k-1}} \tag{6.12}$$

Die Kriechrate, welche durch Torsionsspannungen bedingt ist, lässt sich wie folgt berechnen:

$$\dot{\varepsilon}_{12} = \dot{\varepsilon}_{21} = \frac{1}{2}\gamma_I \cdot \left(\frac{t}{\bar{\bar{t}}}\right)^{k-1} \cdot \sinh\left(\frac{\sqrt{3}\tau}{\bar{\bar{\sigma}}}\right), \quad \dot{\gamma} \equiv 2\dot{\varepsilon}_{12} = c_\tau \cdot t^{k-1} \cdot \sinh\left(\frac{\tau}{\bar{\bar{\tau}}}\right) \tag{6.13}$$

Die Materialkonstante in Gl. (6.13) ist abhängig von der Konstante (6.12):

$$c_\tau = \frac{\sqrt{3}\varepsilon_I}{\bar{\bar{t}}^{k-1}} \equiv \frac{\gamma_I}{\bar{\bar{t}}^{k-1}} \equiv \sqrt{3}c_\sigma \tag{6.14}$$

6.2.4 Naumenko-Altenbach-Gorash-Modell des Kriechens

Das experimentelle Gesetz von Naumenko-Altenbach-Gorash beschreibt eine Spannungsabhängigkeit für den Bereich des diffusionsgesteuerten Kriechens sowie im Power-Law-Bereich. Die Kriechrate für einachsige Beanspruchung ist abhängig von der Funktion:

$$F(\sigma_V, t) = \varepsilon_I \cdot \left[\frac{\sigma_V}{\bar{\bar{\sigma}}} + \left(\frac{\sigma_V}{\bar{\bar{\sigma}}}\right)^{m+1}\right]. \tag{6.15}$$

Die Kriechrate bei uniaxialer Dehnung lässt sich wie folgt berechnen:

$$\dot{\varepsilon} \equiv \dot{\varepsilon}_{11} = \varepsilon_I \cdot \left[\frac{\sigma}{\bar{\bar{\sigma}}} + \left(\frac{\sigma}{\bar{\bar{\sigma}}}\right)^{m+1}\right] = -2\dot{\varepsilon}_{22} = -2\dot{\varepsilon}_{33}. \tag{6.16}$$

Hieraus ergibt sich für die Betrachtung der Kriechrate bei reiner Torsionsspannung:

$$\dot{\gamma} \equiv 2\dot{\varepsilon}_{12} = \gamma_I \cdot \left[\frac{\tau}{\bar{\bar{\tau}}} + \left(\frac{\tau}{\bar{\bar{\tau}}}\right)^{m+1}\right]. \tag{6.17}$$

6.3 Relaxation von Schraubenfedern

Aus mechanischer Sicht beschreibt das Kriechen einer Feder deren kontinuierliche Verformung unter konstant bleibender Außenlast. Die Relaxation manifestiert sich als Reduktion der mechanischen Reaktion bei anhaltender erzwungener Verformung. Die

Lösung der Differentialgleichung (6.1) erfolgt unter Anwendung der obigen Materialgesetze zur Relaxation der verdrillten geraden Stäbe mit kreisförmigem Querschnitt. Unter der Voraussetzung, dass das Material der Schraubenfedern dem Norton-Bailey-Gesetz für das Kriechen gehorcht, lässt sich die Federkraft bei konstanter Länge der komprimierten Feder als hypergeometrische Funktion der Zeit darstellen:

$$P_z(t) = {}_2\mathbf{F}_1\left(\frac{4}{m}, \frac{1}{m}; \frac{4+m}{m}; -\frac{c_\tau d^m \theta^m G^{m+1} m t^k}{2^m k}\right) P_z^0. \tag{6.18}$$

Es kann angenommen werden, dass der Drehwinkel pro Längeneinheit des Drahts über die Zeit konstant bleibt:

$$\theta = \frac{2}{\pi N D^2} \cdot S. \tag{6.19}$$

Der Federweg S bleibt ebenfalls konstant. D ist der mittlerer Durchmesser der Feder, d ist der Durchmesser des Drahts, N ist die Anzahl der aktiven Windungen. In der Formel (Gl. 6.19), P_z^0 ist die Federkraft aufgrund rein elastischer Verformung:

$$P_z^0 = \frac{\pi G d^4}{16D}\theta = \frac{G d^4}{8ND^3} S. \tag{6.20}$$

Die Kraft P_z^0 wirkt nur in den ersten Augenblick der Belastung und fällt rasch mit der Zeit $\boldsymbol{t}$. Die Schubbeanspruchung τ_0 in den ersten Augenblick an der äußeren Oberfläche des Drahtes ist die Funktion des Federweges S:

$$\tau_0 = \frac{Gd}{\pi D^2 N} S. \tag{6.21}$$

Die Schubbeanspruchung nimmt mit der Abnahme der Federkraft im Zeitverlauf ab. Eine detaillierte mathematische Herleitung findet sich in den Veröffentlichungen [15] und [16] Im Falle der Anwendung des Norton-Bailey-Gesetzes erfolgt eine Beschreibung der Relaxation der Kraft unter Heranziehung einer dimensionslosen Relaxationsfunktion:

$$\Phi_m(t) = \frac{P_z(t)}{P_z^0} = {}_2\mathbf{F}_1\left(\frac{4}{m}, \frac{1}{m}; \frac{4+m}{m}; -\frac{c_\tau G m}{k} {\tau_0}^k t^k\right). \tag{6.22}$$

Es lässt sich deutlich erkennen, dass die Relaxationsfunktion lediglich von den Schubbeanspruchungen im ersten Augenblick τ_0 sowie der Zeit t abhängig ist.

Für bestimmte Exponenten m des Norton-Bailey-Gesetzes erfolgt die Darstellung der Relaxationsfunktion durch die elementaren Funktionen.:

$$\phi_4(t) = \frac{p_z(t)}{p_z^0} = \frac{4k}{3} \cdot \frac{\left(1 + c_\tau G t^4 \tau_0^4 / k\right)^{3/4} - 1}{c_\tau G t^4 \tau_0^4} \quad \text{für} \quad m = 4, \tag{6.23}$$

$$\phi_2(t) = \frac{p_z(t)}{p_z^0} = \frac{2k}{3} \cdot \frac{k + \left(c_\tau G t^2 \tau_0^2 - k\right)\sqrt{1 + 2c_\tau G t^2 \tau_0^2 / k}}{c_\tau^2 G^2 t^4 \tau_0^4} \quad \text{für} \quad m = 2. \tag{6.24}$$

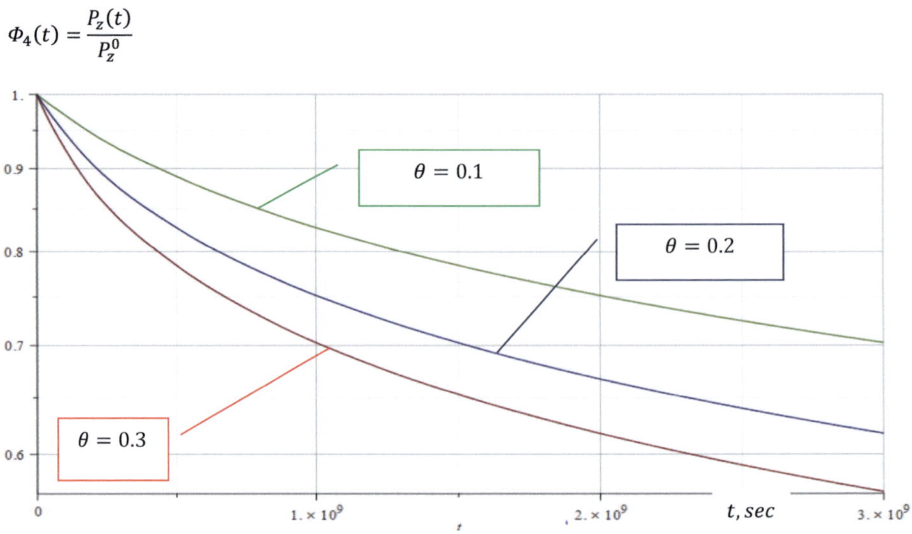

Abb. 6.1 Relaxationsfunktion $\Phi_4(t)$ für unterschiedliche, zeitlich konstante Verdrehungen des Federdrahtes als Funktion der Zeit

Auf der Abb. 6.1 sind die Relaxationsfunktionen $\Phi_4(t)$ für verschiedene Verwindungen des Drahtes pro Längeneinheit aufgetragen. Zur Veranschaulichung des Verfahrens werden sämtliche Berechnungen unter Zuhilfenahme des Norton-Bailey-Gesetzes sowie des folgenden Satzes von Materialkonstanten durchgeführt:

$$G = 79{,}74\,[GPa],\ E = 200\,[GPa],\ m = 4,\ k = 1,\ d = 12\,[mm],$$

$$\varepsilon_{\mathrm{I}} = 10^{-28}[sec^{-1}],\ \gamma_{\mathrm{I}} = \sqrt{3}\,\varepsilon_{\mathrm{I}} = 1{,}73{\cdot}10^{-24}[sec^{-1}],\ \bar{\sigma} = 2000\,[MPa],\ \bar{\tau} = \frac{\bar{\sigma}}{\sqrt{3}} = 1154\,[MPa].$$

Die drei Graphen der Funktion $\Phi_4(t)$ werden über den folgenden Werten zu den Verdrehungswinkeln pro Längeneinheit ($\theta = 0{,}1;\ 0{,}2;\ 0{,}3$) dargestellt. Es bedeutet, dass je höher der Verdrehungswinkel pro Längeneinheit erfolgt, desto schnelle erfolgt die Relaxation der Federkraft.

Die Funktion $\Phi_m(t)$ wird in Abb. 6.2 für den gleichen Drehwinkel pro Längeneinheit ($\theta = 1/10$) aufgetragen. Die Kurven $\Phi_m(t)$ wurden mit den unterschiedlichen Exponenten des Norton-Bailey-Gesetzes $m = 3;\ 4;\ 5;\ 6$ berechnet. Die anderen Materialparameter sind die gleichen wie im vorhergehenden Beispiel. Die Abb. 6.2 zeigt die offensichtliche Erhöhung der Geschwindigkeit der Relaxation mit dem Exponenten des Norton-Bailey-Gesetzes.

Die Graphen der dimensionslosen Funktion

$$\tilde{\Phi}_m(\tilde{t}) = {}_2\mathbf{F}_1\left(\frac{4}{m}, \frac{1}{m}; \frac{4+m}{m}; -m\tilde{t}\right) \tag{6.26}$$

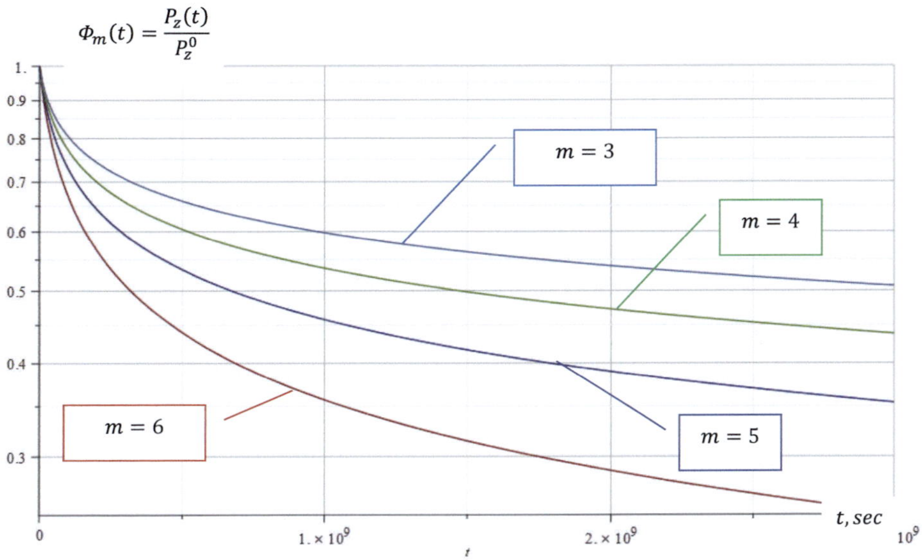

Abb. 6.2 Relaxationsfunktion $\Phi_m(t)$ für eine zeitlich konstante Verdrehung des Federdrahtes θ=1/10 als Funktion der Zeit für unterschiedliche Exponenten des Norton-Bailey-Gesetzes

mit der dimensionslosen Zeit

$$\tilde{t} = \frac{c_\tau G}{k} \cdot {\tau_0}^k \cdot t^k$$

sind auf der Abb. 6.3 für $m = (1; 2; 3; 4; 5)$ aufgetragen.

Für $m = 1{,}2, 4$ reduziert sich die Funktion $\Phi_m(\tilde{t})$ zu den elementaren Funktionen.

$$\tilde{\Phi}_1(\tilde{t}) = \frac{4\ln(1+\tilde{t})}{\tilde{t}^4} + \frac{2}{3} \cdot \frac{6 - 3\tilde{t} + 2\tilde{t}^2}{\tilde{t}^3},$$

$$\tilde{\Phi}_2(\tilde{t}) = \frac{2}{3} \cdot \frac{\sqrt{1+2\tilde{t}} - 1 + 2\tilde{t}}{1 + \sqrt{1+2\tilde{t}}\tilde{t}},$$

$$\tilde{\Phi}_4(t) = \frac{(1+4\tilde{t})^{\frac{3}{4}} - 1}{3\tilde{t}}.$$

Analog wurden ähnliche Analyseverfahren auch für das Modell des Kriechens von Prandtl-Garofalo sowie für das Modell des Kriechens von Naumenko-Alten-Gorash angewendet (Vgl. ibid.). Die daraus resultierenden Formeln dienen als Grundlage für die umfassenden experimentellen Untersuchungen des Kriechens und der Relaxation von Federn unter Dauerlast.

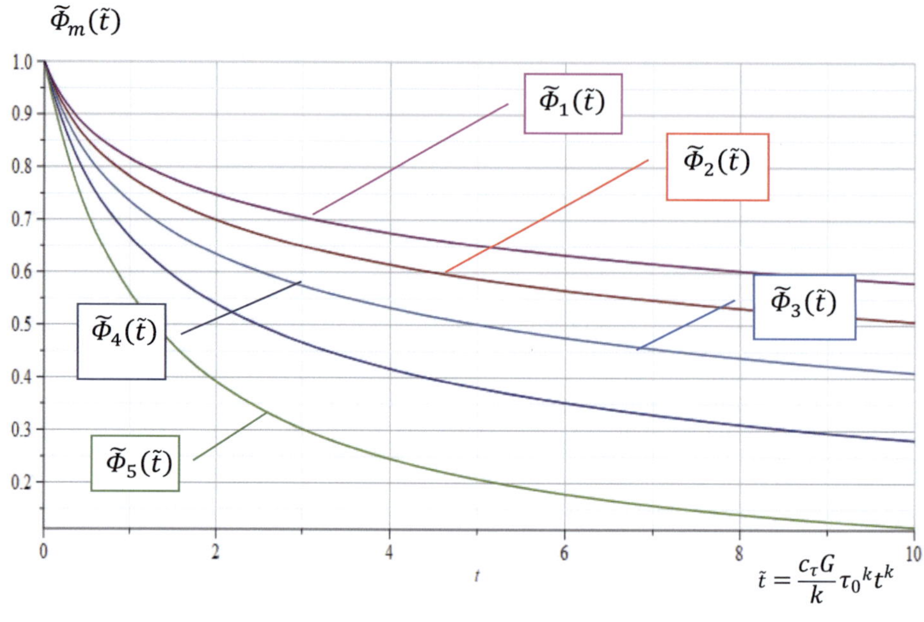

Abb. 6.3 Dimensionslose Relaxationsfunktion $\Phi_m(\tilde{t})$

6.4 Zusammenfassung

In diesem Kapitel wurden die Effekte des Kriechens und der Relaxation behandelt. Ziel der vorliegenden Untersuchung war die Entwicklung adäquater Modelle zur Beschreibung des Kriechens und der Relaxation von Schraubenfedern. Die gefundenen Lösungen gestatten eine Beschreibung der Relaxation und des Kriechens von Federelementen für allgemeine Materialmodelle.

Das Ziel des anschließenden Projektes [17] bestand darin, das Kriechverhalten von Federstahldrähten nach verschiedenen Bearbeitungs-/Federherstellungs-Schritten prognostizieren zu können. Die Prognose diente dazu, das Produkt Feder hinsichtlich Relaxations- und Kriechverlusten zu optimieren und die durch die Verluste verursachten Probleme zu vermeiden oder zumindest zu reduzieren. Im Rahmen des Projektes wurde das erforderliche Methodenwissen entwickelt und in einer einfach anwendbaren Form aufbereitet. Das Projekt schuf notwendiges Basiswissen, um die Verfahren zur Federauslegung und -herstellung zu optimieren. Die spezifischen Ziele umfassen die Optimierung von Federstahldraht und Federn hinsichtlich Relaxation und Kriechverlusten, die Steigerung der Bauteilsicherheit, insbesondere im Kontext von Überlastschutz und Sicherheitstechnik, die verbesserte Vorausbestimmung der Relaxation in Abhängigkeit von den Arbeitsschritten der Federfertigung, um eine höhere Sicherheit und eine Optimierung der

Federauslegung zu gewährleisten, sowie die Verbesserung der Produkte und Verfahren. Herstellung von Federstahldraht und Federn.

6.5 Symbolverzeichnis

Bezeichnung	*Physikalische Größe*
σ_V	Vergleichsspannung nach von Mises
$\dot{e}_{ij}$	deviatorische Komponenten der Kriechgeschwindigkeit,
$\dot{\varepsilon}_{ij}$	Komponenten des Tensors der Kriechgeschwindigkeit
σ_{ij}	Komponenten des Spannungstensors
s_{ij}	deviatorische Komponenten des Spannungstensors
$\tilde{F}(\sigma_V, t, T[°K])$	Skalare Funktion für die Kriechgeschwindigkeit
$F(\sigma_V, \mathrm{t})$	Spanungs- und Zeitabhängigkeit des Kriechens

Literatur

1. Graves G.B., O'Malely M. (1983) Vorsetzen, insbesondere Warmvorsetzen von Schraubendruckfedern, Draht, 34,3
2. Kreuzer A. (1984) Warmvorsetzen von Schraubendruckfedern, Draht, Bd. 35, Heft 7/8
3. Wanke, K.: Beitrag zum Vorsetzen (Voreinrichten) von Schraubenfedern bei Raumtemperatur bzw. erhöhten Temperaturen (Warmsetzen). Draht Bd. 15 (1964) Heft 6, S. 309–317
4. Reich, R.; Kletzin, U.: Vorhersage des Vorsetzbetrages von Schraubendruckfedern. Tagungsband 4. Ilmenauer Federntag 2017, Ilmenau 2017, Seite 51–60
5. Kletzin U. ; u. a. (2024) Optimierung des Vorsetzens von Schraubendruckfedern hinsichtlich Wirtschaftlichkeit und Funktion, Abschlussbericht zum AiF-Forschungsthema IGF 21607 BR , Technische Universität Ilmenau, Fachgebiet Maschinenelemente, Gustav-Kirchhoff-Platz 2, 98693 Ilmenau
6. Graves G.B., O'Malely M. (1983) Relaxation bei Schraubendruckfedern, Draht, 34,3
7. Chang D.J. (1995) Prediction of Stress Relaxation for Compression and Torsion Springs, The Aerospace Corpora-tion, El Segundo, CA 90245–4691
8. Geinitz V., Weiß M., Kletzin U., Beyer P. (2011) Relaxation of Helical Springs and Spring Steel Wires, 56th Inter-national Scientific Colloquium, Ilmenau University of Technology
9. Kaiser, B.; u. a. (2002) Ermittlung von Dauerfestigkeits- und Relaxationsschaubildern für hochbeanspruchte Schraubendruckfedern. Abschlussbericht zum AiF-Forschungsthema 12 287 N, Technische Universität Darmstadt, Institut für Werkstoffkunde
10. Schlegel, J. (2021). Stahl – der Werkstoff. In: Die Welt des Stahls. Springer, Wiesbaden. https://doi.org/10.1007/978-3-658-33916-6_2
11. Gottstein G. (2007). Erstarrung von Schmelzen. In: Physikalische Grundlagen der Materialkunde. Springer-Lehrbuch. Springer, Berlin, Heidelberg. https://doi.org/10.1007/978-3-540-71105-6_8
12. Kassner M. (2008) Fundamentals of Creep in Metals and Alloys, 2nd Edition, Elsevier

13. Betten J. (2008) Creep Mechanics, 3d Edition, Springer
14. Zubelewicz A., Oliferuk W. (2016) Mechanisms-based viscoplasticity: Theoretical approach and experimental validation for steel 304L , Scientific Reports , 6:23681, https://doi.org/10.1038/srep23681
15. Kobelev V. (2014) Some Basic Solutions for Nonlinear Creep, International Journal of Solids and Structures. 06/2014; 51(4):3372–3381. https://doi.org/10.1016/j.ijsolstr.2014.05.029
16. Kobelev V. (2014) Relaxation and creep in twist and flexure, Multidiscipline Modeling in Materials and Struc-tures, 10/2014; 10(3). https://doi.org/10.1108/MMMS-11-2013-0067
17. Kletzin U. ; u.a. (2018) Kriech- und Relaxationsverhalten von Federstahldrähten in Federn, Abschlussbericht zum AiF-Forschungsthema IGF 18992 BR, Forschungsgesellschaft Stahlverformung e. V., Forschungsstelle Technische Universität Ilmenau, Fachgebiet Maschinenelemente

7 Relaxation bei verzogener Vorsetzung

7.1 Über Vorsetzung der Schraubendruckfedern

Druck- und Zugfedern bestehen aus einem elastischen Drahtmaterial, das in Form einer Spirale geformt ist, die nach dem Aufbringen einer mäßigen Betriebslast in ihre natürliche Länge zurückkehrt, nachdem sie entlastet wurde. Die Fortsetzung der Druckfedern erfolgt durch die gezielte Anwendung einer erhöhten Druckkraft. Das Vorsetzen der Zugfedern erfordert eine ausreichende Zugkraft. In diesem Kapitel wird die Schraubenfeder mit einem konstanten mittleren Spiraldurchmesser D, einem Drahtdurchmesser $d = 2R$ und einer aktiven Windungszahl N betrachtet. Die Hauptspannungen in Schraubenfedern sind Scherspannungen aufgrund der Verdrehung des Federdrahtes. Wenn die Federkennzahl $D/2R$ deutlich größer als eins ist, kann der Einfluss der Drahtkrümmung auf die Spannungsverteilung im Querschnitt der Schraubenfeder vernachlässigt werden. Wenn der Federindex beispielsweise gleich 5 ist, beträgt die Variation der Schubspannung über den Umfang des Querschnitts etwa 29 %. In diesem Fall sind die Gleichungen der Torsion des geraden Drahtes für die Spannungsverteilung über den Querschnitt der Schraubenfeder anwendbar.

Das Vorspannen der Federn ist ein Vorgang, bei dem die Feder über die plastischen Grenzen hinaus belastet wird [1]. Vor der Vorsetzung ist die Ausgangslänge der Schraubendruckfeder gleich L_0 (Abb. 7.1). Die Feder wird schnell auf eine feste Voreinstelllänge L_1 gepresst und in dieser Länge für eine bestimmte Zeit T_P im Werkzeug gehalten. In der Regel ist die Voreinstelllänge L_1 etwas größer als die Blocklänge, um das Zusammentreffen von Windungen und deren Verschiebung zu verhindern. Danach wird die Feder losgelassen, sodass die äußeren Kräfte verschwinden. In diesem Moment entlastet sich die Feder elastisch und die Eigenspannungen treten auf. Die resultierende Länge der Feder ist L_2, sodass $L_1 < L_2 < L_0$. Das Vorspannen der Federn induziert ein günstiges Eigenspannungsfeld im Draht. Dieses Eigenspannungsfeld verbessert die Betriebsbelastbarkeit.

V. Kobelev, *Federntechnologie*, https://doi.org/10.1007/978-3-658-48303-6_7

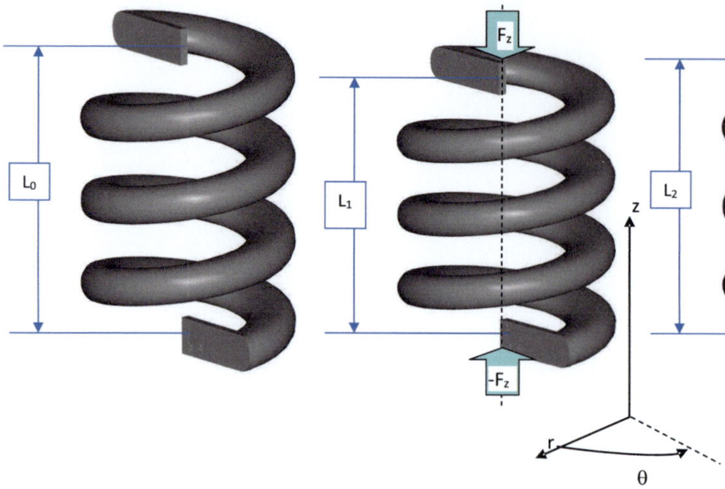

Abb. 7.1 Vorsetzung der Schraubendruckfeder

Die Spannungsprofile während der Vorsetzung der Schraubenfeder und des geraden Drehstabs sind ähnlich. Beim Torsionsstab wird ein relativ großes Vorspannmoment aufgebracht, damit ein äußerer Bereich des Materials unter der Oberfläche plastisch wird, während der Kern des Drahtes elastisch bleibt. Da ein Teil des Drahtquerschnitts nachgegeben hat, erholt sich der Draht in dem Moment, in dem das Vorspannmoment aufgehoben wird, elastisch, kehrt aber nicht in seine ursprüngliche Position zurück. Die Torsion bleibt also dauerhaft erhalten. Die entsprechenden Schubeigenspannungen sind an der Oberfläche „entgegengesetzt". In diesem Zusammenhang bedeutet das Wort „entgegengesetzt", dass das Vorzeichen der durch die aufgebrachte Last induzierten Scherspannung vom Vorzeichen der Restspannung abweicht. Wird der Torsionsstab anschließend durch die Betriebslast belastet, sind die Eigenspannungen subtraktiv zu den Spannungen, die auf die Betriebslast zurückzuführen sind. Folglich sind die Oberflächenspannungen geringer als die Spannungen, die bei fehlender Vorspannung aufgetreten wären.

Analog dazu besteht die Vorsetzung von Schraubendruckfedern darin, dass die Feder auf eine Länge gewickelt wird, die größer ist als die gewünschte endgültige freie Länge, und dann über ihre Elastizitätsgrenze hinaus zusammengedrückt wird. Das Voreinstellen ermöglicht die Verwendung höherer Auslegungsspannungen mit den zusätzlichen Kosten der sekundären Operation [2, 3]. Die Vorsetzung verbessert die zulässigen statischen Belastungen erheblich und verringert das Kriechen und die Relaxation der Federn unter Betriebsbedingungen. Auch die Ermüdungslebensdauer wird bis zu einem gewissen Grad verbessert. Aus mechanischer Perspektive beschreibt das Kriechen einer Feder die kontinuierliche Verformung des Federelements unter konstant bleibender Außenlast. Die Relaxation manifestiert sich demnach als Reduktion der mechanischen Reaktion bei anhaltender erzwungener Verformung. Der Prozess der Relaxation findet im Verlauf des Vorsetzens statt und vergrößert sich mit zunehmender Dauer des Vorsetzens.

7.2 Mathematisches Modell des verzögernden plastischen Verhaltens

7.2.1 Sofortiges, ideales elastisch-ideales plastisches Fließen

Betrachten wir einen Stab mit kreisförmigem Querschnitt und einem Drahtradius R. Es gilt die Hypothese des idealen elastisch-idealen plastischen Materials Rees [4, § 5.3]. Es wird die Hypothese angenommen, dass das Material ein ideales, elastisch-plastisches Verhalten ohne Verfestigung aufweist. Im ersten Moment tritt die sofortige Verformung auf. Bei mäßigen Spannungen tritt die rein elastische, reversible Verformung auf. Sind die Spannungen dagegen hoch genug, um eine irreversible Verformung zu bewirken, fließt das Material ideal-plastisch. Für das ideal elastisch-ideal-plastische Material gibt es eine klare Trennung zwischen Zonen der Elastizität und der Plastizität. Die radiale Verteilung der Scherspannungen nach dem anfänglichen plastischen Fließen lautet:

$$\tau_p(r) = \begin{cases} G\theta\, r \ \text{für} \quad 0 < r < r_p, \\ \tau_Y \quad \text{für} \quad R \geq r \geq r_p. \end{cases} \tag{7.1}$$

In Gl. (7.1) ist θ der Verdrehungswinkel pro Längeneinheit, G ist das Schubmodul, τ_Y ist die Fließschubspannung.

Der Radius der Grenze zwischen der plastischen und der elastischen Zone ist:

$$r_p = \begin{cases} \frac{\tau_Y}{\theta\, G} \ \text{für} \quad \theta > \theta_Y = \frac{\tau_Y}{rG}; \\ R \qquad \text{für} \quad \theta \geq \theta_Y. \end{cases} \tag{7.2}$$

Aus Gl. (7.2) folgt, dass sich das Material über den gesamten Querschnitt, einschließlich der Haut des Drahtes, elastisch verhält, wenn die Schubspannung an der äußeren Begrenzung des Drahtes kleiner ist als die Streckspannung:

$$\tau_p(r = R) \leq \tau_Y.$$

In diesem Fall ist der Verdrehungswinkel des Drahtes nicht größer als θ_Y. Eine Vergrößerung des Verdrehungswinkels über θ_Y hinaus führt zur Ausbreitung einer plastischen Zone vom äußeren Bereich nach innen.

Das Drehmoment über den kreisförmigen Querschnitt $\mathfrak{T}^0$ ist die Summe aus dem Teildrehmoment über den elastischen Bereich $\mathfrak{T}^0_E$ und dem Teildrehmoment über den plastischen Bereich $\mathfrak{T}^0_P$:

$$\mathfrak{T}^0 = \mathfrak{T}^0_E + \mathfrak{T}^0_P, \tag{7.3}$$

$$\begin{aligned} \mathfrak{T}^0_E &= 2\pi \int_0^{r_p} r^2 \tau_p(r) \mathrm{d}r, \\ \mathfrak{T}^0_P &= 2\pi \int_{r_p}^{R} r^2 \tau_p(r) \mathrm{d}r. \end{aligned} \tag{7.4}$$

Die Ausdrücke für das partielle Drehmoment zum Zeitpunkt des plastischen Fließens $t = 0$ lauten:

$$\mathfrak{T}_E^0 = \begin{cases} \frac{\pi\, \tau_Y^4}{2\theta^3 G^3} & \text{für} \quad \theta \geq \theta_Y, \\ \frac{\pi\, \theta\, G\, R^4}{2} & \text{für} \quad \theta < \theta_Y. \end{cases} \tag{7.5}$$

$$\mathfrak{T}_P^0 = \begin{cases} \frac{2\pi\, \tau_Y \left(R^3\theta^3 G^3 - \tau_Y^3\right)}{3\theta^3 G^3} & \text{für} \quad \theta \geq \theta_Y, \\ 0 & \text{für} \quad \theta < \theta_Y. \end{cases} \tag{7.6}$$

Der Drehwinkel pro Drahtlänge beträgt:

$$\theta = \frac{2\, s_P}{\pi\, n_a\, D^2} \text{ mit } s_P = L_0 - L_1\,. \tag{7.7}$$

Der Drehwinkel θ ist abhängig vom eingestellten Federweg (Höhenabnahme der Feder) s_P beim Zusammendrücken der Feder im Werkzeughalter.

7.2.2 Gleichungen des Kriechens bei zeitverzögerter Vorsetzung

Nach Abschluss der momentanen plastischen Verformung tritt das Stadium des Kriechflusses ein [5, 6]. Die wichtigste Hypothese ist die folgende. Wie oben gezeigt, befindet sich das Material im inneren Bereich in einem elastischen Zustand und im äußeren Bereich in einem plastischen Zustand. Während der zeitverzögerten Vorsetzung wird das Material für eine gewisse Zeit einer bestimmten Spannung ausgesetzt. Hält die Spannung an, kommt es in Bereichen der elastischen und plastischen Verformung zum Kriechen. Typischerweise gibt es bei Metallen und Legierungen ein primäres und ein sekundäres Kriechstadium. Die Dehnungsrate wird durch das materialspezifische Modell des Kriechens definiert. Folgend Gl. (7.2), Kap. 6, wird eine isotrope Spannungsfunktion angenommen [7, 8]:

$$F(\tau, t) = h(t) \cdot g(\tau).$$

Die zeitabhängige Funktion $h(t)$ beschreibt die Entwicklung der Dehnungsrate in den primären und sekundären Bereichen des Kriechens. Die potenzielle zeitabhängige Funktion lautet:

$$h(t) = \varepsilon_I \cdot \left(\frac{t}{\hat{t}}\right)^{k-1} + \varepsilon_{II}.$$

Analog lautet die exponentielle zeitabhängige Funktion:

$$h(t) = \varepsilon_I \cdot \exp\left[-\left(\frac{t}{\hat{t}}\right)^k\right] + \varepsilon_{II}.$$

In obigen Gleichungen werden die charakteristischen Kriechdehnungsraten ε_{I}, $\varepsilon_{\mathrm{II}}$ und Zeitkonstanten $\widehat{t}$, k eingeführt.

Die Funktion $g(\tau)$ stellt die Spannungsabhängigkeit der Kriechdehnungsrate dar. Die üblichen Interpretationen für die Spannungsabhängigkeit sind Norton-Bailey-Gesetz Gl. (7.3), Kap. 6:

$$g(\tau) = \left(\frac{\tau}{\widehat{\tau}}\right)^{n+1},$$

oder Prandtl-Garofalo-Gesetz) Gl. (7.10), Kap. 6:

$$g(\tau) = \sinh\left(\frac{\tau}{\widehat{\tau}}\right).$$

7.2.3 Kriechverformung nach sofortigem plastischem Fließen für das Norton-Bailey-Gesetz

Während der Vorsetzung erfolgt die Entspannung der Feder. Die Feder wird für eine bestimmte Länge S_P während der Haltezeit $0 \leq t \leq T_P$ zusammengedrückt gehalten. Die Verformung des Drahtes während der Relaxation ändert sich nicht, aber die Spannung nimmt im Laufe der Kompressionszeit kontinuierlich ab. Wir betrachten das Relaxationsproblem für einen Stab mit kreisförmigem Querschnitt unter konstanter Verdrehung und vernachlässigen die Krümmung des verwundeten Drahtes. Die Funktion $\tau_c(r,t)$ sei die Scherspannung im Querschnitt des Stabes im Zustand des Kriechens. Die gesamte Scherdehnung zu einem beliebigen Zeitpunkt ist $\gamma(r,t)$. Diese Funkton ist die Summe der elastischen und der Kriechkomponenten der Scherdehnung:

$$\gamma = \gamma_e + \gamma_c. \tag{7.8}$$

Die Kriechkomponente der Scherdehnung ist $\gamma_c(r,t)$. Die elastische Komponente der Scherdehnung ist:

$$\gamma_e = \frac{\tau_c}{G}. \tag{7.9}$$

Die Gesamtverformung bleibt während des Vorsetzungsverfahrens zeitlich konstant. Daher betrachten wir die Gesamtdehnung $\gamma_0(r)$ nur als Funktion des Radius. Die elastische und die Kriechkomponente der Dehnung sind jedoch sowohl eine Funktion des Radius als auch der Zeit, sodass:

$$\gamma(r,t) = \gamma_e(r,t) + \gamma_c(r,t) \equiv \gamma_0(r). \tag{7.10}$$

Die Scherung während des Vorspannprozesses $\gamma_0(r)$ bleibt konstant. Die zeitliche Differenzierung von (10) führt zu der Differentialgleichung für elastische Dehnungsrate $\dot{\gamma}_e$ und Kriechdehnungsrate $\dot{\gamma}_c$:

$$\frac{\mathrm{d}\gamma(r,t)}{\mathrm{d}t} = \frac{\mathrm{d}\gamma_e(r,t)}{\mathrm{d}t} + \frac{\mathrm{d}\gamma_c(r,t)}{\mathrm{d}t} \equiv 0. \tag{7.11}$$

Die Gl. (7.9) liefert den Ausdruck für die Scherdehnung γ_e. In Gl. (7.11) wird jedoch die zeitliche Ableitung der Scherdehnung (Dehnungsrate $\dot{\gamma}_e$) benötigt. Die Differentiation der Gl. (7.9) über die Zeit liefert die elastische Komponente der Dehnungsrate:

$$\frac{\mathrm{d}\gamma_e}{\mathrm{d}t} = \frac{1}{G}\frac{\mathrm{d}\tau_c}{\mathrm{d}t}. \tag{7.12}$$

Die Substitution der Materialgesetze in Gl. (7.11) führt zu der gewöhnlichen, nichtlinearen Differentialgleichung erster Ordnung für die Gesamtschubspannung $\tau_c(r,t)$:

$$\frac{\mathrm{d}\tau_c}{\mathrm{d}t} + GF(\tau_c, t) = 0, \quad \tau_c(r, t=0) = \tau_p(r). \tag{7.13}$$

Für das Norton-Bailey-Modell des Kriechens können die Variablen nach der Substitution getrennt werden:

$$\begin{gathered} \tfrac{\mathrm{d}\tau_c}{\mathrm{d}t} + G \cdot c \cdot \left(\tfrac{\tau_c}{\hat{\tau}}\right)^{n+1} \cdot \tfrac{\mathrm{d}H}{\mathrm{d}t} = 0, \\ H(0) = 0. \end{gathered} \tag{7.14}$$

Für die Kompaktheit der folgenden Ausdrücke wird in Gl. (7.14) eine Hilfsfunktion eingeführt:

$$H(t) = \frac{1}{c}\int_0^t \tilde{h}\,\mathrm{d}t \quad \text{mit} \quad \tilde{h} \stackrel{\text{def}}{=} c \cdot \frac{\mathrm{d}H}{\mathrm{d}t}.$$

Die Anfangsbedingung für die Gl. (7.14) lautet:

$$\tau_c(r, t=0) = \tau_p(r). \tag{7.15}$$

Mit Gl. (7.14) werden die Kriech- und plastischen Spannungen übereinstimmend angegeben, sodass die Kriechspannung aus der plastischen Spannung resultiert.

Die Lösung der gewöhnlichen Differentialgleichung (7.14) liefert die Scherspannung über dem Querschnitt des verdrillten Stabes als Funktion der Zeit und des Radius:

$$\frac{1}{\tau_c(r,t)} = \sqrt[n]{\frac{c\,GnH(t)}{\hat{\tau}^{n+1}} + \frac{1}{\tau_p^n(r)}} \equiv \begin{cases} \sqrt[n]{\frac{c\,G\,n\,H(t)}{\hat{\tau}^{n+1}} + \frac{1}{(G\theta r)^n}} & \text{für} \quad r < r_p, \\ \sqrt[n]{\frac{c\,G\,n\,H(t)}{\hat{\tau}^{n+1}} + \frac{1}{\tau_Y{}^n}} & \text{für} \quad r \geq r_p. \end{cases} \tag{7.16}$$

Das Gesamtdrehmoment über den gesamten Querschnitt $\mathfrak{T}(t)$ ist die Funktion der Zeit. Diese Funktion ist die Summe des Teilmoments über dem elastischen Bereich $\mathfrak{T}_E(t)$ und des Teilmoments über dem plastischen Bereich $\mathfrak{T}_P(t)$:

$$\mathfrak{T}(t) = \mathfrak{T}_E(t) + \mathfrak{T}_P(t), \tag{7.17}$$

$$\begin{cases} \mathfrak{T}_E(t) = 2\pi\int_0^{r_p} r^2\tau_c(r,t)\,\mathrm{d}r, \\ \mathfrak{T}_P(t) = 2\pi\int_{r_p}^{R} r^2\tau_c(r,t)\,\mathrm{d}r. \end{cases} \tag{7.18}$$

Mit dem Ausdruck für die Gesamtschubspannung (7.16) können wir die Integrale (7.18) für das Drehmoment über den elastischen und den plastischen Bereich entsprechend in Form der Meijer $\boldsymbol{G}$ -Funktion auswerten [9]:

$$\mathfrak{T}_E(t) = \begin{cases} \frac{2\pi\,\tau_Y^4}{n\,\Gamma(1/n)\,\theta^3 G^3} \cdot \boldsymbol{G}\Big(\big[\big[\frac{n-4}{n}, \frac{n-1}{n}\big], []\big], \big[[0], \big[-\frac{4}{n}\big]\big], \frac{nG\tau_Y^n}{\hat{\tau}^{n+1}} \cdot H(t)\Big) & \text{für } \theta \geq \theta_Y\,, \\ \frac{2\pi\,\theta G R^4}{n\,\Gamma(1/n)} \cdot \boldsymbol{G}\Big(\big[\big[\frac{n-4}{n}, \frac{n-1}{n}\big], []\big], \big[[0], \big[-\frac{4}{n}\big]\big], \frac{nG(\theta RG)^n}{\hat{\tau}^{n+1}} \cdot H(t)\Big) & \text{für } \theta < \theta_Y\,; \end{cases} \tag{7.19}$$

$$\mathfrak{T}_P(t) = \begin{cases} \dfrac{2\pi\left(R^3\theta^3 G^3 - \tau_Y^3\right)}{3\theta^3 G^3 \sqrt[n]{\frac{GH(t)n}{\hat{\tau}^{n+1}} + \frac{1}{\tau_Y^n}}} & \text{für } \theta \geq \theta_Y; \\ 0 & \text{für } \theta < \theta_Y\,. \end{cases} \tag{7.20}$$

Für $n = 1{,}2{,}4$ reduziert sich die Meijer $\boldsymbol{G}$ -Funktion in (7.19) auf die Elementarfunktionen [10]:

$$\frac{\boldsymbol{G}\big(\big[\big[\frac{n-4}{n}, \frac{n-1}{n}\big], []\big], \big[[0], \big[-\frac{4}{n}\big]\big], Z\big)}{4\,n\,\Gamma(1/n)} = \begin{cases} -\frac{2}{3} \cdot \frac{6\ln(1-Z)+6Z+3Z^2+2Z^3}{Z^4} & \text{für } n = 1, \\ -\frac{4}{3Z} \cdot \frac{\sqrt{1-Z}-1-Z}{\sqrt{1-Z}+1} & \text{für } n = 2, \\ -\frac{4}{3} \cdot \frac{(1-Z)^{\frac{4}{3}}-1}{Z} & \text{für } n = 4. \end{cases} \tag{7.21}$$

Für positive n sind die folgenden Reihenentwicklungen gültig:

$$\frac{1}{4\,n\,\Gamma(1/n)} \cdot \boldsymbol{G}\left(\left[\left[\frac{n-4}{n}, \frac{n-1}{n}\right], []\right], \left[[0], \left[-\frac{4}{n}\right]\right], Z\right) = 1 + \frac{4}{n\,(n+4)} Z + O(Z^2), \tag{22a}$$

$$\frac{1}{4n\,\Gamma(1/n)} \cdot \boldsymbol{G}\left(\left[\left[\frac{n-4}{n}, \frac{n-1}{n}\right], []\right], \left[[0], \left[-\frac{4}{n}\right]\right], 0\right) = 1. \tag{22b}$$

Es gibt die folgende Darstellung der Meijer $\boldsymbol{G}$ -Funktion als hypergeometrische Funktion:

$$\boldsymbol{G}\left(\left[\left[\frac{n-4}{n}, \frac{n-1}{n}\right], []\right], \left[[0], \left[-\frac{4}{n}\right]\right], Z\right) = 4\,n\,\Gamma\left(\frac{1}{n}\right) \cdot {}_2\mathbf{F}_2\left(\left[\frac{1}{n}, \frac{4}{n}\right], \left[\frac{n+4}{n}\right], Z\right). \tag{7.23}$$

Nach Gl. (7.14) ist im Anfangszeitpunkt des Kriechens $H(t=0) = 0$. Die erste Formel bestätigt, dass die Ausdrücke (7.19), (7.20) und (7.4) bei $t = 0$ lauten:

$$\mathfrak{T}_P(0) = \mathfrak{T}_P^0, \quad \mathfrak{T}_E(0) = \mathfrak{T}_E^0.$$

Die Diagramme des Gesamtdrehmoments $\mathfrak{T}^0 = \mathfrak{T}_E^0 + \mathfrak{T}_P^0$ und der Teildrehmomente in den elastischen und plastischen Bereichen im Anfangsmoment $t = 0$ sind in Abb. 7.2 dargestellt. Die Abszisse zeigt den Drehwinkel pro Längeneinheit θ in Radianten pro Meter.

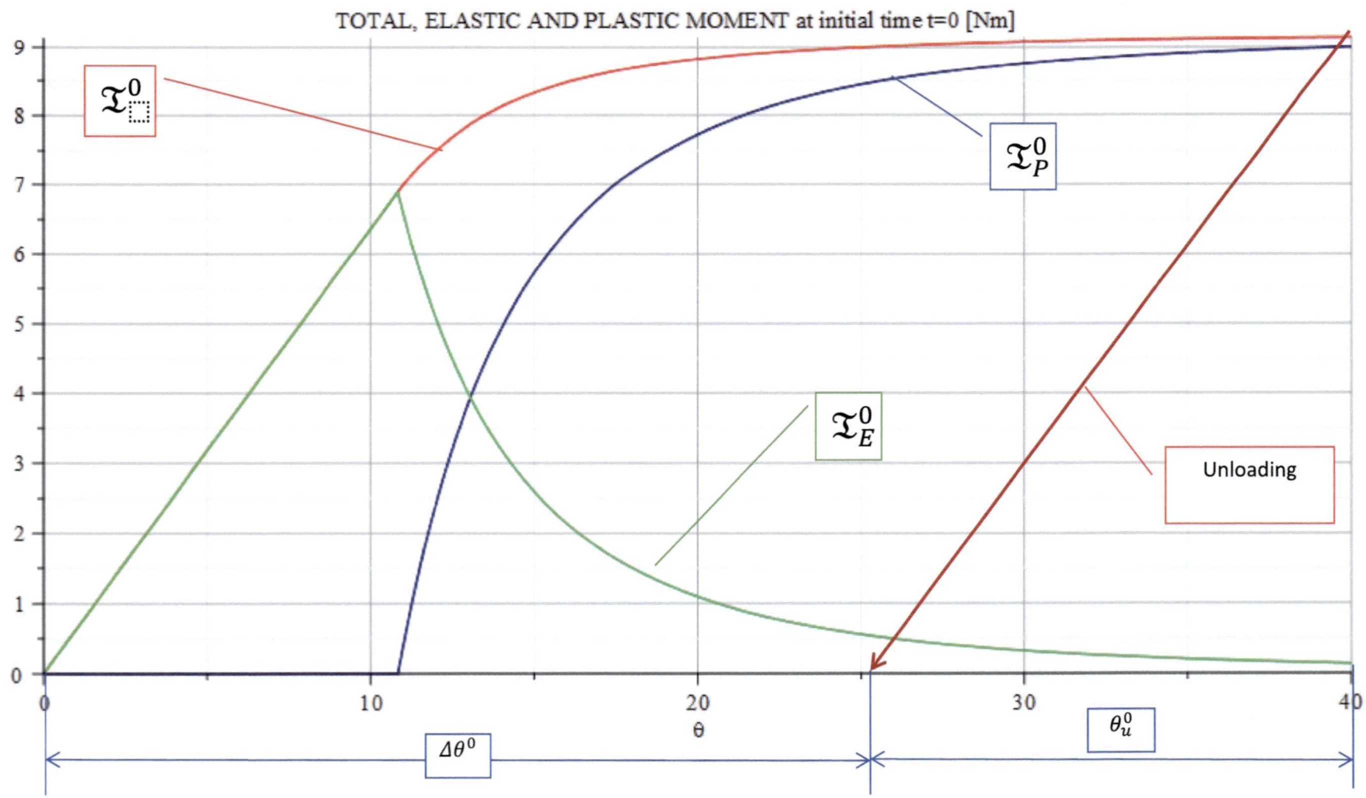

Abb. 7.2 Elastisches, plastisches und gesamtes Drehmoment während der plastischen Verformung als Funktion des Verdrehungswinkels

Mit den Ausdrücken für Momente (7.17)...(7.20) wird auch die Axialkraft, die auf die Schraubenfeder wirkt, ausgewertet. Die Vorspannkraft lautet in Bezug auf das Drehmoment und den mittleren Durchmesser der Schraubenfeder:

$$F_z(t) = \frac{2}{D}\begin{cases} \mathfrak{T}_E^0 + \mathfrak{T}_P^0 & \text{für} \quad t = 0, \\ \mathfrak{T}_E(t) + \mathfrak{T}_P(t) & \text{für} \quad t > 0. \end{cases} \tag{7.24}$$

7.2.4 Elastische Rückfederung und Auftreten von Eigenspannungen

Wenn der elastisch-plastische Stab oder die Schraubenfeder vollständig entlastet ist, erholen sich die elastischen Spannungen und hinterlassen ein Restschubspannungsfeld. Die Eigenspannungen treten im Moment der Beseitigung des Drehmoments $\mathfrak{T}(t = T_P)$ im Moment T_P auf. Wenn die Entlastung nach anfänglicher plastischer Verformung und Entlastung nicht unmittelbar nach der Vollendung des plastischen Prozesses erfolgt, tritt die Relaxation der Spannungen auf. Die Eigenspannungsdateien sind die Differenz zwischen der Schubspannung in elastischen und plastischen Zonen unter dem zeitabhängigen Drehmoment $\mathfrak{T}(T_P)$, Gl. (7.17) und der elastischen Schubspannungτ_u, die sich im Moment der Aufhebung des Moments $\mathfrak{T}(T_P)$ wieder einstellt.

Der Federweg vom unverformten Zustand zum plastisch verformten Zustand ist gleich einem bestimmten konstanten Wert S_P. Im Verlauf der Vorspannung der Schraubenfedern erreicht die Federkraft den Wert F_z. Wenn die Kraft verschwindet, tritt die Entlastung ein. Die einfachste Hypothese für die Entlastung ist die lineare elastische Rückfederung, die zur Vergrößerung der Federlänge führt:

$$\begin{aligned} S_u^0 &= \tfrac{F_z^0}{c_{[F/S]}}, \quad S_u(T_P) = \tfrac{F_z(T_P)}{c_{[F/S]}}, \\ c_{[F/S]} &= \tfrac{G d^4}{8 D^3 N}, \quad S_u = L_2 - L_1. \end{aligned} \tag{7.25}$$

Die Verringerung der Länge der Feder nach der plastischen Vorsetzung und der elastischen Entlastung lautet also:

$$\begin{aligned} \Delta S^0 &= S_P - S_u^0 \equiv S_P - \tfrac{2}{c_{[F/S]} D} \cdot \mathfrak{T}^0, \\ \Delta S &= S_P - S_u \equiv S_P - \tfrac{2}{c_{[F/S]} D} \cdot \mathfrak{T}(T_P). \end{aligned} \tag{7.26}$$

Aufgrund der Relaxation nimmt das Drehmoment des Drahts $\mathfrak{T}(T_P)$ mit der steigenden Haltezeit der Vorsetzung T_P ab. Entsprechend reduziert auch die Federkraft:

$$F_z(T_P) = \frac{2}{D} \cdot \mathfrak{T}(T_P).$$

Die Länge der Feder nimmt mit der steigenden Haltezeit kontinuierlich ab:

$$\begin{aligned} \Delta S^0 &= L_0 - L_2(T_P = 0) \quad \text{für} \quad T_P = 0, \\ \Delta S &= L_0 - L_2 \qquad\qquad\quad \text{für} \quad T_P > 0. \end{aligned}$$

Die Verkürzung der Federlänge nimmt mit der steigenden Haltezeit zu:

$$\Delta S^0 < \Delta S.$$

In Vektorform lauten die entsprechenden Verdrehungswinkel für die Längendifferenzen:

$$\left[\theta_u^0, \theta_u, \Delta\theta^0, \Delta\theta\right] = \frac{2}{\pi N D^2} \cdot \left[S_u^0, S_u, \Delta S^0, \Delta S\right].$$

Die einfachste Definition von Eigenspannungen lautet wie folgt: Spannungen, die in einem Teil verbleiben, nachdem es verformt wurde und alle äußeren Kräfte entfernt wurden. Genauer gesagt muss die Verformung über den Materialquerschnitt ungleichmäßig sein, um Eigenspannungen zu verursachen. Die Verformung kann nicht nur aus Umformvorgängen, sondern auch aus thermischen Prozessen resultieren. Es ist bekannt, dass Phasenumwandlungen während der Wärmebehandlung eine ausreichende Dehnung hervorrufen, die zu einer plastischen Verformung und damit zu Eigenspannungen führt. Im Folgenden werden die Eigenspannungen, die in der zylindrischen Stange nach plastischer Torsion und in der Schraubenfeder nach dem Vorspannen auftreten, mittels analytischer Methoden bestimmt.

Wenn die Entlastung unmittelbar nach der plastischen Verformung erfolgt und kein Kriechen auftritt, ist die Restspannung im Zustand der vollständigen elastischen Entlastung τ_r^0 gleich den Spannungen τ_p^0 im Zustand der maximalen Plastifizierung abzüglich der Spannungen τ_u^0 aufgrund der elastischen Entlastung:

$$\begin{aligned} \tau_r^0 &= \tau_p^0 - \tau_u^0, \\ \tau_u^0 &= \frac{\mathfrak{T}^0}{w_T}, \qquad w_T = \frac{\pi}{16} d^3. \end{aligned} \tag{7.27}$$

Nachdem die Feder für eine bestimmte Zeit t im Werkzeug gehalten wird, erfolgt die ungehinderte elastische Entlastung. Die Eigenspannung im Zustand der vollständigen Entlastung nach dem Kriechvorgang $\tau_r(T_P)$ ist gleich den Spannungen $\tau_c(T_P)$ im Zustand nach dem Kriechvorgang abzüglich der Spannungen $\tau_u(t)$ infolge der elastischen Entlastung:

$$\tau_r(T_P) = \tau_c(T_P) - \tau_u(T_P), \ \tau_u(T_P) = \frac{\mathfrak{T}(T_P)}{w_T}. \tag{7.28}$$

Die Eigenspannungen im Zustand der vollständigen elastischen Entlastung $\tau_r(t)$ an der Außenfläche des Drahtes hängen von der Haltezeit der Relaxation T_P ab. Die Eigenspannungen nehmen mit zunehmender Dauer der Haltezeit ab.

Für eine unendliche Haltezeit reduziert das Drehmoment im Draht auf null, $\mathfrak{T}(T_P \to \infty) \to 0$. Die Länge der Feder bleibt nach dem Verlassen des Werkzeuges gleich ihrem zusammengedrückten Wert: $\Delta S = S_P$. Die elastische Entlastung fehlt in diesem Fall und die Eigenspannungen verschwinden komplett.

Abb. 7.3 zeigt die Auswirkung des Kriechens auf das Drehmoment für verschiedene Dauern der Vorsetzung T_P in Sekunden s. Die Ordinate ist der Wert des Drehmoments in

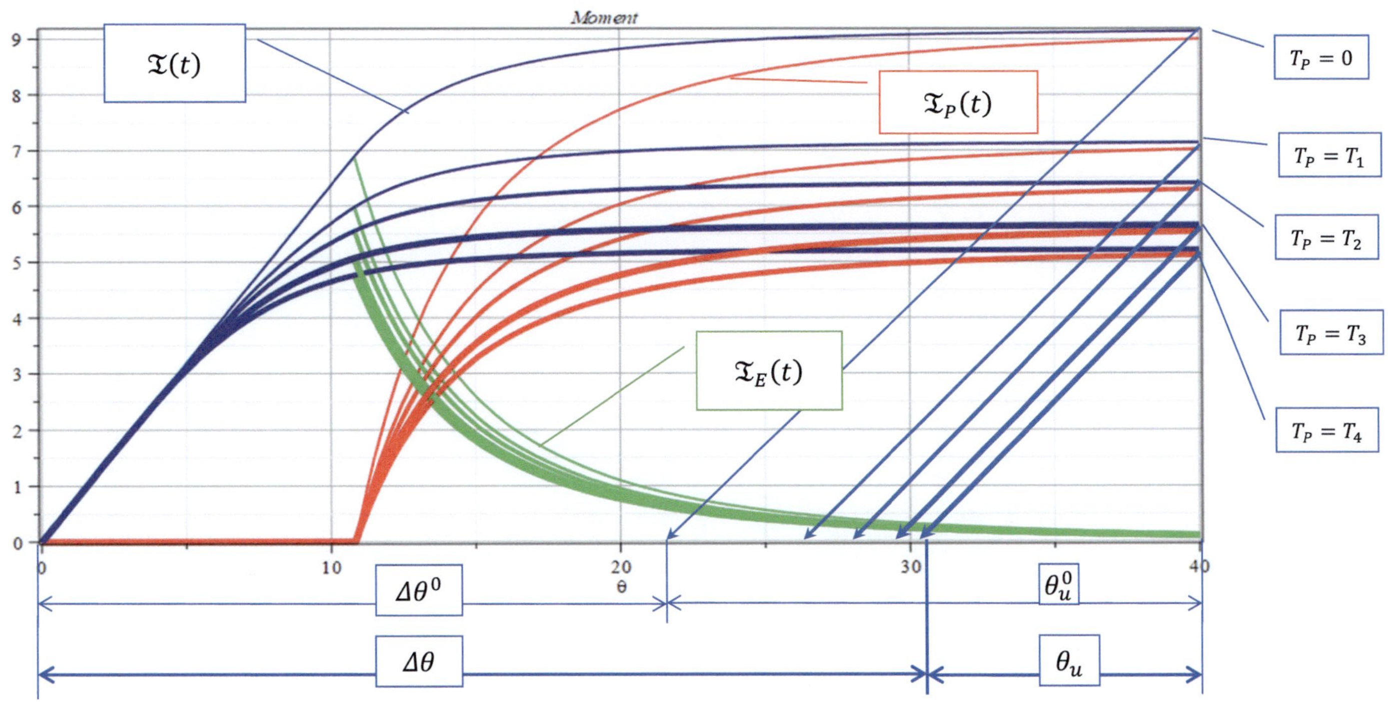

Abb. 7.3 Elastisches, plastisches und gesamtes Drehmoment während der Kriechverformung als Funktion des Verdrehungswinkels für verschiedene Haltezeiten: $T_1 \equiv 86400[s]$, $T_2 \equiv 172800[s]$, $T_3 \equiv 259200[s]$, $T_4 \equiv 345600[s]$.

Nm. Im Rahmen der vorliegenden Untersuchung werden die folgenden Werte für die Berechnungen herangezogen:

$$G = 80[GPa], h = 2{,}5 \cdot 10^{-9} \cdot \left(\frac{t}{1[s]}\right)^{0.9}, \tau_Y = 1{,}3\ [GPa], D = 36\ [mm],$$
$$R = 1{,}5\ [mm], n = 4, N = 5.$$

Die Haltezeiten der Relaxation lassen sich exemplarisch wie folgt definieren:
$T_1 \equiv 86400[s] \equiv 24\ [Std]$, $T_2 \equiv 172800[s] \equiv 48\ [Std]$, $T_3 \equiv 259200[s] \equiv 72\ [Std]$, $T_4 \equiv 345600[s] \equiv 96\ [Std]$.

Im Laufe der Rückfederung des Drahtes verschwindet die Federkraft $F_z = 0$ sowie das Drehmoment im Draht:$\mathfrak{T} = 0$. Nach Gl. (7.28) führen höhere Werte der Rückfederung zu höheren Werten der Eigenspannungen. Der maximale Längenabbau und die höchsten Eigenspannungen treten auf, wenn die Rückfederung unmittelbar nach der momentanen plastischen Verformung ohne Relaxationszeit erfolgt. Je länger die Relaxationsvorspannzeit ist, desto geringer sind die Eigenspannungen und desto kleiner ist die elastische Rückfederung der Feder. Die Feder in ihrer endgültigen Länge nach der Vorsetzung wird mit dem höheren Relaxationsgrad auch kürzer sein.

In Abb. 7.4 werden die folgenden Spannungen dargestellt:

- die Spannung nach dem momentanen plastischen Fließen $\tau_p(r = R)$ und
- die Eigenspannung auf der Oberfläche des Drahtes $\tau_r(r = R, t = 0) = \tau_r^0(r = R)$.

Für diese Werte werden die gestrichelten Linien in blauer bzw. roter Farbe verwendet. Die Spannungen auf der Oberfläche des Drahtes nach der Relaxationshaltezeit T_P sind mit den durchgezogenen Linien dargestellt:

- die Kriechspannung $\tau_c(r = R, t = T_P)$ und
- die Eigenspannung auf der Oberfläche des Drahtes $\tau_r(r = R, t = T_P)$.

Die Berechnungen wurden mit den oben genannten Materialparametern und für die Kriechdauer $T_P = T_4 \equiv 345600[s] \equiv 96\ [Std]$ durchgeführt. Die entsprechenden Verteilungen der Scherspannungen nach den oben genannten Voreinstellzeiten, aber vor der elastischen Rückfederung über den Drahtradius sind in Abb. 7.5 dargestellt. Die sich daraus ergebenden radialen Verteilungen der Eigenspannungen sind in Abb. 7.6 dargestellt.

7.2.5 Kriechverformung für das Prandtl-Garofalo-Gesetz

Für das Prandtl-Garofalo-Modell des Kriechens (Kap. 6) können die Variablen in Gl. (7.14) nach der Substitution getrennt werden und führen zu dem Anfangswertproblem für die Schubspannung $\tau_c(r, t)$:

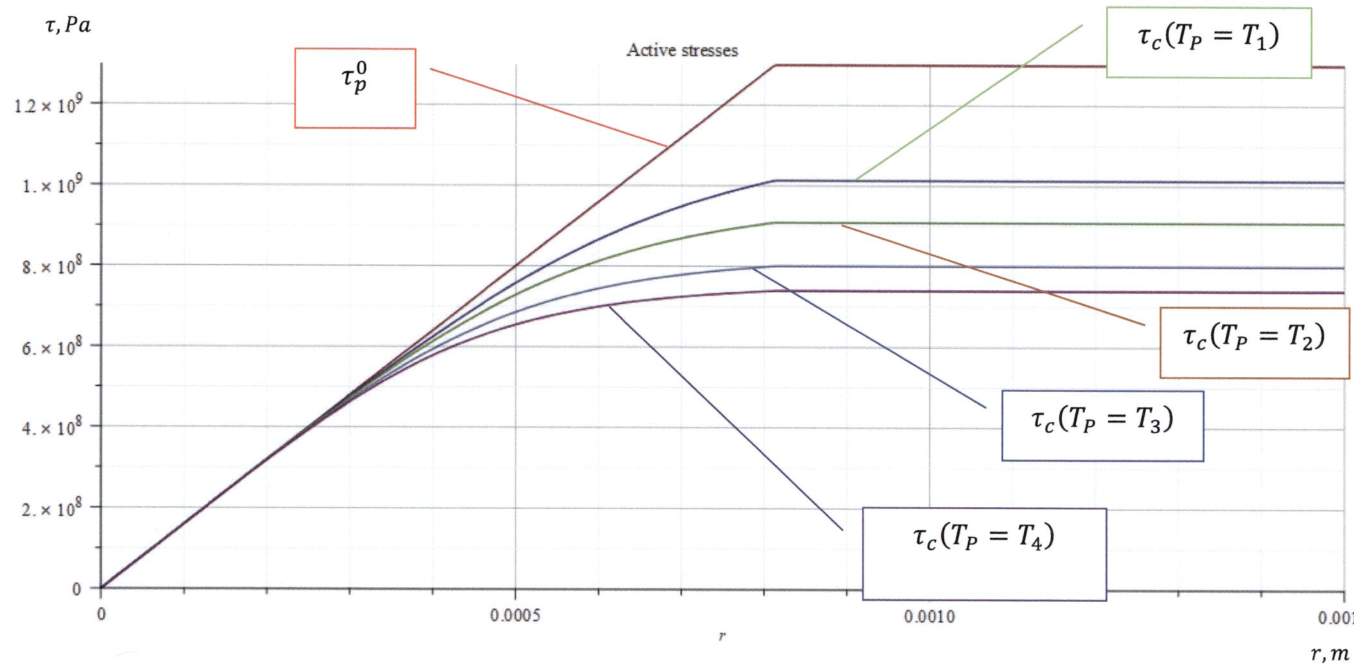

Abb. 7.4 Gesamtschubspannung, Spannungsabbau und Eigenspannung an der Drahtoberfläche nach der plastischen Verformung (gestrichelte Linien) und nach der vorgegebenen Dauer T_1 = 345600s (durchgezogene Linien).Gesamtspannung – blau, Spannungsabbau – grün, Eigenspannung – rot

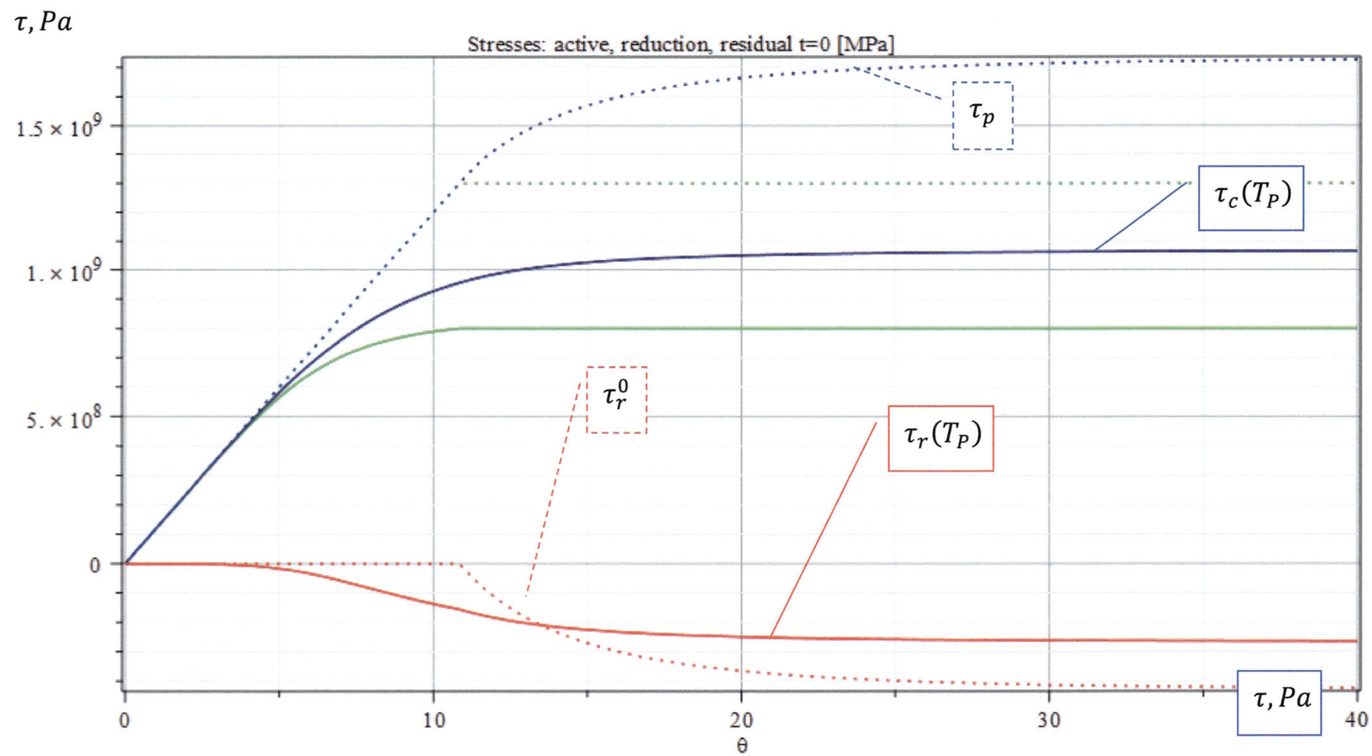

Abb. 7.5 Spannungsverteilung über den Radius nach der Kriechverformung vor der elastischen Entlastung für verschiedene Kriechzeiten

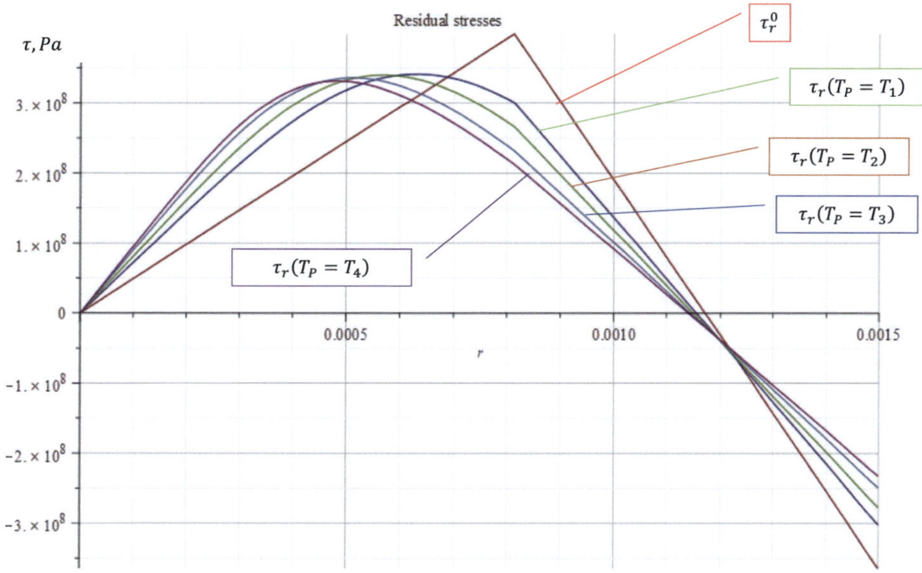

Abb. 7.6 Eigenspannungsverteilung über den Radius nach Kriechverformung für verschiedene Kriechzeiten

$$\frac{\mathrm{d}\tau_c}{\mathrm{d}t} + G \cdot c \cdot \sinh\left(\frac{\tau}{\widehat{\tau}}\right) \cdot \frac{\mathrm{d}H}{\mathrm{d}t} = 0, \quad \tau_c(r, t = 0) = \tau_p(r). \tag{7.29}$$

Die Anfangsbedingung für die Gl. (7.29) setzt die Schubspannung im Moment $t = 0$ nach der sofortigen plastischen Verformung voraus. Für das ideal elastisch-ideale plastische Material ergeben sich die Schubspannungen nach dem momentanen plastischen Fließen für den Stab mit kreisförmigem Querschnitt aus Gl. (7.14)

Die Lösung der gewöhnlichen Differentialgleichung (7.14) mit Anfangsbedingung (7.15) liefert die Schubspannung über dem Querschnitt des verdrillten Stabes als Funktion der Zeit und des Radius:

$$\tau_c(r, t) = \begin{cases} \widehat{\tau} \cdot \ln \tanh\left[\operatorname{arctanh}\left(\exp\frac{G\theta r}{\widehat{\tau}}\right) + \frac{cG}{2\widehat{\tau}} \cdot H(t)\right] & \text{für} \quad r < r_p, \\ \widehat{\tau} \cdot \ln \tanh\left[\operatorname{arctanh}\left(\exp\frac{\tau_Y}{\widehat{\tau}}\right) + \frac{cG}{2\widehat{\tau}} \cdot H(t)\right] & \text{für} \quad r \geq r_p. \end{cases} \tag{7.30}$$

Nach Gl. (7.17) ist das Moment im Querschnitt des Drahts $\mathfrak{T}_T(t)$ als Funktion der Zeit die Summe des Teilmoments über den elastischen Bereich $\mathfrak{T}_E(t)$ und des Teilmoments über den plastischen Bereich $\mathfrak{T}_P(t)$. Mit dem Ausdruck für die Gesamtschubspannung (7.25) lassen sich die partiellen Momente über den elastischen und den plastischen Bereich als polylogarithmische Funktion ausdrücken [11]. Die endgültigen Formeln sind zu sperrig und zeigen die analogen Funktionen der mechanischen Größen, wie sie sich nach der Annahme des Norton-Bailey-Gesetzes ergeben.

7.3 Anomale segmentierte Struktur des tordierten Ventildrahts

7.3.1 Experimentelle Beobachtung

Die statischen Torsionsversuche zum Kriechen eines Stahldrahtes der Marke „Super Clean“ offenbaren für einige Temperaturen ein spezifisches Verhalten. Im Rahmen des Kriechversuchs wurde ein konstantes Drehmoment angelegt, während der Drehwinkel mit fortschreitender Zeit kontinuierlich anwuchs. Im Rahmen der vorliegenden Untersuchung wurden mehrere Experimente mit unterschiedlichen, konstant gehaltenen Drehmomenten und konstanten Temperaturen durchgeführt. In den meisten Fällen konnte eine stetige Zunahme des Drehwinkels mit der Zeit beobachtet werden. In diesen Fällen manifestierten sich nach der elastischen Entladung durch plastische Verformung an der Oberfläche des Drahtes regelmäßige Texturen. Die Texturen manifestieren sich als schraubenförmige Spiralen, die sich über die Länge des Drahtes erstrecken und eine stückweise konstante Neigung aufweisen.

Für bestimmte Torsionsmomente und erhöhte Temperaturen konnte jedoch ein abweichendes Verhalten beobachtet werden, welches sich deutlich von dem Muster der Texturen in den üblichen Fällen unterscheidet. In den anomalen Fällen manifestierte sich das Verhalten des Drahtes als segmentiert. Die plastische Deformation des Drahtes entlang seiner Länge manifestiert sich in unterschiedlicher Weise. Es konnte beobachtet werden, dass der Drehwinkel infolge der plastischen Verformung entlang der Drahtlänge variiert. Die Abhängigkeit der Winkel entlang der Drahtlänge offenbart eine ausgeprägte segmentierte Struktur, die auch nach der Entlastung persistiert. In einigen Segmenten ist die verbleibende plastische Verformung signifikant höher als in anderen Segmenten. Die Oberfläche des Drahtes wies nach der Rückfederung eine auffällige Struktur auf, die durch gebrochene, schraubenförmige Spiralen mit zwei unterschiedlichen Steigungen über die Achse des Drahtes gekennzeichnet war. Im Rahmen der aktiven Verformung unter konstantem Torsionsmoment wurden die Sprünge im Drehwinkel des Drahtes als Funktion der Zeit aufgezeichnet. Die Anzahl der Sprünge korreliert mit der Anzahl der Textursegmente auf der Oberfläche des Drahtes.

Im Rahmen des statischen Torsionskriechversuchs erfolgte eine Untersuchung eines als „Super Clean“ [12] bezeichneten Stahldrahts. Das untersuchte Material eignet sich insbesondere für die Fertigung von Ventilfedern, welche hohe Ermüdungs- und Relaxationseigenschaften bei mäßig erhöhter Betriebstemperatur aufweisen müssen.

Im Rahmen des vorliegenden Versuchs wird eine speziell für diesen Zweck konstruierte Kriechmaschine eingesetzt, welche ein konstantes Torsionsmoment auf das zu testendes Material ausübt [13]. Die im Versuch eingesetzte Kriechmaschine ist mit einem festen Ende ausgestattet, welches den Metallstab mit einem Gewindestift fixiert und eine Rotation desselben verhindert. Das andere Ende ist mit einem anderen Gewindestift

Vortrag am „Ilmenauer Federntag“, TU Ilmenau, 2017

an einer frei rotierenden Scheibe fixiert. Auf die Scheibe sind zwei Drahtseile in entgegengesetzter Richtung gewickelt. Im Anschluss erfolgt die Applikation eines Drehmoments über das Drahtseil. Das Drahtseil ist mit bestimmten, gleichmäßig verteilten Gewichten versehen, welche bei jeder Messung aufgehängt werden. Auf dem Ende der Riemenscheibe des Gerätes wird ein Polrad mit magnetischen Markierungen appliziert. Die Lage des rotierenden Polrades wird durch Magnetfeldsensoren erfasst. Die gesamte Torsionseinheit befindet sich in einem Ofen, dessen Temperatur sich regulieren lässt und der eine konstante Temperatur aufweist. Die Untersuchungen wurden an jedem Probendraht unter einem definierten konstanten Torsionsmoment sowie einer konstanten Temperatur durchgeführt. Das auf den Draht wirkende Moment wurde in diskreten Schritten erhöht. Bei Versuchen mit einem mäßigen Torsionsmoment konnte ein Kriechverhalten beobachtet werden. Der Torsionswinkel wurde in einem kontinuierlichen Prozess erhöht, wobei die Verdrehungsrate über die Länge des Drahtes nahezu konstant blieb. Infolge des Kriechens des Drahtes ist lediglich ein geringfügiger Anstieg der Verdrehungsrate über die Zeit zu verzeichnen [14].

Unter Berücksichtigung des erhöhten Moments konnte jedoch ein anomales Verhalten beobachtet werden. Unter der Wirkung eines spezifischen, konstanten Torsionsmoments manifestierte sich beim Draht ein segmentiertes plastisches Verhalten. Die Analyse der Verdrehungsrate ist aufgrund der Struktur von Längsspuren oder Streifen, die nach der Herstellung an der Oberfläche des Drahtes verbleiben, evident.

Zu Beginn des Experiments wurde eine nahezu homogene Verdrehung des Drahts beobachtet. Nach einer kurzen Zeitspanne manifestiert sich Zone B mit einem signifikant höheren Wert der Verdrehungsrate. In der resultierenden Zone B bleibt die Verdrehungsrate nahezu homogen.

Die Abgrenzung zwischen Zone B und Zone A ist deutlich erkennbar und verläuft bezüglich der Drahtachse rotationssymmetrisch. Im Anschluss an die Bildung der ersten Zone A manifestiert sich unmittelbar die zweite Zone B. Die Verdrehungsrate in der zweiten Zone B entspricht derjenigen der ersten Zone. Die neuen Zonen B manifestierten sich in wiederkehrenden Intervallen, sodass die gesamte Länge des Drahtes von einer nahezu periodischen Struktur der Zonen B und Zonen A bedeckt war. Nach einigen Sekunden ist der Prozess der Zonenerzeugung abgeschlossen und die plastische Verformung des Drahtes wird gestoppt. Nach dem elastischen Entladen des Drahtes waren die Zonen auf dessen Oberfläche deutlich sichtbar.

Die Strukturen der Zonen an der Oberfläche des Drahtes werden in Abb. 7.7 dargestellt. Die Riefen an der Oberfläche des Bereichs B sind auffällig stärker ausgeprägt als die Riefen an der Oberfläche des Bereichs A. Dies ist auf die Kerbwirkung zurückzuführen, durch die die tiefen Riefen die Kaltverformung (Plastifizierung) des Drahts im Bereich B vergrößern. Die Abb. 7.8 zeigt die segmentierten Kerngefüge des Drahts, welche sich in den unterschiedlichen plastischen Bereichen befinden.

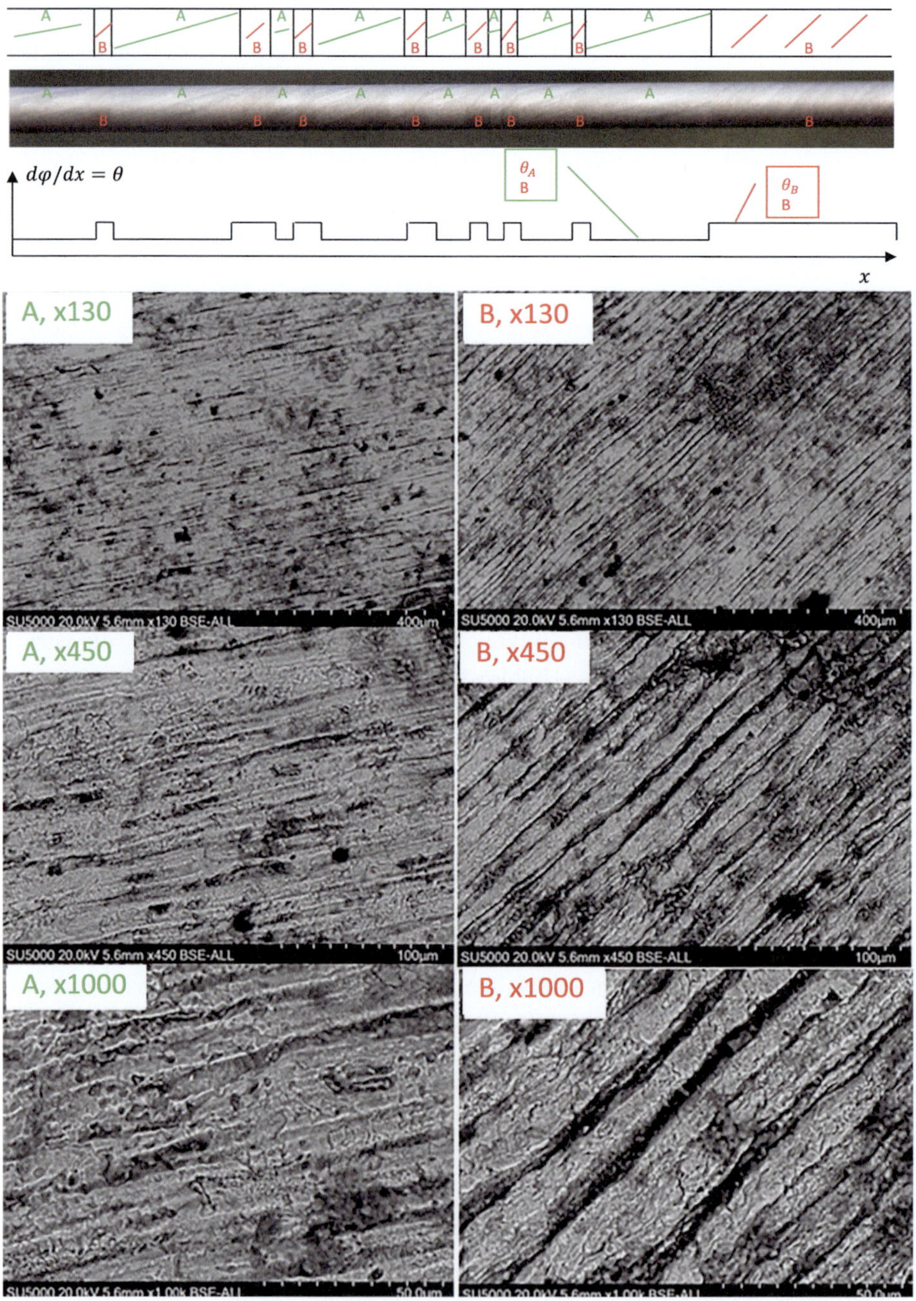

Abb. 7.7 Segmentierte Struktur an der Oberfläche des Drahts mit den unterschiedlichen plastischen Bereichen

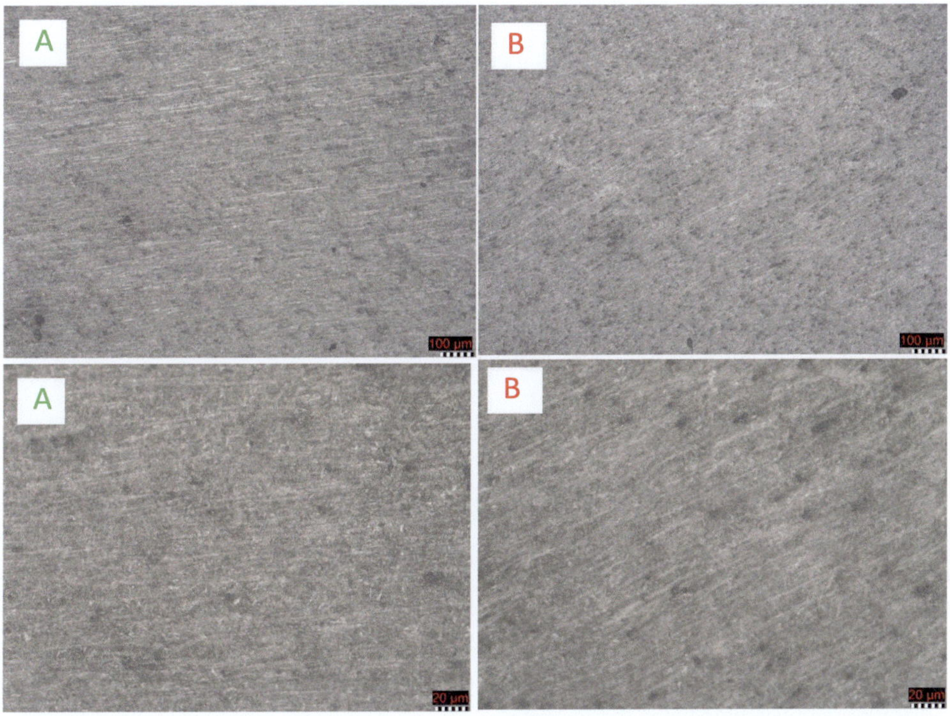

Abb. 7.8 Segmentierte Kerngefüge des Drahts auf den unterschiedlichen plastischen Bereichen

7.3.2 Erklärung aus der Sicht der Materialstabilität

Für eine qualitative Beschreibung der Kaltverformung wird die folgende Abhängigkeit der Schubspannung von der Scherung angenommen:

$$\tau(\gamma) = \left(G_0 - 3\,c\,\gamma_0^2\right) \cdot \gamma + c \cdot \left[(\gamma - \gamma_0)^3 + \gamma_0^3\right]. \tag{7.31}$$

Der Wert γ_0 kennzeichnet die Position des Sattelpunktes der Spannungs-Dehnungskurve. Der Parameter c ist eine Konstante. Die Konstante c bezeichnet die Grad der Nichtlinearität der Spannungs-Dehnungskurve. Das anfängliche Schubmodul des Materials ist G_0 und hängt nicht vom Parameter c ab.

Für $c = 0$ ist die Spannungs-Dehnungskurve linear. Falls $0 \leq c < c_0$, ist die Spannungs-Dehnungs-Kurve eine monoton steigende Funktion, wobei

$$c_0 = \frac{G_0}{3\,\gamma_0^2}. \tag{7.32}$$

Falls $c_0 < c$, besitzt die Kurve einen Abschnitt mit negativer Steigung, Der anfängliche Schubmodul des Materials ist G_0 und hängt nicht vom Parameter c ab.

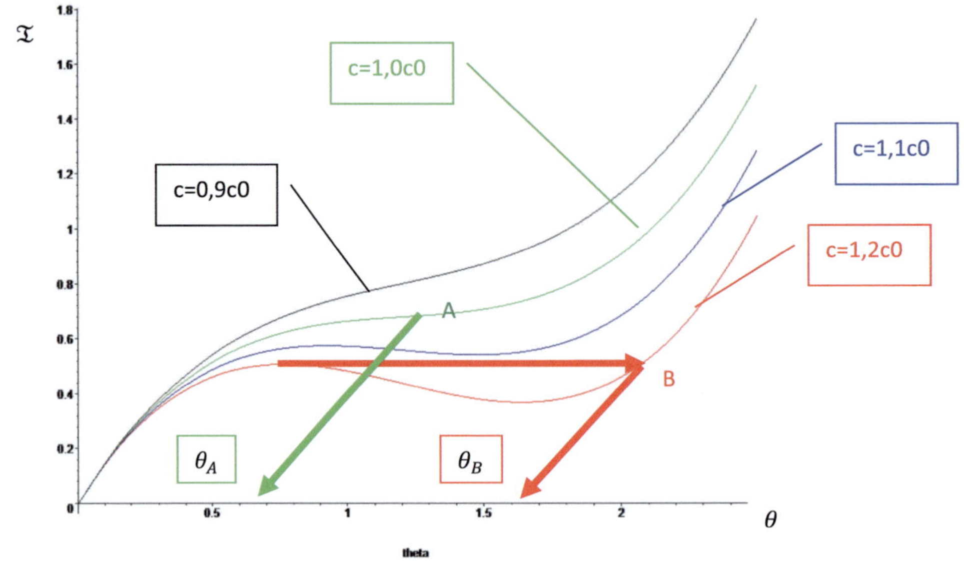

Abb. 7.9 Drehmomentkurven für die verschiedenen Parameterwerte C_0

Die in Abb. 7.9 dargestellten Spannungs-Dehnungs-Kurven veranschaulichen die Auswirkungen verschiedener Parameter c.

Unter Berücksichtigung der zuvor erläuterten Schubspannungs-Scher-Dehnungskurve lässt sich die analytische Formel für das Drehmoment ableiten. Das Torsionsmoment

$$\mathfrak{T} = 2\pi \int_0^r \tau(\rho)\rho^2 \, d\rho \tag{7.33}$$

reduziert sich mit dem Ausdruck (7.31) zu

$$\mathfrak{T} = \frac{\pi}{30}\theta \cdot r^4 \cdot \left(10\, c\, \vartheta^2 r^2 - 36\, c\, \gamma_0\, \vartheta\, r + 15\, G_0\right). \tag{7.34}$$

Die erste und die zweite Ableitung des Drehmoments in Bezug auf die Verdrehungsrate sind jeweils

$$\frac{d\mathfrak{T}}{d\vartheta} = \frac{\pi}{10} r^4 \left(10\, c\, \vartheta^2 r^2 - 24\, c\, \gamma_0 \vartheta r + 5\, G_0\right), \quad \frac{d^2\mathfrak{T}}{d\vartheta^2} = \frac{2\pi}{5} r^5 \cdot c \cdot (5\,\vartheta\, r - 6\,\gamma_0). \tag{7.35}$$

Der Sattelpunkt des Drehmoments (7.34) liegt im Punkt:

$$\vartheta_1 = \frac{6\,\gamma_0}{5\,r}. \tag{7.36}$$

Am Sattelpunkt θ_1 ist die Steigung (35) der Drehmomentkurve:

$$\left.\frac{d\mathfrak{T}}{d\vartheta}\right|_{\vartheta=\vartheta_1} = \frac{\pi}{50} r^4 \cdot \left(-72\, c\, {\gamma_0}^2 + 25\, G_0\right). \tag{7.37}$$

Die Steigung (7.37) der Drehmomentkurve ist positiv, falls:

$$c < c_1 = \frac{25\, G_0}{72\, \gamma_0^2} \equiv \frac{25}{24} c_0. \tag{7.38}$$

In diesem Fall zeigt sich eine monotone Erhöhung des Drehwinkels mit dem zunehmenden Drehmoment. Die dargestellten Verhaltensweisen werden durch die schwarzen und grünen Kurven in Abb. 7.10 dargelegt. Nach der anfänglichen plastischen Torsion erfolgt die Erreichung der Gleichgewichtsposition mit der Verdrehungsrate θ_A während der elastischen Rückfederung. Die Rückfederung von jedem erreichten Punkt der Kurve erfolgt elastisch und folgt der geraden grünen Linie A.

In diesem Fall lässt sich eine kontinuierliche Zunahme des Drehwinkels mit der Zeit beobachten, wie durch den Graphen A in Abb. 7.11 veranschaulicht wird. Der verwendete Draht wies einen Durchmesser von 3,7 mm auf, die konstante Temperatur betrug 150 °C und das Torsionsmoment $\mathfrak{T} = 10{,}14$ Nm. Dieses Moment entspricht einer Scherspannung auf der Oberfläche des Drahtes von $\tau = 1000$ MPa.

Im Allgemeinen ist die Drehmomentkurve durch Bereiche mit negativer Steigung gekennzeichnet, wie anhand der blauen und roten Kurven in Abb. 7.10 ersichtlich wird.

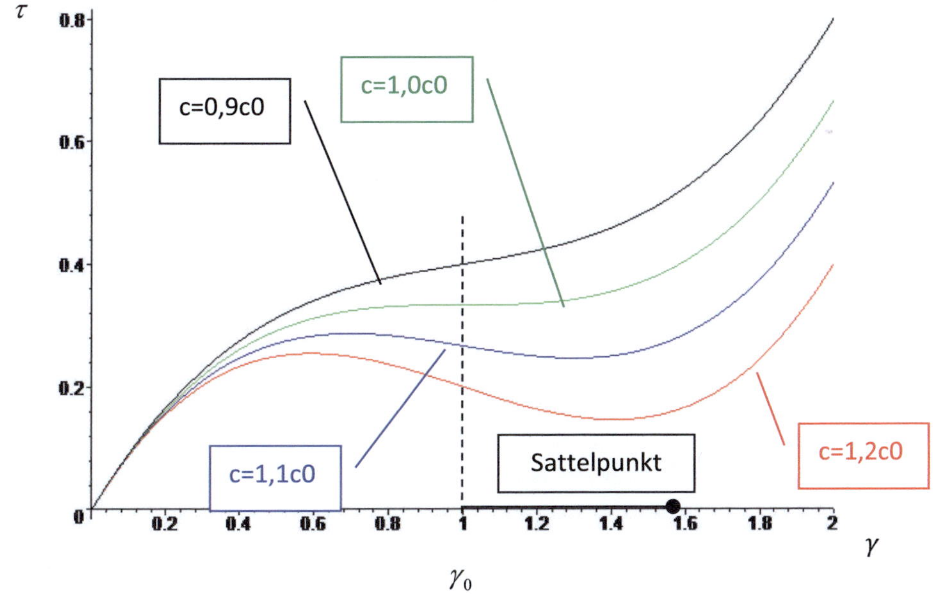

Abb. 7.10 Nichtlineare Schubspannungs-Scherkurven für unterschiedliche Parameterwertee C_0

In diesem Fall zeigt das Verhalten des Drehmoments als Funktion der Verdrehungsrate keine stetige Verlaufsform. Das Drehmoment erreicht seinen Maximalwert und springt zum zweiten ansteigenden Zweig der Drehmomentkurve. Infolge des Sprungs manifestieren sich in der zweiten Gleichgewichtsposition (θ_B) signifikant höhere Werte der Verdrehungsrate als in der ersten Gleichgewichtsposition (θ_A) hinsichtlich der Torsionsrate.

Es lässt sich konstatieren, dass die Spannungs-Dehnungs-Kurven des Materials bei unterschiedlichen Temperaturen nur marginale Unterschiede aufweisen. Eine geringe Erhöhung des Torsionsmoments führt zur „Verschmelzung" der zwei benachbarten Zonen B zu einer durchgehenden Zone, sodass die Bereiche A mit geringfügiger Änderung der Verdrehungsrate verschwinden. In der aktiven, plastischen Phase der Torsion wurden die Sprünge des Torsionswinkels des Drahtes als Funktion der Zeit aufgezeichnet (Linie B in Abb. 7.11). Die Anzahl der Sprünge korreliert mit der Anzahl der Textursegmente auf der Oberfläche des Drahtes. In einem weiteren Versuch wurde ein identischer Draht mit einem Torsionsmoment von $\mathfrak{T} = 13{,}92$ Nm belastet. Das applizierte Drehmoment entspricht einer Scherspannung an der Oberfläche von $\tau = 1372$ MPa.

Die Härtemessung zeigt einen beinahe homogenen Verlauf über den Durchmesser des Drahtes in den Zonen A und B (Vgl. Abb. 7.12). Die beobachteten Differenzen an den plastischen Scherungen lassen sich zudem durch eine signifikante Korrelation

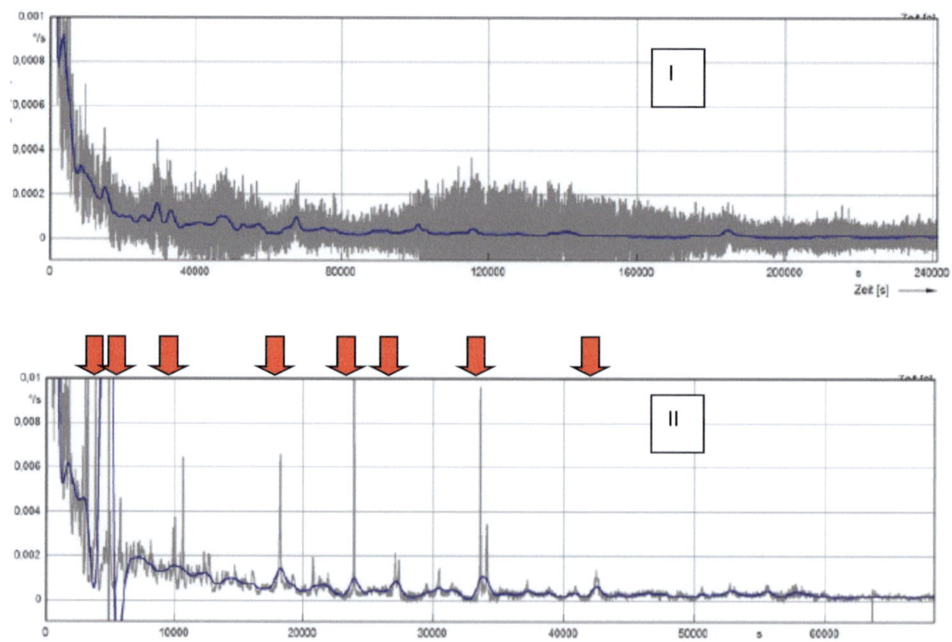

Abb. 7.11 Kontinuierliche abnehmende Verdrehungsrate (I) und Verdrehungsrate mit Sprüngen (II)

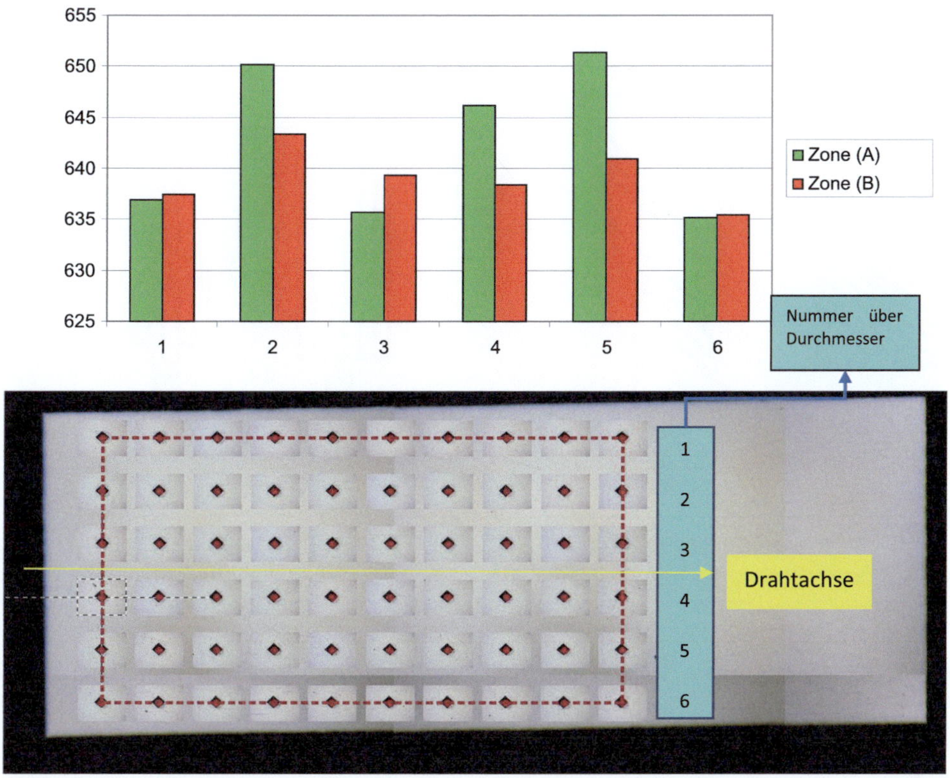

Abb. 7.12 Ergebnisse der Härtemessung HV 5 an zwei Bereichen über den Durchmesser des Drahts

zwischen Kriechgeschwindigkeit und Drahtdurchmesser erklären. Dies bedeutet, dass die Kriechgeschwindigkeit etwa die vierte Potenz der Scherspannung ist. Des Weiteren ist zu berücksichtigen, dass die Scherspannung in dritter Potenz vom Drahtdurchmesser abhängt. Die Summe der beiden Abhängigkeiten ergibt eine zwölfte Potenz der Kriechgeschwindigkeit in Abhängigkeit vom Durchmesser des Drahtes. Somit können geringe Schwankungen des Durchmessers entlang der Drahtlänge zu signifikanten Schwankungen der Kriechgeschwindigkeit führen.

Eine mögliche Analogie des beobachteten Phänomens ist die durch die mechanische Zwillingsbildung verursachte plastische Verformung (Twinning Induced Plasticity, TWIP). Im Rahmen der Zwillingsbildung erfolgt die Scherverformung durch die Überführung des Kristallbereichs in eine spiegelsymmetrische Lage [15, 16] (Vgl. Abb. 7.13). Diese Form der Plastifizierung wurde unter anderem für austenitische Stähle beschrieben (vgl. hierzu auch [17]).

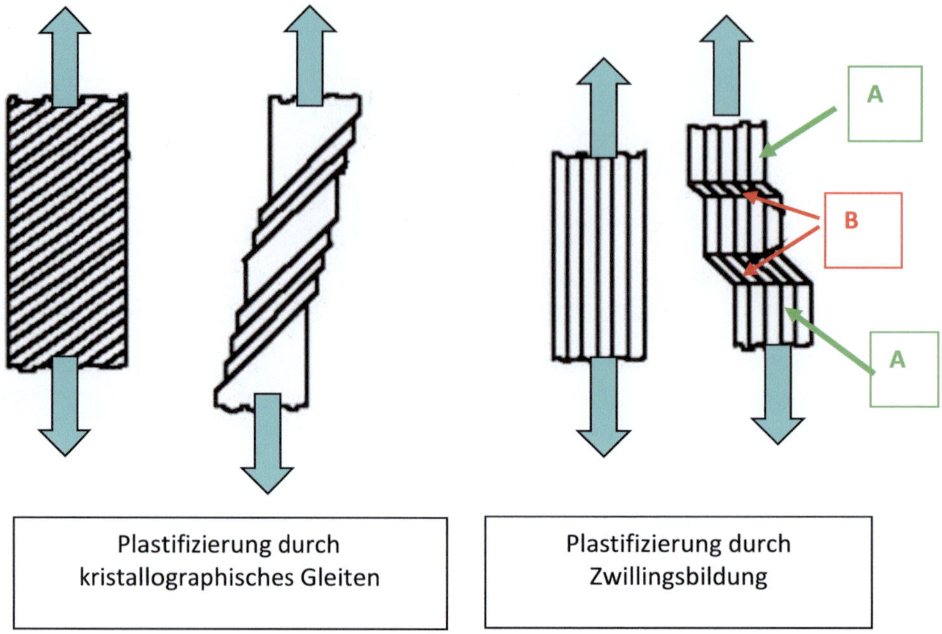

Abb. 7.13 Ergebnisse der Härtemessung HV 5 an zwei Bereichen über den Durchmesser des Drahts

7.4 Zusammenfassung

Ein für die Herstellung bedeutsames Verfahren bezeichnet den zeitabhängigen Vorspannprozess von Schraubenfedern. Die Verdrehung des Federdrahtes nimmt während der plastischen Belastung zu und im Zuge der elastischen Entlastung ab. Der kombinierte Plastifizierung-Relaxationsprozess bewirkt die Entstehung von Eigenspannungen. Bei höheren Temperaturen beschleunigt sich der Relaxationsprozess, sodass der Längenabbau unter den höheren Temperaturen schneller erfolgt und die Eigenspannungen geringer sind. Die vorgeschlagene Methode führt zu einer geschlossenen Lösung. Die abgeleiteten Formeln erleichtern die industrielle Anwendung. Für die praktische Anwendung sollen die Formeln mit Experimenten an Schraubendruckfedern mit verschiedenen Federindizes und Herstellungsregimen validiert werden. Die geschlossenen Lösungen erlauben die Abschätzung von Relaxation und Eigenspannungen bei der Herstellung von Schraubenfedern.

Im Rahmen des statischen Torsionskriechversuchs konnte das ausgeprägte Verhalten des Drahtes beobachtet werden, wobei als Prüfmaterial „Super Clean"-Stahldrähte zum Einsatz kamen. Unter bestimmten Torsionsmomenten sowie bei erhöhten Temperaturen manifestierte sich ein anomales plastisches Verhalten. Nach der Rückfederung manifestiert sich an der Oberfläche des Drahtes entlang der Drahtlänge ein segmentiertes Verhalten, welches durch spiralförmige Texturen gekennzeichnet ist. Der während der plastischen Verformung entlang der Drahtlänge beobachtete Drehwinkel wies eine konstante Veränderung auf, wobei ein auffallendes Muster von zwei spiralförmigen Texturen erkennbar war.

Eine Variation der Materialparameter entlang des Drahtes kann zu Schwankungen der Biegsamkeit während der Herstellung der Feder führen. Dies kann zu einer erhöhten Streuung der resultierenden Federformen führen. Gleichzeitig kann die Variation der Materialparameter entlang der Skelettlinie der Feder im Betrieb unter bestimmten Bedingungen (erhöhte Spannungen und Temperaturen) zu lokalen Setzungen der Federn führen. Dies hat eine Veränderung der ursprünglichen Abwicklung der Feder und folglich der Kraft-Weg-Linie zur Folge.

Als mögliche Erklärungen für das beobachtete Phänomen können eine leichte Variation der Materialeigenschaften entlang der Länge des Drahts sowie eine plastische Verformung infolge mechanischer Zwillingsbildung (TWIP) genannt werden.

7.5 Symbolverzeichnis

Bezeichnung	*Physikalische Größe*
$\tau(\gamma)$	Abhängigkeit der Schubspannung von der Scherung [MPa]
γ_0	Position des Sattelpunktes der Spannungs-Dehnungskurve
c	Konstante [MPa]
G_0	Das anfängliche Schubmodul des Materials [MPa]
$\mathfrak{T}$	Torsionsmoment am Draht [Nm]
$d = 2r$	Durchmesser des Drahts [m]
G	Schubmodul
$\mathfrak{T}$	Drehmoment beim plastischen Voreinstellen
τ_Y	Streck-Schubspannung
τ_r	Eigenspannungen nach Rückfederung
τ_c	Scherspannung $0 < t < T_P$
τ_p	Scherspannung beim plastischen Fließen $t = 0$
$c_{[F/S]}$	Federkonstanten für axiale Belastung
w_T	Widerstandsmomente für Torsionsbelastung des Drahtes
S	axiale Verschiebung der Feder
D	mittlerer Durchmesser der Windung
N	Anzahl der aktiven Windungen
$R = d/2$	Radius des kreisförmigen Drahtes
T_P	Haltezeit der Relaxation
$\widehat{t}$	Parameter der Kriechzeit
$\widehat{\tau}$	Parameter für die Kriechspannung

Bezeichnung	*Physikalische Größe*
L_0	Anfangslänge der Feder
L_1	voreingestellte Länge
L_2	Endlänge nach Voreinstellung (Vorsetzung)
θ	Verdrehungswinkel pro Längeneinheit des Drahtes
θ_Y	Verdrehungswinkel pro Längeneinheit des Drahtes bei Beginn des plastischen Fließens
$\mathfrak{T}^0$	Drehmoment über den kreisförmigen Querschnitt, $t = 0$
$\mathfrak{T}_E^0$	Teildrehmoment über dem elastischen Bereich, $t = 0$
$\mathfrak{T}_P^0$	Teilmoment über dem plastischen Bereich
$\mathfrak{T}(t)$	zeitabhängiges Drehmoment über den Kreisquerschnitt
$\mathfrak{T}_E(t)$	teilweises zeitabhängiges Drehmoment über dem elastischen Bereich
$\mathfrak{T}_P(t)$	teilweises zeitabhängiges Drehmoment über dem plastischen Bereich
c	Kriechkonstante
n	Exponent der Kriechspannung
$\Delta S = S_P - S_u$	zeitabhängige Verringerung der Federlänge nach plastischer Vorspannung, Relaxation und elastischer Entlastung
$\Delta S^0 = S_P - S_u^0$	Reduktion der Federlänge nach plastischer Vorspannung und elastischer Entlastung

Literatur

1. Atterbury T.J., Diboll W.B., Jr. (1960) The Effect of Presetting Helical Compression Springs. ASME. J. Eng. Ind. 1960;82(1):41–44. https://doi.org/10.1115/1.3662990
2. FEM for Springs (2003) Eds. Shimoseki M.,Hamano T., Imaizumi T., Springer-Verlag Berlin Heidelberg
3. Geinitz V., Weiß M., Kletzin U., Beyer P. (2011) Relaxation of Helical Springs and Spring Steel Wires, 56th International Scientific Colloquium, Ilmenau University of Technology, 12–16 September 2011
4. Rees D. W. A. (2006) Basic Engineering Plasticity, An Introduction with Engineering and Manufacturing Applications, Butterworth-Heinemann, Oxford
5. Betten J. (2008) Creep Mechanics, 3d Edition, Springer
6 Krajcinovic D. (1983) Creep of Structures —A Continuous Damage Mechanics Approach, Journal of Structural Mechanics, 11:1, 1–11, https://doi.org/10.1080/03601218308907428
7. Boyle J.T. (2012) The creep behavior of simple structures with a stress range-dependent constitutive model, Arch Appl. Mech 82:495–514
8. Yao, H.-T., Xuan F.-Z., Wang Z., Tu S.-T. (2007) A review of creep analysis and design under multi-axial stress states, Nuclear Engineering and Design, 237, 1969–1986
9. Askey, R. A.; Daalhuis, Adri B. Olde (2010), „Meijer G-function", in Olver, Frank W. J.; Lozier, Daniel M.; Boisvert, Ronald F.; Clark, Charles W. (eds.), NIST Handbook of Mathematical Functions, Cambridge University Press, ISBN 978–0521192255, MR 27232486

10. Bateman, H.; Erdélyi, A. (1953). Higher Transcendental Functions, Vol. I. New York: McGraw–Hill. (see § 5.3, „Definition of the G-Function“, p. 206
11. Kobelev V. (2019) Delayed presetting of helical springs, MECHANICS BASED DESIGN OF STRUCTURES AND MACHINES . Volume 48, 2020 – Issue 1, Pages 122–132, https://doi.org/10.1080/15397734.2019.1669457
12. Oil tempered SiCr-alloyed valve spring wire. Product Sheet, OTEVA® 70 SC (2019) Suzuki Garphyttan AB, Bruksvägen 3, SE-719 80 Garphyttan, Sweden, http://www.suzuki-garphyttan.com/sg/global/home
13. Schleuter J., (2015) Einfluss von Temperatur und Spannung auf das Kriechverhalten von Ventilfederstahl. Bachelorarbeit, Universität Siegen
14. Kobelev V. (2024) Fundamentals of Spring Mechanics, Springer
15. Christian J. W., S. Mahajan, (1995) Deformation Twinning, Progress in Materials Science Vol. 39, pp. 1–157,
16. Gottstein G. (2007) Physikalische Grundlagen der Materialkunde, 3. Auflage, Springer,
17. Riedner S., Höchstfeste nichtrostende austenitische CrMn-Stähle mit (C+N) (2010) Diss. Ruhr-Universität, Bochum,

Schwingungen und Stabilität von Schraubenfedern

8

8.1 Grundgleichungen des äquivalenten Stabes

Eine Schraubenfeder stellt eine Sonderform des räumlich gekrümmten Stabs dar. Der Mittelpunkt jedes Querschnitts liegt auf einer Helix, wobei eine Helix eine Kurve ist, die sich mit konstanter Steigung um den Mantel eines Zylinders windet. Zur Vereinfachung der Grundgleichungen wird die Feder durch einen äquivalenten Stab ersetzt. Die Achse des äquivalenten Stabs entspricht der hypothetischen Mittellinie der Feder. Anstelle der Verschiebung der Punkte an der Spirale zu beschreiben, wird die Verschiebung des an der gleichen Höhe liegenden Punktes der Mittellinie herangezogen. Die Axialsteifigkeit und die Quersteifigkeit der Schraubenfeder an der Mittellinie und die entsprechende Axialsteifigkeit und Quersteifigkeit des hypothetischen Stabes sind identisch. Außerdem sind die bezogenen Massen pro Längeneinheit für den hypothetischen Stab und die zylindrische Spiralfeder gleich groß. Auf die Schraubenfeder und den hypothetischen Stab wirken gleiche Kräfte und Momente. Infolge der vorgegebenen Bedingungen sind die axialen s und seitlichen Verschiebungen s_Q der Spirale und die entsprechenden Verschiebungen des hypothetischen Stabes identisch. Daher wird dieser hypothetische Stab auch als *äquivalenter* Stab bezeichnet. Ein äquivalenter Stab verformt sich bei gleicher externer Beanspruchung genau wie die Biegefeder. Der wesentliche Vorteil besteht darin, dass die Verformungslösungen für den Ersatzstab (äquivalenten Stab) leichter zu finden sind als für die entsprechende Schraubenfeder. Es müssen lediglich die Konstanten der Steifheit des Ersatzstabes korrekt bestimmt werden. Wir gehen davon aus, dass die Kraft bei der Komprimierung der Druckfeder positiv bezeichnet wird. Die Federrate der Druckfeder ist in diesem Fall ebenfalls positiv.

Die Steifheit des äquivalenten Stabes mit der freien Länge L und mit kreisförmigem Querschnitt wurde von Grammel [1] und Dick [2] berechnet. Die Koeffizienten der

Vortrag am „Ilmenauer Federntag“, TU Ilmenau, 2013.

V. Kobelev, *Federntechnologie,* https://doi.org/10.1007/978-3-658-48303-6_8

Gleichungen beschreiben die Steifheit für Schub, Biegung und axiale Komprimierung des äquivalenten Stabes nach [3]. Die entsprechenden Steifigkeitskoeffizienten sind in Tab. 8.1 angegeben. Die Feder steht unter Wirkung der positiven axialen Druckkraft F. Die axiale Länge der Feder unter der Wirkung der axialen Druckkraft lautet:

$$\bar{L} = L - \frac{F}{c_{[F/S]}} \quad \text{mit} \quad 0 < \bar{L} < L.$$

In der Tab. 8.1 die Biegesteifheit des Drahtes wird als B bezeichnet; die Torsionssteifheit des Drahtes ist C; die Querschnittsfläche ist A. Für einen kreisrunden Draht mit dem Durchmesser d die Querschnittsfläche, sowie Biege- bzw. Torsionssteifheit sind:

$$\mathcal{A} = \frac{\pi d^2}{4}, \quad \mathcal{B} = \frac{E\pi d^4}{64}, \quad \mathcal{C} = \frac{G\pi d^4}{32}.$$

Für einen quadratischen Draht mit der Seitenlänge a sind die Querschnittsfläche bzw. Biege- bzw. Torsionssteifheit:

$$\mathcal{A} = a^2, \quad \mathcal{B} = \frac{Ea^4}{12}, \quad \mathcal{C} = 0{,}141\,\mathrm{G}a^4.$$

Die Masse pro Länge ist die Masse der Feder, die auf die Längeneinheit der Schraubenachse bezogen ist.

Die ursprüngliche Mittellinie der Feder entspricht der z-Achse. Wird die Feder mit der Querkraft F_Q oder mit dem Biegemoment M_B belastet, wird die ursprünglich gerade Achse der Feder gekrümmt. Den Neigungswinkel der gebogenen Achse findet man mithilfe der Ableitung der Querverschiebung in linearer Näherung

$$\phi_Q = \frac{ds_Q}{dz}.$$

Die gesamte Querverschiebung setzt sich aus zwei Verschiebungen zusammen:

$$s_Q = s_b + s_s, \tag{8.1}$$

Tab. 8.1 Steifheitskoeffizienten der zylindrischen Schraubenfedern für Schub, Biegung und Komprimierung für die Länge $\bar{L} = L - \frac{F}{c_{[F/S]}}$ der Feder unter Wirkung den axialen Druckkraft $F > 0$.

	Beliebiger symmetrischer Draht B	Runder Draht	Einheit
Schubsteifheit $\langle GS \rangle$	$\frac{8\mathcal{B}\bar{L}}{\pi N D^3}$	$\frac{Ed^4\bar{L}}{8ND^3}$	N
Biegesteifheit $\langle EI_B \rangle$	$\frac{2\mathcal{B}\bar{L}}{\pi ND\left(1+\frac{\mathcal{B}}{\mathcal{C}}\right)}$	$\frac{Ed^4\bar{L}}{32(2+\nu)ND}$	Nm^2
Axiale Steifheit $\langle ES \rangle = c_{[F/S]}$	$\frac{4\mathcal{C}}{\pi ND^3}\bar{L}$	$\frac{Gd^4}{8ND^3}\bar{L}$	N
Masse pro Länge $\langle m \rangle$	$\frac{\rho\pi\mathcal{A}ND}{\bar{L}}$	$\frac{\rho\pi^2 d^2 ND}{4\bar{L}}$	$\frac{kg}{m}$

mit folgenden anteiligen Verschiebungen:

s_s durch die Querkraft Q verursachte Querverschiebung,
s_b durch das Biegemoment M_B verursachte Querverschiebung.

Statische Gleichungen des mit der Querkraft Q und dem Biegemoment der Feder M_B belastenden äquivalenten Stabes lauten:

$$M_B = \langle EI_B \rangle \cdot \frac{\mathrm{d}^2 \left(s_Q - s_s \right)}{\mathrm{d}z^2} + F \cdot s_Q, \tag{8.2}$$

$$Q = \langle GS \rangle \cdot \frac{\mathrm{d}s_s}{\mathrm{d}z} - F \cdot \frac{\mathrm{d}\left(s_Q - s_s \right)}{\mathrm{d}z}, \tag{8.3}$$

$$Q + \frac{\mathrm{d}M_B}{\mathrm{d}z} = m_B, \tag{8.4}$$

$$\frac{\mathrm{d}Q}{\mathrm{d}z} = f_Q. \tag{8.5}$$

In den Gleichungen (8.2) bis (8.5) wurden folgende Variablen verwendet:

m_B Streckenmoment (in y-Richtung),
f_Q Streckenlast in Querrichtung (in x-Richtung).

Die Gleichungen entsprechen der üblichen Gleichung zur Biegung eines geraden Stabes mit:Biegesteifheit $\langle EI_B \rangle$, Quersteifheit $\langle GS \rangle$.

Bei der dynamischen Belastung ist das Biegemoment m_B das Produkt von Trägheitsmoment der Windung $\langle m \rangle {D_m}^2/8$ mal Winkelbeschleunigung $\partial^3 s_Q / \partial z \, \partial^2 t$:

$$m_B = \langle m \rangle \cdot \frac{{D_m}^2}{8} \cdot \frac{\partial^3 s_Q}{\partial z \, \partial^2 t}. \tag{8.6}$$

Die Querkraft bei der dynamischen Belastung ist die Masse der Windung multipliziert mit ihrer Beschleunigung:

$$f_Q = \langle m \rangle \cdot \frac{\partial^2 s_Q}{\partial t^2}. \tag{8.7}$$

Das Einsetzen von (8.6) und (8.7) in die Gleichungen (8.2)..(8.5) ergibt:

$$M_B = \langle EI_B \rangle \cdot \frac{\partial^2 \left(s_Q - s_s \right)}{\partial z^2} + F \cdot s_Q, \tag{8.8}$$

$$Q = \langle GS \rangle \cdot \frac{\partial s_s}{\partial z} - F \cdot \frac{\partial \left(s_Q - s_s \right)}{\partial z}, \tag{8.9}$$

$$Q + \frac{\partial M_B}{\partial z} = \langle m \rangle \cdot \frac{{D_m}^2}{8} \cdot \frac{\partial^3 s_Q}{\partial z \, \partial^2 t}, \tag{8.10}$$

$$\frac{\partial Q}{\partial z} = \langle m \rangle \cdot \frac{\partial^2 s_Q}{\partial t^2}. \tag{8.11}$$

Für die Berechnung der seitlichen Verformung s_Q ist die Eingabe einer dynamischen Gleichung erforderlich. Aus der Gl. (8.9) folgt

$$\frac{\partial s_s}{\partial z} = \frac{Q + F \cdot \frac{\partial s_Q}{\partial z}}{\langle GS \rangle + F}.$$

Die Gleichung beinhaltet, wie gewünscht, lediglich die gesamte seitliche Verformung s_Q als Unbekannte. Nach der Gruppierung der Glieder lässt sich die Grundgleichung für die Querschwingungen einer axial vorgespannten Schraubenfeder ableiten:

$$\frac{\langle EI_B \rangle \langle GS \rangle}{\langle GS \rangle + F} \cdot \frac{\partial^4 s_Q}{\partial z^4} - \langle m \rangle \cdot \left(\frac{\langle EI_B \rangle}{\langle GS \rangle + F} + \frac{D_m{}^2}{8} \right) \cdot \frac{\partial^4 s_Q}{\partial^2 z\, \partial^2 t} + \langle m \rangle \cdot \frac{\partial^2 s_Q}{\partial t^2} + F \cdot \frac{\partial^2 s_Q}{\partial z^2} = 0. \tag{8.12}$$

Die Randbedingungen werden durch die Einspannung der Balkenenden definiert. Anhand der in Tab. 8.2 dargestellten Bedingungen kann eine der folgenden Konstellationen an beiden Enden festgestellt werden.

Die Übertragung der bekannten Theorie der Querschwingungen in Stäben auf die Schwingungen von Federn erfolgt mittels der vorliegenden Gleichungen. Die Gl. (8.6) stellt eine lineare partielle Differentialgleichung vierter Ordnung dar, deren Lösung die Kenntnis von vier Randwerten des Ortes sowie zwei Anfangswerten der Zeit erfordert. Es handelt sich hierbei um ein Anfangs-Randwert-Problem. Im Folgenden wird lediglich die Untersuchung der Randbedingungen von momentfrei unterstützten Enden vorgenommen. Sind beide Enden gelenkig gelagert, gilt:

$$s_Q|_{z=0} = 0, \quad s_Q''|_{z=0} = 0, \quad s_Q|_{z=\overline{L}} = 0, \quad s_Q''|_{z=\overline{L}} = 0 \quad \text{mit} \quad s_Q' \equiv \frac{\partial s_Q}{\partial z}. \tag{8.13}$$

Für die Anfangswerte gilt für ($0 < z < \overline{L}$):

$$s_Q|_{t=0} = s_o(z), \quad \dot{s}_Q|_{t=0} = v_o(z) \quad \text{mit} \quad \dot{s}_Q \equiv \frac{\partial s_Q}{\partial t}, \tag{8.14}$$

Tab. 8.2 Bedingungen an den Enden der Feder bei Querschwingungen

Typ der Einspannung		Bedingung 1		Bedingung 2	
1	Eingespanntes Ende	Durchbiegung Null	$s_Q = 0$	Neigung Null	$s_{Q'} = 0$
2	Freies Ende	Scherkraft Null	$Q = 0$	Biegemoment Null	$M_B = 0$
3	Momentfreies, unterstütztes Ende (Gelenk)	Durchbiegung Null	$s_Q = 0$	Biegemoment Null	$M_B = 0$
4	Querkraftfreies, gleitendes Ende	Neigung Null	$s_{Q'} = 0$	Scherkraft Null	$Q = 0$

wobei $s_o(z)$ die anfängliche Querauslenkung ist und $v_o(z)$ ist die Geschwindigkeit im Zeitpunkt $t = 0$.

8.2 Querschwingung von Schraubenfedern

Die Querschwingung wird unter Zuhilfenahme einer Differentialgleichung vierter Ordnung im Ort und zweiter Ordnung in der Zeit dargestellt. Die Lösung der Modellgleichung (8.12) wird wiederum durch Separation der Variablen gewonnen:

$$s(z,t) = Z(z) \cdot T(t). \tag{8.15}$$

Die Umformung von Gl. (8.12) führt zu folgender Ableitung:

$$\begin{aligned}&\frac{\langle EI_B\rangle\langle GS\rangle}{\langle GS\rangle + F} \cdot Z^{IV}(z) \cdot T(t) - \langle m\rangle \cdot \\ &\left(\frac{\langle EI_B\rangle}{\langle GS\rangle + F} + \frac{{D_m}^2}{8}\right) \cdot Z''(z) \cdot \ddot{T}(t) + \langle m\rangle \cdot Z(z) \cdot \ddot{T}(t) + F \cdot Z''(z) \cdot T(t) = 0.\end{aligned} \tag{8.16}$$

Nach der Separation der Variablen (8.16) ergibt sich folgende Gleichung:

$$\frac{1}{\langle m\rangle} \cdot \frac{\frac{\langle EI_B\rangle\langle GS\rangle}{\langle GS\rangle+F} \cdot Z^{IV}(z) + F \cdot Z''(z)}{\left(\frac{\langle EI_B\rangle}{\langle GS\rangle+F} + \frac{{D_m}^2}{8}\right) \cdot Z''(z) - Z(z)} = -\frac{\ddot{T}(t)}{T(t)} = \omega^2. \tag{8.17}$$

Diese Bedingung kann nur für eine Konstante ω^2 erfüllt werden kann.

Die Gl. (8.17) wird in zwei gewöhnliche Differentialgleichungen aufgeteilt:

Das Ortsproblem:

$$\frac{\langle EI_B\rangle\langle GS\rangle}{\langle GS\rangle + F} Z^{IV} - F\,Z'' = \left[\left(\frac{\langle EI_B\rangle}{\langle GS\rangle + F} + \frac{{D_m}^2}{8}\right) Z'' - Z\right] \langle m\rangle\, \omega^2 \tag{8.18}$$

Das Zeitproblem:

$$\ddot{T} + \omega^2 T = 0. \tag{8.19}$$

Die Lösung des Ortsproblems erfolgt durch den nachfolgend dargestellten Lösungsansatz:

$$Z(z) = C\,\exp(\Lambda z).$$

Unter Berücksichtigung des zuvor präsentierten Lösungsansatzes lässt sich die Gl. (8.18) wie folgt darstellen:

$$\left\{\Lambda^4\, \frac{\langle EI_B\rangle\langle GS\rangle}{\langle GS\rangle + F} + \Lambda^2\, F - \left[\left(\frac{\langle EI_B\rangle}{\langle GS\rangle + F} + \frac{{D_m}^2}{8}\right) \Lambda^2 - 1\right] \langle m\rangle\, \omega^2\right\} C\,\exp(\Lambda z) = 0.$$

Da $\exp(\Lambda z) > 0$, kann diese algebraische Gleichung nur erfüllt werden, wenn der Klammerausdruck verschwindet:

$$\Lambda^4 \cdot \frac{\langle EI_B\rangle\langle GS\rangle}{\langle GS\rangle + F} + \Lambda^2 \cdot F = \left[\left(\frac{\langle EI_B\rangle}{\langle GS\rangle + F} + \frac{D_m{}^2}{8}\right)\Lambda^2 - 1\right]\langle m\rangle\,\omega^2. \tag{8.20}$$

Bei der Formel (8.20) handelt es sich um eine biquadratische Gleichung in Bezug auf Λ, die vier Lösungen hat:

$$\Lambda = i\beta_1, \quad \Lambda = -i\beta_1, \quad \Lambda = i\beta_2, \quad \Lambda = -i\beta_2.$$

Die Lösung des Ortsproblems lässt sich demnach als lineare Kombination der partiellen Lösungen darstellen:

$$Z(z) = c_1 \sin(\beta_1 z) + c_2 \cos(\beta_1 z) + c_3 \sin(\beta_2 z) + c_4 \cos(\beta_2 z). \tag{8.21}$$

In Bezug auf beide Seiten lassen sich die Bedingungen der unterstützten Feder feststellen (Vgl. Tab. 8.2). Die entsprechenden Randwerte sind demnach:

$$Z|_{z=0} = 0, \quad Z''|_{z=0} = 0, \quad Z|_{z=\overline{L}} = 0, \quad Z''|_{z=\overline{L}} = 0. \tag{8.22}$$

Der Einsatz von (8.21) in (8.22) resultiert in einem homogenen Gleichungssystem für die Koeffizienten c_i, welches wie folgt lautet:

$$\begin{bmatrix} 0 & 1 & 0 & 1 \\ 0 & -\beta_1^2 & 0 & -\beta_2^2 \\ \sin(\overline{L}\beta_1) & \cos(\overline{L}\beta_1) & \sin(\overline{L}\beta_2) & \cos(\overline{L}\beta_2) \\ -\beta_1^2\sin(\overline{L}\beta_1) & -\beta_1^2\cos(\overline{L}\beta_1) & -\beta_1^2\sin(\overline{L}\beta_2) & -\beta_1^2\cos(\overline{L}\beta_2) \end{bmatrix} \begin{bmatrix} c_1 \\ c_2 \\ c_3 \\ c_4 \end{bmatrix} = \begin{bmatrix} 0 \\ 0 \\ 0 \\ 0 \end{bmatrix}. \tag{8.23}$$

Ein homogenes Gleichungssystem (8.17) liefert ausschließlich nichttriviale Lösungen, sofern die Determinante den Wert null aufweist:

$$\left(\beta_1^2 - \beta_2^2\right)^2 \cdot \sin\left(\beta_1 \overline{L}\right) \cdot \sin\left(\beta_2 \overline{L}\right) = 0. \tag{8.24}$$

Die Bedingung (24) wird dann erfüllt, wenn:

$$\beta_{1,2} = \lambda_n \equiv \pi \cdot \frac{n}{L} \quad \text{mit} \quad n = 1, 2, 3 \ldots \tag{8.25}$$

Die Kreiseigenfrequenzen lassen sich wie folgt berechnen:

$$\omega_n^2 = \frac{\left(\frac{\pi n}{L}\right) \cdot \left[\left(\frac{\pi n}{L}\right)^2 \cdot \frac{\langle EI_B\rangle\langle GS\rangle}{\langle GS\rangle + F} - F\right]}{\langle m\rangle \cdot \left[\left(\frac{\langle EI_B\rangle}{\langle GS\rangle} + \frac{D_m{}^2}{8}\right) \cdot \left(\frac{\pi n}{L}\right)^2 + 1\right]} \quad \text{mit} \quad n = 1, 2, 3 \ldots \tag{8.26}$$

Diesbezüglich sind die folgenden Eigenformen von Relevanz:

$$Z_n(z) = c_1 \sin(\lambda_n z).$$

Im Rahmen dieser Studie werden zwei dimensionslose Parameter eingeführt: Schlankheitsgrad und dimensionslose Einfederung.

Die Beschreibung des Schlankheitsgrades der Feder erfolgt mittels eines Parameters:

$$\xi \overset{\text{def}}{=} \frac{L}{D}.$$

Die dimensionslose Einfederung lässt sich wie folgt definieren:

$$\mu \overset{\text{def}}{=} \frac{\overline{L}}{L}.$$

Es ist offensichtlich, dass $\mu < 1$ für $0 < \overline{L} < L$.

Die als Zugkraft definierte Federkraft lautet:

$$c_{[F/S]} \cdot \left(\overline{L} - L\right) < 0, \; c_{[F/S]} > 0\,.$$

Die positive Druckkraft bezeichnet als: F. Die Druckkraft kann als Funktion der Federlänge $\overline{L}$ oder als Funktion der Einfederung μ dargestellt werden:

$$F = c_{[F/S]} \cdot \left(L - \overline{L}\right) \equiv \langle ES\rangle \cdot \left(\frac{1}{\mu} - 1\right) > 0. \tag{8.27}$$

Die Einfederung $\mu = 1$ entspricht der freien Federlänge, $\mu = 0$ - bis auf der Planlage voll komprimierten Feder. Nach dem Einsetzen der bezogenen Steifheiten in (8.26) erhalten wir die Eigenfrequenz ω_n (Kreiseigenfrequenz) als Funktion der Einfederung μ und Schlankheitsgrad ξ. Die fundamentale Eigenfrequenz der Querschwingungen hängt damit von der aktuellen, veränderlichen Länge der Feder μ ab. Eigenfrequenz ist die Funktion der Einfederung μ und Schlankheitsgrad ξ:

$$\omega_n = \frac{d\,n\,\xi^2}{N\,L^2}\sqrt{\frac{4G\mu}{\rho}\cdot\frac{\xi^2(2+\nu)(\mu-1)(2\mu\nu+\mu+1)+(1+\nu)^2\pi^2n^2}{8\xi^2(2\mu\nu+\mu+1)\mu^2+\pi^2N^2\left(6\mu+9\mu\nu+2+2\mu\nu^2+\nu\right)}}. \tag{8.28}$$

Die Eigenfrequenz der freien, unbelasteten Feder ω_n^0 folgt aus der Formel (28) mit dem Einsatz von $\mu = 1$:

$$\omega_n^0 = \omega_n|_{\mu=1} = \frac{d\,n\,\xi^2}{N\,L^2}\sqrt{\frac{2G}{\rho}\cdot\frac{(1+\nu)\pi^2n^2}{8\xi^2+\pi^2n^2(4+\nu)}}.$$

Die erste und die zweite Eigenfrequenz werden in den Abb. 8.1, 8.2, 8.3 bis 8.4 dargestellt. Es zeigt sich, dass die Eigenfrequenz in einem Bereich mit der Einfederung ansteigt, während sie in einem anderen Bereich mit der Einfederung abnimmt. In diesem Bereich beginnt sich die Kraftwirkungslinie der Feder stark zu taumeln, was letztlich dazu führt, dass die Feder ihre Stabilität verliert und ausknickt.

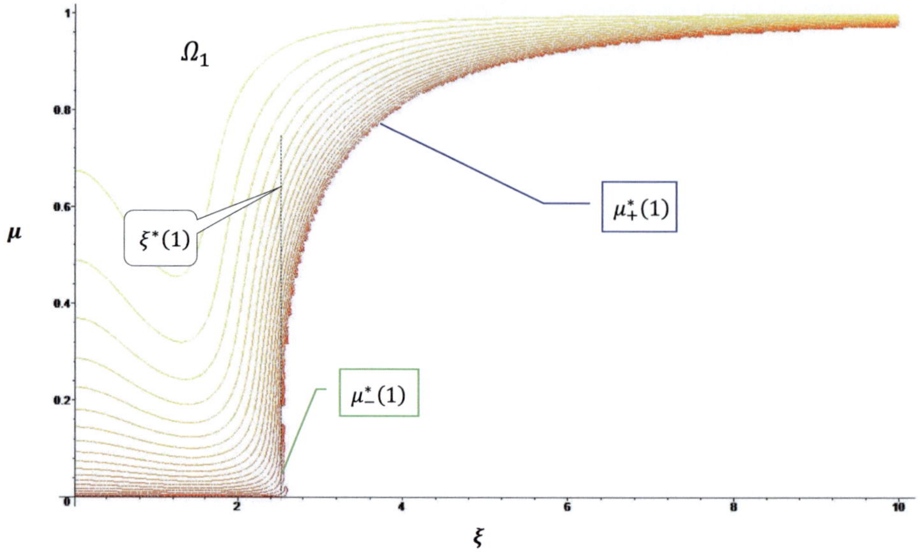

Abb. 8.1 Konturdiagramm der ersten Eigenfrequenz $\Omega_1 = \omega_1/\omega_1^0$ als Funktion der Einfederung μ und Schlankheitsgrad ξ

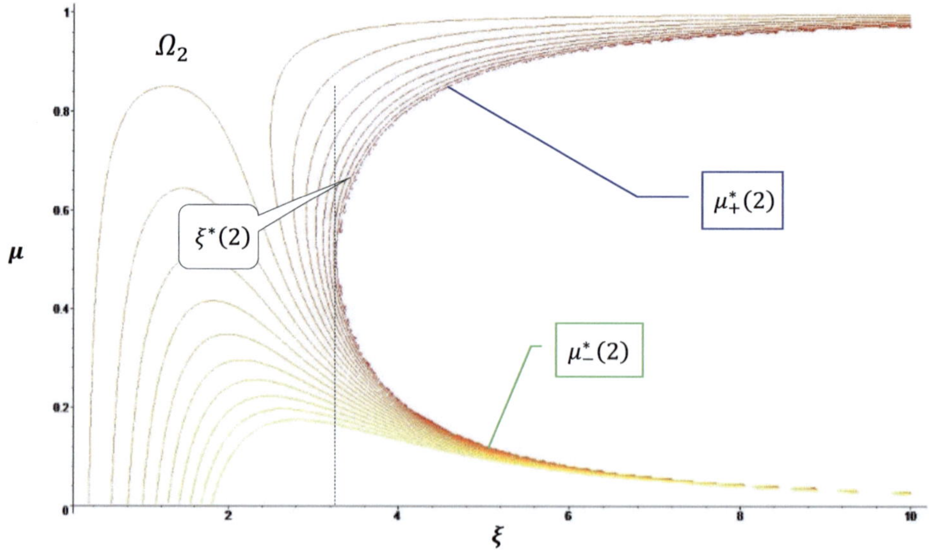

Abb. 8.2 Konturdiagramm der zweiten Eigenfrequenz $\Omega_2 = \omega_2/\omega_2^0$ als Funktion der Einfederung μ und Schlankheitsgrad ξ

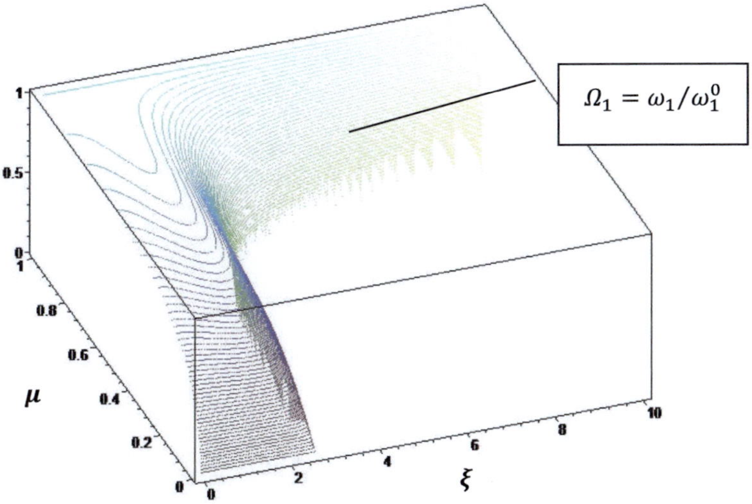

Abb. 8.3 Perspektivisch gezeichnete erste Eigenfrequenz $\Omega_1 = \omega_1/\omega_1^0$ als Funktion der Einfederung μ und Schlankheitsgrad ξ

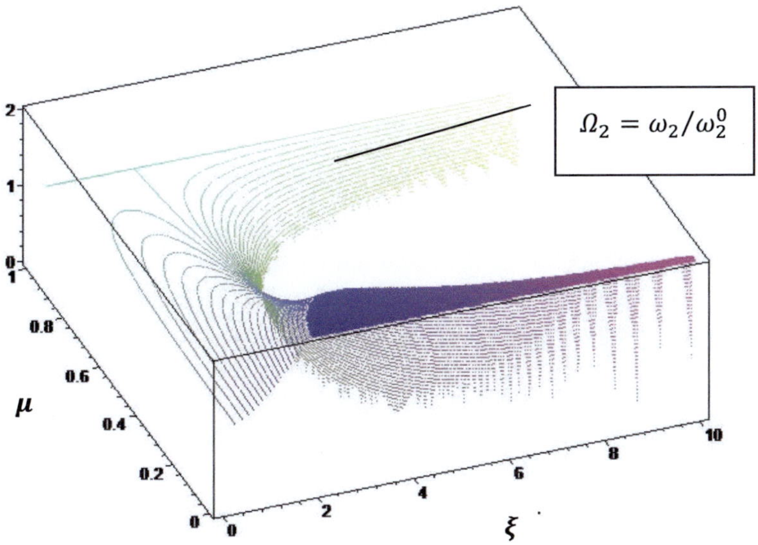

Abb. 8.4 Perspektivisch gezeichnete zweite Eigenfrequenz $\Omega_2 = \omega_2/\omega_2^0$

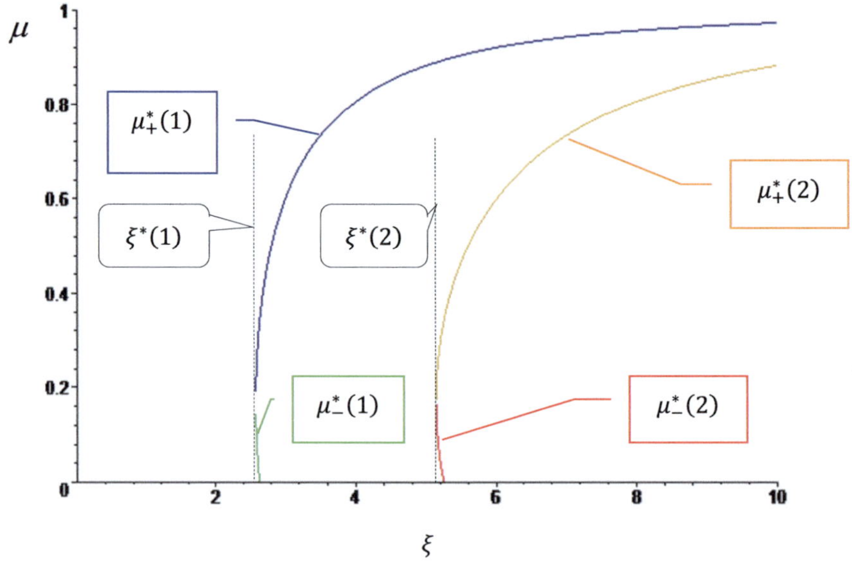

Abb. 8.5 Kritische Einfederung $\mu^*_\pm(n)$, $n = 1, 2$ als Funktion des Schlankheitsgrads

8.3 Ausknickung von Schraubenfedern

Wird eine dimensionslose Eigenfrequenz der Querschwingungen:

$$\Omega_n = \frac{\omega_n}{\omega_n^0} \quad \text{mit} \quad n = 1,2,\ldots$$

zu Null, erfolgt die seitliche Ausknickung der Feder mit der Eigenform$n$. Die Eigenform $n = 1$ entspricht der Ausknickung der Feder mit momentfrei gelagerten Enden. Der Ausknickung der Feder mit eingespannten Enden entspricht die Eigenform $n = 2$. Die kritische Einfederung $\mu^*(n)$ ergibt sich aus der Bedingung:

$$\omega_n = 0. \tag{8.29}$$

Aus der Bedingung (8.29) ergibt sich eine quadratische Gleichung bezüglich μ, die sich bezieht auf:

$$(\mu - 1) \cdot (2\mu\nu + \mu + 1) + \left(\frac{\pi\, n}{\xi}\right)^2 \cdot \frac{(1+\nu)^2}{2+\nu} = 0. \tag{8.30}$$

Die quadratische Gl. (8.30) für jede Eigenform N besitzt offensichtlich zwei Wurzeln:

$$\mu^*_\pm(n) = \frac{\nu}{1+2\nu} \pm \frac{1+\nu}{1+2\nu} \cdot \sqrt{1 - \frac{1+2\nu}{2+\nu}\left(\frac{\pi\, n}{\xi}\right)^2}. \tag{8.31}$$

Wenn die Feder mit ungespannter Länge $\mu = 1$ einfedert, findet die Ausknickung beim Erreichen der kritischen Einfederung $\mu_+^*(n)$ statt. Wenn die Feder vom flachen Zustand $\mu = 0$ ausfedert, findet die Ausknickung beim Erreichen der kritischen Einfederung $\mu_-^*(n)$ statt.

Zwischen beiden Zuständen liegt der instabile Bereich $\mu_-^*(n) < \mu < \mu_+^*(n)$. Die Feder wird immer stabil und bei keiner Einfederung ausknicken, solange folgende Bedingung erfüllt ist:

$$\xi < \xi^*(n) = \pi n \cdot \sqrt{\frac{1 + 2\nu}{\nu + 2}}.$$

In diesem Fall erfolgt keine Ausknickung der Feder über den vollen Bereich $0 < \mu < 1$.

8.4 Zusammenfassung

Im Rahmen der vorliegenden Untersuchung wird eine alternative Methode zur Analyse der Federstabilität auf der Grundlage dynamischer Gleichungen verwendet. Für die Analyse der druckbeanspruchten Schraubenfedern wird eine analytische Herleitung der Gleichungen für die Querschwingungen, auch Transversalschwingungen genannt, durchgeführt. Die Eigenfrequenz der Querschwingungen des äquivalenten Stabes ist eine Funktion der Axialkraft und der variablen Federlänge. Bei einer Eigenfrequenz der Querschwingungen von Null kommt es zu einer seitlichen Auslenkung der Feder. Die angewandte Methode erlaubt eine detaillierte Analyse des Knickverhaltens von Schraubendruckfedern. Die Ergebnisse, die zum Ausknicken axial belasteter Schraubendruckfedern gewonnen wurden, basieren auf dem statischen Stabilitätskriterium.

Der Begriff „Ausknicken“ kann auf den Verlust der Stabilität unter der gleichzeitigen Wirkung von Druckkräften und Torsionsmomenten ausgeweitet werden. Das erweiterte „Ausknicken“ bezeichnet das schlagartige und gewaltsame Versagen von geraden Stäben oder Balken unter der gleichzeitigen Wirkung von Druckkräften und Torsionsmomenten, sofern deren Wirkungslinien in der Stabachse liegen. Erweitertes „Ausknicken“ wird im folgenden Kap. 9 detailliert behandelt.

8.5 Symbolverzeichnis

Bezeichnung	*Physikalische Größe*
F	Federkraft (Zugkraft), $F \stackrel{\text{def}}{=} c_{[F/S]}(\overline{L} - L) = -P$.
P	Druckkraft, $P \stackrel{\text{def}}{=} c_{[F/S]}(L - \overline{L}) \equiv \langle ES \rangle \left(\frac{1}{\mu} - 1\right) > 0$
$\mathcal{A}$	Querschnittsfläche des Drahts
$\mathcal{B}$	Biegesteifheit des Drahts

Bezeichnung	*Physikalische Größe*
C	Torsionssteifheit des Drahts
$\langle GS \rangle$	Schubsteifheit der Feder
$\langle EI_B \rangle$	Biegesteifheit der Feder
$\langle ES \rangle$	Axiale Steifheit der Feder
$\langle m \rangle$	Masse der Feder pro Länge
s_Q	gesamte Querverschiebung der Skelettlinie
s_s	durch die Querkraft verursachte Querverschiebung
s_b	durch das Biegemoment verursachte Querverschiebung
m_B	Streckenmoment in Querrichtung
f_Q	Streckenlast in Querrichtung
Q	Querkraft der Skelettlinie der Feder
M_B	Biegemoment der Skelettlinie der Feder
ω_n	Kreiseigenfrequenz der Ordnung n der Feder mit Axiallast
ω_n^0	Kreiseigenfrequenz der Ordnung n der lastfreien Feder
ξ	Schlankheitsgrad: $\xi \stackrel{\text{def}}{=} \frac{L}{D}$
L	Länge der freien Feder: $0 < \bar{L} < L$
$\bar{L}$	Länge der Feder unter axialer Druckkraft $F > 0$
μ	dimensionslose Einfederung: $\mu \stackrel{\text{def}}{=} \frac{\bar{L}}{L} = 1 - \frac{F}{C[F/S]}$
Ω_n	Dimensionslose Eigenfrequenz der Ordnung n: $\Omega_n = \frac{\omega_n}{\omega_n^0}$
$\mu_{\pm}^*(n)$	kritische Einfederung der Ordnung n

Literatur

1. Grammel R. (1924) Die Knickung von Schraubenfedern, Z. Angewandten Math. Mech. 4 S. 384–389
2. Dick J. (1942) On Transverse Vibrations of a Helical Spring with Pinned Ends and no Axial Load, Phil. Magazine Ser. 7, 33:222 S. 513–519
3. Ponomarev S. D., Andreeva L. E. (1980) Calculation of Elastic Elements of Machines and Instruments. Moscow

Ausknicken einer gleichzeitig verdrehten, komprimierten oder gezogenen Schraubenfeder

9

9.1 Knicken von Federn mit beliebiger axialer Belastung

Bei axialer Belastung von langen, schlanken Federn besteht gelegentlich die Gefahr des Knickens. Unter Eulerschen Knicken versteht man den plötzlichen Stabilitätsverlust von geraden Stäben oder Stützen bis hin zum gewaltsamen Versagen unter der Einwirkung von Druckkräften, deren Wirkungslinie in der Stabachse liegt (Abb. 9.1). Ähnlich verhält es sich mit dem Knicken der schlankeren Schraubendruckfedern, wie in Kap. 8 diskutiert. In den Industrienormen [1] wird die Knickberechnung von Schraubendruckfedern behandelt. In Abschn. 9.1 wird angenommen, dass die Kraft beim Zusammenpressen der Druckfeder positiv ist. Die Federrate der Druckfeder wird auch positiv. Die Zugfeder in Abschn. 9.2 hat eine positive Kraft, wenn sie verlängert wird. Die Zugfeder wird unter der Zugkraft länger. Wir verwenden für die Kräfte der Federn, wie üblich, einen Buchstaben F. Positiver Federweg wird für beide Typen mit dem gleichen Buchstaben S bezeichnet.

Das Gegenstück zum Eulerschen Knickproblem ist das Greenhill-Problem, das die Bildung einer Schleife in einem elastischen Stab unter Torsion untersucht. Die Torsionsfeder kann sich nämlich auf ähnliche Weise knicken. Wir untersuchen zuerst die Knickung der Schraubenfeder, die nur durch die an ihren Enden angelegten Paare verdreht wird (Greenhill-Problem für Schraubenfedern). Es wird angenommen, dass die Enden des Stabes an den Stützen durch ideale kugelförmige Scharniere befestigt sind und sich frei in beliebige Richtungen drehen können. Das Torsionspaar behält beim Knicken seine ursprüngliche Richtung bei. Analytisch wird das kritische Knickmoment errechnet. Das Knicken der Schraubenfeder, die durch Paare und axiale Kräfte an ihren Enden verdreht ist, untersucht verallgemeinertes Euler-Greenhill-Problem für Schraubenfeder. Die vorliegende Problematik lässt sich durch die Theorie des Ersatzstabs für die Schraubenfeder

---

Vortrag am „Ilmenauer Federntag“, TU Ilmenau, 2021.

V. Kobelev, *Federntechnologie,* https://doi.org/10.1007/978-3-658-48303-6_9

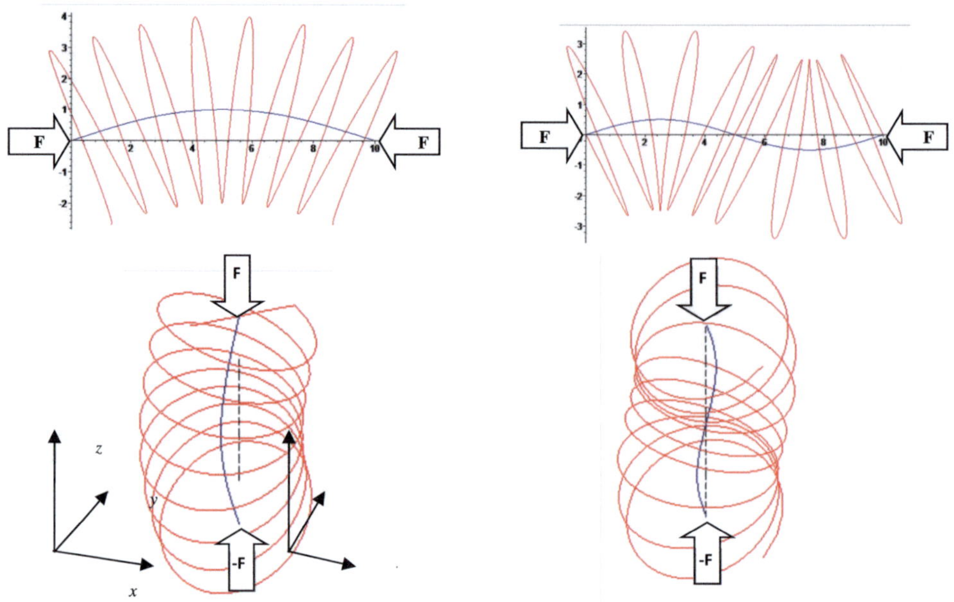

Abb. 9.1 Erste und zweite Knickform einer momentfrei abgestützten Schraubenfeder nach EULER-GRAMMEL

mit flachen Windungen und entsprechend vernachlässigbarer Steigung auf erstaunlich einfache und darstellerische Weise lösen. Alternative Lösungen sind nur durch die aufwendige Anwendung der Finiten-Elementen-Methoden erreichbar. In der Technik wird das Konzept des „äquivalenten Stabes" häufig herangezogen, um die Stabilität und Dynamik einer Feder zu untersuchen [2, 3, 4, 5]. Die Schraubenlinie, auch Helix genannt, stellt eine Kurve im dreidimensionalen Raum dar, welche durch eine Kombination von Rotation und Translation entlang einer Rotationsachse erzeugt wird. Die Mittelpunkte der Querschnitte des Drahts der Schraubenfeder befinden sich auf der Schraubenlinie.

Im Rahmen der Berechnung wird die Schraubenfeder durch einen flexiblen Stab ersetzt, welcher sich entlang der Rotationsachse der Helix erstreckt. Der äquivalente Stab weist die gleichen mechanischen Eigenschaften wie die physikalische Feder auf. Es sei darauf verwiesen, dass die Biege-, Torsions- und Drucksteifigkeiten des vorliegenden Systems den entsprechenden Steifigkeiten der Schraubenfeder entsprechen. Der äquivalente Stab der kraftfreien Feder stimmt mit der Rotationsachse der Helix überein. Dieser Stab wird darüber hinaus als „äquivalente Säule" der Schraubenfeder bezeichnet. Die Gleichungen der „äquivalenten Säule" sind wesentlich einfacher zu handhaben als die ursprünglichen Gleichungen der räumlichen Schraubenfeder. Dies betrifft insbesondere die integralen Federeigenschaften, wie axiale und transversale Steifigkeit, Knicklasten und Grundfrequenzen, die mit den Gleichungen der „äquivalenten Säule" unkompliziert ermittelt werden können.

Die Reduktion der Eigenfrequenz der Querschwingungen erfolgt mit steigender Druckkraft entlang der Federachse. Solange die Eigenfrequenz positiv ist, bleibt die Feder unter der Wirkung der axialen Kraft stabil. Bei einer bestimmten axialen Kraft verschwindet die Grundfrequenz der Querschwingungen, was zum seitlichen Knicken der Feder führt. Die Stabilitätsbedingungen lassen sich folglich als die Bedingungen der Nullifikation der fundamentalen Eigenfrequenz der Querschwingungen ableiten. Die entsprechende Mode der degenerierten Querschwingung geht in die Eigenfunktion der seitlichen Knickung über. Für weiterführende Informationen zu den verwendeten Bezeichnungen und Gleichungen sei auf das Buch [6] verwiesen. Am vorliegenden Beispiel der Instabilität verdrehter Schraubenfedern wird die Thematik veranschaulicht.

9.1.1 Instabilität verdrehter Schraubenfedern

Im Rahmen dieser Untersuchung wird die Knickung der Schraubenfeder analysiert, die durch konservative Paare M verdreht wird. Diese Paare werden lediglich an ihren Enden angewendet (Greenhill-Problem für Schraubenfedern, Abb. 9.2). Die Torsionspaare behalten beim Knicken ihre ursprüngliche Richtung bei. Auch in diesem Fall ist das kritische Knickmoment der Federn von dem Aufbau der Lagerung abhängig. Es wird

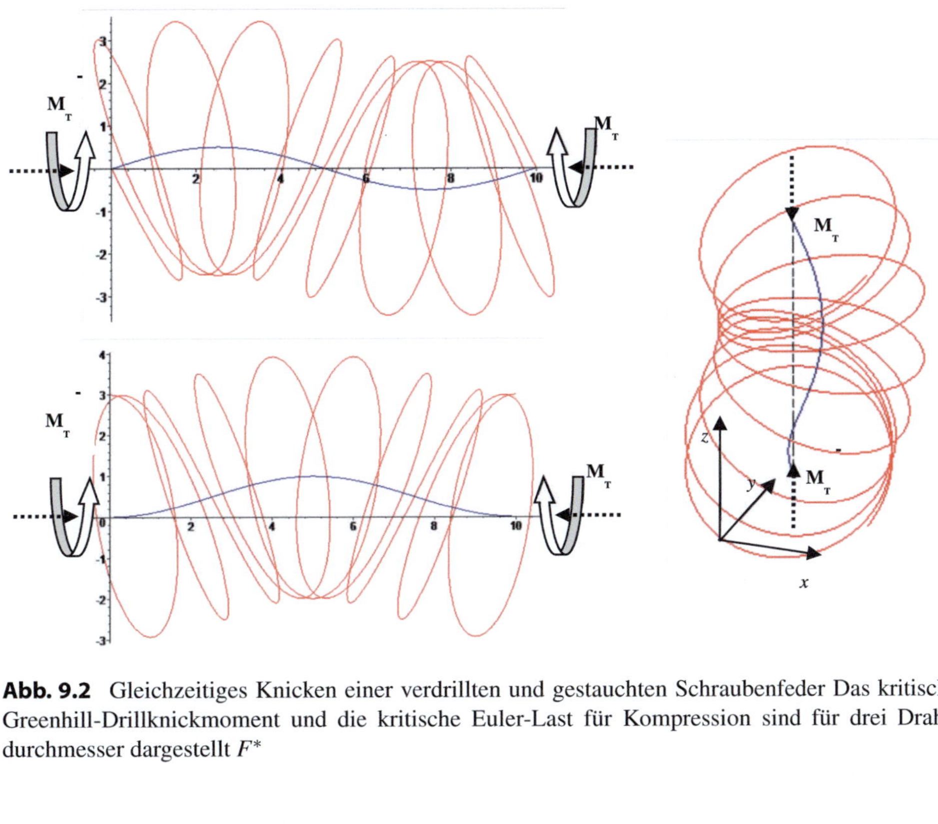

Abb. 9.2 Gleichzeitiges Knicken einer verdrillten und gestauchten Schraubenfeder Das kritische Greenhill-Drillknickmoment und die kritische Euler-Last für Kompression sind für drei Drahtdurchmesser dargestellt F^*

angenommen, dass die Enden des Stabes an den Stützen durch ideale kugelförmige Scharniere befestigt sind und sich frei in beliebige Richtungen drehen können. Die Einführung neuer unabhängiger Variablen reduziert das Problem auf ein exakt lösbares Hilfsproblem mit konstanten Koeffizienten, sodass das kritische Knickmoment einer äquivalenten Säule mit beliebiger Form auch in geschlossener Form exakt berechnet werden kann.

Im Folgenden wird eine äquivalente Säule der Länge L betrachtet, die allein durch an ihren Enden angreifende Paare verdreht wird. Dieser Fall wird als Greenhill-Problem für eine äquivalente Säule bezeichnet [7, 8]. Die Koordinate entlang der Rotationsachse der Helix ist $0 \leq z \leq L$. Das Torsionsmoment M behält beim Knicken seine ursprüngliche Richtung z bei. Die effektive Biegesteifigkeit der Schraubenfeder $\langle EI_B \rangle$ ist für beide Richtungen gleich. Zur Vereinfachung der Betrachtung wird die Schersteifigkeit der Feder zunächst vernachlässigt.

9.1.2 Instabilität von Federn mit konstanter Biegesteifigkeit

Im ersten Schritt erfolgt die Berechnung der Stabilität der äquivalenten Säule zur Feder mit der konstanten Biegesteifigkeit entlang der Federachse. Die äquivalenten mechanischen Größen von Schraubenfedern können der Tabelle entnommen werden. Die in Tab. 9.1 aufgeführten Formeln gelten für eine Feder mit konstantem Windungsradius und konstantem Drahtdurchmesser entlang der Achse (Tab. 9.1):

$$\langle EI_B \rangle = \frac{Ed^4 L_k}{32(2+\nu)\,N\,D} \quad \text{für}\, 0 \leq z \leq L_k.$$

Die Drillknickgleichungen von Greenhill lauten wie folgt:

$$\langle EI_B \rangle \cdot \frac{d^2u}{dz^2} = M\,\frac{dv}{dz}, \qquad \langle EI_B \rangle \cdot \frac{d^2v}{dz^2} = -M\,\frac{du}{dz}, \tag{9.1}$$

wobei $u(z), v(z)$ die Durchbiegungen der äquivalenten Säule in den Richtungen der Achsen x, y sind. Es wird angenommen, dass die Enden des Stabes $z = 0$ und $z = L_k$ durch ideale Kugelgelenke an den Stützen befestigt sind und sich in beliebige Richtungen drehen können ($M_x = M_y = 0$):

$$u(0) = v(0) = u(L_k) = v(L_k) = 0. \tag{9.2}$$

Tab. 9.1 Äquivalente mechanische Konstanten von Schraubenfedern, die durch die Axialkraft F komprimiert sind. Die komprimierte Länge bezeichnet die Länge der Feder unter Wirkung der Druckkraft.

	Beliebiger Draht	Runddraht	Einheit
Schubsteifheit $\langle GS \rangle$	$\frac{8EI_r}{\pi ND^3} \cdot \bar{L}$	$\frac{Ed^4}{8ND^3} \cdot \bar{L}$	N
Biegesteifheit $\langle EI_B \rangle$	$\frac{2EI}{\pi ND\left(1+\frac{EI}{GI_T}\right)} \cdot \bar{L}$	$\frac{Ed^4}{32(2+\nu)ND} \cdot \bar{L}$	Nm^2
Axiale Steifheit $\langle ES \rangle \equiv c_{[F/S]}\bar{L}$	$\frac{4GI_T}{\pi ND^3} \cdot \bar{L}$	$\frac{Gd^4}{8ND^3} \cdot \bar{L}$	N

Die Integration der Gl. (9.1) liefert neue Gleichungen mit zwei unbekannten Konstanten c_1, c_2:

$$\langle EI_B \rangle \frac{du}{dz} = Mv + c_1, \quad \langle EI_B \rangle \frac{dv}{dz} = -Mu + c_2.$$

Mit (9.2) ergibt sich die erste Knickform wie folgt:

$$u(z) = \sin\left(\frac{2\pi z}{L_\mathrm{k}}\right), \quad v(z) = 1 - \cos\left(\frac{2\pi z}{L_\mathrm{k}}\right), \quad c_1 = c_2 = 0.$$

Das kritische Torsionsmoment der Feder mit konstanter Biegesteifheit entlang der Achse für das Greenhill-Problem ist gegeben durch:

$$M^* = 2\pi \cdot \frac{\langle EI_B \rangle}{L_\mathrm{k}}. \tag{9.3}$$

9.1.3 Instabilität von Federn mit variabler Biegesteifigkeit

In einem zweiten Schritt erfolgt die Berechnung der Federn mit variabler Geometrie entlang der Rotationsachse. Dabei wird die Biegesteifigkeit der äquivalenten Säule als Funktion der axialen Koordinate z berücksichtigt, sofern sich der Windungsdurchmesser oder der Drahtdurchmesser entlang der Achse z der Feder variiert:

$$\overline{\langle EI_B \rangle} = \overline{\langle EI_B \rangle (z)} \quad \text{für} \quad 0 \leq z \leq L_\mathrm{k}.$$

Die Feder mit der variablen Biegesteifigkeit entlang ihrer Achse wird mit einem besonderen Ansatz berechnet. Zur Lösung wird eine neue unabhängige Variable ς eingeführt:

$$z(\varsigma) = \int_0^{\zeta} \frac{\mathrm{d}t}{\phi(t)} \quad \text{für} \quad \phi(t) > 0.$$

Mit der unabhängigen Variable ς transformiert sich das Randwertproblem (9.2)–(9.3) zu:

$$\overline{\langle EI_B \rangle} \frac{dU}{d\varsigma} \equiv \phi(\varsigma) \langle EI_B \rangle \frac{dU}{d\varsigma} = M\,V + c_1, \quad \overline{\langle EI_B \rangle} \frac{dV}{d\varsigma} \equiv \phi(\varsigma) \langle EI_B \rangle \frac{dV}{d\varsigma} = -M\,U + c_2. \tag{9.4}$$

$$U(0) = V(0) = U(L) = V(L) = 0, \tag{9.5}$$

wobei:

$$u(z) \equiv u\left(\int_0^{\zeta} \frac{\mathrm{d}t}{\phi(t)}\right) = U(\zeta), \quad v(z) \equiv v\left(\int_0^{\zeta} \frac{\mathrm{d}t}{\phi(t)}\right) = V(\zeta).$$

Die Funktionen $U(\varsigma)$, $V(\varsigma)$ sind die Verformungen der äquivalenten Säule mit einer variablen Biegesteifigkeit entlang ς in Richtungen der Achsen x, y. Der Wert L ist die Lösung der algebraischen Gleichung:

$$L_\mathrm{k} = \int_0^L \frac{\mathrm{d}\varsigma}{\phi(\varsigma)}. \tag{9.6}$$

Das Symbol $L_{\text{äquiv}}$ bezeichnet die Länge der Feder mit veränderlicher Biegesteifigkeit entlang der Achse, die das gleiche kritische Drehmoment hat wie die Feder mit konstanter Biegesteifigkeit entlang der Achse. Das Eigenwertproblem vom Randwertproblem (9.4)–(9.5) beschreibt das Greenhill-Problem mit einer über die Länge variablen effektiven Biegesteifigkeit der „äquivalenten Säule“:

$$\overline{\langle EI_B \rangle} = \langle EI_B \rangle \cdot \phi(t), \qquad 0 \leq t \leq L.$$

Die kritischen Eigenwerte der Probleme Gl. (9.4)–(9.5) und Gl. (9.1)–(9.2) stimmen überein und sind gleich dem Wert (3). Die Substitution von (9.6) in den Ausdruck (9.3) liefert den analytischen Ausdruck für das kritische Drehmoment der Feder mit variabler Biegesteifheit entlang der Achse:

$$M^{**} = 2\pi \cdot \left(\int_0^L \frac{\mathrm{d}t}{\langle EI_B \rangle \cdot \phi(t)} \right)^{-1}. \tag{9.7}$$

Diese Funktion liefert die kritische Belastung des Greenhill-Problems für eine verdrehte Schraubenfeder mit einer variablen effektiven Biegesteifigkeit der Länge L.

9.1.4 Ausknickung unter Drehmoment und Axialkraft

Die Instabilität von Schraubenfedern unter gleichzeitiger Wirkung von Drehmoment und Axialkraft wird in einer vergleichbaren Weise untersucht. Im Folgenden wird eine geometrisch perfekte Schraubenfeder betrachtet, die auf zwei kugelförmigen Gelenken gelagert ist und durch eine positive axiale Druckkraft F sowie ein Drehmoment M belastet wird. Es wird angenommen, dass beide Belastungen ihre Richtung während des Knickens beibehalten.

Durch die Hinzufügung der Ausdrücke für die Momente infolge der Axialkraft $(-F\,u, -F\,v)$ zu den Gleichungen vom Greenhill (Gl. 9.1) lassen sich die Knickgleichungen für die Schraubenfedern unter dem Drehmoment M und der axialen Kraft F ableiten:

$$\begin{cases} \langle EI_B \rangle \cdot \frac{\mathrm{d}^2 u}{\mathrm{d}z^2} = M \cdot \frac{\mathrm{d}v}{\mathrm{d}z} - F \cdot u, \\ \langle EI_B \rangle \cdot \frac{\mathrm{d}^2 v}{\mathrm{d}z^2} = -M \cdot \frac{\mathrm{d}u}{\mathrm{d}z} - F \cdot v. \end{cases} \tag{9.8}$$

In Gl. (9.8) sind $u(z), v(z)$ die Durchbiegungen der äquivalenten Säule in den Richtungen jeweils der Achsen x, y.

In der vorliegenden Berechnung wird von Euler die unveränderte Länge L des seitlich biegsamen Stabs als Ausgangspunkt gewählt. Demgegenüber verkürzen sich axial formbare Schraubenfedern erheblich unter der Wirkung der Axialkraft. Eine Verbesserung der Lösung wäre möglich, wenn der Wert $\bar{L} < L$ als die bereits komprimierte Länge der Schraubenfeder mit der axialen Federrate $c_{[F/S]}$ unter der Wirkung der Druckkraft $F > 0$ bezeichnet wird:

$$\bar{L} = L - \frac{F}{c_{[F/S]}}.$$

Die Enden der zusammengedrückten Feder werden frei drehbar angenommen, sodass sie an den Stützen durch ideale kugelförmige Scharniere befestigt sind und sich frei in beliebige Richtungen drehen können (Gl. (9.2)). Die allgemeine Lösung der Gl. (9.8) wird in der Form gesucht:

$$\begin{aligned} u(z) &= A \cdot \exp(i\lambda z), \\ v(z) &= B \cdot \exp(i\lambda z). \end{aligned} \tag{9.9}$$

Die Substitution des Elements (9.9) in Gl. (9.8) resultiert in einem System von zwei homogenen linearen algebraischen Gleichungen:

$$\begin{bmatrix} F - \langle EI_B \rangle \lambda^2 & i\lambda M \\ -i\lambda M & F - \langle EI_B \rangle \lambda^2 \end{bmatrix} \begin{bmatrix} A \\ B \end{bmatrix} = \begin{bmatrix} 0 \\ 0 \end{bmatrix}. \tag{9.10}$$

Eine nicht-triviale Lösung von (9.10) ist nur möglich, wenn die Determinante verschwindet:

$$\begin{vmatrix} F - \langle EI_B \rangle \lambda^2 & i\lambda M \\ -i\lambda M & F - \langle EI_B \rangle \lambda^2 \end{vmatrix} = 0. \tag{9.11}$$

Die Berechnung der Determinante resultiert in einer biquadratischen charakteristischen Gleichung in Bezug auf den Parameter λ. Für ein Drehmoment M gibt es zwei Lösungen der charakteristischen Gl. (9.11):

$$\lambda_{1,2} = \frac{-M \pm \sqrt{M^2 + 4\langle EI_B \rangle F}}{2\langle EI_B \rangle}. \tag{9.12}$$

Die allgemeine Lösung (9) kann als Real- oder Imaginärteil von Exponentialfunktionen mit vier unbekannten Koeffizienten aufgefasst werden:

$$\begin{cases} u(z) = A_1 e^{i\lambda_1 z} + A_2 e^{i\lambda_2 z}, \\ v(z) = B_1 e^{i\lambda_1 z} + B_2 e^{i\lambda_2 z}. \end{cases} \tag{9.13}$$

Die Randbedingungen Gl. (9.2) reduzieren sich mit der Lösung (13) auf:

$$\begin{cases} A_1 + A_2 = 0, \\ B_1 + B_2 = 0, \\ e^{i\lambda_1 \bar{L}} A_1 + e^{i\lambda_2 \bar{L}} A_2 = 0, \\ e^{i\lambda_1 \bar{L}} B_1 + e^{i\lambda_2 \bar{L}} B_2 = 0. \end{cases} \tag{9.14}$$

Vier Gl. (9.14) besitzen nur dann eine nichttriviale Lösung, wenn $e^{i\lambda_1 \bar{L}} = e^{i\lambda_2 \bar{L}}$.

In diesem Fall:

$$\lambda_1 = \lambda_2 + \frac{2k\pi}{\bar{L}}, \quad k = 1{,}2,\ldots \tag{9.15}$$

Die kleinstmögliche Knicklast in Gl. (9.15) entspricht $k = 1$:

$$\frac{-M + \sqrt{M^2 + 4\langle EI_B\rangle\, F}}{2\langle EI_B\rangle} = \frac{-M - \sqrt{M^2 + 4\langle EI_B\rangle\, F}}{2\langle EI_B\rangle} + \frac{2\pi}{\bar{L}} \tag{9.16}$$

Der Schlankheitsgrad der freien Feder lautet per Definition:

$$\xi \stackrel{\text{def}}{=} \frac{L}{D}.$$

Die relative dimensionslose Länge ist definiert als:

$$\mu \stackrel{\text{def}}{=} \frac{\bar{L}}{L}.$$

Aus der Gl. (9.16) ergibt sich folglich die Knickbedingung für gleichzeitige axiale Kompression und Torsion der Schraubenfeder:

$$\frac{F}{F^*} + \left(\frac{M}{M^*}\right)^2 = 1. \tag{9.17}$$

In Gl. (9.17), F^* ist die Eulersche kritische Last für Kompression, M^* ist das kritische Greenhill-Drillknickmoment. Für eine zylindrische Feder mit dem konstanten Drahtdurchmesser D sind:

$$F^* = \langle EI_B\rangle \cdot \left(\frac{\pi}{\bar{L}}\right)^2 \equiv \langle EI_B\rangle \cdot \left(\frac{\pi}{L - \frac{F^*}{c_{[F/S]}}}\right)^2 = \frac{\xi + \sqrt{\xi^2 - \xi^{*2}}}{32 \cdot (1+\nu)} \cdot \frac{E\,d^4}{D^2\,N}, \tag{9.18}$$

$$M^* = 2\pi \cdot \frac{\langle EI_B\rangle}{\bar{L}} \equiv \frac{\pi}{16(2+\nu)} \cdot \frac{E\,d^4}{D\,N}. \tag{9.19}$$

Das kritische Greenhill-Drillknickmoment ist unabhängig vom Schlankheitsgrad ξ. Die kritische Eulersche Druckbelastung Gl. (9.18) ist:

$$\xi^* = \pi \cdot \sqrt{2 \cdot \frac{1+\nu}{2+\nu}}. \tag{9.20}$$

Der Wert ξ^* in Gl. (9.20) bezeichnet den minimalen Schlankheitsgrad für die Instabilität. Sofern der Durchmesser signifikant größer ist als die Federlänge, lässt sich das Phänomen des Euler-Knicks nicht auftreten. In diesem Fall ist die Schlankheit ξ kleiner als die Kennzahl ξ^*, was bedeutet, dass die Feder für $\xi < \xi^*$ stehts stabil bleibt.

Die Beziehung zwischen den beiden kritischen Lasten kann wie folgt dargestellt werden:

$$\frac{M^*}{F^*} = \frac{2D}{\pi}\mu^*\xi. \tag{9.21}$$

Das Zeichen μ^* bezeichnet die dimensionslose Länge:

$$2\mu^* = 1 - \sqrt{1 - \left(\frac{\xi^*}{\xi}\right)^2}. \tag{9.22}$$

Die vorliegende Berechnung des kritischen Greenhill-Drillknickmoments M^*, Gl. (9.19) zeigt, dass dieses nicht vom Schlankheitsgrad abhängt.

Die Graphen der kritischen Knicklasten sind in den folgenden Figuren dargestellt. Die folgenden Werte wurden für die Berechnungen verwendet:

$$E = 200\,[GPa], \nu = 0{,}25, N = 10, D = 30\,[mm], L = 120\,[mm], d = 2\ldots 3\,[mm].$$

Die Abb. 9.3 veranschaulicht das simultane Knicken der verdrehten und gestauchten Schraubenfeder, wie es in der Gl. (9.17) beschrieben ist. Die Funktionen des kritischen Greenhillschen Drillknickmoments M^* und der kritischen Eulerschen Belastung für Kompression F^* sind für drei Drahtdurchmesser d dargestellt. In sämtlichen der drei Fallbeispiele bleiben sowohl die Länge der äquivalenten Säule zur Feder L als auch deren Anzahl an Windungen N sowie ihr Durchmesser D konstant. Sofern eine Änderung der Richtungen des angelegten Moments oder der Kraft mit der Ausknickung eintritt, empfiehlt sich für die Beurteilung der nicht-konservativen Stabilität der Einsatz dynamischer Methoden [9, 10].

9.2 Instabilität von Zugfedern

Es ist von beträchtlicher Relevanz, dass Federn nicht nur bei Druckkräften, sondern auch bei Zugkräften zum Ausknicken neigen. Ein weiterer Typ der Instabilität manifestiert sich, wenn eine allmählich zunehmende Zugkraft auf die Enden einer vorgespannten Schraubenfeder ausgeübt wird [11]. Eine elegante Erklärung dieses kuriosen Effektes wurde von [12] geliefert. Experimentell wurde beobachtet, dass der Ende-zu-Ende-Abstand eine Reihe von diskontinuierlichen Dehnungsentwicklungen erleidet. Dieses Phänomen wurde auch etwas später von [13] entdeckt.

Die Windungen der Feder sind in Ebenen positioniert, die normal zur Achse der Feder ausgerichtet sind. Bei einer plötzlichen Zugbelastung, die zu einer Spannung der geschlossenen Schraubenfeder führt, kommt es zu einer Neigung der Windungen, die durch die spezifische Form der Windungen und die Achse der Feder definiert ist. Die geneigten Windungen verlaufen nicht mehr parallel zur normalen Ebene, welche die Achse der Feder bildet. (Abb. 9.4). Der Neigungswinkel zwischen der neuen Windungsebene und der Normalebene ist ϑ. Die erste Instabilität manifestiert sich, wenn die erste Windung abrupt geneigt wird. In der Folge neigen sich die übrigen Windungen mit einer leicht

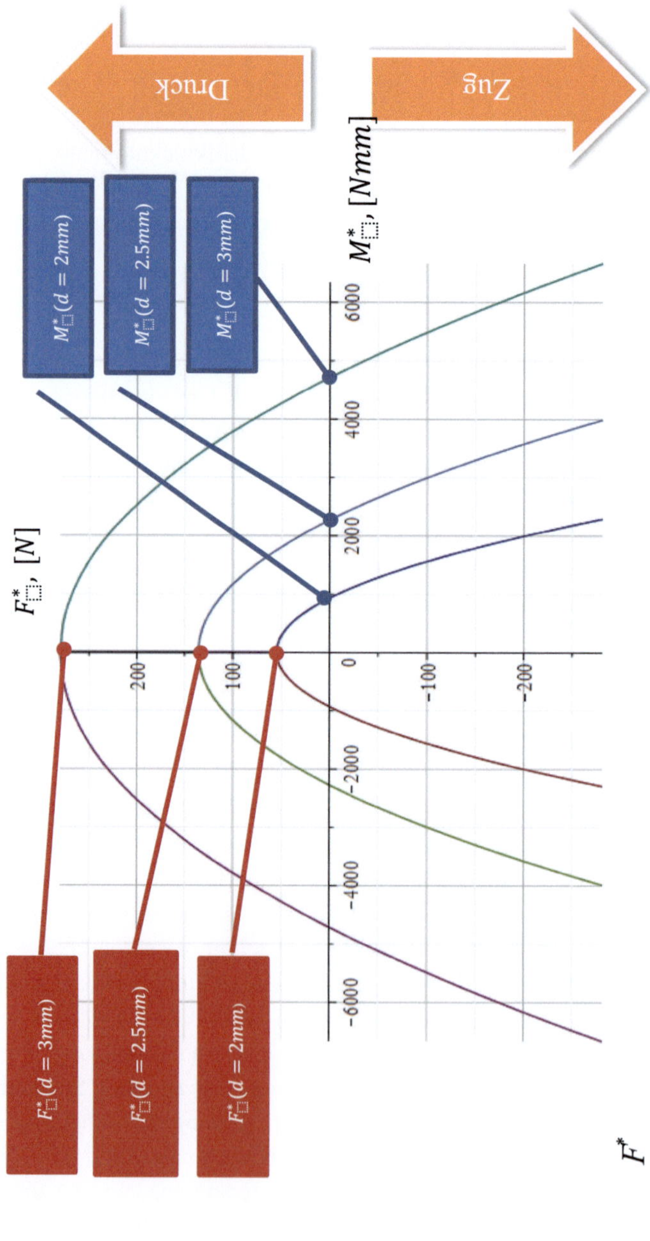

Abb. 9.3 Gleichzeitiges Knicken einer verdrillten und gestauchten Schraubenfeder

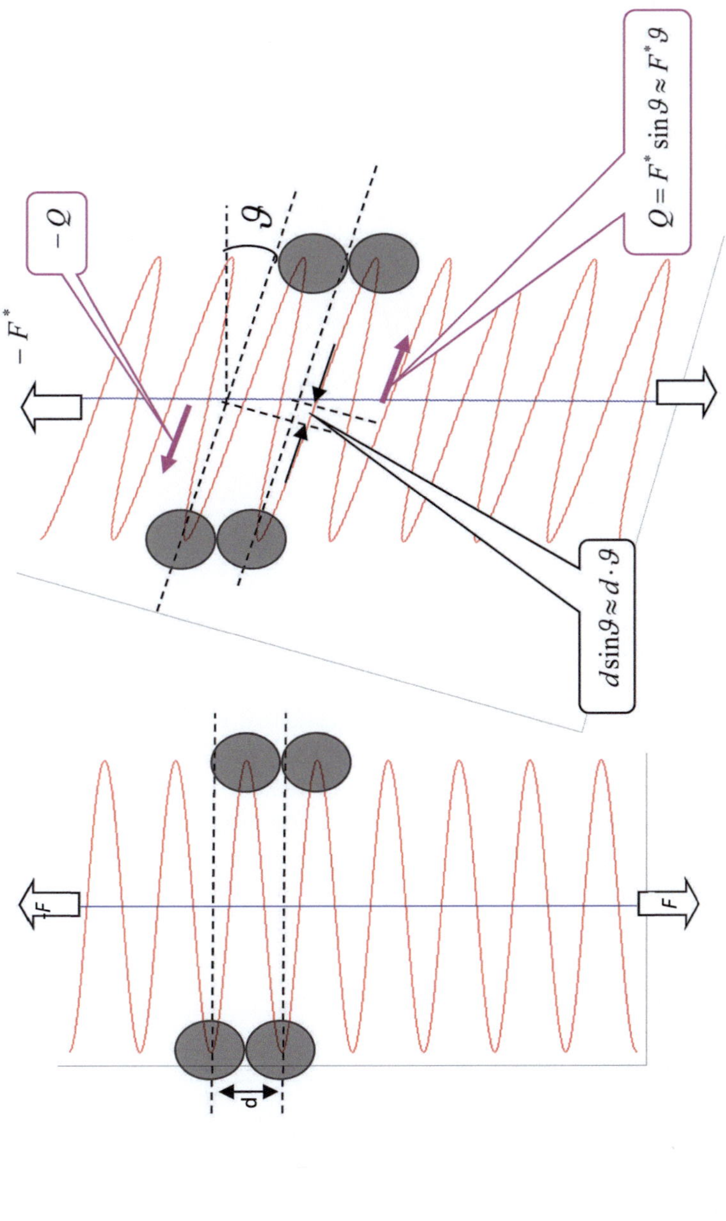

Abb. 9.4 Windungsgleitinstabilität einer Dehnungs-Schraubenfeder

steigenden Zugbelastung. Aufgrund der Vorspannung bleibt jede Spule in Kontakt mit ihren Nachbarspulen. Die geneigten Windungen gleiten über die Oberseite der anderen Windungen, sodass sich deren Mittelpunkte in der Neigungsebene verschieben. Die Verformung des verschobenen Coils ist eine reine Scherverformung unter der Wirkung der Querkraft Q. Der Scherwinkel ist ein spezifischer Neigungswinkel, der in diesem Kontext von zentraler Bedeutung ist. Der Scherwinkel einer „äquivalenten Säule" lässt sich wie folgt definieren:

$$\vartheta = \frac{Q}{\langle GS \rangle}, \qquad \langle GS \rangle = \frac{E\,d^4}{8\,N\,D^3}\bar{L}, \tag{9.23}$$

wobei $\langle GS \rangle$ die effektive Schersteifigkeit der Schraubenfeder ist (Tab. 9.1). Andererseits ist die Querkraft Q die Projektion der axialen Zugkraft F^* auf die schiefe Ebene und für einen kleinen Winkel ϑ gleich:

$$Q = F^* \cdot \sin\vartheta \approx F^* \cdot \vartheta. \tag{9.24}$$

Für die geschlossene Schraubenfeder liegen die Windungen in Kontakt zueinander. Die Federlänge wird entsprechend $\bar{L} = Nd$. Die Substitution von Gl. (9.23) in die Gl. (9.24) ergibt die kritische Kraft der gleitenden Instabilität:

$$F^* = \langle GS \rangle = \frac{E\,d^5}{8\,D^3}. \tag{9.25}$$

9.3 Zusammenfassung

Im Rahmen der praktischen Anwendung der vorgestellten Methode sind folgende Erweiterungen von Relevanz. Es ist evident, dass die kritische Knickbelastung der Federn vom Aufbau der Lagerung abhängt. Die dargestellte Methode kann auf die anderen Arten der Lagerung erweitert werden. Darüber hinaus ist eine Untersuchung der Anwendbarkeit des vorgestellten Kriteriums für die Beurteilung der Stabilität unter Wirkung nichtkonservativer Belastungen erforderlich.

9.4 Symbolverzeichnis

Bezeichnung	*Physikalische Größe*
M	Torsionsmoment der Schraubenfeder
M^*	kritisches Torsionsmoment der Feder mit konstanter Biegesteifheit entlang der Achse
$\langle EI_B \rangle$	Biegesteifigkeit entlang der Federachse
$\bar{L}$	Durch die Axialkraft komprimierte Länge der Federmit konstanter Biegesteifheit entlang der Achse

Bezeichnung	*Physikalische Größe*
L	Länge der äquivalenten Säule der Feder mit variabler Biegesteifheit entlang der Achse
$U(\varsigma), V(\varsigma)$	Seitliche Verformungen der äquivalenten Säule
M^{**}	kritisches Torsionsmoment der Feder mit variabler Biegesteifheit entlang der Achse
F	axiale Druckkraft entlang der Federachse der Druckfeder oder axiale Zugkraft der Zugfeder
F^*	Eulersche kritische axiale Kraft
ξ	Schlankheitsgrad der freien Feder:$\xi = \frac{L}{D}$
μ	relative dimensionslose Länge:$\mu = \frac{\bar{L}}{L}$
ξ^*	Kritischer Schlankheitsgrad
ϑ	Neigungswinkel zwischen der neuen Windungsebene und der Normalebene
$c_{[F/S]}$	Federrate für die axiale Federkraft

Literatur

1. DIN EN 13906–1:2013–11, Zylindrische Schraubenfedern aus runden Drähten und Stäben-Berechnung und Konstruktion – Teil 1: Druckfedern (2013)
2. Nicolai E.L. (1926) Stabilität des zu einer Schraubenlinie gebogenen Stabes, ZAMM, Ztschr. f. angew. Mat. und Mech., Bd. 6, Heft 1, https://doi.org/10.1002/zamm.19260060103
3. H Ziegler 1939 Das Knicken der gedrückten und tordierten Schraubenfeder Ing. Arch 10 227 237 https://doi.org/10.1007/BF02084906
4. Biezeno C. B., Grammel R. (1939) Technische Dynamik (Berlin), S. 553
5. H Ziegler A Huber 1950 Zur Knickung der gedrückten und tordierten Schraubenfeder Journal of Applied Mathematics and Physics (ZAMP) 1 189 195 https://doi.org/10.1007/BF02009364
6. Kobelev, V. (2024). “Equivalent Columns” for Helical Spring. In: Fundamentals of Springs Mechanics. Springer, Cham. https://doi.org/10.1007/978-3-031-58584-5_3
7. Hui E. (1955) Knickung verwundener Stäbe unter Druck. Prom.-Nr. 2453, Eidgenössische Technische Hochschule in Zürich, Springer-Verlag Wien GmbH
8. Frisch-Fay R. (1973) Buckling of Pre-Twisted Bars, Int. J. mech. Sci. Pergamon Press. 1973. Vol. 15, pp. 171–181
9. Pozzi, A.: Einfluss nichtkonservativer Belastungen auf die Stabilität von Tragwerken, Birkhäuser Verlag Basel (1972)
10. Ziegler H. (1977) Principles of Structural Stability, Birkhäuser Verlag Basel
11. Andreeva, L.E. (1962) Elastic Elements of Instruments, Mashgiz, Moscow, 456 p. Translation: Baruch A. Alster D. Jerusalem, Israel Program for Scientific Translation, Ltd. 1966
12. Ponomarev, S.D., Andreeva, L.E(1980) Calculation of Elastic Elements of Machines and Instruments. Moscow
13. D,A, Kessler,Y, Rabin 2003 Stretching instability of helical springs Phys. Rev. Lett. 90 024301

Einfluss der mittleren Spannung auf die Ermüdungslebensdauer

10

10.1 Lebensdauerberechnung von Federn

10.1.1 Einflussfaktoren auf die Lebensdauer von Metallfedern

Aus dem Stand der Technik ist bekannt, dass mehrere herstellungs- und betriebsbedingte Effekte einen wesentlichen Einfluss auf die Lebensdauer haben (Tab. 10.1).

Für Federn und Stabilisatoren sowie deren Werkstoffe gelten die Anforderungen in Anlehnung an folgende Normen (Tab. 10.2).

Die Ermüdungslebensdauer von Federn ist seit Jahrzehnten Gegenstand wissenschaftlicher Forschung. Eine abschließende Bewertung steht jedoch noch aus. Ein fundiertes Verständnis der Ermüdungsvorgänge ist insbesondere in Branchen von essentieller Bedeutung, in denen ein potenzielles Versagen eine Gefährdung für Menschen darstellen kann. Dies gilt unter anderem für die Luftfahrt, den Energiesektor sowie die Automobilindustrie. Ein noch nicht vollständig gelöstes Problem ist die Reduktion des komplexen, zeitlich veränderlichen Spannungszustandes auf sein skalares Äquivalent, welches die gleiche Schädigung des Werkstoffes verursacht. Dies bedeutet, dass die Komponenten des Spannungstensors unabhängige Funktionen der Zeit sind. Die zeitliche Veränderung der Spannungskomponenten kann korreliert oder unkorreliert erfolgen. Für den Entwurf ist eine skalare Größe mit der Einheit „Spannung" für Ingenieure die optimale Grundlage. Diese skalare Spannung entspricht der Anzahl von Lastspielen bis zum Bruch. Zu diesem Zweck wurden verschiedene Arten von Festigkeitshypothesen vorgeschlagen, die zu Korrelationen für die in Spannung oder Dehnung ausgedrückte Vergleichskurve führen. Das Resultat sind die Spannungs- oder Dehnungsamplituden. Auf dieser Grundlage

---

Vortrag am „Ilmenauer Federntag", TU Ilmenau, 2023.

V. Kobelev, *Federntechnologie,* https://doi.org/10.1007/978-3-658-48303-6_10

Tab. 10.1 Lebensdauereinflussfaktoren

Herstellungsbedingte Einflussfaktoren	Werkstoff
	Eigenspannungszustand
	Drahtdurchmesser
	Wickelverhältnis (Verhältnis von mittlerem Durchmesser zur Drahtstärke)
	Windungsabstand
	Anlassparameter (Temperatur, Dauer)
	Intensität der Kugelstrahlung (Korngröße, Geschwindigkeit, Zeit, Härte vom Strahlgut, Nutzungsgrad vom Strahlgut)
	Vorsetzparameter
Betriebsbedingte Einflussfaktoren	Mittelspannung
	Spannungsamplitude
	Belastungskollektiv
	Korrosion
	Verschleiß durch tribologische Belastungen
	dynamische Spannungsspitzen
	Umgebungstemperatur
	Rauheit der Oberfläche
	Beschädigung vom Schutzlack

Tab. 10.2 Normen zur Prüfung von Federn

DIN 50014:2018-08	Normalklimate für Vorbehandlung und/oder Prüfung – Festlegungen
DIN EN ISO 9227:2012-09	Korrosionsprüfungen in künstlichen Atmosphären – Salzsprühnebelprüfungen
DIN EN ISO 6507-4:2018-07	Metallische Werkstoffe – Härteprüfung nach Vickers – Teil 4: Tabellen zur Bestimmung der Härtewerte
DIN EN ISO 18265:2004-02	Metallische Werkstoffe – Umwertung von Härtewerten
DIN EN ISO 3887:2018-05	Stahl – Bestimmung der Entkohlungstiefe
DIN EN 10247:2017-09	Metallographische Prüfung des Gehaltes nichtmetallischer Einschlüsse in Stählen mit Bildreihen
DIN 51200:2016-08	Werkstoffprüfmaschinen – Gestalten und Anwenden von Aufnahmevorrichtungen für Proben in Härteprüfgeräten
DIN EN ISO 9227:2012-09	Korrosionsprüfungen in künstlichen Atmosphären – Salzsprühnebelprüfungen
DIN EN ISO 6892-1:2020-06	Metallische Werkstoffe – Zugversuch – Teil 1: Prüfverfahren bei Raumtemperatur
DIN EN ISO 6892-2:2018-0	Metallische Werkstoffe – Zugversuch – Teil 2: Prüfverfahren bei erhöhter Temperatur
DIN EN 10204:2005-01	Metallische Erzeugnisse – Arten von Prüfbescheinigungen
DIN EN ISO 20567-1:2017-07	Beschichtungsstoffe – Prüfung der Steinschlagfestigkeit von Beschichtungen – Teil 1: Multischlagprüfung
DIN EN ISO 11997-1:2018-01	Beschichtungsstoffe – Bestimmung der Beständigkeit bei zyklischen Korrosionsbedingungen – Teil 1: Nass

erfolgt eine Abschätzung der Ermüdungslebensdauer. Bei Blatt- und Tellerfedern sind die Normalspannungen die maßgeblichen Spannungen. Bei Druck- oder Schraubenzugfedern sind anstelle der Normalspannungen die Schubspannungen zu verwenden.

Die Analyse aller relevanten Schädigungsparameter und der entsprechenden Ermüdungseigenschaften erlaubt eine Bestimmung der Ermüdungseigenschaften. Die äquivalenten Spannungshypothesen besitzen das größte Potenzial. Für eine Beanspruchung mit dem vollen Spannungstensor ist die Anwendung der äquivalenten skalaren Spannungswerte geeignet. Es konnte festgestellt werden, dass die Schädigung bei allgemeiner mehraxialer Beanspruchung entweder durch die äquivalente skalare Beanspruchung oder durch einen skalaren Energieparameter definiert wird [1, 2]. Die skalare äquivalente Spannung stellt für isotopische Materialien eine Funktion der Invarianten des Spannungstensors dar. In der wissenschaftlichen Literatur findet sich eine Vielzahl von Quellen, die sich auf die Definition der äquivalenten Spannung nach von Mises berufen. Die Definition basiert auf der Bestimmung der Verformungsenergie in einem bestimmten Material. Dabei handelt es sich um die Energie, die mit Formänderungen in demselben Material verbunden ist. Im Gegensatz dazu steht die Energie, die mit Volumenänderungen in demselben Material verbunden ist. Unter Berücksichtigung dieses Kriteriums kann ein Werkstoff als sicher klassifiziert werden, sofern der Höchstwert der Formänderungsenergie pro Volumeneinheit in diesem Werkstoff kleiner ist als die Formänderungsenergie pro Volumeneinheit, die erforderlich ist, um bei einer Zugprüfung desselben Werkstoffs ein Fließen zu bewirken. Im Rahmen der vorgeschlagenen vereinheitlichten Fließfunktionen erfolgt eine Erweiterung der Spannungsverteilungsfaktorbereiche durch die Einführung der effektiven Spannungsintensität. Die Lösung resultiert in einem Faktorbereich für die effektive Spannungsintensität, einem effektiven Mittelwert des Spannungsintensitätsfaktors sowie einem effektiven Spannungsverhältnis. Das entwickelte Verfahren basiert auf der Annahme eines homogenen Spannungszustandes im gesamten Federelement. Für inhomogen beanspruchte Bauteile wird zur Berücksichtigung der Ermüdung das sogenannte „Weak-Link"-Konzept angewendet.

Bei identischer Vergleichsspannung manifestieren sich für Federn, die einer Normalspannung ausgesetzt sind, typischerweise höhere Dauerfestigkeiten als für Federn, die einer Schubspannung unterliegen und aus demselben Werkstoff gefertigt wurden. Aus diesem Grund wurden zahlreiche alternative Vergleichsspannungskriterien entwickelt. Die mehrachsigen Ermüdungskriterien lassen sich nach der physikalischen Natur des Versagensparameters in Spannungskriterien, Dehnungskriterien und Energiekriterien (Spannung-Dehnung) unterteilen. Die genannten Kriterien sind für eine Vielzahl von Lastspielen bis zum Versagen konzipiert. In diesem Fall sind die plastischen Verformungen so gering, dass sie bei der Berechnung vernachlässigt werden können. Für den Fall großer plastischer Verformungen werden alternativ Dehnungskriterien vorgeschlagen, welche den komplexen Dehnungszustand auf das einachsige Äquivalent reduzieren. Im Folgenden wird die Spannung σ als geeignete Vergleichsspannung bezeichnet.

Goodman- und Haigh-Diagramme finden üblicherweise Anwendung bei der Abschätzung der Ermüdungslebensdauer. Die konventionellen Hypothesen von Smith-Watson-Topper, Walker und Bergmann erwiesen sich als erfolgreich zur Beschreibung der einachsigen zyklischen Beanspruchung. Die mittlere Spannungsempfindlichkeit, wie sie nach Smith-Watson-Topper für alle Werkstoffe und Spannungsniveaus ermittelt wurde, beträgt exakt $\sqrt{2} - 1 \approx 0{,}41$. Im Gegensatz dazu zeigen die Ergebnisse nach Walker und Bergmann die unterschiedlichen Sensitivitäten für die mittlere Spannung im Zyklus. Die mittleren Spannungsempfindlichkeiten hängen von zwei zusätzlichen Korrekturparametern ab, dem Bergmann-Parameter und dem Walker-Exponenten. Die Möglichkeit, die mittlere Spannungsempfindlichkeit an diese Hypothesen anzupassen, stellt einen wesentlichen Vorteil gegenüber dem Smith-Watson-Topper-Schema dar. Im Rahmen dieser Studie wird die Abhängigkeit zwischen dem Bergmann-Parameter und dem Walker-Exponenten, die zu einer bestimmten mittleren Spannungsempfindlichkeit führt, untersucht.

Mit der vorliegenden Studie wurden folgende Ziele verfolgt [3]:

- Die Beziehungen zwischen den Parametern von Bergmann, Walker und Smith-Watson-Topper wurden ermittelt;
- Die zusätzlichen Anpassungsparameter von Bergmann und Walker wurden in der konventionellen Form der mittleren Spannungsempfindlichkeit vorgestellt;
- Zur Überwindung der Sequenzneutralität der sogenannten Miner-Regel wurde ein einfacher Vorschlag zur Integration des Kriech-Spannungs-Zyklus in die sequenzabhängige Schadensakkumulation unterbreitet.

10.1.2 Herstellungsbedingte Einflussfaktoren

Die Lebensdauer von Federn aus Draht, darunter auch Schraubenfedern, wird durch eine Vielzahl von Faktoren beeinflusst, die während des Herstellungsprozesses entstehen. In der Regel sind bei fachgerecht industriell hergestellten Federn keine sichtbaren Kerben erkennbar. Dennoch weisen sie im weitesten Sinne „Kerbstellen" auf:

- metallurgisch weiche Kerben, z. B. Lunker, die durch Volumenverringerung beim Erstarren einer Metallschmelze entstehen;
- metallurgisch harte Kerben, wie nichtmetallische Einschlüsse;
- Oberflächenschäden durch Schwingverschleiß;
- Oberflächenschäden durch Korrosion;
- fertigungsbedingte Oberflächenfehler.

Im industriellen Produktionsprozess von Federn werden spezifische Eigenschaften erzeugt, die die Lebensdauer und Funktion beeinflussen. Bisher wurden diese Faktoren jedoch nicht vollständig berücksichtigt. Zu den relevanten Faktoren gehören die chemische Zusammensetzung des Werkstoffs, die Inhomogenität des Gefüges, die Oberflächenbeschaffenheit sowie die durch den Herstellungsprozess bedingten Eigenspannungen. Es ist allgemein bekannt, dass die zyklische Festigkeit von Federn durch gezielte Wärmebehandlungen erhöht werden kann. Dies ist auf die dabei eingebrachten Druckeigenspannungen durch Oberflächenverfestigung zurückzuführen. Im Betrieb überlagern sich die Beanspruchungen aus Eigen- und Lastspannungen, was zu einer Verschiebung der Mittelspannungen führt. Durch die Wärmebehandlung können aber auch schädliche Einflüsse auf die Festigkeit erzeugt werden. Im Falle einer Aufkohlung in sauerstoffreicher Atmosphäre entsteht eine Randoxidationsschicht, welche in Kombination mit geometrischen Kerben die Dauerfestigkeit signifikant reduziert.

Der Einfluss der Oberflächenbeschaffenheit auf die Dauerfestigkeit wurde von Siebel und Gaier [4] untersucht. Aus einem Diagramm kann der Abminderungsfaktor der Dauerfestigkeit in Abhängigkeit von der Zugfestigkeit des Werkstoffes und der fertigungstechnisch erreichbaren Rauheitstiefe abgelesen werden. Dieser Faktor beinhaltet nicht nur den Einfluss der Oberflächenrauheit, sondern auch den Einfluss der durch den Fertigungsprozess eingebrachten Eigenspannungen. Hier sollte eine Trennung erfolgen, da

- durch den technischen Fortschritt ein Rauheitswert nicht mehr eindeutig einem Fertigungsverfahren zugeordnet werden kann,
- neue Fertigungsverfahren hinzugekommen sind und
- den Eigenspannungen ein ähnlicher Einfluss wie den Mittelspannungen zugeschrieben wird.

Diese Annahme wird von [5] bestätigt. Auch die Vorstellung einer größeren plastischen Umlagerung im Zeitfestigkeitsbereich führt zu dieser Schlussfolgerung, da kleine Riefen durch die Plastifizierung reduziert oder ganz abgebaut werden.

Die Berücksichtigung des Einflusses inhomogener Gefüge, die beispielsweise durch Randschichthärtung entstehen, erweist sich als eine Herausforderung. Abgesehen von den in Größe und Verteilung unbekannten Eigenspannungen ist beispielsweise die Zug-Druck-Wechselfestigkeit ortsabhängig. Diese Eigenschaft resultiert aus einem nicht konstanten Härteverlauf über den Querschnitt. In [6] wird ein Faktor angegeben, mit dem dieser Einfluss jedoch nur tendenziell berücksichtigt werden kann.

Interne Spannungen beeinflussen das Ermüdungsverhalten der Stähle. Innerhalb des vorliegenden Forschungsbereichs werden mögliche innere Spannungen der Feder in der Regel als Eigenspannungen klassifiziert, die als Resultat der angewandten Technologien der Bauteilfertigung resultieren:

- Eigenspannungen infolge der Kaltumformung;
- Eigenspannungen infolge der Vorsetzung;

verschiedene Arten der Kugelstrahlung [7–9] oder Kombinationen dieser Beanspruchungsarten;

- Korrosions- und Erosionseinflüsse.

10.1.3 Betriebsbedingte Einflussfaktoren

Die Ergebnisse von Schwingfestigkeitsversuchen legen nahe, dass metallische Werkstoffe wiederholte Beanspruchungen nicht unbeschränkt oft tolerieren können, selbst wenn die Spannungsamplitude unterhalb der Streckgrenze bleibt und der Beanspruchungsablauf somit makroskopisch elastisch ist. Die ertragbare Beanspruchung ist zeit- und damit schwingspielzahlsensitiv [10]. Die Bewertung der Lebensdauer im Rahmen der Dauerfestigkeit und Zeitfestigkeit ist in erster Linie abhängig von den verwendeten Werkstoffen, den vorliegenden Beanspruchungsarten und deren zeitlichem Verlauf sowie natürlich von der Geometrie des Bauteils. Das reine Werkstoffverhalten lässt sich annähernd anhand einzelner statischen und dynamischen Kennwerte wie der Zugfestigkeit oder der Zug-Druck-Wechselfestigkeit charakterisieren.

Das Konzept der Schwingfestigkeit basiert auf einer Auslegung von Bauteilen unter Berücksichtigung der tatsächlichen Bauteilbeanspruchung. Die Ermittlung der während der Betriebsdauer auftretenden Beanspruchungen und deren zeitlicher Entwicklung spielt daher eine entscheidende Rolle. Federn sind schwingungsfähige Systeme, bei denen sich die Schwingungsamplitude durch Resonanzen bei schneller zyklischer Beanspruchung erhöht.

Die Schwingfestigkeit von Federelementen wird von einer Vielzahl von Betriebsfaktoren beeinflusst. Zu diesen zählen beispielsweise die Spannungsamplitude, die Mittelspannung, der Eigenspannungsverlauf, das Werkstoffgefüge, der Reinheitsgrad sowie die Oberflächenbeschaffenheit [11]. Die Schwingfestigkeit ist von Bedeutung bei schwingender Beanspruchung, d. h. bei mehr als 10.000 Lastspielen während der Lebensdauer der Feder. Lastspielzahlen darunter entsprechen dem statischen oder Kurzschwingfestigkeitsbereich.

Dynamische Bauteilbelastungen werden in der Regel durch Messungen ermittelt. Darüber hinaus stehen für viele technische Anwendungen Simulationswerkzeuge zur Verfügung, die eine Abschätzung der auftretenden Beanspruchungen erlauben [12].

Wichtig ist, dass für die Schwingfestigkeitsberechnung die Bauteilbeanspruchung in Form eines Spannungs- oder Dehnungs-Zeit-Verlaufs vorliegt. Die Ermittlung der Bauteilbeanspruchung besteht dabei häufig aus zwei Teilschritten:

- der Aufnahme der Betriebsbeanspruchung in Form der auf ein Bauteil wirkenden zeitlich veränderlichen Kräfte, Momente und Verformungen;
- der Ableitung der resultierenden Werkstoffreaktionen in Form von Spannungen oder Dehnungen.

10.1.4 Herkömmliche Bewertung der Schwingfestigkeit

Ein Federwerkstoff muss möglichst viel elastische Energie speichern und in den meisten Fällen auch wieder abgeben können, damit die Feder ihren Zweck optimal erfüllt. Diese gespeicherte Energie kann aus dem Spannungs-Dehnungs-Diagramm abgelesen werden. Neben der Höhe der Streckgrenze ist die Steigung der Kurve, die dem Elastizitätsmodul entspricht, von Bedeutung. Federwerkstoffe zeichnen sich durch eine besonders hohe Streckgrenze aus. Federn werden in der Regel schwellend beansprucht, sodass hohe Anforderungen an das Ermüdungsverhalten des Werkstoffes gestellt werden [13].

Da die Werkstoffermüdung im Mikrobereich des Gefüges beginnt, ist die Duktilität des Werkstoffes von Bedeutung. Als Faustregel gilt: Je höher die Festigkeit eines metallischen Werkstoffes ist, desto geringer ist seine Duktilität. Da diese beiden Grundanforderungen an einen Federwerkstoff recht gegensätzlich sind, muss ein optimaler Kompromiss zwischen Festigkeit und Duktilität gefunden werden. Stehen mehrere Werkstoffe mit gleicher Festigkeit und Streckgrenze zur Auswahl, so ist unter Berücksichtigung wirtschaftlicher Gesichtspunkte dem Werkstoff mit der höheren Duktilität der Vorzug zu geben.

Oberflächengüte und Reinheit sind weitere Kriterien bei der Beurteilung eines Federwerkstoffes. Bei Belastung treten an jeder Inhomogenität des Werkstoffes Spannungsspitzen auf.

Hier sind vor allem nichtmetallische Einschlüsse und alle Arten von Oberflächenfehlern zu nennen. Die Spannungsspitzen sind umso ausgeprägter, je schärfer der Kerbgrund des Oberflächenfehlers oder je größer der Einschluss ist. Dieser Formeinfluss wird als Kerbwirkung bezeichnet. Daraus folgt, dass sich Fehler in spröden Werkstoffen wesentlich schädlicher auswirken als in duktilen Werkstoffen. Andererseits kann ein Werkstoff umso besser mit einer hohen Festigkeit leben und auf gewisse Duktilitätsreserven verzichten, je weniger ausgeprägt die Einschlüsse und Oberflächenfehler sind. Dabei ist zu beachten, dass die Größe der Einschlüsse und die Tiefe und Ausprägung der Oberflächenfehler einen größeren negativen Einfluss haben als ihre Häufigkeit.

Risse infolge dynamischer Beanspruchung werden hauptsächlich durch nichtmetallische Einschlüsse und Oberflächenfehler verursacht. Grundsätzlich kann davon ausgegangen werden, dass jede Unvollkommenheit im Federwerkstoff die dynamische Belastbarkeit reduziert.

Härte und Duktilität sind in metallischen Werkstoffen von Natur aus nicht oder nur unzureichend vorhanden. Um sie zu erzeugen oder zu verbessern, sind spezielle Verfahren erforderlich. Die wichtigsten Verfahren für Federwerkstoffe sind das Vergüten, das Härten und das Kaltverfestigen.

Es besteht eine deutliche Abgrenzung des Begriffs „Schwingfestigkeit“ zu den aus Einstufen-Versuchen ermittelten Bauteileigenschaften „Zeitfestigkeit“ und „Dauerfestigkeit“. Im Gegensatz zu den statischen Versagenskriterien Fließbeginn und Bruch bei einmaliger Belastung liefert die Zeitfestigkeit einen Grenzwert, der bei konstanter Spannungsamplitude beliebig oft ertragen wird. Die Zeitfestigkeit mit steigender Spannungsamplitude ergibt eine abnehmende Schwingspielzahl bis zum Bruch. Tritt dagegen die Schwingbeanspruchung bei gleichem Maximalwert mit einer zufälligen Folge unterschiedlich großer Amplituden auf, so wird die Zeitfestigkeitslinie überschritten und man gelangt in den Schwingfestigkeitsbereich der Bauteillebenskurve. Ähnlich wie der Zeitfestigkeitsbereich der Wöhlerlinie zeigt auch die Lebensdauerkurve eines Bauteils eine entsprechende Abhängigkeit zwischen Beanspruchungshöhe und Lebensdauer. Bei quasistatischen Festigkeitsbetrachtungen werden dynamische Beanspruchungen durch Sicherheitsfaktoren berücksichtigt. Bei der Durchführung des Schwingfestigkeitsversuchs werden die Belastungsgrenzen konstant gehalten. Man spricht von einem beanspruchungsgeregelten Versuch; die sich einstellende Dehnungsamplitude hängt vom Werkstoffverhalten ab [14].

Im Dauerschwingversuch nach DIN 50100/ASTM E466-15/ISO 1099 werden die Zeitfestigkeit und Dauerfestigkeit von Werkstoffen oder Bauteilen ermittelt. Hierfür werden mehrere Proben zyklisch belastet. Die Festigkeitsberechnung schwingend beanspruchter Federn erfolgt auf der Grundlage von Schwingfestigkeitsdiagrammen [15]. Goodman-Diagramme geben dem Konstrukteur für den angegebenen Dauerfestigkeitsbereich die zulässige Hubspannung in Abhängigkeit von der jeweiligen minimalen Federspannung (Unterspannung) an. Nach DIN-Norm beginnt die Dauerschwingfestigkeit von Stahl bei 10 Mio. Lastspielen. Diese Norm enthält neben grundlegenden Begriffen auch Festlegungen zur Durchführung von Dauerschwingversuchen. Für Federn werden in den einschlägigen Normen teilweise andere Dauerschwingfestigkeitswerte angegeben. Diese Diagramme immer für sinusförmig schwingende Beanspruchungen erstellt werden.

Es kann festgestellt werden, dass auf Versuche unter Originalbedingungen nicht immer verzichtet werden kann. Ein Beispiel für die Notwendigkeit solcher Versuche sind freiliegende Fahrzeugfedern. Anhand von Fahrversuchen kann der Einfluss von Schmutz, Steinschlag, Feuchtigkeit und Temperaturschwankungen auf die Lebensdauer der Federn aufgezeigt werden.

Die einfachste Methode, das Ermüdungsverhalten eines Werkstoffes zu untersuchen, ist der Wöhler-Versuch. Dieser ist in [16] als Dauerschwingversuch genormt und wird häufig auch als Einstufen-Versuch bezeichnet. Im Versuch selbst wird der Prüfquerschnitt um eine konstante statische Mittellast mit sich periodisch wiederholenden, meist annähernd sinusförmigen Lastamplituden konstanter Größe belastet. Die bis zum vollständigen Bruch der Proben aufgenommenen Schwingspielzahlen N werden in Abhängigkeit von den gewählten Lastspannungsamplituden in verschiedenen Höhen (bzw. Horizonten) waagerecht aufgetragen (Wöhler-Linie). Nun sind analoge Versuche mit jeweils anderen Oberspannungen durchzuführen. Die sich für jede Versuchsreihe ergebenden Werte können in einem weiteren Diagramm zusammengefasst werden. Es ergibt sich eine Wöhler-Linie (Abb. 10.1). Im Kurzfestigkeitsbereich wird die Probe durch eine hohe Lastamplitude plastisch gedehnt und versagt nach wenigen Schwingspielen. Der Bereich der Kurzzeitfestigkeit wird in der Norm DIN 50100 nicht erfasst. Die Spannungsüberhöhung, die nur eine begrenzte Lastspielzahl ertragen kann und zu einer Bruchspielzahl gehört, die unterhalb der geforderten Grenzlastspielzahl liegt, wird als Zeitfestigkeit bezeichnet. Oberhalb einer Grenzlastspielzahl bricht die Probe nicht mehr, wenn der Versuch beliebig lange fortgesetzt wird. Abhängig von der Lastamplitude treten Brüche als auch Durchläufer auf. In der Praxis wird die Dauerfestigkeit angegeben,

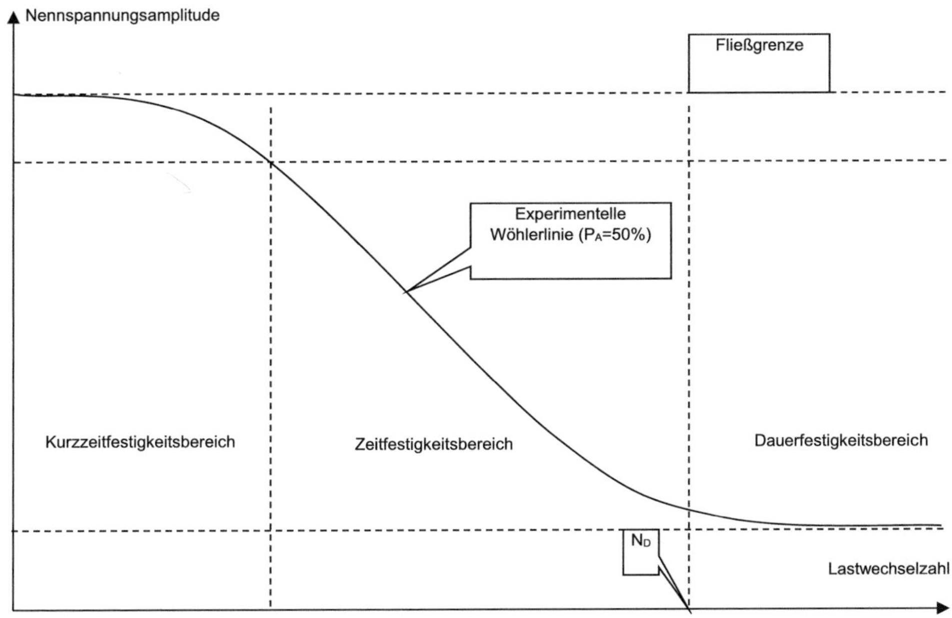

Abb. 10.1 Bereichsweise Darstellung eines Wöhler-Diagramms [17]

um die Versuchsdauer zu begrenzen. Der schräge Teil der Wöhlerlinie kennzeichnet die Fälle, in denen die Probe bei Überlastung bricht. Links von diesem Teil der Wöhlerlinie, in Richtung der kleinen Lastspielzahlen, liegt die Schädigungszone, in der bestimmte Veränderungen im Werkstoff auftreten, die bei weiterer Wechselbeanspruchung zum Ermüdungsbruch führen. Bei doppel-logarithmischer Darstellung verläuft der Zeitfestigkeitsbereich der Wöhlerkurve nahezu gerade. Diese Gerade wird auch Zeitfestigkeitsgerade genannt.

10.1.5 Mittelspannungseinfluss auf Festigkeit bei zyklischer Beanspruchung

Eine zyklische Beanspruchung setzt sich im Allgemeinen aus einem schwingenden Anteil σ_a (Amplitude) und einem ruhenden Anteil σ_m (Mittelspannung) zusammen. Je nach Lage der Ober- und Unterspannung wird in Beanspruchungen im Zugschwell-, im Wechsel- und im Druckschwellbereich unterschieden.

Ähnlich wird auch die Festigkeit überwiegend auf Zug oder Biegung beanspruchten Federn bewertet. Für den Festigkeitsnachweis dieser Federn ist die Zug- oder Druckbeanspruchung maßgebend. Das Spannungsverhältnis der Normalspannungen lässt sich wie folgt darstellen:

$$R_\sigma \stackrel{\text{def}}{=} \frac{\sigma_u}{\sigma_o} = \frac{\sigma_m - \sigma_a}{\sigma_m + \sigma_a} \quad \text{mit} \quad \sigma_u = \sigma_m - \sigma_a,\ \sigma_o = \sigma_m + \sigma_a. \tag{10.1}$$

Die Mittelspannung ist der Mittelwert aus Oberspannung ($\sigma_o = \sigma_m + \sigma_a$) und Unterspannung ($\sigma_u$) der Beanspruchung durch Schwingbelastung:

$$\sigma_m = \frac{\sigma_o + \sigma_u}{2}.$$

Für Spannungsverhältnisse $R_\sigma \neq -1$, also eine Beanspruchung mit einer Mittelspannung, kann sich diese mindernd auf die dauerfest vom Werkstoff zulässige Spannungsamplitude σ_a auswirken (Tab. 10.3). In Analogie zur Gleichung (10.1) lässt sich das Spannungsverhältnis der Scherspannungen als das Verhältnis von Unterspannung zu Oberspannung definieren:

$$R_\tau \stackrel{\text{def}}{=} \frac{\tau_u}{\tau_o} = \frac{\tau_m - \tau_a}{\tau_m + \tau_a} \quad \text{mit} \quad \tau_u = \tau_m - \tau_a,\ \tau_o = \tau_m + \tau_a. \tag{10.2}$$

Für Federn mit komplexer, mehrachsiger Belastung müssen Nachweise der Haltbarkeit durchgeführt werden. Es ist daher notwendig, geeignete Vergleichsspannungen zu formulieren, um diese mehrachsig beanspruchten Bauteile mit den zulässigen Festigkeitskennwerten vergleichen zu können.

10.1.6 Haigh-, Smith- und Goodman-Schaubilder

Das zweite Verfahren zur Berücksichtigung von Mittelspannungen für Lebensdaueraussagen im Zeitfestigkeitsbereich verwendet sogenannte Lastspielzahl-Diagramme,

Tab. 10.3 Kennwerte für statische, schwellende und wechselnde Belastung

	Statische Belastung	Schwellbelastung	Wechselnde Belastung
Normalspannung	$\sigma_a = 0$	$\sigma_a = \sigma_m$	$\sigma_m = 0$
	$\sigma_u = \sigma_o$	$\sigma_u = 0$, $2\sigma_a = \sigma_o$	$-\sigma_u = \sigma_o$
	$R_\sigma = 1$	$R_\sigma = 0$	$R_\sigma = -1$
Schubspannung	$\tau_a = 0$	$\tau_a = \tau_m$	$\tau_m = 0$
	$\tau_u = \tau_o$	$\tau_u = 0$, $2\tau_a = \tau_o$	$-\tau_u = \tau_o$
	$R_\tau = 1$	$R_\tau = 0$	$R_\tau = -1$
Vergleichsspannung	$\sigma_{va} = 0$	$\sigma_{va} = \sigma_{vm}$	$\sigma_{vm} = 0$
	$\sigma_{vu} = \sigma_{vo}$	$\sigma_{vu} = 0$, $2\sigma_{va} = \sigma_{vo}$	$-\sigma_{vu} = \sigma_{vo}$
	$R_v = 1$	$R_v = 0$	$R_v = -1$

in denen jeder Zeitfestigkeitslinie eine konstante Lastspielzahl zugeordnet wird. Diese Vorgehensweise ist dem Konstrukteur wesentlich vertrauter, da er sie in der Regel bereits für Lebensdaueraussagen bei Mittelspannungsbeanspruchung anwendet. Die Diagramme werden für die bruchrelevante Spannungskomponente gezeichnet. Für auf Zug beanspruchte Federn wird auf den Achsen die Normalspannung aufgetragen. Für Federn, die auf Schub beansprucht werden, wird die Schubspannung auf den Achsen aufgetragen. Bei Schraubenfedern werden auf den Achsen entweder die idealen Schubspannungen oder die korrigierten Schubspannungen eingetragen.

Häufig wird bei der Erstellung der Diagramme auch die Vergleichsspannung auf den Achsen aufgetragen. Diese Darstellung eignet sich für Federn mit komplex überlagertem Spannungszustand.

Die unten dargestellten Diagramme verwenden beispielweise die Normalspannung an den Achsen. Jedes Diagramm wird für eine bestimmte Zahl der ertragbaren Lastwechselvorgänge bis zum Bruch erstellt.

Es kann für eine beliebige Lastspielzahl N, beispielsweise $N = 10^5$, ein Smith-Diagramm aus dem Wöhler-Feld gezeichnet werden. Zu diesem Zweck werden die jeweiligen Maximalspannungen σ_o über den zugehörigen Mittelspannungen σ_m aufgetragen. In der Fachliteratur werden für Schraubenfedern anstelle der Normalspannungen in der Regel die korrigierten Scherspannungen, $\tau_{k.o}$, $\tau_{k.u}$, verwendet.

Das Smith-Diagramm (Abb. 10.2) zeigt die Abhängigkeit von Mittelspannung, Amplitude der Spannung und Wechselfestigkeit bei einer dynamischen Beanspruchung. Beim Smith-Diagramm definiert die Diagonale die Mittelspannung (σ_m), beim Goodman-Diagramm die Unterspannung σ_u.

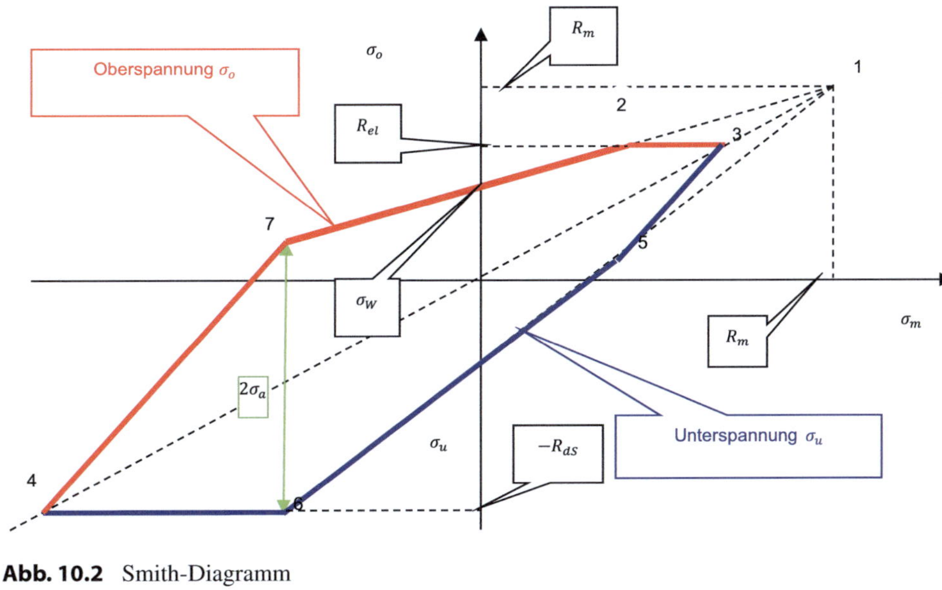

Abb. 10.2 Smith-Diagramm

Als alternative Darstellungsform sei an dieser Stelle das Haigh-Diagramm angeführt. Das Haigh-Diagramm (Abb. 10.3) definiert die ertragbare positive Amplitude σ_a in Anhängigkeit der Mittelspannung σ_m.

Die alternative Darstellung liefert das Goodman-Diagramm. Grundsätzlich ist das Goodman-Diagramm eine Modifikation des Smith-Diagramms. Das Smith-Diagramm wird bei der Festigkeitsberechnung von dynamisch (wechselnd oder schwellend) beanspruchten Bauteilen verwendet. Das Goodman-Diagramm wird üblicherweise zur Darstellung der Festigkeit von Schrauben- und Tellerfedern verwendet (Abb. 10.4). Da

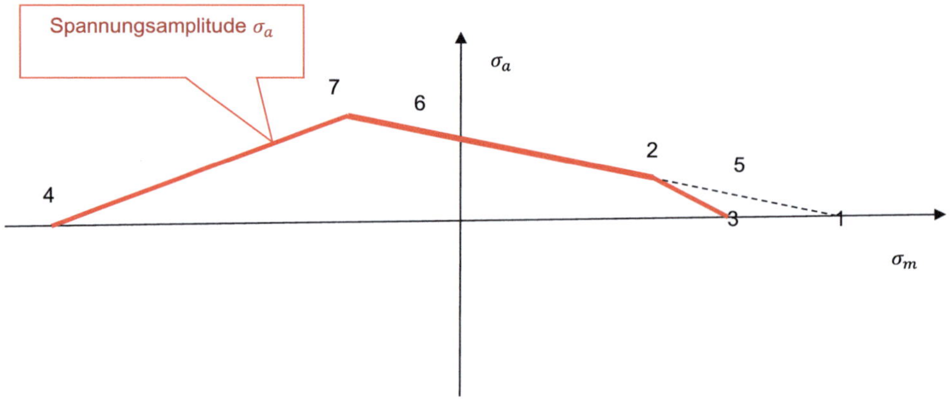

Abb. 10.3 Haigh-Diagramm als 45° gedrehtes Smith-Diagramm

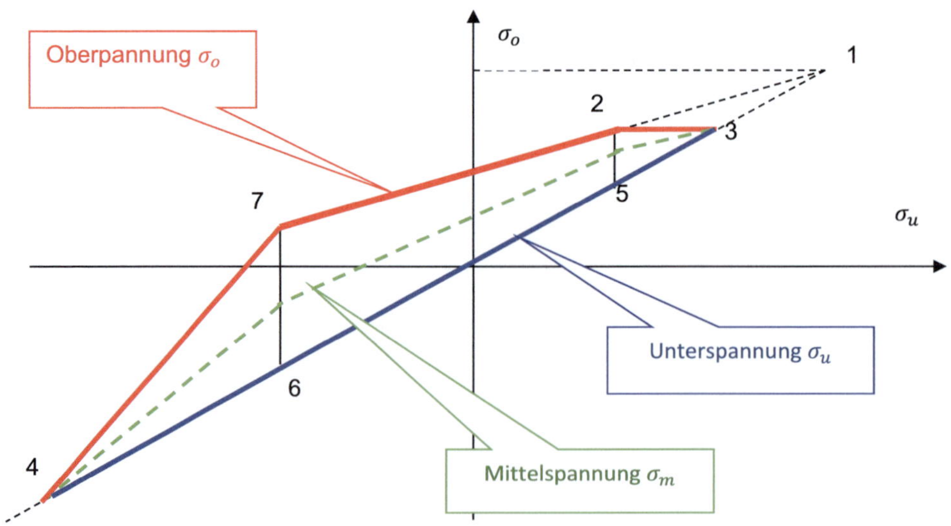

Abb. 10.4 Goodman-Diagramm

Federn nur in einer Richtung (schwellend) beansprucht werden, hat Goodman für diese Anwendungen das spezielle Festigkeitsschaubild für schwellende Beanspruchung entwickelt.

Die Goodman-Diagramme werden aus den einstufigen Versuchen abgeleitet und geben daher nur Auskunft über die Schwingfestigkeit bei sinusförmiger Belastung mit stets konstanter Amplitude. Die Prüfung erfolgt daher weggesteuert nach einem sinusförmigen Feder-Zeit-Gesetz mit mindestens 6 bis 10 Proben je Laststufe. In der Regel werden 6 identische Federn zwischen τ_{ku} und τ_{ko} eingefedert. Die Bruchlastspielzahlen N werden in das Wahrscheinlichkeitsdiagramm eingetragen. Die Ausgleichsgerade gibt die Lastspielzahl an, die von den Proben unter den gegebenen Prüfbedingungen mit einer Wahrscheinlichkeit von 99 % erreicht wird.

10.1.7 Dauerschwingversuche an Federn

Für übliche Schwingfestigkeitsuntersuchungen genügt eine idealisierte Schwingbelastung in Form einer Sinusschwingung um eine statische Mittellast. Für ein Wöhler-Diagramm werden entsprechende Spannungsgrößen verwendet. Falls für das Versagen einer Feder die Schubspannungen maßgeblich sind, werden ideale Unterspannung und Oberspannung eingetragen:

Für Schraubenfedern werden in der Regel korrigierte Schubspannungen verwendet. Im Allgemeinen werden die Kennwerte an bestimmten ungekerbten Proben ermittelt (Torsionsversuch, Biegeumlaufversuch, Versuche an genormten zylindrischen Federn mit homogener Beanspruchung).

Die Beurteilung der Schwingfestigkeit einer Feder beruht auf dem Goodman-Diagramm für korrigierte Unterspannung und korrigierte Oberspannung (Abb. 10.4). Die nachfolgenden Diagramme wurden auf der Basis von Ergebnissen aus Dauerschwingversuchen bei Mittelspannung und Mittelspannungsamplitude im Rahmen des AiF-Projektes „Lebensdauerprognose für Schraubendruckfedern", AiF 15.747 BR [18], erstellt. Die Untersuchung befasst sich mit der Analyse des Einflusses der einzelnen Fertigungsvarianten auf einen spezifischen Lastfall. Es sei darauf hingewiesen, dass eine Verallgemeinerung der Ergebnisse ohne weitere experimentelle Untersuchungen nicht möglich ist.

Im Rahmen des Forschungsprojekts 18495 BG, welches durch die Industrielle Gemeinschaftsforschung (IGF) gefördert wurde und im Jahr 2017 abgeschlossen wurde, wurde an der Technischen Hochschule Darmstadt und der Technischen Universität Ilmenau ein Nachweisverfahren entwickelt, welches sich an der bestehenden Richtlinie des Forschungskuratoriums Maschinenbau orientiert [19]. Das Verfahren berücksichtigt dabei die federspezifischen Anforderungen.

In dem Artikel [20] wird eine Vorrichtung vorgestellt, mit der man Schraubendruckfedern an einer hydraulischen Maschine mit verschiedenen Belastungen untersuchen kann. Die Resultate von Wöhler- und Gaßnerversuchen an Schraubendruckfedern mit sehr hohen Grenzschwingspielzahlen werden unter Anwendung der Maximum-Likelihood-Methode evaluiert. Mittels der linearen Schadensakkumulationshypothese nach Miner werden theoretische Gaßnerlinien auf Basis der Wöhlerlinien erstellt und mit den experimentell ermittelten Gaßnerlinien verglichen.

10.1.8 Dauerfestigkeitsschaubilder

Als Dauerfestigkeit wird diejenige Spannungsamplitude oder Spannungsschwingweite bezeichnet, bei der ein Bauteil unendlich viele Lastwechsel erträgt. Die Wechselfestigkeit σ_w bezeichnet dauerfest ertragbare Spannungsamplitude bei Wechselbeanspruchung. Auf der Wöhlerlinie ist dieser Bereich durch den horizontalen Verlauf rechts des Abknickpunktes gekennzeichnet. Sobald ein Bauteil höhere Beanspruchungen als die Dauerfestigkeit erfährt, spricht man beim Ermüdungsnachweis von Betriebsfestigkeit [21]. Die Konstruktion des Dauerfestigkeitsschaubilder basiert auf den statischen Festigkeitskennwerten und auf der Wechselfestigkeit σ_w. Zu den statischen Festigkeitskennwerten gehören Zugfestigkeit R_m und Streckgrenze R_e. Die Wöhlerlinie der Federelemente hängt von unterschiedlichen Parametern ab von folgenden Einflussfaktoren:

- Federmaterial inkl. Thermische Behandlung;
- Kerbwirkung, Korrosion, Rauheit;
- Beanspruchung (Normal- oder Schubspannung, gemischte Beanspruchung);
- Belastungskollektiv;
- Bauteilgröße;
- Betriebstemperatur;
- Eigenspannung (Kugelstrahlen, Rollieren, Laserstrahlen, Festklopfen);
- Mittelspannung;
- Spannungsgradient.

Die Erfahrung lehrt, dass sich die Dauerfestigkeit etwa proportional zur Zugfestigkeit des Materials verhält. Es besteht demnach ein direkter Zusammenhang zwischen der Zugfestigkeit und der Dauerfestigkeit. Weitere Einflüsse des Materialzustandes auf die Dauerfestigkeit sind Duktilität, Korngröße, Wärmebehandlung, Vorhandensein von Fehlstellen und Einschlüssen im Material.

Die Kerbwirkung an der Oberfläche der Feder hat einen maßgeblichen Einfluss auf die Dauerfestigkeit. Oberflächenfehler wie Lunker, harte Einschlüsse, Korrosionskavitäten, Haarrisse, Entkohlung oder Riefen wirken in ähnlicher Weise wie Kerben. Dabei gilt, dass mit zunehmender Schärfe der Kerbe die Dauerfestigkeit des Bauteils bezüglich der Nennspannungen abnimmt.

Bei Lastkollektiven, bei denen einzelne Laststufen in Spannungen resultieren, die oberhalb der Dauerfestigkeit liegen, erfolgt eine entsprechende Absenkung der Dauerfestigkeit. In der Konsequenz können vormals unkritische Laststufen zur Schädigungsakkumulation beitragen. Dieser Effekt wird durch Wöhler-Linien berücksichtigt, welche hinter dem Abknickpunkt nicht horizontal verlaufen, sondern unterschiedlich stark abfallen. Experimentelle Untersuchungen belegen, dass die Dauerfestigkeit in signifikantem Maße durch fortschreitende Korrosion des Bauteils beeinträchtigt wird. Infolge von Korrosion entstehen in ermüdungsbeanspruchten Bauteilen Anrisse, welche das Risswachstum fördern. In Kombination mit der Mikrostruktur an der Oberfläche wirkt das durch den Herstellprozess erzeugte Rauhigkeitsprofil auf der Bauteiloberfläche als Kerbe. In der Literatur findet sich eine Korrelation der Dauerfestigkeit mit anderen Materialeigenschaften wie etwa der Duktilität und der Festigkeit. Gemäß VDI 2226 nimmt der Einfluss der Rauigkeit auf die Reduktion der Dauerfestigkeit mit zunehmender Sprödigkeit (und indirekt mit zunehmender Festigkeit) zu [22].

Der Einfluss der Bauteilgröße wird durch verschiedene Mechanismen verursacht:

- technologische Einflüsse (Randschichtdicke, Randfestigkeit, Oberflächenverfestigungen);
- Größe des hochbeanspruchten Volumens bzw. der hochbeanspruchten Oberfläche einer Feder. In Abhängigkeit davon, wie weit sich der belastete Bereich über das Volumen der Feder erstreckt, kann es zu einer erhöhten Beeinflussung durch statistisch verteilte Fehlstellen und Einschlüsse kommen.
- Je höher der Spannungsgradient, desto höher ist die Stützwirkung des umliegenden Materials. Eine höhere Stützwirkung beeinflusst das Ermüdungsverhalten positiv. Stützwirkung spielt für die Federn keine besondere Rolle, da die räumlichen Gradienten der Spannungen niedrig sind und Spannungsverteilungen ähnlichen Federn identisch sind.
- Bei geometrisch ähnlichen Federn und gleich hoher Spannungsmaxima hat die kleinere Feder einen höheren Spannungsgradienten und somit ein günstigeres Ermüdungsverhalten.

Bei tieferen Temperaturen steigt die Dauerfestigkeit der meisten Materialien entsprechend der statischen Festigkeit. Allerdings ist eine Zunahme der Kerbempfindlichkeit sowie eine Steigerung der Neigung zu Sprödbruch zu verzeichnen. Eine Erhöhung der Temperatur führt demgemäß zu einem generellen Abfall der Dauerfestigkeit. In Abhängigkeit des Materials sind jedoch einige Besonderheiten zu berücksichtigen. Eigenspannungen manifestieren sich in den Federn als Resultat nahezu jeder Behandlung im Fertigungsprozess. Diese können Werte bis zur Streckgrenze annehmen. Die Auswirkungen auf die Dauerfestigkeit sind dabei von dem jeweiligen Wert der Eigenspannungen abhängig. So wirken sich Druckeigenspannungen positiv auf die Dauerfestigkeit aus, während Zugeigenspannungen diese je nach Betrag deutlich herabsetzen. Dies wird durch die Beeinflussung der Höhe der Mittelspannungen durch die Eigenspannungen verursacht.

Abhängigkeit der Dauerfestigkeit von der Mittelspannung oder vom Spannungsverhältnis lässt sich in Dauerfestigkeitsschaubildern darstellen. Üblicherweise werden die Dauerfestigkeitsschaubilder nach Smith und nach Haigh verwendet. Im Smith-Diagramm lassen sich die ertragbaren Oberspannungen σ_o und Unterspannungen σ_u in Abhängigkeit der Mittelspannung (σ_m) ablesen.

Die Zugfestigkeit wird als Oberspannung sowohl auf der Ordinaten- als auch als Mittelspannung auf der Abszissenachse angetragen. Der sich ergebende Punkt liegt mit dem Koordinatenursprung auf einer 45°-Linie. Von diesem Punkt aus wird im vereinfachten Smith-Diagramm die Goodman-Gerade für die Oberspannung durch Verbindung mit der Wechselfestigkeit auf der Ordinate erzeugt. Für die Goodman-Gerade der Unterspannung wird in gleicher Weise verfahren. Der sich zwischen den Goodman-Geraden ergebende Dauerfestigkeitsbereich wird nach oben hin durch die Streckgrenze begrenzt. Aufgrund der Symmetrie zwischen Oberspannung und Unterspannung wird der Dauerfestigkeitsbereich unterhalb der 45°-Linie entsprechend angepasst. Aus dem Smith-Diagramm lassen sich die dauerfest ertragbaren Ober- und Unterspannungen sowie die Spannungsamplituden (σ_a) abhängig von der Mittelspannung (σ_m) ablesen.

Im Haigh-Diagramm kann direkt die dauerfeste Spannungsamplitude über der Mittelspannung abgelesen werden (Abb. 10.5). Weiterhin lassen sich den Wertepaaren aus Spannungsamplitude und Mittelspannung die Spannungsverhältnisse anhand von Ursprungsgeraden zuordnen. Ähnlich wie im Smith-Diagramm wird als Vereinfachung die Goodman-Gerade, ausgehend von der Wechselfestigkeit auf der Ordinate, gezeichnet. Im Haigh-Diagramm wird dieser Punkt jedoch mit dem Punkt der Zugfestigkeit auf der Mittelspannungsachse (Abszisse) verbunden (Tab. 10.4) Unterhalb der Goodman-Gerade ergibt sich der Dauerfestigkeitsbereich, welcher rechts durch eine Gerade begrenzt wird, die zwischen den Streckgrenzen auf der Amplituden- und auf der Mittelspannungsachse

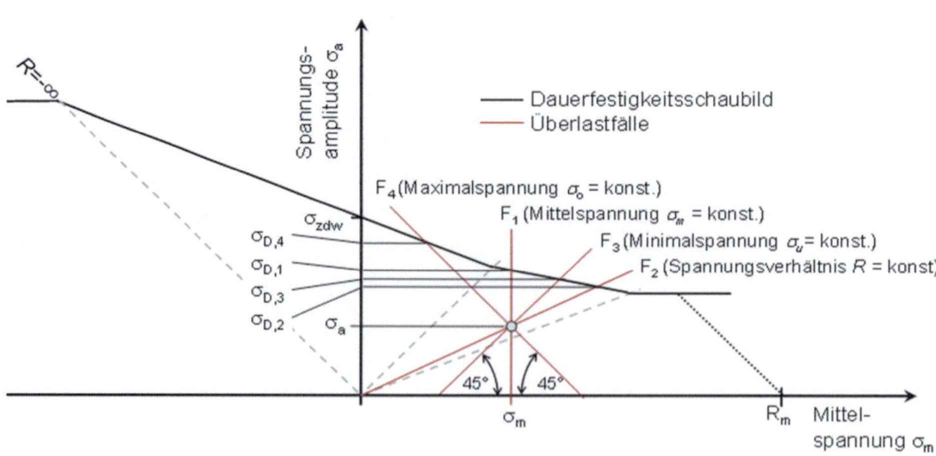

Abb. 10.5 Visualisierung des Mittelspannungseinflusses nach FKM

Tab. 10.4 Spannungsverhältnis

Spannungsverhältnis	Position der Ursprungsgeraden	Beanspruchungsbereich
$R = 1$	Positiver Bereich der Mittelspannungsachse	Ruhende Beanspruchung
$R = 0$	45°-Linie im ersten Quadranten (Zugbereich)	Zugschwellbereich $\sigma_u = 0$
$R = -1$	Positiver Bereich der Amplitudenachse	Wechselbeanspruchung $\sigma_u = -\sigma_o$
$R = -\infty$	45°-Linie im zweiten Quadranten (Druckbereich)	Druckschwellbereich mit $\sigma_o = 0$

verläuft. Im Druckbereich wird die Goodman-Gerade bis zur Fließgrenze verlängert oder konservativ durch eine horizontale Linie auf Höhe der Wechselfestigkeit (σw) ersetzt. Der Dauerfestigkeitsbereich wird hier ebenfalls durch eine Gerade zwischen den Streckgrenzen (bzw. im Druckbereich Quetschgrenze) begrenzt.

10.2 Einfluss der Mittelspannung auf die Betriebsfestigkeit

10.2.1 Empfindlichkeit nach Schütz

Die Mittelspannungsempfindlichkeit lässt sich aus der Steigung der Goodman-Geraden im Haigh-Diagramm ermitteln. Die Mittelspannungsempfindlichkeit nach Schütz [23] entspricht dem Tangens des Winkels zwischen der Horizontalen und der Goodman-Geraden:

$$\mathcal{M} \overset{\text{def}}{=} \frac{\sigma_a(R=-1) - \sigma_a(R=0)}{\sigma_m(R=0)}. \tag{10.3}$$

Generell weisen Legierungen mit steigender Zugfestigkeit eine höhere Empfindlichkeit bezüglich der Mittelspannung auf. Eine weitere Korrelation ergibt sich in der Duktilität der Werkstoffe. Spröde Legierungen weisen tendenziell höhere Mittelspannungsempfindlichkeit auf. Bei einem Festigkeitsnachweis nach FKM [24] wird ein Beanspruchungszustand bestehend aus Mittelspannung σ_m und Amplitudenspannung σ_a mit dem Dauerfestigkeitsschaubild verglichen. Gesucht ist die dauerfest ertragbare Amplitude. Der Überlastfall beschreibt in welchem Verhältnis sich Mittel- und Amplitudenspannung bei einer Laständerung verhalten. Es gibt folgende Überlastfälle nach der FKM-Richtlinie:

- Überlastfall F1: Konstante Mittelspannung (σ_m = konst)
- Überlastfall F2: Konstantes Spannungsverhältnis (R = konst)
- Überlastfall F3: Konstante Unterspannung (σ_u = konst)
- Überlastfall F4: Konstante Oberspannung (σ_o = konst) (Abb. 10.5).

10.2.2 Empfindlichkeit nach Smith-Watson-Topper

Der Smith-Watson-Topper-Parameter (P_{SWT}) [25] wurde in seiner ursprünglichen Form entwickelt, um die Ermüdungslebensdauer von metallischen Werkstoffen in einem einachsigen Belastungszustand im Bereich bis zur Entstehung von Ermüdungsrissen mit Mittelwerten ungleich Null zu schätzen. Dieser Parameter basiert auf der Analyse sowohl der Spannung als auch der Dehnung. Daher steht das Spannungs-Dehnungskriterium im Mittelpunkt und nicht das Energiekriterium. In diesem Papier werden das ursprüngliche P_{SWT}-Modell und seine zahlreichen Modifikationen vorgestellt. Im ersten Teil werden verschiedene Versionen dieses Parameters eingeführt, die durch die normalen Parameter definiert sind. Dann werden Versionen abgebildet, die durch den Tangentenparameter definiert sind, und der vielversprechendste Parameter, der durch die Tangenten- und Normalparameter definiert ist.

Die Bestimmung des Schädigungsparameters P_{SWT} und der mittleren Spannungsempfindlichkeit nach Smith-Watson-Topper erfolgt nach dem folgenden Schema. In der einfachsten Version werden zwei verschiedene Spannungsverhältnisse verwendet. Tab. 10.5 setzt die Spannungsverhältnisse auf $R = 0$ und $R = 1$. Für die Berechnungen sind die Werte σ_a, σ_m erforderlich. Mit diesen Zahlen werden folgende Größen berechnet:

$$P_{SWT}(R=0) = \sqrt{2}\,\sigma_a,\; P_{SWT}(R=-1) = \sigma_a$$

Schließlich wird in Gl. (10.3) die mittlere Spannungsempfindlichkeit nach Smith-Watson-Topper festgelegt. Bemerkenswert ist, dass dieser Wert für alle Materialien und Spannungsniveaus gleich ist, nämlich:

$$\mathcal{M} = 0.41... \stackrel{\text{def}}{=} \mathcal{M}_{SWT}...$$

Dieser Umstand offenbart den erheblichen Nachteil der Smith-Watson-Topper-Hypothese.

Der Smith-Watson-Topper-Parameter wurde erfolgreich zur Beschreibung der einachsigen zyklischen Ermüdung mit einem Mittelwert ungleich Null über den gesamten Bereich der Ermüdungslebensdauer verwendet. Hier können wir folgende Quellen

Tab. 10.5 Bestimmung des Schädigungsparameters P_{SWT} und Mittelspannungsempfindlichkeit nach Smith-Watson-Topper

Spannungsverhältnis	Unterspannung	Mittelspannung	Oberspannung	$P_{SWT} \stackrel{\text{def}}{=} \sqrt{\sigma_a \cdot \sigma_o}$ $P_{SWT} = \sqrt{\sigma_a \cdot (\sigma_a + \sigma_m)}$
$R = 0$	$\sigma_u = 0$	$\sigma_m = \sigma_a$	$\sigma_o = 2\sigma_a$	$P_{SWT}(R=0) = \sqrt{2}\,\sigma_a$
$R = -1$	$\sigma_u = -\sigma_o$	$\sigma_m = 0$	$\sigma_o = \sigma_a$	$P_{SWT}(R=-1) = \sigma_a$
Mittelspannungsempfindlichkeit nach Smith-Watson-Topper	$\mathcal{M} \overbrace{=}^{Gl.(3)} \frac{P_{SWT}(R=-1) - \frac{P_{SWT}(R=0)}{\sqrt{2}}}{P_{SWT}(R=0)/\sqrt{2}} = \sqrt{2} - 1 = 0.41...... \stackrel{\text{def}}{=} \mathcal{M}_{SWT}$			

erwähnen, in denen die Ergebnisse zyklischer Versuche für zahlreiche Werkstoffe unter Verwendung des P_{SWT}-Parameters vorgestellt werden, wobei eine Funktion zur Beschreibung von Ermüdungsversuchen mit Mittelwerten von Null und ungleich Null verwendet wird [26]. Dieser Parameter wurde später mehrfach modifiziert und zur Beschreibung der Ermüdungslebensdauer in einem komplexen Belastungszustand verwendet. In letzter Zeit wurden sogenannte Energiekriterien entwickelt [27].

10.2.3 Empfindlichkeit nach Walker

Die empirischen Beziehungen wurden von Morrow und Walker entwickelt. Die Auswirkung des Mittelwerts kann gemäß dem Vorschlag von Walker geschrieben werden [28]. In der Beziehung von Walker wurde einen neuen Parameter γ eingeführt. Der Parameter γ kennzeichnet der Exponent der Spannungsamplitude (Tab. 10.6). Die Beziehungen von Walker wurden zur Anpassung der experimentellen Daten und zur Vorhersage des Lebensdauerverhaltens bei verschiedenen mittleren Dehnungswerten während der zyklischen Belastung verwendet. Die Autoren [29–31] bewerteten den Einfluss der mittleren Dehnung auf die Gesamtzahl der Zyklen bis zum Ermüdungsbruch des Federwerkstoffs auf der Grundlage des Walker-Ansatzes.

Die Festlegung des Schädigungsparameters P_W und der mittleren Spannungsempfindlichkeit nach Walker ist analog vorgesehen. Es werden zwei verschiedene Spannungsverhältnisse verwendet. In Tab. 10.6 sind die Spannungsverhältnisse wieder $R = 0$ und $R = 1$ fixiert. Aus Gl. (10.3) ergibt sich die mittlere Spannungsempfindlichkeit $\mathcal{M}_W$ nach Walker. Wichtig ist, dass dieser Wert nicht konstant ist, sondern eine Funktion des zusätzlichen Parameters γ ist. Diese Eigenschaft der Walker-Hypothese überwindet den wesentlichen Nachteil des Smith-Watson-Topper-Schemas.

Entscheidend ist, dass der Walker-Exponent γ direkt von der Mittelspannungsempfindlichkeit abhängt:

$$\gamma(\mathcal{M}_W) = 1 - \frac{\ln(1 - \mathcal{M}_W)}{\ln 2}. \tag{10.4}$$

Tab. 10.6 Bestimmung des Schädigungsparameters P_W und der Mittelspannungsempfindlichkeit $\mathcal{M}_W$ nach Walker

Spannungsverhältnis	Unter-spannung	Mittel-spannung	Oberspannung	$P_W \overset{\text{def}}{=} {\sigma_a}^{\gamma} \cdot {\sigma_o}^{1-\gamma}$ $P_W = {\sigma_a}^{\gamma} \cdot (\sigma_a + \sigma_m)^{1-\gamma}$
$R = 0$	$\sigma_u = 0$	$\sigma_m = \sigma_a$	$\sigma_o = 2\sigma_a$	$P_W(R = 0) = 2^{1-\gamma}\sigma_a$
$R = -1$	$\sigma_u = -\sigma_o$	$\sigma_m = 0$	$\sigma_o = \sigma_a$	$P_W(R = -1) = \sigma_a$
Mittelspannungs-empfindlichkeit nach Walker	$\mathcal{M}_W \overbrace{=}^{Gl.(3)} \frac{P_W(R=-1) - \frac{P_W(R=0)}{2^{1-\gamma}}}{\frac{P_W(R=0)}{2^{1-\gamma}}} = \frac{\sigma_a - \frac{\sigma_a}{2^{1-\gamma}}}{\frac{\sigma_a}{2^{1-\gamma}}} = 2^{1-\gamma} - 1$			
	$\left.\frac{d\mathcal{M}_W}{d\gamma}\right\|_{\gamma=0} = -2\ln(2)$			$\mathcal{M}_W\|_{\gamma=0} = 1$

10.2.4 Empfindlichkeit nach Bergmann

Von Bergmann [32, 33] wurden verschiedene Modelle vorgeschlagen. Der in diesem Abschnitt verwendete Faktor ζ weicht vom Originalparameter von Bergmann $k = 1 - \zeta$ ab. Mit dem Parameter Bei der Analyse der für Kohlenstoffstahl erzielten Ergebnissζ wird die Ähnlichkeit mit dem Kriterium von Walker deutlich (Abb. 10.6 und 10.7). Die Mittelspannungsempfindlichkeit verschwindet $\zeta = 1, k = 0$. Die Anpassung von Bergmann beruht auf der Tatsache, dass der Wert des ζ-Faktors nicht unbedingt Null ist (Tab. 10.7). Bei der Analyse der für Kohlenstoffstahl erzielten Ergebnisse $k = 0{,}45$, $\zeta = 0{,}55$ vor. Eine bessere Übereinstimmung mit dem Experiment wurde für $k = 0{,}4$, $\zeta = 0{,}6$ erzielt [34]. Für die Stahlsorte 1045 wurde der kleinste Fehler im Vergleich zum Experiment für $k = 1.2, \zeta = -0.2$ erzielt [35].

Eine signifikante Erkenntnis ist, dass die sogenannten „Bergmann-Parameter" k und ζ bestimmte Funktionen der „Mittelspannungsempfindlichkeit" $\mathcal{M}_B$ repräsentieren:

$$\zeta(\mathcal{M}_B) = \frac{2\mathcal{M}_B{}^2 - 4\mathcal{M}_B + 1}{(\mathcal{M}_B - 1)^2}, \quad k(\mathcal{M}_B) = \frac{\mathcal{M}_B \cdot (2 - \mathcal{M}_B)}{(\mathcal{M}_B - 1)^2}, \quad k = 1 - \zeta. \tag{10.5}$$

Abb. 10.8 demonstriert die Graphen der Funktionen $\zeta(\mathcal{M}), \gamma(\mathcal{M})$. Die grüne vertikale Linie zeigt die bestimmte Mittelspannungsempfindlichkeit.

$$\mathcal{M}_{SWT} \equiv \sqrt{2} - 1 = 0.41..,$$

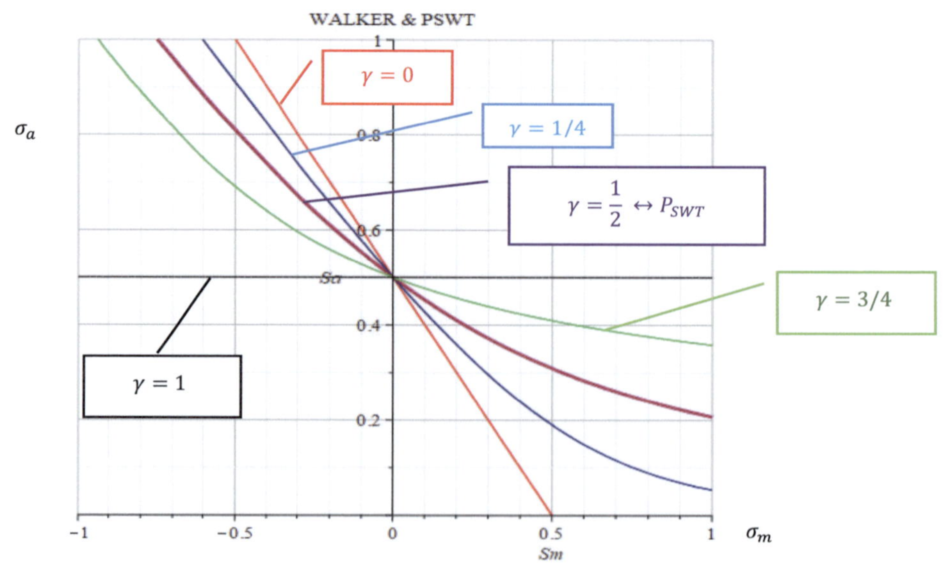

Abb. 10.6 Visualisierung des Mittelspannungseinflusses mit dem Parameter von Walker

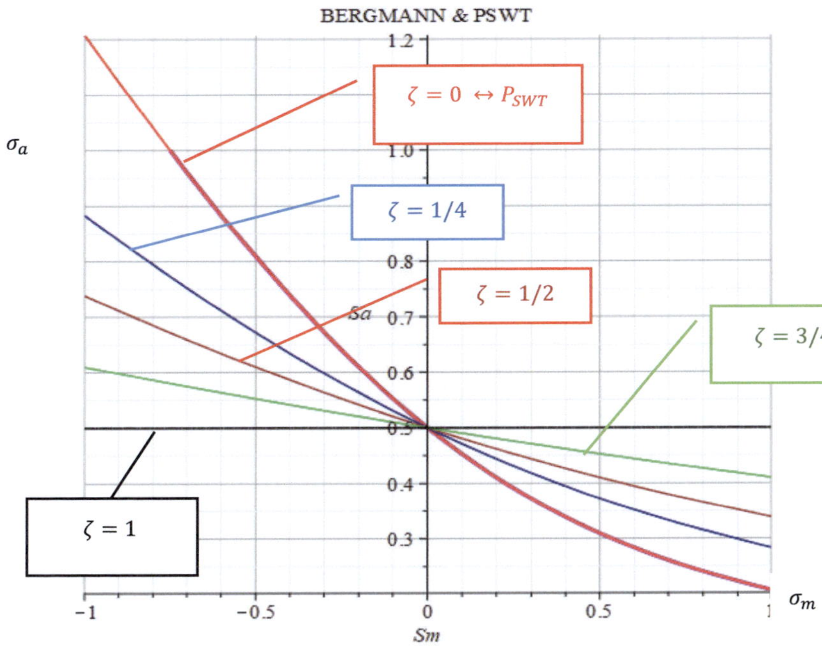

Abb. 10.7 Visualisierung des Mittelspannungseinflusses mit dem Parameter von Bergmann

Tab. 10.7 Bestimmung des Schädigungsparameters P_B und Mittelspannungsempfindlichkeit nach Bergmann

Spannungsverhältnis	Unterspannung	Mittelspannung	Oberspannung	$P_B \overset{\text{def}}{=} \sqrt{\sigma_a \cdot (\sigma_o - \zeta\sigma_m)}$, $P_B = \sqrt{\sigma_a \cdot [\sigma_a + (1-\zeta)\sigma_m]}$
$R = 0$	$\sigma_u = 0$	$\sigma_m = \sigma_a$	$\sigma_o = 2\sigma_a$	$P_B(R=0) = \sigma_a\sqrt{2-\zeta}$
$R = -1$	$\sigma_u = -\sigma_o$	$\sigma_m = 0$	$\sigma_o = \sigma_a$	$P_B(R=-1) = \sigma_a$
Mittelspannungsempfindlichkeit nach Bergmann	$\mathcal{M}_B \overbrace{=}^{Eq.(3)} \frac{P_B(R=-1) - \frac{P_B(R=0)}{\sqrt{2-\zeta}}}{\frac{P_B(R=0)}{\sqrt{2-\zeta}}} = \sqrt{2-\zeta} - 1$			
	$\left.\frac{d\mathcal{M}_B}{d\zeta}\right\vert_{\zeta=0} = -\frac{\sqrt{2}}{4}$			$\mathcal{M}_B\vert_{\zeta=0} = \sqrt{2} - 1 = 0.41..$

welche sich aus der Berechnung des Schädigungsparameters P_{SWT} nach Smith-Watson-Topper ergibt. Aus den Graphen (Abb. 10.9) ist die Reduktion beider Parameter mit der steigenden Mittelspannungsempfindlichkeit deutlich sichtbar.

Ähnlich erfolgt die Berechnung des Schädigungsparameters P_B und der mittleren Spannungsempfindlichkeit $\mathcal{M}_B$ nach Bergmann. Zusammenfassend lässt sich sagen, dass die Gleichung (10.3) die mittlere Spannungsempfindlichkeit nach Bergmann angibt. Wichtig ist, dass dieser Wert nicht konstant ist und eine Funktion des Anpassungs-

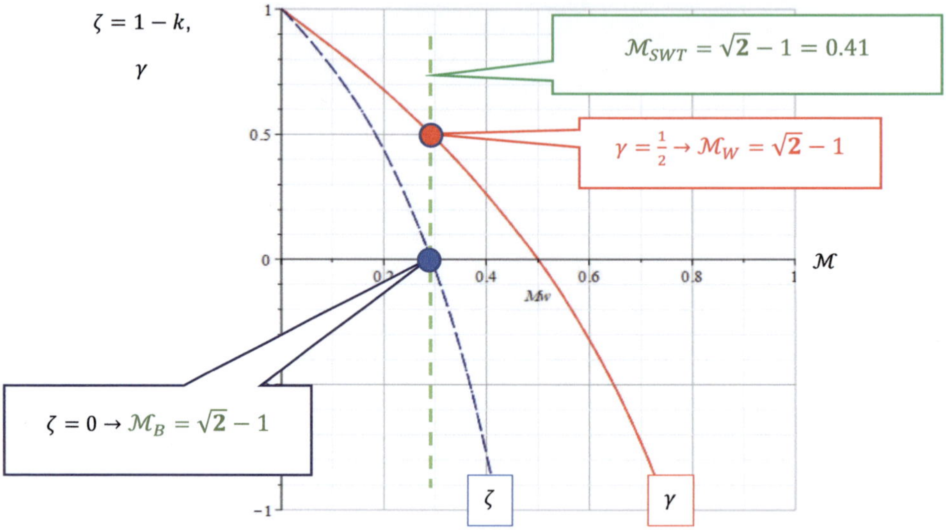

Abb. 10.8 Parameter von Walker γ und Bergmann ζ als Funktionen der Mittelspannungsemfindlichkeit $\mathcal{M}$

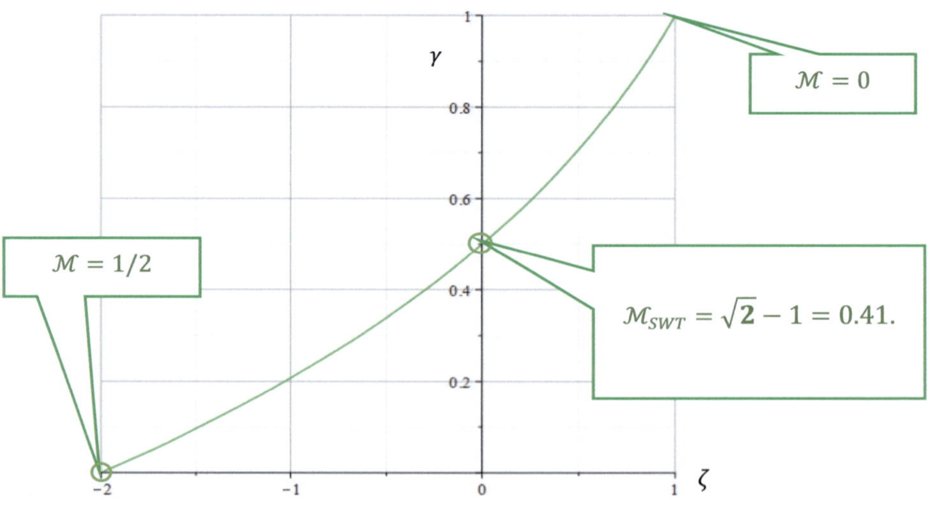

Abb. 10.9 Walker-Exponent γ als Funktion des Bergmann-Faktors ζ

parameters ζ ist. Diese Eigenschaft der Bergmann-Hypothese hebt den oben erwähnten Nachteil des Smith-Watson-Topper-Schemas auf.

Die Abhängigkeit zwischen den Bergmann-Parameter ζ und dem Walker-Exponent γ, welche der identischen Mittelspannungsempfindlichkeit $\mathcal{M}$ entspricht, folgt aus der Gleichung:

$$\mathcal{M}_W \stackrel{\text{def}}{=} 2^{1-\gamma} - 1 = \sqrt{2-\zeta} - 1 \stackrel{\text{def}}{=} \mathcal{M}_B. \tag{10.6}$$

Die Auflösung der Gl. (10.6) nach ζ ergibt die gewünschte Abhängigkeit zwischen den Konstanten nach Walker und nach Bergmann als:

$$\zeta = 2 - 2^{2-2\gamma}. \tag{10.7}$$

10.3 Kumulation der Schädigung und Reihenfolgeeffekte

10.3.1 Kumulationseffekte

Es ist eine empirisch belegte Tatsache, dass eine Vielzahl von Faktoren die Lebensdauer von Federn maßgeblich beeinflussen. Ein Effekt betrifft die Abfolge von niedrigen und hohen Spannungsamplituden sowie die amplitudenabhängige Schadensakkumulation. Insbesondere manifestiert sich während des Belastungszyklus ein gewisses mikroskopisches Kriechen, welches die Schädigung verursacht. Im Folgenden wird die Akkumulationshypothese für Kriechschäden in aller Kürze vorgestellt. Aus der Analyse der Versagensdaten von Federn ist bekannt, dass die Anzahl der Zyklen bis zum Bruch der Federn von der Abfolge niedriger und hoher Spannungsamplituden sowie von der amplitudenabhängigen Schadensakkumulation abhängt. Insbesondere tritt während des Belastungszyklus ein gewisses mikroskopisches Kriechen auf, das die Schädigung verursacht. Im Folgenden wird die Akkumulationshypothese für Kriechschädigung vorgestellt.

Die durch zyklische Belastung verursachte Schädigung lässt sich als Kumulation der partiellen Schädigung durch die zeitlich variable äquivalente Spannung beschreiben. Die lineare Schadensakkumulation stellt ein Instrument zur Evaluierung des Einflusses eines Lastkollektivs auf die Lebensdauer eines Bauteils dar [36–38]

Zur Berechnung der Lebensdauer wird das Amplitudenkollektiv mit konstanten Amplituden $F_{i,}$ und den entsprechenden Lastwechselzahlen n_i definiert:

$$\{F_i, n_i | i = 1..m\}. \tag{10.8}$$

Die experimentelle Ermittlung der erreichbaren Teilschwingspielzahl bis zum Bruch N_i unter Wirkung der bestimmten, konstanten Lastamplitude F_i erfolgt in den m Versuchen:

$$\{F_i, N_i | i = 1..m\} \tag{10.9}$$

In der Folge wird für jedes Teilkollektiv (8) eine Teilschädigung $\mathfrak{p}_i$ kalkuliert, indem die jeweilige Teilschwingspielzahl durch die maximal ertragbare Schwingspielzahl (9) dividiert wird. Das Verfahren der linearen Schadensakkumulation manifestiert die partielle Schädigung:

$$\mathfrak{p}_i = \frac{n_i}{N_i}, i = 1..m, \tag{10.10}$$

Die Teilschäden (10) aller Teilkollektive $\mathfrak{n}_i$ (8) werden addiert. Gemäß der Miner-Regel kennzeichnet die Summe der Teilschäden die Gesamtschädigung:

$$\mathfrak{D} = \Sigma_{i=1}^{n} \mathfrak{p}_i. \tag{10.11}$$

Eine Schädigung $\mathfrak{D}$, deren Wert gemäß Gleichung (3.4) den Wert 1 überschreitet, lässt einen Bruch erwarten. Im Falle einer Zwei-Stufen-Belastung ist die Reihenfolge der Belastungen für die lineare Schadensakkumulation unerheblich. Die Miner-Regel, Gleichung (10.11), ist nicht in der Lage, Reihenfolgeeffekte zu erklären.

10.3.2 Kumulative Reihenfolgeeffekte

Es kann festgestellt werden, dass Teilschädigungen im Verlauf der Zeit in der Regel abnehmen. Der beschriebene Effekt lässt sich durch das Kriechen des Materials erklären, wodurch es zu einer Relaxation der Spannungen an der Spitze der Mikrorisse kommt, was wiederum zu einer Reduktion der Teilbeschädigungen führt. Im Folgenden werden die genannten Teilschädigungen als Funktion der Zeit betrachtet. Die zum Zeitpunkt t_i verursachte momentane Teilschädigung $\mathfrak{p}_i$ führt zu einer geringeren bleibenden Teilschädigung $\mathfrak{d}_i(T)$ zu einem späteren Zeitpunkt T. Im einfachsten Fall des viskösen Kriechens lässt sich die Relaxation als exponentielle Funktion der Zeit zwischen dem Moment t_i der Teilschädigung und der Beobachtungszeit T beschreiben:

$$\mathfrak{d}_i(T) = \mathfrak{p}_i \exp\left(\frac{t_i - T}{T_c}\right). \tag{10.12}$$

Die Zeitkonstante T_c in der Gleichung (10.12) beschreibt die Geschwindigkeit der Relaxation. Die Teilschädigungen $d_i(T)$ aller Teilkollektive, die kontinuierlich mit der Zeit reduziert werden, werden summiert. Die Summe der Teilschädigungen kennzeichnet die aktuelle Gesamtschädigung in der Beobachtungszeit T :

$$\mathfrak{D}_K(T) = \Sigma_{i=1}^{n} \mathfrak{d}_i(T) \equiv \Sigma_{i=1}^{n} \mathfrak{p}_i \exp\left(\frac{t_i - T}{T_c}\right) \tag{10.13}$$

Die Erklärung von Effekten der Reihenfolge erfolgt anhand der zeitabhängigen, kumulativen Schädigungsreduktion $\mathfrak{D}_K(T)$ (13). Es lässt sich deutlich erkennen, dass die reinfolgeabhängige Gesamtschädigung $\mathfrak{D}_K(T)$ im einfachsten Fall des viskosen Kriechens exponentiell mit der Zeit T abnimmt.

Die Abfolge von niedrigen und hohen Spannungsamplituden führt zu einer amplitudenabhängigen Schadensakkumulation. Im Verlauf eines Belastungszyklus manifestiert sich ein gewisses mikroskopisches Kriechen, welches letztlich zu dauerhaften Schäden führt. Die Hypothese der Schädigungsakkumulation bei Kriechschäden bedarf einer strengen experimentellen Validierung und Bewertung.

10.4 Zusammenfassung

Eine Analyse der wissenschaftlichen Literatur zum Ermüdungsversagen von Werkstoffen offenbart eine Vielzahl von Modellen zur Abschätzung der Ermüdungslebensdauer. Eine detailliertere Untersuchung dieser Modelle zeigt, dass einige von ihnen auf der gleichen grundlegenden Idee wie das Modell von Smith, Watson und Topper basieren. Allerdings weist das Modell von Smith, Watson und Topper einen entscheidenden Nachteil auf: Die Mittelspannungsempfindlichkeit im Modell P_{SWT} ist ausschließlich: $\mathcal{M}_{SWT} = 0.41\ldots$

In der wissenschaftlichen Literatur sind bereits entsprechende Korrekturen dokumentiert. Die Modelle von Walker und Bergmann beinhalten jeweils einen zusätzlichen Parameter, wodurch die tatsächliche, experimentell ermittelte Empfindlichkeit gegenüber der Mittelspannung dargestellt werden kann. Die Modelle beschreiben die experimentell beobachtete Reduktion der ertragbaren Amplitude mit steigender Mittelspannung in adäquater Weise und ersetzen die stetig-lineare Darstellung aus FKM. Im vorliegenden Beitrag erfolgt eine einheitliche Bewertung der Abhängigkeiten der Parameter Walker und Bergmann von der Mittelspannungsempfindlichkeit sowie der Steigung der Goodman-Geraden.

Ein weiteres Phänomen betrifft die bekannte Reihenfolge der zyklischen Festigkeit. Die vorliegenden Beobachtungen lassen den Schluss zu, dass die Teilschädigungen im Zeitverlauf kontinuierlich abnehmen. Die Reduktion der Teilschädigungen konnte durch den Kriecheffekt erklärt werden. Die Relaxation der Spannungen, welche durch das Kriechen des Materials an der Spitze der Mikrorisse bedingt ist, führt zu einer Reduktion der Teilschädigungen. Für die Berechnung wird lediglich eine Konstante τ benötigt, welche die charakteristische Zeit der Spannungsrelaxation kennzeichnet. Reihenfolgeeffekte werden mit der kumulativen exponentiellen Schädigungsreduktion erklärt, welche sich durch eine einfache und leicht zu bewertende Hypothese kennzeichnet. Diese kann für die Berechnung der Schädigung infolge komplexer Lastkollektive eingesetzt werden.

10.5 Symbolverzeichnis

Bezeichnung	*Physikalische Größe*
R	Spannungsverhältnis
σ_u	Unterspannung
σ_o	Oberspannung
σ_m	Mittelspannung
$\mathcal{M}$	Mittelspannungsempfindlichkeit nach Schütz
P_{SWT}	Schädigungsparameter nach Smith-Watson-Topper
$\mathcal{M}_{SWT}$	Spannungsempfindlichkeit nach Smith-Watson-Topper
P_W	Schädigungsparameter nach Walker
$\mathcal{M}_W$	Spannungsempfindlichkeit nach Walker

Bezeichnung	*Physikalische Größe*
P_B	Schädigungsparameter nach Bergmann
$\mathcal{M}_B$	Spannungsempfindlichkeit nach Bergmann
γ	Walker-Exponent
ζ	Bergmannsche Konstante
$\mathfrak{p}_i$	Partielle Schädigung
$\mathfrak{D}$	Kumulative Gesamtschädigung nach der Miner-Regel
$\mathfrak{d}_i(T)$	Relaxierte partielle Schädigung
$\mathfrak{D}_K(T)$	Kumulative relaxierte Gesamtschädigung
T_c	Positive Zeitkonstante

Literatur

1. Łagoda T. et al (2022) Using the Smith-Watson-Topper Parameter and Its Modifications to Calculate the Fatigue Life of Metals: The State-of-the-Art. Materials. 15(10):3481. https://doi.org/10.3390/ma15103481.
2. Gadouini, H., Nadot, Y., Rebours, C. (2008) Influence of mean stress on the multiaxial fatigue behaviour of defective materials. Int. J. Fatigue 30, 1623–1633.
3. Kobelev, V. (2024). Fundamentals of Springs Mechanics. Springer, Cham. https://doi.org/10.1007/978-3-031-58584-5.
4. Siebel, E., Gaier M. (1956) Untersuchungen über den Einfluss der Oberflächenbeschaffenheit auf die Dauerschwingfestigkeit metallischer Bauteile. VDI-Z. 98, S. 1751-1774.
5. DIN EN ISO 21920-1:2022-12 (2022) Geometrische Produktspezifikation (GPS) – Oberflächenbeschaffenheit: Profile – Teil 1: Angabe der Oberflächenbeschaffenheit.
6. Hänel, B., Haibach E., Seeger T., Wirthgen G., Zenner H. (2012) Rechnerischer Festigkeitsnachweis für Maschinenbauteile. 7., vollständig überarbeitete und erweiterte Auflage, VDMA Verlag GmbH, Frankfurt/Main https://vdma-verlag.com/publikation/rechnerischer_festigkeitsnachweis.html.
7. Kaiser B. (1987) Einfluss des Kugelstahlens auf die Schwingfestigkeit von Federelementen, Draht 38, 116-120.
8. Muhr K.-H. (1968) Einfluss von Eigenspannungen auf das Verhalten von Federn aus Stahl unter schwingender Beanspruchung. Stahl und Eisen 88, S. 1449.
9. Wohlfahrt H. (1981) Kugelstrahlen und Dauerschwingverhalten, In: A. Niku-Lari (ed.), Proc. Int. Conf. Shot Peening 1, Pergamon, Paris.
10. Radaj D., Vormwald M. (2007) Ermüdungsfestigkeit. Grundlagen für Ingenieure, Springer, Berlin, https://doi.org/10.1007/978-3-540-71459-0.
11. Richtlinie Federn, 2. Auflage (2017), VDMA Verlag GmbH, Frankfurt/Main https://vdma-verlag.com/publikation/fkm_richtlinie_federn_2023.html.
12. Georges, T. (2009) Zur Gewichtsreduzierung von Fahrzeugfedern unter besonderer Beachtung des schwingfestigkeitsmindernden Einflusses bruchauslösender Fehlstellen im Halbzeug Federdraht (Bde. Reihe 5, Nr. 593). VDI Fortschrittsbericht.
13. Haibach, E. (1976) Einfluss von Eigenspannungen auf den Schwingbruch, in: Schweißtechnisches Kolloquium: Eigenspannungen in geschweißten Konstruktionen Schweißtechnische Lehr- und Versuchsanstalt, Duisburg.

14. Hahn, M. (1995) Festigkeitsberechnung und Lebensdauerabschätzung für metallische Bauteile unter mehrachsig schwingender Beanspruchung. Dissertation TU Berlin, Wiss.-und-Technik-Verlag Gross.
15. Olivier, R. (1978) Verhalten von Stahl bei schwingender Beanspruchung, Verlag Stahleisen, Düsseldorf, S. 319-328.
16. DIN 50100 (2022) Schwingfestigkeitsversuch – Durchführung und Auswertung von zyklischen Versuchen mit konstanter Lastamplitude für metallische Werkstoffproben und Bauteile. Deutsches Institut für Normung.
17. Gudehus H., Zenner H. (1999) Leitfaden für eine Betriebsfestigkeitsrechnung, Düsseldorf, Verlag Stahleisen GmbH, ISBN 3-514-00584-2.
18. AiF 15747 BR (2010) Lebensdauervorhersage für Schraubendruckfedern, Abschlussbericht, Technische Universität Ilmenau/Verband der Deutschen Federnindustrie.
19. Niwinski T.J., M.B. Geilen, M. Klein, E. Sharma, J.O. Schommartz, M. Oechsner (2021). Fatigue strength of helical compression springs - comparison of calculation methods according to DIN EN 13906-1 and Forschungskuratorium Maschinenbau (FKM) guideline "Analytical strength assessment of springs and spring elements", Materialwissenschaft und Werkstofftechnik, https://doi.org/10.1002/mawe.202000237, 52, 2, (211–230).
20. Geilen M.B., M. Klein, M. Oechsner (2019) Ermüdungsverhalten von Schraubendruckfedern bei konstanten und variablen Beanspruchungsamplituden bei sehr hohen Schwingspielzahlen, Materialwiss. Werkstofftech., 50, 1301.
21. Rechnerischer Festigkeitsnachweis für Federn und Federelemente (2018) FKM-Vorhaben Nr. 600, Heft 332.
22. VDI 2226:1965-07 (1965) Empfehlung für die Festigkeitsberechnung metallischer Bauteile, VDI.
23. Schütz, W. (1967) Über eine Beziehung zwischen der Lebensdauer bei konstanter und bei veränderlicher Beanspruchungsamplitude und ihre Anwendbarkeit auf die Bemessung von Flugzeugbauteilen. Z. f. Flugwissenschaften 15 H. 11, S. 407/419.
24. Forschungskuratorium Maschinenbau: Rechnerischer Festigkeitsnachweis für Maschinenbauteile (2012), VDMA-Verlag, ISBN 978-3-8163-0605-4.
25. Smith, K.N., Watson, P., Topper, T.H. (1970) A stress-strain function for the fatigue of metals. J. Mater. ASTM 5(9), 767–778.
26. Boeller, C.; Seeger, T. (1987) Materials Data for Cyclic Loading, Part A: Unalloyed Steels. In Materials Data for Cyclic Loading; Materials Science Monographs 42A; Elsevier: Amsterdam, The Netherlands. https://www.elsevier.com/books/materials-data-for-cyclic-loading/boller/978-0-444-42871-4.
27. Garud, Y.S. (1981) A New Approach to the Evaluation of Fatigue under Multiaxial Loadings. J. Eng. Mater. Technol. 103, 118–125
28. Walker, K. (1970) The effect of stress ratio during crack propagation and fatigue for 2024-T3 and 7075-T6 aluminum. In: Effects of Environment and Complex Load History on Fatigue Life, ASTM STP 462, West Conshohocken, PA, pp. 1–14.
29. Geilen, M.B., Klein, M., Oechsner, M. (2020) On the influence of ultimate number of cycles on lifetime prediction for compression springs manufactured from VDSiCr class spring wire. Materials 13, 3222. https://doi.org/10.3390/ma13143222.
30. Karr U. et al (2020) Inclusion initiated fracture in spring steel under axial and torsion very high cycle fatigue loading at different load ratios, Int. J. of Fatigue, 134:105525, https://doi.org/10.1016/j.ijfatigue.2020.105525.
31. Karr U. et al (2022) Effects of Non-Metallic Inclusions and Mean Stress on Axial and Torsion Very High Cycle Fatigue of SWOSC-V Spring Steel, Metals 2022, 12, 1113. https://doi.org/10.3390/met12071113.

32. Bergmann, J.; Seeger, T. (1979) On the Influence of Cyclic Stress-Strain Curves, Damage Parameters, and Various Evaluation Concepts on the Life Prediction by the Local Approach. In Proceedings of the 2nd European Conference on Fracture, VDI-Report of Progress. Volume 18, Darmstadt, Germany.
33. Bergmann, J.W. (1983) Zur Betriebsfestigkeit gekerbter Bauteile auf der Grundlage der örtlichen Beanspruchung. Dissertation, TH Darmstadt.
34. Nihei, M.; et al (1986) T. Evaluation of mean stress effect on fatigue life by use of damage parameters. Int. J. Fatigue, 8, 119–126.
35. Wehner, T.; Fatemi, A. (1991) Effects of mean stress on fatigue behaviour of a hardened carbon steel. Int. J. Fatigue, 13, 241–248
36. Palmgren A. (1924) Die Lebensdauer von Kugellagern. Zeitschrift des Vereins Deutscher Ingenieure. Band 68, Nr. 14, 1924, S. 339–341.
37. Langer B. F. (1937) Fatigue failure from stress cycles of varying amplitude. Journal of Applied Mechanics. Band 59, 1937, S. A160–A162.
38. Miner M. A. (1945) Cumulative damage in fatigue. Journal of applied mechanics. Band 12, Nr. 3, 1945, S. 159–164.

Simulation und Finite-Elemente-Analyse von Fahrzeugfedern

11

11.1 Arten von Fahrwerksfedern

Die Fahrzeugfederung hat die Aufgabe, eine Achse abzufedern, die Einfederung zu begrenzen und den Wankwinkel des Aufbaus zu verringern [1, § 53.4.2]. Die höhere Gesamtfederrate der Federung reduziert die Eigenfrequenz der Schwingung. Auch die Masse und das Massenträgheitsmoment des Fahrzeugs spielen eine wichtige Rolle. Je schwerer das Fahrzeug oder je höher die Nutzlast, desto geringer sind die Schwingungszahlen. Schwingungsdämpfer haben nur einen geringen Einfluss auf die Schwingungsrate.

Die verwendeten Federtypen können nach Medium und Werkstoff wie folgt eingeteilt werden:

- Federn aus Stahl [2, 3];
- Blattfedern aus Glasfaser-verstärktem Kunststoff [4, § 9.4];
- Luft- und Gasfedern [5];
- Gummifedern und Schaumpolyurethan-Federn [6, 7].

Die Lauffläche des Reifens ist relativ weich und dick, sodass kleine Unebenheiten der Fahrbahn ausgeglichen werden können, ohne dass das Rad abhebt. Bei der Auffahrt eines Kraftfahrzeugs auf ein größeres Hindernis kommt es zu einer Schwingung des Aufbaus und des Rades, die durch den harten Aufschlag des Rades auf das Objekt verursacht wird. Bei einer Betrachtung der auf das einzelne Rad entfallenden Masse als vom Rest des Fahrzeugs getrennt, lässt sich ein federgekoppeltes Zweimassensystem identifizieren.

Seminar „Fahrzeugfedern“, Steinbeis Transfer-Zentrum für Federntechnologie, Bauteilverhalten und Prozess und Verband der Deutschen Federnindustrie.

V. Kobelev, *Federntechnologie,* https://doi.org/10.1007/978-3-658-48303-6_11

Die Fahrwerksfeder wird durch die Aufwärtsbewegung des Rades gespannt. Die Federkraft beschleunigt den Aufbau nach oben, während die Gewichtskraft die Karosserie über die Ruhelage hinaus nach unten beschleunigt. Dabei wird die Feder zusammengedrückt (gespannt). Die entstehende Federkraft bremst die Bewegung der Karosserie bis zum unteren Umkehrpunkt ab und drückt (beschleunigt) die Karosserie wieder nach oben.

Die Fahrbahnunebenheiten zwingen die Räder eines Fahrzeugs, neben der Drehbewegung auch Auf- und Ab-Bewegungen auszuführen. Bei hoher Geschwindigkeit erfolgen diese Bewegungen in kürzester Zeit. Infolgedessen manifestieren sich senkrecht zur Fahrbahn Beschleunigungen und Verzögerungen, die ein Vielfaches der Erdbeschleunigung betragen. Infolgedessen ist das Fahrzeug großen, stoßartigen Kräften ausgesetzt, deren Intensität mit der Größe der bewegten Masse ansteigt. Die Federn sind zwischen den Radaufhängungen und der Karosserie angebracht und erfahren durch die Reifen eine unterstützende Wirkung. Eine weitere Federung, die jedoch ausschließlich den Insassen zugutekommt, ist die Sitzfederung. Ihre Funktion besteht in der Aufnahme von Fahrbahnstößen sowie deren Umwandlung in Schwingungen. Die Kopplung zwischen den beiden Schwingungssystemen kann dabei als sehr locker beschrieben werden, sodass die Hauptmasse als ruhend angenommen werden kann. Die Radmasse, also die ungefederte Masse, wird durch die Unebenheiten der Fahrbahn angeregt.

Man kann sich die Radmasse als zwischen der Fahrzeugmasse und der Fahrbahn schwingend vorstellen. Die Gesamtkraft, die auf die Radaufstandsfläche wirkt, wird als „dynamische Radlast" bezeichnet und ist für den Kraftschluss mit der Fahrbahn entscheidend.

Die Federung, als Oberbegriff für das Zusammenwirken von Tragfedern, Stabilisatoren und Schwingungsdämpfern, erfüllt folgende Aufgaben:

- Der Fahrzeugaufbau soll vor unangenehmen Schwingungen durch Nicken, Rollen und Wanken sowie vor Stößen geschützt werden, um zum mechanischen Schwingungskomfort beizutragen.
- Es ist wichtig, eine gleichmäßige Bodenhaftung der Räder zu gewährleisten, um die Spurtreue zu verbessern und die für Antrieb und Bremsung erforderliche Kraftübertragung zwischen Reifen und Fahrbahn zu ermöglichen.
- Das Fahrverhalten kann durch eine ausgewogene Verteilung von Kräften und Momenten zwischen den Rädern beider Achsen positiv beeinflusst werden.

Die Frequenz gibt die Anzahl der Schwingungen pro Sekunde an. Bei einer Karosserie sind die Schwingungen nicht sehr schnell, daher wird oft die Anzahl der Schwingungen pro Minute angegeben (Schwingungszahl, Karosserieschwingungszahl).

Eine weiche Federung mit 60 Schwingungen pro Minute (1 Hz) oder weniger kann zu Übelkeit führen. Dieser Zustand kann durch eine stärkere Dämpfung behoben werden.

Eine harte Federung mit 90 Schwingungen pro Minute (1,5 Hz) oder mehr erschüttert die Wirbelsäule. Harte Federn sind oft für hohe Lasten an hinterer Achse erforderlich, was jedoch zu einem mäßigen Fahrkomfort im unbeladenen Zustand führt.

Die grundlegenden mechanischen Eigenschaften der Stahlfedern sind in Dokument [8] dargestellt. Im Buch [9] sind die Elemente der Radaufhängung aus Faserverbundwerkstoffen beschrieben. Federstahl zeichnet sich vor allem durch eine hohe Streckgrenze aus. Federstahl kann daher in einem weiten Spannungsbereich rein elastisch beansprucht werden. Aufgrund der stark schwankenden Beanspruchung wird eine hohe Dauerfestigkeit erwünscht. Dadurch wird eine ausreichende Lebensdauer der Federn erreicht. Um die Sicherheit bei der Überbeanspruchung zu gewährleisten, wird eine gute Zähigkeit ebenfalls erforderlich. Es werden unterschiedliche Stähle je nach Anforderung verwendet [10]. Es werden Stähle von unlegierten Stählen für die Kaltumformung bis hin zu Vergütungsstählen mit Kohlenstoffgehalten bis etwa 0,75 % eingesetzt. Federn können auch für den Einsatz in korrosiven Medien als auch für höhere und sehr tiefe Temperaturen ausgelegt werden. Aufgrund der schwingenden Beanspruchung ist die Oberflächenbeschaffenheit von besonderer Bedeutung. Folgende elastische Bauteile von Radaufhängungen werden aus Stahl hergestellt:

- Blattfedern aus Stahlkaltband [11];
- Schraubenfedern [12];
- Drehstabfedern [13] und Stabilisatoren.

Die Federung im Arbeitsbereich ist begrenzt durch Anschläge in Hin- und Herrichtung (siehe Abb. 11.1). Der Anstieg der Kennlinie oberhalb des Arbeitspunktes wird durch die Federgeometrie (progressive Feder) oder durch eine Zusatzfeder erreicht. Für statische Berechnungen werden die im Maschinenbau üblichen Einheiten mm, N und Grad verwendet. Die Spannungen werden in Megapascal angegeben. Für dynamische Berechnungen empfiehlt es sich, die SI-Einheiten m, N, s und Radiant zu verwenden. Alle Spannungsergebnisse werden in Pascal angegeben.

Als Berechnungsverfahren wird die Finite-Elemente-Methode (FEM) für große Verschiebungen bei kleinen Dehnungen (linear-elastisches Material und nichtlineare Kinematik) angewendet. Werden in begründeten Einzelfällen und in Absprache mit dem Auftraggeber andere Berechnungsverfahren angewendet, sind die Festlegungen zur Modellbildung und zur Auswertung der Ergebnisse sinngemäß anzuwenden.

Die Federung von Personenkraftwagen besteht aus Federn, Anschlägen, Stoßdämpfern und Stabilisatoren [14–16]. Schraubendruckfedern sind als Achsfedern besonders geeignet, weil sie:

- durch ihre gedrungene Bauform platzsparend in Fahrschemeln und Lenkern untergebracht werden können,
- mit dem Stoßdämpfer zu einer Einheit zusammengefasst werden können (einfaches Federbein in Verbindung mit Doppelquerlenkern, McPherson-Federbein),

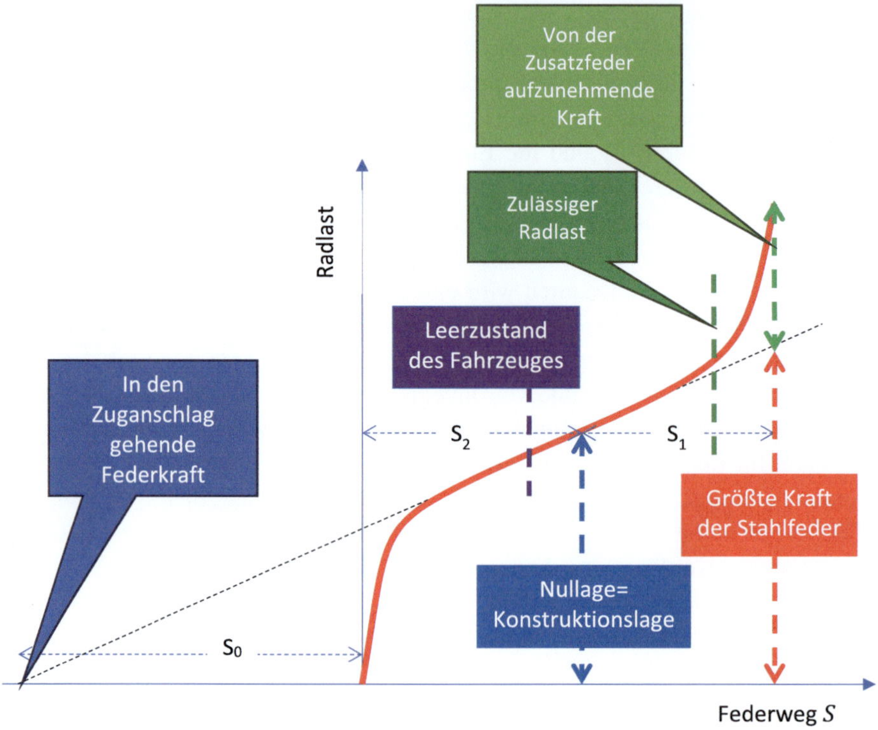

Abb. 11.1 Arbeitsbereich einer Fahrwerksfeder

- eine lineare oder auch progressive Kennlinie aufweisen,
- wirtschaftlich und damit kostengünstig herzustellen sind und
- praktisch wartungsfrei sind.

Aus den genannten Gründen werden heute im PKW-Bau fast ausschließlich Schraubendruckfedern unterschiedlicher Bauform als Achsfedern eingesetzt. Eine lineare Kennlinie wird durch die zylindrische Schraubendruckfeder mit annähernd konstantem Windungsabstand erreicht. Eine progressive Kennlinie erhält man entweder durch Kombination der zylindrischen Tragfeder mit einer Zusatzfeder, die erst am Ende der Einfederung wirksam wird und meist aus einem Elastomer besteht, oder durch eine sogenannte Miniblockfeder, bei der die Windungen ineinander eintauchen und sich auf dem gummigepolsterten Federteller abstützen können. Die Federkennlinie ist progressiv, da die Federwindungen auf diese Weise ausgelenkt werden.

Die Form einer Schraubenachsfeder hängt wesentlich von der Achskonstruktion ab. Sie wird u. a. durch die Art der Lasteinleitung und die vorhandenen Bewegungsräume bestimmt. Grundsätzlich werden zwei Arten der Lasteinleitung unterschieden:

- Die Feder ist zentrisch um den Dämpfer angeordnet. Das eine Ende wird so beaufschlagt, dass eine nahezu momentfreie und querkraftfreie Einfederung mit ideal gleichmäßiger Windungsbeanspruchung erfolgt. Dies ist z. B. beim Federbein der Fall, bei dem Feder und Dämpfer eine Einheit bilden.
- Das am Lenker anliegende Federende wird beim Einfedern auf einer Raumkurve geführt. Die dadurch an beiden Federenden zusätzlich eingeleiteten Momente und Querkräfte addieren sich mit der Federkraft zu einer Kraftschraube, deren Wirkungslinie schräg durch den Federkörper verläuft. Die Folge ist eine ungleichmäßige Spannungsverteilung in den Windungen und eine Durchbiegung des Windungskörpers.
- Einen Sonderfall stellt die SL-Feder dar. Diese SL-Feder, die ebenfalls über das Dämpferrohr geschoben wird, nimmt im Arbeitsbereich wieder eine annähernd zylindrische Form an. Ihre Wirkung besteht vorzugsweise darin, dass sie eine schräg durch die Federachse verlaufende Kraftwirkungslinie aufweist und dadurch bei nur mäßiger Schrägstellung der Feder zur Dämpferachse eine erhebliche Querkraftreduzierung am Dämpferstab bewirkt.

11.2 Finite-Elemente-Modellierung und Vernetzung der Feder

11.2.1 Hinweise zur Erzeugung des Finite-Elemente-Modells

Das Bauteil, das am Ende der Feder die Lasteinleitung in eine Funktionsfläche bewirkt, wird als Federteller bezeichnet (unabhängig von der speziellen Bauform). Für die Berechnung sind folgende Daten erforderlich:

- Geometrie der Feder im ausgebauten Zustand (inklusive Langsachse, Zentrum des oberen Federtellers, Verlauf der Drahtachse über die Drahtkoordinate, Querschnitte im Krafteinleitungsbereich).
- Geometrie der Auflageflächen der Federteller.
- Kinematik der Einfederung an, einschließlich Lage im Fahrzeugkoordinatensystem, Konstruktionslage, oberer und unterer Anschlag sowie Radaufstandspunkt.
- Elastizitätsmodul und die Querkontraktionszahl des Federwerkstoffs sowie die Dicke und elastische Konstanten der Federteller.

Im Krafteinleitungsbereich an jedem Ende der Feder werden Drahtquerschnitt und Drahtachse an die Funktionsfläche des Federtellers angepasst (z. B. geänderte Steigung, Anschliff). Der freie Windungsbereich ist der Bereich der Feder zwischen den Krafteinleitungsbereichen. Die Längsachse der freien (d. h. ausgebauten) Schraubendruckfeder ist eine konstruktiv festgelegte Bezugslinie für die Beschreibung der Federgeometrie.

Die Mitte des oberen Federtellers ist ein konstruktiv festgelegter Bezugspunkt für das Bauteilkoordinatensystem (x', y', z') und für die Momente der Lagerreaktionen. Er liegt auf der Längsachse in Höhe der Hauptebene. Die Hauptebene (x', y') ist die Ebene senkrecht zur Längsachse durch den Anfang des Federdrahtes. Die Drahtachse ist die Kurve durch die Schwerpunkte der Drahtquerschnitte. Der Drahtquerschnitt ist die ebene Schnittfläche senkrecht zur Drahtachse. Im freien Windungsbereich ist der Drahtquerschnitt kreisförmig, sofern nicht ausdrücklich anders definiert. Normale und Binormale zur Drahtachse definieren vier wichtige Bezugspunkte im Drahtquerschnitt: Der untere Bezugspunkt und der innere Bezugspunkt sind die Schnittpunkte der Normalen mit der Querschnittskontur. Der obere und der untere Bezugspunkt sind die Schnittpunkte der Binormalen mit der Querschnittskontur.

Die Lage eines Drahtquerschnitts auf der Drahtachse wird durch den Ortswinkel beschrieben.

Dieser beginnt bei der aufgefalteten Feder mit dem Wert Null am oberen Drahtende und nimmt dann entlang der Drahtachse mit der Windung um die Federachse bis zum größten Wert am unteren Drahtende zu. Der Ortswinkel ist somit in der freien (aufgeweiteten) Konfiguration für jeden Punkt auf der Drahtachse definiert als der Winkel zwischen dem oberen Federanfang und der Projektion des betreffenden Punktes auf die Hauptebene. Der Scheitelpunkt des Winkels liegt auf der Federachse und die Hauptebene verläuft senkrecht zur Federachse durch die Mitte des oberen Federtellers.

Bei der Systemeinfederung ist die Bewegung des unteren Federtellers gegenüber dem als ruhend angenommenen oberen Federteller eine starre Federbewegung mit einem Freiheitsgrad, der durch die Kinematik des gefederten Systems definiert ist. Der Federweg wird vom Angriffspunkt durchlaufen.

Der untere Anschlag definiert den Beginn des Federweges der eingebauten Feder (maximale Auslenkung). Der obere Anschlag definiert das Ende des Federweges (maximale Einfederung). Dazwischen liegt die Konstruktionslage (Normallage), die konstruktiv festgelegt ist.

Die Einfederung ist die vertikale Komponente der Verschiebung des Radaufstandspunktes relativ zur Mitte des oberen Federtellers. zum Mittelpunkt des oberen Federtellers. Sie hat am unteren Anschlag den Wert Null und am oberen Anschlag ihren oberen Anschlag den Maximalwert. Die Wirkfederkraft ist die am Wirkpunkt auftretende Kraft infolge einer eingeprägten Einfederung. Die Federkennlinie ist die Darstellung der Wirkfederkraft in Abhängigkeit von der Einfederung.

Die Geometrie der Feder wird mit 3D-CAD-Programmen erstellt und in ein Finite-Elemente-Programm übertragen. Dort wird sie in 3D-Elemente zerlegt, wobei typische Formen von Volumenelementen wie Hexaeder, Tetraeder, Pyramide oder Keil-Elemente verwendet werden. So wird die 3-dimensionale Feder realitätsnah abgebildet. Für die Vernetzung der Federn empfehlen wir die Verwendung von regulären Finite-Elemente-Netzen mit Hexaeder-Elementen. Diese gewährleisten bei gleicher Elementanzahl eine höhere Berechnungsgenauigkeit im Vergleich zu Tetraeder-Elementen. Eine feinere Vernetzung führt zu höherer Genauigkeit, erfordert jedoch wesentlich mehr Rechenzeit für die nichtlineare Berechnung und die numerische Lösung der Optimierungsaufgaben.

Die Feder wird durch Vollkörperelemente mit mindestens vollständig quadratischem Verschiebungsansatz oder mindestens vollständig linearem Spannungsfeld modelliert. Elemente mit unvollständig linearem Spannungsfeld (z. B. 8-Knoten-Hexaeder) oder Elemente, die eine konstante Kontaktpressung durch Knotenkräfte mit unterschiedlichem Vorzeichen diskretisieren (z. B. 20-Knoten-Hexaeder), sind nur dann zulässig, wenn wirksame Vorkehrungen gegen diese Defizite getroffen werden. Isoparametrische Elemente mit abgerundeten Kanten dürfen nicht verwendet werden: Alle Knoten, die nicht auf den Eckpunkten des Elementes liegen, müssen exakt auf den Mittelpunkten liegen. (Seitenmitte, Flächenmitte, Kopfmitte) liegen.

Das Elementnetz ist im freien Windungsbereich wie folgt zu strukturieren: In regelmäßigen Abständen entlang der Drahtachse werden die Drahtquerschnitte durch Elementflächen repräsentiert. Der durch die Elementkanten dargestellte Umriss eines solchen Querschnitts ist ein regelmäßiger n-Eck. Die Abb. 11.2, 11.3, 11.4, 11.5, 11.6 und 11.7 zeigen typische Beispiele für die Vernetzung von Schraubenfedern mit dem Programm ANSYS [17].

Anstelle von Vollkörperelementen entlang der Drahtachse können Balkenelemente verwendet werden. Insbesondere sind dann zusätzliche Hilfsmittel für die Beschreibung des Kontaktes mit den Federtellern und zwischen den Windungen erforderlich.

Die resultierenden Kräfte sowie die entsprechende Form der Skelettlinie der Achsfeder wird für jeden relevanten Betriebspunkt ausgewertet.

Als Ergebnis der Simulation wird die maximale Spannung im Federelement sowie die Spannungsdarstellung für die relevanten Einfederungszustände ausgegeben. Diese Größen dienen ausschließlich für die Auswertung der Betriebsspannungen und Abschätzung der Betriebsfestigkeit.

Bemerkenswerte analoge Fresken aus der altägyptischen Tempelanlage in Dendera und aus der Sammlung der ägyptischen Antiquitäten im *„Musée d'art et d'histoire de Genève"* werden in Abb. 11.8 abgebildet.

Auf den vier Bezugspunkten außen, oben, unten und oben liegen immer Eckknoten von Elementen.

11.2.2 Modellbildung der Anschlusskonstruktion

Die Anschlusskonstruktion einschließlich der Federteller darf bei der Modellierung als starr angenommen werden. Zulässig ist jedes Modell, das die Kinematik der Einfederung in der Lenkstellung Geradeausfahrt richtig beschreibt, eine ausreichende Steifigkeit im Bereich der Federauflageflächen aufweist und die Kontaktsituation richtig wiedergibt. Es sei darauf hingewiesen, dass eine Elastomer-Unterlage zwischen Federteller und Feder

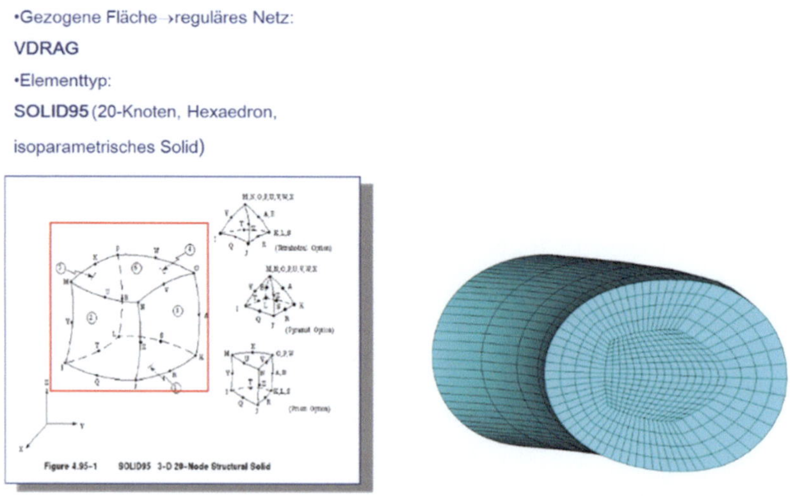

Abb. 11.2 Vernetzungen mit dem Programm ANSYS. Hexaeder Vernetzung einer Fahrwerksfeder mit dem Programm ANSYS, Element SOLID95

nicht berücksichtigt wird. Dies bedeutet, dass die Elastomer-Unterlage aus dem gleichen Material wie der Federteller modelliert wird. Die starre Bewegung des oberen Federtellers wird durch agerzustände fixiert. Diese Lagerbedingungen lassen sich auf je drei unterdrückte Translationen und drei unterdrückte Rotationen zurückführen. Ihnen ist als resultierende Lagerreaktion eine Kraftschraube zugeordnet, die im Zentrum des oberen Federtellers angreift (eine Einzelkraft und ein Moment mit jeweils omponenten).

Der untere Federteller besitzt einen Freiheitsgrad der Starrkörperbewegung entlang des Einfederungsweges, der durch eine vertikale Verschiebung im Radaufstandspunkt beschrieben wird. Die übrigen reiheitsgrade der Starrkörperbewegung werden durch Lagerbedingungen entsprechend der vorgegebenen Kinematik bestimmt.

Unter der Prämisse, dass ein Federteller konstruktiv als Drehlager ausgelegt ist, wird er als reibungsfrei drehbar modelliert. Dies hat eine Reduktion der Anzahl der fixierten Freiheitsgrade um einen zur Folge. Die Feder wird in zwei Schritten weggesteuert verformt:

- **Montage:** Das obere Ende der Feder wird fest mit dem oberen Federteller verbunden. Das untere Federende wird durch vorgegebene Verschiebungen in die Einbaulage gebracht. In der Einbaulage befindet sich der untere Federteller am unteren Anschlag.
- **Einfederung:** Durch eine am Wirkpunkt PE eingeprägte vertikale Einfederung wird der untere Federteller entlang des Federweges bewegt. Die dazu erforderliche Zwangskraft ist die Wirkfederkraft.

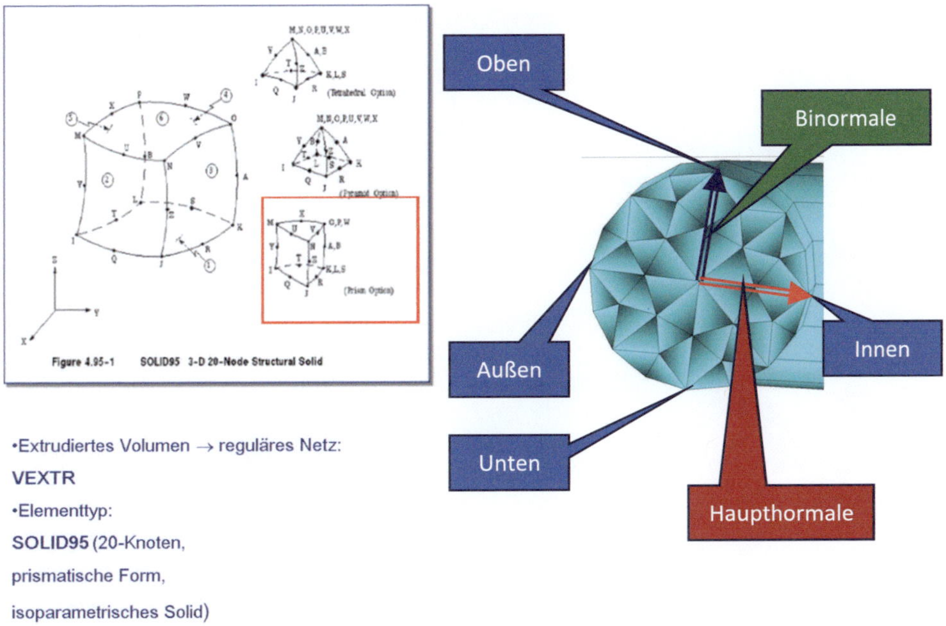

Abb. 11.3 Vernetzungen mit dem Programm ANSYS. Prisma-Vernetzung einer Fahrwerksfeder mit dem Programm ANSYS, Element SOLID95

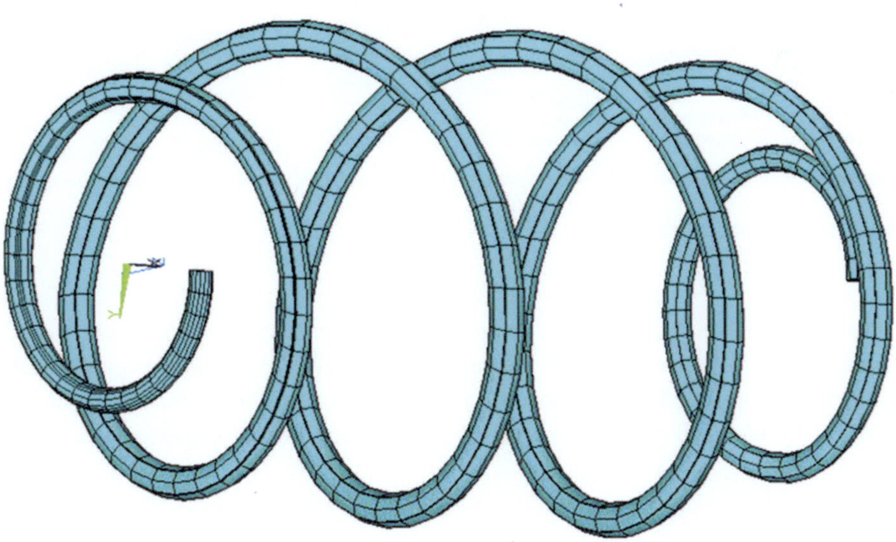

Abb. 11.4 Reguläres Finite-Netz einer Fahrwerksfeder

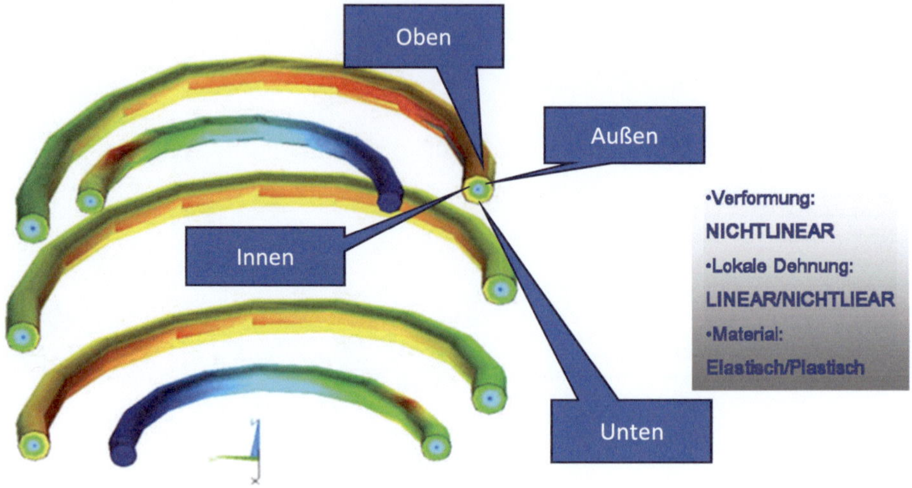

Abb. 11.5 Einstellungen zur Berechnung der Spannungsverteilung in einer Fahrwerksfeder

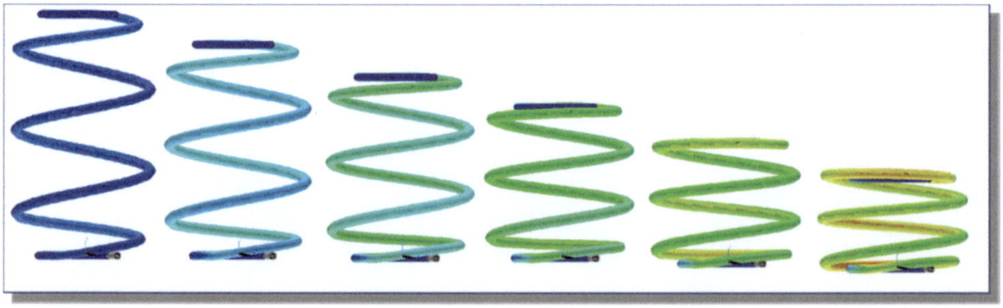

Abb. 11.6 Berechnung der Einfederung mit dem Programm ANSYS

Da die tatsächlichen Reibungseffekte nicht exakt reproduzierbar sind, wird die Berechnung vereinfacht. Bei Federn mit Drehlager wird ein ununterbrochener Reibschluss zwischen Feder und Federteller modelliert (Haftreibung bzw. Kopplung aller tangentialen Freiheitsgrade). Der Federteller wird als reibungsfrei drehbar angenommen.

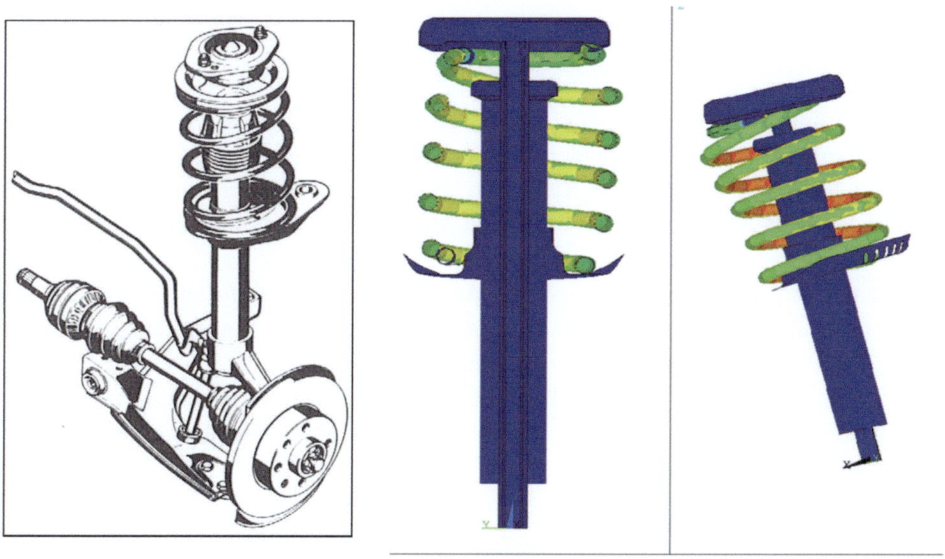

Abb. 11.7 Finite-Elemente-Modelle: Beanspruchung der Feder im System

Abb. 11.8 (A) Fresken aus der altägyptischen Tempelanlage in Dendera (B) Ägyptische Antiquitäten im Musée d'art et d'histoire de Genève By Sailko – Own work, CC BY 3.0, https://commons.wikimedia.org/w/index.php?curid=33927983

Für nicht drehbare Federteller werden die kinematischen Randbedingungen in zwei Phasen modelliert:

- **Einlaufphase:** Reibungsfreie Einfederung bis zur Auslegungslage.
- **Arbeitsphase:** Blockierung aller tangentialen Bewegungen zwischen Feder und Federteller (Haftreibung bzw. Kopplung aller tangentialen Freiheitsgrade). Weitere Einfederung bis zum oberen Anschlag und Ausfedern bis zum unteren Anschlag.

Die Gleitreibung zwischen Feder und Federteller kann von erheblicher Bedeutung sein, insbesondere für die Ausbildung des Querkraftverlaufs und die Entwindung. Die Gleitreibung wird nur nach besonderer Vereinbarung berücksichtigt.

Der elastisch-mechanische Kontakt zwischen Feder und Federteller ist im FEM-Modell zu berücksichtigen, ebenso der Kontakt zwischen zwei Windungen, wenn dieser nicht ausgeschlossen werden kann.

11.2.3 Auswertung der Rechenergebnisse

Die Ergebnisse werden in folgenden Laststufen entlang der Einfederungsbahn dargestellt (Abb. 11.9 und 11.10):

a) Unterer Anschlag (maximale Ausfederung, minimale Federkraft),
b) ¾-Ausfederung (Die Ausfederung aus der Normallage erfolgt mit einer Amplitude von 75 %, wobei die Federkraft reduziert wird),
c) Konstruktionslage oder Normallage (Die statische Auslegung erfolgt in der Regel unter Berücksichtigung des Gewichtes des leeren Fahrzeugs),
d) ¾-Einfederung (Die Einfederung wird wie folgt definiert: Es handelt sich um eine Einfederung aus Normallage um 75 %-Amplitude. Im Vergleich zur statischen Konstruktionskraft in Normallage wird die Federkraft vergrößert)
e) Der obere Anschlag entspricht der Einfederung aus Normallage um 100 %-Amplitude, was der maximalen Einfederung und maximalen Federkraft entspricht.

Die nachfolgenden Auswertungen beziehen sich auf den eingelaufenen Federteller, also auf die Arbeitsphase bei nicht drehbaren Federtellern. Alle Kräfte und Verschiebungen werden auf ein kartesisches Koordinatensystem bezogen, dessen Ursprung im als ruhend angenommenen Zentrum des oberen Federtellers liegt und dessen Achsen parallel zum Fahrzeugkoordinatensystem ausgerichtet sind. Der Koordinatenursprung stellt

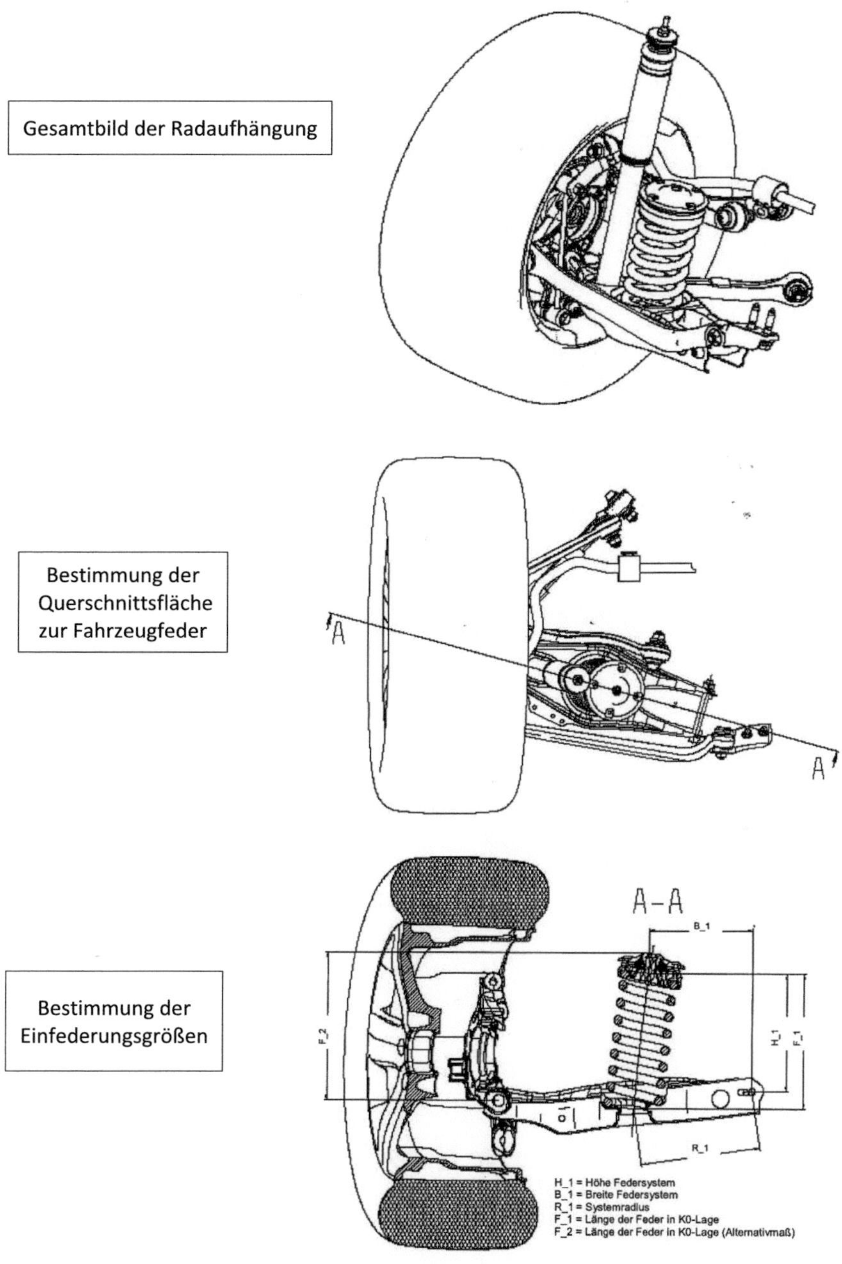

Abb. 11.9 Definition der Einfederung im Gesamtsystem [18]

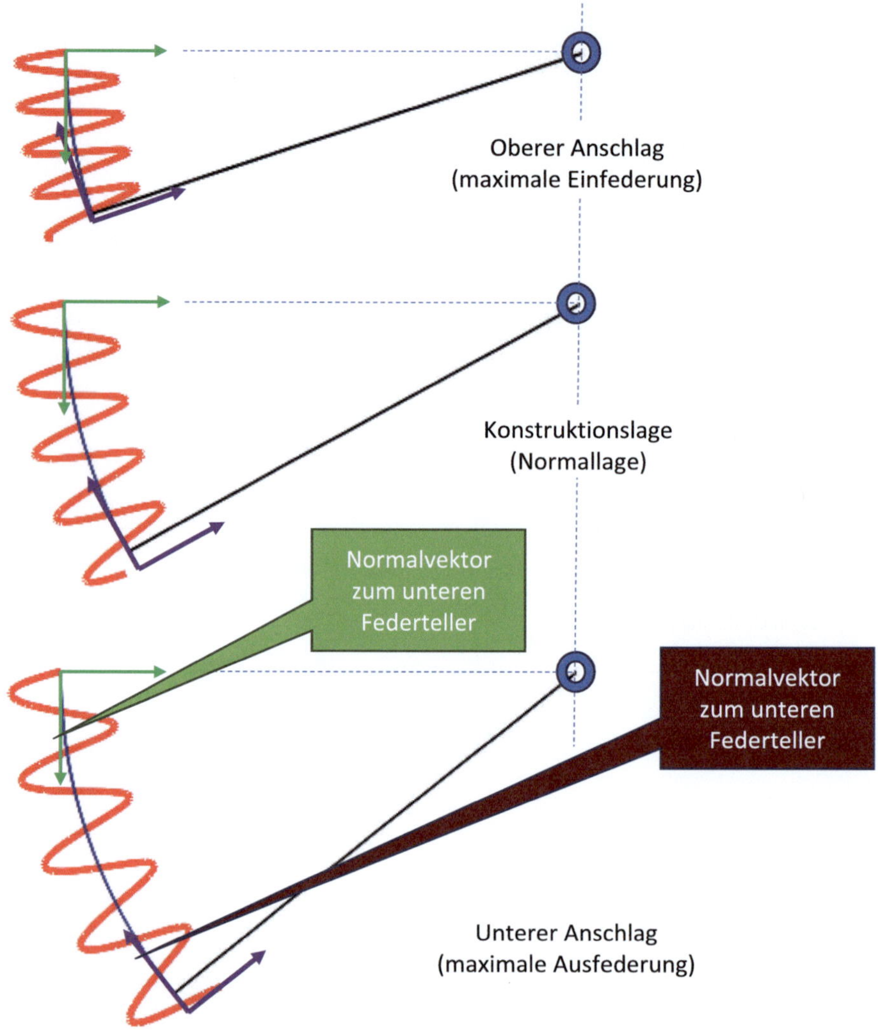

Abb. 11.10 Systemfederung des elastischen Elementes in der Anschlusskonstruktion

zudem den Bezugspunkt aller Momente dar. Der Ort aller drahtbezogenen Größen (Verformungen, Spannungen, Schädigungsbeiwert, Schnittgrößen) wird durch den Ortswinkel des Querschnitts zusammen mit dem nächstgelegenen Referenzpunkt (innen, außen, oben, unten) beschrieben.

Die Spannungen in der Oberfläche des Federdrahts werden für jede Laststufe durch folgende Farbdarstellungen über dem Elementnetz dokumentiert:

- Größte Hauptspannung;
- Kleinste Hauptspannung;
- Größte Schubspannung.

In der Umgebung der Extremwerte darf der relative Spannungssprung über Elementgrenzen hinweg nicht größer als 10 % sein, andernfalls ist das Elementnetz zu verfeinern.

Eine Übersicht der Extremwerte des Spannungsfelds wird für die Laststufe 3 (75 % Einfederung) und die Laststufe 4 (oberer Anschlag) ausgewertet. Im Rahmen der Auswertung werden folgende Extremwerte bestimmt:

- Wert und Ort der größten Hauptspannung (Zugspannung);
- Wert und Ort der kleinsten Hauptspannung (Druckspannung);
- Wert und Ort der größten Schubspannung.

Bei der Auswertung dieser Extremwerte ist sicherzustellen, dass die Spannungen in jedem einzelnen finiten Element berücksichtigt werden. Sofern ein Ort eines Extremwerts im Krafteinleitungsbereich liegt, ist zusätzlich der Wert und der Ort des Extremwerts im Bereich der freien Windung zu bestimmen. Die Extremwerte sollen zusammenfassend in einer Tabelle dargestellt werden. Ihr Ort wird mithilfe des Ortswinkels des Querschnitts zusammen mit dem nächstgelegenen Referenzpunkt beschrieben. Sofern sich die größte Hauptspannung im freien Windungsbereich um mehr als 10 % von der berechneten größten Schubspannung unterscheidet, sind Biegeeffekte, die die Torsion erheblich beeinflussen, wahrscheinlich. In einem solchen Fall muss die Ursache dieser Biegeeffekte überprüft und im Bericht beschrieben werden.

Im Folgenden wird davon ausgegangen, dass alle für eine Laststufe ermittelten Orte der Extremwerte im freien Windungsbereich liegen. Sollte dies nicht der Fall sein, muss zunächst der betreffende Krafteinleitungsbereich auf konstruktive oder modellbedingte Schwächen untersucht werden. In jedem Fall muss für die tabellarische Auswertung ein gefährdeter Querschnitt festgelegt werden. Dies ist in der Regel der Querschnitt mit der höchsten Zugspannung. Im gefährdeten Querschnitt werden für jede Laststufe und die Referenzpunkte außen, innen, oben und unten die drei Hauptspannungen tabellarisch dargestellt.

Da der Federdraht mit Vollkörper-Elementen modelliert wird, koinzidieren in jedem Referenzpunkt die Knoten von mindestens vier Finiten Elementen. Dabei wird im Allgemeinen jedes Element einen etwas anderen Spannungszustand im Referenzpunkt berechnen. Die Hauptspannungen werden dann in jedem Element getrennt berechnet und in die Standard-Ergebnisdatei geschrieben. In einer Tabelle sollen die Mittelwerte der Hauptspannungen zusammen mit der über die koinzidierenden Elemente gebildeten Standardabweichung angegeben werden. Als repräsentativer Spannungszustand wird ein aus den Beltragen der koinzidierenden Elemente gebildeter Mittelwert angenommen. Seine sechs Komponenten werden ebenfalls für die vier Referenzpunkte des gefährdeten Querschnitts tabellarisch angegeben. Zusätzlich werden die Koordinaten der Referenzpunkte dieses Querschnitts angegeben.

11.3 Festigkeitshypothesen bei kombinierter Schub- und Biegebeanspruchung

Eine Dauerfestigkeit ist eine Spannung, die ein Bauteil unendlich oft aushält. Die Wechselfestigkeit σ_w bezeichnet dauerfest ertragbare Spannungsamplitude bei Wechselbeanspruchung. Auf der Wöhlerlinie ist dieser Bereich durch den horizontalen Verlauf rechts des Abknickpunktes gekennzeichnet. Sobald ein Bauteil höhere Beanspruchungen als die Dauerfestigkeit erfährt, spricht man beim Ermüdungsnachweis der Betriebsfestigkeit [19]. Die Konstruktion der Dauerfestigkeitsschaubilder basiert auf den statischen Festigkeitskennwerten und auf der Wechselfestigkeit σ_w. Zu den statischen Festigkeitskennwerten gehören Zugfestigkeit R_m und Streckgrenze R_e. Die Wöhlerlinie der Federelemente hängt von folgenden Einflussfaktoren ab:

- Federmaterial inkl. Thermische Behandlung;
- Kerbwirkung, Korrosion, Rauheit;
- Beanspruchung (Normal- oder Schubspannung, gemischte Beanspruchung);
- Belastungskollektiv;
- Bauteilgröße;
- Betriebstemperatur;
- Eigenspannung (Kugelstrahlen, Rollieren, Laserstrahlen, Festklopfen);
- Mittelspannung
- Spannungsgradient.

Die Erfahrung zeigt, dass die Dauerfestigkeit proportional zur Zugfestigkeit des Materials ist. Je höher die Zugfestigkeit, desto höher die Dauerfestigkeit. Andere Dinge, die die Dauerfestigkeit beeinflussen, sind die Duktilität, die Korngröße, die Wärmebehandlung, Fehlstellen und Einschlüsse im Material. Scharfe Kerben, wie sie zum Beispiel Lunker, harte Einschlüsse, Korrosionskavitäten, Haarrisse, Entkohlung oder Riefen verursachen, verringern die Dauerfestigkeit des Bauteils.

Lastkollektive, die Spannungen oberhalb der Dauerfestigkeit erzeugen, können diese absenken. Dadurch können zuvor unbedenkliche Laststufen zur Schädigungsakkumulation beitragen. Die Dauerfestigkeit eines Bauteils nimmt mit Korrosion ab. Korrosion ist für das Entstehen von Rissen verantwortlich. Das Rauhheitsprofil auf den Oberflächen der Bauteile wirkt zusammen mit der dortigen Mikrostruktur wie eine Kerbe [20]. Untersuchungen in der Fachliteratur beschäftigen sich mit der Korrelation der Dauerfestigkeit mit anderen Materialeigenschaften wie Duktilität und Festigkeit.

Der Einfluss der Bauteilgröße wird durch verschiedene Mechanismen verursacht.

- Technologische Einflüsse wie Randschichtdicke, Randfestigkeit, Oberflächenverfestigungen und Größe des hochbeanspruchten Volumens oder der hochbeanspruchten Oberfläche einer Feder sind maßgeblich. Eine erhöhte Beeinflussung durch statistisch verteilte Fehlstellen und Einschlüsse kann entstehen, wenn der belastete Bereich das Volumen der Feder übersteigt.
- Ein hoher Spannungsgradient führt zu einer hohen Stützwirkung des umliegenden Materials und hat einen positiven Einfluss auf das Ermüdungsverhalten. Für die Federn ist die Stützwirkung jedoch von untergeordneter Bedeutung.
- Unter der Voraussetzung, dass die geometrisch ähnlichen Federn ein gleiches Spannungsmaximum aufweisen, weist die kleinere Feder einen höheren Spannungsgradienten auf und zeigt somit ein vorteilhafteres Ermüdungsverhalten.

Erhöhte Temperatur führt in der Regel zu Abfall der Dauerfestigkeit, wobei bei verschiedenen Materialien Besonderheiten zu berücksichtigen sind. Im Fertigungsprozess können in Federn Eigenspannungen entstehen, die bis zur Streckgrenze reichen. Die Auswirkungen dieser Eigenspannungen auf die Dauerfestigkeit sind abhängig von deren Wert. Druckeigenspannungen haben einen positiven Einfluss auf die Dauerfestigkeit, während Zugeigenspannungen diese herabsetzen können.

Die Beanspruchung von Federn setzt sich oft aus komplexen Schwingbeanspruchungen mit überlagerten statischen Anteilen zusammen, wie zum Beispiel gleichzeitig wirkende Biegung und Torsion. Die Bemessung erfolgt anhand skalaren Vergleichsspannungsannahmen. Für jeden Beanspruchungsfall muss daher aus den mehrachsigen Beanspruchungen eine fiktive Vergleichsspannung mit äquivalenter Schädigungsbewertung gebildet werden. Die ‚gefährlichste' Spannung in der Ebene oder im Raum wird berechnet und mit den zulässigen Spannungen verglichen, die sich aus den Versuchsergebnissen ergeben. Im statischen Fall liefern Festigkeitshypothesen zuverlässige Ergebnisse, die für die praktische Anwendung ausreichend sind.

Die Prüfergebnisse werden an typischen Proben ermittelt. Die Dehnungen werden mit DMS-Rosetten ermittelt. In der Regel werden 45°-Rechtwinkel-Rosetten mit gleicher aktiverer Gitterlänge in planarer und gekreuzter Ausführung eingesetzt [21]. Die Dehnungen $\varepsilon_a, \varepsilon_b, \varepsilon_c$ werden eingelesen. Nach der Auswertung der Messignale ergeben sich die Hauptnormalspannungen an der Oberfläche der Feder. Bei Schraubenfedern handelt es sich um zylindrische Federn mit konstantem Drahtdurchmesser oder Torsionsproben aus geraden Stäben. Die ‚gefährlichste' Spannung wird auch als Vergleichsspannung bezeichnet. Sie charakterisiert das Festigkeitsverhalten des verwendeten Werkstoffes. Je nach Werkstoff ist eine andere größte Spannung für sein Versagen maßgebend. In diesem Zusammenhang spricht man auch von Festigkeitshypothesen. Wie bei Hypothesen üblich, können diese nicht bewiesen werden, sondern ihre Brauchbarkeit und Richtigkeit wird durch die Praxis bewiesen oder widerlegt. Die Tabelle (Tab. 11.1) zeigt einige

Tab. 11.1 Festigkeitshypothesen für mehrachsige Belastung von Federn

Festigkeitshypothese	Vergleichsschubspannung
$\max(\sigma_1, \sigma_2) \leq \sigma_{zul}$	Hauptnormalspannungen: $\sigma_{1,2} = \frac{E}{2(1-\nu)}(\varepsilon_a + \varepsilon_c) \pm \frac{E}{\sqrt{2}(1+\nu)}\sqrt{(\varepsilon_a - \varepsilon_b)^2 + (\varepsilon_c - \varepsilon_b)^2}$
$\tau_{max} \leq \tau_{zul}$	Maximale Schubspannung : $\tau_{max} = \max\left(\frac{\lvert\sigma_1-\sigma_2\rvert}{2}, \frac{\lvert\sigma_2-\sigma_3\rvert}{2}, \frac{\lvert\sigma_3-\sigma_1\rvert}{2}\right)$
$\sigma_V \leq \sigma_{zul}$	Vergleichsspannung nach von Mises: $\sigma_V = \frac{1}{\sqrt{2}}\sqrt{(\sigma_1 - \sigma_2)^2 + (\sigma_2 - \sigma_3)^2 + (\sigma_3 - \sigma_1)^2}$
$\tau_V \leq \tau_{zul}$	Vergleichsschubspannung nach von Mises: $\tau_V = \frac{\sigma_V}{\sqrt{3}} = \frac{\sqrt{3}}{\sqrt{2}}\tau_0$

solcher Festigkeitshypothesen und erlaubt explizite Auswertungen für zweidimensionale Spannungszustände.

Die Festigkeitskennwerte werden an ungekerbten, einachsig beanspruchten Proben ermittelt. Um mehrachsig beanspruchte Bauteile mit den zulässigen Festigkeitskennwerten zu vergleichen, müssen geeignete Vergleichsspannungen formuliert werden. Es wurde experimentell festgestellt, dass die Korrelation zwischen der korrigierten Höchstspannung und der Dauerfestigkeit der Feder durch Versuche nicht einwandfrei nachgewiesen werden kann [22].

Zur Schätzung der Ermüdungslebensdauer werden üblicherweise Goodman- und Haigh-Diagramme verwendet. Die Abhängigkeit der Dauerfestigkeit von der Mittelspannung oder vom Spannungsverhältnis lässt sich in Dauerfestigkeitsschaubildern darstellen. Üblicherweise werden die Dauerfestigkeitsschaubilder nach Smith und nach Haigh verwendet. Im Smith-Diagramm lassen sich die ertragbaren Oberspannungen σ_o und Unterspannungen σ_u in Abhängigkeit der Mittelspannung σ_m ablesen. Die Mittelspannung ergibt sich aus dem Mittelwert von Oberspannung $\sigma_o = \sigma_m + \sigma_a$ und Unterspannung der Beanspruchung durch Schwingbelastung: $\sigma_m = (\sigma_o + \sigma_u)/2$. Das Spannungsverhältnis wird als Verhältnis von Unterspannung zu Oberspannung definiert: $R \stackrel{\text{def}}{=} \sigma_u/\sigma_o$ Die Zugfestigkeit wird als Oberspannung sowohl auf der Ordinaten- als auch als Mittelspannung auf der Abszissenachse dargestellt. Der resultierende Punkt liegt auf einer 45°-Linie mit dem Koordinatenursprung. Im vereinfachten Smith-Diagramm wird die Goodman-Gerade für die Oberspannung durch Verbindung mit der Wechselfestigkeit auf der Ordinate erzeugt. Gleiches Verfahren wird für die Goodman-Gerade der Unterspannung angewendet. Der Dauerfestigkeitsbereich zwischen den Goodman-Geraden wird nach oben hin durch die Streckgrenze begrenzt. Die Mittelspannungsempfindlichkeit lässt sich aus der Steigung der Goodman-Geraden im Haigh-Diagramm ermitteln. Die Mittelspannungsempfindlichkeit nach Schütz [23] entspricht dem Tangens des Winkels zwischen der Horizontalen und der Goodman-Geraden:

$$\mathcal{M} \stackrel{\text{def}}{=} \frac{\sigma_a(R=-1) - \sigma_a(R=0)}{\sigma_m(R=0)}. \tag{11.1}$$

Der Schädigungsbeiwert nach Smith, Watson, Topper auf der Innenseite des Drahtquerschnitts wird entlang des gesamten Federdrahts ausgewertet und tabellarisch dargestellt (Abb. 11.11). Bei der Studie der Literatur zum Thema Ermüdungsversagen von Werkstoffen findet man eine Vielzahl von Modellen zur Abschätzung der Ermüdungslebensdauer. Obwohl einige Modelle auf den ersten Blick neu erscheinen, beruhen einige von ihnen bei genauer Analyse auf derselben Idee wie das Modell von Smith-Watson-Topper. Bei der Finite-Elemente-Analyse erfolgt die Lebensdauerabschätzung beispielsweise mit dem Schädigungsparameter PSWT nach Smith, Watson, Topper:

$$P_{SWT} \stackrel{\text{def}}{=} \sqrt{\sigma_a \cdot \sigma_o}. \tag{11.2}$$

Für reine Schubbeanspruchung gilt es:

$$P_{SWT.\tau} \stackrel{\text{def}}{=} \sqrt{\tau_a \cdot \tau_o}, \quad P_{SWT.\tau} \equiv \frac{1}{\sqrt{3}} P_{SWT}. \tag{11.3}$$

Das Modell von Smith-Watson-Topper hat einen Nachteil: die mittlere Spannungsempfindlichkeit nach Smith-Watson-Topper ist für alle Werkstoffe und Spannungsniveaus identisch $\sqrt{2} - 1 \equiv 0{,}41\ldots$

Die Modelle von Walker und Bergmann beinhalten jeweils einen zusätzlichen Parameter und ermöglichen die Darstellung der tatsächlich experimentell ermittelten

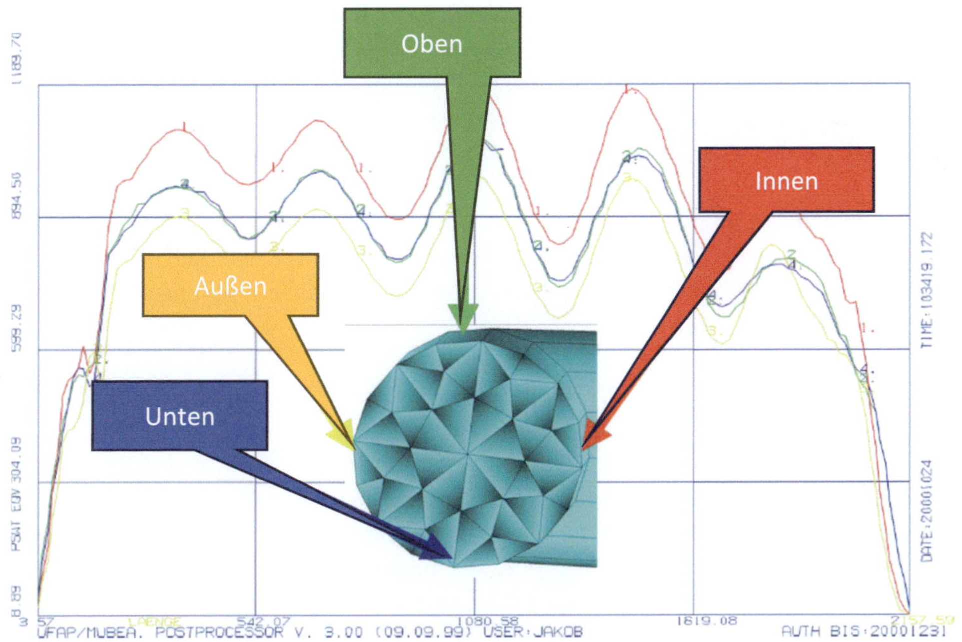

Abb. 11.11 Schädigungsparameter P_{SWT} nach Smith, Watson, Topper. Abschätzung nach Vergleichsspannungshypothese an den Eckpunkten des Drahtquerschnitts

Empfindlichkeit bei Mittelspannung. Diese Modelle beschreiben deutlich, wie die ertragbare Amplitude mit steigender Mittelspannung reduziert wird und ersetzen die stetig-lineare Darstellung aus FKM. Die Auswirkung des Mittelwerts kann gemäß dem Vorschlag von Walker geschrieben werden [24]:

$$P_W \stackrel{\text{def}}{=} {\sigma_a}^{\gamma} \cdot {\sigma_o}^{1-\gamma}. \tag{11.4}$$

In der Beziehung von Walker wurde einen neuen Parameter γ eingeführt. Der Parameter γ kennzeichnet der Exponent der Spannungsamplitude.

Folgendes Modell wurde von Bergmann [25, 26] vorgeschlagen:

$$P_B \stackrel{\text{def}}{=} \sqrt{\sigma_a \cdot (\sigma_o - \zeta \sigma_m)}. \tag{11.5}$$

Die Formeln (3.4), (3.5) zeigen die Abhängigkeiten der Parameter Walker und Bergmann von der Mittelspannungsemfindlichkeit und somit von der Steigung der Goodman-Geraden. Eine detaillierte Erläuterung findet sich in Kap. 9.

Nicht nur die maximale Spannung, sondern auch die Gleichmäßigkeit der Spannungsverteilung über die Drahtoberfläche führt zum Versagen des Federwerkstoffes. Eine gleichmäßige Spannungsverteilung erhöht die Wahrscheinlichkeit des Versagens und des Einschlusses im beanspruchten Bereich an der Innenfläche der Feder. Hohe Spannungen in einem schmalen Bereich können ohne Bruch ertragen werden. Für Schraubenfedern, die dynamischen Belastungen ausgesetzt sind, wird ein Wirkfaktor definiert. Dieser gibt an, wie stark die Dauerfestigkeit im Vergleich zu einem geraden Torsionsstab bei gleichem Moment abnimmt. Wenn die Schubspannung an der Oberfläche des Drehstabes τ_{id} der maximalen Schubspannung an der Oberfläche der Schraubenfeder $k'\tau_{id}$ entspricht, erreichen beide Teile die gleiche Lastspielzahl bis zum Bruch. Basierend auf den Ergebnissen von Schwingversuchen an Schraubenfedern wurden spezielle Wirkungsfaktoren vorgeschlagen, die unter Berücksichtigung des Wirkungsfaktors ausgewertet wurden [27, 28].

Die Bewertung der relevanten Beanspruchungen bei allgemeinen dynamischen Belastungen erweist sich als anspruchsvoll. Aufgrund der im Zeitverlauf stattfindenden Veränderungen hinsichtlich der Phasen und Frequenzen sind die Belastungen in der zeitlichen Auflösung nicht korreliert.

11.4 Berechnung von Stabilisatoren

Jeder PKW hat zwei Achsen, die den Radträger über die Radaufhängung mit dem Aufbau verbinden (siehe Abb. 11.12). Der Stabilisator reduziert das Wanken des Aufbaus in Kurven. Die Stabilisator-Stange ist mit zwei Gummilagern am Aufbau (Schulterlager) bzw. am Achsträger befestigt. An den Enden verbinden Verbindungsstangen den Stabilisator mit dem Radträger, Radlenker oder Stoßdämpfer durch ein räumliches Gelenk (oder seltener durch ein Gummilager). Die Verbindungsstangen den Stabilisator übertragen die beiden Rollkräfte F_A und $-F_A$ an zwei Seiten des Wagens an die Achse. Die

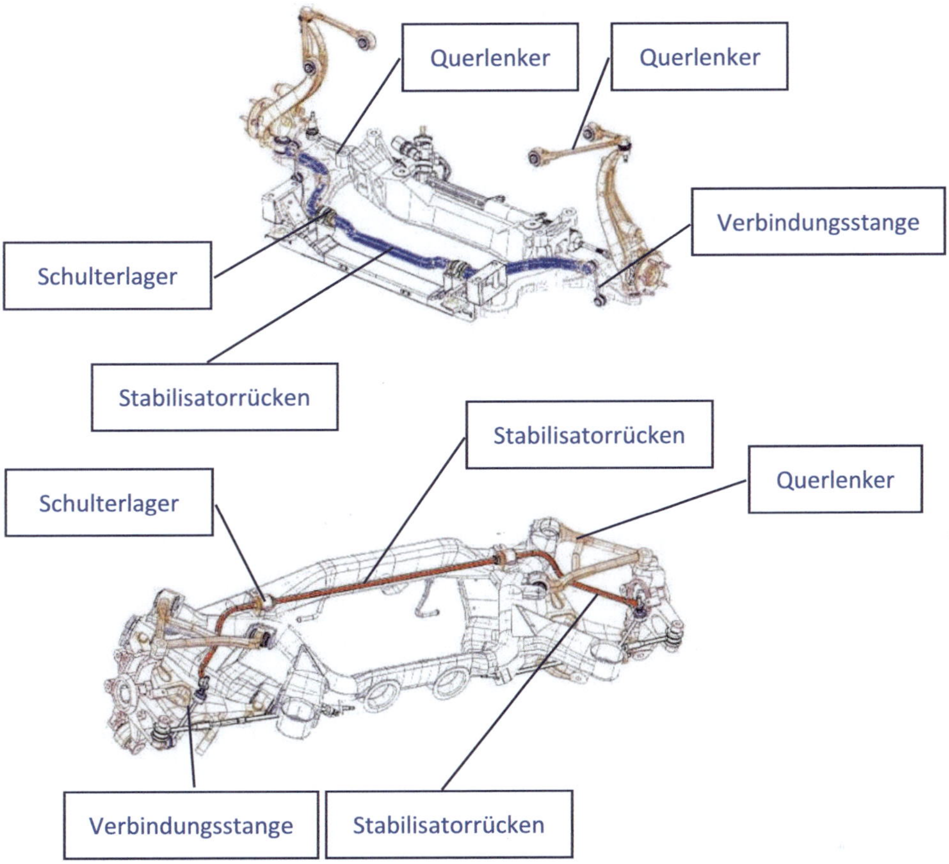

Abb. 11.12 Stabilisatoren von Personenkraftfahrzeugen

Achse wird in der Regel indirekt über Hilfsrahmenlager am Achsträger befestigt. Die Gummilager reduzieren die Übertragung von Fahrbahnvibrationen und Körperschall auf den Fahrgastraum. Der Stabilisator ist ein Federelement, das zur Verbesserung der Straßenlage beiträgt, indem er die beiden Kurbeln an den Radachsen über einen Drehstab verbindet und die Einzelbewegungen gezielt beeinflusst. Die gleichseitigen Hubbewegungen der Räder werden nicht behindert. Die gegenseitigen Hubbewegungen werden durch die Steifigkeit des Stabilisators reduziert. Dabei wird die Wank-Federrate erhöht, während die vertikale Federrate der Achse unbeeinflusst bleibt. In der Regel werden runde, massive oder hohle (rohrförmige) Drehstäbe verwendet. Beim Anheben eines Rades (Einfedern) wird durch die Verdrehung des Stabilisators auch das andere Rad angehoben, beim Absenken auch abgesenkt. Bei Kurvenfahrt wird dem übermäßigen Wanken (seitliche Neigung) des Aufbaus entgegengewirkt. Der Stabilisator wirkt nicht, wenn beide Räder symmetrisch einfedern (Abb. 11.12).

Abb. 11.13 stellt die übliche Geometrie eines Stabilisators dar. Die Reaktionskräfte $F_R, -F_R$ an den Schulterlagern werden aus statischen Bedingungen errechnet und führen zur Biege- und Torsionsmomenten entlang der Mittellinie des Stabilisators. Das Torsionsmoment $\mathfrak{T}_i$ im mittleren Bereich zwischen den Lagerungen ist etwa konstant, wobei das Biegemoment $\mathfrak{M}_i$ an der Symmetrielinie verschwindet. Das maximale Biegemoment wird entsprechend am Schulterlager (Abb. 11.14) erreicht. Index $j = 1{,}2..,n$ kennzeichnet einzelne Bereiche der Skelettlinie des Stabilisators.

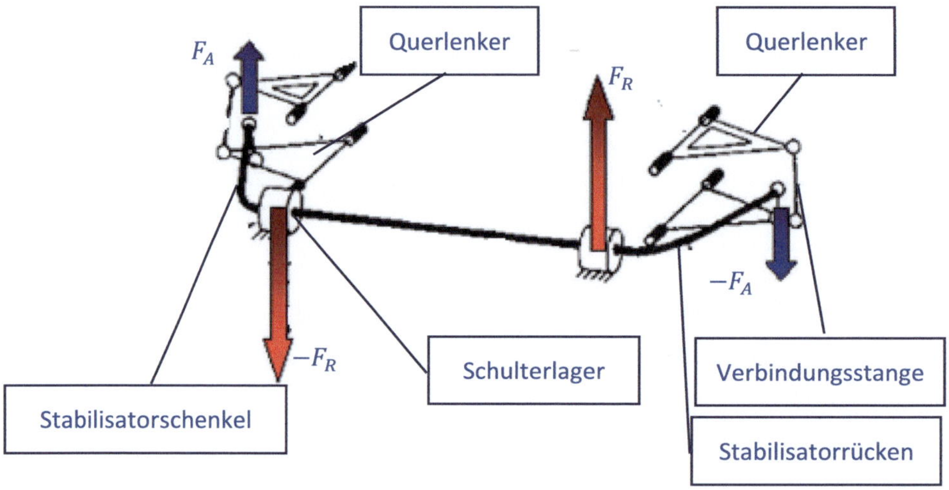

Abb. 11.13 Belastung eines Stabilisators

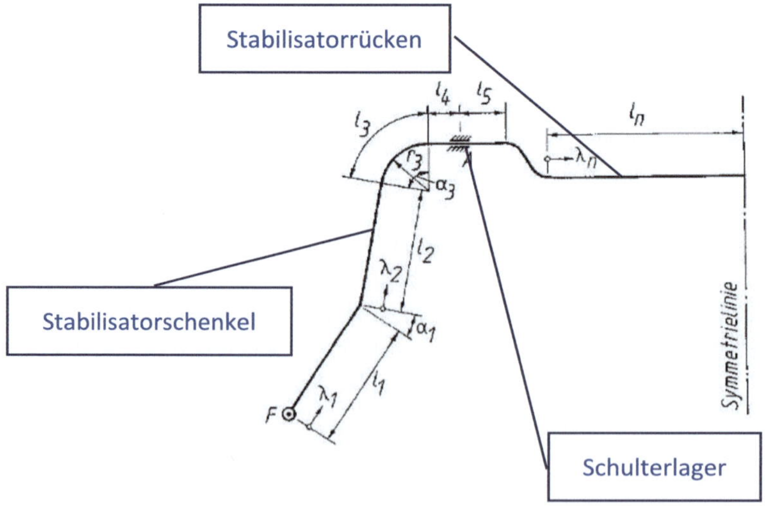

Abb. 11.14 Geometrie eines Stabilisators

Die Verformungsenergie eines Stabilisators setzt sich aus dem Anteil der Biegung und Torsion zusammen:

$$W_E = 2\sum_{i=1}^{n}\left[\int_0^{l_i}\frac{\mathfrak{M}_i^2(x)}{2EJ_i}\,\mathrm{ds} + \int_0^{l_i}\frac{\mathfrak{T}_i^2(x)}{2GI_{T,i}}\,\mathrm{ds}\right]. \tag{11.6}$$

Die Federrate $c_{[F/S]}$ des Stabilisators wird mithilfe der Verformungsenergie ausgedrückt:

$$\frac{1}{c_{[F/S]}} = \frac{\partial^2 W_E}{\partial F^2} = 2\sum_{i=1}^{n}\left[\int_0^{l_i}\frac{1}{2EJ_i}\left(\frac{\partial\mathfrak{M}_i^2(x)}{\partial F}\right)^2 \mathrm{d}s + \int_0^{l_i}\frac{1}{2GI_{T,i}}\left(\frac{\partial\mathfrak{T}_i^2(x)_E}{\partial F}\right)^2 \mathrm{ds}\right]. \tag{11.7}$$

Die Scherspannungen aufgrund der Querkraft Q_i im runden Vollquerschnitt sind [29, 30] (Abb. 11.16, links).

$$\tau_q = \frac{Q}{A}\cdot\frac{1+2\nu}{1+\nu}\cdot\cos\beta \tag{11.8}$$

Hier β ist der Winkel im Querschnitt. Für die Scherspannungen aufgrund der Querkraft Q im runden Rohrquerschnitt gilt (Abb. 11.15, rechts):

$$\tau_q = \frac{Q_i}{A}\cdot\frac{\cos\beta}{1-\left(\frac{d_i}{d_e}\right)^2} \tag{11.9}$$

Das Torsionsmoment $\mathfrak{T}$ verursacht die Schubspannungen:

$$\tau_m = \frac{\mathfrak{T}}{w_T}\cdot\frac{\sqrt{1-2\eta\cos\beta+\eta^2}}{1-\mathrm{w}^{-1}\cos\beta} \tag{11.10}$$

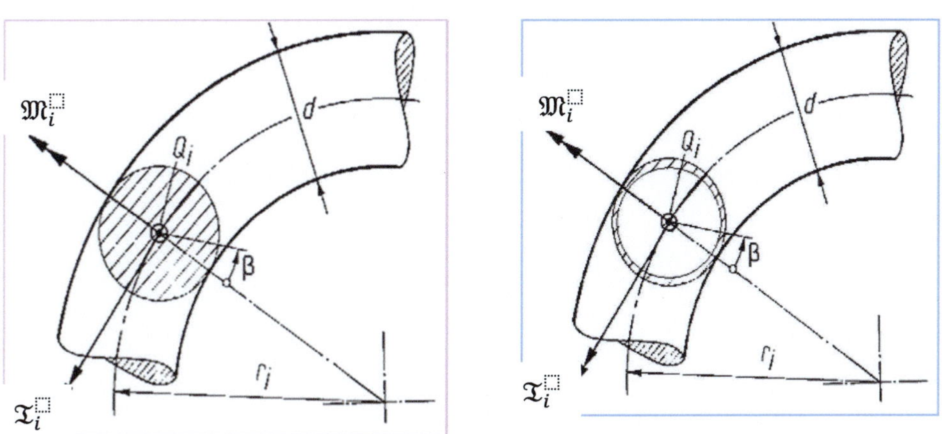

Abb. 11.15 Beanspruchungen im Voll- und Rohrquerschnitt eines Stabilisators

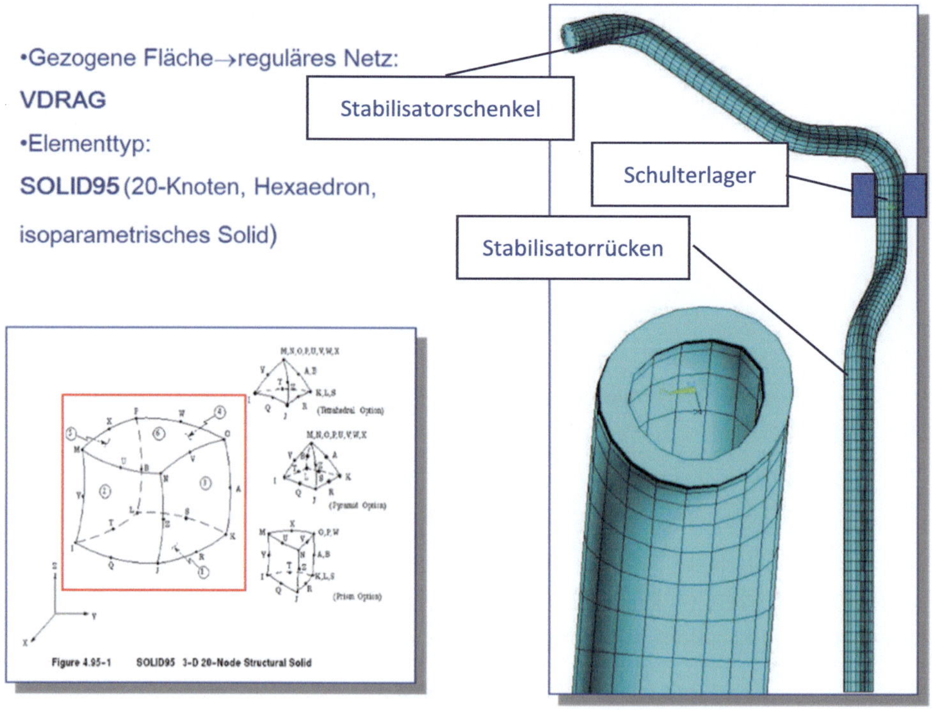

Abb. 11.16 Vernetzung eines Stabilisators mit dem Programm ANSYS

Der Wert

$$\mathrm{w} \overset{\text{def}}{=} \frac{2r_j}{d}$$

steht für das Wickelverhältnis im Bereich j vom Krümmer mit dem Radius r_j. Das Biegemoment $\mathfrak{M}$ führt zu Normalspannungen im Querschnitt:

$$\sigma = -\frac{\mathfrak{M}}{w_B}\frac{\sin\beta}{1 - \mathrm{w}^{-1}\cos\beta}. \tag{11.11}$$

Beide Spannungsarten werden zur Vergleichsspannung nach von Mises zusammengefasst;

$$\sigma_V = \sqrt{\sigma^2 + 3 \cdot (\tau_m + \tau_q)^2}. \tag{11.12}$$

Abb. 11.16 und 11.17 stellen die Vernetzungen der Stabilisatoren mit dem Programm ANSYS dar.

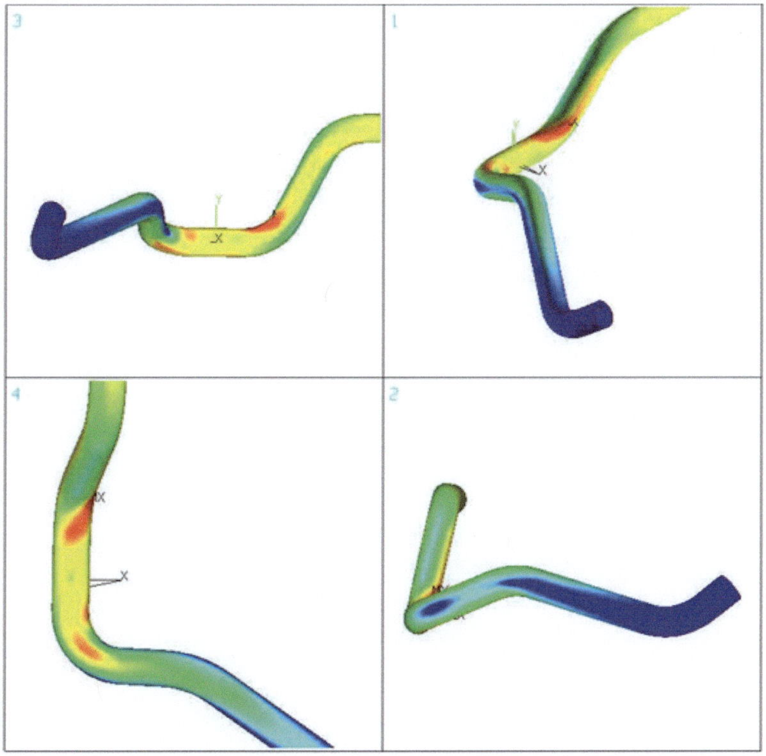

Abb. 11.17 Spannungsberechnung eines Stabilisators mit dem Programm ANSYS

11.5 Zusammenfassung

In diesem Kapitel werden die Berechnung und die Simulation von Federn für den Einsatz in der Automobilindustrie behandelt. Im Rahmen der vorliegenden Untersuchung wurde das Spannungsfeld von Schraubendruckfedern, die in Fahrzeugen als Tragfedern zum Einsatz kommen, betrachtet. Ziel ist die Ermittlung der Beanspruchungen in der idealen Feder, welche die Grundlage für die Lebensdauerabschätzung darstellt. Die vorliegenden theoretischen Grundlagen dienen als Basis für genaue und nachweisliche Kraft- und Spannungsberechnungen.

11.6 Symbolverzeichnis

Bezeichnung	*Physikalische Größe*
$\mathcal{M}$	Mittelspannungsempfindlichkeit nach Schütz
P_{SWT}	Schädigungsparameter nach Smith, Watson, Topper für Normalspannungen
$P_{SWT.\tau}$	Schädigungsparameter nach Smith, Watson, Topper für Scherspannungen
P_W	Schädigungsparameter nach Walker
P_B	Schädigungsparameter nach Bergmann
W_E	Verformungsenergie eines Stabilisators
τ_q	Scherspannungen aufgrund der Querkraft
w_B	Torsionswiderstandsmoment
w	Wickelverhältnis des Vollstabes oder Rohrs im Bereich j
$\mathfrak{T}$	Torsionsmoment im Vollstab oder Rohr des Stabilisators
$\mathfrak{M}$	Biegemoment im Vollstab oder Rohr des Stabilisators
w_B	Biegewiderstandsmoment
σ_V	Vergleichsspannung nach von Mises
$c_{[F/S]}$	Federrate eines Stabilisators oder einer Schraubenfeder
$\xi \overset{\text{def}}{=} \frac{L}{D}$	Schlankheitsgrad der Schraubendruckfeder
L	Länge der freien Feder, $0 < \bar{L} < L$
$\bar{L}$	Länge der Feder unter axialer Zugbelastung $P = -F > 0$
μ	dimensionslose Einfederung, $\mu \overset{\text{def}}{=} \frac{\bar{L}}{L} \equiv 1 - \frac{P}{c_{[F/S]}}$
$\mathfrak{d}_i$	Partielle Schädigung
$\mathfrak{D}$	Kumulative Gesamtschädigung nach der MINER-Regel
$\mathfrak{d}_i(T)$	Relaxierte partielle Schädigung
$\mathfrak{D}_K(T)$	Kumulative relaxierte Gesamtschädigung

Literatur

1. Schindler, V., Müller, S. (2018). Kraftfahrzeugtechnik. In: Grote, K.H., Bender, B., Göhlich, D. (eds) Dubbel. Springer Vieweg, Berlin, Heidelberg. https://doi.org/10.1007/978-3-662-54805-9_101.
2. Grote, K.H., Engelmann, F., Beitz, W., Syrbe, M., Beyerer, J. (2012). K Entwicklung und Konstruktion. In: Czichos, H., Hennecke, M. (eds) HÜTTE - Das Ingenieurwissen. Springer, Berlin, Heidelberg. https://doi.org/10.1007/978-3-642-22850-6_11.
3. Spura, C., Fleischer, B., Wittel, H., Jannasch, D. (2023). Elastische Federn. In: Roloff/Matek Maschinenelemente. Springer Vieweg, Wiesbaden. https://doi.org/10.1007/978-3-658-40914-2_10.

4. Mertens, H., Liebich, R., Gust, P. (2020). Federnde Verbindungen (Federn). In: Bender, B., Göhlich, D. (eds) Dubbel Taschenbuch für den Maschinenbau 2: Anwendungen. Springer Vieweg, Berlin, Heidelberg. https://doi.org/10.1007/978-3-662-59713-2_9.
5. Folchert, U. (2006). Elektronisch geregelte Luftfedersysteme. In: Isermann, R. (eds) Fahrdynamik-Regelung. Vieweg. https://doi.org/10.1007/978-3-8348-9049-8_12.
6. Elastomer-Druckfedern (2010) DIN ISO 10069-1:2010-11.
7. Elastomer-Druckfedern für Werkzeuge der Stanztechnik (1987) DIN 9835-1:1987-03.
8. Kobelev V. (2024) Fundamentals of Springs Mechanics, Springer, ISBN 978-3031585838, Springer Nature Switzerland AG.
9. Kobelev V. (2019) Design and Analysis of Composite Structures for Automotive Applications: Chassis and Drivetrain, Print ISBN:9781119513858, John Wiley & Sons Ltd.
10. Yamada Y. (2007) Materials for Springs, Springer-Verlag Berlin Heidelberg
11. DIN EN 10132:2022-04 (2022) Kaltband aus Stahl für eine Wärmebehandlung.
12. DIN EN 15800:2009-03 (2009) Zylindrische Schraubenfedern aus runden Drähten - Gütevorschriften für kaltgeformte Druckfedern.
13. DIN 2091:1981-06 (1981) Drehstabfedern mit rundem Querschnitt; Berechnung und Konstruktion.
14. Neubrand, J., Ersoy, M., Eulenbach, HD. (2017). Komponenten der Federung. In: Ersoy, M., Gies, S. (eds) Fahrwerkhandbuch. ATZ/MTZ-Fachbuch. Springer Vieweg, Wiesbaden. https://doi.org/10.1007/978-3-658-15468-4_9.
15. Henker, E. (1993). Federung und Dämpfung. In: Fahrwerktechnik. Viewegs Fachbücher der Technik. Vieweg+Teubner Verlag. https://doi.org/10.1007/978-3-322-93854-1_3.
16. Robert Bosch GmbH (2024). Maschinenelemente. In: Robert Bosch GmbH (eds) Kraftfahrtechnisches Taschenbuch. Springer Vieweg, Wiesbaden. https://doi.org/10.1007/978-3-658-44233-0_5.
17. ANSYS (2020) Southpointe260NSYS Drive, Canonsburg, PA 15317, USA.
18. Witt O. (2004) Federn und Stabilisatoren. Anforderungen und Prüfungen. Arbeitskreis—Lastenheft AK'LH 07.
19. Rechnerischer Festigkeitsnachweis für Federn und Federelemente (2018) FKM-Vorhaben Nr. 600, Heft 332.
20. VDI 2226:1965–07 (1965) Empfehlung für die Festigkeitsberechnung metallischer Bauteile, VDI.
21. DMS-Rosetten - Auswahl, Anwendung und Datenauswertung (2024), Tech Note TN-515, Vishay Intertechnology, Inc, https://www.vishay.com/.
22. Huhnen J.:(1970) Abschlussbericht über Vorversuch zum Projekt – Wirkungsfaktor k' bei Schraubenfedern. Robert Bosch GmbH, Stuttgart.
23. Schütz, W. (1967) Über eine Beziehung zwischen der Lebensdauer bei konstanter und bei veränderlicher Beanspruchungsamplitude und ihre Anwendbarkeit auf die Bemessung von Flugzeugbauteilen. Z. f. Flugwissenschaften 1. 11, S. 407/419.
24. Walker, K. (1970) The effect of stress ratio during crack propagation and fatigue for 2024-Tnd 7075-Tluminum. In: Effects of Environment and Complex Load History on Fatigue Life, ASTM STP 462, West Conshohocken, PA, pp. 1–14.
25. Bergmann, J.; Seeger, T. (1979) On the Influence of Cyclic Stress-Strain Curves, Damage Parameters, and Various Evaluation Concepts on the Life Prediction by the Local Approach. In Proceedings of the 2nd European Conference on Fracture, VDI-Report of Progress. Volume 18, Darmstadt, Germany.

26. Bergmann, J.W. (1983) Zur Betriebsfestigkeit gekerbter Bauteile auf der Grundlage der örtlichen Beanspruchung. Dissertation, TH Darmstadt.
27. Kloos K.H., Kaiser B. (1977) Dauerhaltbarkeitseigenschaften von Schraubenfedern in Abhängigkeit von Wickelverhältnis und Oberflächenzustand. Draht- Fachzeitschrift 9, 415-421, 539-545
28. Reich R., Kleitzin U., Klein M., Oechsner M. (2018) Festigkeitsnachweis für Federn und Federelemente, Draht, 2018/1.
29. Niepage M.P.G. (1978) Schraubenzugfedern mit abgebogenen Ösen, Diss. Universität Siegen
30. Niepage P. (1977) Zur rechnerischen Abschätzung der Lastspannungen in angebogenen Schraubenzugfederösen. Draht. S. 9–14, 101–108.

Gleitende und eingespannte Tellerfedern 12

12.1 Modellierung von Tellerfedern mit moderatem konischem Winkel

12.1.1 Designvarianten mit unterschiedlichen Freiheitsgraden

Der Einsatz von Tellerfedern gewährleistet eine signifikant höhere Effizienz in der Nutzung des verfügbaren Raums im Vergleich zu Druckfedern [1, § 9.2.4]. Aufgrund ihrer vielfältigen Eigenschaften und der daraus resultierenden zahlreichen Kombinationsmöglichkeiten ergibt sich ein breites Spektrum an Einsatzmöglichkeiten. Tellerfedern finden insbesondere in Bereichen Anwendung, in denen signifikante Federkräfte bei gleichzeitig geringen Federwegen erforderlich sind. Tellerfedern erfahren demnach eine zunehmende Verwendung im Werkzeug- und Vorrichtungsbau, bei Pressen, im Maschinen- und Apparatebau sowie in den automatischen Getrieben von Straßenfahrzeugen. Tellerfedern sind von signifikanter Relevanz für die Modulation der Lamellenkupplungen in sowohl automatischen als auch hybriden Antriebssystemen von Verbrennungsmotoren. Der Einsatz von Tellerfedern ermöglicht eine Steigerung der Leistungsfähigkeit der Getriebe sowie eine Optimierung des Wirkungsgrades.

Im vorliegenden Kapitel erfolgt eine Analyse der Designvarianten von Tellerfedern mit unterschiedlichen Freiheitsgraden auf den Innen- und Außenkanten. Dergleichen Tellerfedern mit den beschriebenen Eigenschaften sind aus dem Patent [2] bekannt. Die zuvor beschriebene Erfindung betrifft einen Federhalter (Federteller) für eine Ventilfeder einer Brennkraftmaschine, wobei der Fokus nachfolgend auf der Steuerung des Ladungswechsels im Verbrennungsmotor liegt. Die Ventilfeder stellt eine Komponente dar, die bei Verbrennungsmotoren, die nach dem Viertaktverfahren arbeiten, oder bei ventilbestückten Zweitaktmotoren, wie sie in Groß- und Schiffsdieseln zum Einsatz kommen, vorgesehen ist. Ihre Funktion besteht in der Befestigung eines Ventils, das den Einlass

V. Kobelev, *Federntechnologie,* https://doi.org/10.1007/978-3-658-48303-6_12

des Treibstoff-Luft-Gemischs oder den Auslass von Verbrennungsabgas und -rückständen ermöglicht. Ventilfedern sind in der Regel ein oder zwei Schraubenfedern, die mit dem Ventilschaft konzentrisch sind. In diesem Kontext ist eine Differenzierung zwischen Viertakt- und Zweitaktmotoren erforderlich. Bei Viertaktmotoren erfolgt die Steuerung des Ladungswechsels mittels Tellerhubventilen, welche im geschlossenen Zustand den Ein- oder Auslass-Kanal gegen den passend geschliffenen oder gedrehten Ventilsitz im Zylinderkopf abdichten. Bei Viertaktmotoren erfolgt die Steuerung des Ladungswechsels nahezu ausschließlich mittels Tellerhubventilen, während bei Zweitaktmotoren teilweise andere Mechanismen zum Einsatz kommen. Der Ventilteller, welcher den Ein- oder Auslass-Kanal im geschlossenen Zustand gegen den passend geschliffenen oder gedrehten Ventilsitz im Zylinderkopf abdichtet, besteht aus einem komplexen Konstrukt. Der Übergang des Ventiltellers in den Ventilschaft erfolgt in Form einer Parabel, wodurch der Widerstand der strömenden Gase möglichst geringgehalten wird. Der Ventilschaft manifestiert sich als ein langer, dünner Zylinder, der eine feste Verbindung mit dem elastischen Teller aufweist. Die direkte Verbindung des Tellers in Form einer flachen konischen Tellerfeder mit dem Ventilschaft eines Ladungswechselventils erfordert einen Eingriff in eine Ringnut im Ventilschaft. Die Funktion der Zentrierung und Fixierung der Ventilfedern von Ladungswechselventilen, welche konzentrisch zum Ventilschaft angeordnet sind und sich insbesondere an einem zweiten Federhalter am Zylinderkopf abstützen, wird von derartigen elastischen Teller erfüllt. Die Betätigung des Ventils erfolgt durch Druckkräfte, welche auf das freie Ende des Ventilschaftes einwirken. Das freie Ende des Ventils ragt über den Federhalter hinaus und wird durch Nocken, Kipphebel oder Ventilhebel betätigt. Des Weiteren besteht die Möglichkeit, zwischen den Betätigungselementen und dem Federhalter Ausgleichsvorrichtungen zu integrieren. Das Ziel der obigen Erfindung, ein Federhalter für eine Ventilfeder einer Brennkraftmaschine, wurde durch die Bereitstellung eines solchen elastischen Federhalters erreicht. Die direkte Verbindung des Federhalters mit dem Ventilschaft des Ladungswechselventils kann durch einen Eingriff in eine Ringnut im Ventilschaft realisiert werden. Die Ventilfeder ist mit einer Tellerfeder im Form eines Rings sowie zwei vom Ringtellerfeder radial nach innen gerichteten Stützzungen ausgestattet, deren innere Enden in der Draufsicht auf den Federhalter Ausnehmungen aufweisen, die zum Eingriff in eine Ringnut bestimmt sind. Die vorliegende Baugruppe setzt sich aus einem Ladungswechselventil einer Brennkraftmaschine zusammen, welches mit einem Ventilschaft ausgestattet ist, der eine Ringnut aufweist. Des Weiteren beinhaltet die Baugruppe einen elastischen Federhalter für eine Ventilfeder. Der Federhalter ist unmittelbar mit dem Ventilschaft verbunden und findet in der Ringnut seinen Halt.

Die Verwendung lediglich zweier Steifigkeit des Federhalters, ohne dessen Masse signifikant zu erhöhen. Dies führt zu einer Optimierung der Stabilität und vereinfacht die Fertigung des Federhalters sowie die Montage am Ventilschaft. Für den Konstrukteur ist es daher von Relevanz, die Berechnungsformeln für die Tellerfedern zu kennen, welche auf dem harten Bolzen oder radial nach außen bewegungsbehindert montiert sind. Der zuletzt beschriebene Konstruktionsfall liegt vor, wenn die Scheibe innerhalb des zylindrischen Hohlraums im starren Metallblock angeordnet ist.

In der vorliegenden Abhandlung werden die genannten Einschränkungen analysiert und Formeln für die standardisierte Berechnung der festmontierten und frei radial beweglichen Tellerfedern hergeleitet.

12.1.2 Modelle der Tellerfedern nach Theorie der Rotationsschalen

Die Analyse der Tellerfedern mit verschiedenen Freiheitsgraden auf den Innen- und Außenflächen erfolgt unter Anwendung diverser Variationsmethoden [3]. Die Methoden wenden die kinematischen Hypothesen und Gleichungen von dünnen und mäßig dicken Schalen konsequent an. Die zentrale Intention der vorgestellten Theorie besteht in der Möglichkeit, sowohl Tellerfedern mit frei gleitenden Rändern als auch die Ränder mit erzwungener Radialbewegung zu berechnen [4].

Im Folgenden wird eine Übersicht über die gängigsten Modelle von Tellerfedern präsentiert, welche auf der Schalentheorie basieren. Im Folgenden wird die Statik von elastischen Tellerfedern mit in radialer Richtung frei gleitenden Kontaktflächen erörtert. Es kann festgestellt werden, dass bei einer radialen Gleitbewegung beider Kanten die innere Kante der Feder bei einer axialen Einfederung eine Bewegung zur Achse der Scheibe hinaus vollführt. Infolgedessen vollzieht der äußere Rand der Feder beim axialen Einfedern eine Bewegung in die entgegengesetzte Richtung der Achse der Scheibe. Da beide Kanten frei und ohne Reibung gleiten können, verschwinden beide radiale Reaktionskräfte [5]. Der vorliegende Fall umfasst den einfachsten und häufigsten Entwurfsfall und basiert auf mehreren Vereinfachungen und Konjunktionen.

Ein alternativer Lastfall manifestiert sich, wenn die radiale Bewegung der Innenkante limitiert wird. In der vorliegenden Untersuchung wird die innere zylindrische Randkante als absolut radial fixiert angenommen. Die Bewegung in radialer Richtung über den Außenrand erfolgt ohne Reibung.

Weiteren alternativer Belastungsfall manifestiert sich, wenn die radiale Bewegung des äußeren Randes eingeschränkt wird. Die innere Federkante kann in radialer Richtung reibungsfrei gleiten.

Die aufgestellten Hypothesen lassen sich wie folgt zusammenfassen:

- Die Mittelfläche der Schale ist rotationssymmetrisch /axialsymmetrisch.
- Die Mittelfläche wird durch eine Umdrehung der Meridiankurve (Generatrice) erzeugt.
- Die Belastung der Schale ist ebenfalls rotationssymmetrisch/axialsymmetrisch.
- Das Material verhält sich linear-elastisch.
- Das Material der Tellerfedern zeigt isotropes Verhalten.

- Die Berücksichtigung nichtlinearer elastischer und plastischer Effekte der Materialverformung ist in diesem Kontext nicht erforderlich.
- Die Vererbungseffekte, welche das Kriechen und die Relaxation verursachen, werden in der vorliegenden Untersuchung nicht berücksichtigt.
- Der Querschnitt der Feder ist rechteckig, sodass die Radien an den Ecken des rechteckigen Querschnitts verschwinden.
- Es gibt vier Optionen für die Bewegung der Kanten in der radialen Richtung:
  a. Die innere und die äußere Kante kann frei zwischen zwei flachen, starren Ebenen gleiten,
  b. Die innere Kante kann frei zwischen zwei flachen, starren Ebenen gleiten,
  c. Die äußere Kante kann frei zwischen zwei flachen, starren Ebenen gleiten,
  d. Beide Kanten können nicht radial bewegt werden.

Da kleine Radien an den Innen- und Außenkanten in der industriellen Anwendung üblich sind, müssen die resultierenden Formeln um Korrekturen zur Berücksichtigung der Radien an den Kanten ergänzt werden. In der vorliegenden Untersuchung wird davon ausgegangen, dass die Reibung an den inneren und äußeren Rändern nicht vorhanden ist. Die Berücksichtigung sämtlicher zuvor genannter Einflussgrößen und Erweiterungen ist mit handelsüblichen Finite-Elemente-Codes problemlos möglich, sofern die relevanten zusätzlichen Parameter aus der Literatur bekannt sind oder korrekt gemessen werden.

Bei den konventionellen Verfahren zur Berechnung von Tellerfedern wurde die Mantellinie als gerade angenommen. Im Beitrag [6] wurde eine Berechnungsmethode für Tellerfedern vorgestellt, die eine Krümmung der Mantellinie in besserer Näherung berücksichtigt. Dehnungsmessungen ergaben, dass tatsächlich nur sehr geringe radiale Biegespannungen auftreten, die etwa gerade so groß sind, dass sie an der Unterseite mit den radialen Membranspannungen zu null ergänzen.Somit wurde festgestellt, dass die Krümmungsänderung nur sehr geringe Werte erreicht. In bestimmten Fällen, insbesondere bei signifikanten Stauchungen (teilweise über 1 % für Federstahl), können aus der Querkontraktion des Werkstoffs resultierende radiale Dehnungen auftreten, die die Mantellinie merklich krümmen können.

Die Datei „MAPLE CAS“ [7] wird für die Ableitung der Formeln bereitgestellt. Die MAPLE-Code-Datei [8] ermöglicht es den Leserinnen und Lesern, alle nachfolgenden, etwas komplexeren Berechnungen der eigentlichen Theorie abzurufen.

12.1.3 Geometrie der Feder im freien Zustand

Im Rahmen der vorliegenden Untersuchung wird die Betrachtung auf eine elastische, kegelstumpfförmige Schale fokussiert. Im unbelasteten Zustand bildet die Mittelfläche der Schale die konische Rotationsfläche mit der Achse z. Die Abbildung (Abb. 12.1) veranschaulicht ein ringförmiges Federelement, dessen Dicke den konstanten Wert T aufweist. Der Innenhalbmesser der Mittelfläche der freien Feder ist $r_i = D_i/2$, der Außenhalbmesser

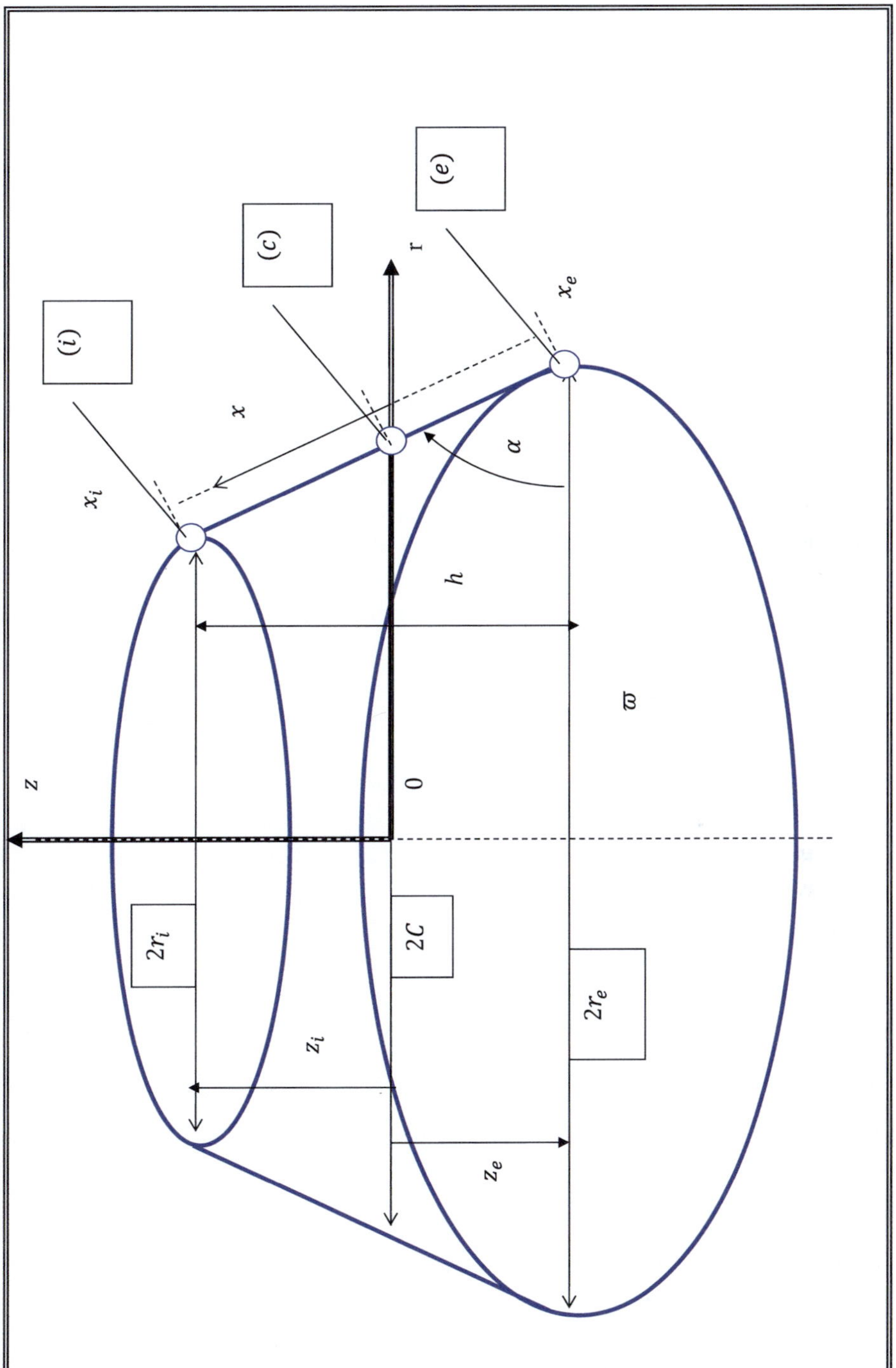

Abb. 12.1 Die Mittelfläche ϖ der freien Feder

ist $r_e = D_e/2$. Die Verhältnisse von Außenradius zu Innenradius und von Dicke zu Innenradius sind dementsprechend:

$$\Delta \stackrel{\text{def}}{=} \frac{r_e}{r_i} > 1, \qquad \mu \stackrel{\text{def}}{=} \frac{T}{r_i}.$$

Eine solche Oberfläche wird als Kegelstumpf ϖ bezeichnet. Der Neigungswinkel α der freien konischen Schale ist offenbar konstant. Der Stülpmittelpunkt wird mit dem Symbol (c) bezeichnet.

Zur adäquaten Beschreibung der Geometrie der Schale werden zwei Koordinatensysteme herangezogen, nämlich ein zylindrisches sowie ein konisches.

Im zylindrischen Koordinatensystem bestimmen die Parameter (r, θ, z) die Lage eines bestimmten inneren Punktes P der Schale. Meridianschnitt ist ein Schnitt entlang der Rotationsachse des Rotationskörpers. Der Ursprung der zylindrischen Koordinaten liegt in der neutralen Ebene (c). Die neutrale Ebene (c) mit der Achsenkoordinate $z = 0$ überschneidet sich mit dem Kegelstumpf ϖ. Der Querschnitt der neutralen Ebene (c) und des Kegelstumpfes ϖ ist der Kreis mit dem Radius C. In anderen Worten bedeutet dies, dass sich der Kreis mit dem Radius C in der neuralen Fläche befindet. Der Schnittpunkt dieses Kreises mit der Koordinatenebene $(r,\ z,\ \theta = 0)$, wird als „Stülpmittelpunkt" bezeichnet. Im zylindrischen Koordinatensystem ist die Mittelfläche einer freien konischen Schale gegeben als:

$$x = \frac{C - r}{\cos\alpha}, \qquad z = \text{-}x \sin\alpha. \tag{12.1}$$

In diesem Kontext wird die Bogenlänge x als Meridionalkoordinate definiert. Die Messung der Bogenlänge erfolgt unter Verwendung des Stülpmittelpunkts als Ausgangspunkt. Es lässt sich evident feststellen, dass die Neutralebene (c) der Null-Bogenlänge $(x = 0)$ entspricht. Die Längen der Bögen zum inneren und äußeren Rand sind demnach:

$$x_i = \frac{C - r_i}{\cos\alpha} > 0, \quad x_e = \frac{C - r_e}{\cos\alpha} < 0. \tag{12.2}$$

Aus den Gleichungen (12.1) und (12.2) ergibt sich:

$$r_i = C - x_i \cos(\alpha), \quad r_e = C - x_e\cos(\alpha), \quad \mathrm{d}r = \cos(\alpha)\mathrm{d}x \quad \text{für} \quad x_e \leq x \leq x_i. \tag{12.3}$$

Die Höhen der Mittelfläche der freien Schale sowie der inneren und äußeren Ränder sind jeweils in den folgenden Werten angegeben (Abb. 12.1):

$$z_i = x_i \sin\alpha > 0, \qquad z_e = x_e \sin\alpha < 0. \tag{12.4}$$

Die Gesamthöhe der Mittelfläche der unbelasteten Tellerfeder beträgt:

$$h = z_i - z_e = (\Delta - 1) r_i \tan\alpha. \tag{12.5}$$

Die Breite der Mittelfläche der Tellerfeder in ihrem freien Zustand beträgt:

$$b = r_e - r_i = (\Delta - 1)\ r_i. \tag{12.6}$$

Im konischen Koordinatensystem wird die Lage des inneren Punktes P der konischen Schale durch drei Parameter (x, θ, y) bestimmt. Der Normalabstand y vom inneren Punkt P zur Mittelfläche der Schale lautet:

$$-T/2 \leq y \leq T/2.$$

Der Abstand zwischen dem Punkt P mit den Kegelkoordinaten (x, θ, y) und der Achse des Kegels ist:

$$\tilde{r} = r + y \sin\alpha = C - x \cos\alpha + y \sin\alpha. \tag{12.7}$$

Die Hauptkrümmungsradien r_1 und r_2 für die unbelastete konische Schale sind dementsprechend:

$$\frac{1}{r_1} = \frac{\sin\alpha}{r}, \qquad \frac{1}{r_2} = 0. \tag{12.8}$$

12.1.4 Veränderungen der Dehnung und Krümmung bei der Einfederung

Die vorliegende Untersuchung befasst sich mit der Besonderheit der Vereinfachung traditioneller Lösungen. Die radiale Schnittfläche wurde in diesem Fall einer einzigen Drehung unterzogen, ohne dass weitere Deformationen in Erwägung zu ziehen waren. Infolgedessen wurden die ursprünglich geraden Mantellinien während des Deformationsvorgangs als geradlinig betrachtet. Die Haupthypothese des Modells ist, dass sich der Neigungswinkel ψ von verformten Kegelschalen ändert, aber auch über den Meridian konstant bleibt. Der Punkt (c) ist nämlich der Stülpmittelpunkt für den Querschnitt der Kegelschale Ω mit dem Radius C. Die Generatricen drehen sich um den Stülpmittelpunkt (c), bleiben aber gerade und ihre Längen ändern sich nicht. Die Punkte der Mittelfläche, die auf der neutralen Ebene (c) liegen, biegen sich nicht durch. Die Mittelfläche der Schale im verformten Zustand ist ein weiterer Kegelstumpf Ω , wie oben auf (Abb. 12.2) dargestellt. Diese Hypothese entspricht im Wesentlichen der Hypothese der gängigen Modelle von Timoshenko [9], Almen und Laszlo [10], Lutz [11])

Der signifikante Unterschied zwischen den aktuellen Modellen und den herkömmlichen Modellen besteht in der Methode zur Bestimmung der Lage der neutralen Ebene. Diese Methode gründet sich auf den Variationsprinzipien, die durch die Freiheitsgrade und die radiale Verschiebbarkeit der Ränder determiniert werden. Die formale Festlegung der Lage der neutralen Ebene ist folglich abhängig von der Art der radialen Zwangsbedingungen an den beiden Kanten.

In zylindrischen Koordinaten (r, θ, z), ist die Mittelfläche Ω durch die Parametergleichungen gegeben:

$$R = C - x \cos\psi, \qquad Z = -x \sin\psi. \tag{12.9}$$

Der Abstand zwischen dem Punkt des dickwandigen Kegels mit den Kegelkoordinaten (x, θ, y) und der Achse des verformten Kegels beträgt:

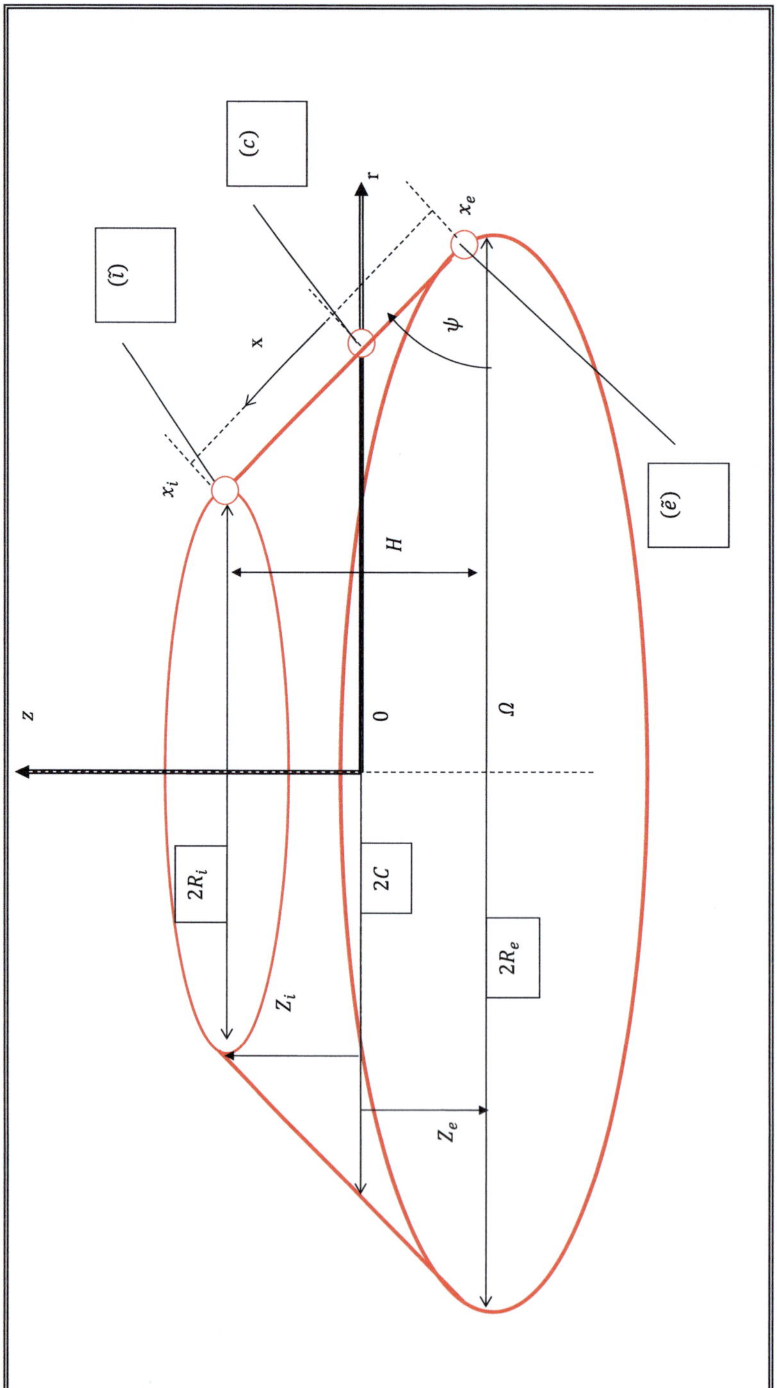

Abb. 12.2 Die Mittelfläche **Ω** der verformten Feder

$$\tilde{R} = R + y \cdot \sin\psi = C - x \cdot \cos\psi + y \cdot \sin\psi. \tag{12.10}$$

Dementsprechend sind die Hauptkrümmungsradien R_1 und R_2 der Mittelfläche Ω:

$$\frac{1}{R_1} = \frac{\sin\psi}{r}, \qquad \frac{1}{R_2} = 0. \tag{12.11}$$

Die inneren und äußeren Radien von Ω sind gleich:

$$R_i = C - x_i \cos\psi, \qquad R_e = C - x_e \cos\psi. \tag{12.12}$$

Die Abstände von der Ebene (c) zum inneren (i) und äußeren (e) Rand der Fläche Ω lauten:

$$Z_i = x_i \sin\psi, \qquad Z_e = x_e \sin\psi. \tag{12.13}$$

Die Höhe und Breite der Mittelfläche im verformten Zustand Ω sind jeweils:

$$H = Z_i - Z_e = r_i \cdot \frac{\sin\psi}{\cos\alpha} \cdot (\Delta - 1), \tag{12.14}$$

$$B = R_i - R_e = r_i \cdot \frac{\cos\psi}{\cos\alpha} \cdot (\Delta - 1). \tag{12.15}$$

Wenn man die Verformungs-Verschiebungs-Beziehungen auf den Fall einer konischen Schale ohne transversale Scherverformungen spezialisiert, ergibt sich folgender Ausdruck für die Dehnung in der Mitte der Umfangsfläche:

$$\varepsilon_\vartheta = \frac{R - r}{r} = \frac{\cos\alpha - \cos\psi}{C - x\cos\alpha} \cdot x \tag{12.16}$$

Die Krümmungsänderung in Umfangsrichtung ist:

$$\kappa_\theta = \frac{1}{R_1} - \frac{1}{r_1} = \frac{\sin\psi - \sin\alpha}{r}. \tag{12.17}$$

Der Neigungswinkel verschwindet im abgeflachten Zustand. Mit Gl. (12.9) sind der innere und der äußere Radius des ebenen kreisförmigen Streifens nahezu gleich:

$$R_{i0} = C - x_i, \qquad R_{e0} = C - x_e.$$

12.1.5 Federweg und Federhöhe

Nach Gl. (12.6) und (12.14) ist der Federweg auf der Mittelfläche gleich:

$$S = h - H = (\Delta - 1) \cdot r_i \cdot \frac{\sin\alpha - \sin\psi}{\cos\alpha}. \tag{12.18}$$

Unter Berücksichtigung der konstanten Dicke T des Materials müssen die Ausdrücke für Höhe und Breite korrigiert werden (Abb. 12.3). Die Gesamthöhe und -breite der Tellerfeder im freien Zustand von der oberen Innenkante bis zur äußeren Außenkante sind jeweils:

$$\begin{cases} \tilde{h} = h + T\cos\alpha = (\Delta - 1)\cdot r_i \tan\alpha + T\cos\alpha, \\ \tilde{b} = b - T\sin\alpha = (\Delta - 1)\cdot r_i - T\sin\alpha \end{cases} \tag{12.19a}$$

Die Gesamthöhe und -breite der verformten Tellerfeder von der oberen Innenkante bis zur äußeren Außenkante beträgt dementsprechend:

$$\begin{cases} \tilde{H} = H + T\cos\psi = r_i \cdot \frac{\sin\psi}{\cos\alpha}\cdot(\Delta - 1) + T\cos\psi, \\ \tilde{B} = B - T\sin\psi = r_i \cdot \frac{\cos\psi}{\cos\alpha}\cdot(\Delta - 1) - T\sin\psi \end{cases} \tag{12.19b}$$

Mit Gl. (12.19a) und (12.19b) beträgt der Federweg von der oberen Innenkante zur unteren Außenkante:

$$\tilde{S} = \tilde{h} - \tilde{H} = (\Delta - 1)\cdot r_i \cdot \frac{\sin\alpha - \sin\psi}{\cos\alpha} + T\cdot(\sin\psi - \sin\alpha). \tag{12.20}$$

Der Einfluss der Abrundung auf die Ecken konnte ebenfalls problemlos berücksichtigt werden.

12.2 Rotationssymmetrische Elastizitätsgleichungen

12.2.1 Elastische Verformung der konischen Schale

Im konischen Koordinatensystem werden die Spannungen mit den Dehnungen des isotropen Körpers in Abwesenheit von Schubspannungen durch die Gleichungen [12] verbunden:

$$\begin{cases} \sigma_\theta = \frac{E}{(1+\nu)(1-2\nu)}\cdot[(1-\nu)\cdot \mathrm{E}_\theta + \nu\cdot(\mathrm{E}_X + \mathrm{E}_Y)], \\ \sigma_X = \frac{E}{(1+\nu)(1-2\nu)}\cdot[(1-\nu)\cdot \mathrm{E}_X + \nu\cdot(\mathrm{E}_Y + \mathrm{E}_\theta)], \\ \sigma_Y = \frac{E}{(1+\nu)(1-2\nu)}\cdot[(1-\nu)\cdot \mathrm{E}_Y + \nu\cdot(\mathrm{E}_\theta + \mathrm{E}_X)]. \end{cases} \tag{12.21}$$

In Gl. (12.21) werden die folgenden Bezeichnungen für die Hauptdehnungen verwendet:

E_θ die Umfangsdehnung, oder Ringdehnung;

E_X die meridionale Dehnung;

E_Y die Dehnung normal zur Oberfläche der Schale.

Alle Scherdehnungen und Schubspannungen heben sich aufgrund der Symmetriebedingungen auf. Die Hypothese geht von der Abwesenheit von Spannungen in Meridian- und Normalrichtung aus:

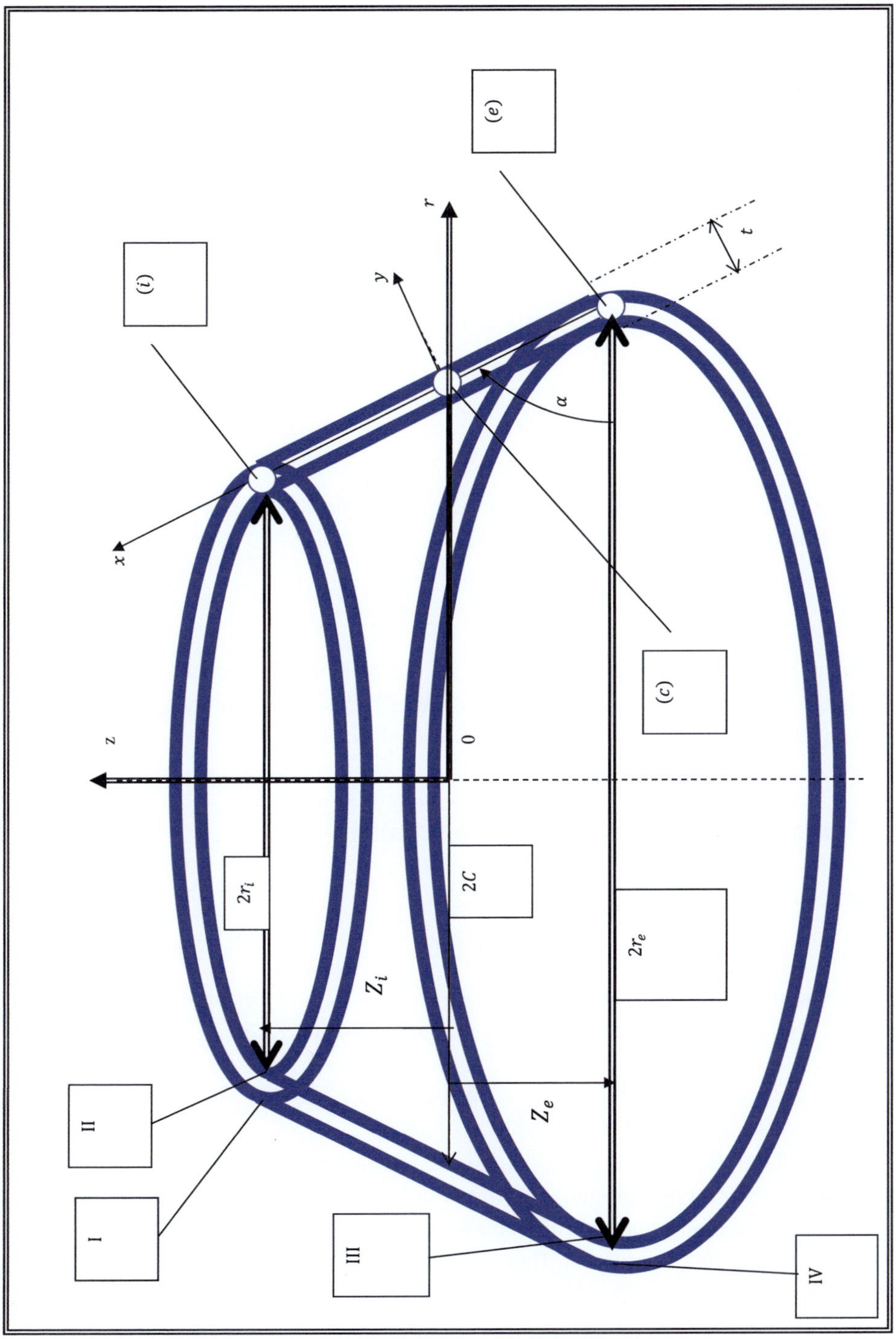

Abb. 12.3 Die räumliche Darstellung der unverformten dickwandigen Fede r

$$\sigma_X = 0, \qquad \sigma_Y = 0.$$

Unter diesen Bedingungen hängen die meridionale Dehnung E_X und die Dehnung senkrecht zur Oberfläche der Schale E_Y nur von der Umfangsdehnung E_θ ab:

$$E_X = -\nu E_\theta, \qquad E_Y = -\nu E_\theta. \tag{12.22}$$

Die Ring- oder Umfangsspannung $\boldsymbol{\sigma}_\theta$ wirkt in Umfangsrichtung und senkrecht zur Achse z und dem Radius r:

$$\sigma_\theta = E \cdot E_\theta.$$

Die Beziehungen (12.21) und (12.22) führen zu den folgenden Ausdrücken für die Dehnungen im elastischen Kegel:

$$E_\theta = \varepsilon_\theta + y \cdot \kappa_\theta = \frac{(\cos\alpha - \cos\psi)\cdot x + (\sin\psi - \sin\alpha)\cdot y}{C - x\cos\alpha}, \qquad \text{für } -\frac{T}{2} \le y \le \frac{T}{2}, \quad x_e \le x \le x_i. \tag{12.23}$$

Die gesamte Umfangskraft im Querschnitt F_θ der konischen Scheibe ist das Integral der Umfangsspannung über die Querschnittsfläche:

$$F_\theta = 2\pi \int_{x_e}^{x_i} \left[\int_{-T/2}^{T/2} \sigma_\theta \mathrm{d}y \right] \mathrm{d}x.$$

Entsprechend wirkt die Druckkraft der Feder auf die beliebige Einfassung an einer der eingespannten Kanten. Es ist offensichtlich, dass die Druckkraft der Feder gleich der gesamten Ringkraft im Querschnitt der Kegelstumpfscheibe ist.

12.2.2 Variationsmethode für konische Schalen

Die gesamte potenzielle Energie

$$\Pi = U_E + U_F \tag{12.24}$$

ist die Summe der elastischen Dehnungsenergie U_E, die in dem verformten Körper gespeichert ist, und der potenziellen Energie U_f der aufgebrachten Kräfte:

$$U_F = \int_\alpha^\psi M\,\mathrm{d}\psi, \qquad M = F_Z\,B - F_R\,H. \tag{12.25}$$

Die Schale wird durch die Kräfte in Richtung der Drehachse der Schale oder durch die Kräfte in radialer Richtung belastet. Im Normalfall verteilt sich die Belastung gleichmäßig auf die obere Innenkante und die untere Außenkante (Abb. 12.4, **links**). Die gesamte Axialkraft, die auf den inneren Rand (i) wirkt, ist F_z. Die gesamte Radialkraft ist entsprechend F_R.

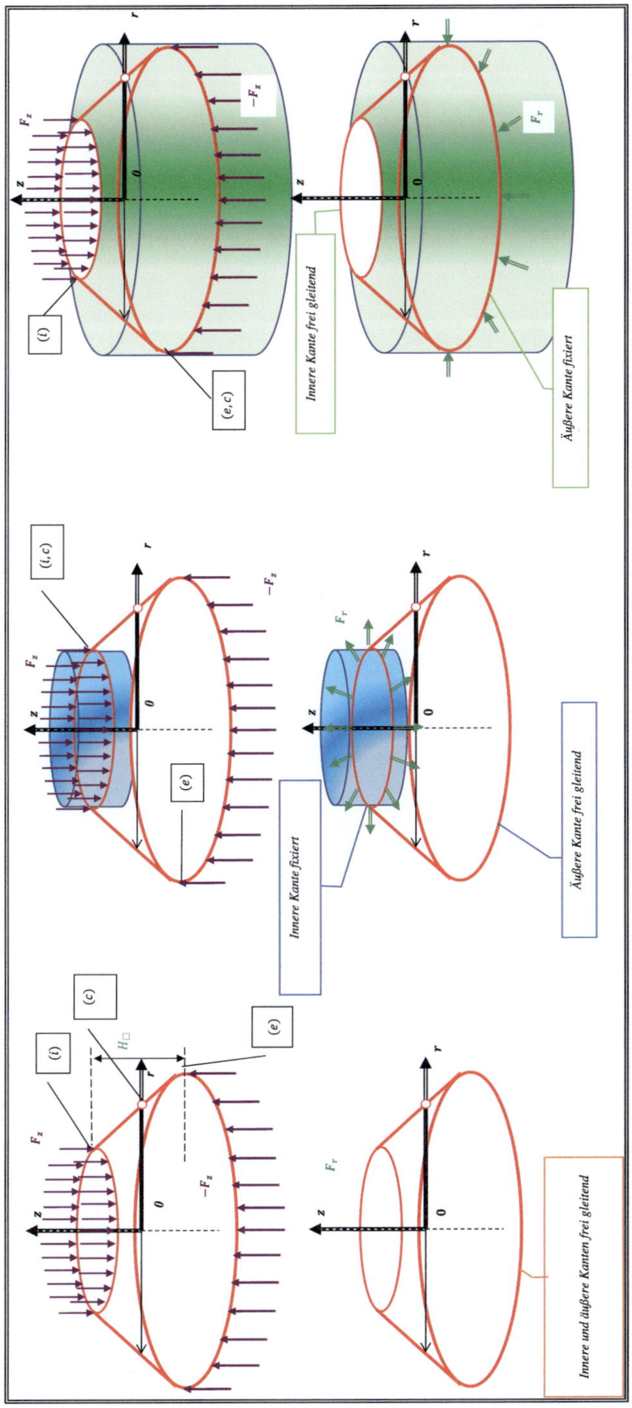

Abb. 12.4 Axiales (oben) und radiales (unten) Kräftesystem an der kegelstumpfförmigen Schale

Die Dehnungsenergie des elastisch verformten Kegels im kegelförmigen Koordinatensystem ist:

$$U_E = \pi G \int_{x_e}^{x_i} \left[\int_{-T/2}^{T/2} \left(\mathrm{E}_X{}^2 + \mathrm{E}_Y{}^2 + \mathrm{E}_\theta{}^2 + \frac{\nu}{1-2\nu} \cdot (\mathrm{E}_X + \mathrm{E}_Y + \mathrm{E}_\theta)^2 \right) r \, \mathrm{d}y \right] \mathrm{d}x. \tag{12.26}$$

Unter Verwendung der Gl. (12.21) und (12.22) lautet der Ausdruck (12.26) für die elastische Energie für die konstante Dicke:

$$U_E = \pi E \int_{x_e}^{x_i} \left[\int_{-T/2}^{T/2} \mathrm{E}_\theta^2 \, r \, \mathrm{d}y \right] \mathrm{d}x. \tag{12.27}$$

Die Auswertung des Integrals (12.27) ergibt:

$$U_E = U_b + U_t, \tag{12.28}$$

$$U_b = \frac{\pi}{12} E T^3 \cdot \ln\Delta \cdot \frac{(\sin\psi - \sin\alpha)^2}{\cos\alpha},$$

$$U_t = -\frac{\pi}{2} E T \cdot \frac{(\cos\psi - \cos\alpha)^2}{\cos^2\alpha} \cdot \left[(\Delta^2 - 1) r_i{}^2 + 4(1-\Delta) r_i C + 2C^2 \ln\Delta \right].$$

Es sei darauf hingewiesen, dass die elastische Energie U_b nicht vom Radius des Stülpmittelpunkts C abhängt. Demgegenüber ist die elastische Energie U_t explizit vom Radius des Stülpmittelpunkts C abhängig.

In axialer Richtung ist die Bewegung eingeschränkt, sodass die axiale Bewegung der äußeren Kante verschwindet. Die axiale Komprimierung der Tellerfeder wird durch die axiale Verschiebung der inneren Kante vorgeschrieben. Zudem sind die Momente in Umfangsrichtung an den äußeren und inneren null.

Schließlich sind die Möglichkeiten der radialen Bewegung verschieden. Die radiale Bewegung kann grundsätzlich in vier verschiedenen Fällen auftreten: freies Gleiten ohne jeglichen radialen Widerstand; die Beschränkung des radialen Weges auf den inneren Rand; die Beschränkung des radialen Weges auf den äußeren Rand; beide Ränder sind radial gezwungen. Der letzte Fall erfordert eine andere kinematische Hypothese und wird in Kap. 44 untersucht. Die Lage des Stülpmittelpunkts hängt wiederum von den zulässigen Radialbewegungen am inneren und am äußeren Rand ab. Im Weiteren werden drei Hauptfälle betrachtet:

1°. Beide Kanten der Feder gleiten über die innere *(i)* und äußere *(e)* Kante in radialer Richtung frei (Tab. 12.1). Die Lage der neutralen Ebene wird aus der Bedingung des Minimums für die elastische Energie in Bezug auf C. Die Bedingung des Minimums der elastischen Energie lautet:

$$\frac{\partial U}{\partial C} = -\frac{\pi E T}{2} \cdot \frac{(\cos\psi - \cos\alpha)^2}{\cos^2\alpha} \cdot [4(1-\Delta) r_i + 4C \ln\Delta] = 0. \tag{12.29}$$

Tab. 12.1 Tellerfeder mit frei gleitenden Kanten

<table>
<tr><td>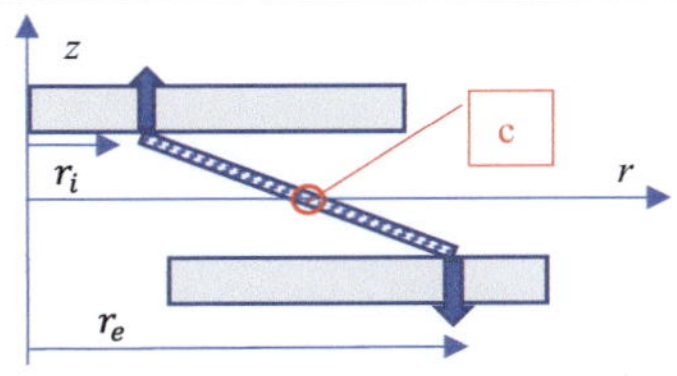
</td><td colspan="2">Inversionsradius:
$C_G = \frac{r_e - r_i}{2ln(r_e/r_i)}$</td></tr>
<tr><td rowspan="2">Innen- und Außenkanten radial frei verschiebbar</td><td>Freies Gleiten der Innenkante</td><td>Freies Gleiten der Außenkante</td></tr>
<tr><td colspan="2">Federrate im ersten Moment der axialen Kompression:
$c_{z.G} = c_R \phi_G,\ \Delta = \frac{r_e}{r_i},\ \mu = \frac{T}{r_i},$
$\phi_G = \cos^4\alpha \cdot \mu^2 \cdot \ln^2\Delta - 6\left[\left(1-\Delta^2\right)\ln\Delta + 2(\Delta-1)^2\right]\sin^2\alpha$</td></tr>
</table>

Die Lösung der Gl. (12.29) liefert den Radius des Stülpmittelpunktes (c) für die Feder mit gleitenden Kanten:

$$C_G = \frac{\Delta - 1}{\ln\Delta} r_i \equiv \frac{r_e - r_i}{2\ln(r_e/r_i)}. \tag{12.30}$$

Es konnte nachgewiesen werden, dass der Radius (12.30) des Stülpmittelpunkts identisch ist mit dem durch die Formel von Almen und Laszlo gegebenen Radius. Nach dem Prinzip der virtuellen Arbeit gilt es:

$$U_G = U|_{C=C_G}.$$

Die notwendige Stationaritätsbedingung in Bezug auf ψ liefert das Umfangsmoment für die Feder mit gleitenden Kanten:

$$M_G = \left.\frac{\partial U}{\partial \psi}\right|_{C=C_G} = M_{t.G} + M_b, \tag{12.31}$$

$$M_{t.G} = E r_i^3 \mu \cdot \frac{(\cos\psi - \cos\alpha)\sin\psi}{\cos^3\alpha} \cdot \left[2(\Delta - 1) - \frac{1}{2}\left(\Delta^2 - 1\right)\right],$$

$$M_b = E r_i^3 \mu^3 \cdot \frac{(\sin\psi - \sin\alpha)\cos\psi}{12\cos^3\alpha} \cdot \ln\Delta.$$

Bei nicht vorhandener Radialkraft beträgt die Axialkraft auf die Schale:

$$F_{G.Z} = F_{t.G} + F_b, \quad F_{t.G} = \frac{M_{t.G}}{B}, \quad F_b = \frac{M_b}{B}. \tag{12.32}$$

Die Substitution von (12.31) in (12.32) liefert die zentrale Formel für die Axialkraft der Tellerfeder $F_{G.Z}$ mit den frei gleitenden Kanten:

$$\begin{cases} F_{G.Z} = \pi E {r_i}^2 \cdot \frac{\mu F_{t.G} + \mu^3 F_b}{\cos\psi}, \\ F_{t.G} = \frac{2(1-\Delta)+(1+\Delta)\ln\Delta}{\ln\Delta} \cdot \frac{\cos\psi - \cos\alpha}{\cos^2\alpha} \cdot \sin\psi, \\ F_b = \frac{\ln\Delta}{6(\Delta-1)} \cdot (\sin\alpha - \sin\psi) \cdot \cos\psi. \end{cases} \tag{12.33}$$

Es ist ersichtlich, dass sich der innere Rand der Feder (i) infolge der axialen Kompression in Richtung der Scheibenachse bewegt (Abb. 12.4). Der untere oder äußere Rand der Feder (e) bewegt sich in der entgegengesetzten Richtung von der Achse der Scheibe weg. Da beide Kanten frei und ohne Reibung gleiten können, treten die radialen Reaktionskräfte an beiden Kanten nicht auf.

2°. Der andere Belastungsfall tritt ein, wenn die radiale Bewegung zur Achse z des inneren Randes (i) gehemmt ist (Abb. 12.4, Mitte) (Tab. 12.2). Eine solche Art der Abstützung wird erfolgen, wenn eine absolut starre zylindrische Fläche ohne Spalt in die Innenkante der Feder eingefügt wird. Der innere Rand (i) bewegt sich reibungsfrei in vertikaler Richtung über die Oberfläche der starren zylindrischen Kante, ohne jedoch in diese einzudringen. Da die radiale Bewegung der Innenkante (i) eingeschränkt ist, liegt der Stülpmittelpunkt an dem Innenradius:

$$C_I = r_i, \tag{12.34}$$

Die Feder kann über die äußere Kante (e) ohne Reibung in radialer Richtung gleiten. Die vertikale Bewegung der äußeren Kante (e) verschwindet. Die Substitution von (12.34) in (12.28) ergibt die elastische Energie der Feder auf dem inneren Randstein:

$$U_1|_{C=C_I} \equiv U_I = U_b + U_{tI}, \tag{12.35}$$

$$U_{tI} = -\frac{\pi E T}{2} \cdot \frac{(\cos\psi - \cos\alpha)^2}{\cos^2\alpha} \cdot \left[(\Delta^2 - 1){r_i}^2 + 4(1-\Delta) r_i C_{\mathrm{I}} + 2{C_{\mathrm{I}}}^2 \ln\Delta\right].$$

Tab. 12.2 Auf der Innenkante beschränkte Tellerfeder

<table>
<tr><td>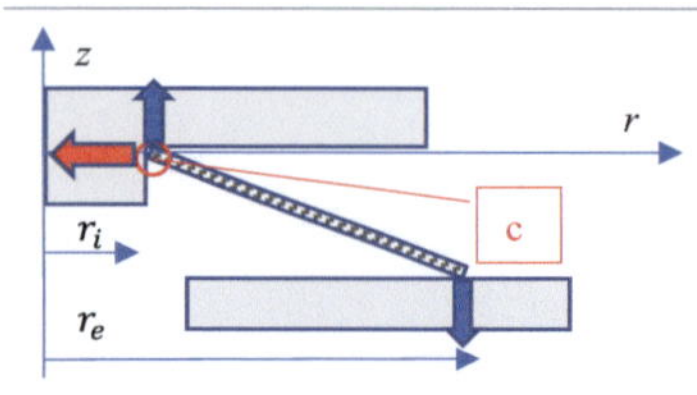
</td><td colspan="2">Inversionsradius:
$C_I = r_I$</td></tr>
<tr><td rowspan="2">Radiale Ausdehnung an Innenkante verhindert</td><td>Einschränkung der Innenkante</td><td>Freies Gleiten der Außenkante</td></tr>
<tr><td colspan="2">Federrate im ersten Moment der axialen Kompression:
$c_{z.I} = c_R \phi_I$,
$\phi_I = \cos^4\alpha \cdot \mu^2 \cdot \ln^2\Delta + 6\left(\Delta^2 - 4\Delta + 3 + 2\ln\Delta\right)\sin^2\alpha$</td></tr>
</table>

Die notwendige Bedingung der Stationarität in Bezug auf ψ liefert das Umfangsmoment und die Axialkraft auf die radial eingespannte Tellerfeder am Innenrand:

$$M_I = \frac{\partial U_I}{\partial \psi}, \qquad F_{IZ} = \frac{1}{B}\frac{\partial U_I}{\partial \psi} = \frac{M_I}{B}. \tag{12.36}$$

Der Ausdruck für die Axialkraft F_{IZ} der Tellerfeder mit der absolut starren zylindrischen Einfassung, die in die Innenkante eingesetzt ist, lautet:

$$\begin{cases} F_{IZ} = \pi E r_i^2 \cdot \frac{\mu F_{t.I} + \mu^3 F_b}{\cos\psi}, \\ F_{t.I} = k_I \cdot F_{t.G}, \\ k_I = \frac{\ln\Delta}{\Delta - 1} \cdot \frac{\Delta^2 - 4\Delta + 2\ln\Delta + 3}{\Delta\ln\Delta - 2\Delta + \ln\Delta + 2}, \\ F_{I\theta} = 2\pi E T r_i \cdot \frac{\cos\psi - \cos\alpha}{\cos^2\alpha} \cdot (\Delta - \ln\Delta - 1) \end{cases} \tag{12.37}$$

In Gl. (12.37) ist $F_{I\theta}$ die Druckkraft der Feder auf die starre innere zylindrische Fläche am inneren Rand der Feder. Die gesamte Radialkraft $F_{I\theta}$, die von der Feder auf die innere Fläche wirkt, ist gleich der gesamten Umfangskraft $F_{I\theta}$.

Die Gl. (12.37) zeigt, dass die Verlagerung des Stülpmittelpunktes an die Innenkante keinen Einfluss auf die Biegung des Kegels hat. Im Gegenteil, der Charakter der Dehnungsverformung (Umfangsdehnung) der Mittelfläche ändert sich erheblich. Die Dehnung der Mittelfläche der frei gleitenden Feder erfolgt außerhalb des Stülpmittelpunktes (e). Die Mittelfläche der frei gleitenden Feder drückt sich innerhalb des Stülpmittelpunktes zusammen. Im Gegensatz dazu dehnt sich die gesamte Mittelfläche der Tellerfeder auf der zylindrischen Kante aus. Dieses Verhalten beeinflusst die Funktion der Feder erheblich.

Es wurde festgestellt, dass bei einer Einschränkung radiale Bewegung des inneren Randes (I), die Zugspannungen in tangenzieller Richtung an der äußeren Kante sich im Vergleich zu denen einer frei gleitenden Feder um etwa 100 % erhöhen können. Es ist darauf zu achten, dass die vertikale Komprimierung beider Federn gleich wird.

3°. Der dritte Lastfall tritt ein, wenn die radiale Bewegung des äußeren Randes (e) nach Außen eingeschränkt wird (Abb. 12.4, **rechts**). Diese Fesselung findet etwa dann statt, wenn die Außenkante der Feder spaltfrei in den absolut starren Hohlzylinder eingesetzt wird (Tab. 12.3). Der innere Rand *(i)* der Feder kann ohne Reibung in radialer Richtung gleiten. Da die radiale Bewegung der Außenkante (e) verhindert wird, fällt die Lage des Stülpmittelpunktes mit dem Außenradius zusammen:

$$C_E = r_e \tag{12.38}$$

Durch Einsetzen von (12.38) in (12.28) erhält man den Ausdruck für die elastische Energie der Feder, die von dem äußeren starren Hohlzylinder umgeben ist:

$$U|_{C=c_E} \equiv U_E = U_b + U_{tE}, \tag{12.39}$$

Tab. 12.3 Auf der Außenkante beschränkte Tellerfeder

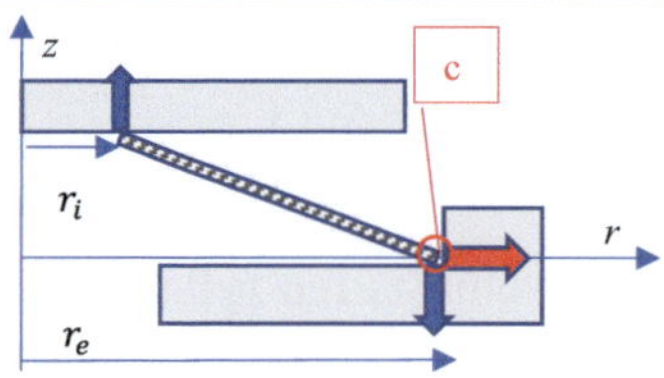	Inversionsradius: $C_E = r_E$	
	Freies Gleiten der Innenkante	Einschränkung der Außenkante
Radiale Ausdehnung an Außenkante verhindert	Federrate im ersten Moment der axialen Kompression: $c_{z.E} = c_R \phi_E$, $\phi_E = \cos^4\alpha \cdot \mu^2 \cdot \ln^2\Delta + 6\left(-3\,\Delta^{2} + 4\Delta - 1 + 2\Delta^2 \ln\Delta\right)\sin^2\alpha$.	

$$U_{tE} = -\frac{\pi ET}{2} \cdot \frac{(\cos\psi - \cos\alpha)^2}{\cos^2\alpha} \cdot \left[\left(\Delta^2 - 1\right){r_i}^2 + 4(1-\Delta) r_i C_{\mathrm{E}} + 2{C_{\mathrm{E}}}^2 \ln\,\Delta\right].$$

Die notwendige Bedingung der Stationarität in Bezug auf ψ liefert wiederum das Umfangsmoment und die Axialkraft auf die radial eingespannte Tellerfeder am äußeren Rand:

$$M_E = \frac{\partial U_E}{\partial\psi}, \qquad F_{EZ} = \frac{1}{B}\frac{\partial U_E}{\partial\psi} = \frac{M_E}{B}. \tag{12.40}$$

Aus Gl. (12.36) ergibt sich der Ausdruck für die Axialkraft F_{EZ} der Tellerfeder, die mit ihrem äußeren Rand in die absolut starre Platte mit zylindrischer Bohrung eingesetzt ist, zu:

$$\begin{cases} F_{EZ} = \pi E {r_i}^2 \cdot \frac{\mu F_{t.E} + \mu^3 F_b}{\cos\psi}, \\ F_{t.E} = k_E \cdot F_{t.G}, \\ k_E = \frac{\ln\Delta}{\Delta - 1} \cdot \frac{2\Delta^2 \ln\Delta - 3\Delta^2 + 4\ln\Delta - 1}{\Delta\ln\Delta - 2\Delta + \ln\Delta + 2}, \\ F_{E\theta} = -2\pi ETr_i \cdot \frac{\cos\psi - \cos\alpha}{\cos^2\alpha} \cdot (\Delta\ln\Delta - \Delta + 1) \end{cases} \tag{12.41}$$

In Gl. (12.41) ist $F_{E\theta}$ die Druckkraft der Feder auf die äußere Einfassung am äußeren Rand der Feder. Die gesamte Radialkraft F_{ER}, die von der Feder auf den äußeren Randstein wirkt, ist gleich der gesamten Tangentialkraft $F_{E\theta}$.

Die Dehnungskraft von der Feder zum äußeren Rand außerhalb der Federaußenkante folgt wieder der Gesamttangentialkraft im Querschnitt. Der einzige Unterschied ist das Vorzeichen der Gesamtkraft, die von der inneren Befestigungsfeder in radialer Richtung nach außen wirkt. Gl. (12.41) zeigt, dass die Verschiebung des Stülpmittelpunktes an den äußeren Rand keinen Einfluss auf die Durchbiegung des Kegels hat. Im Gegenteil, die Dehnungsverformung der Mittelfläche ändert sich vollständig. Bei der frei gleitenden Feder erfolgt die Dehnung der Mittelfläche außerhalb des Stülpmittelpunktes *(e)*. Bei der frei gleitenden Feder wird die Mittelfläche innerhalb des Stülpmittelpunktes zusammengedrückt. Bei der Tellerfeder hingegen wird die gesamte Mittelfläche innerhalb der hohlzylindrischen Wölbung zusammengedrückt. Das beschriebene Verhalten wirkt sich maßgeblich auf das Kraft-Diagramm der Feder aus.

Das Verhältnis der Korrekturkoeffizienten aufgrund der Umfangsdehnung der Mittelfläche lautet:

$$\frac{k_E}{k_I} = \frac{2\,\Delta^2 \ln \Delta - 3\,\Delta^2 + 4 \ln \Delta - 1}{\Delta^2 - 4\,\Delta + 2 \ln \Delta + 3}. \tag{12.42}$$

Das Verhältnis der Druckkraft der Feder an der Innenkante $F_{I\theta}$ zur Druckkraft an der Außenkante $F_{E\theta}$ beträgt:

$$\frac{F_{I\theta}}{F_{E\theta}} = \frac{1 - \Delta + \ln \Delta}{1 - \Delta + \Delta \ln \Delta}. \tag{12.43}$$

Wenn die radiale Bewegung des äußeren Randes (e) eingeschränkt ist, verdoppeln sich etwa die Druckspannungen in tangentialer Richtung an der Innenkante im Vergleich zu den Spannungen einer frei gleitenden Feder. Es ist erforderlich, dass die vertikale Komprimierung beider Federn gleich wird.

12.3 Kräfte und Spannungen

Zum Vergleich wurden drei Beispiele für die Federberechnung herangezogen. Die Parameter der Tellerfeder für das Beispiel sind:

$$D_e = 110\,[mm];\ D_i = 90\,[mm];\ T = 2\,[mm], E = 200\,[GPa];\ \nu = 3/10.$$

Da die Höhe der neutralen Fläche der Feder einen wesentlichen Einfluss auf das Verhalten der Federkräfte hat, wurden drei verschiedene Höhen für die Berechnung angenommen:

$$h = 2\,[mm], \quad h = 4\,[mm] \quad \text{oder} \quad h = 6\,[mm].$$

Bei den Tellerfedern mit begrenzten Radialverschiebungen weichen die Kräfte deutlich von den Standardberechnungsgleichungen ab. Die Axial- und Radialkräfte sind in den Abb. 12.5 und Abb. 12.6 entsprechend dargestellt. Die Kräfte für die Federn mit den freien Gleitkanten $F_{AL.Z}, F_{AL.R}$ Gl. (12.33) wurden nach Gl. (12.33) berechnet und sind in Abb. 12.5 und Abb. 12.6 mit durchgezogenen roten Linien dargestellt. Die Kräfte für die Federn mit der inneren zylindrischen Krümmung $F_{I.Z}, F_{I.R}$ wurden gemäß Gl.(12.37) berechnet und sind in Abb. 12.5 und Abb. 12.6 mit gestrichelten blauen Linien dargestellt. Die Kräfte für die Federn mit dem äußeren zylindrischen Hohlraum $F_{E.Z}, F_{E.R}$ wurden nach Gl. (12.41) berechnet und sind in Abb. 12.5 und Abb. 12.6 mit gestrichelten grünen Linien dargestellt.

Die intermediäre radiale Einspannung des Stülpmittelpunkts führt zu erheblichen Schwankungen der axialen Federreaktionen, wie in **Abb.** 12.7 dargestellt. Die Axialkräfte der frei gleitenden Feder $F_{AL.Z}$ (rote Fläche) und $F_Z(c_i)$ (blaue Fläche) sind als

Funktionen der Federhöhe H und des Radius des Stülpmittelpunktes c_i dargestellt. Die blauen Flächen mit dem variablen Stülpmittelpunkt decken sich mit den roten Flächen für die Lage des Almen- und Laszlo-Stülpmittelpunkts $\boldsymbol{c}_{AL}$. Die innere Position des Stülpmittelpunkts entspricht dem inneren Randstein. Die äußere Position des Stülpmittelpunkts entspricht dem umschließenden Zylinder.

Die Graphen der Korrekturkoeffizienten k_E Gl. (12.41), k_I Gl. (12.37) und das Verhältnis der Korrekturkoeffizienten k_E/k_I Gl. (12.42) sind als Funktionen von $\Delta = r_e/r_i$ in Abb. 12.8 dargestellt.

Die übliche Berechnung für die Kraft einer Tellerfeder mit konstanter Materialstärke T basiert auf den Formeln von Almen und Laszlo (1936):

$$F_{zDIN} = \frac{4E}{1-\nu^2} \cdot \frac{T^4}{K_1 D_e^2} \cdot \frac{s}{T} \cdot \left[\left(\frac{h}{T} - \frac{s}{T} \right) \cdot \left(\frac{h}{T} - \frac{s}{2T} \right) + 1 \right], \tag{12.44}$$

$$c_{zDIN} = \frac{\mathrm{d}F_{zDIN}}{\mathrm{d}s}. \tag{12.45}$$

Diese Formeln werden in der europäischen Norm [13] verwendet. Für die moderaten Dicken und für die moderaten Höhen korreliert die Kraft $F_{G.Z}$ mit den Formeln der DIN- und SAE-Norm, wie in [5] gezeigt wurde.

Die c [EN 16984:2017-02, 13] sind in Abb. 12.3, 12.4, 12.5, 12.6, 12.7 ,und 12.8 dargestellt. Die Koordinaten der Eckpunkte sind entsprechend:

$$I : \rho = r_i, y = \tfrac{1}{2}T;\; II : \rho = r_i, y = -\tfrac{1}{2}T\,;\; III : \rho = r_e, y = -\tfrac{1}{2}T;\; IV : \rho = r_e, y = \tfrac{1}{2}T\,. \tag{12.46}$$

Die Spannungen in der Feder an den Eckpunkten I,…,IV sind rein elastisch und entsprechen (DIN EN 16984:2017-02, 13):-

$$\sigma_I = -\frac{4E}{1-\nu^2} \cdot \frac{T^2}{K_1 D_e^2} \cdot \frac{S}{T} \cdot \left[K_2 \cdot \left(\frac{h}{T} - \frac{S}{2T} \right) + K_3 \right], \tag{12.47}$$

$$\sigma_{II} = -\frac{4E}{1-\nu^2} \cdot \frac{T^2}{K_1 D_e^2} \cdot \frac{S}{T} \cdot \left[K_2 \cdot \left(\frac{h}{T} - \frac{S}{2T} \right) - K_3 \right], \tag{12.48}$$

$$\sigma_{III} = -\frac{4E}{1-\nu^2} \cdot \frac{T^2}{K_1 D_e^2} \cdot \frac{S}{T\Delta} \cdot \left[(K_2 - 2K_3) \cdot \left(\frac{h}{T} - \frac{S}{2T} \right) - K_3 \right], \tag{12.49}$$

$$\sigma_{VI} = -\frac{4E}{1-\nu^2} \cdot \frac{T^2}{K_1 D_e^2} \cdot \frac{S}{T\Delta} \cdot \left[(K_2 - 2K_3) \cdot \left(\frac{h}{T} - \frac{S}{2T} \right) + K_3 \right]. \tag{12.50}$$

Die Koeffizienten in Gl. (12.47 und (12.50) nach (DIN EN 16984:2017-02, 13) sind:

$$K_1 = \frac{1}{\pi} \left(\frac{\Delta - 1}{\Delta} \right)^2 \cdot \left(\frac{\Delta + 1}{\Delta - 1} - \frac{2}{\ln \Delta} \right)^{-1}, \tag{12.51}$$

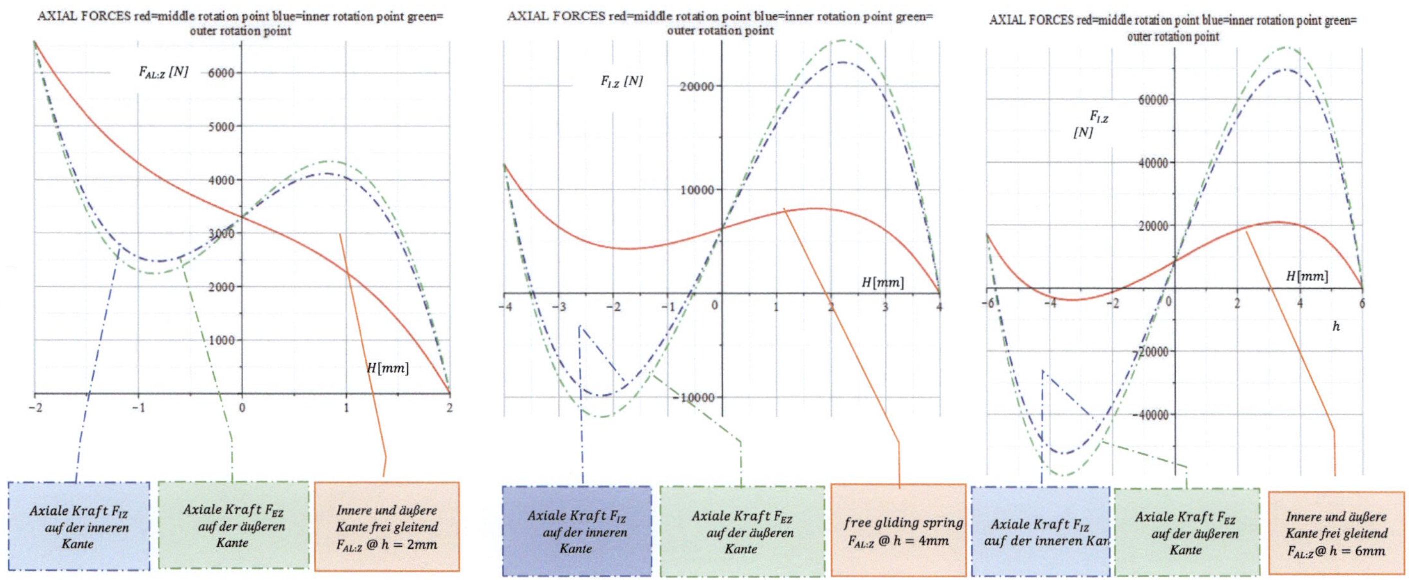

Abb. 12.5 Axialkräfte: Frei gleitende Feder $F_{AL.Z}$, die Feder auf der inneren Kante $F_{I.Z}$ und die Feder innerhalb der äußeren Kante als Funktionen der Federhöhe

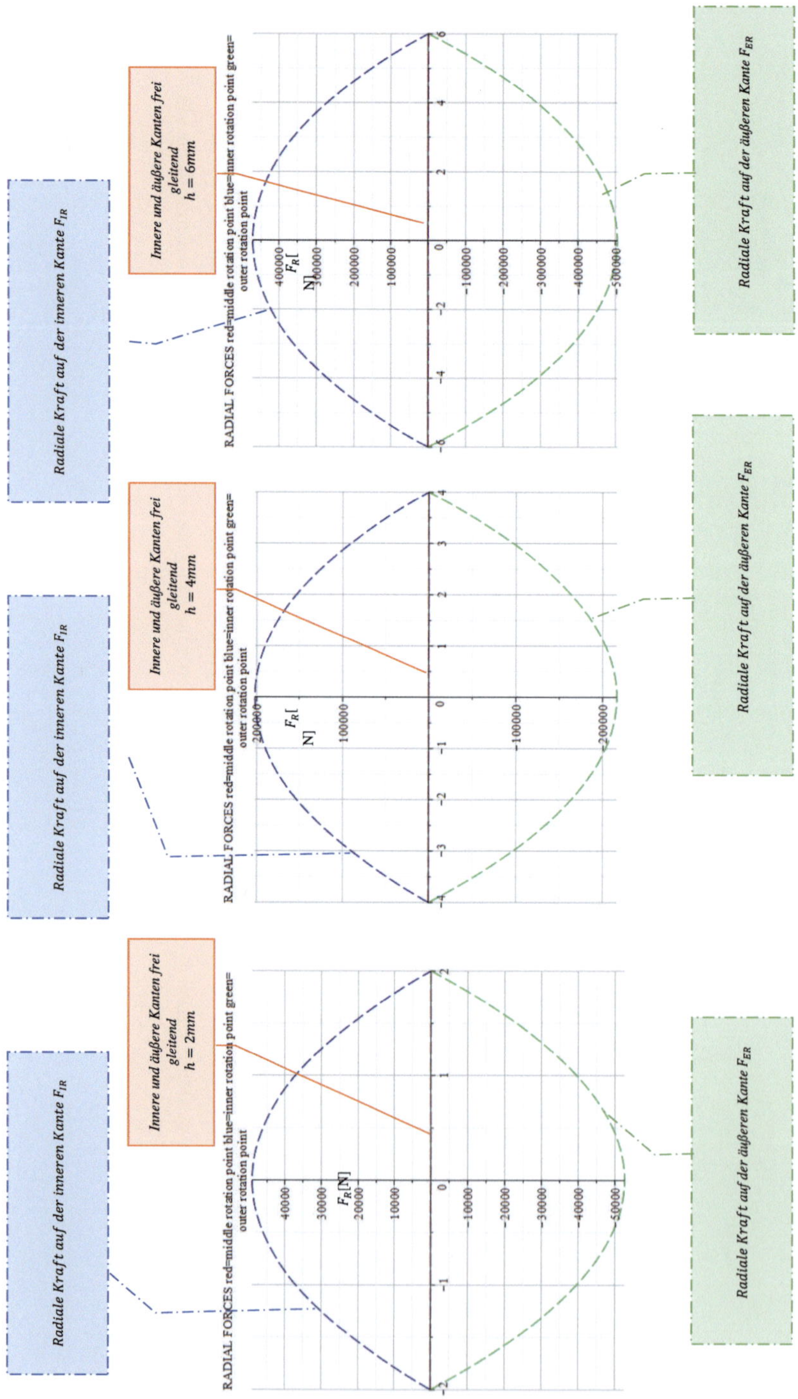

Abb. 12.6 Radiale Kräfte: Frei gleitende Feder $F_{AL.R} \approx 0$, die Feder auf der inneren Kante $F_{I.R}$ und die Feder innerhalb der äußeren Kante $F_{E.R}$ als Funktionen der Federhöhe

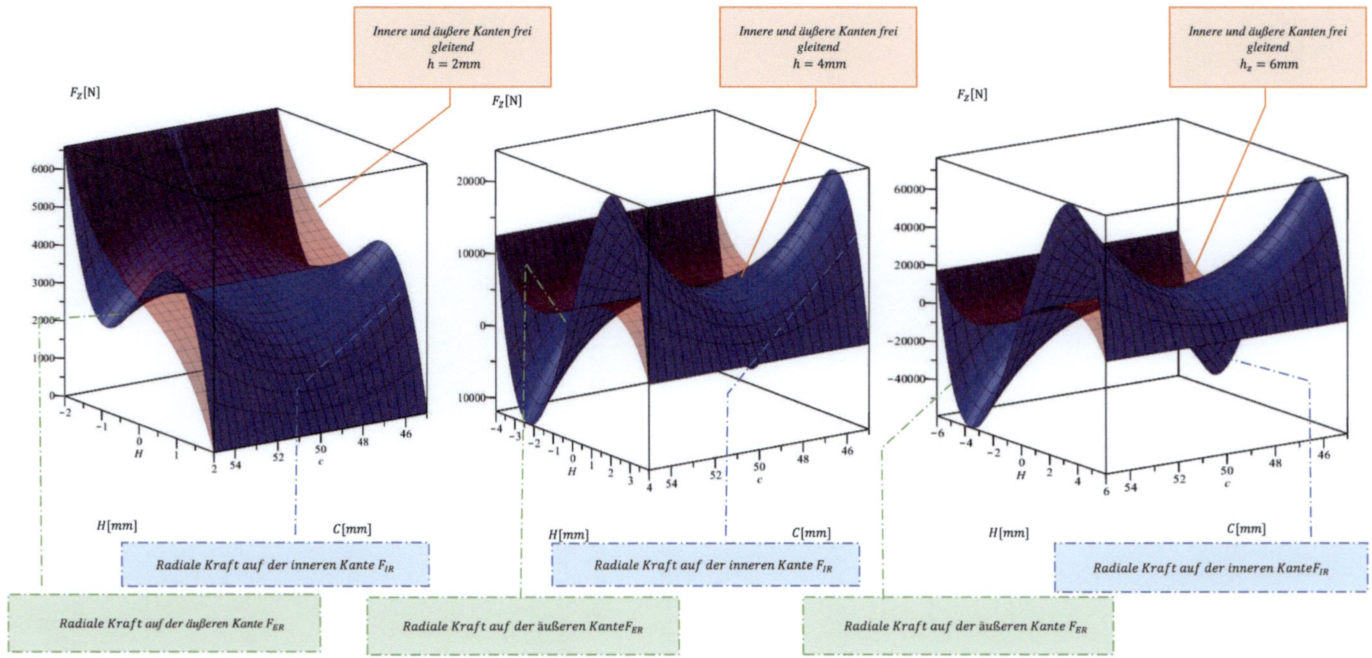

Abb. 12.7 Axialkräfte: Frei gleitende Feder $F_{AL.Z}$ (rote Fläche) und F_Z (blaue Fläche) als Funktionen der Federhöhe und des Radius des Stülpmittelpunkts C. Die blauen Flächen mit dem variablen Stülpmittelpunkt decken sich mit den roten Flächen für die Position des Almen- und Laszlo-Stülpmittelpunkts C_{AL}. Die innere Position des Stülpmittelpunkts entspricht dem inneren Randstein. Die äußere Position des Stülpmittelpunkts entspricht dem umschließenden Zylinder

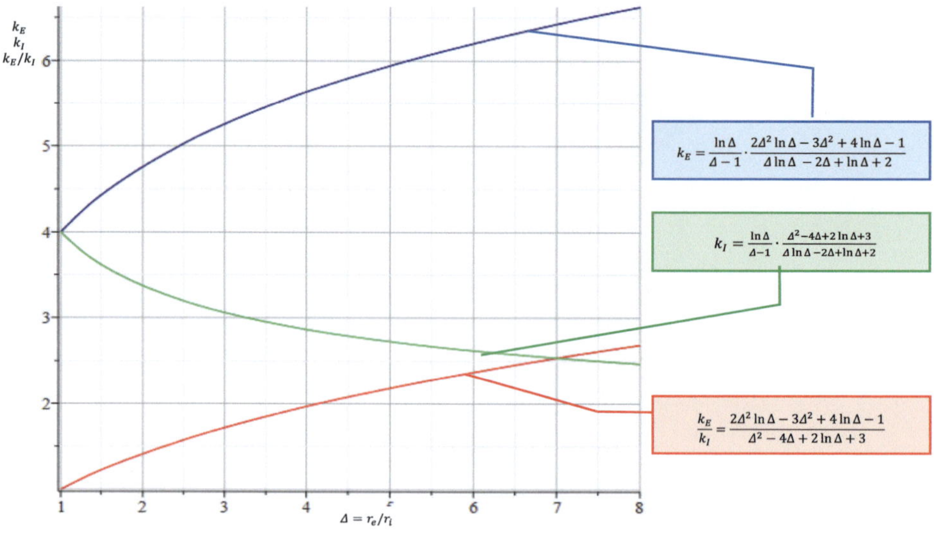

Abb. 12.8 Korrekturkoeffizienten k_E, k_I und das Verhältnis der Korrekturkoeffizienten k_E/k_I.

$$K_2 = \frac{6}{\pi \ln \Delta} \cdot \left(\frac{\Delta - 1}{\ln \Delta} - 1 \right), \qquad K_3 = \frac{3}{\pi} \cdot \frac{\Delta - 1}{\ln \Delta}. \tag{12.52}$$

Für die betrachtete, ideale rechteckige Form des Federquerschnitts ist der Wert des Koeffizienten $K_4 = 1$.

Die Einführung der „Teilspannungen" erleichtert die Abschätzung der Auswirkungen der Umfangsbiegung und der einachsigen Dehnung. Die „Teilspannungen" können aus (DIN EN 16984:2017-02, 13) ermittelt werden:

$$\sigma_{b.i} = -\frac{4E}{1-\nu^2} \cdot \frac{K_3 T^2}{K_1 D_e^2} \cdot \frac{S}{T}, \tag{12.53}$$

$$\sigma_{b.e} = -\frac{4E}{1-\nu^2} \cdot \frac{K_3 T^2}{K_1 D_e^2 \Delta} \cdot \frac{S}{T}, \tag{12.54}$$

$$\sigma_{t.i} = -\frac{4E}{1-\nu^2} \cdot \frac{K_2 T^2}{K_1 D_e^2} \cdot \frac{S}{T} \cdot \left(\frac{h}{T} - \frac{S}{2T} \right), \tag{12.55}$$

$$\sigma_{t.e} = -\frac{4E}{1-\nu^2} \cdot \frac{(K_2 - 2K_3) T^2}{K_1 D_e^2} \cdot \frac{s}{T\Delta} \cdot \left(\frac{h}{T} - \frac{s}{2T} \right). \tag{12.56}$$

Die Beschreibungen der Teilspannungen lauten wie folgt:

$\sigma_{b.e}$Spannung infolge Biegung am Außendurchmesser $D_e = 2r_e$

$\sigma_{b.i}$ Spannung infolge Biegung am Innendurchmesser $D_i = 2r_i$

$\sigma_{t.e}$ Spannung infolge der Umfangsdehnung am Außendurchmesser D_e;

$\sigma_{t.i}$ Spannung infolge der Umfangsdehnung am Innendurchmesser D_i.

Die Spannungen an den Eckpunkten aus Gl. (12.46) sind die Summen der „Teilspannungen" (12.53)...(12.56):

$$\sigma_I = \sigma_{b.i} + \sigma_{t.i}, \quad \sigma_{II} = -\sigma_{b.i} + \sigma_{t.i}, \quad \sigma_{III} = -\sigma_{b.e} + \sigma_{t.e}, \quad \sigma_{VI} = \sigma_{b.e} + \sigma_{t.e}. \tag{12.57}$$

Die Spannungen in den Eckpunkten können mit der Festkörper- und Schalentheorie von Tellerfedern bewertet werden. Für die frei gleitende Feder liefert die Lage des Stülpmittelpunkts Gl. (12.30). Der Ausdruck (12.30) für den Stülpmittelpunkt muss in die Spannungs-Dehnungs-Abhängigkeit (12.21) und die Umfangsdehnung (12.23) zerlegt werden. Die Formeln für die „Teilspannungen" ergeben sich aus diesen Formeln nach Ersetzen der Koordinaten für die Eckpunkte 12.46):

$$\sigma_{b.i} = \frac{E}{1-\nu^2} \cdot \frac{\sin\alpha - \sin\psi}{2} \cdot \mu, \qquad \sigma_{b.e} = \frac{\sigma_{b.i}}{\Delta}, \tag{12.58}$$

$$\sigma_{t.i} = \frac{E}{1-\nu^2} \cdot \frac{\cos\psi - \cos\alpha}{\cos\alpha} \cdot \frac{1-\Delta+\ln\Delta}{\ln\Delta}, \qquad \sigma_{t.e} = \frac{1-\Delta+\Delta\ln\Delta}{(1-\Delta+\ln\Delta)\Delta} \cdot \sigma_{t.i}. \tag{12.59}$$

Mit den Gl. (12.58) und (12.59) für die Teilspannungen ergeben sich die Spannungen an den Eckpunkten aus Gl. (12.57). Dementsprechend ergeben sich die Spannungen für die Federn an der vom Hohlzylinder umschlossenen starren Kante mit Gl. (12.16), (12.17), (12.21), (12.23) nach der Substitution der entsprechenden Ausdrücke für die entsprechenden Stülpmittelpunkten:

$$C_I = r_I, \qquad C_E = r_e$$

Die Biegeteilspannungen bleiben von der Verschiebung des Stülpmittelpunktes zum Innen- oder Außenrand unbeeinflusst. Die planaren Zug- und Druckspannungen infolge der Umfangsdehnung ändern sich im Zuge der Verschiebung der Stülpmittelpunkte deutlich.

12.4 Verformung mit beiden radial eingespannten Kanten

1°. Wie oben gezeigt wurde, verschwindet die gesamte Umfangskraft im Querschnitt der hohlen konischen Scheibe, wenn sich beide Ränder der Scheibe frei in radialer Richtung bewegen können, $F_\theta = 0$. Unter diesen Bedingungen garantiert der Radius C des Stülpmittelpunkts das Minimum der elastischen Verformungsenergie U_E unter allen zulässigen Radien.

Wenn die radialen Bewegungen eines der Ränder begrenzt sind, verschiebt sich der Radius des Stülpmittelpunktes von der bevorzugten Position, die der minimalen Energie der elastischen Verformung entspricht. Auf den eingeschränkten Rand wirkt die Reaktion als Radialkraft. Wenn die innere Kante (i) frei gleitet, ist die gesamte Axialkraft, die auf die innere Kante (i) wirkt, F_z, und die radiale Reaktionskraft verschwindet $F_{I.R} = 0$. Andernfalls, wenn die Bewegung der inneren Kante eingeschränkt ist, erscheint als Reaktion die Radialkraft $F_{I.R}$.

Auf die äußere Kante (e) wirkt die gesamte Axialkraft $-F_z$ und die gesamte Radialkraft wird als $F_{E.R}$ bezeichnet. Wenn die innere Kante frei gleiten kann, ist $F_{E.R} = 0$. Wenn die Bewegung der äußeren Kante eingeschränkt ist, ist die Reaktion auf diese Einschränkung die Radialkraft $F_{E.R}$.

2°. Die besondere Situation manifestiert sich, wenn die Bewegungen der beiden Kanten – der inneren sowie der äußeren Kante – eingeschränkt sind (Tab. 12.4). Dann müssen die Reaktionen entgegengesetzt sein $F_{I.R} = -F_{E.R}$. Bei der oben angenommenen Hypothese wird die Verformung des Querschnitts nicht berücksichtigt. Infolgedessen konnten die Reaktionen an den Kanten nicht mit den Hypothesen des lediglich rotierenden meridonalen Querschnitts berechnet werden. Die Tellerfeder weist an beiden Enden eine kinematische Einschränkung auf, was zu ihrer unendlichen Steifigkeit führt. Diese Steifigkeit ist das Ergebnis der Hypothese einer verformungsfreien Querschnittsdrehung.

Für die mathematische Beschreibung der doppelt eingeschränkten Kanten ist daher alternative Hypothesen erforderlich. Für die Beschreibung der elastischen Verformung einer gezwungenen, flachen, konischen Schale kommen zwei Modelle infrage [14]. Ein Modell berücksichtigt die Stauchung der konischen Schale in der meridionalen Richtung, sodass die projizierte Länge des meridionalen Querschnitts konstant bleibt (Abb 12.9). Die flache, konisch geformte Schale transformiert sich zu einer Scheibe, da die Verwerfung hypothetisch obsolet wird.

Für die doppelt eingespannte Feder wird gemäß der ersten oben angeführten Hypothese angenommen, dass die Stauchung in Form einer Membranverformung der Feder auftritt. Unter der Annahme, dass der Neigungswinkel α vernachlässigbar klein ist, entspricht der elastische Zustand der Schale dem elastischen Zustand der flachen ringförmigen

Tab. 12.4 Auf Innen- und Außenkanten eingespannte Tellerfeder

<table>
<tr><td rowspan="2">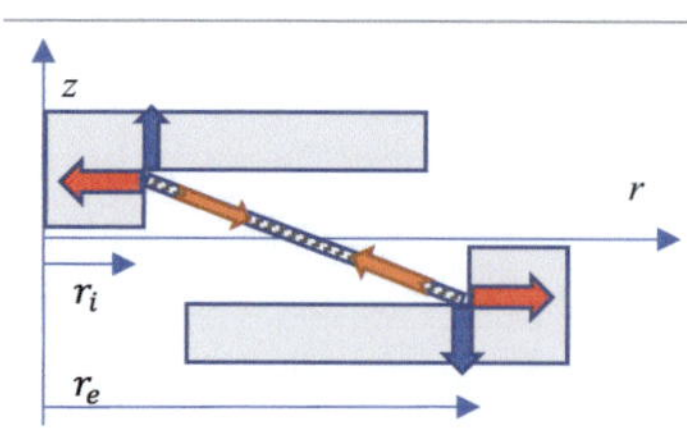
</td><td>Meridionale Stauchung einer Kegelscheibe</td></tr>
<tr><td>Einschränkung der Innenkante
Einschränkung der Außenkante</td></tr>
<tr><td>Radiale Ausdehnung an Außenkante verhindert</td><td>Federrate im ersten Moment der axialen Kompression:
$c_{z.IE} = \frac{r_e+r_i}{r_e-r_i}\pi ET$</td></tr>
</table>

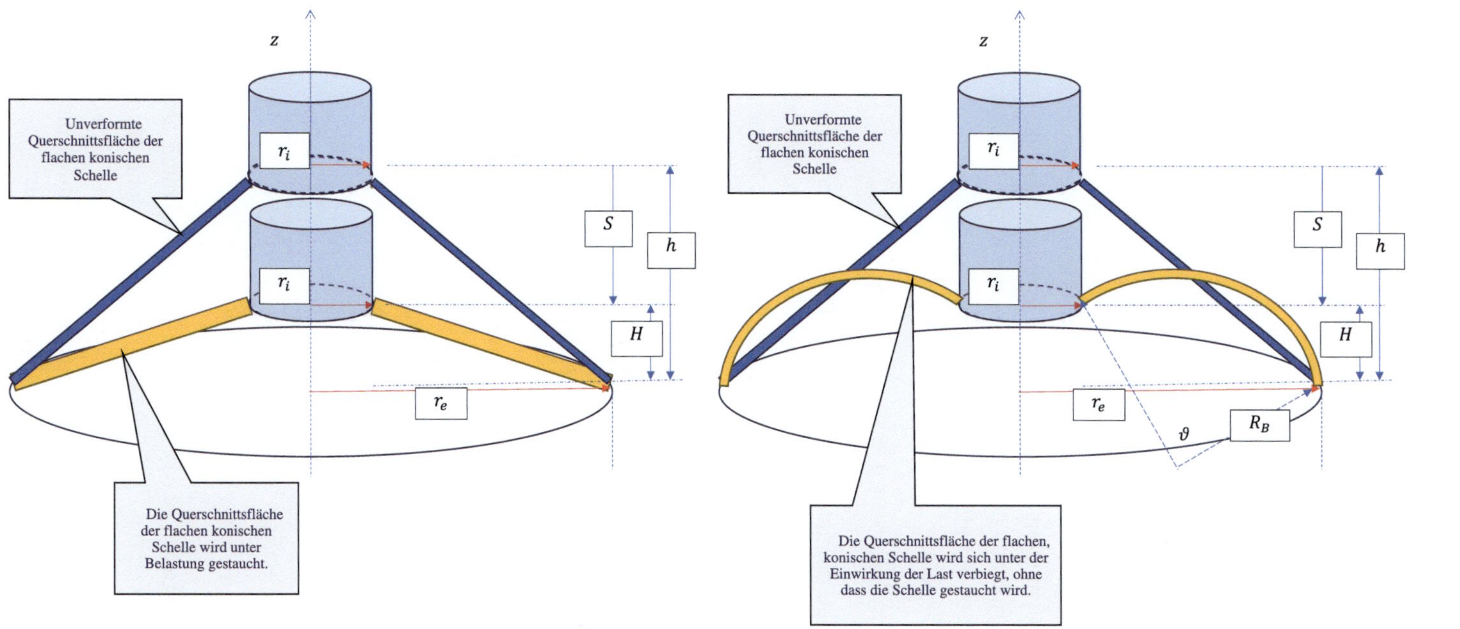

Abb. 12.9 Mögliche Verformungen einer an beiden Rändern belasteten konischen Scheibe. Die Scheibe ist außen drehbar an einer festen Halterung befestigt. Der innere Rand ist mit einem starren Zylinder verbunden

Scheibe. Dieser wird mit radial wirkenden Reaktionen an der inneren und äußeren zylindrischen Fläche komprimiert. Da sich die Platte im ebenen Spannungszustand befindet, verschwinden die Spannungen in axialer Richtung. Die zunächst unbekannte Kontaktspannung am inneren Rand der flachen konischen Platte ist p_i und am äußeren Rand p_e. Die vorliegenden Kontaktspannungen entlang der Scheibenebene induzieren eine radiale Verformung der Scheibe [15]:

$$u_r(r) = \frac{p_e}{E} \cdot \frac{{r_e}^2 r}{{r_e}^2 - {r_i}^2} \cdot \left(1 - \nu + \frac{1+\nu}{r^2} \cdot {r_i}^2\right) - \frac{p_i}{E} \cdot \frac{{r_i}^2 r}{{r_e}^2 - {r_i}^2} \cdot \left(1 - \nu + \frac{1+\nu}{r^2} \cdot {r_e}^2\right). \tag{12.60}$$

Die radiale Verschiebung, die durch die eingeschränkte radiale Bewegung an der Außenkante bedingt ist, ist nicht mehr vorhanden. Die gezwungene radiale Verschiebung an der inneren Kante ergibt sich aus der Bedingung, dass die Kante an einem starren Zylinder befestigt ist. Aus diesen Randbedingungen ergeben sich die Radialverschiebungen an den beiden Scheibenrändern:

$$u_r(r = r_e) = 0, \qquad u_r(r = r_i) = S_r. \tag{12.61}$$

S_r ist die zwangsläufige radiale Verschiebung an der Innenkante, die die Stauchung der Scheibe verursacht. Die vorliegende gezwungene radiale Verschiebung manifestiert sich aus der geometrischen Analyse der flachen konischen Scheibe heraus:

$$S_r \equiv L_0 - L,\ L_0 = \sqrt{h^2 + (r_e - r_i)^2},\ L = \sqrt{H^2 + (r_e - r_i)^2} \ \text{mit}\ H = h - S. \tag{12.62}$$

In Gl. (12.62) werden die folgenden Größen berücksichtigt:

- S die vertikale Verschiebung des mittleren starren Zylinders und gleich dem Federweg der konischen Scheibe,
- L_0 die Länge der Generatrice der unbelasteten konischen Mittelfläche,
- L die Länge der Kegelflächengeneratoren im belasteten, gestauchten Zustand.

Die Lösung der Gl. (12.60) ergibt die Normalspannungen am Innen- und Außenrand. Die Spannungen sind abhängig von der radialen Verschiebung an der Innenkante:

$$p_i = E \cdot \frac{S_r}{r_i} \cdot \frac{\left({r_e}^2 + {r_i}^2\right) - \nu\left({r_e}^2 - {r_i}^2\right)}{\left({r_i}^2 - {r_e}^2\right) - \nu^2\left({r_e}^2 - {r_i}^2\right)} p_e = E \cdot S_r \cdot \frac{2 r_i}{\left({r_i}^2 - {r_e}^2\right) - \nu^2\left({r_e}^2 - {r_i}^2\right)}. \tag{12.63}$$

Die Anwendung der Formel (12.61) ergibt die Kantenspannung als Funktion des vertikalen Federweges S. Aufgrund der Tatsache, dass die Fläche der inneren Oberfläche $2\pi T r_i$ beträgt, lässt sich die gesamte Umfangskraft in Richtung der konischen Fläche der inneren Oberfläche der Scheibe bestimmen. Analog dazu beträgt die äußere Oberfläche $2\pi T r_e$ und die gesamte Umfangskraft an der äußeren Kante ist:

$$F_{ir} = 2\pi T r_i p_i \qquad F_{er} = -2\pi T r_e p_e.$$

Die axialen Kräfte an den inneren und äußeren Kanten korrespondieren exakt mit der Projektion der Umfangskräfte auf die Richtung der Federachse:

$$F_{iz} = F_{ir}\sin\alpha,\ F_{ez} = -F_{er}\sin\alpha,\ \sin\alpha = \tfrac{H}{L} \equiv \tfrac{h-S}{L}\,.$$

Die beiden axialen Kräfte wirken demnach in zwei unterschiedliche Richtungen. Einerseits sind sie hoch an der inneren Kante am Indentor und andererseits runter auf den äußeren Werkzeug gerichtet:

$$\begin{aligned}
F_{iz} &= c_{z.I}\cdot(h-S), & c_{z.I} &= -\frac{dF_{iz}}{dS} = 2\pi\,E\,T\cdot\frac{\left(r_e{}^2+r_i{}^2\right)-\nu\left(r_e{}^2-r_i{}^2\right)}{\left(r_i{}^2-r_e{}^2\right)-\nu^2\left(r_e{}^2-r_i{}^2\right)}\cdot\left(\frac{\sqrt{h^2+(r_e-r_i)^2}}{\sqrt{(h-S)^2+(r_e-r_i)^2}}-1\right),\\
F_{ez} &= c_{z.E}\cdot(h-S), & c_{z.E} &= -\frac{dF_{ez}}{dS} = 2\pi\,E\,T\cdot\frac{2r_er_i}{\left(r_i{}^2-r_e{}^2\right)-\nu^2\left(r_e{}^2-r_i{}^2\right)}\cdot\left(\frac{\sqrt{h^2+(r_e-r_i)^2}}{\sqrt{(h-S)^2+(r_e-r_i)^2}}-1\right).
\end{aligned} \tag{12.64}$$

Es wurde festgestellt, dass die Werte, die sich aus den beiden Formeln (12.64) ergeben, praktisch identisch sind. Diese Werte sind für die praktische Abschätzung der axialen Kräfte ausreichend.

3°. Das andere Modell berücksichtigt die axialsymmetrische Biegung der konischen Schale in der meridionalen Ebene. Bei diesem Modell bleibt die projizierte Länge des meridionalen Querschnitts während der Verformung unverändert, was den Abstützungen an beiden Kanten entspricht. Zur Berechnung wird ein stark vereinfachtes Modell verwendet, bei dem die Gleichungen der linearen Plattentheorie zur Anwendung kommen. Die Krümmung wird dabei auf der gesamten Fläche der Platte als konstant angenommen. Für exakte Berechnungen können die Gleichungen der konischen Schalen verwendet werden, was jedoch zu komplexen und schwer übersichtlichen Formeln führt, die den Zweck der groben Untersuchung nicht entsprechen. In der flachen, konisch geformten Schale verschwinden hypothetisch die Membranspannungen. Als mechanische Beanspruchung bleibt in diesem Fall lediglich die Verbiegung zurück.

Im unbelasteten Zustand ist die Mittelfläche der Schale konisch (Abb. 12.9, **rechts**). Während der Verformung findet eine Verwölbung der konschen Fläche in eine toroidale Fläche mit dem konstanten Radius R_B statt. Die Krümmung der toroidalen Schale in der Ozr-Ebene lässt sich wie folgt berechnen: $\kappa = R_B^{-1}$. Die Länge L_0 der Generatrice der unbelasteten konischen Mittelfläche entspricht exakt der Länge $R_B\vartheta$ der Generatrice der toroidalen Fläche mit dem Öffnungswinkel ϑ. Die Gleichungen für R_B und ϑ basieren auf geometrischen Betrachtungen:

$$R_B\,\vartheta = L_0,\ 2R_B\sin\tfrac{\vartheta}{2} = L_1\,.$$

Die obigen Formeln werden auf folgende Weise aufgelöst, sodass sich eine nichtlinerare Gleichung für die Krümmung κ ergibt:

$$\frac{2}{\kappa}\sin\left(\frac{1}{2}\kappa L_0\right) = L_1.$$

Die Entwicklung der Taylorreihe der obigen Gleichung bis zur vierten Ordnung lautet:

$$L_0^3 \frac{\kappa^2}{24} = L_0 - L_1.$$

Die Lösung dieser Gleichung in Bezug auf die Krümmung sieht wie folgt aus:

$$\kappa = \frac{2\sqrt{6}}{L_0{}^{3/2}} \cdot \sqrt{L_0 - L_1}.$$

Die entsprechende Entwicklung der Taylorreihe der Gleichung bis zur sechsten Ordnung bezüglich κ beträgt:

$$L_0^3 \frac{\kappa^2}{24} - L_0^5 \frac{\kappa^4}{1920} = L_0 - L_1.$$

Die biquadratische Gleichung für die Krümmung wird nach der folgenden Formel gelöst:

$$\kappa = \frac{2\sqrt{2}}{L_0{}^{\frac{5}{4}}} \cdot \sqrt{5\sqrt{L_0} + \sqrt{5}\sqrt{6L_1 - L_0}}.$$

Die Krümmung kann sowohl positiv als auch negativ werden. Beide Fälle entsprechen einer Krümmung nach unten oder nach oben zur Mittelfläche des Kegels. Das Vorzeichen der Krümmung ist für die Berechnung der elastischen Energie nicht von Bedeutung.

Die elastische Energie, die durch die Durchbiegung der flachen Scheiben in die flache toroidale Schale eingebracht wird, kann wie beschrieben berechnet werden:

$$U_{IE} = \frac{\pi}{2} EJ \int_{r_i}^{r_e} \kappa^2 2r\mathrm{d}r \cong EJA \cdot \begin{cases} 12 \cdot \frac{L_0 - L_1}{L_0{}^3}, & \text{Energiekoeffizienten aus der Lösung 4. Ordnung;} \\ 4 \cdot \frac{5\sqrt{L_0} + \sqrt{5}\sqrt{6L_1 - L_0}}{L_0{}^{\frac{5}{2}}}, & \text{Energiekoeffizienten aus der Lösung 6. Ordnung,} \end{cases}$$

$$A = \pi\left(r_e{}^2 - r_i{}^2\right),$$

$$J = \frac{T^3}{12\left(1 - \nu^2\right)}.$$

Die notwendige Bedingung der Stationarität von U_{IE} in Bezug auf S resultiert folglich in der Axialkraft auf die radial eingespannte Tellerfeder an beiden Rändern:

$$F_{IEZ} = \frac{\mathrm{d}U_{IE}}{\mathrm{d}S} = (h - S) \cdot c_{z.IE},$$

$$c_{z.IE} = 12EJA \cdot \begin{cases} \frac{1}{L_0{}^3 L_1}, & \text{Koeffizienten der Federrate der 4. Ordnung;} \\ \frac{\sqrt{5}}{L_0{}^{\frac{5}{2}} L_1 \sqrt{6L_1 - L_0}}, & \text{Koeffizienten der Federrate der 6. Ordnung.} \end{cases} \tag{12.65}$$

Aus der Gl. (12.65) lässt sich die Federrate der Tellerfeder, die mit beiden radial eingespannten Kanten assoziiert ist, unmittelbar ableiten.

4°. In Abhängigkeit von den geometrischen Parametern der Tellefeder kann es zur elastischen Verformung kommen, die sich in zwei unterschiedliche Kategorien unterteilen lässt. Die Unterteilung der Fälle ist in erster Linie von der Materialstärke abhängig. Bei einer unterkritischen Dicke des Materials zeigt sich eine Verwölbung der ursprünglichen konischen Oberfläche in eine toroidale Fläche, was dem zweiten Modell entspricht:

$$T \leq T_{crit} \stackrel{\text{def}}{=} h{L_0}^2 \cdot \frac{\sqrt{2\left({r_e}^2 + {r_i}^2\right)}}{(r_e + r_i)(r_e - r_i)^2}.$$

Bei den höheren Dicken des Materials $T > T_{crit}$ tritt die Stauchung in Form einer Membranverformung der Feder auf. Die kritische Dicke stellt folglich eine Grenzgröße dar, anhand derer beide Fälle (Verwölbung bzw. verwölbungsfreie Stauchung entlang der Generatrice) voneinander abgegrenzt werden können.

Die Darstellung der Federkräfte und Federraten der beiden Modelle erfolgt in den nachfolgenden Diagrammen. Zur Durchführung der Berechnungen finden spezifische Parameter Anwendung:

$$D_e = 110\,[mm];\, D_i = 90\,[mm];\, E = 200\,[GPa];\, \nu = \frac{3}{10}, h = 2\,[mm].$$

Kritische Dicke für die genannten Parameter beläuft sich auf: $T_{crit} = 2{,}027[mm]$..

Aufgrund der signifikanten Beeinflussung des Verhaltens der elastischen Verformung durch die Dicke des Materials wurden im Rahmen der Berechnung zwei verschiedene Materialdicken zugrunde gelegt:

$$T = \frac{3}{2}T_{crit} = 3{,}04\;[mm], \qquad T = \frac{1}{2}T_{crit} = 1{,}014\;[mm].$$

Die axialen Kräfte und Federraten von an beiden Rändern belasteten konischen Scheiben werden wie folgt gezeigt. Die vorliegenden Grafiken veranschaulichen die Federkräfte für zwei unterschiedliche Varianten der Materialdicke der beiden mechanischen Modelle (Abb. 12.10). Die axialen Reaktionskräfte den konischen Scheiben, welche an beiden Enden belastet sind, werden dargestellt. Links ist die Materialdicke der Scheiben überkritisch ($T > T_{crit}$), während auf der rechten Seite des Bildes der unterkritische Fall ($T \leq T_{crit}$) abgebildet wird. Die entsprechenden Federraten werden in der Zeichnung (Abb. 12.11) veranschaulicht. Die Diagramme demonstrieren, dass die Lösungen nach dem Ansatz der vierten und sechsten Ordnung für den verwendeten Parametersatz praktisch vollständig übereinstimmen.

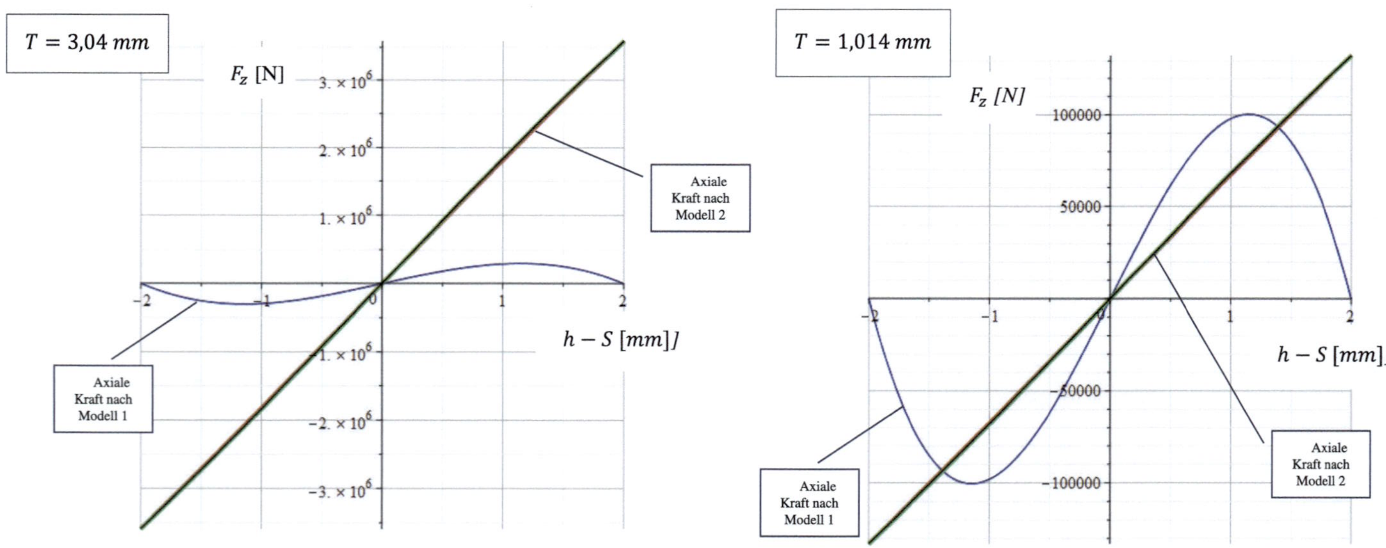

Abb. 12.10 Axiale Reaktionskräfte der einer an beiden Rändern belasteten konischen Scheibe. Links: Die Materialdicke ist überkritisch $T > T_{crit}$,. Rechts: Die Materialdicke ist unterkritisch $T \leq T_{crit}$

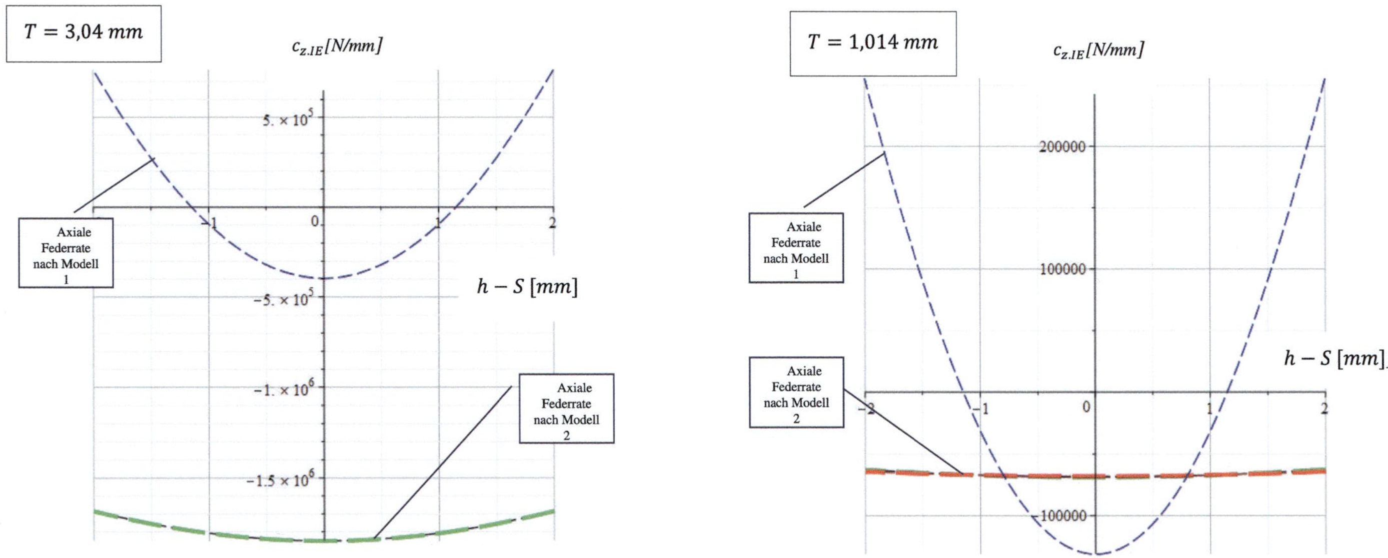

Abb. 12.11 Axiale Federraten der einer an beiden Rändern belasteten konischen Scheibe. Links: Die Materialdicke ist überkritisch$T > T_{crit}$,. Rechts: Die Materialdicke ist unterkritisch $T \leq T_{crit}$

12.5 Vergleich der Federkonstanten für unterschiedlich eingeschränkte Tellerfedern

Nachfolgend werden die anfänglichen Federraten von unbelasteten, nur an der inneren Kante belasteten, nur an der äußeren Kante belasteten und an beiden belasteten Kanten belasteten Tellerfedern berechnet. Diese Formeln werden für den Vergleich der Last-Durchbiegungskurven verwendet.

Zunächst wird die Federrate $c_{z.AL}$ zu Beginn der Verformung $\psi = \alpha, z = Z$ der Tellerfeder mit frei gleitenden Kanten abgeschätzt. Die Abhängigkeit der Kraft von ψ ist durch Gl. (12.33) gegeben. Der Ausdruck (12.14) liefert die Höhe der Feder. Die Federrate im ersten Moment der Kompression ergibt sich aus der Differenzierung der Axialkraft über die Höhe:

$$c_{z.G} = -\frac{dF_{z.G}}{dz}|_{\psi=\alpha} \equiv -\frac{dF_{z.G}/d\psi}{dz/d\psi}|_{\psi=\alpha} = c_R\phi_G, \qquad \frac{dz}{d\psi}|_{\psi=\alpha} = (\Delta - 1)r_i. \tag{12.66}$$

Der Parameter mit der Dimension [N/mm] in Gl. (12.66) ist:

$$c_R = \frac{\pi ET}{6(\Delta - 1)^2 \cdot \ln\Delta \cdot \cos^3\alpha}. \tag{12.67}$$

Die dimensionslose Funktion für die gleitende Feder ist:

$$\phi_G = \cos^4\alpha \cdot \mu^2 \cdot \ln^2\Delta - 6\left[\left(1 - \Delta^2\right)\ln\Delta + 2(\Delta - 1)^2\right] \cdot \sin^2\alpha. \tag{12.68}$$

Die Federraten der Federn, die an den inneren und äußeren Rändern radial eingespannt sind, sind entsprechend:

$$c_{z.I} = -\frac{dF_{z.I}}{dz}|_{\psi=\alpha} = c_R\phi_I, \qquad c_{z.E} = -\frac{dF_{z.E}}{dz}|_{\psi=\alpha} = c_R\phi_E. \tag{12.69}$$

Für die an den inneren und äußeren Kanten radial abgestützten Tellerfedern gelten folgende dimensionslose Funktionen:

$$\phi_I = \cos^4\alpha \cdot \mu^2 \cdot \ln^2\Delta + 6\left(\Delta^2 - 4\Delta + 3 + 2\ln\Delta\right) \cdot \sin^2\alpha. \tag{12.70}$$

$$\phi_E = \cos^4\alpha \cdot \mu^2 \cdot \ln^2\Delta + 6\left(-3\Delta^2 + 4\Delta - 1 + 2\Delta^2\ln\Delta\right) \cdot \sin^2\alpha. \tag{12.71}$$

Für die Berechnungen wird der Parametersatz aus Kap. 3 mit der festen Höhe $h_0 = 2[mm]$ verwendet. Mit diesem Parametersatz folgen die Verhältnisse der Anfangsfederraten der Federn mit eingespannten Kanten (12.67) und (12.69) zur Federrate der frei gleitenden Feder (12.66):

$$\frac{c_{z.I}}{c_{z.G}} = 2{,}42; \qquad \frac{c_{z.E}}{c_{z.G}} = 2{,}63.$$

Die beidseitig eingespannte Tellerfeder hat eine sehr hohe Federrate. Im Vergleich zur einseitig eingespannten Tellerfeder oder zur nicht eingespannten Tellerfeder ist diese

Tellerfeder praktisch inkompressibel. Die an den inneren und äußeren Kanten radial abgestützten Tellerfedern verursachen signifikante Stauchungen der Mantelfläche. In erster Linie sind es die radialen Dehnungen, die zu einer deutlichen Krümmung der Mantellinie führen werden. Infolgedessen wird die elastische Energiespeicherung in diesem Fall durch die Verkrümmung der Mantellinie bestimmt. In diesem Fall ist die elastische Energiespeicherung hauptsächlich auf die axialsymmetrische Verkrümmung der Mantelfläche zurückzuführen, insbesondere bei einer dünnen Materialstärke T. Gemäß den vorliegenden Erkenntnissen ergibt sich die axiale Federrate $c_{z.IE}$ demnach aus der elastischen Energie U_E der Verbiegung der konischen Schale. Die elastische Energie, die durch die Verformung der konisch geformten Schale entsteht, wird gemäß der Theorie der dünnwandigen Schalen berechnet.

Eine Bemerkung zu den Reaktionskräften bei Reibung zwischen den Kontaktflächen. Bei den Tellerfedern sind die Kontaktflächen die Tellerfeder und zwei starren Flachkolben. Der Einfluss der Reibung auf die Reaktion der Tellerfeder kann mit Gl. (12.25) abgeschätzt werden. Das Coulombsche Reibungsgesetz bestimmt die Bedingungen für die Kontaktkraft zwischen zwei Festkörpern. Die Coulombsche Reibung hängt vom Auftreten von Schlupf zwischen den Kontaktkörpern ab. Die beiden Kolben drücken die Tellerfeder zusammen, der eine von oben, der andere von unten. Der eine Kolben gleitet reibungsfrei, während an der anderen Kontaktfläche Reibung auftritt. Die Kontaktkraft setzt sich zusammen aus einer Normalkomponente F_Z, senkrecht zur Kontaktebene zwischen Tellerfeder und Kontaktkolben, und einer Tangentialkomponente F_R, parallel zur Kontaktebene auf der Kolbenfläche. Schlupf zwischen Feder und Kolben tritt auf, wenn F_Z und $|F_R|$ proportional sind:

$$|F_R| = \mu F_Z,$$

wobei μ der Reibungskoeffizient ist, der den Zustand der beiden sich berührenden Kontaktflächen charakterisiert. In diesem Fall wird gesagt, dass die Kontaktkraft innerhalb des Coulomb-Kegels bleibt. Solange die Kraft $|F_R|$ kleiner als μF_Z ist, findet kein Gleiten statt, was als Adhäsion zwischen den beiden Festkörpern bezeichnet wird. Folglich verursacht die Reibung innerhalb des Coulomb-Kegels die bestimmten Radialkräfte $F_R = \pm\mu F_Z$. Für das Zusammendrücken der Feder aus dem freien Zustand muss das „Plus"-Zeichen verwendet werden. Entsprechend ist für die Ausdehnung aus dem abgeflachten Zustand das „Minus"-Zeichen zu verwenden. Die Differenz zwischen zwei Reaktionskräften beschreibt die Hysterese aufgrund der Reibung. Wenn die Coulombsche Reibung auftritt, ist das gesamte Meridianmoment gleich:

$$M_F = F_Z \cdot B - F_R \cdot H = (B \pm \mu H) \cdot F_Z = (1 \pm \mu \tan \psi) \cdot B \cdot F_Z. \tag{12.72}$$

Die Höhe und Breite des Querschnitts in Gl. (12.72) sind durch Gl. (12.14) und (12.15) gegeben.

Im Gegensatz dazu lautet das gesamte Meridianmoment bei fehlender Reibung:

$$M = F_Z \cdot B. \tag{12.73}$$

Der Vergleich der Ausdrücke (12.72) und (12.73) für das gesamte Meridianmoment mit und ohne Reibung führt zum Reibungskorrekturfaktor:

$$M_F = M \cdot k_Q, \qquad k_Q = 1 \pm \mu \tan \psi. \tag{12.74}$$

In allen bisherigen Berechnungen wurden die Federkräfte F_Z ohne Reibung berechnet. Die entsprechenden Kräfte F_{ZF} berücksichtigen die Coulombsche Reibung. Bei Vorhandensein von Reibung zwischen einem Kolben und dem Rand der Tellerfeder lauten die axialen Federkräfte:

$$F_{ZF} = F_Z \cdot k_Q. \tag{12.75}$$

Wenn die Mittelfläche Ω noch nicht den abgeflachten Zustand erreicht hat, ist der Winkel ψ positiv. Daher ist der Korrekturfaktor größer als eins: $k_Q > 1$. Folglich erhöht die Reibung die Reaktionskräfte $F_{ZF} > F_Z$ für die positive Höhe H der Mittelfläche. Wenn sich die Mittelfläche Ω abflacht, verschwindet der Winkel ψ und der Korrekturfaktor wird eins, $F_{ZF} = F_Z$. Die Reibung hat also keinen Einfluss auf die vertikalen Kräfte der Feder in der Nähe ihres abgeflachten Zustands.

Im Rahmen der vorliegenden Untersuchung wurde eine Verifizierung der analytischen Formeln mittels Finite-Elemente-Simulation durchgeführt. Zum Vergleich wurde die Finite-Elemente-Simulation mit dem Programm ANSYS 2022 R2 (ANSYS 2022) durchgeführt. Der APDL-Code sowie die Ergebnisdateien der Finite-Elemente-Simulation mit ANSYS 2022 R2 werden in [16] zur Verfügung gestellt.

In der vorliegenden Studie wurden vier verschiedene Belastungsfälle mit freien und eingeschränkten Kanten untersucht und in übersichtlicher Tabellenform angeordnet. Die Ergebnisse der Modellierung der Tellerfeder mit frei radial gleitenden Kanten sind in Tab. (12.1) zusammengefasst. In Tabelle (Tab. 12.2) wird das Modell einer auf den Innenradius beschränkten Tellerfeder dargestellt. Eine weitere Tabelle (Tab. 12.3) veranschaulicht das Modell einer auf den Außenradius eingeschränkten Tellerfeder. Die letzte Tabelle (Tab. 12.4) fasst das Modell der Tellerfeder zusammen, die auf beiden Radien begrenzt ist.

Wie bereits in der vorliegenden Arbeit dargestellt, kann das Verhalten einer konischen Tellerfeder durch externe Einflüsse, wie Reibung oder Zwang, erheblich beeinflusst werden. Diese Einschränkung stellt insbesondere bei der Analyse des Verhaltens konischer Tellerfedern mit gewölbten Kraftkennlinien ein signifikantes Problem dar. In der Arbeit [17] wurde eine explizite Lösung vorgeschlagen, die das Verhalten der konischen Tellerfeder unter diesen Randbedingungen vorhersagen kann. Die Lösung berücksichtigt detailliert die Einflüsse von Reibung und Einspannung an den Rändern der konischen Tellerfeder auf ihr Momentengleichgewicht und die Lage der neutralen Faser.

Metamaterialien mit negativer Steifigkeit und der Fähigkeit zur elastischen Energiedissipation haben aufgrund ihres Potenzials zur Stoßdämpfung und Vibrationskontrolle große Aufmerksamkeit erregt.Ihre praktische Anwendung ist jedoch oft durch ihre Stärke und Steifigkeit begrenzt. In der Studie [18] wurde ein Material mit negativer Steifigkeit analysiert, das das Phänomen der negativen Steifigkeit auf der Grundlage der Dehnung und Rotation konischer Schalen erzeugt, ähnlich wie bei konischen Tellerfedern. Die in diesem Kapitel präsentierten Methoden können unmittelbar auf Metamaterialien mit negativer Steifigkeit angewendet werden.

12.6 Zusammenfassung

Die in diesem Kapitel entwickelte Methode zeichnet sich durch eine besondere Eigenschaft aus. Sie ist in der Lage, sowohl Tellerfedern mit frei gleitenden Rändern als auch Ränder mit erzwungener radialer Bewegung zu berechnen. Das Verfahren kann auf Tellerfedern mit konstanter Materialdicke und radial festmontierten sowie frei beweglichen Kanten angewendet werden. Die vertikalen Auslenkungen einer Tellerfeder resultieren aus einer gleichmäßig verteilten Axiallast, welche auf den inneren und äußeren Rand einwirkt. Die entwickelten Formeln sind für industrielle Anwendungen von Tellerfedern aus isotropen Werkstoffen, wie Federstahl und anderen herkömmlichen Legierungen, ausreichend genau und einfach zu handhaben. Die Methode kann direkt auf die Berechnung von geschlitzten Tellerfedern angewendet werden. Eine geschlitzte Tellerfeder setzt sich aus zwei Segmenten zusammen, nämlich einem Tellersegment und einer Anzahl von Hebelarmsegmenten. Die Berechnung geschlitzter Tellerfedern basiert gegenwärtig auf der SAE-Formel [19], welche jedoch lediglich für gerade geschlitzte Tellerfedern mit frei gleitenden Innen- und Außenkanten gilt.

- Die nichtlinearen Gleichungen für die Tellerfeder sind abgeleitet worden.
- Die Gleichungen beschreiben die Verformung und die Spannungen von dünnen und mäßig dicken Tellerfedern.
- Die Variationsmethode ist auf Tellerfedern mit frei gleitenden und starr eingespannten Kanten anwendbar.
- Wenn beide Kanten der Feder in radialer Richtung frei über den inneren und äußeren Rand gleiten, wird die Lage der neutralen Ebene durch die Bedingung des Minimums der elastischen Energie bestimmt. Die Federkraft in der Scheibe verschwindet unter der Bedingung der minimalen elastischen Energie.
- Wenn die radiale Bewegung des inneren Randes eingeschränkt ist, entspricht der Stülpmittelpunkt der Position dem inneren Radius. In diesem Fall tritt die Ringzugkraft in der Tellerfeder auf. Die Druckkraft am inneren Rand ist gleich der Umfangskraft in der Scheibe.
- Die axiale Steifigkeit der Tellerfeder am inneren Rand ist höher als die axiale Steifigkeit der Feder am freien Rand.
- Bei einer Einschränkung der radialen Bewegung des inneren Randes (i) werden die Zugspannungen in tangentialer Richtung an der äußeren Kante im Vergleich zu den Spannungen einer frei gleitenden Feder etwa verdoppelt.
- Wenn die radiale Bewegung des äußeren Randes eingeschränkt ist, entspricht der Stülpmittelpunkt der Position dem äußeren Radius. Die Druckringkraft wirkt in der

Tellerfeder und verursacht die Dehnungskraft an der Oberfläche des äußeren zylindrischen Hohlraums.

- Bei einer Einschränkung der radialen Bewegung des äußeren Randes (e) annähernd verdoppeln sich die Druckspannungen in tangentialer Richtung an der inneren Kante im Vergleich zu den Spannungen einer frei gleitenden Feder.
- Wenn die Bewegungen beider (innerer und äußerer) Ränder eingeschränkt sind, überwiegt die Verformung der Feder der neutralen Fläche. Die axiale Steifigkeit der konischen Tellerfeder mit beiden radial eingeschränkten Rändern nimmt deutlich zu. Im vorliegenden Beitrag werden zwei Modelle zur Beschreibung der elastischen Verformung einer gezwungenen, flachen, konischen Schale diskutiert.
- Das erste Modell berücksichtigt die Stauchung der konischen Schale in meridionaler Richtung und führt dazu, dass die prognostizierte Länge des meridionalen Querschnitts konstant bleibt.
- Das alternative Modell reflektiert die axialsymmetrische Krümmung der konischen Schale innerhalb der meridionalen Ebene.
- Es lässt sich festhalten, dass die kritische Dicke als Grenzgröße zwischen zwei Modellen betrachtet werden kann. Anhand dieser kann eine Unterscheidung zwischen Verwölbung und verwölbungsfreier Stauchung entlang der Generatrice vorgenommen werden.

12.7 Symbolverzeichnis

Bezeichnung	*Physikalische Größe*
C_E	Radius des Stülpmittelpunktes (c) für die Feder mit eingeschränkter radialer Bewegung des äußeren Randes (e)
C_G	Radius des Stülpmittelpunktes (c) für die Feder mit gleitenden Kanten
C_I	Radius des Stülpmittelpunktes (c) für die Feder mit eingeschränkter radialer Bewegung des inneren Randes (i)
F_{EZ}	Axialkraft der Tellerfeder mit eingeschränkter radialer Bewegung des äußeren Randes (e)
$F_{G.Z}$	Axialkraft der Tellerfeder mit den frei gleitenden Kanten
F_{IEZ}	Axialkraft der Tellerfeder mit komplett eingeschränkter radialer Bewegung
F_{IZ}	Axialkraft der Tellerfeder mit eingeschränkter radialer Bewegung des inneren Randes (i)
L_0	Länge der Generatrice (Kegelflächengeneratoren) der unbelasteten konischen Mittelfläche
L_1	Länge der Generatrice (Kegelflächengeneratoren) der Mittelfläche im belasteten Zustand
R_e	Außenradius der Mittelfläche der belasteten Feder
R_i	Innenradius der Mittelfläche der belasteten Feder

Bezeichnung	*Physikalische Größe*
$\tilde{S}$	Federweg von der oberen Innenkante zur unteren Außenkante, $\tilde{S} = \tilde{h} - \tilde{H}$
T_{crit}	Kritische Materialdicke
U_E	Elastische Energie der dickwandigen Schelle
U_{IE}	Elastische Energie der flachen Schelle mit geringer Wandstärke
U_f	Potenzielle Energie der aufgebrachten Kräfte
$c_{z.E}$	Anfangsfederrate der Federn, die an den äußeren Rändern eingespannt sind
$c_{z.G}$	Anfangsfederrate der Tellerfeder mit frei gleitenden Kanten
$c_{z.I}$	Anfangsfederrate der Federn, die an den inneren Rändern eingespannt sind
$c_{z.IE}$	Anfangsfederrate der Tellerfeder mit beidseitig eingespannten Kanten
r_e	Außenradius der Mittelfläche der freien Feder, $r_e = \frac{D_e}{2}$
r_i	Innenradius der Mittelfläche der freien Feder, $r_i = \frac{D_i}{2}$
x_e	Länge der Bögen zum äußeren Rand der freien Schale
x_i	Länge der Bögen zum inneren Rand der freien Schale
z_e	Höhe des äußeren Randes der Mittelfläche ϖ der freien Schale
z_i	Höhe des inneren Randes der Mittelfläche ϖ der freien Schale
$\mathrm{E_Y}$	Dehnung normal zur Oberfläche der Schale
$\mathrm{E_\theta}$	Umfangsdehnung, oder Ringdehnung
E_X	Meridionale Dehnung
ε_θ	Dehnung in der Mitte der Umfangsfläche Ω
κ_θ	Krümmungsänderung in Umfangsrichtung der Fläche Ω
σ_X	Meridionale Spannung
σ_Y	Spannung normal zur Oberfläche der Schale
σ_θ	Umfangsspannung, oder Ringspannung
h	Höhe der Mittelfläche im freien Zustand ϖ
B	Breite der Mittelfläche im verformten Zustand Ω
C	Radius des Kegelstumpfes ϖ an der neutralen Ebene
H	Höhe der Mittelfläche im verformten Zustand Ω
S	Federweg auf der Mittelfläche,$S = h - H$
T	Dicke der Tellerfeder
b	Die Breite der Mittelfläche ϖ der Tellerfeder
x	Meridionalkoordinate
Δ	Verhältnis von Außenradius zu Innenradius, $\Delta = \frac{r_e}{r_i}$
Π	Gesamte potenzielle Energie
Ω	Konische Mittelfläche im belasteten Zustand
μ	Verhältnis von Dicke zu Innenradius, $\mu = \frac{T}{r_i}$
ϖ	Konische Mittelfläche im freien Zustand

Literatur

1 Mertens, H., Liebich, R., Gust, P. (2020). *Federnde Verbindungen (Federn).* In: Bender, B., Göhlich, D. (eds) Dubbel Taschenbuch für den Maschinenbau 2: Anwendungen. Springer Vieweg, Berlin, Heidelberg. https://doi.org/10.1007/978-3-662-59713-2_9.

2 Muhr T., Asbeck J., Kobelev V., Westerhoff K., Brecht J. D., Hees A. (2009) *Valve Spring Plate with Two Supporting Tongues*, United States Patent No.: US 7,566,046 B2.

3 Kobelev, V. (2024). *Disk Springs.* In: Fundamentals of Springs Mechanics. Springer, Cham. https://doi.org/10.1007/978-3-031-58584-5_4.

4 Kobelev, V. (2023a). Exact shell solutions for conical springs. II. Radial cylindric curb. *Mechanics Based Design of Structures and Machines, An International Journal.* https://doi.org/10.1080/15397734.2023.2189942.

5 Kobelev V. (2016) Exact shell solutions for conical springs, *Mechanics Based Design of Structures and Machines, An International Journal*, Volume 44, 2016, Issue 4, p. 317–339, https://doi.org/10.1080/15397734.2015.1066686.

6 Lutz, O., Wernitz, W. (1967). Stülpen einer konischen Ringscheibe (Tellerfeder) unter Berücksichtigung der Mantellinienkrümmung. *Forsch Ing-Wes* 33, 77–84 https://doi.org/10.1007/BF02574402.

7 MAPLE (2022) https://www.maplesoft.com/, Maplesoft, 615 Kumpf Drive Waterloo, ON Canada N2V 1K8.

8 Kobelev, V. (2023b) *MAPLE Data for Exact shell solutions for conical springs. II. Radial cylindric curb*, Mendeley Data, V1, https://doi.org/10.17632/295pd6trtb.1.

9 Timoshenko S., Woinowsky-Krieger, S. (1957) *Theory of Plate and Shell*, 2nd ed., McGraw Hill, New York.

10 Almen J. O., Laszlo A. (1936) The uniform section disks spring. *Trans ASME;* 58(12.4): 305–314.

11 Lutz, O. (1960) *Zur Berechnung der Tellerfeder.* Konstruktion, 12, Nr. 2 S. 57/59.

12 Wlassow, W. S. (1958) Allgemeine Schalentheorie und ihre Anwendung in der Technik, Berlin, Boston: De Gruyter,. https://doi.org/10.1515/9783112649480.

13 DIN EN 16984:2017–02 (2017) *Tellerfedern – Berechnung*; Deutsche Fassung EN 16984:2016, Beuth Verlag, Berlin, https://doi.org/10.31030/2702370.

14 Radwańska, M.; Stankiewicz, A.; Wosatko, A.; Pamin, J. (2017) *Plate and Shell Structures: Selected Analytical and Finite Element Solutions* , ISBN: 978-1-118-93454-8, JohnWiley & Sons Ltd, Chichester.

15 Wittenburg, J. (2022). *Statik starrer Körper.* In: Hennecke, M., Skrotzki, B. (eds) HÜTTE Band 2: Grundlagen des Maschinenbaus und ergänzende Fächer für Ingenieure. Springer Reference Technik . Springer Vieweg, Berlin, Heidelberg. https://doi.org/10.1007/978-3-662-64372-3_32.

16 Kobelev, V. (2023c) *ANSYS APDL for Exact shell solutions for conical springs. II. Radial cylindric curb*, Mendeley Data, V1, https://doi.org/10.17632/f3pscg3pct.1.

17 Zhang, Z., Yu, Y., & Xu, Z. D. (2023). Coned disk spring with friction or restraint at its edges: Explicit solution and experimental study. *Mechanics Based Design of Structures and Machines*, 52(9), 6305–6325. https://doi.org/10.1080/15397734.2023.2277734.

18 Zhang Z., Yu Yang, Zhao-Dong Xu and Ye-Shou Xu (2024) Negative stiffness metamaterial with elastic energy dissipation based on conical shell: theoretical solution and experimental study , *Smart Mater. Struct.* 33 015039, https://doi.org/10.1088/1361-665X/ad14a9.

19 SAE (1996) *Spring Design Manual.* Part 5, SAE, HS-158 SAE International, Warrendale, PA.

Anhang A. Modelle der plastischen Verformung

1°. Die Tensoren der Spannung $\boldsymbol{\sigma}$ und Dehnung $\boldsymbol{\varepsilon}$ sind [1]):

$$\boldsymbol{\sigma} = \begin{bmatrix} \sigma_{xx} & \sigma_{xy} & \sigma_{xz} \\ \sigma_{xy} & \sigma_{yy} & \sigma_{yz} \\ \sigma_{xz} & \sigma_{yz} & \sigma_{zz} \end{bmatrix},$$

$$\boldsymbol{\varepsilon} = \begin{bmatrix} \varepsilon_{xx} & \gamma_{xy}/2 & \gamma_{xz}/2 \\ \gamma_{xy}/2 & \varepsilon_{yy} & \gamma_{yz}/2 \\ \gamma_{xz}/2 & \gamma_{yz}/2 & \varepsilon_{zz} \end{bmatrix} \equiv \begin{bmatrix} \varepsilon_{xx} & \varepsilon_{xy} & \varepsilon_{xz} \\ \varepsilon_{xy} & \varepsilon_{yy} & \varepsilon_{yz} \\ \varepsilon_{xz} & \varepsilon_{yz} & \varepsilon_{zz} \end{bmatrix}.$$

Die oktaedrische Normalspannung σ_{oct} und die oktaedrische Normaldehnung ε_{oct} werden wie folgt bezeichnet:

$$\begin{aligned} 3\sigma_{oct} &\overset{\text{def}}{=} \sigma_{xx} + \sigma_{yy} + \sigma_{zz} \equiv \sigma_{kk} = \mathbf{I}(\boldsymbol{\sigma}), \\ 3\varepsilon_{oct} &\overset{\text{def}}{=} \varepsilon_{xx} + \varepsilon_{yy} + \varepsilon_{zz} \equiv \varepsilon_{kk} = \mathbf{I}(\boldsymbol{\varepsilon}). \end{aligned} \tag{A.2}$$

Die oktaedrische Spannung ist gleich dem hydrostatischen Druck bei den gleich großen Normalspannungen in allen drei Raumrichtungen. $\mathbf{I}(\boldsymbol{\sigma})$ und $\mathbf{I}(\boldsymbol{\varepsilon})$ sind die ersten Invarianten der Spannungs- und Dehnungstensoren.

Die Tensoren $\boldsymbol{s}$ und $\boldsymbol{e}$ sind die Deviatoren der Tensoren (A.1) mit den jeweiligen Komponenten:

$$s_{ij} = \sigma_{ij} - \sigma_{oct}\delta_{ij}, \quad e_{ij} = \varepsilon_{ij} - \varepsilon_{oct}\delta_{ij}, \tag{A.3}$$

$$\boldsymbol{s} = \begin{bmatrix} s_{xx} & \sigma_{xy} & \sigma_{xz} \\ \sigma_{xy} & s_{yy} & \sigma_{yz} \\ \sigma_{xz} & \sigma_{yz} & s_{zz} \end{bmatrix}, \quad \boldsymbol{e} = \begin{bmatrix} e_{xx} & \gamma_{xy}/2 & \gamma_{xz}/2 \\ \gamma_{xy}/2 & e_{yy} & \gamma_{yz}/2 \\ \gamma_{xz}/2 & \gamma_{yz}/2 & e_{zz} \end{bmatrix} \equiv \begin{bmatrix} e_{xx} & \varepsilon_{xy} & \varepsilon_{xz} \\ \varepsilon_{xy} & e_{yy} & \varepsilon_{yz} \\ \varepsilon_{xz} & \varepsilon_{yz} & e_{zz} \end{bmatrix}. \tag{A.4}$$

V. Kobelev, *Federntechnologie,* https://doi.org/10.1007/978-3-658-48303-6

Die oktaedrische Scherdehnung ist:

$$\frac{\gamma_{oct}}{2} \equiv \varepsilon_{oct} \stackrel{\text{def}}{=} \sqrt{\frac{2}{3}\mathbf{II}(\boldsymbol{e})}, \quad \mathbf{II}(\boldsymbol{e}) = \frac{1}{2}e_{ij}e_{ij}. \tag{A.5}$$

$\mathbf{II}(\boldsymbol{e})$ ist die zweite Invariante vom Deviator des Dehnungstensors $\boldsymbol{e}$:

$$\tau_{oct} \stackrel{\text{def}}{=} \sqrt{\frac{2}{3}\mathbf{II}(\boldsymbol{s})}, \quad \mathbf{II}(\boldsymbol{s}) = \frac{1}{2}s_{ij}s_{ij}. \tag{A.6}$$

$\mathbf{II}(\boldsymbol{s})$ ist die zweite Invariante vom Deviator des Spannungstensors $\boldsymbol{s}$.

Die Vergleichsspannung nach von Mises σ_V und die Vergleichsdehnung ε_V sind:

$$\sigma_V = \tfrac{3}{\sqrt{2}}\tau_{oct}, \; \varepsilon_V = \tfrac{3}{\sqrt{2}}\varepsilon_{oct}.$$

Man führt neben der Intensität der Formänderungen Γ noch die Bezeichnung T für die Intensität der Schubspannungen ein:

$$\begin{aligned} \Gamma^2 &= \tfrac{2}{3}\Big[\big(\varepsilon_x - \varepsilon_y\big)^2 + \big(\varepsilon_y - \varepsilon_z\big)^2 + (\varepsilon_z - \varepsilon_x)^2 + \tfrac{3}{2}\big(\gamma_{xy}^2 + \gamma_{yz}^2 + \gamma_{xz}^2\big)\Big], \\ T^2 &= \tfrac{2}{3}\Big[\big(\sigma_x - \sigma_y\big)^2 + \big(\sigma_y - \sigma_z\big)^2 + (\sigma_z - \sigma_x)^2 + 6\big(\sigma_{xy}^2 + \sigma_{yz}^2 + \sigma_{xz}^2\big)\Big]. \end{aligned}$$

Die Intensität der Formänderungen Γ sowie die Intensität der Schubspannungen T werden durch die irreduziblen Invarianten der deviatorischen Verzerrungs- bzw. Spannungstensoren bestimmt:

$$\begin{aligned} \mathbf{II}(\boldsymbol{e}) &\stackrel{\text{def}}{=} \tfrac{1}{2}e_{ij}e_{ij} \equiv \tfrac{1}{4}\Gamma^2 \equiv \tfrac{\varepsilon_V{}^2}{3}, \\ \mathbf{II}(\boldsymbol{s}) &\stackrel{\text{def}}{=} \tfrac{1}{2}s_{ij}s_{ij} \equiv \tfrac{1}{4}T^2 \equiv \tfrac{\sigma_V{}^2}{3}. \end{aligned}$$

2° Für ein linear-elastisches Medium gilt:

$$\boldsymbol{s} = 2G\boldsymbol{e}, \qquad \sigma_{oct} = 3K\varepsilon_{oct}. \tag{A.7}$$

G ist der Schermodul, K ist der Kompressibilitätsmodul oder der Volumenelastizitätsmodul. Aus dieser Gleichung folgt, dass im Falle linearer Elastizität:

$$\tau_{oct} = G\gamma_{oct}.$$

Für ein kompressibles, isotropes, kaltverfestigendes Material könnte die Spannung als Funktion der Dehnung dargestellt werden:

$$\boldsymbol{e} = f_\tau(\tau_{oct})\frac{\boldsymbol{s}}{\tau_{oct}}, \qquad \sigma_{oct} = 3K\varepsilon_{oct}. \tag{A.8}$$

Für das Material ohne ausgeprägten Dehnungspunkt lautet die Abhängigkeit der Spannung von der Dehnung:

$$\boldsymbol{s} = 2G_p(\gamma_{oct})\boldsymbol{e}, \qquad \boldsymbol{s} = f_\tau^{-1}(\gamma_{oct})\frac{\boldsymbol{e}}{\gamma_{oct}}. \tag{A.9}$$

Die Bedingung muss erfüllt sein:

$$\frac{\tau_{oct}}{f_\tau(\tau_{oct})} = \frac{f_\tau^{-1}(\gamma_{oct})}{\gamma_{oct}} = 2G_p(\gamma_{oct}). \tag{A.10}$$

Aus Gl. (A.9) folgt die Beziehung zwischen der oktaedrischen Schubspannung und der oktaedrischen Schubspannung:

$$\tau_{oct} = G_p(\gamma_{oct}) \cdot \gamma_{oct}. \tag{A.11}$$

3°. Das Johnson-Cook-Modell eignet sich für große Verformungen, hohe Dehnungsgeschwindigkeiten und hohe Temperaturen. Im Falle einer einachsigen Verformung wird die Johnson-Cook-Spannungs-Dehnungs-Gleichung in folgender Form geschrieben:

$$\sigma = F_1(\varepsilon) \cdot F_2(T^\circ) \cdot F_3(\dot{\varepsilon}), \tag{A.12}$$

$$F_1(\varepsilon) = A_\sigma + B_\sigma \varepsilon^{1/n}, \tag{A.13}$$

$$F_2(T^\circ) = 1 - \left(\frac{T^\circ - T^\circ_{ref}}{T^\circ_m - T^\circ_{ref}}\right)^{m^\circ}, \tag{A.14}$$

$$F_3(\dot{\varepsilon}) = 1 + C_{\dot{\varepsilon}} \ln \frac{\dot{\varepsilon}}{\dot{\varepsilon}_{ref}}. \tag{A.15}$$

Die in den Gleichungen (A.12) bis (A.15) verwendeten Bezeichnungen sind wie folgt definiert:de

A_σ und A_σ	die Dehnungskoeffizienten;
T°_m	die Schmelztemperatur;
T°_{ref}	eine Bezugstemperatur (Umgebungstemperatur);
m°	der Temperaturexponent;
$\dot{\varepsilon}$	die (plastische) Dehnungsrate;
$\dot{\varepsilon}_{ref}$	ine (quasistatische) Bezugsdehnungsrate:
$C_{\dot{\varepsilon}}$	der Dehnungsratenempfindlichkeitsparameter.

Der Term $F_1(\varepsilon)$ zeigt das quasistatische Fließ- und Kaltverfestigungsverhalten bei einer bestimmten Temperatur.

Der Term $F_2(T^\circ)$ bestimmt die Temperaturabhängigkeit.

Der Term $F_3(\dot{\varepsilon})$ zeigt die Empfindlichkeit gegenüber der Verformungsgeschwindigkeit. Der Term $F_3(\dot{\varepsilon})$ enthält im Allgemeinen den Logarithmus der Dehnungsgeschwindigkeit, normiert auf einen Referenzwert. Allgemeinere Näherungen sind bekannt [2], [3]).

3°. Die Beziehungen zwischen den Koeffizienten der expliziten und impliziten Spannungs-Dehnungs-Funktionen sind in Tab. A1 aufgeführt. Vereinfachte Beziehungen zwischen den Koeffizienten der Ludwik-Hollomon, Johnson-Cook und Ramberg-Osgood Spannungs-Dehnungs-Funktionen sind in Tab. A2 dargestellt

Tab. A1 Beziehungen zwischen den Koeffizienten der expliziten und impliziten Spannungs-Dehnungs-Funktionen

Beziehungen zwischen den Koeffizienten der expliziten und impliziten Spannungs-Dehnungs-Funktionen		
	Implizite Spannungs-Dehnungsfunktion	Explizite Spannungs-Dehnungsfunktion
Beziehung zwischen oktaedrischer Scherspannung $\tau = \tau_{oct}$ und oktaedrischer Dehnung $\gamma = \gamma_{oct}$	$\gamma = f_\tau(\tau)$	$\tau = f_\tau^{-1}(\gamma)$
Quasistatische Zugspannungs-Zugdehnungs-Beziehung	$\varepsilon = \frac{1}{\sqrt{3}} f_\tau\left(\frac{\sigma}{\sqrt{3}}\right) \stackrel{\text{def}}{=} f_\sigma(\sigma)$	$\sigma = \sqrt{3} f_\tau^{-1}\left(\sqrt{3}\varepsilon\right) \stackrel{\text{def}}{=} f_\sigma^{-1}(\varepsilon)$
Quasistatische Spannungs-Dehnungs-Fließgleichungen	Ramberg-Osgood	Ludwik–Hollomon
Scherverformung	$\gamma = \frac{\tau}{G} + \left(\frac{\tau}{K_\tau}\right)^n$	$\tau = A_\tau + B_\tau \gamma^{1/n}$
Uniaxiale Verformung	$\varepsilon = \frac{\sigma}{E} + \left(\frac{\sigma}{K_\sigma}\right)^n$	$\sigma = A_\sigma + B_\sigma \varepsilon^{1/n}$
Spannungs-Dehnungs-Beziehung $K_\tau = GK_\gamma$	$\gamma = \frac{\tau}{G \cdot \sqrt{1-(\tau/K_\tau)^2}}$	$\tau = \frac{G\gamma}{\sqrt{1+(\gamma/K_\gamma)^2}}$
Sekantenmodul in der Spannungs-Dehnungs-Beziehung	$\gamma = \tau/G_p(\tau)$,	$\tau = G_p(\gamma)\gamma$,
	$G_p(\tau) = G \cdot \sqrt{1-(\tau/K_\tau)^2}$	$G_p(\gamma) = \frac{G}{\sqrt{1+(\gamma/K_\gamma)^2}}$
Beziehungen zwischen den Koeffizienten für Scherung und einachsiges plastisches Fließen für inkompressibles Medium	$E = 3G$	$A_\tau = \frac{A_\sigma}{\sqrt{3}}$
	$K_\sigma = \sqrt{3} K_\tau$	$B_\tau = \frac{B_\sigma}{\sqrt{3}} \cdot \left(\frac{1}{\sqrt{3}}\right)^{1/n}$
Statische Zug-Spannungs-Dehnungs-Beziehung	$\varepsilon = f_\sigma\left(\frac{\sigma}{F_2(T^\circ)F_3(\dot{\varepsilon})}\right)$	$\frac{\sigma}{F_2(T^\circ)F_3(\dot{\varepsilon})} = f_\sigma^{-1}(\varepsilon)$
Statische Scher-Spannungs-Dehnungs-Beziehung	$\gamma = f_\tau\left(\frac{\tau}{F_2(T^\circ)F_3(\dot{\gamma})}\right)$	$\frac{\tau}{F_2(T^\circ)F_3(\dot{\gamma})} = f_\tau^{-1}(\gamma)$

Tab. A2 Ludwik-Hollomon, Johnson-Cook und Ramberg-Osgood Funktionen

	Reine Scherverformung	Einachsige Verformung
Explizite Spannungs-Dehnungs-Funktionen (A.8)	$\tau = -\frac{K_\sigma^2}{\sqrt{3}(K_\sigma + nE)} + \frac{K_\sigma}{\sqrt{3}}\left(\frac{\gamma}{\sqrt{3}}\right)^{1/n}$	$\sigma = -\frac{K_\sigma^2}{K_\sigma + nE} + K_\sigma \varepsilon^{1/n}$
Ludwik-Hollomon Gleichung Johnson-Cook Gleichung		
Implizite Spannungs-Dehnungs-Funktion (A.7)	$\gamma = \frac{3\tau}{E} + \left(\frac{\sqrt{3}\tau}{K_\sigma}\right)^n$	$\varepsilon = \frac{\sigma}{E} + \left(\frac{\sigma}{K_\sigma}\right)^n$
Ramberg-Osgood-Gleichung		

Anhang B. Modelle des Kriechens

Die isotrope, zeitabhängige Spannungsfunktion für Kriechgesetze [4] (Tab. B1):

$$\frac{\mathrm{d}\boldsymbol{e}_{ij}}{\mathrm{d}t} = \frac{\boldsymbol{s}_{ij}}{\tau_{oct}} f_c(\tau_{oct}, t), \tag{B.1}$$

$$f_c(\tau_{oct}, t) = h_c(t) \cdot g_c(\tau_{oct}). \tag{B.2}$$

Tab B1 Phänomenologische Modelle des Kriechens $\boldsymbol{\tau} = \boldsymbol{\tau}_{oct}$

Empirische Modelle	$\sigma = \frac{3\overline{\tau}}{\sqrt{2}},\ \widetilde{\tau} = \frac{\overline{\sigma}}{\sqrt{3}},$ $\frac{\sigma_{th}}{\sigma} = \frac{\tau_{th}}{\overline{\tau}},\ \frac{\sigma_Y}{\sigma} = \frac{\tau_Y}{\overline{\tau}}$
Norton-Bailey	$g_c = \overline{\varepsilon} \cdot \left(\frac{\tau}{\overline{\tau}}\right)^{\xi+1}$
Prandtl-Garofalo	$g_c = \overline{\varepsilon} \cdot \sinh^{\xi+1}\left(\frac{\tau}{\overline{\tau}}\right)$
Exponentiale Funktion	$g_c = \overline{\varepsilon} \cdot \left[\exp\left(\frac{\tau}{\overline{\tau}}\right) - 1\right]$
Naumenko-Altenbach-Gorasch	$g_c = \overline{\varepsilon} \cdot \left(\frac{\tau}{\overline{\tau}}\right) + \overline{\varepsilon} \cdot \left(\frac{\tau}{\overline{\tau}}\right)^{\xi+1}$
Zeitunabhängige Funktion	$g_c = \overline{\varepsilon} \cdot \left(\frac{\tau}{\overline{\tau}}\right)^{\xi+1} \cdot \frac{1}{\left(\frac{\tau}{\tau_{th}}\right)^{m_1} - 1} \cdot \frac{1}{1 - \left(\frac{\tau}{\tau_Y}\right)^{m_2}}$

V. Kobelev, *Federntechnologie,* https://doi.org/10.1007/978-3-658-48303-6

Anhang C. Statistische Bewertung der Streuung von Ermüdungsdaten

1°. Die Vorhersage der Versagenswahrscheinlichkeit bei einem bestimmten Spannungsniveau ist ein wichtiges Instrument für die Analyse von Federn unter statischer und zyklischer Belastung. Für die statistische Auswertung der Ermüdungsdaten werden üblicherweise verschiedene Verteilungen verwendet [5]. Die Streuungsanalyse von experimentellen Daten bei Ermüdungsversuchen wurde traditionell unter Verwendung folgender Verteilungen durchgeführt:

- Normalverteilung (Gauß-Verteilung),
- Lognormal-Verteilung,
- Exponential-Verteilung;
- Weibull-Verteilung,
- $\arcsin\sqrt{P}$- Arcsinus-Verteilung.

Die Variabilität einer Materialeigenschaft wird mithilfe der Lognormalverteilungsfunktion beschrieben, die ein breites Spektrum von Anwendungen abdeckt. Die Lognormalverteilung wird in den Normen (ASTM E 739-80, 1986), (ASTM E 606-80, 1986) (DIN 50100, 2016:12) empfohlen. Schijve [6] schlug die „$log(N - N0)-$ Normalverteilung“ für die Analyse von Ermüdungsdaten vor.

Die Wahrscheinlichkeitsdichtefunktion ist $p_f(\sigma_\delta)$. Das Symbol σ_δ bezeichnet das Variant oder die Zufallsvariable. Im Falle der Ermüdungsanalyse charakterisiert die Variable die Intensität der harmonisch veränderlichen Spannung. Die Spannungsamplitude oder der Spannungsbereich oder der Parameter von Smith, Watson und Topper oder der Walker-Parameter wird zur Charakterisierung der variablen Spannung in Ermüdungsversuchen verwendet.

Die kumulative Ausfallwahrscheinlichkeit des Arguments σ ist gleich der Wahrscheinlichkeit, dass die Variable δ einen Wert kleiner oder gleich σ annimmt:

$$P_f(\sigma) = Pr[\sigma_\delta \leq \sigma] = \int_{-\infty}^{\sigma} p_f(\sigma_\delta)\, \mathrm{d}\sigma_\delta \tag{C.1}$$

V. Kobelev, *Federntechnologie,* https://doi.org/10.1007/978-3-658-48303-6

Bei einem festen Spannungsparameter ist das kumulative Versagen $P_f(\sigma)$ gleich dem Bruchteil der Versager in der großen Serie von Stichproben.

Um eine Beziehung zwischen Spannungsniveau und Ausfallwahrscheinlichkeit zu erhalten, verwenden wir die Lognormalverteilung. Die Parameter der Wahrscheinlichkeitsdichtefunktionen für Normal- und Lognormalverteilungen sind in den Tab. C1 und C2 dargestellt. Die Normal- und Lognormalverteilungsfunktionen haben zwei Parameter. Der Skalenparameter der Verteilungen ist μ. Der Lageparameter der Verteilung ist Λ. Jeder Parameter hat eine spezifische Bedeutung in Abhängigkeit von der analysierten Anwendung. Tab. C1 und C2 zeigen die Graphen der Funktionen $p_f(\sigma_\delta), P_f(\sigma)$. Deutlich wird der Einfluss des Skalenparameters μ auf die Breite des Skalenbereichs.

Bei Normalverteilung ist der Lageparameter Λ das Spannungsniveau, bei dem die meisten Bruchereignisse auftreten. Der Skalenparameter μ ist ein Maß für die Streuung der experimentellen Daten. Diese Parameter haben auch für die Lognormalverteilung die gleiche Bedeutung.

2°. Versagensanalyse von Proben unter statischer Belastung. Die gleiche Methode ist bei zyklischer Belastung anwendbar, wenn die Anzahl der Zyklen bis zum Versagen festgelegt ist. Bei Ermüdungsversuchen ist die Anzahl der Zyklen festgelegt. Der einfachste „Spannungsparameter" ist zum Beispiel die Spannungsamplitude für einen symmetrischen Spannungszyklus. Aus praktischen Gründen werden die Ermüdungsprüfungen bis zum Versagen für mehrere Werte fester Spannungsparameter durchgeführt, sodass die Zyklen bis zum Versagen streuen. Um die Streuung der Versagenszyklen für einen festen Spannungswert zu berücksichtigen, müssen die Daten reorganisiert, d. h. transponiert werden [7]. Zu Konstruktionszwecken sucht der Konstrukteur nach den Spannungsniveaus σ für den vorgeschriebenen Bruchteil der Ausfälle $P_F{}^*$ unter den großen Serien von Proben.

Tab. C1 Normalverteilung

Normalverteilung	
Mittelwert der Verteilung	Λ
Skalenparameter	μ
Wahrscheinlichkeitsdichte der Ausfälle	$p_f(\sigma_\delta) = \frac{1}{\mu\sqrt{2\pi}}\exp\left(-\frac{(\Lambda-\sigma_\delta)^2}{2\mu^2}\right)$
Maximum der Wahrscheinlichkeitsdichte der Ausfälle	$\max p_f(\sigma_\delta) = p_f(\sigma_{max}) = 1/\sqrt{2\pi}\,\mu$
Spannung beim Maximum	$\sigma_\delta = \Lambda$
Kumulative Ausfallwahrscheinlichkeit P_F (bei gegebenem Spannungswert σ	$P_f(\sigma) = \frac{1}{2} - \frac{1}{2}\mathrm{erf}\left(\frac{\Lambda-\sigma}{\mu\sqrt{2}}\right)$
Standardabweichung	$S = \mu$
Mittelwert (Median)	$\sigma_{mean} = \Lambda$, $P_f(\sigma_{mean}) = 1/2$.

Tab. C2 Lognormalverteilung

Lognormalverteilung	
Mittlerer Log-Parameter	$\ln\Lambda$
Skalenparameter	μ
Wahrscheinlichkeitsdichte der Ausfälle	$p_f(\sigma_\delta) = \begin{cases} \frac{1}{\sigma_\delta \mu \sqrt{2\pi}} \exp\left(-\frac{1}{2\mu^2}\left(\ln\frac{\sigma_\delta}{\Lambda}\right)^2\right), & if\ \ \sigma_\delta \geq 0; \\ 0, & if\ \ \sigma_\delta < 0 \end{cases}$
Maximum der Wahrscheinlichkeitsdichte	$\max p_f(\sigma_\delta) = p_f(\sigma_\delta) = \frac{1}{\Lambda\sqrt{2\pi}\mu} \exp\left(\frac{\mu^2}{2}\right)$
Spannung beim Maximum	$\sigma_{max} = \frac{\Lambda}{\exp(\mu^2/2)}$
Kumulative Ausfallwahrscheinlichkeit P_f (bei gegebenem Spannungswert σ)	$P_f(\sigma) = \frac{1}{2} - \frac{1}{2}\mathrm{erf}\left(\frac{\ln\Lambda - \ln\sigma}{\mu\sqrt{2}}\right)$
Standardabweichung	$S = \Lambda\sqrt{\exp(\mu^2) - 1}\ \exp\left(\frac{\mu^2}{2}\right)$
Mittelwert (Median)	$\sigma_{mean} = \Lambda\ \exp(\mu^2/2)$, $P_f(\sigma_{mean}) = 1/2$.

Die kumulative Versagenswahrscheinlichkeit für die vorgegebene Intensität der zyklischen Belastung $P_f(\sigma)$ muss der Bedingung gehorchen:

$$P_f(\sigma) \leq P_F{}^*. \tag{C.2}$$

Dementsprechend suchen wir die Ermüdungslinien, die die Anzahl der Zyklen bis zum Versagen als Funktion der Spannung für jede feste Versagenswahrscheinlichkeit ausdrücken.

2°. Der Graph der inversen Fehlerfunktion ist in Abb. C-3 dargestellt. Die inverse Fehlerfunktion ergibt sich näherungsweise als:

$$\mathrm{ierf}(x) \approx \begin{cases} \mathrm{sign}(x)\sqrt{x^2 - 1}, & |x| < 1, \\ \frac{x\sqrt{\pi}}{2} + \frac{(x\sqrt{\pi})^3}{24} + \frac{7(x\sqrt{\pi})^5}{960} + \frac{127(x\sqrt{\pi})^7}{80640} + .., & |x| < 1. \end{cases} \tag{C.3}$$

Die inverse Fehlerfunktion ist die ungerade Funktion ihres Arguments [8]):

$$\mathrm{ierf}\ (x) = -\mathrm{ierf}\ (-x). \tag{C.4}$$

Offensichtlich versagen die meisten Proben, wenn der Spannungsparameter ungefähr X_0 beträgt. Somit versagen mindestens 50 % aller Proben, wenn der Spannungsparameter kleiner oder gleich X_0 ist.

3°. Für die Auslegung von Federn muss das zulässige Niveau des Spannungsparameters einer bestimmten, vorher festgelegten kumulativen Versagenswahrscheinlichkeit $50\% - \varepsilon$ nach einer bestimmten Anzahl von Zyklen bestimmt werden. Der Wert ε wird als Vertrauensparameter bezeichnet. Wenn beispielsweise $\varepsilon = 50\% - 1\mathrm{ppm}$ ist, ist die Ausfallwahrscheinlichkeit für das entsprechende Spannungsniveau kleiner oder gleich $1\mathrm{ppm} = 10^{-6}$.

Um das Akzeptanzniveau des Spannungsparameters einer bestimmten, vorher festgelegten kumulativen Wahrscheinlichkeit zu bewerten, müssen die folgenden Fragen beantwortet werden. Welche Spannung σ_m verursacht das Versagen von Proben mit der Wahrscheinlichkeit 50 %-ε? Bei welchem Spannungsparameter σ_p versagt die Feder mit der eindeutigen Versagenswahrscheinlichkeit 50 % + ε? Die Antworten auf diese Fragen liefern das zulässige Spannungsniveau für die garantierte Versagenswahrscheinlichkeit in Serienanwendungen.

Die Spannungsstreubreite $T(\varepsilon)$ ist für einen gegebenen Vertrauensparameter ε das Verhältnis der beiden Spannungen σ_p, σ_m für den gegebenen Vertrauensparameter:

$$\frac{\sigma_p(\varepsilon)}{\sigma_m(\varepsilon)} = \frac{1}{T(\varepsilon)}. \tag{C.5}$$

Sobald der Bereich der Spannungsstreuung $T(\varepsilon)$ experimentell bestimmt worden ist, ist der Skalenparameter:

$$\mu = \frac{\ln(T(\varepsilon))}{2\sqrt{2}\ \mathrm{ierf}\ (2\varepsilon)}. \tag{C.6}$$

Der Streubereich $T(\varepsilon)$ ist die erfasste Größe und wird in diesem Buch für die traditionelle Einstellung des Vertrauensparameters $\varepsilon_0 = 4/10$ als bekannt vorausgesetzt. Das Verhältnis der Spannungen, die nach einer bestimmten Anzahl von Zyklen mit 90 %-iger und 10 %-iger Wahrscheinlichkeit zum Versagen führen, wird als „Standardspannungsstreubreite“ T_σ bezeichnet (Haibach 2006). Für die erfassten Kurven ist die übliche Bewertung des Vertrauensparameters $\varepsilon = \varepsilon_0$.

4°.. Das beschriebene Verfahren ist direkt auf diese Datensätze anwendbar. Grundlegende Ermüdungsdaten werden durch zyklische Belastung (oder Dehnung) von Prüfkörpern mit konstanter Amplitude bis zum Versagen gewonnen. Für jedes Spannungsniveau wird die Streuung der Anzahl der Zyklen bis zum Versagen durchgeführt. Der „Zyklenstreubereich“ T_N für eine feste Spannung wird ausgewertet. Die Daten können so umgeordnet werden, dass die „Standardspannungsstreubreite“ T_N ausgewertet wird. Zu diesem Zweck werden zwei S-N-Linien ausgewertet. Diese S-N-Linien zeigen die Niveaus der Versagenswahrscheinlichkeiten 90 und 10 % entsprechend an:

$$\sigma_{p0} = \sigma_p(\varepsilon_0), \quad \sigma_{m0} = \sigma_m(\varepsilon_0), \quad \varepsilon_0 = \frac{4}{10}. \tag{C.7}$$

Der Spannungsstreubereich der Lognormalverteilung ist:

$$\frac{\sigma_{p0}}{\sigma_{m0}} = \frac{1}{T_\sigma}, \quad T_\sigma = T(\varepsilon_0), \quad 0 < T_\sigma < 1. \tag{C.8}$$

Der Skalenparameter μ der Lognormalverteilung verhält sich zum Standardstreubereich der Spannung wie folgt:

$$\mu = \frac{\ln(T_\sigma)}{2\sqrt{2}\ \mathrm{ierf}\ (2\varepsilon_0)} = -0{,}3901520\ \ln(T_\sigma). \tag{C.9}$$

Tab. C3 Berechnungen zur Lognormalverteilung für gegebene Ausfallwahrscheinlichkeitsparameter ε

Die Versagenswahrscheinlichkeit beträgt 50 % für die Spannung X_0	$P_f(\sigma_0) = \frac{1}{2}$	$\sigma_0 = \Lambda$
Die Versagenswahrscheinlichkeit beträgt 50 %+ε für die Spannung X_p	$P_f(\sigma_p) = \frac{1}{2} + \varepsilon$	$X_p(\varepsilon) = \Lambda \exp(\sqrt{2}\mu \text{ ierf}(2\varepsilon))$
Versagenswahrscheinlichkeit ist 50 %−ε für die Spannung X_m	$P_f(\sigma_m) = \frac{1}{2} - \varepsilon$	$X_m(\varepsilon) = \Lambda \exp(-\sqrt{2}\mu \text{ ierf}(2\varepsilon))$
Streubereich der Versagenswahrscheinlichkeiten,$0 < T(\delta) < 1$	$\frac{\sigma_p(\varepsilon)}{\sigma_m(\varepsilon)} = \frac{1}{T(\delta)}$	$\mu = \frac{\ln(T(\varepsilon))}{2\sqrt{2} \text{ ierf}(2\varepsilon)}$

Im Allgemeinen hängen der Spannungsstreubereich und die Skalenparameter von der zyklischen Spannung oder der Anzahl der Zyklen ab. Bei den erfassten Daten wird üblicherweise von einem konstanten Streubereich über das gesamte Intervall der Spannungsparameter ausgegangen. In diesem Fall sind σ_{p0} und σ_{m0} parallel zur S-N-Basislinie.

5° Sobald der Skalenparameter μ bestimmt ist, kann die kumulative Ausfallwahrscheinlichkeitsverteilung ausgewertet werden. Zu diesem Zweck ist die Formel für die kumulative Versagenswahrscheinlichkeitsverteilung aus Tab. C3 in den Ermüdungsversuchen anwendbar, wobei der Wert σ das Maß der zyklischen Beanspruchung, z. B. deren Amplitude oder Hub, darstellt (Tab. C4). Für praktische Zwecke muss das inverse Problem gelöst werden. Der Ingenieur muss die Amplitude der zyklischen Belastung bestimmen, die zu einer bestimmten kumulativen Ausfallwahrscheinlichkeit führt. Dementsprechend ist der zulässige Wert σ des Spannungsparameters eine Funktion der erforderlichen

Tab. C4 Zulässige Spannungsparameter für die erforderliche kumulative Ausfallwahrscheinlichkeit P_F

Kumulative Versagenswahrscheinlichkeit P_F	Spannungsparameter zu erforderlicher Versagenswahrscheinlichkeit	Verhältnis der Spannungsparameter-Spannung zur mittleren Spannung Λ
$P_f(\sigma)$	σ	σ/Λ
0.9	$\Lambda/\sqrt{T_\sigma}$	$1/\sqrt{T_\sigma}$
0.5 median	Λ	1
0.1	$\Lambda\sqrt{T_\sigma}$	$\sqrt{T_\sigma}$
10^{-2}	$\Lambda \cdot T_\sigma^{0,90762}$	$T_\sigma^{0,90762}$
10^{-3}	$\Lambda \cdot T_\sigma^{1,20566}$	$T_\sigma^{1,20566}$
10^{-4}	$\Lambda \cdot T_\sigma^{1,45098}$	$T_\sigma^{1,45098}$
10^{-5}	$\Lambda \cdot T_\sigma^{1,66395}$	$T_\sigma^{1,66395}$
10^{-6}	$\Lambda \cdot T_\sigma^{1,845229}$	$T_\sigma^{1,845229}$

Ausfallwahrscheinlichkeit $P_F{}^*$. Der Entwurf der Feder wird für diesen akzeptablen Wert des Spannungsparameters durchgeführt.

Nehmen Sie beispielsweise für den Standard-Spannungsstreubereich folgenden Wert an: $T_\sigma = 1/1{,}25056.. \approx 0{,}8$. Wenn die obligatorische Versagenswahrscheinlichkeit gleich $P_F^* = 0.1\ \% = 10^{-3}$ ist, beträgt die Verringerung des Spannungsparameters relativ zu seinem Median:

$$T_\sigma{}^{1{,}20566..} = 0{,}7641. \tag{C.10}$$

Das bedeutet, dass der zulässige Wert der Spannung 76 % des mittleren Spannungsparameters beträgt. Wenn die erforderliche Ausfallwahrscheinlichkeit gleich $P_F{}^* = 1\text{ppm} = 10^{-6}$ ist, gilt:

$$T_\sigma{}^{1{,}8455..} = 0{,}6478 \cdots \approx 65\ \% \tag{C.11}$$

Die Anwendbarkeit der Lognormalverteilung ist auf den Bereich der kumulativen Ausfallwahrscheinlichkeit zwischen 1 und 99 % beschränkt. Die Abschätzungen der zyklischen Spannung für die niedrigeren Werte der kumulativen Versagenswahrscheinlichkeit werden als Empfehlung dargestellt. Abb. C4 zeigt die Beziehung zwischen T_σ und dem Skalierungsfaktor μ der Lognormalverteilung.

Anhang D. Zur Bedeutung der Federnindustrie für die deutsche Metallverarbeitung[1]

Seit Urzeiten verwenden Menschen Federn als Energiespeicher für vielfältige Anwendungen in ihrem täglichen Leben, wodurch Federn zu den ältesten Maschinenelemente überhaupt gehören. Dabei wird das elastische Verhalten von Werkstoffen ausgenutzt, um Energie zu speichern. Sämtliche, auch glasharte Werkstoffe besitzen ein mehr oder weniger ausgeprägtes elastisches Verhalten, zur Anwendung bei Federn kommen jedoch nur Werkstoffe, die eine hohe Festigkeit mit Elastizität verbinden und als Federn werden nur die Bauteile bezeichnet, bei denen die Speicherung der Energie die vornehmliche Funktion darstellt.

In früheren Zeiten wurden vor allem hochharte Hölzer als Energiespeicher für Langbögen, Hebel oder Katapulte eingesetzt, heute finden sich Federn in vielfältigen Einsatzbereichen unseres täglichen Lebens wieder. Dabei kommen im Wesentlichen hochfeste Stähle zum Einsatz, die die notwenigen Eigenschaften Festigkeit und Elastizität nahezu perfekt kombinieren. Je nach Einsatzfall und umgebendem Medium werden Kohlenstoffstähle oder korrosionsbeständige Edelstähle verwendet. Wird zusätzlich eine hohe elektrische Leitfähigkeit benötigt, wird häufig Kupfer eingesetzt.

Die Speicherung der Energie erfolgt ausschließlich mechanisch, wodurch Federn vollkommen unabhängig von elektrischen Antrieben oder elektronischen Steuerungen sind, weshalb sie besonders in der Sicherheitstechnik ein unverzichtbares Maschinenelement darstellen. Aber Federn befinden sich nicht nur in diesem Produktbereich, auch und vor allem in der Automobilindustrie, im Maschinenbau, in der Medizintechnik, in der Bau-, Elektro- und Möbelindustrie kommen Federn in unbegrenzter Vielfalt, Form und Funktion zum Einsatz, wobei die Nutzer häufig die Funktion der Feder unbewusst wahrnehmen, sie allerdings optisch nur selten in Erscheinung tritt.

Die Leistungsfähigkeit der Feder in Bezug auf die Speicherung von Energie ist unübertroffen. In der heutigen Zeit wird bei Energiespeichern häufig an Akkumulatoren gedacht, wie sie in Mobiltelefonen oder Elektroautos zum Einsatz kommen. Diese

[1]Dr. Michael Hagedorn.Geschäftsführer.Verband der Deutschen Federnindustrie e. V. Goldene Pforte 1, 58.093 Hagen.

V. Kobelev, *Federntechnologie,* https://doi.org/10.1007/978-3-658-48303-6

Akkumulatoren werden im Regelfall einmal pro Tag geladen und geben im Anschluss ihre Energie an ein verbrauchendes System ab. Dabei stellt die mit zunehmender Einsatzdauer nachlassende Speicherfähigkeit der Akkus ein Problem dar. Häufig lässt diese nach 2000 bis 3000 Ladezyklen spürbar nach, was einer Einsatzdauer von ca. 5–7 Jahren entspricht. Eine Feder kann im Gegensatz dazu beliebig oft ge- und entladen werden. Im Vergleich dazu wird die Ventilfeder eines Verbrennungsmotors im durchschnittlichen Einsatz 60.000-mal pro Stunde ge- und entladen.

Im Gegensatz zu anderen Maschinenelementen, wie beispielsweise Schrauben, sind Federn nicht genormt, jede Feder wird individuell für ihren Einsatzfall ausgelegt, konstruiert und gefertigt. Dabei kann die Losgröße von 1, beispielsweise für den Sondermaschinenbau oder auch für die Raumfahrttechnik bis hin zu mehreren Milliarden reichen, beispielsweise für die Konsumgüterindustrie.

Aus diesem Grund können auch keine allgemeinen Abschätzungen über ihre Ausfallwahrscheinlichkeit in Form der Anzahl fehlerhafter Teile pro eine Million hergestellter Teile getroffen werden. Die tatsächliche Ausfallquote hängt dabei ausschließlich von der Größe der einberechneten Sicherheit bei der Auslegung der Feder ab, wobei mit zunehmender Risikobereitschaft des Kunden aufgrund von Kostendruck die Ausfallwahrscheinlichkeit der Feder zunimmt.

Aufgrund ihrer Individualität wird die Feder niemals zu einem Massenprodukt werden, wie beispielsweise Schrauben. Daher ist ein intensiver Austausch bei der Auslegung einer Feder zwischen dem Kunden und dem Lieferanten unbedingt erforderlich. Im Idealfall erfolgt dies auf der Basis einer langanhaltenden, vertrauensvollen Zusammenarbeit. Dies gilt auch in Bezug auf die Verpackungs- und Handhabungstechnik, hier ist es von besonderer Bedeutung, dass der Federnhersteller seine Produkte in der Art und Weise verpackt, dass diese in den Prozessen der Kunden automatisiert der Maschine zugeführt werden können. Dafür sind verschiedene Kunden sogar bereit, für diese spezielle Art der Verpackung einen höheren Preis zu zahlen, als für die Feder selbst. Zudem eignet sich ein weltweiter Transport von Federn mit abnehmender Losgröße zunehmend weniger.

Die Federnbranche ist ein wenig bekannter und nur selten wahrgenommener Bestandteil der deutschen Industrie, da die Feder selbst im Einsatz optisch nicht in Erscheinung tritt. Dennoch ist sie für dieses Land elementar wichtig, da kaum ein industriell hergestelltes Produkt ohne technische Federn auskommt. Sie unterstützt Innovationen in sämtlichen Bereichen der industriellen Fertigung, sowohl im Hinblick auf das Produkt, als auch im Hinblick auf die Anlagentechnik, die diese Produkte herstellt. Die Kunden der Federnbranche erwarten von ihren Lieferanten eine hohe Flexibilität und kurze Lieferzeiten, was nur möglich ist, wenn dieser Industriezweig in Deutschland weiterhin tief verwurzelt bleibt.

Zudem ist die deutsche Federnindustrie stark mittelständisch geprägt. Die meisten Unternehmen befinden sich seit mehreren Generationen in Familieneigentum und sind sich traditionell ihrer Verantwortung für das Unternehmen und ihre Mitarbeiter bewusst. Dies sichert langfristig Arbeitsplätze auch in weniger stark industriell geprägten Regionen.

Anhang E. Forschungsaktivitäten des Verbands der Deutschen Federnindustrie e. V. (VDFI)[2] Einführung

Die Erforschung von technischen Federn blickt auf eine lange und bedeutende Tradition zurück, die in den späten 1920er Jahren begann und eine entscheidende Rolle in der industriellen Entwicklung spielte. Bereits in der frühen Industrialisierung erkannte man die Bedeutung von Federn für den Maschinenbau, insbesondere in Dampfmaschinen, mechanischen Uhren und frühen Fahrzeugen. Mit dem Aufkommen der Eisenbahn im 19. Jahrhundert gewann die Federntechnik weiter an Bedeutung, da sie maßgeblich zur Federung und Stoßdämpfung in Schienenfahrzeugen beitrug. In dieser Zeit wurden erste systematische Untersuchungen zur Belastbarkeit und Lebensdauer von Federn durchgeführt, um die Sicherheit und Effizienz von Maschinen und Fahrzeugen zu verbessern.

Ein wesentlicher Meilenstein in der Geschichte der Federnforschung war die Kooperation zwischen der Reichsbahn, dem Verein Deutscher Ingenieure (VDI) und dem Verein Deutscher Eisenhüttenleute (VDEh) im Jahr 1929. Diese Zusammenarbeit legte den Grundstein für eine wissenschaftlich fundierte Auseinandersetzung mit der Federntechnik und führte zu zahlreichen Innovationen in der Federnherstellung und -anwendung. Das Ziel dieser frühen Forschungsarbeiten war es, die Werkstoff- und Verarbeitungsfragen sowie die Berechnungsgrundlagen eingehend zu analysieren und weiterzuentwickeln. Dies ist von entscheidender Bedeutung, da Federn eine zentrale Funktion in der Konstruktion von Fahrzeugaufhängungen und -dämpfungen übernehmen und somit maßgeblich zur Fahrsicherheit, zum Komfort und zur Langlebigkeit mechanischer Systeme beitragen. Im Laufe der Jahrzehnte wurden zahlreiche wissenschaftliche und technische Fortschritte erzielt, insbesondere in den Bereichen Werkstofftechnik, Fertigungsprozesse und Berechnungsmethoden. Besonders im Bereich der Fahrzeugtechnik wurden in den folgenden Jahrzehnten erhebliche Fortschritte erzielt. Die Verbesserung der Materialeigenschaften und Fertigungsmethoden ermöglichte es, Federn gezielter für spezifische Anforderungen zu entwickeln.

[2]Dr. Andres Weinrich, Technischer Referent, Verband der Deutschen Federnindustrie e. V., Goldene Pforte 1, 58.093 Hagen

V. Kobelev, *Federntechnologie,* https://doi.org/10.1007/978-3-658-48303-6

Der historische Kontext dieser Arbeiten ist untrennbar mit den Anforderungen der Industrie und der fortschreitenden technischen Entwicklung verbunden. Während der Kriegsjahre und auch nach dem Zweiten Weltkrieg wurden zahlreiche Arbeiten zur Verbesserung der Festigkeit und Belastbarkeit von Federn durchgeführt, da die Anforderungen an die Dauerfestigkeit von Federn in industriellen Anwendungen und im Verkehrswesen signifikant anstiegen. Insbesondere in der Entwicklung von Schwerlastfahrzeugen, Schienenfahrzeugen und in der Forschung zur Materialoptimierung wurden wichtige Grundlagen für die heutige Technik gelegt. Mit der zunehmenden Automatisierung in der Fertigung und dem steigenden Bedarf an robusten, langlebigen Bauteilen erlangte die Federntechnik eine immer größere Bedeutung. Die Intensivierung der Zusammenarbeit zwischen Industrie und Forschungseinrichtungen in den Folgejahren resultierte in der Entwicklung neuer Werkstoffe und Fertigungstechniken.

Ein weiterer wichtiger Abschnitt der Federnforschung war die Entwicklung von Normen und Standards. In den 1960er Jahren wurde die erste DIN-Norm für Federn erarbeitet, die die Berechnung von Federbelastungen und die Definition von Toleranzen festlegte. Diese Normen legten die Grundlage für die Herstellung von qualitativ hochwertigen Federn und trugen zur Vereinheitlichung von Fertigungsprozessen in der gesamten Branche bei. Mit der Einführung europäischer und internationaler Normen in den 1980er Jahren wurde die Federntechnik weiter standardisiert, was nicht nur die Produktqualität steigerte, sondern auch den internationalen Handel mit Federprodukten erleichterte. Im Zuge der Normungsarbeit wurden diverse DIN-Normen zur Berechnung von Federn und zur Festlegung von Toleranzen entwickelt, unter anderem für Druckfedern, Zugfedern und Tellerfedern.

Diese Normen wurden im Laufe der Jahre kontinuierlich weiterentwickelt und den neuesten technologischen Entwicklungen angepasst. Von besonderer Relevanz ist in diesem Zusammenhang die Mitwirkung des VDFI-KF (Verband der deutschen Federnindustrie – Kaltgeformte Federn) in der Umstellung von nationalen auf europäische und internationale Normen. Ein signifikanter Meilenstein war hierbei die Entwicklung der europäischen Normungsreihe EN 13906-1 bis 3, welche die Anforderungen an Federstahl und Berechnungsmethoden festlegt, sowie die Internationalisierung der Normen, etwa durch die ISO-Normen für Federnwerkstoffe und Fertigungstechniken. Diese Umstellung ermöglichte eine Vereinheitlichung der Qualitätsanforderungen in der gesamten europäischen und internationalen Industrie und erleichterte den Handel und Austausch von Federprodukten über nationale Grenzen hinweg.

Während die Grundlagenforschung und die technologische Entwicklung im Bereich der Federntechnik voranschritten, nahm auch die öffentliche Förderung von Forschungsprojekten in den 1960er Jahren an Fahrt auf. Das BMW (Bundesministerium für Wirtschaft) unterstützte zahlreiche Forschungsinitiativen im Bereich der Federntechnik, um der wachsenden Nachfrage der Industrie nach innovativen Lösungen gerecht zu werden. Diese öffentlichen Fördermittel trugen entscheidend dazu bei, dass deutsche Unternehmen und Forschungseinrichtungen weltweit führend in der Federntechnologie wurden. Eine weitere Säule der Forschungsförderung im VDFI ist die

Forschungsvereinigung der Arbeitsgemeinschaft der Eisen und Metall verarbeitenden Industrie e. V. (AVIF), deren Ziel die Förderung der Forschung auf dem Gebiet der Stahlverarbeitung und -anwendung in Deutschland ist.

Im Rahmen der umfangreichen Forschungsarbeiten des VDFI wurden zahlreiche Projekte in Kooperation mit führenden wissenschaftlichen Institutionen durchgeführt. Diese Zusammenarbeit ermöglicht eine enge Verzahnung von Industrieexpertise mit akademischer Spitzenforschung und leistet einen wesentlichen Beitrag zur Weiterentwicklung moderner Federlösungen. Zu den beteiligten Forschungseinrichtungen gehören:

- Fraunhofer-Gesellschaft e. V.:
  - Fraunhofer-Institut für Werkzeugmaschinen und Umformtechnik IWU, Chemnitz
  - Fraunhofer-Institut für Werkstoffmechanik IWM, Freiburg
  - Fraunhofer-Institut für Keramische Technologien und Systeme IKTS, Dresden
- Hochschule Kempten
- Hochschule Wismar
- Institute of Spring Technology, Sheffield UK
- Märkische Fachhochschule Iserlohn
- Max-Planck-Institut für Eisenforschung (MPIE) in Düsseldorf
- Ruhr-Universität Bochum
- Rheinisch-Westfälische Technische Hochschule (RWTH) Aachen
- Technische Universität Bergakademie Freiberg
- Technische Universität Darmstadt
- Technische Universität Dortmund
- Technische Universität Ilmenau
- Technische Universität München

Diese Partnerschaften haben es ermöglicht, die theoretischen und praktischen Facetten der Federntechnik in einer vorwettbewerblichen Umgebung gezielt zu optimieren und an die Anforderungen der Industrie anzupassen. Seit 1954 wurden insgesamt 75 Forschungsprojekte mit öffentlicher Förderung erfolgreich realisiert. Diese Projekte umfassen ein weites Spektrum an Themen, von der Untersuchung neuartiger Materialien bis hin zu fortschrittlichen Simulationstechniken.

Zusätzlich werden die Ergebnisse dieser Forschungsprojekte in praxisnahe Schulungen und Workshops integriert, um die Anwender in der Praxis mit den gewonnenen Erkenntnissen, Technologien und Verfahren vertraut zu machen. So wird sichergestellt, dass die praktischen Kenntnisse und die theoretischen Entwicklungen Hand in Hand gehen, was zu einer kontinuierlichen Verbesserung der Produktqualität und -effizienz führt. Die enge Zusammenarbeit zwischen Wissenschaft und Industrie wird auch in den kommenden Jahren entscheidend sein, um der dynamischen Entwicklung von Marktanforderungen gerecht zu werden und innovative Federnlösungen bereitzustellen, die den steigenden Ansprüchen genügen.

Forschungsschwerpunkte der letzten Jahre

Die Forschungsschwerpunkte der letzten Jahre konzentrierten sich auf mehrere wesentliche Themenfelder, die entscheidend für die Weiterentwicklung der Federntechnik waren:

- ***Werkstoffoptimierung und Legierungstechnik***: Eine der wichtigsten Forschungsrichtungen war die Weiterentwicklung der Werkstoffe, die in der Federnproduktion verwendet werden. Hierbei lag der Fokus auf der Verbesserung der Festigkeit, Korrosionsbeständigkeit und Lebensdauer von Federnwerkstoffen. In Projekten wie der „Optimierung von SiCr-legierten hochfesten Stählen" wurden neue Materialkombinationen und Verarbeitungstechniken untersucht, um die mechanischen Eigenschaften von Federn zu verbessern. Dies ermöglichte die Herstellung von Federn, die unter extremen Belastungen, wie sie etwa in der Luftfahrt- oder Fahrzeugtechnik auftreten, eine längere Lebensdauer aufwiesen.
- ***Simulation und numerische Methoden***: Ein weiterer Schwerpunkt war der Einsatz von Simulationstechniken zur Vorhersage von Geometrieänderungen und zur Analyse von Rückfederungsverhalten. Diese Methodik ermöglichte eine präzisere und effizientere Gestaltung von Federn. Die Forschung in diesem Bereich hat nicht nur zu einer besseren Auslegung von Federn geführt, sondern auch zu einer Reduktion von Entwicklungszeiten und -kosten, da Simulationen vor der tatsächlichen Fertigung potenzielle Fehler und Schwachstellen aufzeigen konnten.
- ***Festigkeit, Dauerfestigkeit und Lebensdauervorhersage***: Die Forschung im Bereich der Festigkeitsanalyse und Lebensdauervorhersage war entscheidend für die Optimierung der Belastbarkeit von Federn. Besonders wichtig war die Entwicklung von Dauerfestigkeitsschaubildern, die den Lebenszyklus von Federn unter verschiedenen Belastungsbedingungen genau vorhersagen. Diese Vorhersagen ermöglichten eine verbesserte Wartungsplanung und verlängerten die Einsatzdauer von Federn in kritischen Anwendungen wie in der Automobilindustrie oder in Hochgeschwindigkeitszügen.
- ***Fertigungsprozesse und Qualitätssteigerung***: Ein weiterer zentraler Bereich war die Verbesserung der Fertigungstechniken. Die Optimierung von Schleif- und Abrichtverfahren sowie die Implementierung innovativer Prüfverfahren trugen dazu bei, die Qualität der Federn zu steigern und Ausschussquoten zu senken. Dazu zählte auch die Weiterentwicklung von Verfahren zur Oberflächenbehandlung und Beschichtung, um die Widerstandsfähigkeit der Federn gegenüber Korrosion und Abrieb zu verbessern.
- ***Korrosionsschutz und Umwelteinflüsse***: In mehreren Projekten wurde der Korrosionsschutz von Federn, insbesondere in der Schienenverkehrstechnik, untersucht. Dabei wurden umweltfreundliche Beschichtungstechnologien entwickelt, die die Lebensdauer von Federn auch unter extremen Umweltbedingungen verlängern. Die Nutzung von nanostrukturierten Beschichtungen und innovativen Legierungen hat das Potenzial, die Anforderungen an Federn in maritimen oder chemisch belasteten Umgebungen deutlich zu verbessern.

Zukunftsperspektiven in der Forschung von technischen Federn

Die nächsten Jahre der Forschung im Bereich der technischen Federn werden durch spannende neue Herausforderungen geprägt sein, die sowohl von technologischen Innovationen als auch von gesellschaftlichen Veränderungen beeinflusst werden. Insbesondere die zunehmende Nachfrage nach nachhaltigen und energieeffizienten Lösungen wird die Forschung in neue Richtungen lenken:

- ***Grüner Stahl und seine Auswirkungen auf die Federnherstellung, -anwendung und Auslegung***: Der Übergang zu grünem Stahl und nachhaltigen Fertigungstechniken hat erhebliche Auswirkungen auf die Herstellung von Federn. Neue Materialien und Fertigungstechnologien werden erforderlich sein, um die ökologische Bilanz der Federnproduktion zu verbessern, ohne die mechanischen Eigenschaften zu beeinträchtigen. Dies wird auch die Anforderungen an die Auslegung von Federn verändern, da alternative Materialien oft andere Eigenschaften aufweisen als traditionelle Legierungen.
- ***Einsatz von technischen Federn unter Wasserstoffatmosphäre***: Wasserstofftechnologien gewinnen zunehmend an Bedeutung, insbesondere in der Energiewirtschaft und der Fahrzeugindustrie. Federn, die in wasserstoffreichen Umgebungen eingesetzt werden, müssen höheren Anforderungen an ihre Korrosionsbeständigkeit und Festigkeit gerecht werden. Zukünftige Forschungsarbeiten werden sich daher intensiv mit den Auswirkungen von Wasserstoff auf das Verhalten von Federnwerkstoffen und deren mögliche Versagensmechanismen beschäftigen.
- ***Vertiefung in den Fertigungsschritten der Federnfertigung***: Eine detaillierte Untersuchung der einzelnen Fertigungsschritte, von der Drahtproduktion bis hin zum Endprodukt, wird dazu beitragen, die Qualität und Effizienz der Federnfertigung weiter zu steigern. Insbesondere die Automatisierung und Digitalisierung der Fertigungsprozesse wird eine noch präzisere und kostengünstigere Herstellung von Federn ermöglichen. Der Einsatz modernster Technologien, wie beispielsweise Künstliche Intelligenz und maschinelles Lernen, wird dabei eine Schlüsselrolle spielen, um Prozesse kontinuierlich zu optimieren und Abweichungen frühzeitig zu erkennen. Darüber hinaus ermöglicht die Integration von IoT-Systemen eine lückenlose Überwachung der Maschinen und Materialien, wodurch nicht nur Stillstandszeiten minimiert, sondern auch der gesamte Produktionsablauf transparenter gestaltet werden können. Dies schafft nicht nur ein besseres Verständnis der Wertschöpfungskette, sondern fördert auch innovative Ansätze zur Weiterentwicklung von Produkten, die den Anforderungen des Marktes gerecht werden und gleichzeitig nachhaltige Produktionsmethoden unterstützen.
- ***Erweiterung der Untersuchungen im Bereich der Simulation, insbesondere Schädigung und Versagen***: Die Modellierung von Schädigung und Versagen von Federn wird eine zunehmend wichtige Rolle spielen. Durch die Entwicklung von Simulationen, die das Verhalten von Federn unter extremen Bedingungen vorhersagen können,

wird es möglich sein, die Lebensdauer von Federn noch genauer zu bestimmen und neue Materialien gezielt einzusetzen. Diese Simulationen werden auch in der Qualitätskontrolle und der Prozessoptimierung von Federnfertigungen eine wichtige Rolle spielen und so zu einer weiteren Effizienzsteigerung in der Branche führen.

Diese Forschungsthemen bieten vielversprechende Perspektiven für die Weiterentwicklung der Federnindustrie und eröffnen neue Anwendungsmöglichkeiten in vielen technologischen Bereichen, insbesondere in der Luftfahrt, der Automobilindustrie und der Energieversorgung. Die zunehmende Bedeutung der Simulationstechniken und die Entwicklung neuer Materialien werden es der Branche ermöglichen, noch robuster, effizienter und nachhaltiger zu werden.

Die nachstehende Liste (Tab.E1) verzeichnet die Forschungsprojekte, die seit dem Jahr 1980 durchgeführt wurden. Es sei darauf hingewiesen, dass ältere Projekte nicht in digitaler Form vorliegen und daher in der Aufstellung nicht berücksichtigt werden können.

Tab E1 **Liste der seit 1980 durchgeführten Forschungsprojekte**[3,4]

1	AiF 3865	09.1980	Untersuchung der Einflüsse unterschiedlicher Abkohlung und anschließender Kugelstrahlbehandlung auf die Dauerfestigkeit eines vergüteten Federstahls
2	AiF 4409	06.1983	Dauerfestigkeitsuntersuchungen an biegebeanspruchten Federn aus Federbandstahl
3	AiF 4950	10.1983	Tieftemperaturverhalten von Federstählen
4	AiF 5996	03.1988	Untersuchung der Schwingfestigkeitseigenschaften von Federstählen unter Korrosionseinfluss
5	AiF 7042	06.1990	Einfluss verschiedener Randschichtzustände auf die Schwingfestigkeit hochvergüteter Parabelfedern
6	AiF 7966	04.1992	Einfluss unterschiedlicher Anlassbedingungen auf die Zähigkeit hochfester Federstähle
7	AiF 7965	07.1992	Einfluss unterschiedlicher Anlassbedingungen auf das Verhalten von Federstählen hoher Festigkeit bei schwingender Beanspruchung
8	AiF 7738	01.1993	Ermittlung von Dauerfestigkeitsschaubildern für biegebeanspruchte Federbänder und Federdrähte
9	AiF 8788	09.1994	Elektrochemische Prüfmethoden zur Bewertung von Beschichtungssystemen auf Federn (Prüfen von beschichtetem Stahl)
10	AiF 8703	11.1994	Elektrochemische Untersuchungen organischer Lacke auf Federstahl unter schwingender Beanspruchung
11	AiF 9232	05.1995	Quer-Eigenfrequenzen von zylindrischen Schraubenfedern aus runden Drähten
12	AiF 8979	12.1995	Verbesserung mechanischer Eigenschaften von Federstählen durch Mikrolegierung und thermomechanische Behandlung (TMB)
13	AiF 10092	04.1997	Technologien zur Ausschussminimierung in der Schraubenfedernfertigung
14	AiF 9604	04.1997	Untersuchung der Schwingfestigkeit unterschiedlich beschichteter hochfester Nutzfahrzeugbauteile unter Korrosionseinfluss
15	AiF 10032	07.1997	Übertragbarkeit metallkundlicher Erkenntnisse thermomechanisch behandelter Federstähle auf die betriebliche Fertigung sowie die Ermittlung von Prozessparametern für den Aufbau einer kontinuierlichen Blattfedernproduktion

(Fortsetzung)

[3]VDFI-Kurzfassungen oder Abschlusszusammenfassungen der VDFI-Forschungsvorhaben sowie VDFI-Richtlinien können unter Nennung der Projekt-Nr. per E-Mail angefordert werden bei grawe@federnverband.de

[4]Ältere Projekte nicht digitalisiert wurden und daher sind nicht aufgelistet

Tab E1 (Fortsetzung)

1	AiF 3865	09.1980	Untersuchung der Einflüsse unterschiedlicher Abkohlung und anschließender Kugelstrahlbehandlung auf die Dauerfestigkeit eines vergüteten Federstahls
16	AiF 10337	01.1998	Gestaltabhängige Kennwerte zur Berechnung der Eigenfrequenzen von Schraubenfedern
17	AiF 11170	12.1999	Technologien zur Herstellung von Schraubendruckfedern mit höherem elastischen Formänderungsvermögen und verbessertem Setzverhalten
18	AiF 10709	12.1999	Einflussmöglichkeiten auf die Wirkung von Begleitelementen in hochfesten Federstählen
19	AVIF A 115	02.2000	Schwingfestigkeitsuntersuchungen an einzelnen Tellerfedern und an Tellerfedersäulen beliebiger Schichtungen
20	AiF 12287	05.2002	Ermittlung von Dauerfestigkeits- und Relaxationsschaubildern für hochbeanspruchte Schraubendruckfedern
21	AiF 12125	09.2002	Verbesserung des Korrosionsschutzes für höherfeste Nutzfahrzeugbauteile
22	AVIF A 155	12.2002	Ergänzende Schwingfestigkeitsuntersuchungen an einzelnen Tellerfedern und an Tellerfedersäulen beliebiger Schichtungen
23	AVIF A 157	09.2003	Patentiertkaltgezogene Stahldrähte für vorwiegend statisch beanspruchte Federn mit verbesserten Gebrauchseigenschaften
24	AiF 12573	10.2003	Einflüsse der End- und Übergangswindungen auf Funktion,Fertigung und Betriebsverhalten von kaltgeformten Schraubendruckfedern
25	AiF 13409	03.2005	Optimierung der Grenzwerte von Begleitelementen durch innovative Behandlung SiCr-legierter hochfester Stähle für Schraubenfedern
26	AVIF A 210	07.2006	Untersuchungen zum Korrosionsverhalten von Tellerfedern und Tellerfedersäulen
27	IGF 14198	11.2007	Untersuchung des Korrosionsschutzes an Schraubenfedern für Schienenfahrzeuge
28	IGF 14306	12.2007	Ermittlung von funktions- und fertigungsrelevanten Federdrahtkennwerten
29	IGF 15064	04.2010	Untersuchungen der Dauerhubfestigkeit von Schraubenfedern im Bereich extrem hoher Schwingspielzahlen (Langzeitschwingverhalten von Schraubenfedern)
30	IGF 15747	10.2010	Lebensdauervorhersage für Schraubendruckfedern (Lebensdauervorhersage)
31	AVIF A 244	12.2010	Experimentelle Untersuchung und numerische Simulation des Relaxationsverhaltens von Tellerfedern
32	IGF 16217	11.2011	Funktions- und fertigungsrelevante Kennwerte für Federstahldraht und Federband (Federstahldraht- und Federbandkennwerte)

(Fortsetzung)

Tab E1 (Fortsetzung)

1	AiF 3865	09.1980	Untersuchung der Einflüsse unterschiedlicher Abkohlung und anschließender Kugelstrahlbehandlung auf die Dauerfestigkeit eines vergüteten Federstahls
33	IGF 16999	11.2013	Betriebsfeste Auslegung von Schraubendruckfedern unter Verwendung dynamischer Materialkennwerte aus Umlaufbiegeprüfungen (Dynamische Materialkennwerte zur Federauslegung)
34	IGF 17423	07.2014	Rückfederungsverhalten federharter Bänder beim Biegen (Rückfederungsverhalten Federstahl)
35	IGF 16873	07.2014	Untersuchung von Werkstoff- und Fertigungseinflüssen auf das VHCF-Verhalten von Schraubendruckfedern (Fertigung und VHCF von Federn)
36	IGF 17627	06.2015	Wärmebehandlung von kaltgeformten Federn
37	AVIF A 272	02.2016	Ermittlung und Bewertung der Schwingfestigkeitseigenschaften von Tellerfedern aus verschiedenen Werkstoffen (Tellerfeder Schwingfestigkeit)
38	IGF 18576	10.2017	Entwicklung einer standardisierten Auswertemethode zur betriebsfesten Auslegung von Schraubendruckfedern bei variabler Beanspruchung (Auswertemethode für Schwingversuche an Federn)
39	IGF 18495	11.2017	Rechnerischer Festigkeitsnachweis für Federn und Federnelemente
40	IGF 18992	10.2018	Kriech- und Relaxationsverhalten von Federstahldrähten in Schraubenfedern (Kriech- und Relaxationsverhalten)
41	IGF 19273	06.2019	Simulation des Rückfederungsverhaltens federharter Bänder beim Biegen (Simulation Federstahl)
42	IGF 19125	09.2019	Bewertung der Zuverlässigkeit von keramischen Federn für korrosive Umgebungen und hohe Temperaturen (EndurSpring)
43	IGF 19085	08.2020	Standmengenerhöhung von Schneidaktivelementen beim Scherschneiden federharter Bänder durch die quantitative Charakterisierung und Bewertung fertigungstechnischer Einflussgrößen (Standmengenerhöhung Schneidstempel Federstahl)
44	IGF 19693	03.2021	Erneuerung der Dauerfestigkeitsschaubilder für kaltgeformte Schraubendruckfedern in DIN EN 13.906–1 mit methodisch rechnerischer Herangehensweise (Dauerfestigkeitsschaubilder)
45	AVIF A 309	03.2022	Bewertung des Einflusses realer Bauteilgeometrien auf die Beanspruchbarkeit von Tellerfedern anhand numerischer Simulation (FE Tellerfeder)
46	IGF 20846	08.2023	Rissdetektion mittels Schallemission in der Anwendung an Bauteilen der Federnindustrie (Rissdetektion)
47	IGF 21490	09.2023	Entwicklung eines Modells zur Vorhersage der Geometrieänderungen bei der Federnherstellung auf Basis der Plastizitätstheorie unter Berücksichtigung der Wärmebehandlung (Geometrieänderung bei der Federnherstellung)

(Fortsetzung)

Tab E1 (Fortsetzung)

1	AiF 3865	09.1980	Untersuchung der Einflüsse unterschiedlicher Abkohlung und anschließender Kugelstrahlbehandlung auf die Dauerfestigkeit eines vergüteten Federstahls
48	IGF 21607	06.2024	Optimierung des Vorsetzens von Schraubendruckfedern hinsichtlich Wirtschaftlichkeit und Funktion (Vorsetzen)
49	IGF 22278	06.2025	Simulationsunterstützte Identifizierung prozesstechnischer Maßnahmen zur Herstellung von Tellerfedern mit verbesserten Ermüdungseigenschaften Ermüdungsresistente Tellerfedern)
50	IGF 22762		Innovative Zugfederauslegung durch Entwicklung neuer Festigkeitsnachweise und Dauerfestigkeitsschaubilder (ZugFeDa)
51	AVIF A332		Begleitelemente im Elektrostahl
52	IGF 22902		Entwicklung einer Schleif- und Abrichtstrategie zum wirtschaftlichen Schleifen der Federenden von Schraubendruckfedern unter Berücksichtigung der hohen Qualitätsansprüche (Federnendenschleifen)

Literatur

Betten, J. (1986). Elastizitäts- und Plastizitätslehre. Vieweg+Teubner Verlag. https://doi.org/10.1007/978-3-322-90618-2.

Mauerauch, E., Vöhringer, O. (1978) Z. Werkstofftechnik 9,11 370-391.

El-Magd, E., Abdel-Ghany, W., & Homayun, M. (1985). Application of the FEM to elastoplastic wave propagation in metals. Engineering Computations, 2(2), 114–120. https://doi.org/10.1108/eb023609.

Betten, J. (2008). Creep mechanics (3rd ed.). Springer-Verlag Berlin Heidelberg.

Forbes, C., Merran, E., Hastings, N., & Peacock, B. (2011). Statistical distributions (4th ed.). John Wiley & Sons, Inc., Hoboken, New Jersey.

Schijve, J. (2005). Statistical distribution functions and fatigue of structures. International Journal of Fatigue, 27, 1031–1039.

Wirsching, P.H. (1983). Statistical summaries of fatigue data for design purposes. NASA Contractor Report 3697, Levis Research Center.

Carlitz, L. (1963). The inverse of the error function Pacific Journal of Mathematics 13, 459–470.

V. Kobelev, *Federntechnologie,* https://doi.org/10.1007/978-3-658-48303-6

Stichwortverzeichnis

V. Kobelev, *Federntechnologie,* https://doi.org/10.1007/978-3-658-48303-6

MIX
Papier aus verantwortungsvollen Quellen
Paper from responsible sources
FSC® C105338

If you have any concerns about our products,
you can contact us on
ProductSafety@springernature.com

In case Publisher is established outside the EU,
the EU authorized representative is:
Springer Nature Customer Service Center GmbH
Europaplatz 3, 69115 Heidelberg, Germany

Printed by Libri Plureos GmbH
in Hamburg, Germany